化妆品安全技术规范

Safety and Technical Standards for Cosmetics

2015 年版

国家食品药品监督管理总局化妆品标准专家委员会　编

人民卫生出版社

图书在版编目（CIP）数据

化妆品安全技术规范 . 2015 年版 / 国家食品药品监督管理总局化妆品标准专家委员会编 . —北京：人民卫生出版社，2017

ISBN 978-7-117-25106-8

Ⅰ. ①化… Ⅱ. ①国… Ⅲ. ①化妆品 – 安全技术 – 技术规范 Ⅳ. ①TQ658-65

中国版本图书馆 CIP 数据核字（2017）第 214279 号

化妆品安全技术规范（2015 年版）

编　　写： 国家食品药品监督管理总局化妆品标准专家委员会
出版发行： 人民卫生出版社（中继线 010-59780011）
地　　址： 北京市朝阳区潘家园南里 19 号
邮　　编： 100021
E - mail： pmph @ pmph.com
购书热线： 010-59787592　010-59787584　010-65264830
印　　刷： 北京汇林印务有限公司
经　　销： 新华书店
开　　本： 787 × 1092　1/16　**印张：** 33
字　　数： 803 千字
版　　次： 2017 年 12 月第 1 版　2017 年 12 月第 1 版第 1 次印刷
标准书号： ISBN 978-7-117-25106-8/R・25107
定　　价： 180.00 元
打击盗版举报电话：010-59787491　E-mail：WQ @ pmph.com
（凡属印装质量问题请与本社市场营销中心联系退换）

前言

《化妆品安全技术规范》(简称《技术规范》)是原卫生部印发的《化妆品卫生规范》(2007年版,简称《卫生规范》)的修订版。为了满足我国化妆品监管实际的需要,结合行业发展和科学认识的提高,国家食品药品监督管理总局组织完成了对《卫生规范》的修订工作,编制了《技术规范》(2015年版)。2015年11月经化妆品标准专家委员会全体会议审议通过,由国家食品药品监督管理总局批准颁布,自2016年12月1日起施行。

《技术规范》(2015年版)共分八章,第一章为概述,包括范围、术语和释义、化妆品安全通用要求。第二章为化妆品禁限用组分要求,包括1388项化妆品禁用组分及47项限用组分要求。第三章为化妆品准用组分要求,包括51项准用防腐剂、27项准用防晒剂、157项准用着色剂和75项准用染发剂的要求。第四章为理化检验方法,收载了77个方法。第五章为微生物检验方法,收载了5个方法。第六章为毒理学试验方法,收载了16个方法。第七章为人体安全性检验方法,收载了2个方法。第八章为人体功效评价检验方法,收载了3个方法。

在《卫生规范》的基础上,本版规范主要修订了以下主要内容:

明确了名词术语的释义。对涉及的名词和术语提供了释义,明确相关概念及其内涵。

细化了化妆品安全技术通用要求。根据化妆品中有关重金属及安全性风险物质的风险评估结果,将铅的限量要求由40mg/kg调整为10mg/kg,砷的限量要求由10mg/kg调整为2mg/kg,增加镉的限量要求为5mg/kg;根据国家食品药品监督管理总局规范性技术文件的要求,收录了2种有害物质的限量要求,分别为二噁烷不超过30mg/kg,石棉为不得检出。

对化妆品禁限用组分和准用组分表等进行修订。本版规范与《卫生规范》比较,禁用组分共1388项,其中新增133项,修订137项。限用组分共47项,其中新增1项,修订31项,删除27项。准用防腐剂共51项,其中修订14项,删除5项;准用防晒剂共27项,其中修订6项,删除1项;准用着色剂共157项,其中新增1项,修订69项;准

用染发剂共 75 项，其中修订 63 项，删除 21 项。

对化妆品检验及评价方法中理化检验方法进行修订。在《卫生规范》原有检验方法基础上，增加收录新近颁布的 60 个针对化妆品中有关禁限用物质的检验方法；对检验方法的正文体例进行统一规范，归类编排，方便查阅和使用。删除了《卫生规范》中不属于本版规范管理范畴的内容，如锶、总氟 2 个检验方法；更正《卫生规范》中的少数错误内容。对微生物检验方法和毒理学试验方法进行文字规范，调整格式。对人体安全性和功效评价检验方法进行修订，拆分为人体安全性检验和人体功效评价检验方法。人体功效 SPF 评价检验方法中增加高 SPF 标准品（P2 和 P3）的制备方法。

本版规范的特点主要体现在：

化妆品安全性保障进一步提高。在将《卫生规范》与全球主要国家和地区（包括欧盟、美国、日本、韩国、加拿大和中国台湾等）化妆品相关法规标准进行比对分析的基础上，根据科学合理、保障安全的原则，调整了化妆品中的禁限用组分要求，调整了部分准用组分的限量要求和限制条件。同时，根据部分安全性风险物质的风险评估结论，调整了铅、砷的管理限值要求，增加了镉的管理限值要求；根据国家食品药品监督管理总局规范性技术文件的要求，收录了二噁烷和石棉的管理限值要求。

适应性与可操作性进一步提高。对《技术规范》中涉及的名词和术语提供了释义，细化和明确相关概念，重点增加化妆品产品技术要求内容、通用检测方法等与化妆品质量安全密切相关的技术标准与要求。在保留《卫生规范》原有相关检验方法的基础上，收录了国家食品药品监管部门颁布的 60 个针对有关化妆品中禁限用物质的检验方法，满足化妆品技术研发和安全监管的需要。

本版规范在保持科学性、先进性和规范性的基础上，重点加强对化妆品中安全性风险物质和准用组分的管理，充分借鉴国际化妆品质量安全控制技术和经验，全面反映了我国当前化妆品行业的发展和检验检测技术的提高，将在推动我国化妆品科学监管，促进化妆品行业健康发展，提升我国化妆品技术规范权威性和国际影响力等方面发挥重要作用。

目录

第一章

概　述

1　范围

本规范规定了化妆品的安全技术要求，包括通用要求、禁限用组分要求、准用组分要求以及检验评价方法等。

本规范适用于中华人民共和国境内生产和经营的化妆品（仅供境外销售的产品除外）。

2　术语和释义

下列术语和释义适用于本规范。

2.1　化妆品原料：化妆品配方中使用的成分。

2.2　化妆品新原料：在国内首次使用于化妆品生产的天然或人工原料。

2.3　禁用组分：不得作为化妆品原料使用的物质。

2.4　限用组分：在限定条件下可作为化妆品原料使用的物质。

2.5　防腐剂：以抑制微生物在化妆品中的生长为目的而在化妆品中加入的物质。

2.6　防晒剂：利用光的吸收、反射或散射作用，以保护皮肤免受特定紫外线所带来的伤害或保护产品本身而在化妆品中加入的物质。

2.7　着色剂：利用吸收或反射可见光的原理，为使化妆品或其施用部位呈现颜色而在化妆品中加入的物质，但不包括第三章表 7 中规定的染发剂。

2.8　染发剂：为改变头发颜色而在化妆品中加入的物质。

2.9　淋洗类化妆品：在人体表面（皮肤、毛发、甲、口唇等）使用后及时清洗的化妆品。

2.10　驻留类化妆品：除淋洗类产品外的化妆品。

2.11　眼部化妆品：宣称用于眼周皮肤、睫毛部位的化妆品。

2.12　口唇化妆品：宣称用于嘴唇部的化妆品。

2.13　体用化妆品：宣称用于身体皮肤（不含头面部皮肤）的化妆品。

2.14　肤用化妆品：宣称用于皮肤上的化妆品。

2.15　儿童化妆品：宣称适用于儿童使用的化妆品。

2.16 专业使用:在专门场所由经过专业培训的人员操作使用。

2.17 包装材料:直接接触化妆品原料或化妆品的包装容器材料。

2.18 安全性风险物质:由化妆品原料、包装材料、生产、运输和存储过程中产生或带入的,暴露于人体可能对人体健康造成潜在危害的物质。

3 化妆品安全通用要求

3.1 一般要求

3.1.1 化妆品应经安全性风险评估,确保在正常、合理的及可预见的使用条件下,不得对人体健康产生危害。

3.1.2 化妆品生产应符合化妆品生产规范的要求。化妆品的生产过程应科学合理,保证产品安全。

3.1.3 化妆品上市前应进行必要的检验,检验方法包括相关理化检验方法、微生物检验方法、毒理学试验方法和人体安全试验方法等。

3.1.4 化妆品应符合产品质量安全有关要求,经检验合格后方可出厂。

3.2 配方要求

3.2.1 化妆品配方不得使用本规范第二章表 1 和表 2 所列的化妆品禁用组分。

若技术上无法避免禁用物质作为杂质带入化妆品时,国家有限量规定的应符合其规定;未规定限量的,应进行安全性风险评估,确保在正常、合理及可预见的适用条件下不得对人体健康产生危害。

3.2.2 化妆品配方中的原料如属于本规范第二章表 3 化妆品限用组分中所列的物质,使用要求应符合表中规定。

3.2.3 化妆品配方中所用防腐剂、防晒剂、着色剂、染发剂,必须是对应的本规范第三章表 4 至表 7 中所列的物质,使用要求应符合表中规定。

3.3 微生物学指标要求

化妆品中微生物指标应符合表 1 中规定的限值。

表 1 化妆品中微生物指标限值

微生物指标	限值	备注
菌落总数(CFU/g 或 CFU/mL)	≤500	眼部化妆品、口唇化妆品和儿童化妆品
	≤1000	其他化妆品
霉菌和酵母菌总数(CFU/g 或 CFU/mL)	≤100	
耐热大肠菌群 /g(或 mL)	不得检出	
金黄色葡萄球菌 /g(或 mL)	不得检出	
铜绿假单胞菌 /g(或 mL)	不得检出	

3.4　有害物质限值要求

化妆品中有害物质不得超过表 2 中规定的限值。

表 2　化妆品中有害物质限值

有害物质	限值（mg/kg）	备注
汞	1	含有机汞防腐剂的眼部化妆品除外
铅	10	
砷	2	
镉	5	
甲醇	2000	
二噁烷	30	
石棉	不得检出*	

3.5　包装材料要求

直接接触化妆品的包装材料应当安全，不得与化妆品发生化学反应，不得迁移或释放对人体产生危害的有毒有害物质。

3.6　标签要求

3.6.1　凡化妆品中所用原料按照本技术规范需在标签上标印使用条件和注意事项的，应按相应要求标注。

3.6.2　其他要求应符合国家有关法律法规和规章标准要求。

3.7　儿童用化妆品要求

3.7.1　儿童用化妆品在原料、配方、生产过程、标签、使用方式和质量安全控制等方面除满足正常的化妆品安全性要求外，还应满足相关特定的要求，以保证产品的安全性。

3.7.2　儿童用化妆品应在标签中明确适用对象。

3.8　原料要求

3.8.1　化妆品原料应经安全性风险评估，确保在正常、合理及可预见的使用条件下，不得对人体健康产生危害。

3.8.2　化妆品原料质量安全要求应符合国家相应规定，并与生产工艺和检测技术所达到的水平相适应。

3.8.3　原料技术要求内容包括化妆品原料名称、登记号（CAS 号和 / 或 EINECS 号、INCI 名称、拉丁学名等）、使用目的、适用范围、规格、检测方法、可能存在的安全性风险物质及其控制措施等内容。

3.8.4　化妆品原料的包装、储运、使用等过程，均不得对化妆品原料造成污染。

直接接触化妆品原料的包装材料应当安全，不得与原料发生化学反应，不得迁移或释放

对人体产生危害的有毒有害物质。

对有温度、相对湿度或其他特殊要求的化妆品原料应按规定条件储存。

3.8.5　化妆品原料应能通过标签追溯到原料的基本信息（包括但不限于原料标准中文名称、INCI 名称、CAS 号和 / 或 EINECS 号）、生产商名称、纯度或含量、生产批号或生产日期、保质期等中文标识。

属于危险化学品的化妆品原料，其标识应符合国家有关部门的规定。

3.8.6　动植物来源的化妆品原料应明确其来源、使用部位等信息。

动物脏器组织及血液制品或提取物的化妆品原料，应明确其来源、质量规格，不得使用未在原产国获准使用的此类原料。

3.8.7　使用化妆品新原料应符合国家有关规定。

第二章

化妆品禁限用组分

1 化妆品禁用组分(1)(2)(表 1)

(按英文字母顺序排列)

序号	中文名称	英文名称
1	1-(1- 萘基甲基)喹啉嗡	1-(1-Naphthylmethyl)quinolinium(CAS No.65322-65-8)
2	1-((3- 氨丙基)氨基)-4-(甲氨基)蒽醌及其盐类	1-((3-Aminopropyl)amino)-4-(methylamino)anthraquinone (CAS No.22366-99-0) and its salts
3	1-(4- 氯苯基)-4,4- 二甲基 -3-(1,2,4- 三唑 -1- 基甲基)戊 -3- 醇	1-(4-Chlorophenyl)-4,4-dimethyl-3-(1,2,4-triazol-1-ylmethyl) pentan-3-ol(CAS No.107534-96-3)
4	1-(4- 甲氧基苯基)-1- 戊烯 -3- 酮	1-(4-Methoxyphenyl)-1-penten-3-one(α-Methylanisylideneacetone) (CAS No.104-27-8)
5	1,1,2- 三氯乙烷	1,1,2-Trichloroethane(CAS No.79-00-5)
6	1,1,3,3,5- 五甲基 -4,6- 二硝基茚满(伞花麝香)	1,1,3,3,5-Pentamethyl-4,6-dinitroindane(Moskene)(CAS No.116-66-5)
7	硫酸((1,1'- 联苯)-4,4'- 二基)二铵	((1,1'-Biphenyl)-4,4'-diyl)diammonium sulfate(CAS No.531-86-2)
8	苯甲酸(1,1- 双(二甲氨基甲基))丙酯(戊胺卡因,阿立平)及其盐类	1,1-Bis(dimethylaminomethyl)propyl benzoate(amydricaine, alypine)(CAS No.963-07-5) and its salts
9	1,2,3,4,5,6- 六氯环己烷	1,2,3,4,5,6-Hexachlorocyclohexanes(BHC-ISO)(CAS No.58-89-9)
10	1,2,3- 三氯丙烷	1,2,3-Trichloropropane(CAS No.96-18-4)
11	1,2,4- 苯三酚三乙酸酯及其盐类	1,2,4-Benzenetriacetate and its salts(CAS No.613-03-6)
12	1,2,4- 三唑	1,2,4-Triazole(CAS No.288-88-0)
13	1,2- 苯基二羧酸支链和直链二 C_{7-11} 基酯	1,2-Benzenedicarboxylic acid di-C_{7-11}, branched and linear alkylesters(CAS No.68515-42-4)

续表

序号	中文名称	英文名称
14	1,2-苯基二羧酸支链和直链二戊基酯,正戊基异戊基邻苯二甲酸酯,双正戊基邻苯二甲酸酯,双异戊基邻苯二甲酸酯	1,2-Benzenedicarboxylic acid, dipentylester, branched and linear(CAS No.84777-06-0), n-Pentyl-isopentylphthalate, di-n-Pentyl phthalate(CAS No.131-18-0), Diisopentylphthalate(CAS No.605-50-5)
15	1,2-双(2-甲氧乙氧基)乙烷;三乙二醇二甲醚	1,2-bis(2-Methoxyethoxy)ethane; Triethylene glycol dimethyl ether(TEGDME)(CAS No.112-49-2)
16	1,2-二溴-3-氯丙烷	1,2-Dibromo-3-chloropropane(CAS No.96-12-8)
17	1,2-二溴乙烷	1,2-Dibromoethane(CAS No.106-93-4)
18	1,2-环氧-3-苯氧基丙烷	1,2-Epoxy-3-phenoxypropane(Phenylglycidyl ether)(CAS No.122-60-1)
19	1,2-环氧丁烷	1,2-Epoxybutane(CAS No.106-88-7)
20	1,3-苯二胺,4-甲基-6-(苯偶氮基)-及其盐类	1,3-Benzenediamine, 4-methyl-6-(phenylazo)-(CAS No.4438-16-8) and its salts
21	1,3,5-三羟基苯(间苯三酚)及其盐类	1,3,5-Trihydroxybenzene(Phloroglucinol)(CAS No.108-73-6) and its salts
22	1,3,5-三-((2S 和 2R)-2,3-环氧丙基)-1,3,5 三嗪-2,4,6-(1H,3H,5H)-三酮	1,3,5-tris-((2S and 2R)-2,3-Epoxypropyl)-1,3,5-triazine-2,4,6-(1H,3H,5H)-trione(Teroxirone)(CAS No 59653-74-6)
23	1,3,5-三(环氧乙基甲基)-1,3,5-三嗪-2,4,6(1H,3H,5H)三酮	1,3,5-Tris(oxiranylmethyl)-1,3,5-triazine-2,4,6(1H,3H,5H)-trione(TGIC)(CAS No.2451-62-9)
24	1,3-双(乙烯基磺酰基乙酰氨基)-丙烷	1,3-bis(Vinylsulfonylacetamido)-propane(CAS No.93629-90-4)
25	1,3-二氯-2-丙醇	1,3-Dichloropropan-2-ol(CAS No.96-23-1)
26	1,3-二甲基戊胺及其盐类	1,3-Dimethylpentylamine(CAS No.105-41-9) and its salts
27	1,3-二苯胍	1,3-Diphenylguanidine(CAS No.102-06-7)
28	1,3-丙磺酸内酯	1,3-Propanesultone(CAS No.1120-71-4)
29	1,4,5,8-四氨基蒽醌(分散蓝 1)	1,4,5,8-Tetraaminoanthraquinone(Disperse Blue 1)(CAS No.2475-45-8)
30	1,4-二氨基-2-甲氧基-9,10-蒽醌(分散红 11)及其盐类	1,4-Diamino-2-methoxy-9,10-anthracenedione(Disperse Red 11)(CAS No.2872-48-2) and its salts
31	1,4-二氯苯(对二氯苯)	1,4-Dichlorobenzene(p-Dichlorobenzene)(CAS No.106-46-7)
32	1,4-二氯-2-丁烯	1,4-Dichlorobut-2-ene(CAS No.764-41-0)
33	1,4-二羟基-5,8-双((2-羟乙基)氨基)蒽醌(分散蓝 7)及其盐类	1,4-Dihydroxy-5,8-bis((2-hydroxyethyl)amino)anthraquinone(Disperse Blue 7)(CAS No.3179-90-6) and its salts
34	氢醌	1,4-Dihydroxybenzene(Hydroquinone)
35	1,7-萘二酚	1,7-Naphthalenediol(CAS No.575-38-2)

续表

序号	中文名称	英文名称
36	11-a- 羟基孕（甾）-4- 烯 -3，20- 二酮（羟基孕甾烯醇酮）及其酯类	11-a-Hydroxypregn-4-ene-3，20-dione（CAS No.80-75-1）and its esters
37	1- 氨基 -4-（（4-（（二甲氨基）甲基）苯基）氨基）蒽醌及其盐类	1-Amino-4-（（4-（（dimethylamino）methyl）phenyl）amino）anthraquinone and its salts（CAS No.67905-56-0/CAS No.12217-43-5）
38	1- 氨基 -4-（甲氨基）-9，10- 蒽醌（分散紫 4）及其盐类	1-Amino-4-（methylamino）-9，10-anthracenedione（Disperse Violet 4）（CAS No.1220-94-6）and its salts
39	1- 萘胺和 2- 萘胺及它们的盐类	1-and 2-Naphthylamines（CAS No.134-32-7/CAS No.91-59-8）and their salts
40	1- 溴 -3，4，5- 三氟苯	1-Bromo-3，4，5-trifluorobenzene（CAS No.138526-69-9）
41	1- 溴丙烷（正丙基溴化物）	1-Bromopropane（n-Propyl bromide）（CAS No.106-94-5）
42	1- 丁基 -3-（N- 巴豆酰对氨基苯磺酰）脲	1-Butyl-3-（N-crotonoylsulphanilyl）urea（CAS No.52964-42-8）
43	1- 氯 -2，3- 环氧丙烷	1-Chloro-2，3-epoxypropane（Epichlorohydrin）（CAS No.106-89-8）
44	1- 氯 -4- 硝基苯	1-Chloro-4-nitrobenzene（CAS No.100-00-5）
45	1- 二甲基氨基甲基 -1- 甲基丙基苯甲酸（阿米卡因）及其盐类	1-Dimethylaminomethyl-1-methylpropyl benzoate（amylocaine）（CAS No.644-26-8）and its salts
46	1- 乙基 -1- 甲基吗啉溴化物	1-Ethyl-1-methylmorpholinium bromide（CAS No.65756-41-4）
47	溴化 1- 乙基 -1- 甲基吡咯烷鎓（盐）	1-Ethyl-1-methylpyrrolidinium bromide（CAS No.69227-51-6）
48	1- 羟基 -2，4- 二氨基苯（2，4- 二氨基苯酚）及其盐酸盐	1-Hydroxy-2，4-diaminobenzene（2，4-Diaminophenol）（CAS No.95-86-3）and its dihydrochloride salt（2，4-Diaminophenol HCl）（CAS No.137-09-7）
49	1- 甲氧基 -2，4- 二氨基苯（2，4- 二氨基茴香 -CI 76050）及其盐类	1-Methoxy-2，4-diaminobenzene（2，4-diaminoanisole-CI 76050）（CAS No.615-05-4）and its salts
50	1- 甲氧基 -2，5- 二氨基苯（2，5- 二氨基茴香）及其盐类	1-Methoxy-2，5-diaminobenzene（2，5-diaminoanisole）（CAS No.5307-02-8）and its salts
51	1- 甲基 -2，4，5- 三羟基苯及其盐类	1-Methyl-2，4，5-trihydroxybenzene（CAS No.1124-09-0）and its salts
52	1- 甲基 -3- 硝基 -1- 亚硝基胍	1-Methyl-3-nitro-1-nitrosoguanidine（CAS No.70-25-7）
53	异艾氏剂	（1R，4S，5R，8S）-1，2，3，4，10，10-Hexachloro-1，4，4a，5，8，8a-hexahydro-1，4：5，8-dimethanonaphthalene（isodrin-ISO）（CAS No.465-73-6）
54	异狄氏剂	（1R，4S，5R，8S）-1，2，3，4，10，10-Hexachloro-6，7-epoxy-1，4，4a，5，6，7，8，8a-octahydro-1，4：5，8-dimethano-naphthalene（endrin-ISO）（CAS No.72-20-8）

续表

序号	中文名称	英文名称
55	1-乙烯基-2-吡咯烷酮	1-Vinyl-2-pyrrolidone (CAS No.88-12-0)
56	2-((4-氯-2-硝基苯基)氨基)乙醇(HC黄No.12)及其盐类	2-((4-chloro-2-nitrophenyl) amino) ethanol (HC Yellow No.12) (CAS No.59320-13-7) and its salts
57	颜料黄73(2-((4-氯-2-硝基苯基)偶氮)-N-(2-甲氧基苯基)-3-氧代丁酰胺)及其盐类	2-((4-Chloro-2-nitrophenyl) azo)-N-(2-methoxyphenyl)-3-oxobutanamide (Pigment Yellow 73) (CAS No.13515-40-7) and its salts
58	氯鼠酮	2-(2-(4-Chlorophenyl)-2-phenylacetyl) indane-1,3-dione (chlorophacinone-ISO) (CAS No.3691-35-8)
59	(+/−)-2-(2,4-二氯苯基)-3-(1H-1,2,4-三唑-1-基)丙基-1,1,2,2-四氟乙醚	(+/−)-2-(2,4-Dichlorophenyl)-3-(1H-1,2,4-triazol-1-yl) propyl-1,1,2,2-tetrafluoroethylether (Tetraconazole (ISO)) (CAS No.112281-77-3)
60	2-(2-羟基-3-(2-氯苯基)氨基甲酰-1-萘基偶氮)-7-(2-羟基-3-(3-甲基苯基)-氨基甲酰-1-萘基偶氮)-芴-9-酮	2-(2-Hydroxy-3-(2-chlorophenyl) carbamoyl-1-naphthylazo)-7-(2-hydroxy-3-(3-methylphenyl) carbamoyl-1-naphthylazo) fluoren-9-one (EC No.420-580-2)
61	2-(2-甲氧基乙氧基)乙醇	2-(2-Methoxyethoxy) ethanol (Diethylene glycol monomethyl ether; DEGME) (CAS No.111-77-3)
62	2-(4-烯丙基-2-甲氧苯氧基)-N,N-二乙基乙酰胺及其盐类	2-(4-Allyl-2-methoxyphenoxy)-N, N-diethylacetamide (CAS No.305-13-5) and its salts
63	2-(4-甲氧苄基-N-(2-吡啶基)氨基)乙基二甲胺马来酸盐	2-(4-Methoxybenzyl-N-(2-pyridyl) amino) ethyldimethylamine maleate (Mepyramine maleate; pyrilamine maleate) (CAS No.59-33-6)
64	2-(4-叔-丁苯基)乙醇	2-(4-tert-Butylphenyl) ethanol (CAS No.5406-86-0)
65	颜料黄12(2,2'-((3,3'-二氯(1,1'-双苯基)-4,4'-二基)双(偶氮))双(3-氧代-N-苯基丁酰胺))及其盐类	2,2'-((3,3'-Dichloro (1,1'-biphenyl)-4,4'-diyl) bis (azo)) bis (3-oxo-N-phenylbutanamide) (Pigment Yellow 12) (CAS No.6358-85-6) and its salts
66	分散棕1(2,2'-((3-氯-4-((2,6-二氯-4-硝基酚)偶氮)苯基)亚氨基)双乙醇)及其盐类	2,2'-((3-Chloro-4-((2,6-dichloro-4-nitrophenyl) azo) phenyl) imino) bisethanol (Disperse Brown 1) (CAS No.23355-64-8) and its salts
67	2,2'-(1,2-亚乙烯基)双(5-((4-乙氧基苯基)偶氮)苯磺酸)及其盐类	2,2'-(1,2-Ethenediyl) bis (5-((4-ethoxyphenyl) azo) benzenesulfonic acid) (CAS No.2870-32-8) and its salts
68	2,2,2-三溴乙醇	2,2,2-Tribromoethanol (tribromoethyl alcohol) (CAS No.75-80-9)
69	2,2,2-三氯乙-1,1-二醇	2,2,2-Trichloroethane-1,1-diol (CAS No.302-17-0)
70	2,2,6-三甲基-4-哌啶基苯甲酸(苯扎明)及其盐类	2,2,6-Trimethyl-4-piperidyl benzoate (benzamine) (CAS No.500-34-5) and its salts
71	2,2'-二环氧乙烷	2,2'-Bioxirane (1,2:3,4-Diepoxybutane) (CAS No 1464-53-5)

续表

序号	中文名称	英文名称
72	2,2-二溴-2-硝基乙醇	2,2-Dibromo-2-nitroethanol(CAS No.69094-18-4)
73	2,3,4-三氯-1-丁烯	2,3,4-Trichlorobut-1-ene(CAS No.2431-50-7)
74	2,3,7,8-四氯二苯并对二噁英	2,3,7,8-Tetrachlorodibenzo-p-dioxin(TCDD)(CAS No.1746-01-6)
75	2,3-二溴-1-丙醇	2,3-Dibromopropan-1-ol(CAS No.96-13-9)
76	2,3-二氯-2-甲基丁烷	2,3-Dichloro-2-methylbutane(CAS No.507-45-9)
77	2,3-二氯丙烯	2,3-Dichloropropene(CAS No.78-88-6)
78	2,3-二氢化-2,2-二甲基-6-((4-(苯偶氮基)-1-萘基)偶氮)-1H-嘧啶(溶剂黑3)及其盐类	2,3-Dihydro-2,2-dimethyl-6-((4-(phenylazo)-1-naphthalenyl)azo)-1H-pyrimidine(Solvent Black 3)(CAS No.4197-25-5) and its salts
79	2,3-二硝基甲苯	2,3-Dinitrotoluene(CAS No.602-01-7)
80	2,3-环氧-1-丙醇	2,3-Epoxypropan-1-ol(Glycidol)(CAS No.556-52-5)
81	2,3-环氧丙基邻甲苯基醚	2,3-Epoxypropyl o-tolyl ether(CAS No.2210-79-9)
82	2,3-二羟基萘	2,3-Naphthalenediol(CAS No.92-44-4)
83	2,4-二硝基甲苯;工业级的二硝基甲苯	2,4-Dinitrotoluene;Dinitrotoluene,technical grade(CAS No.121-14-2/CAS No.25321-14-6)
84	2,4,5-三甲基苯胺;2,4,5-三甲基苯胺盐酸盐	2,4,5-Trimethylaniline(CAS No.137-17-7),2,4,5-Trimethylaniline hydrochloride(CAS No.21436-97-5)
85	2,4,6-三氯苯酚	2,4,6-Trichlorophenol(CAS No.88-06-2)
86	2,4-二氨基-5-甲基苯乙醚及其盐酸盐	2,4-Diamino-5-methylphenetol and its HCl salt(CAS No.113715-25-6)
87	2,4-二氨基-5-甲基苯氧基乙醇及其盐类	2,4-Diamino-5-methylphenoxyethanol and its salts(CAS No.141614-05-3/CAS No.113715-27-8)
88	2,4-二氨基二苯基胺	2,4-Diaminodiphenylamine(CAS No.136-17-4)
89	2,4-二氨基苯乙醇及其盐类	2,4-Diaminophenylethanol(CAS No.14572-93-1)and its salts
90	2,4-二羟基-3-甲基苯甲醛	2,4-Dihydroxy-3-methylbenzaldehyde(CAS No.6248-20-0)
91	2,5-二硝基甲苯	2,5-Dinitrotoluene(CAS No.619-15-8)
92	2,6-双(2-羟乙氧基)-3,5-吡啶二胺及其盐酸盐	2,6-Bis(2-Hydroxyethoxy)-3,5-Pyridinediamine(CAS No.117907-42-3)and its HCl salt
93	辛酸2,6-二溴-4-氰苯酯	2,6-Dibromo-4-cyanophenyl octanoate(CAS No.1689-99-2)
94	2,6-二羟基-4-甲基吡啶及其盐类	2,6-Dihydroxy-4-methylpyridine(CAS No.4664-16-8)and its salts
95	(2,6-二甲基-1,3-二噁烷-4-基)乙酸酯	2,6-Dimethyl-1,3-dioxan-4-yl acetate(dimethoxane)(CAS No.828-00-2)
96	2,6-二硝基甲苯	2,6-Dinitrotoluene(CAS No.606-20-2)

续表

序号	中文名称	英文名称
97	2,7-萘二磺酸,5-(乙酰胺)-4-羟基-3-((2-甲苯基)偶氮)-及其盐类	2,7-Naphthalenedisulfonic acid,5-(acetylamino)-4-hydroxy-3-((2-methylphenyl)azo)-(CAS No.6441-93-6) and its salts
98	2-(4-(2-氨丙基氨基)-6-(4-羟基-3-(5-甲基-2-甲氧基-4-氨磺酰苯基偶氮)-2-磺化萘-7-基氨基)-1,3,5-三嗪基氨基)-2-氨基丙基甲酸盐	2-(4-(2-Ammoniopropylamino)-6-(4-hydroxy-3-(5-methyl-2-methoxy-4-sulfamoylphenylazo)-2-sulfonatonaphth-7-ylamino)-1,3,5-triazin-2-ylamino)-2-aminopropyl formate(EC No.424-260-3)
99	乙酰胆碱及其盐类	(2-Acetoxyethyl)trimethylammonium(acetylcholine)(CAS No.51-84-3) and its salts
100	2-氨基-1,2-双(4-甲氧苯基)乙醇及其盐类	2-Amino-1,2-bis(4-methoxyphenyl)ethanol(CAS No.530-34-7) and its salts
101	2-氨基-3-硝基酚及其盐类	2-Amino-3-nitrophenol(CAS No.603-85-0) and its salts
102	2-氨基-4-硝基苯酚	2-Amino-4-nitrophenol(CAS No.99-57-0)
103	2-氨基-5-硝基苯酚	2-Amino-5-nitrophenol(CAS No.121-88-0)
104	2-氨基甲基对氨基苯酚及其盐酸盐	2-Aminomethyl-p-aminophenol and its HCl salt(CAS No.79352-72-0)
105	邻氨基苯酚及其盐类	2-Aminophenol(o-Aminophenol;CI 76520) and its salts(CAS No.95-55-6/CAS No.67845-79-8/CAS No.51-19-4)
106	2-溴丙烷	2-Bromopropane(CAS No.75-26-3)
107	2-丁酮肟	2-Butanone oxime(CAS No.96-29-7)
108	2-氯-5-硝基-N-羟乙基对苯二胺及其盐类	2-Chloro-5-nitro-N-hydroxyethyl-p-phenylenediamine(CAS No.50610-28-1) and its salts
109	2-氯-6-甲基嘧啶-4-基二甲基胺(杀鼠嘧啶)	2-Chloro-6-methylpyrimidin-4-yldimethylamine(crimidine-ISO)(CAS No.535-89-7)
110	3-羟基-4-苯基苯甲酸-2-二乙氨乙基酯(珍尼柳酯)及其盐类	2-Diethylaminoethyl 3-hydroxy-4-phenylbenzoate(Xenysalate)(INN))(CAS No.3572-52-9) and its salts
111	2-乙氧基乙醇及其乙酸酯	2-Ethoxyethanol and its acetate(2-Ethoxyethyl acetate)(CAS No.110-80-5/CAS No.111-15-9)
112	2-乙基己酸	2-Ethylhexanoic acid(CAS No.149-57-5)
113	乙酸2-乙基己基(((3,5-双(1,1-二甲基乙基)-4-羟苯基)-甲基)-硫代)酯	2-Ethylhexyl(((3,5-bis(1,1-dimethylethyl)-4-hydroxyphenyl)-methyl)thio)acetate(CAS No.80387-97-9)
114	(2-异丙基戊-4-烯酰基)脲	(2-Isopropylpent-4-enoyl)urea(apronalide)(CAS No.528-92-7)
115	4-硝基-2-甲氧基苯酚(4-硝基愈创木酚)及其盐类	2-Methoxy-4-nitrophenol(4-Nitroguaiacol)(CAS No.3251-56-7) and its salts
116	2-甲氧基乙醇及其乙酸酯	2-Methoxyethanol and its acetate(2-Methoxyethyl acetate)(CAS No.109-86-4/CAS No.110-49-6)

续表

序号	中文名称	英文名称
117	2-甲氧基甲基对氨基苯酚	2-Methoxymethyl-p-Aminophenol and its HCl salt（CAS No.135043-65-1/CAS No.29785-47-5）
118	2-甲氧基丙醇及其乙酸酯	2-Methoxypropanol and its acetate（2-Methoxypropyl acetate）（CAS No 1589-47-5/CAS No.70657-70-4）
119	2-甲基氮丙啶	2-Methylaziridine（CAS No.75-55-8）
120	2-甲基庚胺及其盐类	2-Methylheptylamine（CAS No.540-43-2）and its salts
121	二异氰酸2-甲基-间-亚苯酯（甲苯-2,6-二异氰酸酯）	2-Methyl-m-phenylene diisocyanate（Toluene 2,6-diisocyanate）（CAS No.91-08-7）
122	2-甲基-间苯二胺（甲苯-2,6-二胺）	2-Methyl-m-phenylenediamine（Toluene-2,6-diamine）（CAS No.823-40-5）
123	2-萘磺酸,7-（苯甲酰氨基）-4-羟基-3-（（4-（（4-磺酸苯基）偶氮）苯基）偶氮）-及其盐	2-Naphthalenesulfonic acid,7-（benzoylamino）-4-hydroxy-3-（（4-（（4-sulfophenyl）azo）phenyl）azo）-（CAS No.2610-11-9）and its salts
124	2-萘磺酸,7,7'-（羰二亚氨基）双4-羟基-3-（（2-硫代-4-（（4-磺酸苯基）偶氮）苯基）偶氮）-及其盐类	2-Naphthalenesulfonic acid,7,7'-（carbonyldiimino）bis 4-hydroxy-3-（（2-sulfo-4-（（4-sulfophenyl）azo）phenyl）azo）-（CAS No.2610-10-8/CAS No.25188-41-4）and its salts
125	2-萘酚	2-Naphthol（CAS No.135-19-3）
126	2-硝基茴香醚	2-Nitroanisole（CAS No.91-23-6）
127	2-硝基萘	2-Nitronaphthalene（CAS No.581-89-5）
128	2-硝基-N-羟乙基对茴香胺及其盐类	2-Nitro-N-hydroxyethyl-p-anisidine（CAS No.57524-53-5）and its salts
129	2-硝基对苯二胺及其盐类	2-Nitro-p-phenylenediamine and its salts（CAS No.5307-14-2/18266-52-9）
130	2-硝基丙烷	2-Nitropropane（CAS No.79-46-9）
131	2-硝基甲苯	2-Nitrotoluene（CAS No.88-72-2）
132	2-亚戊基环己酮	2-Pentylidenecyclohexanone（CAS No.25677-40-1）
133	（2RS,3RS）-3-（2-氯苯基）-2-（4-氟苯基）-（（1H-1,2,4-三吡咯-1-基）甲基）环氧乙烷（氟环唑）	（2RS,3RS）-3-（2-Chlorophenyl）-2-（4-fluorophenyl）-（1H-1,2,4-triazol-1-yl）methyl）oxirane（Epoxiconazole）（CAS No.133855-98-8）
134	3-（（2-硝基-4-（三氟甲基）苯基）氨基）丙烷-1,2-二酮（HC黄No.6）及其盐类	3-（（2-nitro-4-（trifluoromethyl）phenyl）amino）propane-1,2-diol（HC Yellow No.6）（CAS No.104333-00-8）and its salts
135	3-（（4-（（2-羟乙基）甲氨基）-2-硝基苯基）氨基）-1,2-丙二醇及其盐类	3-（（4-（（2-Hydroxyethyl）Methylamino）-2-Nitrophenyl）Amino）-1,2-Propanediol and its salts（CAS No.173994-75-7/CAS No.102767-27-1）

续表

序号	中文名称	英文名称
136	3-((4-(乙酰氨基)苯基)偶氮)-4-羟基-7-((((5-羟基-6-(苯偶氮基)-7-硫代-2-萘基)氨基)羰基)氨基)-2-萘磺酸及其盐类	3-((4-(Acetylamino) phenyl) azo)-4-hydroxy-7-((((5-hydroxy-6-(phenylazo)-7-sulfo-2-naphthalenyl) amino) carbonyl) amino)-2-naphthalenesulfonic acid (CAS No.3441-14-3) and its salts
137	3-((4-(乙基(2-羟乙基)氨基)-2-硝基苯基)氨基)-1,2-丙二醇及其盐类	3-((4-(Ethyl(2-Hydroxyethyl) Amino)-2-Nitrophenyl) Amino)-1,2-Propanediol and its salts (CAS No.114087-41-1/CAS No.114087-42-2)
138	3-(1-萘基)-4-羟基香豆素	3-(1-Naphthyl)-4-hydroxycoumarin (CAS No.39923-41-6)
139	3-(4-氯苯基)-1,1-二甲基尿素三氯乙酸盐(灭草隆-TCA)	3-(4-Chlorophenyl)-1,1-dimethyluronium trichloroacetate (monuron-TCA)(CAS No.140-41-0)
140	3-(4-异丙苯基)-1,1-二甲脲	3-(4-Isopropylphenyl)-1,1-dimethylurea (Isoproturon-ISO) (CAS No.34123-59-6)
141	3,3'-(磺酰基双(2-硝基-4,1-亚苯基)亚氨基)双(6-(苯胺基))苯磺酸及其盐类	3,3'-(Sulfonylbis(2-nitro-4,1-phenylene) imino) bis(6-(phenylamino)) benzenesulfonic acid (CAS No.6373-79-1) and its salts
142	3,3'-二氯联苯胺	3,3'-Dichlorobenzidine (CAS No.91-94-1)
143	3,3'-二氯联苯胺二盐酸盐	3,3'-Dichlorobenzidine dihydrochloride (CAS No.612-83-9)
144	二硫酸二氢 3,3'-二氯联苯胺	3,3'-Dichlorobenzidine dihydrogen bis(sulfate)(CAS No.64969-34-2)
145	3,3'-二氯联苯胺硫酸盐	3,3'-Dichlorobenzidine sulfate (CAS No.74332-73-3)
146	3,3'-二甲氧基联苯胺及其盐类	3,3'-Dimethoxybenzidine (ortho-Dianisidine)(CAS No.119-90-4) and its salts
147	二硫酸氢(3,3'-二甲基(1,1'-联苯)-4,4'-二基)二铵	(3,3'-Dimethyl(1,1'-biphenyl)-4,4'-diyl) diammonium bis (hydrogen sulfate)(CAS No.64969-36-4)
148	3,3-二(4-羟基苯基)2-苯并[c]呋喃酮(酚酞)	3,3-Bis(4-hydroxyphenyl) phthalide (Phenolphthalein)(CAS No.77-09-8)
149	三溴沙仑	3,4',5-Tribromosalicylanilide (Tribromsalan (INN))(CAS No.87-10-5)
150	3,4,5-三甲氧苯乙基胺及其盐类	3,4,5-Trimethoxyphenethylamine (Mescaline)(CAS No.54-04-6) and its salts
151	3,4-二氨基苯甲酸	3,4-Diaminobenzoic acid (CAS No.619-05-6)
152	3,4-二氢-2-甲氧基-2-甲基-4-苯基-2H-5H 吡咯[3,2-c]-[1]苯并吡喃-5-酮(环香豆素)	3,4-Dihydro-2-methoxy-2-methyl-4-phenyl-2H,5H-pyrano[3,2-c]-[1]benzopyran-5-one (cyclocoumarol)(CAS No.518-20-7)
153	3,4-二氢香豆素	3,4-Dihydrocoumarine (CAS No.119-84-6)
154	3,4-二硝基甲苯	3,4-Dinitrotoluene (CAS No.610-39-9)

续表

序号	中文名称	英文名称
155	3,4-亚甲二氧基苯胺(胡椒胺)及其盐类	3,4-Methylenedioxyaniline (CAS No.14268-66-7) and its salts
156	3,4-亚甲二氧基苯酚(芝麻酚)及其盐类	3,4-Methylenedioxyphenol (CAS No.533-31-3) and its salts
157	3,5,5-三甲基环-2-己烯酮	3,5,5-Trimethylcyclohex-2-enone (Isophorone) (CAS No.78-59-1)
158	3,5-二溴-4-羟基苄腈(溴苯腈);溴苯腈庚酸酯	(3,5-Dibromo-4-hydroxybenzonitrile) Bromoxynil (ISO) and Bromoxynil heptanoate (ISO) (CAS No.1689-84-5/CAS No.56634-95-8)
159	3(或5)-((4-((7-氨基-1-羟基-3-磺基-2-萘基)偶氮)-1-萘基)偶氮)水杨酸及其盐类	3 (or 5)-((4-((7-amino-1-hydroxy-3-sulfonato-2-naphthyl) azo)-1-naphthyl) azo) salicylic acid (CAS No.3442-21-5/CAS No.34977-63-4) and its salts
160	3(或5)-((4-(苯甲基甲氨基)苯基)偶氮)-1,2-(或1,4)-二甲基-1H-1,2,4-三唑鎓及其盐类	3 (or 5)-((4-(Benzylmethylamino) phenyl) azo)-1,2-(or 1,4)-dimethyl-1H-1,2,4-triazolium (CAS No.89959-98-8/CAS No.12221-69-1) and its salts
161	3,5-二硝基甲苯	3,5-Dinitrotoluene (CAS No.618-85-9)
162	3,6,10-三甲基-3,5,9-十一碳三烯-2-酮	3,6,10-Trimethyl-3,5,9-undecatrien-2-one (Pseudo-Isomethyl ionone) (CAS No.1117-41-5)
163	3,7-二甲基辛烯醇(6,7-二氢牻牛儿醇)	3,7-Dimethyl-2-octen-1-ol (6,7-Dihydrogeraniol) (CAS No.40607-48-5)
164	3'-乙基-5',6',7',8'-四氢-5',5',8',8'-四甲基-2'-乙酰萘或7-乙酰基-6-乙基-1,1,4,4-四甲基-1,2,3,4-四羟萘酚(AETT;Versalide)	3'-Ethyl-5',6',7',8'-tetrahydro-5',5',8',8'-tetramethyl-2'-acetonaphthone or 7-acetyl-6-ethyl-1,1,4,4-tetramethyl-1,2,3,4-tetrahydronaphtalen (AETT; Versalide) (CAS No.88-29-9)
165	(3-氯苯基)-(4-甲氧基-3-硝基苯基)-2-甲基环乙酮	(3-Chlorophenyl)-(4-methoxy-3-nitrophenyl) methanone (CAS No.66938-41-8)
166	肉桂酸-3-(二乙)氨基丙酯	3-Diethylaminopropyl cinnamate (CAS No.538-66-9)
167	3-乙基-2-甲基-2-(3-甲基丁基)-1,3-氧氮杂环戊烷	3-Ethyl-2-methyl-2-(3-methylbutyl)-1,3-oxazolidine (CAS No.143860-04-2)
168	3-羟基-4-((2-羟基萘基)偶氮)-7-硝基萘-1-磺酸及其盐类	3-Hydroxy-4-((2-hydroxynaphthyl) azo)-7-nitronaphthalene-1-sulfonic acid and its salts (CAS No.16279-54-2/CAS No 5610-64-0)
169	3H-吲哚鎓,2-(((4-甲氧基苯基)甲基亚肼基)甲基)-1,3,3-三甲基-及其盐类	3H-Indolium, 2-(((4-methoxyphenyl) methylhydrazono) methyl)-1,3,3-trimethyl-(CAS No.54060-92-3) and its salts
170	3H-吲哚鎓,2-(2-((2,4-二甲氧基苯基)氨基)乙基)-1,3,3-三甲基-及其盐类	3H-Indolium, 2-(2-((2,4-dimethoxyphenyl) amino) ethenyl)-1,3,3-trimethyl-(CAS No.4208-80-4) and its salts

续表

序号	中文名称	英文名称
171	3-咪唑-4-基丙烯酸(尿刊酸)及其乙酯	3-Imidazol-4-ylacrylic acid and its ethyl ester(urocanic acid)(CAS No.104-98-3/CAS No.27538-35-8)
172	3-(N-甲基-N-(4-甲氨基-3-硝基苯基)氨基)丙烷-1,2-二酮及其盐类	3-(N-Methyl-N-(4-methylamino-3-nitrophenyl)amino)propane-1,2-diol(CAS No.93633-79-5)and its salts
173	3-硝基-4-氨基苯氧基乙醇及其盐类	3-Nitro-4-aminophenoxyethanol(CAS No.50982-74-6)and its salts
174	4-((4-硝基苯基)偶氮)苯胺(分散橙3)及其盐类	4-((4-Nitrophenyl)azo)aniline(Disperse Orange 3)and its salts(CAS No.730-40-5)
175	4-(4-(1,3-二羟基丙-2-基)苯氨基)-1,8-二羟基-5-硝基蒽醌	4-(4-(1,3-Dihydroxyprop-2-yl)phenylamino)-1,8-dihydroxy-5-nitroanthraquinone(CAS No.114565-66-1)
176	4-(4-甲氧基苯基)-2-丁烯-2-酮	4-(4-Methoxyphenyl)-3-butene-2-one(Anisylidene acetone)(CAS No.943-88-4)
177	4,4'-((4-甲基-1,3-亚苯基)双(偶氮))双(6-甲基-1,3-苯二胺)(碱性棕4)及其盐类	4,4'-((4-Methyl-1,3-phenylene)bis(azo))bis(6-methyl-1,3-benzenediamine)(Basic Brown 4)(CAS No.4482-25-1)and its salts
178	4,4'-(4-亚氨基-2,5-亚环己二烯基亚甲基)双苯胺盐酸盐	4,4'-(4-Iminocyclohexa-2,5-dienylidenemethylene)dianiline hydrochloride(CAS No.569-61-9)
179	4,4'-二邻甲苯胺	4,4'-Bi-o-toluidine(ortho-Tolidine)(CAS No.119-93-7)
180	4,4'-二邻甲苯胺二盐酸盐	4,4'-Bi-o-toluidine dihydrochloride(CAS No.612-82-8)
181	4,4'-二邻甲苯胺硫酸盐	4,4'-Bi-o-toluidine sulfate(CAS No.74753-18-7)
182	4,4'-双(二甲基氨基)苯甲酮	4,4'-bis(Dimethylamino)benzophenone(Michler's ketone)(CAS No.90-94-8)
183	4,4'-碳亚氨基双(N,N-二甲基苯胺)及其盐类	4,4'-Carbonimidoyl bis(N,N-dimethylaniline)(CAS No.492-80-8)and its salts
184	4,4'-二羟基-3,3'-(3-甲基硫代亚丙基)双香豆素	4,4'-Dihydroxy-3,3'-(3-methylthiopropylidene)dicoumarin
185	4,4'-异丁基亚乙基联苯酚	4,4'-Isobutylethylidenediphenol(CAS No.6807-17-6)
186	4,4'-亚甲基双(2-乙基苯胺)	4,4'-Methylene bis(2-ethylaniline)(CAS No.19900-65-3)
187	4,4'-二苯氨基甲烷	4,4'-Methylenedianiline(CAS No.101-77-9)
188	4,4'-亚甲基-二邻甲苯胺	4,4'-Methylenedi-o-toluidine(CAS No.838-88-0)
189	4,4'-二氨基二苯醚(对氨基苯基醚)及其盐类	4,4'-Oxydianiline(p-Aminophenyl ether)(CAS No.101-80-4)and its salts
190	4,4'-二氨基二苯硫醚及其盐类	4,4'-Thiodianiline(CAS No.139-65-1)and its salts
191	4,4'-二氨基二苯胺及其盐类	4,4'-Diaminodiphenylamine(CAS No.537-65-5)and its salts
192	4,5-二氨基-1-((4-氯苯基)甲基)-1H-吡唑硫酸盐	4,5-Diamino-1-((4-Chlorophenyl)Methyl)-1H-Pyrazole Sulfate(CAS No.163183-00-4)

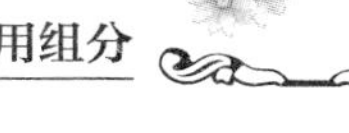

续表

序号	中文名称	英文名称
193	4,5-二氨基-1-甲基吡唑及其盐酸盐	4,5-Diamino-1-Methylpyrazole and its HCl salt(CAS No.20055-01-0/CAS No.21616-59-1)
194	4,6-双(2-羟乙氧基)-间苯二胺及其盐类	4,6-Bis(2-hydroxyethoxy)-m-phenylenediamine(CAS No.94082-85-6) and its salts
195	4,6-二甲基-8-特丁基香豆素	4,6-Dimethyl-8-tert-butylcoumarin(CAS No.17874-34-9)
196	4'-乙氧基-2-苯并咪唑苯胺	4'-Ethoxy-2-benzimidazoleanilide(CAS No.120187-29-3)
197	4-氨基-2-硝基酚	4-Amino-2-nitrophenol(CAS No.119-34-6)
198	3-氟-4-氨基酚	4-Amino-3-fluorophenol(CAS No.399-95-1)
199	4-氨基偶氮苯	4-Aminoazobenzene(CAS No.60-09-3)
200	对氨基苯磺酸(磺胺酸)及其盐类	4-Aminobenzenesulfonic acid(Sulfanilic acid)(CAS No.121-57-3/CAS No.515-74-2) and its salts
201	带游离氨基的4-氨基苯甲酸及其酯类	4-Aminobenzoic acid(CAS No.150-13-0) and its esters, with the free amino group
202	4-氨基水杨酸及其盐类	4-Aminosalicylic acid(CAS No.65-49-6) and its salts
203	4-苄氧基苯酚;4-乙氧基苯酚	4-Benzyloxyphenol and 4-ethoxyphenol(CAS No.103-16-2/CAS No.622-62-8)
204	4-氯-2-氨基苯酚	4-Chloro-2-Aminophenol(CAS No.95-85-2)
205	4-二乙基氨基邻甲苯胺及其盐类	4-Diethylamino-o-toluidine and its salts(CAS No.148-71-0/CAS No.24828-38-4/CAS No.2051-79-8)
206	4-乙氧基间苯二胺及其盐类	4-Ethoxy-m-phenylenediamine(CAS No.5862-77-1) and its salts
207	4-乙氨基-3-硝基苯甲酸(N-乙基-3-硝基PABA)及其盐类	4-Ethylamino-3-nitrobenzoic acid(N-Ethyl-3-Nitro PABA)(CAS No.2788-74-1) and its salts
208	(4-肼基苯基)-N-甲基甲烷磺酰胺盐酸盐	(4-Hydrazinophenyl)-N-methylmethanesulfonamide hydrochloride(CAS No.81880-96-8)
209	4-羟基吲哚	4-Hydroxyindole(CAS No.2380-94-1)
210	4-甲氧基甲苯-2,5-二胺及其盐酸盐	4-Methoxytoluene-2,5-Diamine(CAS No.56496-88-9) and its HCl salt
211	二异氰酸4-甲基间亚苯酯(甲苯-2,4-二异氰酸酯)	4-Methyl-m-phenylene diisocyanate(Toluene 2,4-diisocyanate)(CAS No.584-84-9)
212	4-甲基间苯二胺(甲苯-2,4-二胺)及其盐类	4-Methyl-m-phenylenediamine(Toluene-2,4-diamine)(CAS No.95-80-7) and its salts
213	4-硝基联苯	4-Nitrobiphenyl(CAS No.92-93-3)
214	4-硝基间苯二胺及其盐类	4-Nitro-m-phenylenediamine(CAS No.5131-58-8) and its salts
215	4-亚硝基苯酚	4-Nitrosophenol(CAS No.104-91-6)

续表

序号	中文名称	英文名称
216	4-邻甲苯基偶氮邻甲苯胺	4-o-Tolylazo-o-toluidine(CAS No.97-56-3)
217	盐酸柠檬酸柯衣定盐	4-Phenylazophenylene-1,3-diamine citrate hydrochloride (chrysoidine citrate hydrochloride)(CAS No.5909-04-6)
218	4-苯基丁-3-烯-2-酮	4-Phenylbut-3-en-2-one(Benzylidene acetone)(CAS No.122-57-6)
219	4-叔丁基-3-甲氧基-2,6-二硝基甲苯(葵子麝香)	4-tert-Butyl-3-methoxy-2,6-dinitrotoluene(Musk Ambrette)(CAS No.83-66-9)
220	4-叔丁基苯酚	4-tert-Butylphenol(CAS No.98-54-4)
221	4-叔丁基邻苯二酚	4-tert-Butylpyrocatechol(CAS No.98-29-3)
222	5-((4-(二甲氨基)苯基)偶氮)-1,4-二甲基-1H-1,2,4-三唑鎓及其盐类	5-((4-(Dimethylamino)phenyl)azo)-1,4-dimethyl-1H-1,2,4-triazolium(CAS No.12221-52-2) and its salts
223	5-(2,4-二氧代-1,2,3,4-四氢嘧啶)-3-氟-2-羟基甲基四氢呋喃	5-(2,4-Dioxo-1,2,3,4-tetrahydropyrimidine)-3-fluoro-2-hydroxymethylterahydrofuran(CAS No.41107-56-6)
224	5-(3-丁酰基-2,4,6-甲基苯基)-2-(1-(乙氧基亚氨基)丙基)-3-羟基环已-2-烯-1-酮	5-(3-Butyryl-2,4,6-trimethylphenyl)-2-(1-(ethoxyimino) propyl)-3-hydroxycyclohex-2-en-1-one(CAS No.138164-12-2)
225	5-(a,b-二溴苯乙基)-5-甲基乙内酰脲	5-(a,b-Dibromophenethyl)-5-methylhydantoin(CAS No.511-75-1)
226	二次亚碘酸5,5'-二异丙基-2,2'-二甲基联苯-4,4'-二基酯	5,5'-Diisopropyl-2,2'-dimethylbiphenyl-4,4'-diyl dihypoiodite (thymol iodide)(CAS No.552-22-7)
227	5,6,12,13-四氯蒽(2,1,9-d,e,f,:6,5,10-d',e',f')二异喹啉-1,3,8,10(2H,9H)四酮	5,6,12,13-Tetrachloroanthra(2,1,9-def:6,5,10-d'e'f') diisoquinoline-1,3,8,10(2H,9H)-tetrone(CAS No.115662-06-1)
228	5-氨基-2,6-二甲氧基-3-羟基吡啶及其盐类	5-Amino-2,6-dimethoxy-3-hydroxypyridine(CAS No.104333-03-1) and its salts
229	5-氨基-4-氟-2-甲基苯酚硫酸盐	5-Amino-4-Fluoro-2-Methylphenol Sulfate(CAS No.163183-01-5)
230	5-氯-1,3-二氢-2H-吲哚-2-酮	5-Chloro-1,3-dihydro-2H-indol-2-one(CAS No.17630-75-0)
231	5-乙氧基-3-三氯甲基-1,2,4-硫代二唑	5-Ethoxy-3-trichloromethyl-1,2,4-thiadiazole(Etridiazole (ISO))(CAS No.2593-15-9)
232	5-羟基-1,4-苯并二噁烷及其盐类	5-Hydroxy-1,4-benzodioxane(CAS No.10288-36-5) and its salts
233	5-甲基-2,3-已二酮	5-Methyl-2,3-hexanedione(Acetyl isovaleryl)(CAS No.13706-86-0)
234	5-硝基二氢苊	5-Nitroacenaphthene(CAS No.602-87-9)
235	5-硝基邻甲苯胺,5-硝基邻甲苯胺盐酸盐	5-Nitro-o-toluidine(CAS No.99-55-8),5-Nitro-o-toluidine hydrochloride(CAS No.51085-52-0)

续表

序号	中文名称	英文名称
236	5- 叔丁基 -1,2,3- 三甲基 -4,6- 二硝基苯(西藏麝香)	5-tert-Butyl-1,2,3-trimethyl-4,6-dinitrobenzene(Musk Tibetene)(CAS No.145-39-1)
237	6-(2- 氯乙基)-6-(2- 甲氧乙氧基)-2,5,7,10- 四氧杂 -6- 硅杂十一烷	6-(2-Chloroethyl)-6-(2-methoxyethoxy)-2,5,7,10-tetraoxa-6-silaundecane(CAS No.37894-46-5)
238	甲酸(6-(4- 羟基 -3-(2- 甲氧基苯偶氮基)-2- 磺基 -7- 萘胺基)-1,3,5- 三嗪 -2,4- 基)双((氨基 -1- 甲基乙基)铵)	(6-(4-Hydroxy-3-(2-methoxyphenylazo)-2-sulfonato-7-naphthylamino)-1,3,5-triazine-2,4-diyl)bis((amino-1-methylethyl)ammonium)formate(CAS No.108225-03-2)
239	6,10- 二甲基 -3,5,9- 十二碳三烯 -2- 酮	6,10-Dimethyl-3,5,9-undecatrien-2-one(Pseudoionone)(CAS No.141-10-6)
240	(6-((3- 氯 -4-(甲氨基)苯基)亚氨基)-4- 甲基 -3- 氧代环己 -1,4- 二烯 -1- 基)脲(HC 红 No.9)及其盐类	(6-((3-Chloro-4-(methylamino)phenyl)imino)-4-methyl-3-oxocyclohexa-1,4-dien-1-yl)urea(HC Red No.9)(CAS No.56330-88-2)and its salts
241	6- 氨基 -2-(2,4- 二甲苯基)-1H- 苯基[de]异喹啉 -1,3(2H)- 二酮(溶剂黄 44)及其盐类	6-Amino-2-(2,4-dimethylphenyl)-1H-benz[de]isoquinoline-1,3(2H)-dione(Solvent Yellow 44)(CAS No.2478-20-8)and its salts,when used as a substance in hair dye products
242	6- 氨基邻甲酚及其盐类	6-Amino-o-cresol(CAS No.17672-22-9)and its salts
243	6- 羟基 -1-(3- 异丙氧基丙基)-4- 甲基 -2- 氧 -5-(4-(苯偶氮基)苯偶氮基)-1,2- 二氢 -3- 吡啶腈	6-Hydroxy-1-(3-isopropoxypropyl)-4-methyl-2-oxo-5-(4-(phenylazo)phenylazo)-1,2-dihydro-3-pyridinecarbo-nitrile(CAS No.85136-74-9)
244	6- 异丙基 -2- 十氢萘酚	6-Isopropyl-2-decahydronaphthalenol(CAS No.34131-99-2)
245	6- 甲氧基 -2,3- 二氨基吡啶及其盐酸盐	6-Methoxy-2,3-Pyridinediamine(CAS No.94166-62-8)and its HCl salt
246	2- 甲氧基 -5- 甲基苯胺	6-Methoxy-m-toluidine;(p-Cresidine)(CAS No.120-71-8)
247	6- 硝基 -2,5- 吡啶二胺及其盐类	6-Nitro-2,5-pyridinediamine(CAS No.69825-83-8)and its salts
248	2- 甲基 -6- 硝基苯胺	6-Nitro-o-Toluidine(CAS No.570-24-1)
249	7-(2- 羟基 -3-(2- 羟乙基 -N- 甲氨基)丙基)茶碱	7-(2-Hydroxy-3-(2-hydroxyethyl-N-methylamino)propyl)theophylline(xanthinol)(CAS No.2530-97-4)
250	7,11- 二甲基 -4,6,10- 十二碳三烯 -3- 酮	7,11-Dimethyl-4,6,10-dodecatrien-3-one(Pseudomethylionone)(CAS No.26651-96-7)
251	7- 乙氧基 -4- 甲基香豆素	7-Ethoxy-4-methylcoumarin(CAS No.87-05-8)
252	7- 甲氧基香豆素	7-Methoxycoumarin(CAS No.531-59-9)
253	7- 甲基香豆素	7-Methylcoumarin(CAS No.2445-83-2)
254	(8-((4- 氨基 -2- 硝基苯基)偶氮)-7- 羟基 -2- 萘基)三甲铵及其盐类(在碱性棕 17 中作为杂质存在的碱性红 118 除外)	(8-((4-Amino-2-nitrophenyl)azo)-7-hydroxy-2-naphthyl)trimethylammonium(CAS No.71134-97-9)and its salts,except Basic Red 118 as impurity in Basic Brown 17

续表

序号	中文名称	英文名称
255	9,10- 蒽醌,1-((2- 羟乙基)氨基)-4-(甲氨基)- 及其衍生物和盐类	9,10-Anthracenedione,1-((2-hydroxyethyl)amino)-4-(methylamino)-and its derivatives and salts(CAS No.2475-46-9/CAS No.86722-66-9)
256	9- 乙烯基咔唑	9-Vinylcarbazole(CAS No.1484-13-5)
257	α,α,α- 三氯甲苯	α,α,α-Trichlorotoluene(CAS No.98-07-7)
258	α,α- 二氯甲苯	α,α-Dichlorotoluene(CAS No.98-87-3)
259	α- 氯甲苯	α-Chlorotoluene(Benzyl chloride)(CAS No.100-44-7)
260	4-(7- 羟基 -2,4,4- 三甲基 -2- 苯并二氢吡喃基)间苯二酚 -4- 基 - 三(6-重氮基 -5,6- 二氢化 -5- 氧代萘 -1-磺酸盐)和 4-(7- 羟基 -2,4,4- 三甲基 -2- 苯并二氢吡喃基)间苯二酚双(6- 重氮基 -5,6- 二氢化 -5- 氧代萘 -1-磺酸盐)的 2∶1 混合物	A 2∶1 mixture of:4-(7-hydroxy-2,4,4-trimethyl-2-chromanyl) resorcinol-4-yl-tris(6-diazo-5,6-dihydro-5-oxonaphthalen-1-sulfonate) and 4-(7-hydroxy-2,4,4-trimethyl-2-chromanyl) resorcinolbis(6-diazo-5,6-dihydro-5-oxonaphthalen-1-sulfonate)(CAS No.140698-96-0)
261	1,3,5- 三(3- 氨基甲基苯基)-1,3,5-(1H,3H,5H)- 三嗪 -2,4,6- 三酮和 3,5- 双(3- 氨基甲基苯基)-1- 聚(3,5- 双(3- 氨基甲基苯基)-2,4,6- 三氧代 -1,3,5-(1H,3H,5H)- 三嗪 -1-基)-1,3,5-(1H,3H,5H)- 三嗪 -2,4,6- 三酮混合低聚物的混合物	A mixture of:1,3,5-tris(3-aminomethylphenyl)-1,3,5-(1H,3H,5H)-triazine-2,4,6-trione and a mixture of oligomers of 3,5-bis(3-aminomethylphenyl)-1-poly(3,5-bis(3-aminomethylphenyl)-2,4,6-trioxo-1,3,5-(1H,3H,5H)-triazin-1-yl)-1,3,5-(1H,3H,5H)-triazine-2,4,6-trione(EC No.421-550-1)
262	4-((双 -(4- 氟苯基)甲基甲硅烷基)甲基)-4H-1,2,4- 三唑和 1-((双 -(4- 氟苯基)甲基甲硅烷基)甲基)-1H-1,2,4- 三唑的混合物	A mixture of:4-((bis-(4-Fluorophenyl)methylsilyl)methyl)-4H-1,2,4-triazole and 1-((bis-(4-fluorophenyl)methylsilyl) methyl)-1H-1,2,4-triazole(EC No.403-250-2)
263	下列化合物的混合物:4- 烯丙基 -2,6- 双(2,3- 环氧丙基)苯酚,4- 烯丙基 -6-(3-(6-(3-(6-(3-(4- 烯丙基 -2,6-双(2,3- 环氧丙基)- 苯氧基)2- 羟基丙基)-4- 烯丙基 -2-(2,3- 环氧丙基)-苯氧基 -2- 羟基丙基)-4- 烯丙基 -2-(2,3- 环氧丙基)- 苯氧基 -2- 羟基丙基 -2-(2,3- 环氧丙基)苯酚,4- 烯丙基 -6-(3-(4- 烯丙基 -2,6- 双(2,3-环氧丙基)- 苯氧基 -2- 羟基丙基)-2-(2,3- 环氧丙基)苯氧基)苯酚和 4-烯丙基 -6-(3-(6-(3-(4- 烯丙基 -2,6- 双(2,3- 环氧丙基)- 苯氧基)-2-羟基丙基)-4- 烯丙基 -2-(2,3- 环氧丙基)苯氧基)2- 羟基丙基)-2-(2,3-环氧丙基)苯酚	A mixture of:4-allyl-2,6-bis(2,3-epoxypropyl)phenol, 4-allyl-6-(3-(6-(3-(6-(3-(4-allyl-2,6-bis(2,3-epoxypropyl)-phenoxy)-2-hydroxypropyl)-4-allyl-2-(2,3-epoxypropyl) phenoxy)-2-hydroxypropyl)-4-allyl-2-(2,3-epoxypropyl)-phenoxy)-2-hydroxypropyl)-2-(2,3-epoxypropyl)phenol, 4-allyl-6-(3-(4-allyl-2,6-bis(2,3-epoxypropyl)phenoxy)-2-hydroxypropyl)-2-(2,3-epoxypropyl)phenoxy)phenol and 4-allyl-6-(3-(6-(3-(4-allyl-2,6-bis(2,3-epoxypropyl)-phenoxy)-2-hydroxypropyl)-4-allyl-2-(2,3-epoxypropyl) phenoxy)2-hydroxypropyl)-2-(2,3-epoxypropyl)phenol(EC No.417-470-1)

续表

序号	中文名称	英文名称
264	5-((4-((7-氨基-1-羟基-3-硫代-2-萘基)偶氮)-2,5-二乙氧基苯基)偶氮)-2-((3-膦酰基苯基)偶氮)苯甲酸和5-((4-((7-氨基-1-羟基-3-硫代-2-萘基)偶氮)-2,5-二乙氧基苯基)偶氮)-3-((3-膦酰基苯基)偶氮)苯甲酸的混合物	A mixture of:5-((4-((7-amino-1-hydroxy-3-sulfo-2-naphthyl)azo)-2,5-diethoxyphenyl)azo)-2-((3-phosphonophenyl)azo)benzoic acid and 5-((4-((7-amino-1-hydroxy-3-sulfo-2-naphthyl)azo)-2,5-diethoxyphenyl)azo)-3-((3-phosphonophenyl)azo)benzoic acid(CAS No.163879-69-4)
265	4-(3-乙氧基羰基-4-(5-(3-乙氧基羰基-5-羟基-1-(4-磺酸基苯基)吡唑-4-基)戊-2,4-二烯基)-4,5-二氢化-5-氧代吡唑-1-基)苯磺酸二钠盐和4-(3-乙氧基羰基-4-(5-(3-乙氧基羰基-5-环氧基-1-(4-磺酸基苯基)吡唑-4-基)戊-2,4-二烯基)-4,5-二氢化-5-氧代吡唑-1-基)苯磺酸三钠盐的混合物	A mixture of:disodium 4-(3-ethoxycarbonyl-4-(5-(3-ethoxycarbonyl-5-hydroxy-1-(4-sulfonatophenyl)pyrazol-4-yl)penta-2,4-dienylidene)-4,5-dihydro-5-oxopyrazol-1-yl)benzenesulfonate and trisodium 4-(3-ethoxycarbonyl-4-(5-(3-ethoxycarbonyl-5-oxido-1-(4-sulfonatophenyl)pyrazol-4-yl)penta-2,4-dienylidene)-4,5-dihydro-5-oxopyrazol-1-yl)benzenesulfonate(EC No.402-660-9)
266	N-(3-羟基-2-(2-甲基丙烯酰氨基甲氧基)丙氧基甲基)-2-甲基丙烯酰胺和N-(2,3-双-(2-甲基丙烯酰氨基甲氧基)丙氧基甲基)-2-甲基丙烯酰胺和甲基丙烯酰胺和2-甲基-N-(2-甲基丙烯酰氨基甲氧基甲基)-丙烯酰胺和N-(2,3-二羟基丙氧基甲基)-2-甲基丙烯酰胺的混合物	A mixture of:N-(3-Hydroxy-2-(2-Methylacryloylaminomethoxy)propoxymethyl)-2-methylacrylamide and N-(2,3-bis-(2-Methylacryloylaminomethoxy)propoxymethyl)-2-methylacrylamide and methacrylamide and 2-methyl-N-(2-methylacryloylaminomethoxymethyl)-acrylamide and N-(2,3-dihydroxypropoxymethyl)-2-methylacrylamide(EC No.412-790-8)
267	4,4'-亚甲基双(2-(4-羟基苄基)-3,6-二甲基苯酚)和6-重氮基-5,6-二氢化-5-氧代-萘磺酸盐的1∶2反应产物及4,4'-亚甲基双(2-(4-羟基苄基)-3,6-二甲基苯酚)和6-重氮基-5,6-二氢化-5-氧代萘磺酸盐的1∶3反应产物的混合物	A mixture of:reaction product of 4,4'-methylenebis(2-(4-hydroxybenzyl)-3,6-dimethylphenol)and 6-diazo-5,6-dihydro-5-oxo-naphthalenesulfonate(1∶2)and reaction product of 4,4'-methylenebis(2-(4-hydroxybenzyl)-3,6-dimethylphenol)and 6-diazo-5,6-dihydro-5-oxonaphthalenesulfonate(1∶3)(EC No.417-980-4)
268	苯并[a]芘的含量大于0.005%(w/w)的吸收油,来自双环芳烃和杂环碳氢化合物馏分	Absorption oils,bicyclo arom and heterocylic hydrocarbon fraction(CAS No 101316-45-4),if they contain>0.005%(w/w)benzo[a]pyrene
269	醋硝香豆素	Acenocoumarol(INN)(CAS No.152-72-7)
270	乙酰胺	Acetamide(CAS No.60-35-5)
271	乙腈	Acetonitrile(CAS No.75-05-8)
272	酸性黑131及其盐类	Acid Black 131(CAS No.12219-01-1)and its salts

续表

序号	中文名称	英文名称
273	酸性橙 24（CI 20170）	Acid Orange 24（CI 20170）（CAS No.1320-07-6）
274	酸性红 73（CI 27290）	Acid Red 73（CI 27290）（CAS No.5413-75-2）
275	乌头碱（欧乌头主要生物碱）及其盐类	Aconitine（principal alkaloid of *Aconitum napellus* L.）（CAS No.302-27-2）and its salts
276	丙烯酰胺，在本规范别处规定的除外	Acrylamide（CAS No.79-06-1），unless regulated elsewhere in this Standard
277	丙烯腈	Acrylonitrile（CAS No.107-13-1）
278	甲草胺（草不绿）	Alachlor（ISO）（CAS No.15972-60-8）
279	艾氏剂	Aldrin（ISO）（CAS No.309-00-2）
280	五氰亚硝酰基高铁酸碱金属盐类	Alkali pentacyanonitrosylferrate（2-），e.g.（CAS No.14402-89-2/ CAS No 13755-38-9）
281	丁二烯含量大于 0.1%（w/w）的 C_{1-2} 链烷烃	Alkanes，C_{1-2}（CAS No.68475-57-0），if they contain>0.1%（w/w）Butadiene
282	C_{12-26} 支链和直链烷烃，除非清楚全部精炼过程并且能够证明所获得的物质不是致癌物	Alkanes，C_{12-26}-branched and linear（CAS No 90622-53-0），except if the full refining history is known and it can be shown that the substance from which it is produced is not a carcinogen
283	丁二烯含量大于 0.1%（w/w）的富 C_3 的 C_{1-4} 烷烃	Alkanes，C_{1-4}，C_3-rich（CAS No.90622-55-2），if they contain>0.1%（w/w）butadiene
284	丁二烯含量大于 0.1%（w/w）的 C_{2-3} 链烷烃	Alkanes，C_{2-3}（CAS No.68475-58-1），if they contain>0.1%（w/w）Butadiene
285	丁二烯含量大于 0.1%（w/w）的 C_{3-4} 链烷烃	Alkanes，C_{3-4}（CAS No.68475-59-2），if they contain>0.1%（w/w）Butadiene
286	丁二烯含量大于 0.1%（w/w）的 C_{4-5} 链烷烃	Alkanes，C_{4-5}（CAS No.68475-60-5），if they contain>0.1%（w/w）Butadiene
287	氯代 C_{10-13} 烷烃	Alkanes，C_{10-13} monochloro（CAS No.85535-84-8）
288	炔醇类以及它们的酯类、醚类、盐类	Alkyne alcohols，their esters，ethers and salts
289	阿洛拉胺及其盐类	Alloclamide（INN）（CAS No.5486-77-1）and its salts
290	烯丙基氯（3- 氯丙烯）	Allyl chloride（3-chloropropene）（CAS No.107-05-1）
291	烯丙缩水甘油醚	Allyl glycidyl ether（CAS No.106-92-3）
292	烯丙基芥子油（异硫氰酸烯丙酯）	Allyl isothiocyanate（CAS No.57-06-7）
293	氨基己酸及其盐类	Aminocaproic acid（INN）（CAS No.60-32-2）and its salts
294	阿米替林及其盐类	Amitriptyline（INN）（CAS No.50-48-6）and its salts
295	杀草强（氨三唑）	Amitrole（CAS No.61-82-5）
296	4- 二甲氨基苯甲酸戊酯，混合的异构体（帕地马酯）	Amyl 4-dimethylaminobenzoate，mixed isomers（padimate A（INN））（CAS No.14779-78-3）

续表

序号	中文名称	英文名称
297	亚硝酸戊酯类	Amyl nitrites（CAS No.110-46-3）
298	苯胺及其盐类以及卤化、磺化的衍生物类	Aniline, its salts and its halogenated and sulfonated derivatives（CAS No.62-53-3）
299	蒽油	Anthracene oil（CAS No.120-12-7）
300	甾族结构的抗雄激素物质	Anti-androgens of steroidal structure
301	抗生素类	Antibiotics
302	锑及其化合物	Antimony（CAS No.7440-36-0）and its compounds
303	阿扑吗啡及其盐类	Apomorphine（(R)5,6,6a,7-tetrahydro-6-methyl-4H-dibenzo(de,g)-quinoline-10,11-diol)（CAS No.58-00-4）and its salts
304	槟榔碱	Arecoline（CAS No.63-75-2）
305	马兜铃酸及其酯（盐）	Aristolochic acid and its salts（CAS No.475-80-9/CAS No.313-67-7/CAS No.15918-62-4）
306	苯并[a]芘的含量大于0.005%（w/w）的 C_{20-28} 多环烃芳碳氢化合物，来自煤焦油沥青与聚乙烯聚丙烯混合物的热解衍生物	Aromatic hydrocarbons, C_{20-28}, polycyclic, mixed coal-tar pitch-polyethylene polypropylene pyrolysis-derived（CAS No.101794-74-5）, if they contain>0.005%（w/w）benzo[a]pyrene
307	苯并[a]芘的含量大于0.005%（w/w）的 C_{20-28} 多环芳烃碳氢化合物，来自煤焦油沥青与聚乙烯混合物的热解衍生物	Aromatic hydrocarbons, C_{20-28}, polycyclic, mixed coal-tar pitch-polyethylene pyrolysis-derived（CAS No.101794-75-6）, if they contain>0.005%（w/w）benzo[a]pyrene
308	苯并[a]芘的含量大于0.005%（w/w）的 C_{20-28} 多环芳烃碳氢化合物，来自煤焦油沥青与聚苯乙烯混合物的热解衍生物	Aromatic hydrocarbons, C_{20-28}, polycyclic, mixed coal-tar pitch-polystyrene pyrolysis-derived（CAS No.101794-76-7）, if they contain>0.005%（w/w）benzo[a]pyrene
309	砷及其化合物	Arsenic（CAS No.7440-38-2）and its compounds
310	a- 山道年	a-santonin（(3S,5aR,9bS)-3,3a,4,5,5a,9b-hexahydro-3,5a,9-trimethylnaphto[1,2-b]furan-2,8-dione)（CAS No.481-06-1）
311	石棉	Asbestos
312	阿托品及其盐类和衍生物	Atropine（CAS No.51-55-8）, its salts and derivatives
313	阿扎环醇及其盐类	Azacyclonol（INN）（CAS No.115-46-8）and its salts
314	唑啶草酮	Azafenidin（CAS No.68049-83-2）
315	吖丙啶（1- 氮杂环丙烷；环乙亚胺）	Aziridine（CAS No.151-56-4）
316	偶氮苯	Azobenzene（CAS No.103-33-3）
317	巴比妥酸盐类	Barbiturates

续表

序号	中文名称	英文名称
318	钡盐类(除硫酸钡,表3中的硫化钡及表6中着色剂的不溶性钡盐,色淀和颜料外)	Barium salts,with the exception of barium sulfate,barium sulfide under the conditions laid down in Table 3,and lakes,salts and pigments prepared from the colouring agents listed in Table 6
319	贝美格及其盐类	Bemegride(INN)and its salts(CAS No.64-65-3)
320	贝那替秦	Benactyzine(INN)(CAS No.302-40-9)
321	苄氟噻嗪及其衍生物	Bendroflumethiazide(INN)(CAS No.73-48-3)and its derivatives
322	苯菌灵(苯雷特)	Benomyl(CAS No.17804-35-2)
323	苯并[a]蒽	Benz[a]anthracene(CAS No.56-55-3)
324	苯并[e]荧蒽	Benz[e]acephenanthrylene(CAS No.205-99-2)
325	苯扎托品及其盐类	Benzatropine(INN)(CAS No.86-13-5)and its salts
326	苯并吖庚因及苯并二吖庚因	Benzazepines and benzodiazepines(CAS No.12794-10-4)
327	苯胺,3-((4-((二氨基(苯偶氮基)苯基)偶氮)-1-萘基)偶氮)-N,N,N-三甲基-及其盐类	Benzenaminium,3-((4-((diamino(phenylazo)phenyl)azo)-1-naphthalenyl)azo)-N,N,N-trimethyl-(CAS No.83803-98-9) and its salts
328	苯胺,3-((4-((二氨基(苯偶氮基)苯基)偶氮)-2-甲苯基)偶氮)-N,N,N-三甲基-及其盐类	Benzenaminium,3-((4-((diamino(phenylazo)phenyl)azo)-2-methylphenyl)azo)-N,N,N-trimethyl-(CAS No.83803-99-0) and its salts
329	苯	Benzene(CAS No.71-43-2)
330	苯磺酸,5-((2,4-二硝基苯基)氨基)-2-(苯胺基)-及其盐类	Benzenesulfonic acid,5-((2,4-dinitrophenyl)amino)-2-(phenylamino)-and its salts(CAS No.6373-74-6/CAS No.15347-52-1)
331	联苯胺	Benzidine(CAS No.92-87-5)
332	乙酸联苯胺	Benzidine acetate(CAS No.36341-27-2)
333	联苯胺基偶氮染料	Benzidine based azo dyes
334	二盐酸联苯胺	Benzidine dihydrochloride(CAS No.531-85-1)
335	硫酸联苯胺	Benzidine sulfate(CAS No.21136-70-9)
336	苯咯溴铵	Benzilonium bromide(INN)(CAS No.1050-48-2)
337	苯并咪唑-2(3H)-酮	Benzimidazol-2(3H)-one(CAS No.615-16-7)
338	苯并[k]荧蒽	Benzo(k)fluoranthene(CAS No.207-08-9)
339	苯并[a]吩恶嗪-7-鎓,9-(二甲氨基)-及其盐类	Benzo[a]phenoxazin-7-ium,9-(dimethylamino)-(CAS No.7057-57-0/CAS No.966-62-1)and its salts
340	苯并[a]芘	Benzo[def]chrysene(benzo[a]pyrene)(CAS No.50-32-8)
341	苯并[e]芘	Benzo[e]pyrene(CAS No.192-97-2)

续表

序号	中文名称	英文名称
342	苯并[j]荧蒽	Benzo[j]fluoranthene(CAS No.205-82-3)
343	4-羟基-3-甲氧基肉桂醇的苯甲酸酯(天然香料中的正常含量除外)	Benzoates of 4-hydroxy-3-methoxycinnamyl alcohol(coniferyl alcohol) except for normal content in natural essences used
344	苯并噻唑,2-((4-(乙基(2-羟乙基)氨基)苯基)偶氮)-6-甲氧基-3-甲基-及其盐类	Benzothiazolium,2-((4-(ethyl(2-hydroxyethyl)amino)phenyl)azo)-6-methoxy-3-methyl-(CAS No.12270-13-2) and its salts
345	2,4-二溴-丁酸苄酯	Benzyl 2,4-dibromobutanoate(CAS No.23085-60-1)
346	羟苯苄酯	Benzyl 4-hydroxybenzoate(INCI:Benzylparaben)
347	苯基丁基邻苯二甲酸酯	Benzyl butyl phthalate(BBP)(CAS No.85-68-7)
348	苄基氰	Benzyl cyanide(CAS No.140-29-4)
349	铍及其化合物	Beryllium(CAS No.7440-41-7) and its compounds
350	贝托卡因及其盐类	Betoxycaine(INN)(CAS No.3818-62-0) and its salts
351	比他维林	Bietamiverine(INN)(CAS No.479-81-2)
352	乐杀螨	Binapacryl(CAS No.485-31-4)
353	联苯-2-基胺	Biphenyl-2-ylamine(CAS No.90-41-5)
354	4-氨基联苯及其盐	Biphenyl-4-ylamine(4-Aminobiphenyl)(CAS No.92-67-1) and its salts
355	邻苯二甲酸双(2-乙基已基)酯	Bis(2-ethylhexyl) phthalate(Diethylhexyl phthalate)(CAS No.117-81-7)
356	邻苯二甲酸双(2-甲氧乙基)酯	Bis(2-methoxyethyl) phthalate(CAS No.117-82-8)
357	双(2-甲氧基乙基)醚	Bis(2-methyoxyethyl) ether(Dimethoxydiglycol)(CAS No.111-96-6)
358	双-(2-氯乙基)醚	Bis(2-chloroethyl) ether(CAS No.111-44-4)
359	双(环戊二烯基)-双(2,6-二氟-3-(吡咯-1-基)-苯基)钛	Bis(cyclopentadienyl)-bis(2,6-difluoro-3-(pyrrol-1-yl)-phenyl) titanium(CAS No.125051-32-3)
360	双酚A(二酚基丙烷)	Bisphenol A(4,4'-Isopropylidenediphenol)(CAS No.80-05-7)
361	硫氯酚	Bithionol(INN)(CAS No.97-18-7)
362	托西溴苄铵	Bretylium tosilate(INN)(CAS No.61-75-6)
363	溴(单质)	Bromine, elemental(CAS No.7726-95-6)
364	溴米索伐	Bromisoval(INN)(CAS No.496-67-3)
365	溴乙烷	Bromoethane(ethyl bromide)(CAS No.74-96-4)
366	溴乙烯	Bromoethylene(Vinyl bromide)(CAS No.593-60-2)
367	溴代甲烷	Bromomethane(Methyl bromide(ISO))(CAS No.74-83-9)
368	溴苯那敏及其盐类	Brompheniramine(INN)(CAS No.86-22-6) and its salts

续表

序号	中文名称	英文名称
369	番木鳖碱及其盐类	Brucine(CAS No.357-57-3)and its salts
370	丁二烯	Buta-1,3-diene(CAS No.106-99-0)
371	丁二烯含量大于或等于0.1%(w/w)的丁烷	Butane(CAS No.106-97-8),if it contains≥0.1%(w/w) butadiene
372	布坦卡因及其盐类	Butanilicaine(INN)(CAS No.3785-21-5)and its salts
373	布托哌啉及其盐类	Butopiprine(INN)(CAS No.55837-15-5)and its salts
374	缩水甘油丁醚	Butyl glycidyl ether(CAS No.2426-08-6)
375	镉及其化合物	Cadmium(CAS No.7440-43-9)and its compounds
376	斑蝥素	Cantharidine(CAS No.56-25-7)
377	敌菌丹	Captafol(CAS No.2425-06-1)
378	卡普托胺	Captodiame(INN)(CAS No.486-17-9)
379	卡拉美芬及其盐类	Caramiphen(INN)(CAS No.77-22-5)and its salts
380	卡巴多司	Carbadox(CAS No.6804-07-5)
381	甲萘威(甲氨甲酸萘酯)	Carbaryl(CAS No.63-25-2)
382	多菌灵	Carbendazim(CAS No.10605-21-7)
383	二硫化碳	Carbon disulfide(CAS No.75-15-0)
384	一氧化碳	Carbon monoxide(CAS No.630-08-0)
385	四氯化碳	Carbon tetrachloride(CAS No.56-23-5)
386	卡溴脲	Carbromal(INN)(CAS No.77-65-6)
387	氨磺丁脲	Carbutamide(INN)(CAS No.339-43-5)
388	卡立普多	Carisoprodol(INN)(CAS No.78-44-4)
389	过氧化氢酶	Catalase(CAS No.9001-05-2)
390	人的细胞、组织或人源产品	Cells,tissues or products of human origin
391	吐根酚碱及其盐	Cephaeline(CAS No.483-17-0)and its salts
392	灭螨猛	Chinomethionate(CAS No.2439-01-2)
393	纯氯丹	Chlordane,pur(CAS No.57-74-9)
394	开蓬(十氯酮)	Chlordecone(CAS No.143-50-0)
395	氯苯脒	Chlordimeform(CAS No.6164-98-3)
396	氯	Chlorine(CAS No.7782-50-5)
397	氮芥及其盐类	Chlormethine(INN)(CAS No.51-75-2)and its salts
398	氯美扎酮	Chlormezanone(INN)(CAS No.80-77-3)
399	氯乙醛	Chloroacetaldehyde(CAS No.107-20-0)
400	氯乙酰胺	Chloroacetamide(CAS No.79-07-2)

续表

序号	中文名称	英文名称
401	氯乙烷	Chloroethane（CAS No.75-00-3）
402	氯仿	Chloroform（CAS No.67-66-3）
403	氯代甲烷	Chloromethane（Methyl chloride）（CAS No.74-87-3）
404	氯甲基甲基醚	Chloromethyl methyl ether（CAS No.107-30-2）
405	稳定的氯丁二烯（2-氯-1,3-丁二烯）	Chloroprene（stabilized）;（2-chlorobuta-1,3-diene）（CAS No.126-99-8）
406	四氯二氰苯（百菌清）	Chlorothalonil（CAS No.1897-45-6）
407	绿麦隆（N'-（3-氯-4-甲苯基）-N,N-甲基脲）	Chlorotoluron（3-（3-chloro-p-tolyl）-1,1-dimethylurea）（CAS No.15545-48-9）
408	氯苯沙明	Chlorphenoxamine（INN）（CAS No.77-38-3）
409	氯磺丙脲	Chlorpropamide（INN）（CAS No.94-20-2）
410	氯普噻吨及其盐类	Chlorprothixene（INN）（CAS No.113-59-7）and its salts
411	氯噻酮	Chlortalidone（INN）（CAS No.77-36-1）
412	氯唑沙宗	Chlorzoxazone（INN）（CAS No.95-25-0）
413	乙菌利	Chlozolinate（CAS No.84332-86-5）
414	胆碱的盐类及它们的酯类，包括氯化胆碱、菲诺贝特胆碱、胆碱水杨酸盐、胆碱葡萄糖酸盐、胆茶碱、硬脂酸等长链烷烃羧酸胆碱酯；不包括卵磷脂、甘油磷酸胆碱、氢化溶血卵磷酸酯酰胆碱、氢化卵磷酰胆碱、卵磷酰胆碱类；其他相关原料需经安全风险评估方可确定	Choline salts and their esters, including choline chloride（INN）（CAS No.67-48-1）, choline fenofibrate（CAS No.856676-23-8）, choline salicylate（CAS No.2016-36-6）, choline gluconate（CAS No.507-30-2）, choline theophylline（CAS No.4499-40-5）, choline esters of stearic acid and other long alkyl chain carboxylic acids; excluding lecithin（CAS No.93685-90-6）, glycerophosphocholine（CAS No.28319-77-9）, hydrogenated lysophosphatidylcholine（CAS No.9008-30-4）, hydrogenated phosphatidylcholine（CAS No.97281-48-6）, phosphatidylcholine（CAS No.8002-43-5）; the usage of other relevant ingredients requires safety assessment
415	铬、铬酸及其盐类，以 Cr^{6+} 计	Chromium（CAS No.7440-47-3）; chromic acid and its salts（Cr^{6+}）
416	苯并[a]菲	Chrysene（CAS No.218-01-9）
417	辛可卡因及其盐类	Cinchocaine（INN）and its salts（CAS No.85-79-0）
418	辛可芬及其盐类，衍生物以及衍生物的盐类	Cinchophen（INN）（CAS No.132-60-5）, its salts, derivatives and salts of these derivatives
419	加氢脱硫催化裂解的澄清油（石油）	Clarified oils（petroleum）hydrodesulfurised catalytic cracked（CAS No.68333-26-6）
420	经催化裂解处理的澄清油（石油）	Clarified oils（petroleum）, catalytic cracked（CAS No.64741-62-4）
421	氯非那胺	Clofenamide（INN）（CAS No.671-95-4）

续表

序号	中文名称	英文名称
422	滴滴涕	Clofenotane(INN);DDT(ISO)(CAS No.50-29-3)
423	苯并[a]芘的含量大于0.005%(w/w)的液体溶剂萃取的液态煤	Coal liquids, liq. solvent extn.(CAS No.94114-48-4), if they contain>0.005%(w/w) benzo[a]pyrene
424	苯并[a]芘的含量大于0.005%(w/w)的液态煤,来自液体溶剂萃取的煤溶液	Coal liquids, liq. solvent extn. soln.(CAS No.94114-47-3), if they contain>0.005%(w/w) benzo[a]pyrene
425	苯磺酸钴	Cobalt benzenesulphonate(CAS No.23384-69-2)
426	二氯化钴	Cobalt dichloride(CAS No.7646-79-9)
427	硫酸钴	Cobalt sulfate(CAS No.10124-43-3)
428	秋水仙碱及其盐类和衍生物	Colchicine, its salts and derivatives(CAS No.64-86-8)
429	秋水仙碱苷及其衍生物	Colchicoside(CAS No.477-29-2) and its derivatives
430	着色剂 CI 12055(溶剂黄 14)	Coloring agent CI 12055(Solvent Yellow 14)(CAS No.842-07-9)
431	着色剂 CI 12075(颜料橙 5)及其色淀、颜料及盐类	Colouring agent CI 12075(Pigment Orange 5) and its lakes, pigments and salts(CAS No.3468-63-1)
432	着色剂 CI 12140	Colouring agent CI 12140(CAS No.3118-97-6)
433	着色剂 CI 13065	Colouring agent CI 13065(CAS No.587-98-4)
434	着色剂 CI 15585	Colouring agent CI 15585(CAS No.5160-02-1/CAS No.2092-56-0)
435	着色剂 CI 26105	Colouring agent CI 26105(Solvent Red 24)(CAS No.85-83-6)
436	着色剂 CI 42535	Colouring agent CI 42535(Basic Violet 1)(CAS No.8004-87-3)
437	着色剂 CI 42555,着色剂 CI 42555:1,着色剂 CI 42555:2	Colouring agent CI 42555(Basic Violet 3)(CAS No.548-62-9/CAS No.467-63-0), Colouring agent CI 42555:1, Colouring agent CI 42555:2
438	着色剂 CI 42640,(4-((4-(二甲基氨基)苯基)(4-(乙基(3-磺苯基)氨基)苯基)亚甲基)-2,5-亚环己二烯-1-亚基)(乙基)(3-磺苯基)铵、钠盐	Colouring agent CI 42640,(4-((4-(Dimethylamino)phenyl)(4-(ethyl(3-sulfonatobenzyl)amino)phenyl)methylene)cyclohexa-2,5-dien-1-ylidene)(ethyl)(3-sulfonatobenzyl)ammonium, sodium salt(CAS No.1694-09-3)
439	着色剂 CI 45170 和 CI 45170:1	Colouring agent CI 45170 and CI 45170:1(Basic Violet 10)(CAS No.81-88-9/CAS No.509-34-2)
440	着色剂 CI 61554	Colouring agent CI 61554(Solvent Blue 35)(CAS No.17354-14-2)
441	毒芹碱	Coniine(CAS No.458-88-8)
442	铃兰毒甙	Convallatoxin(CAS No.508-75-8)
443	库美香豆素	Coumetarol(INN)(CAS No.4366-18-1)

续表

序号	中文名称	英文名称
444	苯并[a]芘的含量大于0.005%(w/w)的不含二氢苊的的杂酚油,来自二氢苊馏分	Creosote oil, acenaphthene fraction, acenaphthene-free (CAS No.90640-85-0), if it contains>0.005% (w/w) benzo[a]pyrene
445	苯并[a]芘的含量大于0.005%(w/w)的杂酚油,来自洗涤油的二氢苊馏分	Creosote oil, acenaphthene fraction, wash oil, if it contains>0.005% (w/w) benzo[a]pyrene (CAS No.90640-84-9)
446	苯并[a]芘的含量大于0.005%(w/w)的杂酚油,来自洗涤油的高沸点馏分	Creosote oil, high-boiling distillate, wash oil, if it contains>0.005% (w/w) benzo[a]pyrene (CAS No.70321-79-8)
447	苯并[a]芘的含量大于0.005%(w/w)的杂酚油	Creosote oil, if it contains>0.005% (w/w) benzo[a]pyrene (CAS No.61789-28-4)
448	苯并[a]芘的含量大于0.005%(w/w)的杂酚油,来自洗涤油的低沸点馏分	Creosote oil, low-boiling distillate, wash oil, if it contains>0.005% (w/w) benzo[a]pyrene (CAS No.70321-80-1)
449	苯并[a]芘的含量大于0.005%(w/w)的杂酚油	Creosote, if it contains>0.005% (w/w) benzo[a]pyrene (CAS No.8001-58-9)
450	巴豆醛	Crotonaldehyde (CAS No.4170-30-3)
451	粗制和精制煤焦油	Crude and refined coal tars (CAS No.8007-45-2)
452	箭毒和箭毒碱	Curare (CAS No.8063-06-7) and curarine (CAS No.22260-42-0)
453	仙客来醇	Cyclamen alcohol (CAS No.4756-19-8)
454	环拉氨酯	Cyclarbamate (INN) (CAS No.5779-54-4)
455	赛克利嗪及其盐类	Cyclizine (INN) (CAS No.82-92-8) and its salts
456	放线菌酮	Cycloheximide (CAS No.66-81-9)
457	环美酚及其盐类	Cyclomenol (INN) (CAS No.5591-47-9) and its salts
458	环磷酰胺及其盐类	Cyclophosphamide (INN) (CAS No.50-18-0) and its salts
459	N-二甲氨基琥珀酰胺酸(丁酰肼)	Daminozide (CAS No.1596-84-5)
460	醋谷地阿诺	Deanol aceglumate (INN) (CAS No.3342-61-8)
461	癸亚甲基双(三甲铵)盐类,如:十烃溴铵	Decamethylenebis(trimethylammonium) salts, e.g. decamethonium bromide (CAS No.541-22-0)
462	右美沙芬及其盐类	Dextromethorphan (INN) (CAS No.125-71-3) and its salts
463	右丙氧芬	Dextropropoxyphene (a-(+)-4-dimethylamino-3-methyl-1, 2-diphenyl-2-butanol propionate ester)
464	燕麦敌	Di-allate (CAS No.2303-16-4)
465	工业级的二氨基甲苯(甲基苯二胺,4-甲基-间-苯二胺和2-甲基-间-苯二胺的混合物)	Diaminotoluene, technical product-mixture of (4-methyl-m-phenylene diamine and 2-methyl-m-phenylenediamine) 2 methyl-phenylenediamine (CAS No.25376-45-8)
466	重氮甲烷	Diazomethane (CAS No.334-88-3)

续表

序号	中文名称	英文名称
467	二苯并[a,h]蒽	Dibenz[a,h]anthracene(CAS No.53-70-3)
468	二溴N-水杨酰苯胺类	Dibromosalicylanilides
469	邻苯二甲酸二丁酯	Dibutyl phthalate(CAS No.84-74-2)
470	二氯乙烷类(乙烯基氯类),如:1,2-二氯乙烷	Dichloroethanes(ethylene chlorides)e.g. 1,2-Dichloroethane(CAS No.107-06-2)
471	二氯乙烯类(乙炔基氯类),如:偏氯乙烯(1,1-二氯乙烯)	Dichloroethylenes(acetylene chlorides)e.g. Vinylidene chloride(1,1-Dichloroethylene)(CAS No.75-35-4)
472	二氯N-水杨酰苯胺类	Dichlorosalicylanilides(CAS No.1147-98-4)
473	双香豆素	Dicoumarol(INN)(CAS No.66-76-2)
474	狄氏剂	Dieldrin(CAS No.60-57-1)
475	磷酸4-硝基苯酚二乙醇酯	Diethyl 4-nitrophenyl phosphate(Paraoxon(ISO))(CAS No.311-45-5)
476	马来酸二乙酯	Diethyl maleate(CAS No.141-05-9)
477	硫酸二乙酯	Diethyl sulfate(CAS No.64-67-5)
478	二乙基氨基甲酰氯	Diethylcarbamoyl-chloride(CAS No.88-10-8)
479	二甘醇	Diethylene glycol(DEG)(CAS No.111-46-6)
480	二苯沙秦	Difencloxazine(INN)(CAS No.5617-26-5)
481	毛地黄苷和洋地黄所含的各种苷	Digitaline and all heterosides of digitalis purpurea L.(CAS No.752-61-4)
482	二氢速甾醇	Dihydrotachysterol(INN)(CAS No.67-96-9)
483	二甲基柠康酸酯	Dimethyl citraconate(CAS No.617-54-9)
484	硫酸二甲酯	Dimethyl sulfate(CAS No.77-78-1)
485	二甲基亚砜	Dimethyl sulfoxide(INN)(CAS No.67-68-5)
486	二甲胺	Dimethylamine(CAS No.124-40-3)
487	二甲基氨基甲酰氯	Dimethylcarbamoyl chloride(CAS No.79-44-7)
488	二甲基甲酰胺(N,N-二甲基甲酰胺)	Dimethylformamide(N,N-Dimethylformamide)(CAS No.68-12-2)
489	二甲基氨磺酰氯化物	Dimethylsulfamoyl-chloride(CAS No.13360-57-1)
490	地美戊胺及其盐类	Dimevamide(INN)(CAS No.60-46-8)and its salts
491	三氧化二镍	Dinickel trioxide(CAS No.1314-06-3)
492	二硝基苯酚同分异构体	Dinitrophenol isomers(CAS No.51-28-5/CAS No.329-71-5/CAS No.573-56-8/CAS No.25550-58-7)
493	敌螨普	Dinocap(ISO)(CAS No.39300-45-3)

续表

序号	中文名称	英文名称
494	地乐酚(2-(1-甲基正丙基)-4,6-二硝基苯酚)及其盐类和酯类,在本规范的别处规定的除外	Dinoseb(CAS No.88-85-7),its salts and esters with the exception of those specified elsewhere in this Standard
495	地乐硝酚及其盐类和酯类	Dinoterb(CAS No.1420-07-1),its salts and esters
496	二噁烷	Dioxane(CAS No.123-91-1)
497	二羟西君及其盐类	Dioxethedrin(INN)(CAS No.497-75-6) and its salts
498	苯海拉明及其盐类	Diphenhydramine(INN)(CAS No.58-73-1) and its salts
499	地芬诺酯	Diphenoxylate hydrochloride(ethyl ester of 1-(3-cyano-3,3-diphenylpropyl)-4-phenylisonipecotic acid)
500	二苯胺	Diphenylamine(CAS No.122-39-4)
501	二苯醚的八溴衍生物	Diphenylether;octabromo derivate(CAS No.32536-52-0)
502	二苯拉林及其盐类	Diphenylpyraline(INN)(CAS No.147-20-6) and its salts
503	3,3'-((1,1'-联苯)-4,4'-二基双(偶氮))双(4-萘胺-1-磺酸)二钠	Disodium 3,3'-((1,1'-biphenyl)-4,4'-diyl bis(azo))bis(4-aminonaphthalene-1-sulfonate)(CAS No.573-58-0)
504	4-氨基-3-((4'-((2,4-二氨基苯)偶氮)(1,1'-联苯)-4-基)偶氮)-5-羟基-6-(苯偶氮基)萘-2,7-二磺酸二钠	Disodium 4-amino-3-((4'-((2,4-diaminophenyl)azo)(1,1'-biphenyl)-4-yl)azo)-5-hydroxy-6-(phenylazo)naphthalene-2,7-disulfonate(CAS No.1937-37-7)
505	(5-((4'-((2,6-二羟基-3-((2-羟基-5-磺苯基)偶氮)苯基)偶氮)(1,1'-联苯)-4-基)偶氮)水杨酰(4-))铜酸(2-)二钠	Disodium(5-((4'-((2,6-dihydroxy-3-((2-hydroxy-5-sulfophenyl)azo)phenyl)azo)(1,1'-biphenyl)-4-yl)azo)salicylato(4-))cuprate(2-)(CAS No.16071-86-6)
506	分散红15,作为杂质存在于分散紫1中的除外	Disperse Red 15(CAS No.116-85-8),except as impurity in Disperse Violet 1
507	分散黄3	Disperse Yellow 3(CAS No.2832-40-8)
508	苯并[a]芘的含量大于0.005%(w/w)的含稠环芳烃的煤-石油馏分	Distillates(coal-petroleum),condensed-ring arom(CAS No.68188-48-7),if they contain>0.005%(w/w)benzo[a]pyrene
509	酸处理的(石油)轻馏分,除非清楚全部精炼过程并且能够证明所获得的物质不是致癌物	Distillates(petroleum),acid-treated light(CAS No.64742-14-9),except if the full refining history is known and it can be shown that the substance from which it is produced is not a carcinogen
510	酸处理的(石油)中间馏分,除非清楚全部精炼过程并且能够证明所获得的物质不是致癌物	Distillates(petroleum),acid-treated middle(CAS No.64742-13-8),except if the full refining history is known and it can be shown that the substance from which it is produced is not a carcinogen
511	丁二烯含量大于0.1%(w/w)富戊间二烯的含 C_{3-6} 的石油馏分	Distillates(petroleum),C_{3-6},piperylene-rich(CAS No.68477-35-0),if they contain>0.1%(w/w)butadiene

续表

序号	中文名称	英文名称
512	活性炭处理的轻石蜡馏分(石油),除非清楚全部精炼过程并且能够证明所获得的物质不是致癌物	Distillates(petroleum),carbon-treated light paraffinic(CAS No.100683-97-4),except if the full refining history is known and it can be shown that the substance from which it is produced is not a carcinogen
513	催化重整分馏塔处理的(石油)残液高沸点馏分,除非清楚全部精炼过程并且能够证明所获得的物质不是致癌物	Distillates(petroleum),catalytic reformer fractionator residue, high-boiling(CAS No.68477-29-2),except if the full refining history is known and it can be shown that the substance from which it is produced is not a carcinogen
514	催化重整分馏塔处理的(石油)残液中沸点馏分,除非清楚全部精炼过程并且能够证明所获得的物质不是致癌物	Distillates(petroleum),catalytic reformer fractionator residue, intermediate-boiling(CAS No.68477-30-5),except if the full refining history is known and it can be shown that the substance from which it is produced is not a carcinogen
515	催化重整分馏塔处理的(石油)残液低沸点馏分,除非清楚全部精炼过程并且能够证明所获得的物质不是致癌物	Distillates(petroleum),catalytic reformer fractionator residue, low-boiling(CAS No.68477-31-6),except if the full refining history is known and it can be shown that the substance from which it is produced is not a carcinogen
516	含浓重芳烃的催化重整(石油)馏分,除非清楚全部精炼过程并且能够证明所获得的物质不是致癌物	Distillates(petroleum),catalytic reformer,heavy arom conc(CAS No.91995-34-5),except if the full refininghistory is known and it can be shown that the substance from which it is produced is not a carcinogen
517	化学中和的(石油)中间馏分,除非清楚全部精炼过程并且能够证明所获得的物质不是致癌物	Distillates(petroleum),chemically neutralised middle(CAS No.64742-30-9),except if the full refining history is known and it can be shown that the substance from which it is produced is not a carcinogen
518	二甲基亚砜提取物含量大于3%(w/w)的粘土处理的重环烷(石油)馏分	Distillates(petroleum),clay-treated heavy naphthenic(CAS No.64742-44-5),if they contain>3%(w/w)DMSO extract
519	二甲基亚砜提取物含量大于3%(w/w)的粘土处理的重石蜡(石油)馏分	Distillates(petroleum),clay-treated heavy paraffinic(CAS No.64742-36-5),if they contain>3%(w/w)DMSO extract
520	二甲基亚砜提取物含量大于3%(w/w)的粘土处理的轻环烷(石油)馏分	Distillates(petroleum),clay-treated light naphthenic(CAS No.64742-45-6),if they contain>3%(w/w)DMSO extract
521	二甲基亚砜提取物含量大于3%(w/w)的粘土处理的轻石蜡(石油)馏分	Distillates(petroleum),clay-treated light paraffinic(CAS No.64742-37-6),if they contain>3%(w/w)DMSO extract
522	粘土处理的(石油)中间馏分,除非清楚全部精炼过程并且能够证明所获得的物质不是致癌物	Distillates(petroleum),clay-treated middle(CAS No.64742-38-7),except if the full refining history is known and it can be shown that the substance from which it is produced is not a carcinogen
523	二甲基亚砜提取物含量大于3%(w/w)的复合脱蜡处理的重石蜡馏分(石油)	Distillates(petroleum),complex dewaxed heavy paraffinic(CAS No.90640-91-8),if they contain>3%(w/w)DMSO extract

续表

序号	中文名称	英文名称
524	二甲基亚砜提取物含量大于3%（w/w）的复合脱蜡处理的轻石蜡馏分（石油）	Distillates（petroleum），complex dewaxed light paraffinic（CAS No.90640-92-9），if they contain>3%（w/w）DMSO extract
525	二甲基亚砜提取物含量大于3%（w/w）的加氢脱蜡的重环烷馏分（石油）	Distillates（petroleum），dewaxed heavy paraffinic，hydrotreated（CAS No.91995-39-0）if they contain>3%（w/w）DMSO extract
526	二甲基亚砜提取物含量大于3%（w/w）的加氢脱蜡的轻环烷馏分（石油）	Distillates（petroleum），dewaxed light paraffinic，hydrotreated（CAS No.91995-40-3），if they contain>3%（w/w）DMSO extract
527	二甲基亚砜提取物含量大于3%（w/w）的重加氢裂解的（石油）馏分	Distillates（petroleum），heavy hydrocracked（CAS No.64741-76-0），if they contain>3%（w/w）DMSO extract
528	深度精炼的（石油）中间馏分，除非清楚全部精炼过程并且能够证明所获得的物质不是致癌物	Distillates（petroleum），highly refined middle（CAS No.90640-93-0），except if the full refining history is known and it can be shown that the substance from which it is produced is not a carcinogen
529	二甲基亚砜提取物含量大于3%（w/w）的加氢裂解溶剂精制的轻馏分（石油）	Distillates（petroleum），hydrocracked solvent-refined light（CAS No.97488-73-8），if they contain>3%（w/w）DMSO extract
530	二甲基亚砜提取物含量大于3%（w/w）的脱蜡的加氢裂解溶剂精制馏分（石油）	Distillates（petroleum），hydrocracked solvent-refined，dewaxed（CAS No.91995-45-8），if they contain>3%（w/w）DMSO extract
531	加氢脱硫的全程中间馏分（石油）	Distillates（petroleum），hydrodesulfurised full-range middle（CAS No.101316-57-8）
532	加氢脱硫重度催化裂解馏分（石油）	Distillates（petroleum），hydrodesulfurised heavy catalytic cracked（CAS No.68333-28-8）
533	加氢脱硫中度催化裂解馏分（石油）	Distillates（petroleum），hydrodesulfurised intermediate catalytic cracked（CAS No.68333-27-7）
534	加氢脱硫处理的（石油）中间馏分，除非清楚全部精炼过程并且能够证明所获得的物质不是致癌物	Distillates（petroleum），hydrodesulfurised middle（CAS No.64742-80-9），except if the full refining history is known and it can be shown that the substance from which it is produced is not a carcinogen
535	二甲基亚砜提取物含量大于3%（w/w）的加氢重环烷（石油）馏分	Distillates（petroleum），hydrotreated heavy naphthenic（CAS No.64742-52-5），if they contain>3%（w/w）DMSO extract
536	二甲基亚砜提取物含量大于3%（w/w）的加氢重石蜡（石油）馏分	Distillates（petroleum），hydrotreated heavy paraffinic（CAS No.64742-54-7），if they contain>3%（w/w）DMSO extract
537	二甲基亚砜提取物含量大于3%（w/w）的加氢轻环烷（石油）馏分	Distillates（petroleum），hydrotreated light naphthenic（CAS No.64742-53-6），if they contain>3%（w/w）DMSO extract
538	二甲基亚砜提取物含量大于3%（w/w）的加氢轻石蜡（石油）馏分	Distillates（petroleum），hydrotreated light paraffinic（CAS No.64742-55-8），if they contain>3%（w/w）DMSO extract

续表

序号	中文名称	英文名称
539	加氢的(石油)中间馏分,除非清楚全部精炼过程并且能够证明所获得的物质不是致癌物	Distillates(petroleum),hydrotreated middle(CAS No.64742-46-7),except if the full refining history is known and it can be shown that the substance from which it is produced is not a carcinogen
540	活性炭处理的中间馏分石蜡(石油),除非清楚全部精炼过程并且能够证明所获得的物质不是致癌物	Distillates(petroleum),intermediate paraffinic,carbon-treated(CAS No.100683-98-5),except if the full refining history is known and it can be shown that the substance from which it is produced is not a carcinogen
541	粘土处理的中间馏分石蜡(石油),除非清楚全部精炼过程并且能够证明所获得的物质不是致癌物	Distillates(petroleum),intermediate paraffinic,clay-treated(CAS No.100683-99-6),except if the full refining history is known and it can be shown that the substance from which it is produced is not a carcinogen
542	轻链烷馏分(石油)	Distillates(petroleum),light paraffinic(CAS No.64741-50-0)
543	二甲基亚砜提取物含量大于3%(w/w)的粘土处理的溶剂脱蜡的重石蜡馏分(石油)	Distillates(petroleum),solvent dewaxed heavy paraffinic,clay-treated(CAS No.90640-94-1),if they contain>3%(w/w)DMSO extract
544	二甲基亚砜提取物含量大于3%(w/w)的粘土处理的溶剂脱蜡轻石蜡馏分(石油)	Distillates(petroleum),solvent dewaxed light paraffinic,clay-treated(CAS No.90640-96-3),if they contain>3%(w/w)DMSO extract
545	二甲基亚砜提取物含量大于3%(w/w)的氢化的溶剂脱蜡轻石蜡馏分(石油)	Distillates(petroleum),solvent dewaxed light paraffinic,hydrotreated(CAS No.90640-97-4),if they contain>3%(w/w)DMSO extract
546	二甲基亚砜提取物含量大于3%(w/w)的溶剂脱蜡处理的重环烷(石油)馏分	Distillates(petroleum),solvent-dewaxed heavy naphthenic(CAS No.64742-63-8),if they contain>3%(w/w)DMSO extract
547	二甲基亚砜提取物含量大于3%(w/w)的溶剂脱蜡处理的重石蜡(石油)馏分	Distillates(petroleum),solvent-dewaxed heavy paraffinic(CAS No.64742-65-0),if they contain>3%(w/w)DMSO extract
548	二甲基亚砜提取物含量大于3%(w/w)的溶剂脱蜡处理的轻环烷(石油)馏分	Distillates(petroleum),solvent-dewaxed light naphthenic(CAS No.64742-64-9),if they contain>3%(w/w)DMSO extract
549	二甲基亚砜提取物含量大于3%(w/w)的溶剂脱蜡处理的轻石蜡(石油)馏分	Distillates(petroleum),solvent-dewaxed light paraffinic(CAS No.64742-56-9),if they contain>3%(w/w)DMSO extract
550	二甲基亚砜提取物含量大于3%(w/w)的溶剂精制处理的重环烷(石油)馏分	Distillates(petroleum),solvent-refined heavy naphthenic(CAS No.64741-96-4),if they contain>3%(w/w)DMSO extract
551	二甲基亚砜提取物含量大于3%(w/w)的溶剂精制处理的重石蜡(石油)馏分	Distillates(petroleum),solvent-refined heavy paraffinic(CAS No.64741-88-4),if they contain>3%(w/w)DMSO extract

续表

序号	中文名称	英文名称
552	二甲基亚砜提取物含量大于3%(w/w)的溶剂精制的加氢裂解轻馏分(石油)	Distillates(petroleum), solvent-refined hydrocracked light(CAS No.94733-09-2), if they contain>3%(w/w) DMSO extract
553	二甲基亚砜提取物含量大于3%(w/w)的溶剂精制的加氢重馏分(石油)	Distillates(petroleum), solvent-refined hydrogenated heavy(CAS No.97488-74-9), if they contain>3%(w/w) DMSO extract
554	二甲基亚砜提取物含量大于3%(w/w)的加氢的溶剂精制氢化重馏分(石油)	Distillates(petroleum), solvent-refined hydrotreated heavy, hydrogenated(CAS No.94733-08-1), if they contain>3%(w/w) DMSO extract
555	二甲基亚砜提取物含量大于3%(w/w)的溶剂精制处理的轻环烷(石油)馏分	Distillates(petroleum), solvent-refined light naphthenic(CAS No.64741-97-5), if they contain>3%(w/w) DMSO extract
556	二甲基亚砜提取物含量大于3%(w/w)的加氢的溶剂精制的轻环烷馏分(石油)	Distillates(petroleum), solvent-refined light naphthenic, hydrotreated(CAS No.91995-54-9), if they contain>3%(w/w) DMSO extract
557	二甲基亚砜提取物含量大于3%(w/w)的溶剂精制处理的轻度石蜡(石油)馏分	Distillates(petroleum), solvent-refined light paraffinic(CAS No.64741-89-5), if they contain>3%(w/w) DMSO extract
558	溶剂精制的(石油)中间馏分,除非清楚全部精炼过程并且能够证明所获得的物质不是致癌物	Distillates(petroleum), solvent-refined middle(CAS No.64741-91-9), except if the full refining history is known and it can be shown that the substance from which it is produced is not a carcinogen
559	脱硫的(石油)中间馏分,除非清楚全部精炼过程并且能够证明所获得的物质不是致癌物	Distillates(petroleum), sweetened middle(CAS No.64741-86-2), except if the full refining history is known and it can be shown that the substance from which it is produced is not a carcinogen
560	酸处理的重环烷馏分(石油)	Distillates(petroleum), acid-treated heavy naphthenic(CAS No.64742-18-3)
561	酸处理的重链烷馏分(石油)	Distillates(petroleum), acid-treated heavy paraffinic(CAS No.64742-20-7)
562	酸处理的轻环烷馏分(石油)	Distillates(petroleum), acid-treated light naphthenic(CAS No.64742-19-4)
563	酸处理的轻链烷馏分(石油)	Distillates(petroleum), acid-treated light paraffinic(CAS No.64742-21-8)
564	化学中和的轻环烷馏分(石油)	Distillates(petroleum), chemically neutralized light naphthenic(CAS No.64742-35-4)
565	化学中和的轻链烷馏分(石油)	Distillates(petroleum), chemically neutralized light paraffinic(CAS No.64742-28-5)
566	裂解蒸汽裂解石油馏分(石油)	Distillates(petroleum), cracked steam-cracked petroleum distillates(CAS No.68477-38-3)

续表

序号	中文名称	英文名称
567	重环烷馏分（石油）	Distillates (petroleum), heavy naphthenic (CAS No.64741-53-3)
568	重链烷馏分（石油）	Distillates (petroleum), heavy paraffinic (CAS No.64741-51-1)
569	重度热裂解馏分（石油）	Distillates (petroleum), heavy thermal cracked (CAS No.64741-81-7)
570	重度催化裂解馏分（石油）	Distillates (petroleum), heavy, catalytic cracked (CAS No.64741-61-3)
571	重度蒸汽裂解馏分（石油）	Distillates (petroleum), heavy, steam-cracked (CAS No.101631-14-5)
572	加氢脱硫、轻度催化裂解的馏分（石油）	Distillates (petroleum), hydrodesulfurised light catalytic cracked (CAS No.68333-25-5)
573	加氢脱硫中度焦化馏分（石油）	Distillates (petroleum), hydrodesulfurised middle coker (CAS No.101316-59-0)
574	加氢脱硫、热裂解的中间馏分（石油）	Distillates (petroleum), hydrodesulfurised thermal cracked middle (CAS No.85116-53-6)
575	中度催化裂解及热降解的馏分（石油）	Distillates (petroleum), intermediate catalytic cracked, thermally degraded (CAS No.92201-59-7)
576	减压蒸馏的中等沸点馏分（石油）	Distillates (petroleum), intermediate vacuum (CAS No.70592-76-6)
577	轻度催化裂解的馏分（石油）	Distillates (petroleum), light catalytic cracked (CAS No.64741-59-9)
578	轻度催化裂解热降解处理的馏分（石油）	Distillates (petroleum), light catalytic cracked, thermally degraded (CAS No.92201-60-0)
579	轻度加氢裂化处理的石油馏出液	Distillates (petroleum), light hydrocracked (CAS No.64741-77-1)
580	轻环烷馏分（石油）	Distillates (petroleum), light naphthenic (CAS No.64741-52-2)
581	轻度蒸汽裂解石脑油馏分（石油）	Distillates (petroleum), light steam-cracked naphtha (CAS No.68475-80-9)
582	轻度热裂解的馏分（石油）	Distillates (petroleum), light thermal cracked (CAS No.64741-82-8)
583	减压蒸馏的低沸点馏分（石油）	Distillates (petroleum), light vacuum (CAS No.70592-77-7)
584	石油残油减压蒸馏馏分（石油）	Distillates (petroleum), petroleum residues vacuum (CAS No.68955-27-1)
585	减压蒸馏馏分（石油）	Distillates (petroleum), vacuum (CAS No.70592-78-8)
586	化学中和的重环烷馏分（石油）	Distillates (petroleum), chemically neutralized heavy naphthenic (CAS No.64742-34-3)
587	化学中和的重链烷馏分（石油）	Distillates (petroleum), chemically neutralized heavy paraffinic (CAS No.64742-27-4)

续表

序号	中文名称	英文名称
588	中度催化裂解的馏分（石油）	Distillates (petroleum), intermediate catalytic cracked (CAS No.64741-60-2)
589	双硫仑；塞仑	Disulfiram (INN) (CAS No 97-77-8); thiram (INN) (CAS No.137-26-8)
590	二硫代-2,2'-双吡啶-二氧化物1,1'（添加三水合硫酸镁）-（双吡硫酮+硫酸镁）	Dithio-2,2'-bispyridine-dioxide 1,1' (additive with trihydrated magnesium sulfate) - (pyrithione disulfide+magnesium sulfate) (CAS No.43143-11-9)
591	敌草隆	Diuron (ISO) (CAS No.330-54-1)
592	五氧化二钒	Divanadium pentaoxide (CAS No.1314-62-1)
593	4,6-二硝基邻甲酚	DNOC (ISO) (CAS No.534-52-1)
594	十二氯五环[5.2.1.$0^{2,6}$.$0^{3,9}$.$0^{5,8}$]癸烷	Dodecachloropentacyclo[5.2.1.$0^{2,6}$.$0^{3,9}$.$0^{5,8}$]decane (Mirex) (CAS No.2385-85-5)
595	去氧苯妥英	Doxenitoin (INN) (CAS No.3254-93-1)
596	多西拉敏及其盐类	Doxylamine (INN) (CAS No.469-21-6) and its salts
597	依米丁及其盐类和衍生物	Emetine (CAS No.483-18-1), its salts and derivatives
598	麻黄碱及其盐类	Ephedrine (CAS No.299-42-3) and its salts
599	肾上腺素	Epinephrine (INN) (CAS No.51-43-4)
600	（环氧乙基）苯	(Epoxyethyl) benzene (Styrene oxide) (CAS No.96-09-3)
601	骨化醇和胆骨化醇（维生素D_2和D_3）	Ergocalciferol (INN) and cholecalciferol (vitamins D_2 and D_3) (CAS No.50-14-6/CAS No.67-97-0)
602	毛沸石	Erionite (CAS No.12510-42-8)
603	依色林（或称毒扁豆碱）及其盐类	Eserine or physostigmine (CAS No.57-47-6) and its salts
604	N-(4-((4-(二乙基氨基)苯基)(4-(乙基氨基)-1-萘基)亚甲基)-2,5-环己二烯-1-亚基)-N-乙基-乙铵及其盐类	Ethanaminium, N-(4-((4-(diethylamino) phenyl)(4-(ethylamino)-1-naphthalenyl) methylene)-2,5-cyclohexadien-1-ylidene)-N-ethyl- (CAS No.2390-60-5) and its salts
605	N-(4-((4-(二乙胺)苯基)苯亚甲基)-2,5-环已二烯-1-亚基)-N-乙基-乙铵及其盐类	Ethanaminium, N-(4-((4-(diethylamino) phenyl) phenylmethylene)-2,5-cyclohexadien-1-ylidene)-N-ethyl- (CAS No.633-03-4) and its salts
606	N-(4-(双(4-(二乙胺基)苯基)亚甲基)-2,5-环已二烯-1-亚基)-N-乙基-乙铵及其盐类	Ethanaminium, N-(4-(bis(4-(diethylamino) phenyl) methylene)-2,5-cyclohexadien-1-ylidene)-N-ethyl- (CAS No.2390-59-2) and its salts
607	HC蓝NO.5（二乙醇胺和表氯醇、2-硝基-1,4-苯二胺的反应产物）及其盐类	Ethanol, 2,2'-iminobis-, reaction products with epichlorohydrin and 2-nitro-1,4-benzenediamine (HC Blue No.5) (CAS No.68478-64-8/CAS No.158571-58-5) and its salts
608	乙硫异烟胺	Ethionamide (INN) (CAS No.536-33-4)

续表

序号	中文名称	英文名称
609	依索庚嗪及其盐类	Ethoheptazine (INN) (CAS No.77-15-6) and its salts
610	丙烯酸乙酯	Ethyl acrylate (CAS No.140-88-5)
611	双(4-羟基-2-氧代-1-苯并吡喃-3-基)乙酸乙酯及酸的盐类	Ethyl bis (4-hydroxy-2-oxo-1-benzopyran-3-yl) acetate (CAS No.548-00-5) and salts of the acid
612	乙二醇二甲醚(EGDME)	Ethylene glycol dimethyl ether (EGDME) (CAS No.110-71-4)
613	环氧乙烷	Ethylene oxide (CAS No.75-21-8)
614	苯丁酰脲	Ethylphenacemide (pheneturide) (INN) (CAS No.90-49-3)
615	苯并[a]芘的含量大于0.005%(w/w)的褐煤提取残渣	Extract residues (coal), brown (CAS No.91697-23-3), if they contain>0.005% (w/w) benzo[a]pyrene
616	苯并[a]芘的含量大于0.005%(w/w)的煤提取残渣,来自洗涤油提取残渣的酸化杂酚油	Extract residues (coal), creosote oil acid, wash oil extract residue, if it contains>0.005% (w/w) benzo[a]pyrene (CAS No.122384-77-4)
617	二甲基亚砜提取物含量大于3%(w/w)的含高浓度芳烃的重环烷馏分溶剂提取液(石油)	Extracts (petroleum), heavy naphthenic distillate solvent, arom. Conc,. (CAS No.68783-00-6), if they contain>3% (w/w) DMSO extract
618	二甲基亚砜提取物含量大于3%(w/w)的加氢脱硫重环烷馏分溶剂提取(石油)	Extracts (petroleum), heavy naphthenic distillate solvent, hydrodesulfurised (CAS No.93763-10-1), if they contain>3% (w/w) DMSO extract
619	二甲基亚砜提取物含量大于3%(w/w)的加氢重环烷馏分溶剂提取物(石油)	Extracts (petroleum), heavy naphthenic distillate solvent, hydrotreated (CAS No.90641-07-9), if they contain>3% (w/w) DMSO extract
620	二甲基亚砜提取物含量大于3%(w/w)的粘土处理的重石蜡馏分的溶剂提取物	Extracts (petroleum), heavy paraffinic distillate solvent, clay-treated (CAS No.92704-08-0), if they contain>3% (w/w) DMSO extract
621	二甲基亚砜提取物含量大于3%(w/w)的加氢重石蜡馏分溶剂提取物(石油)	Extracts (petroleum), heavy paraffinic distillate solvent, hydrotreated (CAS No.90641-08-0), if they contain>3% (w/w) DMSO extract
622	二甲基亚砜提取物含量大于3%(w/w)的重石蜡馏分溶剂脱沥青提取液(石油)	Extracts (petroleum), heavy paraffinic distillates, solvent-deasphalted (CAS No.68814-89-1), if they contain>3% (w/w) DMSO extract
623	二甲基亚砜提取物含量大于3%(w/w)的加氢轻石蜡馏分溶剂提取物(石油)	Extracts (petroleum), hydrotreated light paraffinic distillate solvent (CAS No.91995-73-2), if they contain>3% (w/w) DMSO extract
624	二甲基亚砜提取物含量大于3%(w/w)的加氢脱硫轻环烷馏分溶剂提取物(石油)	Extracts (petroleum), light naphthenic distillate solvent, hydrodesulfurised (CAS No.91995-75-4), if they contain>3% (w/w) DMSO extract
625	二甲基亚砜提取物含量大于3%(w/w)的酸处理的轻石蜡馏出液溶剂提取物(石油)	Extracts (petroleum), light paraffinic distillate solvent, acid-treated (CAS No.91995-76-5), if they contain>3% (w/w) DMSO extract

续表

序号	中文名称	英文名称
626	二甲基亚砜提取物含量大于3%(w/w)的活性炭处理的轻石蜡馏分的溶剂提取物(石油)	Extracts(petroleum),light paraffinic distillate solvent,carbon-treated(CAS No.100684-02-4),if they contain>3%(w/w) DMSO extract
627	二甲基亚砜提取物含量大于3%(w/w)的粘土处理的轻石蜡馏分的溶剂提取物(石油)	Extracts(petroleum),light paraffinic distillate solvent,clay-treated(CAS No.100684-03-5),if they contain>3%(w/w) DMSO extract
628	二甲基亚砜提取物含量大于3%(w/w)的加氢脱硫的轻石蜡馏出液溶剂提取物(石油)	Extracts(petroleum),light paraffinic distillate solvent, hydrodesulfurised(CAS No.91995-77-6),if they contain>3%(w/w)DMSO extract
629	二甲基亚砜提取物含量大于3%(w/w)的加氢轻石蜡馏分溶剂提取物(石油)	Extracts(petroleum),light paraffinic distillate solvent, hydrotreated(CAS No.90641-09-1),if they contain>3%(w/w) DMSO extract
630	二甲基亚砜提取物含量大于3%(w/w)的粘土处理的轻减压柴油溶剂提取物(石油)	Extracts(petroleum),light vacuum gas oil solvent,clay-treated (CAS No.100684-05-7),if they contain>3%(w/w)DMSO extract
631	二甲基亚砜提取物含量大于3%(w/w)的加氢的轻减压瓦斯油溶剂提取物(石油)	Extracts(petroleum),light vacuum gas oil solvent,hydrotreated (CAS No.91995-79-8),if they contain>3%(w/w)DMSO extract
632	二甲基亚砜提取物含量大于3%(w/w)的活性炭处理的轻减压柴油溶剂提取物(石油)	Extracts(petroleum),light vacuum,gas oil solvent,carbon-treated(CAS No.100684-04-6),if they contain>3%(w/w) DMSO extract
633	二甲基亚砜提取物含量大于3%(w/w)的加氢脱硫的溶剂脱蜡重石蜡馏分溶剂提取物	Extracts(petroleum),solvent-dewaxed heavy paraffinic distillate solvent,hydrodesulfurised(CAS No.93763-11-2),if they contain>3%(w/w)DMSO extract
634	二甲基亚砜提取物含量大于3%(w/w)的溶剂精制处理的重石蜡馏分溶剂提取液(石油)	Extracts(petroleum),solvent-refined heavy paraffinic distillate solvent(CAS No.68783-04-0),if they contain>3%(w/w)DMSO extract
635	重环烷馏分的溶剂提取物(石油)	Extracts(petroleum),heavy naphthenic distillate solvent(CAS No.64742-11-6)
636	重链烷馏分的溶剂提取物(石油)	Extracts(petroleum),heavy paraffinic distillate solvent(CAS No.64742-04-7)
637	轻环烷馏分的溶剂提取物(石油)	Extracts(petroleum),light naphthenic distillate solvent(CAS No.64742-03-6)
638	轻链烷馏分的溶剂提取物(石油)	Extracts(petroleum),light paraffinic distillate solvent(CAS No.64742-05-8)
639	轻减压瓦斯油的溶剂提取物(石油)	Extracts(petroleum),light vacuum gas oil solvent(CAS No.91995-78-7)
640	非克立明	Feclemine(INN)(CAS No.3590-16-7)

续表

序号	中文名称	英文名称
641	酚二唑	Fenadiazole（INN）（CAS No.1008-65-7）
642	异嘧菌醇	Fenarimol（CAS No.60168-88-9）
643	非诺唑酮	Fenozolone（INN）（CAS No.15302-16-6）
644	丁苯吗啉	Fenpropimorph（CAS No.67564-91-4）
645	倍硫磷	Fenthion（CAS No.55-38-9）
646	薯瘟锡	Fentin acetate（CAS No.900-95-8）
647	毒菌锡	Fentin hydroxide（CAS No.76-87-9）
648	非尼拉朵	Fenyramidol（INN）（CAS No.553-69-5）
649	氟阿尼酮	Fluanisone（INN）（CAS No.1480-19-9）
650	吡氟禾草灵（丁酯）	Fluazifop-butyl（CAS No.69806-50-4）
651	精吡氟乐草灵	Fluazifop-P-butyl（ISO）（CAS No.79241-46-6）
652	氟嗯嗪酮	Flumioxazin（CAS No.103361-09-7）
653	氟苯乙砜	Fluoresone（INN）（CAS No.2924-67-6）
654	氟尿嘧啶	Fluorouracil（INN）（CAS No.51-21-8）
655	氟硅唑	Flusilazole（CAS No.85509-19-9）
656	二甲基亚砜提取物含量大于 3%（w/w）的脚子油（石油）	Foots oil（petroleum）（CAS No.64742-67-2），if it contains>3%（w/w）DMSO extract
657	二甲基亚砜提取物含量大于 3%（w/w）的酸处理的脚子油（石油）	Foots oil（petroleum），acid-treated（CAS No.93924-31-3），if it contains>3%（w/w）DMSO extract
658	二甲基亚砜提取物含量大于 3%（w/w）的活性炭处理的脚子油（石油）	Foots oil（petroleum），carbon-treated（CAS No.97862-76-5），if it contains>3%（w/w）DMSO extract
659	二甲基亚砜提取物含量大于 3%（w/w）的粘土处理的脚子油（石油）	Foots oil（petroleum），clay-treated（CAS No.93924-32-4），if it contains>3%（w/w）DMSO extract
660	二甲基亚砜提取物含量大于 3%（w/w）的加氢脚子油（石油）	Foots oil（petroleum），hydrotreated（CAS No.92045-12-0），if it contains>3%（w/w）DMSO extract
661	二甲基亚砜提取物含量大于 3%（w/w）的硅酸处理的脚子油（石油）	Foots oil（petroleum），silicic acid-treated（CAS No.97862-77-6），if it contains>3%（w/w）DMSO extract
662	甲酰胺	Formamide（CAS No.75-12-7）
663	丁二烯含量大于 0.1%（w/w）的可燃气	Fuel gases（CAS No.68476-26-6），if they contain>0.1%（w/w）butadiene
664	丁二烯含量大于 0.1%（w/w）的可燃气，来自原油馏分	Fuel gases，crude oil distillates（CAS No.68476-29-9），if they contain>0.1%（w/w）butadiene
665	6 号燃料油	Fuel oil，No.6（CAS No.68553-00-4）
666	4 号燃料油	Fuel oil，No.4（CAS No.68476-31-3）

续表

序号	中文名称	英文名称
667	燃料油残液	Fuel oil, residual (CAS No.68476-33-5)
668	高硫燃料油，来自直馏柴油残液	Fuel oil, residues-straight-run gas oils, high-sulfur (CAS No.68476-32-4)
669	柴油机燃料，除非清楚全部精炼过程并且能够证明所获得的物质不是致癌物	Fuels, diesel (CAS No.68334-30-5), except if the full refining history is known and it can be shown that the substance from which it is produced is not a carcinogen
670	柴油机燃料，来自加氢裂解氢化煤的溶剂提取液	Fuels, diesel, coal solvent extn., hydrocracked hydrogenated (CAS No.94114-59-7)
671	2 号柴油机燃料	Fuels, diesel, No.2 (CAS No.68476-34-6)
672	喷气飞机燃料，来自加氢裂解氢化煤的溶剂提取液	Fuels, jet aircraft, coal solvent extn., hydrocracked hydrogenated (CAS No.94114-58-6)
673	高硫高沸点燃料油	Fues oil, heavy, high-sulfur (CAS No.92045-14-2)
674	2 号燃料油	Fues oil, No.2 (CAS No.68476-30-2)
675	呋喃	Furan (CAS No.110-00-9)
676	呋喃唑酮	Furazolidone (INN)(CAS No.67-45-8)
677	糠基三甲基铵盐类，如：呋喋碘铵	Furfuryltrimethylammonium salts, e.g. furtrethonium iodide (INN)(CAS No.541-64-0)
678	呋喃香豆素类（如：三甲沙林，8- 甲氧基补骨脂素（花椒毒素），5- 甲氧基补骨脂素（佛手柑内酯）等），天然香料中存在的正常含量除外。在防晒和晒黑产品中，呋喃香豆素的含量应小于 1mg/kg	Furocoumarines (e.g. Trioxysalen (INN)(CAS No.3902-71-4), 8-methoxypsoralen(CAS No.298-81-7), 5-methoxypsoralen(CAS No.484-20-8)) except for normal content in natural essences used.In sun protection and in bronzing products, furocoumarines shall be below 1mg/kg
679	加兰他敏	Galantamine (INN)(CAS No.357-70-0)
680	戈拉碘铵	Gallamine triethiodide (INN)(CAS No.65-29-2)
681	酸处理的柴油（石油），除非清楚全部精炼过程并且能够证明所获得的物质不是致癌物	Gas oils (petroleum), acid-treated (CAS No.64742-12-7), except if the full refining history is known and it can be shown that the substance from which it is produced is not a carcinogen
682	化学中和的柴油（石油），除非清楚全部精炼过程并且能够证明所获得的物质不是致癌物	Gas oils (petroleum), chemically neutralised (CAS No.64742-29-6), except if the full refining history is known and it can be shown that the substance from which it is produced is not a carcinogen
683	常压蒸馏的高沸点柴油（石油）	Gas oils (petroleum), heavy atmospheric (CAS No.68783-08-4)
684	加氢脱硫的柴油（石油），除非清楚全部精炼过程并且能够证明所获得的物质不是致癌物	Gas oils (petroleum), hydrodesulfurised (CAS No.64742-79-6), except if the full refining history is known and it can be shown that the substance from which it is produced is not a carcinogen

续表

序号	中文名称	英文名称
685	溶剂精制的柴油(石油),除非清楚全部精炼过程并且能够证明所获得的物质不是致癌物	Gas oils (petroleum), solvent-refined (CAS No.64741-90-8), except if the full refining history is known and it can be shown that the substance from which it is produced is not a carcinogen
686	重度减压处理的柴油(石油)	Gas oils (petroleum), heavy vacuum (CAS No.64741-57-7)
687	加氢脱硫焦化减压蒸馏高沸点柴油(石油)	Gas oils (petroleum), hydrodesulfurised coker heavy vacuum (CAS No.85117-03-9)
688	加氢脱硫减压蒸馏高沸点柴油(石油)	Gas oils (petroleum), hydrodesulfurised heavy vacuum (CAS No.64742-86-5)
689	加氢减压蒸馏的柴油(石油)	Gas oils (petroleum), hydrotreated vacuum (CAS No.64742-59-2)
690	轻度减压热裂解加氢脱硫的柴油(石油)	Gas oils (petroleum), light vacuum, thermal-cracked hydrodesulfurised (CAS No.97926-59-5)
691	蒸汽裂解的柴油(石油)	Gas oils (petroleum), steam-cracked (CAS No.68527-18-4)
692	热裂解加氢脱硫处理的柴油(石油)	Gas oils (petroleum), thermal-cracked, hydrodesulfurised (CAS No.92045-29-9)
693	加氢柴油,除非清楚全部精炼过程并且能够证明所获得的物质不是致癌物	Gas oils, hydrotreated (CAS No.97862-78-7), except if the full refining history is known and it can be shown that the substance from which it is produced is not a carcinogen
694	石蜡柴油,除非清楚全部精炼过程并且能够证明所获得的物质不是致癌物	Gas oils, paraffinic (CAS No.93924-33-5), except if the full refining history is known and it can be shown that the substance from which it is produced is not a carcinogen
695	丁二烯含量大于0.1%(w/w)的采用烷基化进料的汽油(石油)	Gases (petroleum), alkylation feed (CAS No.68606-27-9), if they contain>0.1% (w/w) butadiene
696	丁二烯含量大于0.1%(w/w)的氨系统进料汽油(石油)	Gases (petroleum), amine system feed (CAS No.68477-65-6), if they contain>0.1% (w/w) butadiene
697	丁二烯含量大于0.1%(w/w)的苯单元产生的加氢脱硫的汽油(石油)尾气	Gases (petroleum), benzene unit hydrodesulfurised off (CAS No.68477-66-7), if they contain>0.1% (w/w) butadiene
698	丁二烯含量大于0.1%(w/w)的汽油(石油),来自苯单元加氢脱戊烷塔塔顶馏馏分	Gases (petroleum), benzene unit hydrotreater dependaniser overheads (CAS No.68602-82-4), if they contain>0.1% (w/w) butadiene
699	丁二烯含量大于0.1%(w/w)富氢的苯系统循环的汽油(石油)	Gases (petroleum), benzene unit recycle, hydrogen-rich (CAS No.68477-67-8), if they contain>0.1% (w/w) butadiene
700	丁二烯含量大于0.1%(w/w)的汽油(石油),来自富氢氮的调合油	Gases (petroleum), blend oil, hydrogen-nitrogen-rich (CAS No.68477-68-9), if they contain>0.1% (w/w) butadiene
701	丁二烯含量大于0.1%(w/w)的汽油(石油),丁烷分离塔塔顶馏分	Gases (petroleum), butane splitter overheads (CAS No.68477-69-0), if they contain>0.1% (w/w) butadiene

续表

序号	中文名称	英文名称
702	丁二烯含量大于0.1%(w/w)的含C_{1-5}湿汽油(石油)	Gases(petroleum), C_{1-5}, wet(CAS No.68602-83-5), if they contain>0.1%(w/w) Butadiene
703	丁二烯含量大于0.1%(w/w)的含C_{2-3}汽油(石油)	Gases(petroleum), C_{2-3}(CAS No.68477-70-3), if they contain>0.1%(w/w) butadiene
704	丁二烯含量大于0.1%(w/w)的脱硫的C_{2-4}汽油(石油)	Gases(petroleum), C_{2-4}, sweetened(CAS No.68783-65-3), if they contain>0.1%(w/w) butadiene
705	丁二烯含量大于0.1%(w/w)的C_2溢流汽油(石油)	Gases(petroleum), C_2-return stream(CAS No.68477-84-9), if they contain>0.1%(w/w) butadiene
706	丁二烯含量大于0.1%(w/w)的含C_{3-4}汽油(石油)	Gases(petroleum), C_{3-4}(CAS No.68131-75-9), if they contain>0.1%(w/w) butadiene
707	丁二烯含量大于0.1%(w/w)富异丁烷的含C_{3-4}的汽油(石油)	Gases(petroleum), C_{3-4}, isobutane-rich(CAS No.68477-33-8), if they contain>0.1%(w/w) butadiene
708	丁二烯含量大于0.1%(w/w)的烯烃-烷烃烷基化进料的C_{3-5}汽油(石油)	Gases(petroleum), C_{3-5} olefinic-paraffinic alkylation feed(CAS No.68477-83-8), if they contain>0.1%(w/w) butadiene
709	丁二烯含量大于0.1%(w/w)的富C_4汽油(石油)	Gases(petroleum), C_4-rich(CAS No.68477-85-0), if they contain>0.1%(w/w) butadiene
710	丁二烯含量大于0.1%(w/w)的C_{6-8}催化重整的汽油(石油)	Gases(petroleum), C_{6-8} catalytic reformer(CAS No.68477-81-6), if they contain>0.1%(w/w) butadiene
711	丁二烯含量大于0.1%(w/w)的C_{6-8}催化重整循环的汽油(石油)	Gases(petroleum), C_{6-8} catalytic reformer recycle(CAS No.68477-80-5), if they contain>0.1%(w/w) butadiene
712	丁二烯含量大于0.1%(w/w)的催化重整循环的富氢C_{6-8}汽油(石油)	Gases(petroleum), C_{6-8} catalytic reformer recycle, hydrogen-rich(CAS No.68477-82-7), if they contain>0.1%(w/w) butadiene
713	丁二烯含量大于0.1%(w/w)的汽油(石油),来自催化裂解石脑油脱丁烷塔	Gases(petroleum), catalytic cracked naphtha debutaniser(CAS No.68952-76-1), if they contain>0.1%(w/w) butadiene
714	丁二烯含量大于0.1%(w/w)的富C_3无酸汽油(石油),来自催化裂解石脑油脱丙烷塔塔顶馏分	Gases(petroleum), catalytic cracked naphtha depropaniser overhead, C_3-rich acid-free(CAS No.68477-73-6), if they contain>0.1%(w/w) butadiene
715	丁二烯含量大于0.1%(w/w)的汽油(石油),来自催化裂解塔顶馏分	Gases(petroleum), catalytic cracked overheads(CAS No.68409-99-4), if they contain>0.1%(w/w) butadiene
716	丁二烯含量大于0.1%(w/w)的催化重整的汽油(石油)	Gases(petroleum), catalytic cracker(CAS No.68477-74-7), if they contain>0.1%(w/w) butadiene
717	丁二烯含量大于0.1%(w/w)的富C_{1-5}催化裂解重整的汽油(石油)	Gases(petroleum), catalytic cracker, C_{1-5}-rich(CAS No.68477-75-8), if they contain>0.1%(w/w) butadiene
718	丁二烯含量大于0.1%(w/w)的催化裂解汽油(石油)	Gases(petroleum), catalytic cracking(CAS No.68783-64-2), if they contain>0.1%(w/w) butadiene

续表

序号	中文名称	英文名称
719	丁二烯含量大于0.1%(w/w)的富C_{2-4}汽油(石油),来自催化聚合石脑油稳定塔塔顶馏分	Gases(petroleum), catalytic polymd naphtha stabiliser overhead, C_{2-4}-rich(CAS No.68477-76-9), if they contain>0.1%(w/w)butadiene
720	丁二烯含量大于0.1%(w/w)的汽油(石油),来自催化重整石脑油汽提塔塔顶馏分	Gases(petroleum), catalytic reformed naphtha stripper overheads(CAS No.68477-77-0), if they contain>0.1%(w/w) butadiene
721	丁二烯含量大于0.1%(w/w)的汽油(石油),来自催化重整直馏石脑油稳定塔塔顶馏分	Gases(petroleum), catalytic reformed straight-run naphtha stabiliser overheads(CAS No.68513-14-4), if they contain>0.1%(w/w)butadiene
722	丁二烯含量大于0.1%(w/w)的催化重整的富C_{1-4}汽油(石油)	Gases(petroleum), catalytic reformer, C_{1-4}-rich(CAS No.68477-79-2), if they contain>0.1%(w/w)butadiene
723	丁二烯含量大于0.1%(w/w)的富C_4无酸汽油(石油),来自催化裂解柴油脱丙烷塔塔底物	Gases(petroleum), catalytic-cracked gas oil depropaniser bottoms, C_4-rich acid-free(CAS No.68477-71-4), if they contain>0.1%(w/w)butadiene
724	丁二烯含量大于0.1%(w/w)的富C_{3-5}汽油(石油),来自催化裂解石脑油脱丁烷塔塔底物	Gases(petroleum), catalytic-cracked naphtha debutaniser bottoms, C_{3-5}-rich(CAS No.68477-72-5), if they contain>0.1%(w/w)butadiene
725	丁二烯含量大于0.1%(w/w)的原油蒸馏及催化裂解的汽油(石油)	Gases(petroleum), crude distn and catalytic cracking(CAS No.68989-88-8), if they contain>0.1%(w/w)butadiene
726	丁二烯含量大于0.1%(w/w)的汽油(石油),来自原油分馏尾气	Gases(petroleum), crude oil fractionation off(CAS No.68918-99-0), if they contain>0.1%(w/w)butadiene
727	丁二烯含量大于0.1%(w/w)的汽油(石油),来自脱乙烷塔塔顶馏分	Gases(petroleum), deethaniser overheads(CAS No.68477-86-1), if they contain>0.1%(w/w)butadiene
728	丁二烯含量大于0.1%(w/w)的汽油(石油),来自脱己烷尾气	Gases(petroleum), dehexaniser off(CAS No.68919-00-6), if they contain>0.1%(w/w)butadiene
729	丁二烯含量大于0.1%(w/w)的汽油(石油),来自脱异丁烷塔塔顶馏分	Gases(petroleum), deisobutaniser tower overheads(CAS No.68477-87-2), if they contain>0.1%(w/w)butadiene
730	丁二烯含量大于0.1%(w/w)的汽油,来自脱丙烷油脚分馏塔尾气	Gases(petroleum), depropaniser bottoms fractionation off(CAS No.68606-34-8), if they contain>0.1%(w/w)butadiene
731	丁二烯含量大于0.1%(w/w)的富丙烯汽油(石油),来自脱丙烷干塔	Gases(petroleum), depropaniser dry, propene-rich(CAS No.68477-90-7), if they contain>0.1%(w/w)butadiene
732	丁二烯含量大于0.1%(w/w)的汽油(石油),来自脱丙烷塔塔顶馏分	Gases(petroleum), depropaniser overheads(CAS No.68477-91-8), if they contain>0.1%(w/w)butadiene
733	丁二烯含量大于0.1%(w/w)的汽油,来自加氢精制脱硫汽提塔馏分尾气	Gases(petroleum), distillate unifiner desulfurisation stripper off(CAS No.68919-01-7), if they contain>0.1%(w/w)butadiene
734	丁二烯含量大于0.1%(w/w)的干酸汽油(石油)尾气,来自汽油浓缩单元	Gases(petroleum), dry sour, gas-concn-unit-off(CAS No.68477-92-9), if they contain>0.1%(w/w)butadiene

续表

序号	中文名称	英文名称
735	丁二烯含量大于0.1%(w/w)的汽油(石油),来自流化催化裂解分馏塔尾气	Gases (petroleum), fluidised catalytic cracker fractionation off (CAS No.68919-02-8) if they contain>0.1% (w/w) butadiene
736	丁二烯含量大于0.1%(w/w)的汽油(石油),来自流化催化裂解洗气二级吸收塔尾气	Gases (petroleum), fluidised catalytic cracker scrubbing secondary absorber off (CAS No.68919-03-9), if they contain>0.1% (w/w) butadiene
737	丁二烯含量大于0.1%(w/w)的汽油(石油),来自流化催化裂解分流塔塔顶馏分	Gases (petroleum), fluidised catalytic cracker splitter overheads (CAS No.68919-20-0), if they contain>0.1% (w/w) butadiene
738	丁二烯含量大于0.1%(w/w)的汽油(石油),来自全程馏分的直馏石脑油脱己烷塔尾气	Gases (petroleum), full-range straight-run naphtha dehexaniser off (CAS No.68513-15-5), if they contain>0.1% (w/w) butadiene
739	丁二烯含量大于0.1%(w/w)的经汽油浓缩再吸收塔蒸馏的汽油(石油)	Gases (petroleum), gas concn. reabsorber distn. (CAS No.68477-93-0), if they contain>0.1% (w/w) butadiene
740	丁二烯含量大于0.1%(w/w)的汽油(石油),来自二乙醇胺洗涤塔尾气的柴油	Gases (petroleum), gas oil diethanolamine scrubber off (CAS No.92045-15-3), if they contain>0.1% (w/w) butadiene
741	丁二烯含量大于0.1%(w/w)的汽油(石油),来自加氢脱硫的柴油流出液	Gases (petroleum), gas oil hydrodesulfurisation effluent (CAS No.92045-16-4), if they contain>0.1% (w/w) butadiene
742	丁二烯含量大于0.1%(w/w)的汽油(石油),来自加氢脱硫清洗的柴油	Gases (petroleum), gas oil hydrodesulfurisation purge (CAS No.92045-17-5), if they contain>0.1% (w/w) butadiene
743	丁二烯含量大于0.1%(w/w)的汽油(石油),来自汽油回收工厂脱丙烷塔塔顶馏分	Gases (petroleum), gas recovery plant depropaniser overheads (CAS No.68477-94-1), if they contain>0.1% (w/w) butadiene
744	丁二烯含量大于0.1%(w/w)的经Girbatol单元进料处理的汽油(石油)	Gases (petroleum), Girbatol unit feed (CAS No.68477-95-2), if they contain>0.1% (w/w) butadiene
745	丁二烯含量大于0.1%(w/w)的汽油(石油),来自加氢脱硫汽提塔重馏分尾气	Gases (petroleum), heavy distillate hydrotreater desulfurisation stripper off (CAS No.68919-04-0), if they contain>0.1% (w/w) butadiene
746	丁二烯含量大于0.1%(w/w)的富碳氢汽油(石油),来自加氢裂解脱丙烷塔尾气	Gases (petroleum), hydrocracking depropaniser off, hydrocarbon-rich (CAS No.68513-16-6), if they contain>0.1% (w/w) butadiene
747	丁二烯含量大于0.1%(w/w)的汽油(石油),来自加氢裂解低压分离塔	Gases (petroleum), hydrocracking low-pressure separator (CAS No.68783-06-2), if they contain>0.1% (w/w) butadiene
748	丁二烯含量大于0.1%(w/w)的汽油(石油)尾气,来自氢吸收塔	Gases (petroleum), hydrogen absorber off (CAS No.68477-96-3), if they contain>0.1% (w/w) butadiene
749	丁二烯含量大于0.1%(w/w)的汽油(石油),来自加氢流出液闪蒸槽尾气	Gases (petroleum), hydrogenator effluent flash drum off (CAS No.92045-18-6), if they contain>0.1% (w/w) butadiene

续表

序号	中文名称	英文名称
750	丁二烯含量大于0.1%(w/w)的富氢汽油(石油)	Gases(petroleum),hydrogen-rich(CAS No.68477-97-4),if they contain>0.1%(w/w)butadiene
751	丁二烯含量大于0.1%(w/w)的汽油(石油),来自加氢酸化煤油脱戊烷稳定塔的尾气	Gases(petroleum),hydrotreated sour kerosine depentaniser stabiliser off(CAS No.68911-58-0),if they contain>0.1%(w/w) butadiene
752	丁二烯含量大于0.1%(w/w)的汽油(石油),来自加氢酸化煤油闪蒸槽	Gases(petroleum),hydrotreated sour kerosine flash drum(CAS No.68911-59-1),if they contain>0.1%(w/w)butadiene
753	丁二烯含量大于0.1%(w/w)的富氢-氮汽油(石油),来自循环加氢调和油	Gases(petroleum),hydrotreater blend oil recycle,hydrogen-nitrogen-rich(CAS No.68477-98-5),if they contain>0.1%(w/w) butadiene
754	丁二烯含量大于0.1%(w/w)的无硫化氢富C_4汽油(石油),来自异构化石脑油分馏塔	Gases(petroleum),isomerised naphtha fractionator,C_4-rich,hydrogen sulfide-free(CAS No.68477-99-6),if they contain>0.1%(w/w)butadiene
755	丁二烯含量大于0.1%(w/w)的轻蒸汽裂浓丁二烯的汽油(石油)	Gases(petroleum),light steam-cracked,butadiene conc.(CAS No.68955-28-2),if they contain>0.1%(w/w)butadiene
756	丁二烯含量大于0.1%(w/w)的汽油(石油),来自轻直馏汽油分馏稳定塔尾气	Gases(petroleum),light straight run gasoline fractionation stabiliser off(CAS No.68919-05-1),if they contain>0.1%(w/w) butadiene
757	丁二烯含量大于0.1%(w/w)的汽油(石油),来自轻直馏石脑油稳定塔尾气	Gases(petroleum),light straight-run naphtha stabiliser off(CAS No.68513-17-7),if they contain>0.1%(w/w)butadiene
758	丁二烯含量大于0.1%(w/w)的汽油(石油),来自石脑油蒸汽裂解的高压残液	Gases(petroleum),naphtha steam cracking high-pressure residual(CAS No.92045-19-7),if they contain>0.1%(w/w) butadiene
759	丁二烯含量大于0.1%(w/w)的汽油(石油),来自石脑油精制脱硫汽提塔尾气	Gases(petroleum),naphtha unifiner desulfurisation stripper off(CAS No.68919-06-2),if they contain>0.1%(w/w)butadiene
760	丁二烯含量大于0.1%(w/w)的汽油(石油),来自炼油厂汽油蒸馏尾气	Gases(petroleum),oil refinery gas distn. off(CAS No.68527-15-1),if they contain>0.1%(w/w)butadiene
761	丁二烯含量大于0.1%(w/w)的汽油(石油),来自铂重整产品分离塔尾气	Gases(petroleum),platformer products separator off(CAS No.68814-90-4),if they contain>0.1%(w/w)butadiene
762	丁二烯含量大于0.1%(w/w)的汽油(石油),来自轻馏分分馏的铂重整稳定塔尾气	Gases(petroleum),platformer stabiliser off,light ends fractionation(CAS No.68919-07-3),if they contain>0.1%(w/w) butadiene
763	丁二烯含量大于0.1%(w/w)的汽油(石油),来自原油蒸馏的预闪蒸塔尾气	Gases(petroleum),preflash tower off,crude distn.(CAS No.68919-08-4),if they contain>0.1%(w/w)butadiene
764	丁二烯含量大于0.1%(w/w)的循环处理的富氢汽油(石油)	Gases(petroleum),recycle,hydrogen-rich(CAS No.68478-00-2),if they contain>0.1%(w/w)butadiene

续表

序号	中文名称	英文名称
765	丁二烯含量大于0.1%(w/w)的炼油厂汽油(石油)	Gases(petroleum),refinery(CAS No.68814-67-5),if they contain>0.1%(w/w)butadiene
766	丁二烯含量大于0.1%(w/w)的汽油(石油),来自精炼厂的调合油	Gases(petroleum),refinery blend(CAS No.68783-07-3),if they contain>0.1%(w/w)butadiene
767	丁二烯含量大于0.1%(w/w)的汽油(石油),来自重整流出液高压闪蒸槽尾气	Gases(petroleum),reformer effluent high-pressure flash drum off(CAS No.68513-18-8),if they contain>0.1%(w/w)butadiene
768	丁二烯含量大于0.1%(w/w)的汽油(石油),来自重整流出液低压闪蒸槽尾气	Gases(petroleum),reformer effluent low-pressure flash drum off(CAS No.68513-19-9),if they contain>0.1%(w/w)butadiene
769	丁二烯含量大于0.1%(w/w)的重整补偿的富氢汽油(石油)	Gases(petroleum),reformer make-up,hydrogen-rich(CAS No.68478-01-3),if they contain>0.1%(w/w)butadiene
770	丁二烯含量大于0.1%(w/w)的重整加氢汽油(石油)	Gases(petroleum),reforming hydrotreater(CAS No.68478-02-4),if they contain>0.1%(w/w)butadiene
771	丁二烯含量大于0.1%(w/w)的富氢汽油(石油),来自补偿重整加氢塔	Gases(petroleum),reforming hydrotreater make-up,hydrogen-rich(CAS No.68478-04-6),if they contain>0.1%(w/w) butadiene
772	丁二烯含量大于0.1%(w/w)的富氢-甲烷汽油(石油),来自重整加氢塔	Gases(petroleum),reforming hydrotreater,hydrogen-methane-rich(CAS No.68478-03-5),if they contain>0.1%(w/w) butadiene
773	丁二烯含量大于0.1%(w/w)的汽油(石油),来自残渣减粘轻度裂解尾气	Gases(petroleum),residue visbreaking off(CAS No.92045-20-0),if they contain>0.1%(w/w)butadiene
774	丁二烯含量大于0.1%(w/w)的汽油(石油),来自流化催化裂解塔顶馏出物分馏塔的二级吸收塔尾气	Gases(petroleum),secondary absorber off,fluidised catalytic cracker overheads fractionator(CAS No.68602-84-6),if they contain>0.1%(w/w)butadiene
775	丁二烯含量大于0.1%(w/w)的汽油(石油),来自流化催化裂解及柴油脱硫塔顶馏分分馏的海绵吸收塔尾气	Gases(petroleum),sponge absorber off,fluidised catalytic cracker and gas oil desulfuriser overhead fractionation(CAS No.68955-33-9),if they contain>0.1%(w/w)butadiene
776	丁二烯含量大于0.1%(w/w)的蒸汽裂解富C_3汽油(石油)	Gases(petroleum),steam-cracker C_3-rich(CAS No.92045-22-2),if they contain>0.1%(w/w)butadiene
777	丁二烯含量大于0.1%(w/w)的汽油(石油),来自直馏石脑油催化重整稳定塔塔顶馏分	Gases(petroleum),straight-run naphtha catalytic reformer stabiliser overhead(CAS No.68955-34-0),if they contain>0.1%(w/w)butadiene
778	丁二烯含量大于0.1%(w/w)的汽油(石油),来自直馏石脑油催化重整尾气	Gases(petroleum),straight-run naphtha catalytic reforming off(CAS No.68919-09-5),if they contain>0.1%(w/w)butadiene
779	丁二烯含量大于0.1%(w/w)的汽油(石油),来自直馏稳定塔尾气	Gases(petroleum),straight-run stabiliser off(CAS No.68919-10-8),if they contain>0.1%(w/w)butadiene

续表

序号	中文名称	英文名称
780	丁二烯含量大于 0.1%(w/w)的来自焦油汽提塔尾气的汽油(石油)	Gases(petroleum),tar stripper off(CAS No.68919-11-9),if they contain>0.1%(w/w)butadiene
781	丁二烯含量大于 0.1%(w/w)的热裂解蒸馏汽油(石油)	Gases(petroleum),thermal cracking distn.(CAS No.68478-05-7),if they contain>0.1%(w/w)butadiene
782	丁二烯含量大于 0.1%(w/w)的来自加氢精制汽提塔尾气的汽油(石油)	Gases(petroleum),unifiner stripper off(CAS No.68919-12-0),if they contain>0.1%(w/w)butadiene
783	糖皮质激素类(皮质类固醇)	Glucocorticoids(Corticosteroids)
784	格鲁米特及其盐类	Glutethimide(INN)(CAS No.77-21-4)and its salts
785	格列环脲	Glycyclamide(INN)(CAS No.664-95-9)
786	金盐类	Gold salts
787	愈创甘油醚	Guaifenesin(INN)(CAS No.93-14-1)
788	胍乙啶及其盐类	Guanethidine(INN)(CAS No.55-65-2)and its salts
789	氟哌啶醇	Haloperidol(INN)(CAS No.52-86-8)
790	HC 绿 No 1	HC Green No 1(CAS No.52136-25-1)
791	HC 橙 No 3	HC Orange No 3(CAS No.81612-54-6)
792	HC 红 No 8 及其盐类	HC Red No 8 and its salts(CAS No.13556-29-1/CAS No.97404-14-3)
793	HC 黄 No 11	HC Yellow No 11(CAS No.73388-54-2)
794	七氯	Heptachlor(CAS No.76-44-8)
795	七氯 - 环氧化物	Heptachlor-epoxide(CAS No.1024-57-3)
796	六氯苯	Hexachlorobenzene(CAS No.118-74-1)
797	六氯乙烷	Hexachloroethane(CAS No.67-72-1)
798	六氯酚	Hexachlorophene(INN)(CAS No.70-30-4)
799	四磷酸六乙基酯	Hexaethyl tetraphosphate(CAS No.757-58-4)
800	六氢化香豆素	Hexahydrocoumarin(CAS No.700-82-3)
801	六氢化环戊(c)吡咯 -1-(1H)- 铵 N-乙氧基羰基 -N-(聚砜基)氮烷化物	Hexahydrocyclopenta(c)pyrrole-(1H)-ammonium N-ethoxy-carbonyl-N-(polylsulfonyl)azanide(EC No.418-350-1)
802	六甲基磷酸 - 三酰胺	Hexamethylphosphoric-triamide(CAS No.680-31-9)
803	2- 己酮	Hexan-2-one(Methyl butyl ketone)(CAS No.591-78-6)
804	己烷	Hexane(CAS No.110-54-3)
805	己丙氨酯	Hexapropymate(INN)(CAS No.358-52-1)
806	北美黄连碱和北美黄连次碱以及它们的盐类	Hydrastine(CAS No 118-08-1),hydrastinine(CAS No.6592-85-4)and their salts
807	酰肼类及其盐类,如:异烟肼	Hydrazides and their salts e.g. Isoniazid(CAS No.54-85-3)

续表

序号	中文名称	英文名称
808	肼，肼的衍生物以及它们的盐类	Hydrazine (CAS No.302-01-2), its derivatives and their salts
809	氢化松香基醇	Hydroabietyl alcohol (CAS No.26266-77-3)
810	来自溶剂萃取的轻环烷烃 C_{11-17} 碳氢化合物，除非清楚全部精炼过程并且能够证明所获得的物质不是致癌物	Hydrocarbons, C_{11-17}, solvent-extd light naphthenic (CAS No.97722-08-2), except if the full refining history is known and it can be shown that the substance from which it is produced is not a carcinogen
811	来自加氢石蜡轻馏分的 C_{12-20} 碳氢化合物，除非清楚全部精炼过程并且能够证明所获得的物质不是致癌物	Hydrocarbons, C_{12-20}, hydrotreated paraffinic, distn lights (CAS No.97675-86-0), except if the full refining history is known and it can be shown that the substance from which it is produced is not a carcinogen
812	丁二烯含量大于 0.1%(w/w) 的 C_{1-3} 碳氢化合物	Hydrocarbons, C_{1-3} (CAS No.68527-16-2), if they contain>0.1% (w/w) butadiene
813	二甲基亚砜提取物含量大于 3%(w/w) 的 C_{13-27} 碳氢化合物，来自溶剂提取的轻环烷	Hydrocarbons, C_{13-27}, solvent-extd light naphthenic (CAS No.97722-09-3), if they contain>3% (w/w) DMSO extract
814	二甲基亚砜提取物含量大于 3%(w/w) 的 C_{13-30} 碳氢化合物，来自富芳烃的溶剂提取的环烷馏分	Hydrocarbons, C_{13-30}, arom-rich, solvent-extd naphthenic distillate (CAS No.95371-04-3), if they contain>3% (w/w) DMSO extract
815	丁二烯含量大于 0.1%(w/w) 的 C_{1-4} 碳氢化合物	Hydrocarbons, C_{1-4} (CAS No.68514-31-8), if they contain>0.1% (w/w) butadiene
816	丁二烯含量大于 0.1%(w/w) 的脱丁烷馏分 C_{1-4} 碳氢化合物	Hydrocarbons, C_{1-4}, debutaniser fraction (CAS No.68527-19-5), if they contain>0.1% (w/w) butadiene
817	丁二烯含量大于 0.1%(w/w) 的脱硫 C_{1-4} 碳氢化合物	Hydrocarbons, C_{1-4}, sweetened (CAS No.68514-36-3), if they contain>0.1% (w/w) butadiene
818	二甲基亚砜提取物含量大于 3%(w/w) 的 C_{14-29} 碳氢化合物，来自溶剂提取的轻环烷	Hydrocarbons, C_{14-29}, solvent-extd. light naphthenic (CAS No.97722-10-6), if they contain>3% (w/w) DMSO extract
819	来自加氢中间馏分的轻 C_{16-20} 碳氢化合物，除非清楚全部精炼过程并且能够证明所获得的物质不是致癌物	Hydrocarbons, C_{16-20}, hydrotreated middle distillate, distn. Lights (CAS No.97675-85-9), except if the full refining history is known and it can be shown that the substance from which it is produced is not a carcinogen
820	二甲基亚砜提取物含量大于 3%(w/w) 的 C_{16-32} 碳氢化合物，来自富芳烃的溶剂提取的环烷馏分	Hydrocarbons, C_{16-32}, arom rich, solvent-extd. naphthenic distillate (CAS No.95371-05-4), if they contain>3% (w/w) DMSO extract
821	二甲基亚砜提取物含量大于 3%(w/w) 的 C_{17-30} 碳氢化合物，来自加氢蒸馏的轻馏分	Hydrocarbons, C_{17-30}, hydrotreated distillates, distn. Lights (CAS No.97862-82-3), if they contain>3% (w/w) DMSO extract

续表

序号	中文名称	英文名称
822	二甲基亚砜提取物含量大于3%(w/w)的C_{17-30}碳氢化合物,来自加氢溶剂脱沥青常压蒸馏的残液的轻馏分	Hydrocarbons, C_{17-30}, hydrotreated solvent-deasphalted atm distn. residue, distn lights (CAS No.97675-87-1), if they contain>3% (w/w) DMSO extract
823	二甲基亚砜提取物含量大于3%(w/w)的C_{17-40}碳氢化合物,来自加氢溶剂脱沥青蒸馏残液的减压蒸馏轻馏分	Hydrocarbons, C_{17-40}, hydrotreated solvent-deasphalted distn. residue, vacuum distn lights (CAS No.97722-06-0), if they contain>3% (w/w) DMSO extract
824	二甲基亚砜提取物含量大于3%(w/w)的C_{20-50}碳氢化合物,来自残油的氢化减压馏分	Hydrocarbons, C_{20-50}, residual oil hydrogenation vacuum distillate (CAS No.93924-61-9), if they contain>3% (w/w) DMSO extract
825	二甲基亚砜提取物含量大于3%(w/w)的氢化的溶剂脱蜡重石蜡C_{20-50}碳氢化合物	Hydrocarbons, C_{20-50}, solvent dewaxed heavy paraffinic, hydrotreated (CAS No.90640-95-2), if they contain>3% (w/w) DMSO extract
826	二甲基亚砜提取物含量大于3%(w/w)的加氢C_{20-58}碳氢化合物	Hydrocarbons, C_{20-58}, hydrotreated (CAS No.97926-70-0), if they contain>3% (w/w) DMSO extract
827	丁二烯含量大于0.1%(w/w)的C_{2-4}碳氢化合物	Hydrocarbons, C_{2-4} (CAS No.68606-25-7), if they contain>0.1% (w/w) butadiene
828	丁二烯含量大于0.1%(w/w)富C_3的C_{2-4}碳氢化合物	Hydrocarbons, C_{2-4}, C3-rich (CAS No.68476-49-3), if they contain>0.1% (w/w) butadiene
829	富含芳烃的C_{26-55}碳氢化合物	Hydrocarbons, C_{26-55}, arom.rich (CAS No.97722-04-8)
830	二甲基亚砜提取物含量大于3%(w/w)的脱芳构化C_{27-42}碳氢化合物	Hydrocarbons, C_{27-42}, dearomatised (CAS No.97862-81-2), if they contain>3% (w/w) DMSO extract
831	二甲基亚砜提取物含量大于3%(w/w)的C_{27-42}环烷烃碳氢化合物	Hydrocarbons, C_{27-42}, naphthenic (CAS No.97926-71-1), if they contain>3% (w/w) DMSO extract
832	二甲基亚砜提取物含量大于3%(w/w)的脱芳构化C_{27-45}碳氢化合物	Hydrocarbons, C_{27-45}, dearomatised (CAS No.97926-68-6), if they contain>3% (w/w) DMSO extract
833	二甲基亚砜提取物含量大于3%(w/w)的C_{27-45}碳氢化合物,来自环烷减压蒸馏	Hydrocarbons, C_{27-45}, naphthenic vacuum distn. (CAS No.97862-83-4), if they contain>3% (w/w) DMSO extract
834	丁二烯含量大于0.1%(w/w)的C_3碳氢化合物	Hydrocarbons, C_3 (CAS No.68606-26-8), if they contain>0.1% (w/w) butadiene
835	丁二烯含量大于0.1%(w/w)的C_{3-4}碳氢化合物	Hydrocarbons, C_{3-4} (CAS No.68476-40-4), if they contain>0.1% (w/w) butadiene
836	丁二烯含量大于0.1%(w/w)的碳氢化合物,来自富C_{3-4}的石油馏分	Hydrocarbons, C_{3-4}-rich, petroleum distillate (CAS No.68512-91-4), if they contain>0.1% (w/w) butadiene
837	二甲基亚砜提取物含量大于3%(w/w)的C_{37-65}碳氢化合物,来自加氢脱沥青的减压蒸馏的残液	Hydrocarbons, C_{37-65}, hydrotreated deasphalted vacuum distn Residues (CAS No.95371-08-7), if they contain>3% (w/w) DMSO extract

续表

序号	中文名称	英文名称
838	二甲基亚砜提取物含量大于3%(w/w)的C_{37-68}碳氢化合物,来自脱蜡脱沥青加氢的减压蒸馏的残液	Hydrocarbons, C_{37-68}, dewaxed deasphalted hydrotreated vacuum distn Residues(CAS No.95371-07-6), if they contain>3%(w/w) DMSO extract
839	丁二烯含量大于0.1%(w/w)的C_4碳氢化合物	Hydrocarbons, C_4(CAS No.87741-01-3), if they contain>0.1% (w/w) butadiene
840	丁二烯含量大于0.1%(w/w)的无1,3-丁二烯和异丁烯的C_4碳氢化合物	Hydrocarbons, C_4, 1, 3-butadiene-and isobutene-free(CAS No.95465-89-7), if they contain>0.1%(w/w) butadiene
841	丁二烯含量大于0.1%(w/w)的蒸汽裂解C_4馏分的碳氢化合物	Hydrocarbons, C_4, steam-cracker distillate(CAS No.92045-23-3), if they contain>0.1%(w/w) butadiene
842	丁二烯含量大于0.1%(w/w)的C_{4-5}碳氢化合物	Hydrocarbons, C_{4-5}(CAS No.68476-42-6), if they contain>0.1% (w/w) butadiene
843	二甲基亚砜提取物含量大于3%(w/w)的碳氢化合物,来自溶剂脱蜡的加氢裂的石蜡蒸馏残液	Hydrocarbons, hydrocracked paraffinic distn residues, solvent-dewaxed(CAS No.93763-38-3), if they contain>3%(w/w) DMSO extract
844	C_{16-20}碳氢化合物,来自溶剂脱蜡、加氢裂解的烷烃蒸馏残液	Hydrocarbons, C_{16-20}, solvent-dewaxed hydrocracked paraffinic distn.Residue(CAS No.97675-88-2)
845	氢氟酸及其正盐,配合物以及氢氟化物	Hydrofluoric acid(CAS No.7664-39-3), its normal salts, its complexes and hydrofluorides
846	氢氰酸及其盐类	Hydrogen cyanide(CAS No.74-90-8) and its salts
847	8-羟基喹啉及其硫酸盐(表3中的8-羟基喹啉及其硫酸盐除外)	Hydroxy-8-quinoline(CAS No.148-24-3) and its sulfate(CAS No.134-31-6), except for the uses provided in Table 3
848	羟乙基-2,6-二硝基对茴香胺及其盐类	Hydroxyethyl-2, 6-dinitro-p-anisidine(CAS No.122252-11-3) and its salts
849	羟乙氨甲基对氨基苯酚及其盐类	Hydroxyethylaminomethyl-p-aminophenol and its salts(CAS No.110952-46-0/CAS No.135043-63-9)
850	羟吡啶酮及其盐类	Hydroxypyridinone(CAS No.822-89-9) and its salts
851	羟嗪	Hydroxyzine(INN)(CAS No.68-88-2)
852	东莨菪碱及其盐类和衍生物	Hyoscine(CAS No.51-34-3), its salts and derivatives
853	莨菪碱及其盐类和衍生物	Hyoscyamine(CAS No.101-31-5), its salts and derivatives
854	咪唑啉-2-硫酮	Imidazolidine-2-thione(Ethylene thiourea)(CAS No.96-45-7)
855	欧前胡内酯	Imperatorin(CAS No.482-44-0)
856	无机亚硝酸盐类(亚硝酸钠除外)	Inorganic nitrites(CAS No.14797-65-0), with the exception of sodium nitrite
857	双丙氧亚胺醌(英丙醌)	Inproquone(INN)(CAS No.436-40-8)
858	碘	Iodine(CAS No.7553-56-2)
859	碘代甲烷	Iodomethane(Methyl iodide)(CAS No.74-88-4)

续表

序号	中文名称	英文名称
860	碘苯腈，碘苯腈辛酸酯	Ioxynil and Ioxynil octanoate(ISO)(CAS No.1689-83-4/CAS No.3861-47-0)
861	异丙二酮	Iprodione(CAS No.36734-19-7)
862	丁二烯含量大于或等于0.1%(w/w)的异丁烷	Isobutane(CAS No.75-28-5),if it contains≥0.1%(w/w) butadiene
863	羟苯异丁酯及其盐	Isobutyl 4-hydroxybenzoate(INCI:Isobutylparaben);Sodium salt or Salts of Isobutylparaben
864	亚硝酸异丁酯	Isobutyl nitrite(CAS No.542-56-2)
865	异卡波肼	Isocarboxazid(INN)(CAS No.59-63-2)
866	异美汀及其盐类	Isometheptene(INN)(CAS No.503-01-5) and its salts
867	异丙肾上腺素	Isoprenaline(INN)(CAS No.7683-59-2)
868	稳定的橡胶基质(2-甲基-1,3-丁二烯)	Isoprene(stabilized);(2-methyl-1,3-butadiene)(CAS No.78-79-5)
869	羟苯异丙酯及其盐	Isopropyl 4-hydroxybenzoate(INCI:Isopropylparaben) Sodium salt or Salts of Isopropylparaben
870	硝酸异山梨酯	Isosorbide dinitrate(INN)(CAS No.87-33-2)
871	异噁氟草	Isoxaflutole(CAS No.141112-29-0)
872	酮康唑	Ketoconazole(CAS No.65277-42-1)
873	亚胺菌	Kresoxim-methyl(CAS No.143390-89-0)
874	紫胶色酸(自然红25)及其盐类	Laccaic Acid(Natural Red 25)(CAS No.60687-93-6) and its salts
875	铅及其化合物	Lead(CAS No.7439-92-1) and its compounds
876	左法哌酯及其盐类	Levofacetoperane(INN)(CAS No.24558-01-8) and its salts
877	利多卡因	Lidocaine(INN)(CAS No.137-58-6)
878	利农伦	Linuron(ISO)(CAS No.330-55-2)
879	洛贝林及其盐类	Lobeline(INN)(CAS No.90-69-7) and its salts
880	润滑脂，除非清楚全部精炼过程并且能够证明所获得的物质不是致癌物	Lubricating greases(CAS No.74869-21-9),except if the full refining history is known and it can be shown that the substance from which it is produced is not a carcinogen
881	二甲基亚砜提取物含量大于3%(w/w)的润滑油	Lubricating oils(CAS No.74869-22-0),if they contain>3%(w/w) DMSO extract
882	二甲基亚砜提取物含量大于3%(w/w)的来自原油的石蜡润滑油(石油)	Lubricating oils(petroleum),base oils,paraffinic(CAS No.93572-43-1),if they contain>3%(w/w) DMSO extract
883	二甲基亚砜提取物含量大于3%(w/w)的溶剂萃取、脱沥青、脱蜡加氢处理的碳原子数大于25的润滑油(石油)	Lubricating oils(petroleum),C>25,solvent-extd.,deasphalted,dewaxed,hydrogenated(CAS No.101316-69-2),if they contain>3%(w/w) DMSO extract

续表

序号	中文名称	英文名称
884	二甲基亚砜提取物含量大于3%（w/w）的加氢中性油基高粘 C_{15-30} 润滑油（石油）	Lubricating oils（petroleum），C_{15-30}，hydrotreated neutral oil-based（CAS No.72623-86-0），if they contain>3%（w/w）DMSO extract
885	二甲基亚砜提取物含量大于3%（w/w）的溶剂萃取、脱蜡加氢的 C_{17-32} 润滑油（石油）	Lubricating oils（petroleum），C_{17-32}，solvent-extd，dewaxed，hydrogenated（CAS No.101316-70-5），if they contain>3%（w/w）DMSO extract
886	二甲基亚砜提取物含量大于3%（w/w）的加氢的溶剂萃取及脱蜡的 C_{17-35} 润滑油（石油）	Lubricating oils（petroleum），C_{17-35}，solvent-extd.，dewaxed，hydrotreated（CAS No.92045-42-6），if they contain>3%（w/w）DMSO extract
887	二甲基亚砜提取物含量大于3%（w/w）的加氢裂解溶剂脱蜡的 C_{18-27} 润滑油（石油）	Lubricating oils（petroleum），C_{18-27}，hydrocracked solvent-dewaxed（CAS No.97488-95-4），if they contain>3%（w/w）DMSO extract
888	二甲基亚砜提取物含量大于3%（w/w）的 C_{18-40} 润滑油，以溶剂脱蜡的加氢裂解轻馏分为基础	Lubricating oils（petroleum），C_{18-40}，solvent-dewaxed hydrocracked distillate-based（CAS No.94733-15-0），if they contain>3%（w/w）DMSO extract
889	二甲基亚砜提取物含量大于3%（w/w）的 C_{18-40} 润滑油，以溶剂脱蜡的加氢残油为基础	Lubricating oils（petroleum），C_{18-40}，solvent-dewaxed hydrogenated raffinate-based（CAS No.94733-16-1），if they contain>3%（w/w）DMSO extract
890	二甲基亚砜提取物含量大于3%（w/w）的溶剂萃取、脱蜡加氢的 C_{20-35} 润滑油（石油）	Lubricating oils（petroleum），C_{20-35}，solvent-extd.，dewaxed，hydrogenated（CAS No.101316-71-6），if they contain>3%（w/w）DMSO extract
891	二甲基亚砜提取物含量大于3%（w/w）的加氢中性油基高粘 C_{20-50} 润滑油（石油）	Lubricating oils（petroleum），C_{20-50}，hydrotreated neutral oil-based（CAS No.72623-87-1），if they contain>3%（w/w）DMSO extract
892	二甲基亚砜提取物含量大于3%（w/w）的加氢中性油基高粘 C_{20-50} 润滑油（石油）	Lubricating oils（petroleum），C_{20-50}，hydrotreated neutral oil-based，high-viscosity（CAS No.72623-85-9），if they contain>3%（w/w）DMSO extract
893	二甲基亚砜提取物含量大于3%（w/w）的溶剂萃取、脱蜡加氢的 C_{24-50} 润滑油（石油）	Lubricating oils（petroleum），C_{24-50}，solvent-extd.，dewaxed，hydrogenated（CAS No.101316-72-7），if they contain>3%（w/w）DMSO extract
894	二甲基亚砜提取物含量大于3%（w/w）的加氢裂解非芳香性的溶剂脱石蜡处理的润滑油（石油）	Lubricating oils（petroleum），hydrocracked nonarom solvent-deparaffined（CAS No.92045-43-7），if they contain>3%（w/w）DMSO extract
895	麦角二乙胺及其盐类	Lysergide（INN）（LSD）（CAS No.50-37-3）and its salts
896	孔雀石绿的盐酸盐和草酸盐	Malachite green hydrochloride（CAS No.569-64-2），Malachite green oxalate（CAS No.18015-76-4）
897	丙二腈	Malononitrile（CAS No.109-77-3）
898	甘露莫司汀及其盐类	Mannomustine（INN）（CAS No.576-68-1）and its salts

续表

序号	中文名称	英文名称
899	牛源性物质:脑、眼、脊髓、头骨、脊椎骨(不包括尾椎骨)、脊柱、扁桃体、回肠末端、背根神经节、三叉神经节、血液和血液制品、舌(指舌肌含有杯状乳突);羊源性物质:头骨(包括脑、神经节和眼)、脊柱(包括神经节和脊髓)、扁桃体、胸腺、脾脏、小肠、肾上腺、胰腺、肝脏以及这些组织制备的蛋白制品,血液和血液制品、舌(指舌肌含有杯状乳突);但是,卫生部2007年第116号公告中的限用牛源性物质(骨制明胶和胶原、含蛋白的牛油脂和磷酸二钙、含蛋白的牛油脂衍生物)可以使用,如果生产者使用下述方法,并且是严格保证的:1.骨制明胶和胶原,原料骨(不包括头骨和椎骨)需经以下程序进行加工处理:(1)高压冲洗(脱脂);(2)酸洗软化,去除矿物质;(3)长时间碱处理;(4)过滤;(5)138℃以上至少灭菌消毒4s,或使用可降低感染性的其他等效方法。2.含蛋白的牛油脂和磷酸二钙,须来源于经过宰前和宰后检验的牛,并剔除了脑、眼、脊髓、脊柱、扁桃体、回肠末端等特殊风险物质。3.含蛋白的牛油脂衍生物,需经高温、高压的水解、皂化和酯交换方法生产。	Materials with bovine source: brain, eyes, spinal cord, skull, vertebra (not including caudal vertebrae), spinal column, tonsil, terminal ileum, dorsal root ganglion, ganglion nervi trigemini, blood and blood products, tongue (tongue muscle with calicle mamillary process). Materials with ovine source: skull (including brain, ganglion and eyes), spinal column (including ganglion and spinal cord), tonsil, thymus, spleen, small intestine, adrenal gland, pancreatic gland, liver and their proteinic products, blood and blood products, tongue (tongue muscle with calicle mamillary process). However, the restricted materials listed in Notification No. 116 issued by Ministry of Health in 2007 (gelatin and collagen derived from bovine bones, beef tallow and dicalcium phosphate containing proteins, derivatives of beef tallow containing proteins) may be used, if the following have been processed during their manufacturing and can be strictly certified by the producer: a) Gelatin and collagen derived from bovine bones, the bones (not including skull and vertebra) must go through the following process: 1) High pressure washing (degreasing); 2) Acid washing to intenerate and remove minerals; 3) Long-time alkali processing; 4) Filtration; 5) Continue sterilizing at or above 138℃ for no less than 4 seconds, or other equivalent disinfecting methods. b) Beef tallow and dicalcium phosphate containing proteins, they must go through pre-killing and post-killing quarantines and are obtained after removing specific high-risk materials such as brain, eyes, spinal cord, spinal column, tonsil, and terminal ileum. c) Derivatives of beef tallow containing proteins, they must be produced in high-temperature and high-pressure hydrolyzed, saponified and transesterification methods.
900	美卡拉明(3-甲氨基异莰烷)	Mecamylamine (INN) (CAS No.60-40-2)
901	美非氯嗪及其盐类	Mefeclorazine (INN) (CAS No.1243-33-0) and its salts
902	美芬新及其酯类	Mephenesin (INN) (CAS No.59-47-2) and its esters
903	甲丙氨酯	Meprobamate (INN) (CAS No.57-53-4)
904	汞及其化合物(表4中的汞化合物除外)	Mercury (CAS No.7439-97-6) and its compounds, except those special cases included in Table 4
905	聚乙醛	Metaldehyde (CAS No.9002-91-9)
906	甲胺苯丙酮及其盐类	Metamfepramone (INN) (CAS No.15351-09-4) and its salts
907	美索庚嗪及其盐类	Metethoheptazine (INN) (CAS No.509-84-2) and its salts
908	二甲双胍及其盐类	Metformin (INN) (CAS No.657-24-9) and its salts

续表

序号	中文名称	英文名称
909	甲醇	Methanol（CAS No.67-56-1）
910	美沙吡林及其盐类	Methapyrilene（INN）（CAS No.91-80-5）and its salts
911	美庚嗪及其盐类	Metheptazine（INN）（CAS No.469-78-3）and its salts
912	美索巴莫	Methocarbamol（INN）（CAS No.532-03-6）
913	甲氨喋呤	Methotrexate（INN）（CAS No.59-05-2）
914	甲氧基乙酸	Methoxyacetic acid（CAS No.625-45-6）
915	甲基二溴戊二腈	Methyldibromo glutaronitrile（CAS No.35691-65-7）
916	异氰酸甲酯	Methyl isocyanate（CAS No.624-83-9）
917	反式 -2- 丁烯酸甲基酯	Methyl trans-2-butenoate（CAS No.623-43-8）
918	（亚甲基双（4,1- 亚苯基偶氮（1-（3-（二甲基氨基）丙基）-1,2- 二氢化 -6- 羟基 -4- 甲基 -2- 氧代嘧啶 -5,3- 二基）））-1,1'- 二吡啶盐的二氯化物二盐酸化物	（Methylenebis（4,1-phenylenazo（1-（3-（dimethylamino）propyl）-1,2-dihydro-6-hydroxy-4-methyl-2-oxopyridine-5,3-diyl）））-1,1'-dipyridinium dichloride dihydrochloride（EC No.401-500-5）
919	甲基丁香酚，天然香料含有的除外	Methyleugenol（CAS No. 93-15-2）except for normal content in the natural essences used
920	乙酸（甲基 -ONN- 氧化偶氮基）甲酯	（Methyl-ONN-azoxy）methyl acetate（CAS No.592-62-1）
921	甲基环氧乙烷	Methyloxirane（Propylene oxide）（CAS No.75-56-9）
922	哌甲酯及其盐类	Methylphenidate（INN）（CAS No.113-45-1）and its salts
923	甲乙哌酮及其盐类	Methyprylon（INN）（CAS No.125-64-4）and its salts
924	甲硝唑	Metronidazole（CAS No.443-48-1）
925	美替拉酮	Metyrapone（INN）（CAS No.54-36-4）
926	矿石棉，（不规则晶体排列，且碱金属氧化物和碱土金属氧化物（Na_2O+K_2O+CaO+MgO+BaO）含量大于 18%（以重量计）的人造玻璃质（硅酸盐）纤维），在本规范中别处详细说明的那些除外	Mineral wool，with the exception of those specified elsewhere in this Standard；（Man-made vitreous（silicate）fibres with random orientation with alkaline oxide and alkali earth oxide（Na_2O+K_2O+CaO+MgO+BaO）content greater than 18% by weight）
927	米诺地尔及其盐	Minoxidil（INN）（CAS No.38304-91-5）and its salts
928	莫非布宗	Mofebutazone（INN）（CAS No.2210-63-1）
929	禾草敌	Molinate（ISO）（CAS No.2212-67-1）
930	久效磷	Monocrotophos（CAS No.6923-22-4）
931	灭草隆	Monuron（CAS No.150-68-5）
932	吗啉及其盐类	Morpholine（CAS No.110-91-8）and its salts
933	吗啉 -4- 碳酰氯	Morpholine-4-carbonyl chloride（CAS No.15159-40-7）

续表

序号	中文名称	英文名称
934	间苯二胺及其盐类	m-Phenylenediamine(CAS No.108-45-2)and its salts
935	间苯二胺,4-(苯偶氮基)-及其盐类	m-Phenylenediamine,4-(phenylazo)-(CAS No.495-54-5)and its salts
936	二异氰酸间甲苯亚基酯	m-Tolylidene diisocyanate(Toluene diisocyanate)(CAS No.26471-62-5)
937	((间甲苯氧基)甲基)环氧乙烷	((m-Tolyloxy)methyl)oxirane(CAS No.2186-25-6)
938	腈菌唑,2-(4-氯苯基)-2-(1H-1,2,4-三唑-1-基甲基)己腈	Myclobutanil(ISO),2-(4-chlorophenyl)-2-(1H-1,2,4-triazol-1-ylmethyl)hexanenitrile(CAS No.88671-89-0)
939	N-(2-(3-乙酰基-5-硝基噻吩-2-基偶氮)-5-二乙基氨基苯基)乙酰胺	N-(2-(3-acetyl-5-nitrothiophen-2-ylazo)-5-diethylaminophenyl)acetamide(EC No.416-860-9)
940	N-(2-甲氧基乙基)-对苯二胺及其盐酸盐	N-(2-Methoxyethyl)-p-phenylenediamine and its HCl salt(CAS No.72584-59-9/CAS No.66566-48-1)
941	N-(2-硝基-4-氨基苯基)-烯丙胺(HC红No 16)及其盐类	N-(2-Nitro-4-aminophenyl)-allylamine(HC Red No 16)and its salts(CAS No.160219-76-1)
942	N-(3-氨甲酰基-3,3-二苯丙基)-N,N-二异丙基甲基铵盐类,如:异丙碘铵	N-(3-carbamoyl-3,3-diphenylpropyl)-N,N-diisopropylmethyl-ammonium salts,e.g. Isopropamide iodide(INN)(CAS No.71-81-8)
943	N-5-氯苯噁唑-2-基乙酰胺	N-(5-chlorobenzoxazol-2-yl)acetamide(CAS No.35783-57-4)
944	N-(6-((2-氯-4-羟基苯基)亚氨基)-4-甲氧基-3-氧代-1,4-环己二烯-1-基)乙酰胺(HC黄No.8)及其盐类	N-(6-((2-Chloro-4-hydroxyphenyl)imino)-4-methoxy-3-oxo-1,4-cyclohexadien-1-yl)acetamide(HC Yellow No.8)(CAS No.66612-11-1)and its salts
945	N-(三氯甲基硫代)-4-环己烯-1,2-联羧酰胺(克霉丹)	N-(trichloromethylthio)-4-cyclohexene-1,2-dicarboximide(captan-ISO)(CAS No.133-06-2)
946	N-(三氯甲硫基)邻苯二甲酰亚胺(灭菌丹)	N-(trichloromethylthio)phthalimide(Folpet(ISO))(CAS No.133-07-3)
947	N,N,N',N'-四缩水甘油基-4,4'-二氨基-3,3'-二乙基二苯基甲烷	N,N,N',N'-tetraglycidyl-4,4'-diamino-3,3'-diethyldiphenyl–methane(CAS No.130728-76-6)
948	N,N,N',N'-四甲基-4,4'-二苯氨基甲烷	N,N,N',N'-tetramethyl-4,4'-methylendianiline(CAS No.101-61-1)
949	N,N'-((甲基亚氨基)二乙烯)双(乙基二甲基铵)盐,如:阿扎溴铵	N,N'-((methylimino)diethylene)bis(ethyldimethylammonium)salts,e.g. Azamethonium bromide(INN)(CAS No.306-53-6)
950	双羟乙基双鲸蜡基马来酰胺	N,N'-dihexadecyl-N,N'-bis(2-hydroxyethyl)propanediamide,Bishydroxyethyl Biscetyl Malonamide(CAS No.149591-38-8)
951	N,N'-五亚甲基双(三甲基铵)盐,如:五甲溴铵	N,N'-pentamethylenebis(trimethylammonium)salts,e.g. Pentamethonium bromide(INN)(CAS No.541-20-8)

续表

序号	中文名称	英文名称
952	N,N-双(2-氯乙基)甲胺-N-氧化物及其盐类	N,N-bis(2-chloroethyl)methylamine N-oxide(CAS No.126-85-2)and its salts
953	N,N-二乙基间氨基苯酚	N,N-Diethyl-m-Aminophenol(CAS No.91-68-9/CAS No.68239-84-9)
954	N,N-二乙基对苯二胺及其盐类	N,N-Diethyl-p-phenylenediamine and its salts(CAS No.93-05-0/CAS No.6065-27-6/CAS No.6283-63-2)
955	N,N-二甲基-2,6-嘧啶二胺及其氯化氢盐	N,N-Dimethyl-2,6-Pyridinediamine and its HCl salt
956	N,N-二甲基乙酰胺	N,N-dimethylacetamide(CAS No.127-19-5)
957	N,N-二甲基苯胺	N,N-dimethylaniline(CAS No.121-69-7)
958	N,N-二甲基苯胺四(戊氟化苯基)硼酸盐	N,N-dimethylanilinium tetrakis(pentafluorophenyl)borate(CAS No.118612-00-3)
959	N,N'-二甲基-N-羟乙基-3-硝基对苯二胺及其盐类	N,N'-Dimethyl-N-Hydroxyethyl-3-nitro-p-phenylenediamine(CAS No.10228-03-2)and its salts
960	N,N-二甲基-对苯二胺及其盐类	N,N-Dimethyl-p-phenylenediamine and its salts(CAS No.99-98-9/CAS No.6219-73-4)
961	N,N'-六甲亚基双(三甲基铵)盐,如:六甲溴铵	N,N'-hexamethylenebis(trimethylammonium)salts,e.g. hexamethonium bromide(INN)(CAS No.55-97-0)
962	N'-(4-氯-邻甲苯基)N,N-二甲基甲脒-氢氯化物	N'-(4-chloro-o-tolyl)-N,N-dimethylformamidine monohydro-chloride(CAS No.19750-95-9)
963	N1-(2-羟乙基)-4-硝基-邻-苯二胺(HC 黄 No.5)及其盐类	N1-(2-Hydroxyethyl)-4-nitro-o-phenylenediamine(HC Yellow No.5)(CAS No.56932-44-6)and its salts
964	N1-(三(羟甲基))甲基-4-硝基-1,2-苯二胺(HC 黄 No.3)及其盐类	N1-(Tris(hydroxymethyl))methyl-4-nitro-1,2-phenylenediamine(HC Yellow No.3)(CAS No.56932-45-7)and its salts
965	N-2-萘基苯胺	N-2-naphthylaniline(CAS No.135-88-6)
966	烯丙吗啡及其盐类和醚类	Nalorphine(INN)(CAS No.62-67-9),its salts and ethers
967	萘甲唑啉及其盐类	Naphazoline(INN)(CAS No.835-31-4)and its salts
968	溶剂精制、加氢脱硫的重石脑油(石油),除非清楚全部精炼过程并且能够证明所获得的物质不是致癌物	Naphtha(petroleum),solvent-refined hydrodesulfurised heavy(CAS No.97488-96-5),except if the full refining history is known and it can be shown that the substance from which it is produced is not a carcinogen
969	萘	Naphthalene(CAS No.91-20-3)
970	二甲基亚砜提取物含量大于3%(w/w)的催化脱蜡处理的重环烷油(石油)	Naphthenic oils(petroleum),catalytic dewaxed heavy(CAS No.64742-68-3),if they contain>3%(w/w)DMSO extract
971	二甲基亚砜提取物含量大于3%(w/w)的催化脱蜡处理的轻环烷油(石油)	Naphthenic oils(petroleum),catalytic dewaxed light(CAS No.64742-69-4),if they contain>3%(w/w)DMSO extract

续表

序号	中文名称	英文名称
972	二甲基亚砜提取物含量大于3%(w/w)的复合脱蜡处理的重环烷油(石油)	Naphthenic oils(petroleum),complex dewaxed heavy(CAS No.64742-75-2),if they contain>3%(w/w)DMSO extract
973	二甲基亚砜提取物含量大于3%(w/w)的复合脱蜡处理的轻环烷油(石油)	Naphthenic oils(petroleum),complex dewaxed light(CAS No.64742-76-3),if they contain>3%(w/w)DMSO extract
974	麻醉药类(凡是中国药政法规定管制的麻醉药品品种)	Narcotics,natural and synthetic controlled by the Drug Administration Law of China
975	N-环己基-N-甲氧基-2,5-二甲基-3-糠酰胺(拌种胺)	N-cyclohexyl-N-methoxy-2,5-dimethyl-3-furamide(Furmecyclox(ISO))(CAS No.60568-05-0)
976	N-环戊基间氨基苯酚	N-Cyclopentyl-m-Aminophenol(CAS No.104903-49-3)
977	钕及其盐类	Neodymium(CAS No.7440-00-8)and its salts
978	新斯的明及其盐类,如:溴新斯的明	Neostigmine and its salts(e.g. neostigmine bromide(INN)(CAS No.114-80-7))
979	镍	Nickel(CAS No.7440-02-0)
980	碳酸镍	Nickel carbonate(CAS No.3333-67-3)
981	二氢氧化镍	Nickel dihydroxide(CAS No.12054-48-7)
982	二氧化镍	Nickel dioxide(CAS No.12035-36-8)
983	一氧化镍	Nickel monoxide(CAS No.1313-99-1)
984	硫酸镍	Nickel sulfate(CAS No.7786-81-4)
985	硫化镍	Nickel sulfide(CAS No.16812-54-7)
986	尼古丁及其盐类	Nicotine(CAS No.54-11-5)and its salts
987	醇溶黑(溶剂黑5)	Nigrosine spirit soluble(Solvent Black 5)(CAS No.11099-03-9)
988	硝基苯	Nitrobenzene(CAS No.98-95-3)
989	硝基甲酚类及其碱金属盐	Nitrocresols(CAS No.12167-20-3)and their alkali metal salts
990	咔唑的硝基衍生类	Nitroderivatives of carbazole
991	除草醚	Nitrofen(CAS No.1836-75-5)
992	呋喃妥因	Nitrofurantoin(INN)(CAS No.67-20-9)
993	硝酸甘油(丙三醇三硝酸酯)	Nitroglycerin;Propane-1,2,3-triyl trinitrate(CAS No.55-63-0)
994	亚硝胺类,如:N-亚硝基二甲胺、N-亚硝基二丙胺、N-亚硝基二乙醇胺	Nitrosamines e.g. Dimethylnitrosoamine;Nitrosodipropylamine;2,2'-Nitrosoimino bisethanol(CAS No.62-75-9/CAS No.621-64-7/CAS No.1116-54-7)
995	硝基芪(硝基1,2二苯乙烯)类,它们的同系物和衍生物	Nitrostilbenes,their homologues and their derivatives
996	硝羟喹啉及其盐类	Nitroxoline(INN)(CAS No.4008-48-4)and its salts

续表

序号	中文名称	英文名称
997	HC 蓝 No.4(N- 甲基 -1,4- 二氨基蒽醌和乙醇胺、表氯醇的反应产物)及其盐类	N-Methyl-1,4-diaminoanthraquinone, reaction products with epichlorohydrin and monoethanolamine(HC Blue No.4)(CAS No.158571-57-4) and its salts
998	N- 甲基 -3- 硝基对苯二胺及其盐类	N-Methyl-3-nitro-p-phenylenediamine(CAS No.2973-21-9) and its salts
999	N- 甲基乙酰胺	N-Methylacetamide(CAS No.79-16-3)
1000	N- 甲基甲酰胺	N-Methylformamide(CAS No.123-39-7)
1001	壬基苯酚,支链 4- 壬基苯酚	Nonylphenol(CAS No.25154-52-3), 4-nonylphenol, branched (CAS No.84852-15-3)
1002	去甲肾上腺素及其盐类	Noradrenaline(CAS No.51-41-2) and its salts
1003	那可丁及其盐类	Noscapine(INN)(CAS No.128-62-1) and its salts
1004	O,O'-(乙烯基甲基硅烯)二((4- 甲基 -2- 酮)肟)	O,O'-(ethenylmethylsilylene) di((4-methylpentan-2-one) oxime)(EC No.421-870-1)
1005	O,O'- 二乙酰基 -N- 烯丙基 -N- 去甲基吗啡	O,O'-diacetyl-N-allyl-N-normorphine(CAS No.2748-74-5)
1006	O,O'- 二乙基邻(4- 硝基苯基)硫代磷酸酯(对硫磷)	O,O'-diethyl-O-4-nitrophenyl phosphorothioate(parathion-ISO) (CAS No.56-38-2)
1007	邻茴香胺(甲氧基苯胺;氨基苯甲醚)	o-Anisidine(CAS No.90-04-0)
1008	奥他莫辛及其盐类	Octamoxin(INN)(CAS No.4684-87-1) and its salts
1009	辛戊胺	Octamylamine(INN)(CAS No.502-59-0) and its salts
1010	奥托君及其盐类	Octodrine(INN)(CAS No.543-82-8) and its salts
1011	邻联(二)茴香胺基偶氮染料	o-Dianisidine based azo dyes
1012	雌激素类	Oestrogens
1013	欧夹竹桃苷	Oleandrin(CAS No.465-16-7)
1014	邻苯二胺及其盐类	o-Phenylenediamine(CAS No.95-54-5) and its salts
1015	联邻甲苯胺基染料	o-Tolidine based dyes
1016	稻思达	Oxadiargyl(ISO)(CAS No.39807-15-3)
1017	(乙二酰双亚氨乙烯)双((邻 - 氯苯基)二乙基铵)盐,如:安贝氯铵	(Oxalylbis(iminoethylene)) bis((o-chlorobenzyl) diethylammonium) salts, e.g. ambenonium chloride(INN)(CAS No.115-79-7)
1018	奥沙那胺及其衍生物	Oxanamide(INN)(CAS No.126-93-2) and its derivatives
1019	环氧乙烷甲醇,4- 甲苯磺酸盐,(S)-	Oxiranemethanol, 4-methylbenzene-sulfonate, (S)-(CAS No.70987-78-9)
1020	羟芬利定及其盐类	Oxpheneridine(INN)(CAS No.546-32-7) and its salts
1021	氧代双(氯甲烷),双(氯甲基)醚	Oxybis(chloromethane), bis(Chloromethyl) ether(CAS No.542-88-1)

续表

序号	中文名称	英文名称
1022	二甲基亚砜提取物含量大于3%（w/w）的催化脱蜡处理的重石蜡油（石油）	Paraffin oils（petroleum），catalytic dewaxed heavy（CAS No.64742-70-7），if they contain>3%（w/w）DMSO extract
1023	二甲基亚砜提取物含量大于3%（w/w）的催化脱蜡处理的轻石蜡油（石油）	Paraffin oils（petroleum），catalytic dewaxed light（CAS No.64742-71-8），if they contain>3%（w/w）DMSO extract
1024	二甲基亚砜提取物含量大于3%（w/w）的溶剂精制的脱蜡重石蜡油（石油）	Paraffin oils（petroleum），solvent-refined dewaxed heavy（CAS No.92129-09-4），if they contain>3%（w/w）DMSO extract
1025	苯并[a]芘的含量大于0.005%（w/w）的固体石蜡，来自褐煤高温煤焦油	Paraffin waxes（coal），brown-coal high-temp. tar（CAS No.92045-71-1），if they contain>0.005%（w/w）benzo[a]pyrene
1026	苯并[a]芘的含量大于0.005%（w/w）的固体石蜡，来自活性炭处理的褐煤高温煤焦油	Paraffin waxes（coal），brown-coal high-temp. tar，carbon-treated（CAS No.97926-76-6），if they contain>0.005%（w/w）benzo[a]pyrene
1027	苯并[a]芘的含量大于0.005%（w/w）的固体石蜡，来自粘土处理的褐煤高温煤焦油	Paraffin waxes（coal），brown-coal high-temp. tar，clay-treated（CAS No.97926-77-7），if they contain>0.005%（w/w）benzo[a]pyrene
1028	苯并[a]芘的含量大于0.005%（w/w）的固体石蜡，来自加氢处理的褐煤高温煤焦油	Paraffin waxes（coal），brown-coal high-temp. tar，hydrotreated（CAS No.92045-72-2），if they contain>0.005%（w/w）benzo[a]pyrene
1029	苯并[a]芘的含量大于0.005%（w/w）的固体石蜡，来自硅酸处理的褐煤高温煤焦油	Paraffin waxes（coal），brown-coal high-temp. tar，silicic acid-treated（CAS No.97926-78-8），if they contain>0.005%（w/w）benzo[a]pyrene
1030	帕拉米松	Paramethasone（INN）（CAS No.53-33-8）
1031	对乙氧卡因及其盐类	Parethoxycaine（INN）（CAS No.94-23-5）and its salts
1032	对氯三氯甲基苯	p-Chlorobenzotrichloride（CAS No.5216-25-1）
1033	PEG-3，2′，2′-二-对苯二胺	PEG-3，2′，2′-di-p-Phenylenediamine（CAS No.144644-13-3）
1034	石榴皮碱及其盐类	Pelletierine（CAS No.2858-66-4/CAS No.4396-01-4）and its salts
1035	匹莫林及其盐类	Pemoline（INN）（CAS No.2152-34-3）and its salts
1036	五氯乙烷	Pentachloroethane（CAS No.76-01-7）
1037	五氯苯酚及其碱金属盐类	Pentachlorophenol and its alkali salts（CAS No.87-86-5/CAS No.131-52-2/CAS No.7778-73-6）
1038	戊四硝酯	Pentaerithrityl tetranitrate（INN）（CAS No.78-11-5）
1039	羟苯戊酯	Pentyl 4-hydroxybenzoate（INCI：Pentylparaben）
1040	陪曲氯醛	Petrichloral（INN）（CAS No.78-12-6）

续表

序号	中文名称	英文名称
1041	矿脂，除非清楚全部精炼过程并且能够证明所获得的物质不是致癌物	Petrolatum（CAS No.8009-03-8），except if the full refining history is known and it can be shown that the substance from which it is produced is not a carcinogen
1042	氧化铝处理的矿脂（石油），除非清楚全部精炼过程并且能够证明所获得的物质不是致癌物	Petrolatum（petroleum），alumina-treated（CAS No.85029-74-9），except if the full refining history is known and it can be shown that the substance from which it is produced is not a carcinogen
1043	活性炭处理的矿脂（石油），除非清楚全部精炼过程并且能够证明所获得的物质不是致癌物	Petrolatum（petroleum），carbon-treated（CAS No.97862-97-0），except if the full refining history is known and it can be shown that the substance from which it is produced is not a carcinogen
1044	粘土处理的矿脂（石油），除非清楚全部精炼过程并且能够证明所获得的物质不是致癌物	Petrolatum（petroleum），clay-treated（CAS No.100684-33-1），except if the full refining history is known and it can be shown that the substance from which it is produced is not a carcinogen
1045	加氢的矿脂（石油），除非清楚全部精炼过程并且能够证明所获得的物质不是致癌物	Petrolatum（petroleum），hydrotreated（CAS No.92045-77-7），except if the full refining history is known and it can be shown that the substance from which it is produced is not a carcinogen
1046	氧化处理的矿脂（石油），除非清楚全部精炼过程并且能够证明所获得的物质不是致癌物	Petrolatum（petroleum），oxidised（CAS No.64743-01-7），except if the full refining history is known and it can be shown that the substance from which it is produced is not a carcinogen
1047	硅酸处理的矿脂（石油），除非清楚全部精炼过程并且能够证明所获得的物质不是致癌物	Petrolatum（petroleum），silicic acid-treated（CAS No.97862-98-1），except if the full refining history is known and it can be shown that the substance from which it is produced is not a carcinogen
1048	石油	Petroleum（CAS No.8002-05-9）
1049	丁二烯含量大于0.1%（w/w）的液化石油气	Petroleum gases，liquefied（CAS No.68476-85-7），if they contain>0.1%（w/w）butadiene
1050	丁二烯含量大于0.1%（w/w）的脱硫液化石油气	Petroleum gases，liquefied，sweetened（CAS No.68476-86-8），if they contain>0.1%（w/w）butadiene
1051	丁二烯含量大于0.1%（w/w）的脱硫C_4馏分液化石油气	Petroleum gases，liquefied，sweetened，C_4 fraction（CAS No.92045-80-2），if they contain>0.1%（w/w）butadiene
1052	丁二烯含量大于0.1%（w/w）的石油产品，来自炼油厂汽油	Petroleum products，refinery gases（CAS No.68607-11-4），if they contain>0.1%（w/w）butadiene
1053	苯乙酰脲	Phenacemide（INN）（CAS No.63-98-9）
1054	非那二醇	Phenaglycodol（INN）（CAS No.79-93-6）
1055	酚嗪鎓，3，7-二氨基-2，8-二甲基-5-苯基-及其盐类	Phenazinium，3，7-diamino-2，8-dimethyl-5-phenyl-（CAS No.477-73-6）and its salts
1056	苯茚二酮	Phenindione（INN）（CAS No.83-12-5）
1057	芬美曲秦及其衍生物和盐类	Phenmetrazine（INN）（CAS No.134-49-6），its derivatives and salts

续表

序号	中文名称	英文名称
1058	苯酚	Phenol(CAS No.108-95-2)
1059	吩噻嗪-5-鎓,3,7-双(二甲氨)及其盐类	Phenothiazin-5-ium,3,7-bis(dimethylamino)(CAS No.61-73-4) and its salts
1060	吩噻嗪及其化合物	Phenothiazine(INN)(CAS No.92-84-2) and its compounds
1061	吩恶嗪-5-鎓,3,7-双(二乙氨基)-及其盐类	Phenoxazin-5-ium,3,7-bis(diethylamino)-and its salts(CAS No.47367-75-9/CAS No.33203-82-6)
1062	苯丙氨酯	Phenprobamate(INN)(CAS No.673-31-4)
1063	苯丙香豆素	Phenprocoumon(INN)(CAS No.435-97-2)
1064	羟苯苯酯	Phenyl 4-hydroxybenzoate(INCI:Phenylparaben)
1065	保泰松	Phenylbutazone(INN)(CAS No.50-33-9)
1066	磷胺(大灾虫)	Phosphamidon(CAS No.13171-21-6)
1067	磷及金属磷化物	Phosphorus(CAS No.7723-14-0) and metal phosphides
1068	维生素 K-1	Phytonadione(INCI);phytomenadione(INN)(CAS No.84-80-0/CAS No.81818-54-4)
1069	苦味酸(2,4,6-三硝基苯酚)	Picric acid(CAS No.88-89-1)
1070	印防己毒素	Picrotoxin(CAS No.124-87-8)
1071	毛果云香碱及其盐类	Pilocarpine(CAS No.92-13-7) and its salts
1072	匹哌氮酯及其盐类	Pipazetate(INN)(CAS No.2167-85-3) and its salts
1073	哌苯甲醇及其盐类	Pipradrol(INN)(CAS No.467-60-7) and its salts
1074	哌库碘铵	Piprocurarium iodide(INN)(CAS No.3562-55-8)
1075	苯并[a]芘的含量大于 0.005%(w/w)的沥青	Pitch(CAS No.61789-60-4) if it contains>0.005%(w/w) benzo[a]pyrene
1076	苯并[a]芘的含量大于 0.005%(w/w)的沥青,来自热处理的高温煤焦油	Pitch,coal tar,high-temp,heat-treated(CAS No.121575-60-8),if it contains>0.005%(w/w) benzo[a]pyrene
1077	苯并[a]芘的含量大于 0.005%(w/w)的沥青,来自高温煤焦油次级馏分	Pitch,coal tar,high-temp,secondary(CAS No.94114-13-3),if it contains>0.005%(w/w) benzo[a]pyrene
1078	苯并[a]芘的含量大于 0.005%(w/w)的沥青,来自低温煤焦油	Pitch,coal tar,low-temp(CAS No.90669-57-1),if it contains>0.005%(w/w) benzo[a]pyrene
1079	苯并[a]芘的含量大于 0.005%(w/w)的沥青,来自热处理的低温煤焦油	Pitch,coal tar,low-temp,heat-treated(CAS No.90669-58-2),if it contains>0.005%(w/w) benzo[a]pyrene
1080	苯并[a]芘的含量大于 0.005%(w/w)的沥青,来自氧化的低温煤焦油	Pitch,coal tar,low-temp,oxidised(CAS No.90669-59-3),if it contains>0.005%(w/w) benzo[a]pyrene
1081	苯并[a]芘的含量大于 0.005%(w/w)的沥青,来自煤焦油-石油	Pitch,coal tar-petroleum(CAS No.68187-57-5),if it contains>0.005%(w/w) benzo[a]pyrene
1082	甲硫泊尔定	Poldine metilsulfate(INN)(CAS No.545-80-2)

续表

序号	中文名称	英文名称
1083	溴酸钾	Potassium bromate（CAS No.7758-01-2）
1084	对氨基苯乙醚（4- 乙氧基苯胺）	p-Phenetidine（4-ethoxyaniline）（CAS No.156-43-4）
1085	普莫卡因	Pramocaine（INN）（CAS No.140-65-8）
1086	丙磺舒	Probenecid（INN）（CAS No.57-66-9）
1087	普鲁卡因胺及其盐类和衍生物	Procainamide（INN）（CAS No.51-06-9），its salts and derivatives
1088	孕激素类	Progestogens
1089	克螨特	Propargite（ISO）（CAS No.2312-35-8）
1090	丙帕硝酯	Propatylnitrate（INN）（CAS No.2921-92-8）
1091	丙唑嗪	Propazine（CAS No.139-40-2）
1092	丙醇酸内酯	Propiolactone（CAS No.57-57-8）
1093	异丙安替比林	Propyphenazone（INN）（CAS No.479-92-5）
1094	炔苯酰草胺（氯甲丙炔基苯甲酰胺）	Propyzamide（CAS No.23950-58-5）
1095	赛洛西宾	Psilocybine（INN）（CAS No.520-52-5）
1096	（（对甲苯氧基）甲基）环氧乙烷	（（p-Tolyloxy）methyl）oxirane（CAS No.2186-24-5）
1097	吡蚜酮	Pymetrozine（ISO）（CAS No.123312-89-0）
1098	吡硫鎓钠	Pyrithione sodium（INNM）（CAS No.3811-73-2）
1099	邻苯二酚（儿茶酚）	Pyrocatechol（Catechol）（CAS No.120-80-9）
1100	焦棓酚	Pyrogallol（CAS No.87-66-1）
1101	季铵盐 -15	quaternium-15（CAS No.51229-78-8）
1102	一水化膦酸（R）-a- 苯乙铵（-）-（1R，2S）-（1，2- 环丙）酯	（R）-a-phenylethylammonium（-）-（1R，2S）-（1，2-epoxypropyl）phosphonate monohydrate（CAS No.25383-07-7）
1103	（R）-5- 溴 -3-（1- 甲基 -2- 吡咯烷基甲基）-1H- 吲哚	（R）-5-bromo-3-（1-methyl-2-pyrrolidinylmethyl）-1H-indole（CAS No.143322-57-0）
1104	R-1- 氯 -2，3- 环氧丙烷	R-1-Chloro-2，3-epoxypropane（CAS No.51594-55-9）
1105	R-2，3- 环氧 -1- 丙醇	R-2，3-Epoxy-1-propanol（CAS No.57044-25-4）
1106	放射性物质[(2)]	Radioactive substances[(2)]
1107	丁二烯含量大于 0.1%（w/w）的含饱和及不饱和 C_{3-5} 的残油（石油），来自蒸汽裂解 C_4 馏分的乙酸亚铜铵萃取物	Raffinates（petroleum），steam-cracked C_4 fraction cuprous ammonium acetate extn，C_{3-5} and C_{3-5} unsatd，if they contain>0.1%（w/w）butadiene（CAS No.97722-19-5）
1108	苯乙酮，甲醛，环已胺，甲醇和乙酸的反应产物	Reaction product of acetophenone，formaldehyde，cyclohexylamine，methanol and acetic acid（EC No.406-230-1）
1109	石油残油	Residual oils（petroleum）（CAS No.93821-66-0）
1110	二甲基亚砜提取物含量大于 3%（w/w）的活性炭处理的溶剂脱蜡的残油（石油）	Residual oils（petroleum），carbon-treated solvent-dewaxed（CAS No.100684-37-5），if they contain>3%（w/w）DMSO extract

续表

序号	中文名称	英文名称
1111	二甲基亚砜提取物含量大于3%(w/w)的催化脱蜡的石油残油	Residual oils(petroleum),catalytic dewaxed(CAS No.91770-57-9),if they contain>3%(w/w)DMSO extract
1112	二甲基亚砜提取物含量大于3%(w/w)的粘土处理的(石油)残油	Residual oils(petroleum),clay-treated(CAS No.64742-41-2),if they contain>3%(w/w)DMSO extract
1113	二甲基亚砜提取物含量大于3%(w/w)的粘土处理的溶剂脱蜡的残油(石油)	Residual oils(petroleum),clay-treated solvent-dewaxed(CAS No.100684-38-6),if they contain>3%(w/w)DMSO extract
1114	二甲基亚砜提取物含量大于3%(w/w)的加氢裂解酸处理及溶剂脱蜡处理的残油(石油)	Residual oils(petroleum),hydrocracked acid-treated solvent-dewaxed(CAS No.92061-86-4),if they contain>3%(w/w) DMSO extract
1115	二甲基亚砜提取物含量大于3%(w/w)的加氢(石油)残油	Residual oils(petroleum),hydrotreated(CAS No.64742-57-0), if they contain>3%(w/w)DMSO extract
1116	二甲基亚砜提取物含量大于3%(w/w)的加氢溶剂脱蜡的(石油)残油	Residual oils(petroleum),hydrotreated solvent dewaxed(CAS No.90669-74-2),if they contain>3%(w/w)DMSO extract
1117	二甲基亚砜提取物含量大于3%(w/w)的溶剂脱沥青处理的(石油)残油	Residual oils(petroleum),solvent deasphalted(CAS No 64741-95-3),if they contain>3%(w/w)DMSO extract
1118	二甲基亚砜提取物含量大于3%(w/w)的溶剂脱蜡处理的(石油)残油	Residual oils(petroleum),solvent-dewaxed(CAS No.64742-62-7),if they contain>3%(w/w)DMSO extract
1119	二甲基亚砜提取物含量大于3%(w/w)的溶剂精制处理的(石油)残油	Residual oils(petroleum),solvent-refined(CAS No.64742-01-4),if they contain>3%(w/w)DMSO extract
1120	苯并[a]芘的含量大于0.005%(w/w)的煤焦油残渣,来自杂酚油蒸馏	Residues(coal tar),creosote oil distn.,if it contains>0.005%(w/w)benzo[a]pyrene(CAS No.92061-93-3)
1121	苯并[a]芘的含量大于0.005%(w/w)的液体溶剂萃取的煤残留物	Residues(coal),liq. solvent extn.(CAS No.94114-46-2),if they contain>0.005%(w/w)benzo[a]pyrene
1122	丁二烯含量大于0.1%(w/w)的来自烷基化分流塔的富 C_4 石油残渣	Residues(petroleum),alkylation splitter,C_4-rich(CAS No.68513-66-6),if they contain>0.1%(w/w)butadiene
1123	催化重整分馏塔残渣蒸馏的残液(石油)	Residues(petroleum),catalytic reformer fractionator residue distn.(CAS No.68478-13-7)
1124	含稠环芳烃的焦化洗涤塔处理物的蒸馏残液(石油)	Residues(petroleum),coker scrubber,condensed-ring-arom.-contg(CAS No.68783-13-1)
1125	重焦化减压蒸馏的低沸点残液(石油)	Residues(petroleum),heavy coker and light vacuum(CAS No.68512-61-8)
1126	重焦化柴油及减压蒸馏柴油的残液(石油)	Residues(petroleum),heavy coker gas oil and vacuum gas oil (CAS No.68478-17-1)
1127	减压蒸馏的低沸点残液(石油)	Residues(petroleum),light vacuum(CAS No.68512-62-9)
1128	蒸汽裂解低沸点残液(石油)	Residues(petroleum),steam-cracked light(CAS No.68513-69-9)

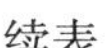

续表

序号	中文名称	英文名称
1129	初馏低硫残液(石油)	Residues(petroleum), topping plant, low-sulfur(CAS No.68607-30-7)
1130	常压塔处理的残液(石油)	Residues(petroleum), atm. tower(CAS No.64741-57-7)
1131	常压蒸馏残液(石油)	Residues(petroleum), atmospheric(CAS No.68333-22-2)
1132	催化裂解残液(石油)	Residues(petroleum), catalytic cracking(CAS No.92061-97-7)
1133	催化重整分馏塔处理的残液(石油)	Residues(petroleum), catalytic reformer fractionator(CAS No.64741-67-9)
1134	加氢裂解残液(石油)	Residues(petroleum), hydrocracked(CAS No.64741-75-9)
1135	加氢脱硫常压塔蒸馏残液(石油)	Residues(petroleum), hydrodesulfurised atmospheric tower(CAS No.64742-78-5)
1136	加氢蒸汽裂解石脑油残液(石油)	Residues(petroleum), hydrogenated steam-cracked naphtha(CAS No.92062-00-5)
1137	蒸汽裂解残液(石油)	Residues(petroleum), steam-cracked(CAS No.64742-90-1)
1138	蒸汽裂解热裂解石脑油残液(石油)	Residues(petroleum), steam-cracked heat-soaked naphtha(CAS No.93763-85-0)
1139	蒸汽裂解石脑油蒸馏残液(石油)	Residues(petroleum), steam-cracked naphtha distn.(CAS No.92062-04-9)
1140	蒸汽裂解蒸馏残液(石油)	Residues(petroleum), steam-cracked, distillates(CAS No.90669-75-3)
1141	蒸汽裂解的树脂状塔底残液(石油)	Residues(petroleum), steam-cracked, resinous(CAS No.68955-36-2)
1142	热裂解残液(石油)	Residues(petroleum), thermal cracked(CAS No.64741-80-6)
1143	减压蒸馏的低沸点残液(石油)	Residues(petroleum), vacuum, light(CAS No.90669-76-4)
1144	蒸汽裂解及热处理的残液(石油)	Residues, steam cracked, thermally treated(CAS No.98219-64-8)
1145	间苯二酚二缩水甘油醚	Resorcinol diglycidyl ether(CAS No.101-90-6)
1146	(S)-2,3-二氢-1H-吲哚-羧酸	(S)-2,3-Dihydro-1H-indole-carboxylic acid(CAS No.79815-20-6)
1147	黄樟素(黄樟脑),[当加入化妆品中的天然香料中含有,且不超过如下浓度时除外:化妆品成品中 100mg/kg]	Safrole except for normal content in the natural essences used and provided the concentration does not exceed: 100mg/kg in the finished product(CAS No 94-59-7)
1148	邻烷基二硫代碳酸的盐类(黄原酸盐)	Salts of O-alkyldithiocarbonic acids(xanthates)
1149	仲链烷胺和仲链烷醇胺类和它们的盐类	Secondary alkyl and alkanolamines and their salts

续表

序号	中文名称	英文名称
1150	硒及其化合物(表3中在限定条件下使用的二硫化硒除外)	Selenium(CAS No.7782-49-2)and its compounds with the exception of selenium disulfide under the conditions set out under the reference in Table 3
1151	西玛津	Simazine(CAS No.122-34-9)
1152	软蜡(石油),除非清楚全部精炼过程并且能够证明所获得的物质不是致癌物	Slack wax(petroleum)(CAS No.64742-61-6),except if the full refining history is known and it can be shown that the substance from which it is produced is not a carcinogen
1153	酸处理的软蜡(石油),除非清楚全部精炼过程并且能够证明所获得的物质不是致癌物	Slack wax(petroleum),acid-treated(CAS No.90669-77-5),except if the full refining history is known and it can be shown that the substance from which it is produced is not a carcinogen
1154	活性炭处理的软蜡(石油),除非清楚全部精炼过程并且能够证明所获得的物质不是致癌物	Slack wax(petroleum),carbon-treated(CAS No.100684-49-9),except if the full refining history is known and it can be shown that the substance from which it is produced is not a carcinogen
1155	粘土处理的软蜡(石油),除非清楚全部精炼过程并且能够证明所获得的物质不是致癌物	Slack wax(petroleum),clay-treated(CAS No.90669-78-6),except if the full refining history is known and it can be shown that the substance from which it is produced is not a carcinogen
1156	加氢的软蜡(石油),除非清楚全部精炼过程并且能够证明所获得的物质不是致癌物	Slack wax(petroleum),hydrotreated(CAS No.92062-09-4),except if the full refining history is known and it can be shown that the substance from which it is produced is not a carcinogen
1157	低熔点软蜡(石油),除非清楚全部精炼过程并且能够证明所获得的物质不是致癌物	Slack wax(petroleum),low-melting(CAS No.92062-10-7),except if the full refining history is known and it can be shown that the substance from which it is produced is not a carcinogen
1158	活性炭处理的低熔点软蜡(石油),除非清楚全部精炼过程并且能够证明所获得的物质不是致癌物	Slack wax(petroleum),low-melting,carbon-treated(CAS No.97863-04-2),except if the full refining history is known and it can be shown that the substance from which it is produced is not a carcinogen
1159	粘土处理的低熔点软蜡(石油),除非清楚全部精炼过程并且能够证明所获得的物质不是致癌物	Slack wax(petroleum),low-melting,clay-treated(CAS No.97863-05-3),except if the full refining history is known and it can be shown that the substance from which it is produced is not a carcinogen
1160	加氢的低溶点软蜡(石油),除非清楚全部精炼过程并且能够证明所获得的物质不是致癌物	Slack wax(petroleum),low-melting,hydrotreated(CAS No.92062-11-8),except if the full refining history is known and it can be shown that the substance from which it is produced is not a carcinogen
1161	硅酸处理的低熔点软蜡(石油),除非清楚全部精炼过程并且能够证明所获得的物质不是致癌物	Slack wax(petroleum),low-melting,silicic acid-treated(CAS No.97863-06-4),except if the full refining history is known and it can be shown that the substance from which it is produced is not a carcinogen

续表

序号	中文名称	英文名称
1162	己环酸钠	Sodium hexacyclonate (INN) (CAS No.7009-49-6)
1163	碘酸钠	Sodium iodate (CAS No.7681-55-2)
1164	溶剂红 1 (CI 12150)	Solvent Red 1 (CI 12150) (CAS No.1229-55-6)
1165	1-((4- 苯偶氮) 苯偶氮)-2- 萘酚 (溶剂红 23;CI 26100)	Solvent Red 23 (CI 26100) (CAS No.85-86-9)
1166	司巴丁及其盐类	Sparteine (INN) (CAS No.90-39-1) and its salts
1167	螺内酯	Spironolactone (INN) (CAS No.52-01-7)
1168	乳酸锶	Strontium lactate (CAS No.29870-99-3)
1169	硝酸锶	Strontium nitrate (CAS No.10042-76-9)
1170	多羧酸锶	Strontium polycarboxylate
1171	羊角拗质素及其糖苷配基以及相应的衍生物	Strophantines (CAS No.11005-63-3), their aglucones and their respective derivatives
1172	士的宁及其盐类	Strychnine (CAS No.57-24-9) and its salts
1173	具有雄激素效应的物质	Substances with androgenic effect
1174	丁二腈 (琥珀腈)	Succinonitrile (CAS No.110-61-2)
1175	草克死	Sulfallate (CAS No.95-06-7)
1176	磺砒酮	Sulfinpyrazone (INN) (CAS No.57-96-5)
1177	磺胺类药物(磺胺和其氨基的一个或多个氢原子被取代的衍生物)及其盐类	Sulphonamides (sulphanilamide and its derivatives obtained by substitution of one or more H-atoms of the-NH_2 groups) and their salts
1178	舒噻美	Sultiame (INN) (CAS No.61-56-3)
1179	对中枢神经系统起作用的拟交感胺类和中国卫生部发布的管制精神类药品(咖啡因除外)	Sympathicomimetic amines acting on the central nervous system and the medicins, natural and synthetic, controlled by the Drug Administration Law of China (except caffien (CAS No.300-62-9))
1180	合成箭毒类	Synthetic curarizants
1181	丁二烯含量大于 0.1% (w/w) 的石油尾气,来自催化裂解澄清油及热裂解分馏回流接收器的减压渣油	Tail gas (petroleum), catalytic cracked clarified oil and thermal cracked vacuum residue fractionation reflux drum (CAS No.68478-21-7), if it contains>0.1% (w/w) butadiene
1182	丁二烯含量大于 0.1% (w/w) 的石油尾气,来自石油催化裂解的馏分及催化裂解石脑油馏分吸收塔	Tail gas (petroleum), catalytic cracked distillate and catalytic cracked naphtha fractionation absorber (CAS No.68307-98-2), if it contains>0.1% (w/w) butadiene
1183	丁二烯含量大于 0.1% (w/w) 的石油尾气,来自催化裂解馏分及石脑油的稳定塔	Tail gas (petroleum), catalytic cracked distillate and naphtha stabiliser (CAS No.68952-77-2), if it contains>0.1% (w/w) butadiene

续表

序号	中文名称	英文名称
1184	丁二烯含量大于0.1%(w/w)的石油尾气,来自催化裂解石脑油稳定吸收塔	Tail gas(petroleum),catalytic cracked naphtha stabilisation absorber(CAS No.68478-22-8),if it contains>0.1%(w/w) butadiene
1185	丁二烯含量大于0.1%(w/w)的石油尾气,来自催化裂解分馏吸收塔	Tail gas(petroleum),catalytic cracker refractionation absorber (CAS No.68478-25-1),if it contains>0.1%(w/w)butadiene
1186	丁二烯含量大于0.1%(w/w)的石油尾气,来自催化裂解,催化重整及加氢脱硫联合分馏塔	Tail gas(petroleum),catalytic cracker,catalytic reformer and hydrodesulfurised combined fractionater(CAS No.68478-24-0), if it contains>0.1%(w/w)butadiene
1187	丁二烯含量大于0.1%(w/w)的石油尾气,来自催化加氢脱硫石脑油分离塔	Tail gas(petroleum),catalytic hydrodesulfurised naphtha separator(CAS No.68952-79-4),if it contains>0.1%(w/w) butadiene
1188	丁二烯含量大于0.1%(w/w)的石油尾气,来自催化聚合石脑油分馏稳定塔	Tail gas(petroleum),catalytic polymn. naphtha fractionation stabiliser(CAS No.68307-99-3),if it contains>0.1%(w/w) butadiene
1189	丁二烯含量大于0.1%(w/w)的石油尾气,来自催化重整石脑油分馏稳定塔	Tail gas(petroleum),catalytic reformed naphtha fractionation stabiliser(CAS No.68478-26-2),if it contains>0.1%(w/w) butadiene
1190	丁二烯含量大于0.1%(w/w)的无硫化氢石油尾气,来自催化重整石脑油分馏稳定塔	Tail gas(petroleum),catalytic reformed naphtha fractionation stabiliser,hydrogen sulfide-free(CAS No.68308-00-9),if it contains>0.1%(w/w)butadiene
1191	丁二烯含量大于0.1%(w/w)的石油尾气,来自经催化重整石脑油分离器	Tail gas(petroleum),catalytic reformed naphtha separator(CAS No.68478-27-3),if it contains>0.1%(w/w)butadiene
1192	丁二烯含量大于0.1%(w/w)的石油尾气,来自催化重整石脑油稳定塔	Tail gas(petroleum),catalytic reformed naphtha stabiliser(CAS No.68478-28-4),if it contains>0.1%(w/w)butadiene
1193	丁二烯含量大于0.1%(w/w)的石油尾气,来自加氢分离塔的裂解馏分	Tail gas(petroleum),cracked distillate hydrotreater separator (CAS No.68478-29-5),if it contains>0.1%(w/w)butadiene
1194	丁二烯含量大于0.1%(w/w)的石油尾气,来自石油裂解馏分催化加氢汽提塔	Tail gas(petroleum),cracked distillate hydrotreater stripper(CAS No.68308-01-0),if it contains>0.1%(w/w)butadiene
1195	丁二烯含量大于0.1%(w/w)的石油尾气,来自柴油催化裂解吸收塔	Tail gas(petroleum),gas oil catalytic cracking absorber(CAS No.68308-03-2),if it contains>0.1%(w/w)butadiene
1196	丁二烯含量大于0.1%(w/w)的石油尾气,来自汽油回收工厂	Tail gas(petroleum),gas recovery plant(CAS No.68308-04-3), if it contains>0.1%(w/w)butadiene
1197	丁二烯含量大于0.1%(w/w)的石油尾气,来自汽油回收工厂脱乙烷塔	Tail gas(petroleum),gas recovery plant deethaniser(CAS No.68308-05-4),if it contains>0.1%(w/w)butadiene
1198	丁二烯含量大于0.1%(w/w)的无酸石油尾气,来自加氢脱硫馏分及加氢脱硫石脑油分馏塔	Tail gas(petroleum),hydrodesulfurised distillate and hydrodesulfurised naphtha fractionator,acid-free(CAS No.68308-06-5),if it contains>0.1%(w/w)butadiene

续表

序号	中文名称	英文名称
1199	丁二烯含量大于 0.1%(w/w)的石油尾气,来自加氢脱硫直馏石脑油分离塔	Tail gas(petroleum),hydrodesulfurised straight-run naphtha separator(CAS No.68478-30-8),if it contains>0.1%(w/w) butadiene
1200	丁二烯含量大于 0.1%(w/w)的无硫化氢石油尾气,来自加氢脱硫真空柴油汽提塔	Tail gas(petroleum),hydrodesulfurised vacuum gas oil stripper, hydrogen sulfide-free(CAS No.68308-07-6),if it contains>0.1%(w/w) butadiene
1201	丁二烯含量大于 0.1%(w/w)的石油尾气,来自异构化石脑油分馏稳定塔	Tail gas(petroleum),isomerised naphtha fractionation stabiliser (CAS No.68308-08-7),if it contains>0.1%(w/w) butadiene
1202	丁二烯含量大于 0.1%(w/w)的无硫化氢石油尾气,来自直馏石脑油分馏稳定塔的轻馏分	Tail gas(petroleum),light straight-run naphtha stabiliser, hydrogen sulfide-free(CAS No.68308-09-8),if it contains>0.1%(w/w) butadiene
1203	丁二烯含量大于 0.1%(w/w)的石油尾气,来自丙烷 - 丙烯烷基化进料预处理脱乙烷塔	Tail gas(petroleum),propane-propylene alkylation feed prep deethaniser(CAS No.68308-11-2),if it contains>0.1%(w/w) butadiene
1204	丁二烯含量大于 0.1%(w/w)的石油尾气,来自饱和汽油工厂的富 C_4 混流	Tail gas(petroleum),saturate gas plant mixed stream, C_4-rich (CAS No.68478-32-0),if it contains>0.1%(w/w) butadiene
1205	丁二烯含量大于 0.1%(w/w)的富 C_{1-2} 石油尾气,来自饱和汽油回收工厂	Tail gas(petroleum),saturate gas recovery plant, C_{1-2}-rich(CAS No.68478-33-1),if it contains>0.1%(w/w) butadiene
1206	丁二烯含量大于 0.1%(w/w)的无硫化氢石油尾气,来自加氢脱硫处理的直馏馏分	Tail gas(petroleum),straight-run distillate hydrodesulfurised, hydrogen sulfide-free(CAS No.68308-10-1),if it contains>0.1%(w/w) butadiene
1207	丁二烯含量大于 0.1%(w/w)的石油尾气,来自加氢脱硫的直馏石脑油	Tail gas(petroleum),straight-run naphtha hydrodesulfurised (CAS No.68952-80-7),if it contains>0.1%(w/w) butadiene
1208	丁二烯含量大于 0.1%(w/w)的石油尾气,来自热裂解碳氢化合物分馏稳定塔的石油焦化产物	Tail gas(petroleum),thermal cracked hydrocarbon fractionation stabiliser, petroleum coking(CAS No.68952-82-9),if it contains>0.1%(w/w) butadiene
1209	丁二烯含量大于 0.1%(w/w)的石油尾气,来自热裂解馏分、柴油及石脑油吸收塔	Tail gas(petroleum),thermal-cracked distillate, gas oil and naphtha absorber(CAS No.68952-81-8),if it contains>0.1%(w/w) butadiene
1210	丁二烯含量大于 0.1%(w/w)的无硫化氢石油尾气,来自加氢脱硫的真空瓦斯油	Tail gas(petroleum),vacuum gas oil hydrodesulfurised, hydrogen sulfide-free(CAS No.68308-12-3),if it contains>0.1%(w/w) butadiene
1211	丁二烯含量大于 0.1%(w/w)的石油尾气,来自热裂解真空渣油	Tail gas(petroleum),vacuum residues thermal cracker(CAS No.68478-34-2),if it contains>0.1%(w/w) butadiene
1212	替法唑啉及其盐类	Tefazoline(INN)(CAS No.1082-56-0) and its salts

续表

序号	中文名称	英文名称
1213	碲及其化合物	Tellurium (CAS No.13494-80-9) and its compounds
1214	丁苯那嗪及其盐类	Tetrabenazine (INN) (CAS No.58-46-8) and its salts
1215	四溴 N- 水杨酰苯胺	Tetrabromosalicylanilides
1216	丁卡因及其盐类	Tetracaine (INN) (CAS No.94-24-6) and its salts
1217	四羰基镍	Tetracarbonylnickel (CAS No.13463-39-3)
1218	四氯乙烯	Tetrachloroethylene (CAS No.127-18-4)
1219	四氯 N- 水杨酰苯胺	Tetrachlorosalicylanilides (CAS No.7426-07-5)
1220	焦磷酸四乙酯	Tetraethyl pyrophosphate; (TEPP-ISO) (CAS No.107-49-3)
1221	四氢 -6- 硝基喹喔啉及其盐类	Tetrahydro-6-nitroquinoxaline and its salts (CAS No.158006-54-3/CAS No.41959-35-7/CAS No.73855-45-5)
1222	丙酸 (+/–) - 四羟糠基 - (R) -2- (4- (6- 氯 -2- 喹喔啉氧基) 苯氧基) 酯	(+/–) -Tetrahydrofurfuryl- (R) -2- (4- (6-chloroquinoxalin-2-yloxy) phenyloxy) propionate (CAS No.119738-06-6)
1223	四氢化噻喃 -3- 甲醛	Tetrahydrothiopyran-3-carboxaldehyde (CAS No.61571-06-0)
1224	四氢咪唑啉及其盐类	Tetrahydrozoline Tetryzoline (INN) (CAS No.84-22-0) and its salts
1225	3,3'-((1,1'- 联苯)-4,4'- 二基 - 双 (偶氮)) 双 (5- 氨基 -4- 羟基萘 -2,7- 二磺酸) 四钠	Tetrasodium 3,3'-((1,1'-biphenyl)-4,4'-diyl bis (azo)) bis (5-amino-4-hydroxynaphthalene-2,7-disulfonate) (CAS No.2602-46-2)
1226	四乙溴铵	Tetrylammonium bromide (INN) (CAS No.71-91-0)
1227	沙立度胺及其盐类	Thalidomide (INN) (CAS No.50-35-1) and its salts
1228	铊及其化合物	Thallium (CAS No.7440-28-0) and its compounds
1229	黄花夹竹桃苷提取物	Thevetia neriifolia juss.Glycoside extract (CAS No.90147-54-9)
1230	甲巯咪唑	Thiamazole (INN) (CAS No.60-56-0)
1231	硫代乙酰胺	Thioacetamide (CAS No.62-55-5)
1232	噻吩甲酸甲酯	Thiophanate-methyl (CAS No.23564-05-8)
1233	噻替派	Thiotepa (INN) (CAS No.52-24-4)
1234	硫脲及其衍生物(表 3 中限用的除外)	Thiourea (CAS No.62-56-6) and its derivatives, with the exception of the one listed in Table 3
1235	秋兰姆二硫化物类	Thiuram disulphides
1236	秋兰姆单硫化物类	Thiuram monosulfides (CAS No.97-74-5)
1237	甲状丙酸及其盐类	Thyropropic acid (INN) (CAS No.51-26-3) and its salts
1238	短杆菌素	Thyrothricine
1239	替拉曲可及其盐类	Tiratricol (INN) (CAS No.51-24-1) and its salts

续表

序号	中文名称	英文名称
1240	托硼生	Tolboxane (INN) (CAS No.2430-46-8)
1241	甲苯磺丁脲	Tolbutamide (INN) (CAS No.64-77-7)
1242	甲苯 -3,4- 二胺及其盐类	Toluene-3,4-Diamine and its salts (CAS No.496-72-0)
1243	硫酸甲苯胺(1：1)	Toluidine sulfate (1：1) (CAS No.540-25-0)
1244	甲苯胺类及其同分异构体,盐类以及卤化和磺化衍生物	Toluidines (CAS No.26915-12-8), their isomers, salts and halogenated and sulfonated derivatives
1245	4- 甲苯胺盐酸盐	Toluidinium chloride (CAS No.540-23-8)
1246	((甲苯氧基)甲基)环氧乙烷,羟甲苯基缩水甘油醚	((Tolyloxy) methyl) oxirane, cresyl glycidyl ether (CAS No.26447-14-3)
1247	毒杀芬	Toxaphene (CAS No.8001-35-2)
1248	反式 -2- 庚烯醛	Trans-2-heptenal (CAS No.18829-55-5)
1249	反式 -2- 己烯醛二乙基乙缩醛	Trans-2-hexenal diethyl acetal (CAS No.67746-30-9)
1250	反式 -2- 己烯醛二甲基乙缩醛	Trans-2-hexenal dimethyl acetal (CAS No.18318-83-7)
1251	反式 -4- 环己基 -L- 脯氨酸 - 盐酸盐	Trans-4-cyclohexyl-L-proline monohydro-chloride (CAS No.90657-55-9)
1252	反式 -4- 苯基 -L- 脯氨酸	trans-4-Phenyl-L-proline (CAS No.96314-26-0)
1253	反苯环丙胺及其盐类	Tranylcypromine (INN) (CAS No.155-09-9) and its salts
1254	曲他胺	Tretamine (INN) (CAS No.51-18-3)
1255	维甲酸(视黄酸)及其盐类	Tretinoin (INN) (retinoic acid) (CAS No.302-79-4) and its salts
1256	氨苯喋啶及其盐类	Triamterene (INN) (CAS No.396-01-0) and its salts
1257	磷酸三丁酯	Tributyl phosphate (CAS No.126-73-8)
1258	三氯氮芥及其盐类	Trichlormethine (INN) (CAS No.817-09-4) and its salts
1259	三氯乙酸	Trichloroacetic acid (CAS No.76-03-9)
1260	三氯乙烯	Trichloroethylene (CAS No.79-01-6)
1261	三氯硝基甲烷(氯化苦)	Trichloronitromethane (chloropicrine) (CAS No.76-06-2)
1262	克啉菌(十三吗啉)	Tridemorph (CAS No.24602-86-6)
1263	三氟碘甲烷	Trifluoroiodomethane (CAS No.2314-97-8)
1264	三氟哌多	Trifluperidol (INN) (CAS No.749-13-3)
1265	二硫化三镍	Trinickel disulfide (CAS No.12035-72-2)
1266	三聚甲醛(1,3,5- 三噁烷)	Trioxymethylene (1,3,5-trioxan) (CAS No.110-88-3)
1267	曲帕拉醇	Triparanol (INN) (CAS No.78-41-1)
1268	曲吡那敏	Tripelennamine (INN) (CAS No.91-81-6)
1269	磷酸三(2- 氯乙)酯	Tris (2-chloroethyl) phosphate (CAS No.115-96-8)

续表

序号	中文名称	英文名称
1270	双(7-乙酰氨基-2-(4-硝基-2-氧苯偶氮基)-3-磺基-1-萘酚基)-1-铬酸三钠	Trisodium bis(7-acetamido-2-(4-nitro-2-oxidophenylazo)-3-sulfonato-1-naphtholato)chromate(1-)(EC No.400-810-8)
1271	三钠(4'-(8-乙酰氨基-3,6-二磺基-2-萘偶氮基)-4''-(6-苯甲酰氨基-3-磺基-2-萘偶氮基)-联苯-1,3',3'',1'''-四羟连-O,O',O'',O''')铜(II)(EC No. 413-590-3)	Trisodium(4'-(8-acetylamino-3,6-disulfonato-2-naphthylazo)-4''-(6-benzoylamino-3-sulfonato-2-naphthylazo)-biphenyl-1,3',3'',1'''-tetraolato-O,O',O'',O''')copper(II)(EC No.413-590-3)
1272	磷酸三甲酚酯	Tritolyl phosphate(CAS No.1330-78-5)
1273	异庚胺及其同分异构体和盐类	Tuaminoheptane(INN)(CAS No.123-82-0),its isomers and salts
1274	尿烷(氨基甲酸乙酯)	Urethane(Ethyl carbamate)(CAS No.51-79-6)
1275	以下化合物的UVCB缩合产物:四倍-氯化羟基甲基膦,尿素和蒸馏的氢化C_{16-18}牛油烷基胺	UVCB condensation product of:tetrakis-hydroxymethylphos-phonium chloride,urea and distilled hydrogenated C_{16-18} tallow alkylamine(CAS No.166242-53-1)
1276	人类药用的疫苗、毒素或血清,尤其包括下述几种:(1)用于产生主动免疫力的制剂,如:霍乱疫苗、卡介苗、脊髓灰质炎疫苗、天花疫苗;(2)用于诊断免疫功能状态的制剂,尤其包括结核菌素和结核菌素纯蛋白衍生物、锡克试验毒素、迪克试验毒素、布氏菌素;(3)白喉抗毒素、抗天花球蛋白、抗淋巴细胞球蛋白等用于产生被动免疫力的药物制剂	Vaccines,toxins and serums that used as human medcines shall cover in particular:(1)agents used to produce active immunity,such as cholera vaccine,BCG,polio vaccines,smallpox vaccine;(2)agents used to diagnose the state of immunity,including in particular tuberculin and tuberculin PPD,toxins for the Schick and Dick Tests,brucellin;(3)medcine agents used to produce passive immunity,such as diphtheria antitoxin,anti-smallpox globulin,antilymphocytic globulin
1277	a-氨基异戊酰胺	Valinamide(CAS No.20108-78-5)
1278	戊诺酰胺	Valnoctamide(INN)(CAS No.4171-13-5)
1279	藜芦碱及其盐类	Veratrine(CAS No.8051-02-3)and its salts
1280	烯菌酮	Vinclozolin(CAS No.50471-44-8)
1281	氯乙烯单体	Vinyl chloride monomer(CAS No.75-01-4)
1282	华法林及其盐类	Warfarin(INN)(CAS No.81-81-2)and its salts
1283	苯并[a]芘的含量大于0.005%(w/w)的固体废弃物,来自煤焦油的沥青炼焦过程	Waste solids,coal-tar pitch coking(CAS No.92062-34-5),if they contain>0.005%(w/w)benzo[a]pyrene
1284	二甲苯胺类及它们的同分异构体,盐类以及卤化的和磺化的衍生物	Xylidines(CAS No.1300-73-8),their isomers,salts and halogenated and sulfonated derivatives

续表

序号	中文名称	英文名称
1285	赛洛唑啉及其盐类	Xylometazoline (INN) (CAS No.526-36-3) and its salts
1286	育亨宾及其盐类	Yohimbine (CAS No.146-48-5) and its salts
1287	二甲基二硫代氨基甲酸锌(福美锌)	Ziram (CAS No.137-30-4)
1288	锆及其化合物(表3中的物质,以及表6中着色剂的锆色淀,盐和颜料除外)	Zirconium (CAS No.7440-67-7) and its compounds, with the exception of the substances listed in Table 3 and of zirconium lakes, salts and pigments of colouring agents listed in Table 6
1289	氯苯唑胺	Zoxazolamine (INN) (CAS No.61-80-3)
1290	(μ-((7,7'-亚胺双(4-羟基-3-((2-羟基-5-(N-甲基氨磺酰)苯基)偶氮)萘-2-磺基))(6-)))二铜酸盐(2-)及其盐类	(μ-((7,7'-Iminobis(4-hydroxy-3-((2-hydroxy-5-(N-methylsulfamoyl)phenyl)azo)naphthalene-2-sulfonato))(6-)))dicuprate(2-)(CAS No.37279-54-2) and its salts

注(1):化妆品禁用组分包括但不仅限于表1中物质。表1中所列物质可能因为非故意因素存在于化妆品的成品中,如来源于天然或合成原料中的杂质,来源于包装材料,或来源于产品的生产或储存等过程。在符合国家强制性规定的生产条件下,如果禁用组分的存在在技术上是不可避免的,则化妆品的成品必须满足在正常的,或可合理预见的使用条件下,不会对人体造成危害的要求。

注(2):天然放射性物质和人为环境污染带来的放射性物质未列入限制之内。但这些放射性物质的含量不得在化妆品生产过程中增加,而且也不得超过为保障工人健康和保证公众免受射线损害而设定的基本界限。

2　化妆品禁用植(动)物组分(1)(2)(3)(表2)

(按拉丁文字母顺序排列)

序号	中文名称	原植(动)物拉丁文学名或植(动)物英文名
1	毛茛科乌头属植物	*Aconitum* L,(Ranunculaceae).
2	毛茛科侧金盏花属植物	*Adonis* L,(Ranunculaceae).
3	土木香根油	Alanroot oil (*Inula helenium* L.) (CAS No.97676-35-2)
4	尖尾芋	*Alocasia cucullata* (Lour.) Schott
5	海芋	*Alocasia macrorrhiza* (L.) Schott
6	大阿米芹	*Ammi majus* L.
7	魔芋	*Amorphophallus rivieri* Durieu (*Amorphophallus konjac*); *Amorphophallus sinensis*Belval (*Amorphophallus kiusianus*)
8	印防己(果实)	*Anamirta cocculus* L. (fruit)
9	打破碗花花	*Anemone hupehensis* Lemoine
10	白芷	*Angelica dahurica* (Fisch.Ex Hoffm.) Benth.et Hook.f.
11	茄科山莨菪属植物	*Anisodus* Link et Otto,(Solanaceae).

续表

序号	中文名称	原植(动)物拉丁文学名或植(动)物英文名
12	加拿大大麻(夹竹桃麻,大麻叶罗布麻)	*Apocynum cannabinum* L
13	槟榔	*Areca catechu* L.
14	马兜铃科马兜铃属植物	*Aristolochia* L,(Aristolochiaceae)
15	马兜铃科细辛属植物	*Asarum* L,(Aristolochiaceae).
16	颠茄	*Atropa belladonna* L.
17	芥,白芥	*Brassica juncea*(L.)Czern.et Coss.;*Sinapis alba* L.
18	鸦胆子	*Brucea javanica*(L.)Merr.
19	蟾酥	*Bufo bufo gargarizans* Cantor;*Bufo melanostictus* Schneider
20	斑蝥	Cantharis vesicatoria(*Mylabris phalerata* Pallas.;*Mylabris cichorii* linnaeus)
21	长春花	*Catharanthus roseus(L.)G.Don*
22	吐根及其近缘种	*Cephaelis ipecacuanha* Brot.and related species
23	海杧果	*Cerbera manghas* L.
24	白屈菜	*Chelidonium majus* L.
25	藜	*Chenopodium album* L.
26	土荆芥(精油)	*Chenopodium ambrosioides* L.(essential oil)
27	麦角菌	*Claviceps purpurea* Tul.
28	威灵仙	*Clematis chinensis* Osbeck;*Clematis hexapetala* Pall.;*Clematis terniflora var.mandshurica* Rupr.(*Clematis mandshurica* Rupr.)
29	秋水仙	*Colchicum autumnale* L.
30	毒参	*Conium maculatum* L.
31	铃兰	*Convallaria majalis* L.(*Convallaria keiskei* Miq.)
32	马桑	*Coriaria nepalensis* Wall.
33	紫堇	*Corydalis edulis* Maxim.
34	木香根油	Costus root oil(*Saussurea lappa* Clarke)(CAS No. 8023-88-9)
35	文殊兰	*Crinum asiaticum* L.var.*sinicum*
36	野百合(农吉利)	*Crotalaria sessiliflora* L
37	大戟科巴豆属植物	*Croton* L,(Euphorbiaceae).
38	芫花	*Daphne genkwa* Sieb.et Zucc.
39	茄科曼陀罗属植物	*Datura* L.,(Solanaceae).
40	鱼藤	*Derris trifoliata* Lour.

续表

序号	中文名称	原植（动）物拉丁文学名或植（动）物英文名
41	玄参科毛地黄属植物	*Digitalis* L,（Scrophulariaceae）.
42	白薯莨	*Dioscorea hispida* Dennst.
43	茅膏菜	*Drosera peltata* Sm.var.*Multisepala* Y.Z.Ruan
44	粗茎鳞毛蕨（绵马贯众）	*Dryopteris crassirhizoma* Nakai
45	麻黄科麻黄属植物	*Ephedra*Tourn.exL,（Ephedraceae）.
46	葛上亭长	*Epicauta gorhami* Mars.
47	大戟科大戟属植物（小烛树蜡除外）	*Euphorbia* L,（Euphorbiaceae）（except.candelilla wax）
48	秘鲁香树脂	Exudation of *Myroxylon pereirae*（Royle）Klotzch（CAS No. 8007-00-9）
49	无花果叶净油	Fig leaf absolute（*Ficus carica*）（CAS No. 68916-52-9）
50	藤黄	*Garcinia hanburyi* Hook.F.; *Garcinia morella* Desv.
51	钩吻	*Gelsemium elegans* Benth.
52	红娘子	*Huechys sanguinea* De Geer.
53	大风子	*Hydnocarpus anthelmintica* Pierre; *Hydnocarpus hainanensis*（Merr.）Sleum.
54	莨菪	*Hyoscyamus niger* L.
55	八角科八角属植物（八角茴香除外）	*Illicium* L.（Illiciaceae）（except.*Illicium verumt*）
56	山慈姑	*Iphigenia indica* Kunth et Benth.
57	叉子圆柏	*Juniperus sabina* L.
58	桔梗科半边莲属植物	*Lobelia* L,（Campanulaceae）
59	石蒜	*Lycoris radiata* Herb.
60	青娘子	*Lytta caraganae* Pallas
61	博落回	*Macleaya cordata*（Willd.）R.Br.
62	地胆	*Meloe coarctatus* Motsch.
63	含羞草	*Mimosa pudica* L.
64	夹竹桃	*Nerium indicum* Mill.
65	月桂树籽油	Oil from the seeds of *Laurus nobilis* L.
66	臭常山	*Orixa japonica* Thunb.
67	北五加皮（香加皮）	*Periploca sepium* Bge.
68	牵牛	*Pharbitis nil*（L.）Choisy.; *Pharbitis purpurea*（L.）Voigt
69	毒扁豆	*Physostigma venenosum* Balf
70	商陆	*Phytolacca acinosa* Roxb; *Phytolacca americana* L.

续表

序号	中文名称	原植(动)物拉丁文学名或植(动)物英文名
71	毛果芸香	*Pilocarpus jaborandi* Holmes
72	半夏	*Pinellia ternata*(Thunb.)Breit.
73	紫花丹	*Plumbago indica* L.
74	白花丹	*Plumbago zeylanica* L.
75	桂樱	*Prunus laurocerasus* L.
76	补骨脂	*Psoralea corylifolia* L.
77	除虫菊	*Pyrethrum cinerariifolium* Trev.
78	毛茛科毛茛属植物	*Ranunculus* L,(Ranunculaceae).
79	萝芙木	*Rauvolfia verticillata*(Lour.)Baill.
80	羊踯躅	*Rhododendron molle* G.Don
81	万年青	*Rohdea japonica* Roth
82	乌桕	*Sapium sebiferum*(L.)Roxb.
83	种子藜芦(沙巴草)	*Schoenocaulon officinale* Lind.
84	一叶萩	*Securinega suffruticosa*(Pall.)Rehd.
85	苦参实	*Sophora flavescens* Ait.(seed)
86	龙葵	*Solanum nigrum* L.
87	羊角拗类	Strophanthus species
88	菊科千里光属植物	*Senecio* L,(Compositae).
89	茵芋	*Skimmia reevesiana* Fortune
90	狼毒	*Stellera chamaejasme* L.
91	马钱科马钱属植物	*Strychnos* L,(Loganiaceae)
92	黄花夹竹桃	*Thevetia peruviana*(Pers.)K.Schum.;*Thevetia neriifolia* Jussieu
93	卫矛科雷公藤属植物	*Tripterygium* L,(Celastraceae)
94	白附子	*Typhonium giganteum* Engl.
95	(白)海葱	*Urginea scilla* Steinh.
96	百合科藜芦属植物	*Veratrum* L,(Liliaceae)
97	马鞭草油	Verbena essential oils(*Lippia citriodora* Kunth.)
98	了哥王	*Wikstroemia indica*(L.)C.A.Mey.

注(1):化妆品禁用组分包括但不仅限于表2中物质。

注(2):此表中的禁用组分包括其提取物及制品。

注(3):明确标注禁用部位的,仅限于此部位;无明确标注禁用部位的,所禁为全株植物,包括花、茎、叶、果实、种子、根及其制剂等。

3 化妆品限用组分(表3)

(按适用范围排列)

序号	物质名称			限制			标签上必须标印的使用条件和注意事项
	中文名称	英文名称	INCI名称	适用及(或)使用范围	化妆品使用时的最大允许浓度	其他限制和要求	
1	烷基(C_{12}-C_{22})三甲基铵氯化物[(1)]	Alkyl(C_{12}-C_{22}) trimethyl ammonium chloride	Alkyl(C_{12}-C_{22}) trimonium chloride	(a)驻留类产品 (b)淋洗类产品	(a)0.25% (b)1. 十六、十八烷基三甲基氯化铵:2.5%(以单一或其合计) 2. 二十二烷基三甲基氯化铵:5.0%(以单一或与十六烷基三甲基氯化铵和十八烷基三甲基氯化铵的合计);且十六、十八烷基三甲基氯化铵烷基三甲基氯化铵个体浓度之和不超过2.5%		
2	苯扎氯铵,苯扎溴铵,苯扎糖精铵[(1)]	Benzalkonium chloride, bromide and saccharinate	Benzalkonium chloride, bromide and saccharinate	(a)淋洗类发用产品	(a)总量3%(以苯扎氯铵计)	(a)如果成品中使用的苯扎氯铵、苯扎溴铵、苯扎糖精铵的烷基链等于或小于C_{14},则其用量不得大于0.5%(以苯扎氯铵计)	(a)避免接触眼睛
				(b)其他产品	(b)总量0.1%(以苯扎氯铵计)		(b)避免接触眼睛

续表

序号	物质名称			限制			标签上必须标印的使用条件和注意事项
	中文名称	英文名称	INCI 名称	适用及(或)使用范围	化妆品使用时的最大允许浓度	其他限制和要求	
3	(1)硼酸，硼酸盐和四硼酸盐(禁用物质表所列成分除外)	(1)Boric acid, borates and tetraborates with the exception of substances in Table of prohibited substances		(a)爽身粉	(a)总量 5%(以硼酸计)	(a)不得用于三岁以下儿童使用的产品;产品中游离可溶性硼酸盐浓度超过 1.5%(以硼酸计)时,不得用于剥脱的或受刺激的皮肤	(a)三岁以下儿童勿用;皮肤剥脱或受刺激时勿用
				(b)其他产品(沐浴和烫发产品除外)	(b)总量 3%(以硼酸计)	(b)不得用于三岁以下儿童使用的产品;产品中游离可溶性硼酸盐浓度超过 1.5%(以硼酸计)时,不得用于剥脱的或受刺激的皮肤	(b)三岁以下儿童勿用;皮肤剥脱或受刺激时勿用
	(2)四硼酸盐	(2)Tetraborates		(a)沐浴产品	(a)总量 18%(以硼酸计)	(a)不得用于三岁以下儿童使用的产品	(a)三岁以下儿童勿用
				(b)烫发产品	(b)总量 8%(以硼酸计)		(b)充分冲洗
4	苯甲酸及其钠盐[(1)]	Benzoic acid Sodium benzoate	Benzoic acid Sodium benzoate	淋洗类产品	总量 2.5%(以酸计)		
5	8-羟基喹啉,羟基喹啉硫酸盐	Quinolin-8-ol and bis(8-hydroxyquinolin-ium)sulfate	Oxyquinoline, oxyquinoline sulfate	(a)在淋洗类发用产品中,用作过氧化氢的稳定剂	(a)总量 0.3%(以碱基计)		
				(b)在驻留类发用产品中,用作过氧化氢的稳定剂	(b)总量 0.03%(以碱基计)		

续表

序号	物质名称			限制			标签上必须标印的使用条件和注意事项
	中文名称	英文名称	INCI 名称	适用及(或)使用范围	化妆品使用时的最大允许浓度	其他限制和要求	
6	苯氧异丙醇[1]	1-Phenoxy-propan-2-ol	Phenoxyisopropanol	(a)淋洗类产品	2%		
7	聚丙烯酰胺类	Polyacrylamides		(a)驻留类体用产品		(a)产品中丙烯酰胺单体最大残留量0.1mg/kg	
				(b)其他产品		(b)产品中丙烯酰胺单体最大残留量0.5mg/kg	
8	水杨酸[1]	Salicylic acid	Salicylic acid	(a)驻留类产品和淋洗类肤用产品	(a)2.0%	除香波外,不得用于三岁以下儿童使用的产品中	含水杨酸;三岁以下儿童勿用[2]
				(b)淋洗类发用产品	(b)3.0%		
9	过氧化锶[3]	Strontium peroxide	Strontium peroxide	淋洗类发用产品	4.5%(以锶计)	所有产品必须符合释放过氧化氢的要求	避免接触眼睛;如果产品不慎入眼,应立即冲洗;仅供专业使用;戴适宜的手套
10	月桂醇聚醚-9	Polidocanol	Laureth-9(CAS No.3055-99-0)	(a)驻留类产品	(a)3.0%		
				(b)淋洗类产品	(b)4.0%		
11	三链烷胺,三链烷醇胺及它们的盐类	Trialkylamines, trialkanolamines and their salts		(a)驻留类产品	(a)总量2.5%	不和亚硝基化体系(Nitrosating system)一起使用;避免形成亚硝胺;最低纯度:99%;原料中仲链烷胺最大含量0.5%;产品中亚硝胺最大含量50μg/kg;存放于无亚硝酸盐的容器内	
				(b)淋洗类产品			

续表

序号	物质名称			限制			标签上必须标印的使用条件和注意事项
	中文名称	英文名称	INCI 名称	适用及(或)使用范围	化妆品使用时的最大允许浓度	其他限制和要求	
12	奎宁及其盐类	Quinine and its salts		(a)淋洗类发用产品	(a)总量0.5%(以奎宁计)		
				(b)驻留类发用产品	(b)总量0.2%(以奎宁计)		
13	间苯二酚	Resorcinol	Resorcinol	发露和香波	0.5%		含间苯二酚
14	二硫化硒	Selenium disulphide	Selenium disulfide	去头皮屑香波	1%		含二硫化硒;避免接触眼睛或损伤的皮肤
15	氯化锶[(3)]	Strontium chloride	Strontium chloride	香波和面部用产品	2.1%(以锶计),当与其他允许的锶产品混合时,总锶含量不得超过2.1%		含氯化锶;儿童不宜常用
16	二氨基嘧啶氧化物	2,4-Diamino-pyrimidine-3-oxide	Diaminopyrimidine oxide	发用产品	1.5%		
17	二(羟甲基)亚乙基硫脲	1,3-Bis (hydroxymethyl) imidazolidine-2-thione	Dimethylol ethylene thiourea	(a)发用产品	(a)2%	(a)禁用于喷雾产品	含二(羟甲基)亚乙基硫脲
				(b)指(趾)甲用产品	(b)2%	(b)使用时产品的pH值必须低于4	
18	羟乙二磷酸及其盐类	Etidronic acid and its salts (1-hydroxyethylidene-di-phosphonic acid and its salts)		(a)发用产品	(a)总量1.5%(以羟乙二磷酸计)		
				(b)香皂	(b)总量0.2%(以羟乙二磷酸计)		

续表

序号	物质名称			限制			标签上必须标印的使用条件和注意事项
	中文名称	英文名称	INCI 名称	适用及(或)使用范围	化妆品使用时的最大允许浓度	其他限制和要求	
19	过氧化氢和其他释放过氧化氢的化合物或混合物,如过氧化脲和过氧化锌	Hydrogen peroxide, and other compounds or mixtures that release hydrogen peroxide, including carbamide peroxide and zinc peroxide		(a)发用产品	(a)总量 12%(以存在或释放的 H_2O_2 计)		(a)需戴合适手套;含过氧化氢;避免接触眼睛;如果产品不慎入眼,应立即冲洗
				(b)肤用产品	(b)总量 4%(以存在或释放的 H_2O_2 计)		(b)含过氧化氢;避免接触眼睛;如果产品不慎入眼,应立即冲洗
				(c)指(趾)甲硬化产品	(c)总量 2%(以存在或释放的 H_2O_2 计)		(c)含过氧化氢;避免接触眼睛;如果产品不慎入眼,应立即冲洗
20	草酸及其酯类和碱金属盐类	Oxalic acid, its esters and alkaline salts		发用产品	总量 5%		仅供专业使用
21	吡硫鎓锌[(1)]	Pyrithione zinc (INN)	Zinc pyrithione	去头屑淋洗类发用产品	1.5%		
				驻留类发用产品	0.1%		
22	氢氧化钙	Calcium hydroxide	Calcium hydroxide	(a)含有氢氧化钙和胍盐的头发烫直产品	(a)7%(以氢氧化钙重量计)		(a)含强碱;避免接触眼睛;可能引起失明;防止儿童抓拿
				(b)脱毛产品用 pH 调节剂		(b)pH≤12.7	(b)含强碱;避免接触眼睛;防止儿童抓拿
				(c)其他用途,如 pH 调节剂、加工助剂		(c)pH≤11	

续表

序号	物质名称			限制			标签上必须标印的使用条件和注意事项
	中文名称	英文名称	INCI 名称	适用及（或）使用范围	化妆品使用时的最大允许浓度	其他限制和要求	
23	无机亚硫酸盐类和亚硫酸氢盐类[1]	Inorganic sulfites and hydrogen sulfites		（a）氧化型染发产品	（a）总量 0.67%（以游离 SO_2 计）		
				（b）烫发产品（含拉直产品）	（b）总量 6.7%（以游离 SO_2 计）		
				（c）面部用自动晒黑产品	（c）总量 0.45%（以游离 SO_2 计）		
				（d）体用自动晒黑产品	（d）总量 0.40%（以游离 SO_2 计）		
				（e）其他产品	（e）总量 0.2%（以游离 SO_2 计）		
24	氢氧化锂	Lithium hydroxide	Lithium hydroxide	（a）头发烫直产品 1. 一般用 2. 专业用	（a） 1.2%（以氢氧化钠重量计）[4] 2.4.5%（以氢氧化钠重量计）[4]		（a） 1. 含强碱；避免接触眼睛；可能引起失明；防止儿童抓拿 2. 仅供专业使用；避免接触眼睛；可能引起失明
				（b）脱毛产品用 pH 调节剂		（b）pH≤12.7	（b）含强碱；避免接触眼睛；防止儿童抓拿
				（c）其他用途，如 pH 调节剂（仅用于淋洗类产品）		（c）pH≤11	

续表

序号	物质名称			限制			标签上必须标印的使用条件和注意事项
	中文名称	英文名称	INCI 名称	适用及(或)使用范围	化妆品使用时的最大允许浓度	其他限制和要求	
25	(1)巯基乙酸及其盐类	(1)Thioglycollic acid and its salts		(a)烫发产品 1. 一般用 2. 专业用	(a) 1. 总量 8%(以巯基乙酸计),pH7~9.5 2. 总量 11%(以巯基乙酸计),pH7~9.5		(a)含巯基乙酸盐;按用法说明使用;防止儿童抓拿;仅供专业使用;需作如下说明:避免接触眼睛;如果产品不慎入眼,应立即用大量水冲洗,并找医生处治
				(b)脱毛产品	(b)总量 5%(以巯基乙酸计),pH7~12.7		(b)含巯基乙酸盐;按用法说明使用;防止儿童抓拿;需作如下说明:避免接触眼睛;如果产品不慎入眼,应立即用大量水冲洗,并找医生处治
				(c)其他淋洗类发用产品	(c)总量 2%(以巯基乙酸计),pH7~9.5		(c)含巯基乙酸盐;按用法说明使用;防止儿童抓拿;需作如下说明:避免接触眼睛;如果产品不慎入眼,应立即用大量水冲洗,并找医生处治

续表

序号	物质名称			限制			标签上必须标印的使用条件和注意事项
	中文名称	英文名称	INCI 名称	适用及（或）使用范围	化妆品使用时的最大允许浓度	其他限制和要求	
25	（2）巯基乙酸酯类	（2）Thioglycollic acid esters		烫发产品 1. 一般用 2. 专业用	1. 总量 8%（以巯基乙酸计），pH6~9.5 2. 总量 11%（以巯基乙酸计），pH6~9.5		含巯基乙酸酯；按用法说明使用；防止儿童抓拿；仅供专业使用；需作如下说明：避免接触眼睛；如果产品不慎入眼，应立即用大量水冲洗，并找医生处治
26	硝酸银	Silver nitrate	Silver nitrate	染睫毛和眉毛的产品	4%		含硝酸银；如果产品不慎入眼，应立即冲洗
27	（1）碱金属的硫化物类	（1）Alkali sulfides		脱毛产品	总量 2%（以硫计）	pH≤12.7	防止儿童抓拿；避免接触眼睛
	（2）碱土金属的硫化物类	（2）Alkaline earth sulfides		脱毛产品	总量 6%（以硫计）	pH≤12.7	防止儿童抓拿；避免接触眼睛
28	氢氧化锶[3]	Strontium hydroxide	Strontium hydroxide	脱毛产品用 pH 调节剂	3.5%（以锶计）	pH≤12.7	防止儿童抓拿；避免接触眼睛
29	氯化羟锆铝配合物（$Al_xZr(OH)_yCl_z$）和氯化羟锆铝甘氨酸配合物	Aluminium zirconium chloride hydroxide complexes；$Al_xZr(OH)_yCl_z$ and the aluminium zirconium chloride hydroxide glycine complexes		抑汗产品	总量 20%（以无水氯化羟锆铝计） 总量 5.4%（以锆计）	铝原子数与锆原子数之比应在 2 和 10 之间；（Al+Zr）的原子数与氯原子数之比应在 0.9 和 2.1 之间；禁用于喷雾产品	不得用于受刺激的或受损伤的皮肤

续表

序号	物质名称			限制			标签上必须标印的使用条件和注意事项
	中文名称	英文名称	INCI 名称	适用及（或）使用范围	化妆品使用时的最大允许浓度	其他限制和要求	
30	苯酚磺酸锌	Zinc 4-hydroxybenzene sulfonate	Zinc phenolsulfonate	除臭产品、抑汗产品和收敛水	6%（以无水物计）		避免接触眼睛
31	甲醛[1]	Formaldehyde	Formaldehyde	指（趾）甲硬化产品	5%（以甲醛计）	浓度超过 0.05% 时需标注含甲醛	含甲醛[5]；用油脂保护表皮
32	氢氧化钾（或氢氧化钠）	Potassium or sodium hydroxide	Potassium hydroxide，sodium hydroxide	（a）指（趾）甲护膜溶剂	（a）5%（以重量计）[4]		（a）含强碱；避免接触眼睛；可能引起失明；防止儿童抓拿
				（b）头发烫直产品 1. 一般用 2. 专业用	（b） 1. 2%（以重量计）[4] 2. 4.5%（以重量计）[4]		（b） 1. 含强碱；避免接触眼睛；可能引起失明；防止儿童抓拿 2. 仅供专业使用；避免接触眼睛；可能引起失明
				（c）脱毛产品用 pH 调节剂		（c）pH≤12.7	（c）避免接触眼睛；防止儿童抓拿
				（d）其他用途，如 pH 调节剂		（d）pH≤11	
33	硝基甲烷	Nitromethane	Nitromethane	防锈剂	0.3%		
34	亚硝酸钠	Sodium nitrite	Sodium nitrite	防锈剂	0.2%	不可同仲链烷胺和（或）叔链烷胺或其他可形成亚硝胺的物质混用	

续表

序号	物质名称			限制			标签上必须标印的使用条件和注意事项
	中文名称	英文名称	INCI 名称	适用及(或)使用范围	化妆品使用时的最大允许浓度	其他限制和要求	
35	滑石:水合硅酸镁	Talc:hydrated magnesium silicate	Talc:hydrated magnesium silicate	(a)3 岁以下儿童使用的粉状产品			(a)应使粉末远离儿童的鼻和口
				(b)其他产品			
36	苯甲醇[(1)]	Benzyl alcohol	Benzyl alcohol	溶剂、香水和香料			
37	α-羟基酸及其盐类和酯类[(6)]	α-Hydroxy acids and their salts,esters			总量 6%(以酸计)	pH≥3.5(淋洗类发用产品除外)	如用于非防晒类护肤化妆品,且含≥3% 的 α-羟基酸或标签上宣称 α-羟基酸时,应注明“与防晒化妆品同时使用”
38	氨	Ammonia	Ammonia		6%(以 NH_3 计)		含 2% 以上氨时,应注明“含氨”
39	氯胺 T	Tosylchloramide sodium	Chloramine T		0.2%		
40	碱金属的氯酸盐类	Chlorates of alkali metals			总量 3%		
41	二氯甲烷	Dichloromethane	Dichloromethane		35%(与 1,1,1-三氯乙烷混用时总量不得超过 35%)	杂质总量不得超过 0.2%	
42	双氯酚	Dichlorophen	Dichlorophen		0.5%		含双氯酚

续表

序号	物质名称			限制			标签上必须标印的使用条件和注意事项
	中文名称	英文名称	INCI 名称	适用及(或)使用范围	化妆品使用时的最大允许浓度	其他限制和要求	
43	脂肪酸双链烷酰胺及脂肪酸双链烷醇酰胺	Fatty acid dialkylamides and dialkanolamides				不和亚硝基化体系(Nitrosating system)一起使用;避免形成亚硝胺;产品中仲链烷胺最大含量0.5%、亚硝胺最大含量50μg/kg;原料中仲链烷胺最大含量5%;存放于无亚硝酸盐的容器内	
44	单链烷胺,单链烷醇胺及它们的盐类	Monoalkylamines, monoalkanolamines and their salts				不和亚硝基化体系(Nitrosating system)一起使用;避免形成亚硝胺;最低纯度:99%;原料中仲链烷胺最大含量0.5%;产品中亚硝胺最大含量50μg/kg;存放于无亚硝酸盐的容器内	
45	酮麝香	Musk ketone	Musk ketone		(a)香水 1.4% (b)淡香水 0.56% (c)其他产品 0.042%		

续表

序号	物质名称			限制			标签上必须标印的使用条件和注意事项
	中文名称	英文名称	INCI 名称	适用及(或)使用范围	化妆品使用时的最大允许浓度	其他限制和要求	
46	麝香二甲苯	Musk xylene	Musk xylene		(a)香水 1.0%		
					(b)淡香水 0.4%		
					(c)其他产品 0.03%		
47	水溶性锌盐(苯酚磺酸锌和吡硫鎓锌除外)	Water-soluble zinc salts with the exception of zinc 4-hydroxybenzenesulphonate and zinc pyrithione			总量 1%(以锌计)		

注(1):这些物质作为防腐剂使用时,具体要求见防腐剂表 4 的规定;如果使用目的不是防腐剂,该原料及其功能还必须标注在产品标签上。无机亚硫酸盐和亚硫酸氢盐是指:亚硫酸钠、亚硫酸钾、亚硫酸铵、亚硫酸氢钠、亚硫酸氢钾、亚硫酸氢铵、焦亚硫酸钠、焦亚硫酸钾等。

注(2):仅当产品有可能为三岁以下儿童使用,并与皮肤长期接触时,需作如此标注。

注(3):除本表中所列锶化合物以外的锶及其化合物未包括在本规定中。

注(4):NaOH,LiOH 或 KOH 的含量均以 NaOH 的重量计。如果是混合物,总量不能超过"化妆品中最大允许使用浓度"一栏中的要求。

注(5):浓度超过 0.05% 时,才需标出。

注(6):α- 羟基酸是 α- 碳位氢被羟基取代的羧酸,如:酒石酸、乙醇酸、苹果酸、乳酸、柠檬酸等。"盐类"系指其钠、钾、钙、镁、铵和醇胺盐;"酯类"系指甲基、乙基、丙基、异丙基、丁基、异丁基和苯基酯等。

第三章

化妆品准用组分

1 化妆品准用防腐剂[1]（表 4）

（按 INCI 名称英文字母顺序排列）

序号	物质名称			化妆品使用时的最大允许浓度	使用范围和限制条件	标签上必须标印的使用条件和注意事项
	中文名称	英文名称	INCI 名称			
1	2-溴-2-硝基丙烷-1,3 二醇	Bronopol（INN）	2-Bromo-2-nitropropane-1，3-diol	0.1%	避免形成亚硝胺	
2	5-溴-5-硝基-1,3-二噁烷	5-Bromo-5-nitro-1，3-dioxane	5-Bromo-5-nitro-1，3-dioxane	0.1%	淋洗类产品；避免形成亚硝胺	
3	7-乙基双环噁唑烷	5-Ethyl-3，7-dioxa-1-azabicyclo［3.3.0］octane	7-Ethylbicyclooxazolidine	0.3%	禁用于接触粘膜的产品	
4	烷基（C_{12}-C_{22}）三甲基铵溴化物或氯化物[2]	Alkyl(C_{12}-C_{22}) trimethyl ammonium, bromide and chloride		总量 0.1%		

续表

序号	物质名称			化妆品使用时的最大允许浓度	使用范围和限制条件	标签上必须标印的使用条件和注意事项
	中文名称	英文名称	INCI 名称			
5	苯扎氯铵，苯扎溴铵，苯扎糖精铵[2]	Benzalkonium chloride, bromide and saccharinate	Benzalkonium chloride, bromide and saccharinate	总量 0.1%（以苯扎氯铵计）		避免接触眼睛
6	苄索氯铵	Benzethonium chloride	Benzethonium chloride	0.1%		
7	苯甲酸及其盐类和酯类[2]	Benzoic acid, its salts and esters		总量 0.5%(以酸计)		
8	苯甲醇[2]	Benzyl alcohol	Benzyl alcohol	1.0%		
9	甲醛苄醇半缩醛	Benzylhemiformal	Benzylhemiformal	0.15%	淋洗类产品	
10	溴氯芬	6, 6-Dibromo-4, 4-dichloro-2, 2'-methylene-diphenol	Bromochlorophene	0.1%		
11	氯己定及其二葡萄糖酸盐，二醋酸盐和二盐酸盐	Chlorhexidine (INN) and its digluconate, diacetate and dihydrochloride	Chlorhexidine and its digluconate, diacetate and dihydrochloride	总量 0.3%（以氯己定计）		
12	三氯叔丁醇	Chlorobutanol (INN)	Chlorobutanol	0.5%	禁用于喷雾产品	含三氯叔丁醇
13	苄氯酚	2-Benzyl-4-chlorophenol	Chlorophene	0.2%		
14	氯二甲酚	4-Chloro-3, 5-xylenol	Chloroxylenol	0.5%		
15	氯苯甘醚	3-(p-chlorophenoxy)-propane-1, 2-diol	Chlorphenesin	0.3%		
16	氯咪巴唑	1-(4-chlorophenoxy)-1-(imidazol-1-yl)-3, 3-dimethylbutan-2-one	Climbazole	0.5%		
17	脱氢乙酸及其盐类	3-Acetyl-6-methylpyran-2, 4(3H)-dione and its salts		总量 0.6%(以酸计)	禁用于喷雾产品	

续表

序号	物质名称			化妆品使用时的最大允许浓度	使用范围和限制条件	标签上必须标印的使用条件和注意事项
	中文名称	英文名称	INCI 名称			
18	双(羟甲基)咪唑烷基脲	N-(Hydroxymethyl)-N-(dihydroxymethyl-1,3-dioxo-2,5-imidazolinidyl-4)-N'-(hydroxymethyl)urea	Diazolidinyl urea	0.5%		
19	二溴己脒及其盐类,包括二溴己脒羟乙磺酸盐	3,3'-Dibromo-4,4'-hexamethylenedioxydibenzamidine and its salts(including isethionate)		总量 0.1%		
20	二氯苯甲醇	2,4-Dichlorobenzyl alcohol	Dichlorobenzyl alcohol	0.15%		
21	二甲基噁唑烷	4,4-Dimethyl-1,3-oxazolidine	Dimethyl oxazolidine	0.1%	pH≥6	
22	DMDM 乙内酰脲	1,3-Bis(hydroxymethyl)-5,5-dimethylimidazolidine-2,4-dione	DMDM hydantoin	0.6%		
23	甲醛和多聚甲醛[(2)]	Formaldehyde and paraformaldehyde	Formaldehyde and paraformaldehyde	总量 0.2%(以游离甲醛计)	禁用于喷雾产品	
24	甲酸及其钠盐	Formic acid and its sodium salt		总量 0.5%(以酸计)		
25	戊二醛	Glutaraldehyde(Pentane-1,5-dial)	Glutaral	0.1%	禁用于喷雾产品	含戊二醛(当成品中戊二醛浓度超过 0.05% 时)
26	己脒定及其盐,包括己脒定二个羟乙基磺酸盐和己脒定对羟基苯甲酸盐	1,6-Di(4-amidinophenoxy)-n-hexane and its salts(including isethionate and p-hydroxybenzoate)		总量 0.1%		
27	海克替啶	Hexetidine(INN)	Hexetidine	0.1%		

续表

序号	物质名称			化妆品使用时的最大允许浓度	使用范围和限制条件	标签上必须标印的使用条件和注意事项
	中文名称	英文名称	INCI 名称			
28	咪唑烷基脲	3,3'-Bis(1-hydroxymethyl-2,5-dioxoimidazolidin-4-yl)-1,1'-methylenediurea	Imidazolidinyl urea	0.6%		
29	无机亚硫酸盐类和亚硫酸氢盐类[2]	Inorganic sulfites and hydrogen-sulfites		总量 0.2%(以游离 SO_2 计)		
30	碘丙炔醇丁基氨甲酸酯	3-Iodo-2-propynyl butylcarbamate	Iodopropynyl butylcarbamate	(a)0.02%	(a)淋洗类产品,不得用于三岁以下儿童使用的产品中(沐浴产品和香波除外);禁止用于唇部产品	三岁以下儿童勿用[4]
				(b)0.01%	(b)驻留类产品,不得用于三岁以下儿童使用的产品中;禁用于唇部用产品;禁用于体霜和体乳	
				(c)0.0075%	(c)除臭产品和抑汗产品,不得用于三岁以下儿童使用的产品中;禁用于唇部用产品	
31	甲基异噻唑啉酮	2-Methylisothiazol-3(2H)-one	Methylisothiazolinone	0.01%		

续表

序号	物质名称			化妆品使用时的最大允许浓度	使用范围和限制条件	标签上必须标印的使用条件和注意事项
	中文名称	英文名称	INCI 名称			
32	甲基氯异噻唑啉酮和甲基异噻唑啉酮与氯化镁及硝酸镁的混合物（甲基氯异噻唑啉酮：甲基异噻唑啉酮为3：1）	Mixture of 5-chloro-2-methylisothiazol-3(2H)-one and 2-methylisothiazol-3(2H)-one with magnesium chloride and magnesium nitrate(of a mixture in the ratio 3：1 of 5-chloro-2-methylisothiazol 3(2H)-one and 2-methylisothiazol-3(2H)-one)	Mixture of methylchloroisothiazolinone and methylisothiazolinone with magnesium chloride and magnesium nitrate	0.0015%	淋洗类产品；不能和甲基异噻唑啉酮同时使用	
33	邻伞花烃-5-醇	4-Isopropyl-m-cresol	o-Cymen-5-ol	0.1%		
34	邻苯基苯酚及其盐类	Biphenyl-2-ol and its salts		总量 0.2%（以苯酚计）		
35	4-羟基苯甲酸及其盐类和酯类[3]	4-Hydroxybenzoic acid and its salts and esters		单一酯 0.4%（以酸计）；混合酯总量 0.8%（以酸计）； 且其丙酯及其盐类、丁酯及其盐类之和分别不得超过 0.14%（以酸计）		
36	对氯间甲酚	4-Chloro-m-cresol	p-Chloro-m-cresol	0.2%	禁用于接触粘膜的产品	
37	苯氧乙醇	2-Phenoxyethanol	Phenoxyethanol	1.0%		
38	苯氧异丙醇[2]	1-Phenoxypropan-2-ol	Phenoxyisopropanol	1.0%	淋洗类产品	
39	吡罗克酮和吡罗克酮乙醇胺盐	1-Hydroxy-4-methyl-6(2,4,4-trimethylpentyl)2-pyridon and its monoethanolamine salt		(a)总量 1.0%	(a)淋洗类产品	
				(b)总量 0.5%	(b)其他产品	

续表

序号	物质名称			化妆品使用时的最大允许浓度	使用范围和限制条件	标签上必须标印的使用条件和注意事项
	中文名称	英文名称	INCI 名称			
40	聚氨丙基双胍	Poly(methylene),.alpha.,.omega.-bis((((aminoiminomethyl)amino)iminomethyl)amino)-,dihydrochloride	Polyaminopropyl biguanide	0.3%		
41	丙酸及其盐类	Propionic acid and its salts		总量2%(以酸计)		
42	水杨酸及其盐类[2]	Salicylic acid and its salts		总量0.5%(以酸计)	除香波外,不得用于三岁以下儿童使用的产品中	含水杨酸 三岁以下儿童勿用[5]
43	苯汞的盐类,包括硼酸苯汞	Phenylmercuric salts(including borate)		总量0.007%(以Hg计),如果同本规范中其他汞化合物混合,Hg的最大浓度仍为0.007%	眼部化妆品	含苯汞化合物
44	沉积在二氧化钛上的氯化银	Silver chloride deposited on titanium dioxide		0.004%(以 AgCl计)	沉积在TiO_2上的20%(w/w)AgCl,禁用于三岁以下儿童使用的产品、眼部及口唇产品	
45	羟甲基甘氨酸钠	Sodium hydroxymethylamino acetate	Sodium hydroxymethylglycinate	0.5%		
46	山梨酸及其盐类	Sorbic acid(hexa-2,4-dienoic acid)and its salts		总量0.6%(以酸计)		
47	硫柳汞	Thiomersal(INN)	Thimerosal	总量0.007%(以Hg计),如果同本规范中其他汞化合物混合,Hg的最大浓度仍为0.007%	眼部化妆品	含硫柳汞

续表

序号	物质名称			化妆品使用时的最大允许浓度	使用范围和限制条件	标签上必须标印的使用条件和注意事项
	中文名称	英文名称	INCI 名称			
48	三氯卡班	Triclocarban(INN)	Triclocarban	0.2%	纯度标准:3,3',4,4'-四氯偶氮苯少于 1mg/kg;3,3',4,4'-四氯氧化偶氮苯少于 1mg/kg	
49	三氯生	Triclosan(INN)	Triclosan	0.3%	洗手皂、浴皂、沐浴液、除臭剂(非喷雾)、化妆粉及遮瑕剂、指甲清洁剂。(指甲清洁剂的使用频率不得高于 2 周一次)	
50	十一烯酸及其盐类	Undec-10-enoic acid and its salts		总量 0.2%(以酸计)		
51	吡硫鎓锌(2)	Pyrithione zinc(INN)	Zinc pyrithione	0.5%	淋洗类产品	

注(1):a 表中所列防腐剂均为加入化妆品中以抑制微生物在该化妆品中生长为目的的物质。

b 化妆品中其他具有抗微生物作用的物质,如某些醇类和精油(essential oil),不包括在本表之列。

c 表中“盐类”系指该物质与阳离子钠、钾、钙、镁、铵和醇胺成的盐类;或指该物质与阴离子所成的氯化物、溴化物、硫酸盐和醋酸盐等盐类。表中“酯类”系指甲基、乙基、丙基、异丙基、丁基、异丁基和苯基酯。

d 所有含甲醛或本表中所列含可释放甲醛物质的化妆品,当成品中甲醛浓度超过 0.05%(以游离甲醛计)时,都必须在产品标签上标印“含甲醛”,且禁用于喷雾产品。

注(2):这些物质在化妆品中作为其他用途使用时,必须符合本表中规定(本规范中有其他相关规定的除外)。这些物质不作为防腐剂使用时,具体要求见限用组分表 3。无机亚硫酸盐和亚硫酸氢盐是指:亚硫酸钠、亚硫酸钾、亚硫酸铵、亚硫酸氢钠、亚硫酸氢钾、亚硫酸氢铵、焦亚硫酸钠、焦亚硫酸钾等。

注(3):这类物质不包括 4-羟基苯甲酸异丙酯(isopropylparaben)及其盐,4-羟基苯甲酸异丁酯(isobutylparaben)及其盐,4-羟基苯甲酸苯酯(phenylparaben),4-羟基苯甲酸苄酯及其盐,4 羟基苯甲酸戊酯及其盐。

注(4):仅当产品有可能为三岁以下儿童使用,洗浴用品和香波除外,需作如此标注。

注(5):仅当产品有可能为三岁以下儿童使用,并与皮肤长期接触时,需作如此标注。

2　化妆品准用防晒剂[1]（表5）

（按 INCI 名称英文字母顺序排列）

序号	物质名称			化妆品使用时的最大允许浓度	其他限制和要求	标签上必须标印的使用条件和注意事项
	中文名称	英文名称	INCI 名称			
1	3- 亚苄基樟脑	3-Benzylidene camphor	3-Benzylidene camphor	2%		
2	4- 甲基苄亚基樟脑	3-（4'-Methylbenzylidene）-dl-camphor	4-Methylbenzylidene camphor	4%		
3	二苯酮 -3	Oxybenzone（INN）	Benzophenone-3	10%		含二苯酮 -3
4	二苯酮 -4 二苯酮 -5	2-Hydroxy-4-methoxybenzophenone-5-sulfonic acid and its sodium salt	Benzophenone-4 Benzophenone-5	总量 5%（以酸计）		
5	亚苄基樟脑磺酸及其盐类	Alpha-（2-oxoborn-3-ylidene）-toluene-4-sulfonic acid and its salts		总量 6%（以酸计）		
6	双 - 乙基己氧苯酚甲氧苯基三嗪	2,2'-（6-（4-Methoxyphenyl）-1,3,5-triazine-2,4-diyl）bis（5-（（2-ethylhexyl）oxy）phenol）	Bis-ethylhexyloxyphenol methoxyphenyl triazine	10%		
7	丁基甲氧基二苯甲酰基甲烷	1-（4-Tert-butylphenyl）-3-（4-methoxyphenyl）propane-1,3-dione	Butyl methoxydibenzoylmethane	5%		
8	樟脑苯扎铵甲基硫酸盐	N,N,N-trimethyl-4-（2-oxoborn-3-ylidenemethyl）anilinium methyl sulfate	Camphor benzalkonium methosulfate	6%		
9	二乙氨羟苯甲酰基苯甲酸己酯	Benzoic acid,2-（4-（diethylamino）-2-hydroxybenzoyl）-,hexyl ester	Diethylamino hydroxybenzoyl hexyl benzoate	10%		

续表

序号	物质名称			化妆品使用时的最大允许浓度	其他限制和要求	标签上必须标印的使用条件和注意事项
	中文名称	英文名称	INCI 名称			
10	二乙基己基丁酰胺基三嗪酮	Benzoic acid,4,4'-((6-(((((1,1-dimethylethyl)amino)carbonyl)phenyl)amino)1,3,5-triazine-2,4-diyl)diimino)bis-,bis-(2-ethylhexyl)ester	Diethylhexyl butamido triazone	10%		
11	苯基二苯并咪唑四磺酸酯二钠	Disodium salt of 2,2'-bis-(1,4-phenylene)1H-benzimidazole-4,6-disulfonic acid	Disodium phenyl dibenzimidazole tetra-sulfonate	10%(以酸计)		
12	甲酚曲唑三硅氧烷	Phenol,2-(2H-benzotriazol-2-yl)-4-methyl-6-(2-methyl-3-(1,3,3,3-tetramethyl-1-(trimethylsilyl)oxy)-disiloxanyl)propyl	Drometrizole trisiloxane	15%		
13	二甲基 PABA 乙基己酯	4-Dimethyl amino benzoate of ethyl-2-hexyl	Ethylhexyl dimethyl PABA	8%		
14	甲氧基肉桂酸乙基己酯	2-Ethylhexyl 4-methoxycinnamate	Ethylhexyl methoxycinnamate	10%		
15	水杨酸乙基己酯	2-Ethylhexyl salicylate	Ethylhexyl salicylate	5%		
16	乙基己基三嗪酮	2,4,6-Trianilino-(p-carbo-2'-ethylhexyl-l'-oxy)-1,3,5-triazine	Ethylhexyl triazone	5%		
17	胡莫柳酯	Homosalate(INN)	Homosalate	10%		
18	对甲氧基肉桂酸异戊酯	Isopentyl-4-methoxycinnamate	Isoamyl p-methoxycinnamate	10%		
19	亚甲基双-苯并三唑基四甲基丁基酚	2,2'-Methylene-bis(6-(2H-benzotriazol-2-yl)-4-(1,1,3,3-tetramethyl-butyl)phenol)	Methylene bis-benzotriazolyl tetramethylbutylphenol	10%		

续表

序号	物质名称			化妆品使用时的最大允许浓度	其他限制和要求	标签上必须标印的使用条件和注意事项
	中文名称	英文名称	INCI 名称			
20	奥克立林	2-Cyano-3,3-diphenyl acrylic acid,2-ethylhexyl ester	Octocrylene	10%(以酸计)		
21	PEG-25 对氨基苯甲酸	Ethoxylated ethyl-4-aminobenzoate	PEG-25 PABA	10%		
22	苯基苯并咪唑磺酸及其钾、钠和三乙醇胺盐	2-Phenylbenzimidazole-5-sulfonic acid and its potassium,sodium,and triethanolamine salts		总量 8%(以酸计)		
23	聚丙烯酰胺甲基亚苄基樟脑	Polymer of N-((2 and 4)-((2-oxoborn-3-ylidene) methyl) benzyl) acrylamide	Polyacrylamidomethyl benzylidene camphor	6%		
24	聚硅氧烷 -15	Dimethicodiethylbenzalmalonate	Polysilicone-15	10%		
25	对苯二亚甲基二樟脑磺酸及其盐类	3,3'-(1,4-Phenylenedimethylene) bis(7,7-dimethyl-2-oxobicyclo-[2.2.1]hept-1-yl-methanesulfonic acid) and its salts		总量 10%(以酸计)		
26	二氧化钛(2)	Titanium dioxide	Titanium dioxide	25%		
27	氧化锌(2)	Zinc oxide	Zinc oxide	25%		

注(1):在本规范中,防晒剂是利用光的吸收、反射或散射作用,以保护皮肤免受特定紫外线所带来的伤害或保护产品本身而在化妆品中加入的物质。这些防晒剂可在本规范规定的限量和使用条件下加入到其他化妆品产品中。仅仅为了保护产品免受紫外线损害而加入到非防晒类化妆品中的其他防晒剂可不受此表限制,但其使用量须经安全性评估证明是安全的。

注(2):这些防晒剂作为着色剂时,具体要求见着色剂表 6。防晒类化妆品中该物质的总使用量不应超过 25%。

3 化妆品准用着色剂[1]（表6）

序号	着色剂索引号（Color Index）	着色剂索引通用名（C.I.generic name）	颜色	着色剂索引通用中文名	使用范围				其他限制和要求
					1	2	3	4	
					各种化妆品	除眼部化妆品之外的其他化妆品	专用于不与粘膜接触的化妆品	专用于仅和皮肤暂时接触的化妆品	
1	CI 10006	PIGMENT GREEN 8	绿	颜料绿 8				+	
2	CI 10020	ACID GREEN 1	绿	酸性绿 1			+		禁用于染发产品
3	CI 10316[2]	ACID YELLOW 1	黄	酸性黄 1		+			1- 萘酚（1-Naphthol）不超过 0.2%；2，4- 二硝基 -1- 萘酚（2，4-Dinitro-1-naphthol）不超过 0.03%
4	CI 11680	FOOD YELLOW 1	黄	食品黄 1			+		
5	CI 11710	PIGMENT YELLOW 3	黄	颜料黄 3			+		
6	CI 11725	PIGMENT ORANGE 1	橙	颜料橙 1				+	
7	CI 11920	FOOD ORANGE 3	橙	食品橙 3	+				禁用于染发产品
8	CI 12010	SOLVENT RED 3	红	溶剂红 3			+		禁用于染发产品

续表

序号	着色剂索引号（Color Index）	着色剂索引通用名（C.I.generic name）	颜色	着色剂索引通用中文名	使用范围				其他限制和要求
					1	2	3	4	
					各种化妆品	除眼部化妆品之外的其他化妆品	专用于不与粘膜接触的化妆品	专用于仅和皮肤暂时接触的化妆品	
9	CI 12085[(2)]	PIGMENT RED 4	红	颜料红 4	+				化妆品中最大浓度 3%；2-氯-4-硝基苯胺（2-Chloro-4-nitrobenzenamine）不超过 0.3%；2-萘酚（2-Naphthalenol）不超过 1%；2,4-二硝基苯胺（2,4-Dinitrobenzenamine）不超过 0.02%；1-((2,4-二硝基苯基)偶氮)-2-萘酚（1-((2,4-Dinitrophenyl)azo)-2-naphthalenol）不超过 0.5%；4-((2-氯-4-硝基苯基)偶氮)-1-萘酚（4-((2-Chloro-4-nitrophenyl)azo)-1-naphthalenol）不超过 0.5%；1-((4-硝基苯基)偶氮)-2-萘酚（1-((4-Nitrophenyl)azo)-2-naphthalenol）不超过 0.3%；1-((4-氯-2-硝基苯基)偶氮)-2-萘酚（1-((4-Chloro-2-nitrophenyl)azo)-2-naphthalenol）不超过 0.3%；禁用于染发产品
10	CI 12120	PIGMENT RED 3	红	颜料红 3				+	
11	CI 12370	PIGMENT RED 112	红	颜料红 112				+	禁用于染发产品
12	CI 12420	PIGMENT RED 7	红	颜料红 7				+	该着色剂中 4-氯邻甲苯胺（4-Chloro-o-toluidine）的最大浓度：5mg/kg
13	CI 12480	PIGMENT BROWN 1	棕	颜料棕 1				+	

续表

序号	着色剂索引号（Color Index）	着色剂索引通用名（C.I.generic name）	颜色	着色剂索引通用中文名	使用范围				其他限制和要求
					1	2	3	4	
					各种化妆品	除眼部化妆品之外的其他化妆品	专用于不与粘膜接触的化妆品	专用于仅和皮肤暂时接触的化妆品	
14	CI 12490	PIGMENT RED 5	红	颜料红 5	+				禁用于染发产品
15	CI 12700	DISPERSE YELLOW 16	黄	分散黄 16				+	
16	CI 13015	FOOD YELLOW 2	黄	食品黄 2	+				
17	CI 14270	ACID ORANGE 6	橙	酸性橙 6	+				禁用于染发产品
18	CI 14700	FOOD RED 1	红	食品红 1	+				5- 氨基 -2,4- 二甲基 -1- 苯磺酸及其钠盐（5-Amino-2,4-dimethyl-1-benzenesulfonic acid and its sodium salt）不超过 0.2%;4- 羟基 -1- 萘磺酸及其钠盐（4-Hydroxy-1-naphthalenesulfonic acid and its sodium salt）不超过 0.2%;禁用于染发产品
19	CI 14720	FOOD RED 3	红	食品红 3	+				4- 氨基萘 -1- 磺酸（4-Aminonaphthalene-1-sulfonic acid）和 4- 羟基萘 -1- 磺酸（4-Hydroxynaphthalene-1-sulfonic acid）总量不超过 0.5%;未磺化芳香伯胺不超过 0.01%（以苯胺计）
20	CI 14815	FOOD RED 2	红	食品红 2	+				

续表

序号	着色剂索引号（Color Index）	着色剂索引通用名（C.I.generic name）	颜色	着色剂索引通用中文名	使用范围				其他限制和要求
					1	2	3	4	
					各种化妆品	除眼部化妆品之外的其他化妆品	专用于不与粘膜接触的化妆品	专用于仅和皮肤暂时接触的化妆品	
21	CI 15510[2]	ACID ORANGE 7	橙	酸性橙 7		+			2-萘酚（2-Naphthol）不超过 0.4%；磺胺酸钠（Sulfanilic acid，sodium salt）不超过 0.2%；4，4'-（二偶氮氨基）-二苯磺酸（4，4'-（Diazoamino）-dibenzenesulfonic acid）不超过 0.1%
22	CI 15525	PIGMENT RED 68	红	颜料红 68	+				
23	CI 15580	PIGMENT RED 51	红	颜料红 51	+				
24	CI 15620	ACID RED 88	红	酸性红 88				+	
25	CI 15630[2]	PIGMENT RED 49	红	颜料红 49	+				化妆品中最大浓度 3%
26	CI 15800	PIGMENT RED 64	红	颜料红 64			+		苯胺（Aniline）不超过 0.2%；3-羟基-2-萘甲酸钙（3-Hydroxy-2-naphthoic acid，calcium salt）不超过 0.4%； 禁用于染发产品
27	CI 15850[2]	PIGMENT RED 57	红	颜料红 57	+				2-氨基-5-甲基苯磺酸钙盐（2-Amino-5-methylbenzensulfonic acid，calcium salt）不超过 0.2%；3-羟基-2-萘基羰酸钙盐（3-Hydroxy-2-naphthalene carboxylic acid，calcium salt）不超过 0.4%；未磺化芳香伯胺不超过 0.01%（以苯胺计）

续表

序号	着色剂索引号（Color Index）	着色剂索引通用名（C.I.generic name）	颜色	着色剂索引通用中文名	使用范围				其他限制和要求
					1	2	3	4	
					各种化妆品	除眼部化妆品之外的其他化妆品	专用于不与粘膜接触的化妆品	专用于仅和皮肤暂时接触的化妆品	
28	CI 15865[2]	PIGMENT RED 48	红	颜料红 48	+				禁用于染发产品
29	CI 15880	PIGMENT RED 63	红	颜料红 63	+				2- 氨基 -1- 萘磺酸钙（2-Amino-1-naphthalenesulfonic acid, calcium salt）不超过 0.2%；3- 羟基 -2- 萘甲酸（3-Hydroxy-2-naphthoic acid）不超过 0.4%；禁用于染发产品
30	CI 15980	FOOD ORANGE 2	橙	食品橙 2	+				
31	CI 15985[2]	FOOD YELLOW 3	黄	食品黄 3	+				4- 氨基苯 -1- 磺酸（4-Aminobenzene-1-sulfonic acid）、3- 羟基萘 -2,7- 二磺酸（3-Hydroxynaphthalene-2,7-disulfonic acid）、6- 羟基萘 -2- 磺酸（6-Hydroxynaphthalene-2-sulfonic acid）、7- 羟基萘 -1,3- 二磺酸（7-Hydroxynaphthalene-1,3-disulfonic acid）和 4,4'- 双偶氮氨基二苯磺酸（4,4'-diazoaminodi（benezene sulfonic acid））总量不超过 0.5%；6,6'- 羟基双（2- 萘磺酸）二钠盐（6,6'-Oxydi（2-naphthalene sulfonic acid）disodium salt）不超过 1.0%；未磺化芳香伯胺不超过 0.01%（以苯胺计）

续表

序号	着色剂索引号（Color Index）	着色剂索引通用名（C.I.generic name）	颜色	着色剂索引通用中文名	使用范围				其他限制和要求
					1	2	3	4	
					各种化妆品	除眼部化妆品之外的其他化妆品	专用于不与粘膜接触的化妆品	专用于仅和皮肤暂时接触的化妆品	
32	CI 16035	FOOD RED 17	红	食品红 17	+				6- 羟基 -2- 萘磺酸钠（6-Hydroxy-2-naphthalene sulfonic acid，sodium salt）不超过 0.3%；4- 氨基 -5- 甲氧基 -2- 甲苯基磺酸（4-Amino-5-methoxy-2-methylbenezene sulfonic acid） 不超过 0.2%；6，6’- 氧代双（2- 萘磺酸）二钠盐（6，6’-Oxydi（2-naphthalene sulfonic acid）disodium salt）不超过 1.0%；未磺化芳香伯胺不超过 0.01%（以苯胺计）
33	CI 16185	FOOD RED 9	红	食品红 9	+				4- 氨基萘 -1- 磺酸（4-Aminonaphthalene-1-sulfonic acid）、3- 羟基萘 -2，7- 二磺酸（3-Hydroxynaphthalene-2，7-disulfonic acid）、6- 羟基萘 -2- 磺酸（6-Hydroxynaphthalene-2-sulfonic acid）、7- 羟基萘 -1，3- 二磺酸（7-Hydroxynaphthalene-1，3-disulfonic acid）和 7- 羟基萘 -1，3，6- 三磺酸（7-Hydroxy naphthalene-1，3，6-trisulfonic acid）总量不超过 0.5%；未磺化芳香伯胺不超过 0.01%（以苯胺计）；禁用于染发产品
34	CI 16230	ACID ORANGE 10	橙	酸性橙 10			+		

续表

序号	着色剂索引号(Color Index)	着色剂索引通用名(C.I.generic name)	颜色	着色剂索引通用中文名	使用范围				其他限制和要求
					1	2	3	4	
					各种化妆品	除眼部化妆品之外的其他化妆品	专用于不与粘膜接触的化妆品	专用于仅和皮肤暂时接触的化妆品	
35	CI 16255[2]	FOOD RED 7	红	食品红 7	+				4-氨基萘-1-磺酸(4-Aminonaphthalene-1-sulfonic acid)、3-羟基萘-2,7-二磺酸(3-Hydroxynaphthalene-2,7-disulfonic acid)、6-羟基萘-2-磺酸(6-Hydroxynaphthalene-2-sulfonic acid)、7-羟基萘-1,3-二磺酸(7-Hydroxynaphthalene-1,3-disulfonic acid)和7-羟基萘-1,3,6-三磺酸(7-Hydroxy naphthalene-1,3,6-trisulfonic acid)总量不超过0.5%;未磺化芳香伯胺不超过0.01%(以苯胺计)
36	CI 16290	FOOD RED 8	红	食品红 8	+				
37	CI 17200[2]	FOOD RED 12	红	食品红 12	+				4-氨基-5-羟基-2,7-萘二磺酸二钠(4-Amino-5-hydroxy-2,7-naphthalenedisulfonic acid, disodium salt)不超过0.3%;4,5-二羟基-3-(苯基偶氮)-2,7-萘二磺酸二钠(4,5-Dihydroxy-3-(phenylazo)-2,7-naphthalenedisulfonic acid,disodium salt)不超过3%;苯胺(Aniline)不超过25mg/kg;4-氨基偶氮苯(4-Aminoazobenzene)不超过100μg/kg;1,3-二苯基三嗪(1,3-Diphenyltriazene)不超过125μg/kg;4-氨基联苯(4-Aminobiphenyl)不超过275μg/kg;偶氮苯(Azobenzene)不超过1mg/kg;联苯胺(Benzidine)不超过20μg/kg

续表

序号	着色剂索引号（Color Index）	着色剂索引通用名（C.I.generic name）	颜色	着色剂索引通用中文名	使用范围				其他限制和要求
					1	2	3	4	
					各种化妆品	除眼部化妆品之外的其他化妆品	专用于不与粘膜接触的化妆品	专用于仅和皮肤暂时接触的化妆品	
38	CI 18050	FOOD RED 10	红	食品红 10			+		5-乙酰胺-4-羟基萘-2,7-二磺酸（5-Acetamido-4-hydroxynaphthalene-2,7-disulfonic acid）和5-氨基-4-羟基萘-2,7-二磺酸（5-Amino-4-hydroxynaphthalene-2,7-disulfonic acid）总量不超过 0.5%；未磺化芳香伯胺不超过 0.01%（以苯胺计）
39	CI 18130	ACID RED 155	红	酸性红 155				+	
40	CI 18690	ACID YELLOW 121	黄	酸性黄 121				+	
41	CI 18736	ACID RED 180	红	酸性红 180				+	
42	CI 18820	ACID YELLOW 11	黄	酸性黄 11				+	
43	CI 18965	FOOD YELLOW 5	黄	食品黄 5	+				
44	CI 19140[(2)]	FOOD YELLOW 4	黄	食品黄 4	+				4-苯肼磺酸（4-Hydrazinobenzene sulfonic acid）、4-氨基苯-1-磺酸（4-Aminobenzene-1-sulfonic acid）、5-羰基-1-（4-磺苯基）-2-吡唑啉-3-羧酸（5-Oxo-1-（4-sulfophenyl）-2-pyrazoline-3-carboxylic acid）、4,4'-二偶氮氨基二苯磺酸（4,4'-Diazoaminodi（benzene sulfonic acid））和四羟基丁二酸（Tetrahydroxy succinic acid）总量不超过 0.5%；未磺化芳香伯胺不超过 0.01%（以苯胺计）

续表

序号	着色剂索引号（Color Index）	着色剂索引通用名（C.I.generic name）	颜色	着色剂索引通用中文名	使用范围				其他限制和要求
					1	2	3	4	
					各种化妆品	除眼部化妆品之外的其他化妆品	专用于不与粘膜接触的化妆品	专用于仅和皮肤暂时接触的化妆品	
45	CI 20040	PIGMENT YELLOW 16	黄	颜料黄 16				+	该着色剂中 3,3'- 二甲基联苯胺（3,3'-dimethylbenzidine）的最大浓度：5mg/kg
46	CI 20470	ACID BLACK 1	黑	酸性黑 1				+	
47	CI 21100	PIGMENT YELLOW 13	黄	颜料黄 13				+	该着色剂中 3,3'- 二甲基联苯胺（3,3'-dimethylbenzidine）的最大浓度：5mg/kg；禁用于染发产品
48	CI 21108	PIGMENT YELLOW 83	黄	颜料黄 83				+	该着色剂中 3,3'- 二甲基联苯胺（3,3'-dimethylbenzidine）的最大浓度：5mg/kg
49	CI 21230	SOLVENT YELLOW 29	黄	溶剂黄 29			+		禁用于染发产品
50	CI 24790	ACID RED 163	红	酸性红 163				+	
51	CI 27755	FOOD BLACK 2	黑	食品黑 2	+				禁用于染发产品
52	CI 28440	FOOD BLACK 1	黑	食品黑 1	+				4- 乙酰氨基 -5- 羟基萘 -1,7- 二磺酸（4-Acetamido-5-hydroxy naphthalene-1,7-disulfonic acid）、4- 氨基 -5- 羟基萘 -1,7- 二磺酸（4-Amino-5-hydroxy naphthalene-1,7-disulfonic acid）、8- 氨基萘 -2- 磺酸（8-Aminonaphthalene-2-sulfonic acid）和 4,4'- 双偶氮氨基二苯磺酸（4,4'-diazoaminodi-（benzenesulfonic acid））总量不超过 0.8%；未磺化芳香伯胺不超过 0.01%（以苯胺计）

续表

序号	着色剂索引号（Color Index）	着色剂索引通用名（C.I.generic name）	颜色	着色剂索引通用中文名	使用范围				其他限制和要求
					1	2	3	4	
					各种化妆品	除眼部化妆品之外的其他化妆品	专用于不与粘膜接触的化妆品	专用于仅和皮肤暂时接触的化妆品	
53	CI 40215	DIRECT ORANGE 39	橙	直接橙 39				+	
54	CI 40800	FOOD ORANGE 5	橙	食品橙 5（β- 胡萝卜素）	+				
55	CI 40820	FOOD ORANGE 6	橙	食品橙 6（8'-apo-β-胡萝卜素 -8'- 醛）	+				
56	CI 40825	FOOD ORANGE 7	橙	食品橙 7（8'-apo-β-胡萝卜素 -8'- 酸乙酯）	+				
57	CI 40850	FOOD ORANGE 8	橙	食品橙 8（斑蝥黄）	+				
58	CI 42045	ACID BLUE 1	蓝	酸性蓝 1			+		禁用于染发产品
59	CI 42051[(2)]	FOOD BLUE 5	蓝	食品蓝 5	+				3- 羟基苯乙醛（3-Hydroxy benzaldehyde）、3-羟基苯甲酸（3-Hydroxy benzoic acid）、3- 羟基对磺基苯甲酸（3-Hydroxy-4-sulfobenzoic acid）和 N,N- 二乙氨基苯磺酸（N,N-diethylamino benzenesulfonic acid）总量不超过 0.5%；无色母体（Leuco base）不超过 4.0%；未磺化芳香伯胺不超过 0.01%（以苯胺计）；禁用于染发产品

续表

序号	着色剂索引号（Color Index）	着色剂索引通用名（C.I.generic name）	颜色	着色剂索引通用中文名	使用范围				其他限制和要求
					1	2	3	4	
					各种化妆品	除眼部化妆品之外的其他化妆品	专用于不与粘膜接触的化妆品	专用于仅和皮肤暂时接触的化妆品	
60	CI 42053	FOOD GREEN 3	绿	食品绿 3	+				无色母体（Leuco base）不超过 5%；2-，3-，4- 甲酰基苯磺酸及其钠盐（2-，3-，4-Formylbenzenesulfonic acids and their sodium salts）总量不超过 0.5%；3- 和 4-［乙基（4- 磺苯基）氨基］甲基苯磺酸及其二钠盐（3-and 4-［（Ethyl（4-sulfophenyl）amino）methyl］benzenesulfonic acid and its disodium salts）总量不超过 0.3%；2- 甲酰基 -5- 羟基苯磺酸及其钠盐（2-Formyl-5-hydroxybenzenesulfonic acid and its sodium salt）不超过 0.5%；禁用于染发产品
61	CI 42080	ACID BLUE 7	蓝	酸性蓝 7				+	
62	CI 42090	FOOD BLUE 2	蓝	食品蓝 2	+				2-，3- 和 4- 甲酰基苯磺酸（2-，3-and 4-Formyl benzene sulfonic acids）总量不超过 1.5%；3-（乙基（4- 磺苯基）氨基）甲基苯磺酸（3-（Ethyl（4-sulfophenyl）amino）methyl benzene sulfonic acid）不超过 0.3%；无色母体（Leuco base）不超过 5.0%；未磺化芳香伯胺不超过 0.01%（以苯胺计）
63	CI 42100	ACID GREEN 9	绿	酸性绿 9				+	

续表

序号	着色剂索引号（Color Index）	着色剂索引通用名（C.I.generic name）	颜色	着色剂索引通用中文名	使用范围				其他限制和要求
					1	2	3	4	
					各种化妆品	除眼部化妆品之外的其他化妆品	专用于不与粘膜接触的化妆品	专用于仅和皮肤暂时接触的化妆品	
64	CI 42170	ACID GREEN 22	绿	酸性绿 22				+	
65	CI 42510	BASIC VIOLET 14	紫	碱性紫 14			+		禁用于染发产品
66	CI 42520	BASIC VIOLET 2	紫	碱性紫 2				+	化妆品中最大浓度 5mg/kg
67	CI 42735	ACID BLUE 104	蓝	酸性蓝 104			+		
68	CI 44045	BASIC BLUE 26	蓝	碱性蓝 26			+		禁用于染发产品
69	CI 44090	FOOD GREEN 4	绿	食品绿 4	+				4,4'-双(二甲氨基)二苯甲基醇(4,4'-Bis(dimethylamino)benzhydryl alcohol)不超过0.1%;4,4'-双(二甲氨基)二苯酮(4,4'-Bis(dimethylamino)benzophenone)不超过0.1%;3-羟基萘-2,7-二磺酸(3-Hydroxynaphthalene-2,7-disulfonic acid)不超过0.2%;无色母体(Leuco base)不超过5.0%;未磺化芳香伯胺不超过0.01%(以苯胺计)
70	CI 45100	ACID RED 52	红	酸性红 52				+	
71	CI 45190	ACID VIOLET 9	紫	酸性紫 9				+	禁用于染发产品
72	CI 45220	ACID RED 50	红	酸性红 50				+	

续表

序号	着色剂索引号（Color Index）	着色剂索引通用名（C.I.generic name）	颜色	着色剂索引通用中文名	使用范围				其他限制和要求
					1	2	3	4	
					各种化妆品	除眼部化妆品之外的其他化妆品	专用于不与粘膜接触的化妆品	专用于仅和皮肤暂时接触的化妆品	
73	CI 45350	ACID YELLOW 73	黄	酸性黄 73	+				化妆品中最大浓度 6%；间苯二酚（Resorcinol）不超过 0.5%；邻苯二甲酸（Phthalic acid）不超过 1%；2-（2,4- 二羟基苯酰基）苯甲酸（2-(2,4-Dihydroxybenzoyl)benzoic acid）不超过 0.5%；禁用于染发产品
74	CI 45370[2]	ACID ORANGE 11	橙	酸性橙 11	+				2-（6- 羟基 -3- 氧 -3H- 占吨 -9- 基）苯甲酸（2-(6-Hydroxy-3-oxo-3H-xanthen-9-yl)benzoic acid）不超过 1%；2-（溴 -6- 羟基 -3- 氧 -3H- 占吨 -9- 基）苯甲酸（2-(Bromo-6-hydroxy-3-oxo-3H-xanthen-9-yl)benzoic acid）不超过 2%；禁用于染发产品
75	CI 45380[2]	ACID RED 87	红	酸性红 87	+				2-（6- 羟基 -3- 氧 -3H- 占吨 -9- 基）苯甲酸（2-(6-Hydroxy-3-oxo-3H-xanthen-9-yl)benzoic acid）不超过 1%；2-（溴 -6- 羟基 -3- 氧 -3H- 占吨 -9- 基）苯甲酸（2-(Bromo-6-hydroxy-3-oxo-3H-xanthen-9-yl)benzoic acid）不超过 2%；禁用于染发产品
76	CI 45396	SOLVENT ORANGE 16	橙	溶剂橙 16	+				用于唇膏时，仅许可着色剂以游离（酸的）形式，并且最大浓度为 1%

续表

序号	着色剂索引号（Color Index）	着色剂索引通用名（C.I.generic name）	颜色	着色剂索引通用中文名	使用范围				其他限制和要求
					1	2	3	4	
					各种化妆品	除眼部化妆品之外的其他化妆品	专用于不与粘膜接触的化妆品	专用于仅和皮肤暂时接触的化妆品	
77	CI 45405	ACID RED 98	红	酸性红 98		+			2-(6-羟基-3-氧-3H-占吨-9-基)苯甲酸(2-(6-Hydroxy-3-oxo-3H-xanthen-9-yl)benzoic acid)不超过 1%;2-(溴-6-羟基-3-氧-3H-占吨-9-基)苯甲酸(2-(Bromo-6-hydroxy-3-oxo-3H-xanthen-9-yl)benzoic acid)不超过 2%
78	CI 45410[2]	ACID RED 92	红	酸性红 92	+				2-(6-羟基-3-氧-3H-占吨-9-基)苯甲酸(2-(6-Hydroxy-3-oxo-3H-xanthen-9-yl)benzoic acid)不超过 1%;2-(溴-6-羟基-3-氧-3H-占吨-9-基)苯甲酸(2-(Bromo-6-hydroxy-3-oxo-3H-xanthen-9-yl)benzoic acid)不超过 2%
79	CI 45425	ACID RED 95	红	酸性红 95	+				三碘间苯二酚(Triiodoresorcinol)不超过 0.2%;2-(2,4-二羟基-3,5-二羰基苯甲酰)苯甲酸(2-(2,4-dihydroxy-3,5-dioxobenzoyl)benzoic acid)不超过 0.2%;禁用于染发产品
80	CI 45430[2]	FOOD RED 14	红	食品红 14	+				三碘间苯二酚(Triiodoresorcinol)不超过 0.2%;2-(2,4-二羟基-3,5-二羰基苯甲酰)苯甲酸(2-(2,4-dihydroxy-3,5-dioxobenzoyl)benzoic acid)不超过 0.2%;禁用于染发产品

续表

序号	着色剂索引号（Color Index）	着色剂索引通用名（C.I.generic name）	颜色	着色剂索引通用中文名	使用范围				其他限制和要求
					1	2	3	4	
					各种化妆品	除眼部化妆品之外的其他化妆品	专用于不与粘膜接触的化妆品	专用于仅和皮肤暂时接触的化妆品	
81	CI 47000	SOLVENT YELLOW 33	黄	溶剂黄 33			+		邻苯二甲酸（Phthalic acid）不超过 0.3%；2-甲基喹啉（2-Methylquinoline）不超过 0.2%；禁用于染发产品
82	CI 47005	FOOD YELLOW 13	黄	食品黄 13	+				2-甲基喹啉（2-methylquinoline）、2-甲基喹啉磺酸（2-methylquinoline sulfonic acid）、邻苯二甲酸（Phthalic acid）、2,6-二甲基喹啉（2,6-dimethyl quinoline）和 2,6-二甲基喹啉磺酸（2,6-dimethyl quinoline sulfonic acid）总量不超过 0.5%；2-（2-喹啉基）2,3-二氢-1,3-茚二酮（2-（2-quinolyl）indan-1,3-dione）不超过 4mg/kg；未磺化芳香伯胺不超过 0.01%（以苯胺计）
83	CI 50325	ACID VIOLET 50	紫	酸性紫 50				+	
84	CI 50420	ACID BLACK 2	黑	酸性黑 2			+		禁用于染发产品
85	CI 51319	PIGMENT VIOLET 23	紫	颜料紫 23				+	禁用于染发产品
86	CI 58000	PIGMENT RED 83	红	颜料红 83	+				禁用于染发产品
87	CI 59040	SOLVENT GREEN 7	绿	溶剂绿 7			+		1,3,6-芘三磺酸三钠（Trisodium salt of 1,3,6-pyrene trisulfonic acid）不超过 6%；1,3,6,8-芘四磺酸四钠（Tetrasodium salt of 1,3,6,8-pyrene tetrasulfonic acid）不超过 1%；芘（Pyrene）不超过 0.2%；禁用于染发产品

续表

序号	着色剂索引号（Color Index）	着色剂索引通用名（C.I.generic name）	颜色	着色剂索引通用中文名	使用范围				其他限制和要求
					1	2	3	4	
					各种化妆品	除眼部化妆品之外的其他化妆品	专用于不与粘膜接触的化妆品	专用于仅和皮肤暂时接触的化妆品	
88	CI 60724	DISPERSE VIOLET 27	紫	分散紫 27				+	
89	CI 60725	SOLVENT VIOLET 13	紫	溶剂紫 13	+				对甲苯胺（p-Toluidine）不超过 0.2%；1-羟基-9，10-蒽二酮（1-Hydroxy-9，10-anthracenedione）不超过 0.5%；1，4-二羟基-9，10-蒽二酮（1，4-Dihydroxy-9，10-anthracenedione）不超过 0.5%；禁用于染发产品
90	CI 60730	ACID VIOLET 43	紫	酸性紫 43			+		1-羟基-9，10-蒽二酮（1-Hydroxy-9，10-anthracenedione）不超过 0.2%；1，4-二羟基-9，10-蒽二酮（1，4-Dihydroxy-9，10-anthracenedione）不超过 0.2%；对甲苯胺（p-Toluidine）不超过 0.1%；对甲苯胺磺酸钠（p-Toluidine sulfonic acids，sodium salts）不超过 0.2%
91	CI 61565	SOLVENT GREEN 3	绿	溶剂绿 3	+				对甲苯胺（p-Toluidine）不超过 0.1%；1，4-二羟基蒽醌（1，4-Dihydroxyanthraquinone）不超过 0.2%；1-羟基-4-（（4-甲基苯基）氨基）-9，10-蒽二酮（1-Hydroxy-4-（（4-methyl phenyl）amino）-9，10-anthracenedione）不超过 5%；禁用于染发产品

续表

序号	着色剂索引号（Color Index）	着色剂索引通用名（C.I.generic name）	颜色	着色剂索引通用中文名	使用范围				其他限制和要求
					1	2	3	4	
					各种化妆品	除眼部化妆品之外的其他化妆品	专用于不与粘膜接触的化妆品	专用于仅和皮肤暂时接触的化妆品	
92	CI 61570	ACID GREEN 25	绿	酸性绿 25	+				1,4-二羟基蒽醌（1,4-Dihydroxy anthraquinone）不超过 0.2%；2-氨基间甲苯磺酸（2-Amino-m-toluene sulfonic acid）不超过 0.2%
93	CI 61585	ACID BLUE 80	蓝	酸性蓝 80				+	
94	CI 62045	ACID BLUE 62	蓝	酸性蓝 62				+	
95	CI 69800	FOOD BLUE 4	蓝	食品蓝 4	+				
96	CI 69825	VAT BLUE 6	蓝	还原蓝 6	+				
97	CI 71105	VAT ORANGE 7	橙	还原橙 7			+		
98	CI 73000	VAT BLUE 1	蓝	还原蓝 1	+				
99	CI 73015	FOOD BLUE 1	蓝	食品蓝 1	+				靛红-5-磺酸（Isatin-5-sulfonic acid）、5-磺基邻氨基苯甲酸（5-Sulfoanthranilic acid）和邻氨基苯甲酸（Anthranilic acid）总量不超过 0.5%；未磺化芳香伯胺不超过 0.01%（以苯胺计）
100	CI 73360	VAT RED 1	红	还原红 1	+				禁用于染发产品
101	CI 73385	VAT VIOLET 2	紫	还原紫 2	+				
102	CI 73900	PIGMENT VIOLET 19	紫	颜料紫 19				+	禁用于染发产品
103	CI 73915	PIGMENT RED 122	红	颜料红 122				+	

续表

序号	着色剂索引号（Color Index）	着色剂索引通用名（C.I.generic name）	颜色	着色剂索引通用中文名	使用范围				其他限制和要求
					1	2	3	4	
					各种化妆品	除眼部化妆品之外的其他化妆品	专用于不与粘膜接触的化妆品	专用于仅和皮肤暂时接触的化妆品	
104	CI 74100	PIGMENT BLUE 16	蓝	颜料蓝 16				+	
105	CI 74160	PIGMENT BLUE 15	蓝	颜料蓝 15	+				禁用于染发产品
106	CI 74180	DIRECT BLUE 86	蓝	直接蓝 86				+	禁用于染发产品
107	CI 74260	PIGMENT GREEN 7	绿	颜料绿 7		+			禁用于染发产品
108	CI 75100	NATURAL YELLOW 6	黄	天然黄 6（8,8’-diapo,psi,psi- 胡萝卜二酸）	+				
109	CI 75120	NATURAL ORANGE 4	橙	天然橙 4（胭脂树橙）	+				
110	CI 75125	NATURAL YELLOW 27	黄	天然黄 27（番茄红素）	+				
111	CI 75130	NATURAL YELLOW 26	橙	天然黄 26（β- 阿朴胡萝卜素醛）	+				
112	CI 75135	RUBIXANTHIN	黄	玉红黄（3R-β- 胡萝卜 -3- 醇）	+				
113	CI 75170	NATURAL WHITE 1	白	天然白 1（2- 氨基 -1,7- 二氢 -6H- 嘌呤 -6- 酮）	+				
114	CI 75300	NATURAL YELLOW 3	黄	天然黄 3（姜黄素）	+				

续表

序号	着色剂索引号（Color Index）	着色剂索引通用名（C.I.generic name）	颜色	着色剂索引通用中文名	使用范围				其他限制和要求
					1	2	3	4	
					各种化妆品	除眼部化妆品之外的其他化妆品	专用于不与粘膜接触的化妆品	专用于仅和皮肤暂时接触的化妆品	
115	CI 75470	NATURAL RED 4	红	天然红 4（胭脂红）	+				
116	CI 75810	NATURAL GREEN 3	绿	天然绿 3（叶绿酸-铜络合物）	+				
117	CI 77000	PIGMENT METAL 1	白	颜料金属 1（铝，Al）	+				
118	CI 77002	PIGMENT WHITE 24	白	颜料白 24（碱式硫酸铝）	+				
119	CI 77004	PIGMENT WHITE 19	白	颜料白 19 天然水合硅酸铝，$A1_2O_3.2SiO_2.2H_2O$（所含的钙，镁或铁碳酸盐类，氢氧化铁，石英砂，云母等等，属于杂质）	+				
120	CI 77007	PIGMENT BLUE 29	蓝	颜料蓝 29（天青石）	+				
121	CI 77015	PIGMENT RED 101，102	红	颜料红 101，102（氧化铁着色的硅酸铝）	+				
122	CI 77019	PIGMENT WHITE 20	白	颜料白 20（云母）	+				

续表

序号	着色剂索引号(Color Index)	着色剂索引通用名(C.I.generic name)	颜色	着色剂索引通用中文名	使用范围				其他限制和要求
					1	2	3	4	
					各种化妆品	除眼部化妆品之外的其他化妆品	专用于不与粘膜接触的化妆品	专用于仅和皮肤暂时接触的化妆品	
123	CI 77120	PIGMENT WHITE 21,22	白	颜料白 21,22(硫酸钡,$BaSO_4$)	+				
124	CI 77163	PIGMENT WHITE 14	白	颜料白 14(氯氧化铋,BiOCl)	+				
125	CI 77220	PIGMENT WHITE 18	白	颜料白 18(碳酸钙,$CaCO_3$)	+				
126	CI 77231	PIGMENT WHITE 25	白	颜料白 25(硫酸钙,$CaSO_4$)	+				
127	CI 77266	PIGMENT BLACK 6,7	黑	颜料黑 6,7(炭黑)	+				多环芳烃限量:1g 着色剂样品加 10g 环己烷,经连续提取仪提取的提取液应无色,其紫外线下荧光强度不应超过硫酸奎宁(quinine sulfate)对照溶液(0.1mg 硫酸奎宁溶于 1000mL 0.01mol/L 硫酸溶液)的荧光强度
128	CI 77267	PIGMENT BLACK 9	黑	颜料黑 9 骨炭。(在封闭容器内,灼烧动物骨头获得的细黑粉。主要由磷酸钙组成)	+				
129	CI 77268:1	FOOD BLACK 3	黑	食品黑 3(焦炭黑)	+				

续表

序号	着色剂索引号（Color Index）	着色剂索引通用名（C.I.generic name）	颜色	着色剂索引通用中文名	使用范围				其他限制和要求
					1	2	3	4	
					各种化妆品	除眼部化妆品之外的其他化妆品	专用于不与粘膜接触的化妆品	专用于仅和皮肤暂时接触的化妆品	
130	CI 77288	PIGMENT GREEN 17	绿	颜料绿 17（三氧化二铬，Cr_2O_3）	+				以 Cr_2O_3 计，铬在 2% 氢氧化钠提取液中不超过 0.075%
131	CI 77289	PIGMENT GREEN 18	绿	颜料绿 18（$Cr_2O(OH)_4$）	+				以 Cr_2O_3 计，铬在 2% 氢氧化钠提取液中不超过 0.1%
132	CI 77346	PIGMENT BLUE 28	蓝	颜料蓝 28（氧化铝钴）	+				
133	CI 77400	PIGMENT METAL 2	棕	颜料金属 2（铜，Cu）	+				
134	CI 77480	PIGMENT METAL 3	棕	颜料金属 3（金，Au）	+				
135	CI 77489	FERROUS OXIDE	橙	氧化亚铁，FeO	+				
136	CI 77491	PIGMENT RED 101，102	红	颜料红 101，102（氧化铁，Fe_2O_3）	+				
137	CI 77492	PIGMRNT YELLOW 42，43	黄	颜料黄 42，43（$FeO(OH).nH_2O$）	+				
138	CI 77499	PIGMENT BLACK 11	黑	颜料黑 11（$FeO+Fe_2O_3$）	+				
139	CI 77510	PIGMENT BLUE 27	蓝	颜料蓝 27（$Fe_4(Fe(CN)_6)_3$+$FeNH_4Fe(CN)_6$）	+				水溶氰化物不超过 10mg/kg

续表

序号	着色剂索引号（Color Index）	着色剂索引通用名（C.I.generic name）	颜色	着色剂索引通用中文名	使用范围				其他限制和要求
					1	2	3	4	
					各种化妆品	除眼部化妆品之外的其他化妆品	专用于不与粘膜接触的化妆品	专用于仅和皮肤暂时接触的化妆品	
140	CI 77713	PIGMENT WHITE 18	白	颜料白 18（碳酸镁，$MgCO_3$）	+				
141	CI 77718	PIGMENT WHITE 26	白	颜料白 26（滑石）	+				
142	CI 77742	PIGMENT VIOLET 16	紫	颜料紫 16（$NH_4MnP_2O_7$）	+				
143	CI 77745	MANGANESE PHOSPHATE	红	磷酸锰，$Mn_3(PO_4)_2 \cdot 7H_2O$	+				
144	CI 77820	SILVER	白	银，Ag	+				
145	CI 77891[(3)]	PIGMENT WHITE 6	白	颜料白 6（二氧化钛，TiO_2）	+				
146	CI 77947[(3)]	PIGMENT WHITE 4	白	颜料白 4（氧化锌，ZnO）	+				
147		ACID RED 195	红	酸性红 195			+		
148		ALUMINUM,ZINC, MAGNESINM AND CALCIUM STEARATE	白	硬脂酸铝、锌、镁、钙盐	+				
149		ANTHOCYANINS	红	花色素苷（矢车菊色素、芍药花色素、锦葵色素、飞燕草色素、牵牛花色素、天竺葵色素）	+				

续表

序号	着色剂索引号（Color Index）	着色剂索引通用名（C.I.generic name）	颜色	着色剂索引通用中文名	使用范围				其他限制和要求
					1	2	3	4	
					各种化妆品	除眼部化妆品之外的其他化妆品	专用于不与粘膜接触的化妆品	专用于仅和皮肤暂时接触的化妆品	
150		BEET ROOT RED	红	甜菜根红	+				
151		BROMOCRESOL GREEN	绿	溴甲酚绿				+	
152		BROMOTHYMOL BLUE	蓝	溴百里酚蓝				+	
153		CAPSANTHIN/CAPSORUBIN	橙	辣椒红/辣椒玉红素	+				
154		CARAMEL	棕	焦糖	+				
155		LACTOFLAVIN	黄	乳黄素	+				
156		SORGHUM RED	咖啡	高粱红		+			
157		GALLA RHOIS GALLNUT EXTRACT		五倍子（GALLA RHOIS）提取物[4]					当与硫酸亚铁配合使用时，仅限用于染发产品

注（1）：a 所列着色剂与未被包括在禁用组分表中的物质形成的盐和色淀也同样被允许使用。

b 着色剂如有多个盐类用冒号后数字表示，如 15850：1，15850：2。如没有特别注明，则通用中文名取其无冒号主名称。如有多个通用中文名，则取含“食品”名称。

注（2）：这些着色剂的不溶性钡、锶、锆色淀、盐和颜料也被允许使用，它们必须通过不溶性测定。

注（3）：这些着色剂作为防晒剂时，具体要求见防晒剂表 5。

注（4）：五倍子为盐肤木、青麸杨或红麸杨叶上的虫瘿。

4　化妆品准用染发剂[(1)(2)]（表 7）

（按 INCI 名称英文字母顺序排列）

序号	物质名称		化妆品使用时的最大允许浓度		其他限制和要求	标签上必须标印的使用条件和注意事项
	中文名称	INCI 名称	氧化型染发产品	非氧化型染发产品		
1	1,3- 双 -(2,4- 二氨基苯氧基)丙烷盐酸盐	1,3-Bis-(2,4-diaminophenoxy)propane HCl	1.0%(以游离基计)	1.2%(以游离基计)		
2	1,3- 双 -(2,4- 二氨基苯氧基)丙烷	1,3-Bis-(2,4-diaminophenoxy)propane	1.0%	1.2%		
3	1,5- 萘二酚(CI 76625)	1,5-Naphthalenediol	0.5%	1.0%		
4	1- 羟乙基 -4,5- 二氨基吡唑硫酸盐	1-Hydroxyethyl 4,5-diaminopyrazole sulfate	1.125%			
5	1- 萘酚(CI 76605)	1-Naphthol	1.0%			含 1- 萘酚
6	2,4- 二氨基苯氧基乙醇盐酸盐	2,4-Diaminophenoxyethanol HCl	2.0%			
7	2,4- 二氨基苯氧基乙醇硫酸盐	2,4-Diaminophenoxyethanol sulfate	2.0%(以盐酸盐计)			
8	2,6- 二氨基吡啶	2,6-Diaminopyridine	0.15%			
9	2,6- 二氨基吡啶硫酸盐	2,6-Diaminopyridine sulfate	0.002%(以游离基计)			
10	2,6- 二羟乙基氨甲苯	2,6-Dihydroxyethylaminotoluene	1.0%		不和亚硝基化体系一起使用;亚硝胺最大含量 50μg/kg;存放于无亚硝酸盐的容器内	

续表

序号	物质名称		化妆品使用时的最大允许浓度		其他限制和要求	标签上必须标印的使用条件和注意事项
	中文名称	INCI 名称	氧化型染发产品	非氧化型染发产品		
11	2,6-二甲氧基-3,5-吡啶二胺盐酸盐	2,6-Dimethoxy-3,5-pyridinediamine HCl	0.25%			
12	2,7-萘二酚(CI 76645)	2,7-Naphthale nediol	0.5%	1.0%		
13	2-氨基-3-羟基吡啶	2-Amino-3-hydroxypyridine	0.3%			
14	2-氨基-4-羟乙氨基茴香醚	2-Amino-4-hydroxyethylaminoanisole	1.5%(以硫酸盐计)		不和亚硝基化体系一起使用;亚硝胺最大含量50μg/kg;存放于无亚硝酸盐的容器内	
15	2-氨基-4-羟乙氨基茴香醚硫酸盐	2-Amino-4-hydroxyethylaminoanisole sulfate	1.5%(以硫酸盐计)		不和亚硝基化体系一起使用;亚硝胺最大含量50μg/kg;存放于无亚硝酸盐的容器内	
16	2-氨基-6-氯-4-硝基苯酚	2-Amino-6-chloro-4-nitrophenol	1.0%	2.0%		
17	2-氨基-6-氯-4-硝基苯酚盐酸盐	2-Amino-6-chloro-4-nitrophenol HCl	1.0%(以游离基计)	2.0%(以游离基计)		
18	2-氯对苯二胺	2-Chloro-p-phenylenediamine	0.05%	0.1%		
19	2-氯对苯二胺硫酸盐	2-Chloro-p-phenylenediamine sulfate	0.5%	1.0%		
20	2-羟乙基苦氨酸	2-Hydroxyethyl picramic acid	1.5%	2.0%	不和亚硝基化体系一起使用;亚硝胺最大含量50μg/kg;存放于无亚硝酸盐的容器内	
21	2-甲基-5-羟乙氨基苯酚	2-Methyl-5-hydroxyethylaminophenol	1.0%		不和亚硝基化体系一起使用;亚硝胺最大含量50μg/kg;存放于无亚硝酸盐的容器内	

续表

序号	物质名称		化妆品使用时的最大允许浓度		其他限制和要求	标签上必须标印的使用条件和注意事项
	中文名称	INCI 名称	氧化型染发产品	非氧化型染发产品		
22	2- 甲基间苯二酚	2-Methylresorcinol	1.0%	1.8%		含 2- 甲基间苯二酚
23	3- 硝基对羟乙氨基酚	3-Nitro-p-hydroxyethylaminophenol	3.0%	1.85%	不和亚硝基化体系一起使用；亚硝胺最大含量 50μg/kg；存放于无亚硝酸盐的容器内	
24	4- 氨基 -2- 羟基甲苯	4-Amino-2-hydroxytoluene	1.5%			
25	4- 氨基 -3- 硝基苯酚	4-Amino-3-nitrophenol	1.5%	1.0%		
26	4- 氨基间甲酚	4-Amino-m-cresol	1.5%			
27	4- 氯间苯二酚	4-Chlororesorcinol	0.5%			
28	4- 羟丙氨基 -3- 硝基苯酚	4-Hydroxypropylamino-3-nitrophenol	2.6%	2.6%	不和亚硝基化体系一起使用；亚硝胺最大含量 50μg/kg；存放于无亚硝酸盐的容器内	
29	4- 硝基邻苯二胺	4-Nitro-o-phenylenediamine	0.5%			
30	4- 硝基邻苯二胺硫酸盐	4-Nitro-o-phenylenediamine sulfate	0.5%（以游离基计）			
31	5- 氨基 -4- 氯邻甲酚	5-Amino-4-chloro-o-cresol	1.0%			
32	5- 氨基 -4- 氯邻甲酚盐酸盐	5-Amino-4-chloro-o-cresol HCl	1.0%（以游离基计）			
33	5- 氨基 -6- 氯 - 邻甲酚	5-Amino-6-chloro-o-cresol	1.0%	0.5%		
34	6- 氨基间甲酚	6-Amino-m-cresol	1.2%	2.4%		
35	6- 羟基吲哚	6-Hydroxyindole	0.5%			

续表

序号	物质名称		化妆品使用时的最大允许浓度		其他限制和要求	标签上必须标印的使用条件和注意事项
	中文名称	INCI 名称	氧化型染发产品	非氧化型染发产品		
36	6-甲氧基-2-甲氨基-3-氨基吡啶盐酸盐（HC 蓝 7 号）	6-Methoxy-2-methylamino-3-aminopyridine HCl	0.68（以游离基计）	0.68（以游离基计）	不和亚硝基化体系一起使用；亚硝胺最大含量 50μg/kg；存放于无亚硝酸盐的容器内	
37	酸性紫 43 号（CI 60730）	Acid Violet 43		1.0%	所用染料纯度不得 <80%，其杂质含量必须符合以下要求：挥发性成分（135℃）及氯化物和硫酸盐（以钠盐计）小于 18%，水不溶物不得小于 0.4%，1-羟基-9，10-蒽二酮（1-hydroxy-9，10-anthracenedione）小于 0.2%，对甲苯胺（p-toluidine）小于 0.1%，对甲苯胺磺酸钠（p-tolluidine sulfonic acids，sodium salts）小于 0.2%，其他染料（subsidiary colors）小于 1%，铅小于 20mg/kg，砷小于 3mg/kg，汞小于 1mg/kg	
38	碱性橙 31 号	Basic Orange 31	0.1%	0.2%		
39	碱性红 51 号	Basic Red 51	0.1%	0.2%		
40	碱性红 76 号（CI 12245）	Basic Red 76		2.0%		
41	碱性黄 87 号	Basic Yellow 87	0.1%	0.2%		
42	分散黑 9 号	Disperse Black 9		0.3%		
43	分散紫 1 号	Disperse Violet 1		0.5%	作为原料杂质分散红 15 应小于 1%	

续表

序号	物质名称		化妆品使用时的最大允许浓度		其他限制和要求	标签上必须标印的使用条件和注意事项
	中文名称	INCI 名称	氧化型染发产品	非氧化型染发产品		
44	HC 橙 1 号	HC Orange No.1		1.0%		
45	HC 红 1 号	HC Red No.1		0.5%		
46	HC 红 3 号	HC Red No.3		0.5%	不和亚硝基化体系一起使用；亚硝胺最大含量 50μg/kg；存放于无亚硝酸盐的容器内	
47	HC 黄 2 号	HC Yellow No.2	0.75%	1.0%	不和亚硝基化体系一起使用；亚硝胺最大含量 50μg/kg；存放于无亚硝酸盐的容器内	
48	HC 黄 4 号	HC Yellow No.4		1.5%	不和亚硝基化体系一起使用；亚硝胺最大含量 50μg/kg；存放于无亚硝酸盐的容器内	
49	羟苯并吗啉	Hydroxybenzomorpholine	1.0%		不和亚硝基化体系一起使用；亚硝胺最大含量 50μg/kg；存放于无亚硝酸盐的容器内	
50	羟乙基 -2- 硝基对甲苯胺	Hydroxyethyl-2-nitro-p-toluidine	1.0%	1.0%	不和亚硝基化体系一起使用；亚硝胺最大含量 50μg/kg；存放于无亚硝酸盐的容器内	
51	羟乙基 -3,4- 亚甲二氧基苯胺盐酸盐	Hydroxyethyl-3,4-methylenedioxy-aniline HCl	1.5%		不和亚硝基化体系一起使用；亚硝胺最大含量 50μg/kg；存放于无亚硝酸盐的容器内	
52	羟乙基对苯二胺硫酸盐	Hydroxyethyl-p-phenylenediamine sulfate	1.5%			

续表

序号	物质名称		化妆品使用时的最大允许浓度		其他限制和要求	标签上必须标印的使用条件和注意事项
	中文名称	INCI 名称	氧化型染发产品	非氧化型染发产品		
53	羟丙基双(*N*-羟乙基对苯二胺)盐酸盐	Hydroxypropyl bis(N-hydroxyethyl-p-phenylenediamine)HCl	0.4%(以四盐酸盐计)			
54	间氨基苯酚	m-Aminophenol	1.0%			
55	间氨基苯酚盐酸盐	m-Aminophenol HCl	1.0%(以游离基计)			
56	间氨基苯酚硫酸盐	m-Aminophenol sulfate	1.0%(以游离基计)			
57	N,N-双(2-羟乙基)对苯二胺硫酸盐[3]	N,N-bis(2-hydroxyethyl)-p-phenylenediamine sulfate	2.5%(以硫酸盐计)		不和亚硝基化体系一起使用;亚硝胺最大含量50μg/kg;存放于无亚硝酸盐的容器内	含苯二胺类
58	N-苯基对苯二胺(CI 76085)[3]	N-phenyl-p-phenylenediamine	3.0%			含苯二胺类
59	N-苯基对苯二胺盐酸盐(CI 76086)[3]	N-phenyl-p-phenylenediamine HCl	3.0%(以游离基计)			含苯二胺类
60	N-苯基对苯二胺硫酸盐[3]	N-phenyl-p-phenylenediamine sulfate	3.0%(以游离基计)			含苯二胺类
61	对氨基苯酚	p-Aminophenol	0.5%			
62	对氨基苯酚盐酸盐	p-Aminophenol HCl	0.5%(以游离基计)			
63	对氨基苯酚硫酸盐	p-Aminophenol sulfate	0.5%(以游离基计)			
64	苯基甲基吡唑啉酮	Phenyl methyl pyrazolone	0.25%			

续表

序号	物质名称		化妆品使用时的最大允许浓度		其他限制和要求	标签上必须标印的使用条件和注意事项
	中文名称	INCI 名称	氧化型染发产品	非氧化型染发产品		
65	对甲基氨基苯酚	p-Methylaminophenol	0.68%（以硫酸盐计）		不和亚硝基化体系一起使用；亚硝胺最大含量 50μg/kg；存放于无亚硝酸盐的容器内	
66	对甲基氨基苯酚硫酸盐	p-Methylaminophenol sulfate	0.68%		不和亚硝基化体系一起使用；亚硝胺最大含量 50μg/kg；存放于无亚硝酸盐的容器内	
67	对苯二胺(3)	p-Phenylenediamine	2.0%			含苯二胺类
68	对苯二胺盐酸盐(3)	p-Phenylenediamine HCl	2.0%（以游离基计）			含苯二胺类
69	对苯二胺硫酸盐(3)	p-Phenylenediamine sulfate	2.0%（以游离基计）			含苯二胺类
70	间苯二酚	Resorcinol	1.25%			含间苯二酚
71	苦氨酸钠	Sodium picramate	0.05%	0.1%		
72	四氨基嘧啶硫酸盐	Tetraaminopyrimidine sulfate	2.5%	3.4%		
73	甲苯-2,5-二胺(3)	Toluene-2,5-diamine	4.0%			含苯二胺类
74	甲苯-2,5-二胺硫酸盐(3)	Toluene-2,5-diamine sulfate	4.0%（以游离基计）			含苯二胺类
75	其他允许用于染发产品的着色剂		应符合表 6 要求			

注(1):在产品标签上均需标注以下警示语:染发剂可能引起严重过敏反应;使用前请阅读说明书,并按照其要求使用;本产品不适合 16 岁以下消费者使用;不可用于染眉毛和眼睫毛,如果不慎入眼,应立即冲洗;专业使用时,应戴合适手套;在下述情况下,请不要染发:面部有皮疹或头皮有过敏、炎症或破损;以前染发时曾有不良反应的经历。

注(2):当与氧化乳配合使用时,应明确标注混合比例。

注(3):这些物质可单独或合并使用,其中每种成分在化妆品产品中的浓度与表中规定的最高限量浓度之比的总和不得大于 1。

第四章

理化检验方法

1　理化检验方法总则

General Principles

1　范围

本部分规定了化妆品禁、限用组分的理化检验方法的相关要求。

本部分适用于化妆品产品中禁、限用组分的检验。

2　定义

2.1　检出限：被测物质能被检出的最低量。本部分对各类检验方法的检出限定义如表1。

2.2　定量下限：能够对被测物质准确定量的最低浓度或质量，称为该方法的定量下限。本部分对各类检验方法定量下限的定义如表1。

表1　检出限及定量下限的定义

	检出限（对应的质量、浓度）	**定量下限**（对应的质量、浓度）
AAS/AFS/ICP	3 SD(1)	10 SD
GC	3倍空白噪音	10倍空白噪音
HPLC	3倍空白噪音	10倍空白噪音
分光光度法	0.005 A(2)	0.015 A
容量法	X(3)+3 SD	X(3)+10 SD

注：(1) SD为20份空白的标准偏差，AAS/AFS/ICP的检出限为3倍空白值的标准偏差相对应的质量或浓度；
(2) A为吸收强度，分光光度法检出限为吸收强度为0.005时所对应的质量或浓度；
(3) X为在终点附近出现可察觉变化的最小试剂体积的平均值。

2.3　检出浓度：按理化检验方法操作时，方法检出限对应的被测物浓度。

2.4　最低定量浓度：按理化检验方法操作时，定量下限对应的被测物浓度。

3　所用试剂

凡未指明规格者，均为分析纯（AR）。当需要其他规格时将另作说明。但指示剂和生物染料不分规格。试剂溶液未指明用何种溶剂配制时，均指用纯水配制。

4　所用水

凡未指明规格者均指纯水。它包括下述的蒸馏水或去离子水等，纯水应符合 GB/T 6682 规定的一级水。有特殊要求的纯水，则另作具体说明。

4.1　蒸馏水：用蒸馏器蒸馏制备的水。

4.2　去离子水：通过阴、阳离子树脂交换床制备的水。

4.3　蒸馏去离子水：将蒸馏水通过阴、阳离子树脂交换床制备的水。

5　浓度表示

5.1　物质 B 的浓度：物质 B 的物质的量除以混合物的体积：

$c(\mathrm{B})=\frac{n_{\mathrm{B}}}{V}$；常用单位：mol/L。

5.2　物质 B 的质量浓度：物质 B 的质量除以混合物的体积：

$\rho(\mathrm{B})=\frac{m_{\mathrm{B}}}{V}$；常用单位：g/L，mg/L，μg/L。

5.3　物质 B 的质量分数：物质 B 的质量与混合物的质量之比：

$\omega(\mathrm{B})=\frac{m_{\mathrm{B}}}{m}$；无量纲单位，可用 % 表示浓度值，也可用 mg/kg，μg/g 等表示

5.4　物质 B 的体积分数：物质 B 的体积除以混合物的体积：

$\varphi(\mathrm{B})=\frac{V_{\mathrm{B}}}{V}$；无量纲单位，常以 % 表示浓度值。

5.5　体积比浓度：两种液体分别以 V_1 与 V_2 体积相混。凡未注明溶剂名称时，均指纯水。两种以上特定液体与水相混合时，必须注明水。例如：HCl（1+2），甲醇 + 四氢呋喃 + 水 + 高氯酸（250+450+300+0.2）。

5.6　气相色谱法的固定液使用的质量比：指固定液与载体之间的质量比。

6　量具的检定与校正

天平、容量瓶、滴定管、无分度吸管、刻度吸管等按国家有关规定及规程进行校准。

7　检验方法的选择

同一个项目如果有两个或两个以上的检验方法时，可根据设备及技术条件选择使用。

8　化妆品产品的检测

在一般情况下，新开发的化妆品产品，在投放市场前应根据产品的类别进行相应的检验以评定其安全性。

9　化妆品样品的取样

化妆品样品的取样过程应尽可能顾及样品的代表性和均匀性，以便分析结果能正确反映化妆品的质量。实验室接到样品后应进行登记，并检查封口的完整性。在取样品前，应观察样品的性状和特征，并使样品混匀。打开包装后，应尽可能快地取出所要测定部分进行分析。如果样品必须保存，容器应该在充惰性气体下密闭保存。如果样品是以特殊方式出售，而不能根据以上方法取样或尚无现成取样方法可供参考，则可制定一个合理的取样方法，并

按实际取样步骤予以记录附于原始记录之中。

9.1 液体样品

主要是指油溶液、醇溶液、水溶液组成的化妆水、润肤液等。打开前应剧烈振摇容器，取出待分析样品后封闭容器。

9.2 半流体样品

主要是指霜、蜜、凝胶类产品。细颈容器内的样品取样时，应弃去至少1cm最初移出样品，挤出所需样品量，立刻封闭容器。广口容器内的样品取样时，应刮弃表面层，取出所需样品后立刻封闭容器。

9.3 固体样品

主要是指粉蜜、粉饼、口红等。其中，粉蜜类样品在打开前应猛烈地振摇，移取测试部分。粉饼和口红类样品应刮弃表面层后取样。

9.4 其他剂型样品可根据取样原则采用适当的方法进行取样。

10 其他

本规范理化检验方法提供的随行回收可接受范围仅为参考值，并非必要条件。实验室检验时应满足《化妆品中禁用物质和限用物质检测方法验证技术规范》的要求。

1.1 pH值
pH

1 范围

本方法规定了酸度计测定化妆品pH值。

本方法适用于化妆品pH值的测定。

2 方法提要

以玻璃电极为指示电极，饱和甘汞电极为参比电极，同时插入被测溶液中组成一个电池。此电池产生的电位差与被测溶液的pH有关，它们之间的关系符合能斯特方程式：

$$E=E_0+0.059\ \lg[\mathrm{H}^+]\ (25℃)$$

$$E=E_0-0.059\ \mathrm{pH}$$

式中 E_0——常数

在25℃时，每单位pH值相当于59.1mV电位差。即电位差每改变59.1mV，溶液中的pH相应改变1个单位。可在仪器上直接读出pH值。

3 试剂和材料

本方法所用试剂除另有说明外，均为优级纯试剂。所用水指不含CO_2的去离子水。

3.1 苯二甲酸氢钾标准缓冲溶液：称取在105℃烘干2h的苯二甲酸氢钾（$KHC_8H_4O_4$）10.12g溶于水中，并稀释至1L，储存于塑料瓶中。此溶液20℃时，pH为4.00。

3.2 磷酸盐标准缓冲溶液：称取在105℃烘干2h的磷酸二氢钾（KH_2PO_4）3.40g和磷酸氢二钠（Na_2HPO_4）3.55g，溶于水中，并稀释至1L，储存于塑料瓶中。此溶液20℃时，pH为6.88。

3.3 硼酸钠标准缓冲溶液：称取四硼酸钠（$NaB_4O_7\cdot 10H_2O$）3.81g，溶于水中，稀释至1L，储存于塑料瓶中。此溶液20℃时，pH为9.22。

以上三种标准缓冲溶液的pH值随温度变化而稍有差异，见附录A。

4　仪器和设备

4.1　精密酸度计(精度 0.02)。

4.2　复合电极或玻璃电极和甘汞电极。

4.3　磁力搅拌器(附有加温控制功能)。

4.4　烧杯,50mL。

4.5　天平。

5　分析步骤

5.1　样品处理

5.1.1　稀释法

称取样品 1 份(精确到 0.1g),加不含 CO_2 的去离子水 9 份,加热至 40℃,并不断搅拌至均匀,冷却至室温,作为待测溶液。

如为含油量较高的产品,可加热至 70℃~80℃,冷却后去油块待用;粉状产品可沉淀过滤后待用。

5.1.2　直测法(不适用于粉类、油基类及油包水型乳化体化妆品)

将适量包装容器中的样品放入烧杯中待用或将小包装去盖后直接将电极插入其中。

5.2　测定

5.2.1　电极活化　复合电极或玻璃电极(4.2)在使用前应放入水中浸泡 24h 以上。

5.2.2　校准仪器　按仪器(4.1)出厂说明书,选用与样品 pH 相接近的两种标准缓冲溶液在所规定的温度下进行校准或在温度补偿条件下进行校准。

5.2.3　样品测定　用水洗涤电极,用滤纸吸干后,将电极插入被测样品中,启动搅拌器,待酸度计读数稳定 1min 后,停搅拌器,直接从仪器上读出 pH 值。测试两次,误差范围 ±0.1,取其平均读数值。测定完毕后,将电极用水冲洗干净,其中玻璃电极浸在水中备用。

6　精密度

多家实验室对 19 种市售化妆品样品,用稀释法进行 6~22 次平行测定,其相对标准偏差为 0.16%~1.94%。

附录 A

表 A.1　不同温度时标准缓冲溶液的 pH 值

温度℃	标准缓冲溶液的 pH 值		
	苯二甲酸盐	磷酸盐	硼酸盐
0	4.01	6.98	9.46
5	4.01	6.95	9.39
10	4.00	6.92	9.33
15	4.00	6.90	9.27
20	4.00	6.88	9.22
25	4.01	6.86	9.18
30	4.01	6.85	9.14
35	4.02	6.84	9.10

续表

温度℃	标准缓冲溶液的 pH 值		
	苯二甲酸盐	磷酸盐	硼酸盐
40	4.02	6.84	9.07
45	4.03	6.83	9.04
50	4.03	6.83	9.01

1.2　汞
Mercury

第一法　氢化物原子荧光光度法

1　范围

本方法规定了氢化物原子荧光光度法测定化妆品中总汞的含量。

本方法适用于化妆品中总汞含量的测定。

2　方法提要

样品经消解处理后，汞被溶出。汞离子与硼氢化钾反应生成原子态汞，由载气（氩气）带入原子化器中，在特制汞空心阴极灯照射下，基态汞原子被激发至高能态，去活化回到基态后发射出特征波长的荧光，在一定浓度范围内，其强度与汞含量成正比，与标准系列溶液比较定量。

本方法对汞的检出限为 0.1μg/L；定量下限为 0.3μg/L。取样量为 0.5g 时，检出浓度为 0.002μg/g，最低定量浓度为 0.006μg/g。

3　试剂和材料

3.1　硝酸（ρ_{20}=1.42g/mL），优级纯。

3.2　硫酸（ρ_{20}=1.84g/mL），优级纯。

3.3　盐酸（ρ_{20}=1.19g/mL），优级纯。

3.4　过氧化氢[$\omega(H_2O_2)$=30%]。

3.5　五氧化二钒。

3.6　硫酸[$\varphi(H_2SO_4)$=10%]：取硫酸（3.2）10mL，缓慢加入到 90mL 水中，混匀。

3.7　盐酸羟胺溶液：取盐酸羟胺 12.0g 和氯化钠 12.0g 溶于 100mL 水中。

3.8　氯化亚锡溶液：称取氯化亚锡 20g 置于 250mL 烧杯中，加入盐酸（3.3）20mL，必要时可略加热促溶，全部溶解后，加水稀释至 100mL。

3.9　重铬酸钾溶液：称取重铬酸钾 10g，溶于 100mL 水中。

3.10　重铬酸钾 - 硝酸溶液：取重铬酸钾溶液（3.9）5mL，加入硝酸（3.1）50mL，用水稀释至 1L。

3.11　辛醇。

3.12　汞标准溶液制备

3.12.1　汞单元素溶液标准物质[$\rho(Hg)$=1000mg/L]：国家标准单元素储备溶液，应在有

效期范围内。

3.12.2　汞标准溶液Ⅰ：取汞单元素溶液标准物质（3.12.1）1.0mL 置于 100mL 容量瓶中，用重铬酸钾 - 硝酸溶液（3.10）稀释至刻度。可保存一个月。

3.12.3　汞标准溶液Ⅱ：取汞标准溶液Ⅰ（3.12.2）1.0mL 置于 100mL 容量瓶中，用重铬酸钾 - 硝酸溶液（3.10）稀释至刻度。临用现配。

3.12.4　汞标准溶液Ⅲ：取汞标准溶液Ⅱ（3.12.3）10.0mL 置于 100mL 容量瓶中，用重铬酸钾 - 硝酸溶液（3.10）稀释至刻度。

3.13　氢氧化钾溶液：称取氢氧化钾 5g 溶于 1L 水中。

3.14　硼氢化钾溶液：称取硼氢化钾（95%）20g 溶于 1L 氢氧化钾溶液（8.1）中。置冰箱内保存，一周内有效。

3.15　盐酸[φ（HCl）=10%]：取盐酸（3.3）10mL，加水 90mL，混匀。

4　仪器和设备

4.1　原子荧光光度计。

4.2　所用玻璃器皿均用稀硝酸浸泡过夜，冲洗干净。试管在烘箱 105℃烘 2h 备用。

4.3　天平。

4.4　具塞比色管，10mL、25mL、50mL。

5　分析步骤

5.1　标准系列溶液的制备

取汞标准溶液Ⅲ（3.12.4）0mL、0.50mL、1.25mL、2.50mL、5.00mL 置于 25mL 具塞比色管中，加入盐酸（3.3）2.5mL，加水至刻度，得相应浓度为 0μg/L、0.20μg/L、0.50μg/L、1.00μg/L、2.00μg/L 的汞标准系列溶液。

5.2　样品处理（可任选一种）

5.2.1　微波消解法

称取样品 0.5g~1g（精确到 0.001g）于清洗好的聚四氟乙烯溶样杯内。含乙醇等挥发性原料的样品，如香水、摩丝、沐浴液、染发剂、精华素、刮胡水、面膜等，先放入温度可调的 100℃恒温电加热器或水浴上挥发（不得蒸干）。蜡基类、粉类等干性样品，如唇膏、睫毛膏、眉笔、胭脂、唇线笔、粉饼、眼影、爽身粉、痱子粉等，取样后先加 0.5mL~1.0mL 水，润湿摇匀。

根据样品消解难易程度，样品或经预处理的样品，先加入硝酸（3.1）2.0mL~3.0mL，静置过夜。然后再加入过氧化氢（3.4）1.0mL~2.0mL，将溶样杯晃动几次，使样品充分浸没。放入沸水浴或温度可调的恒温电加热设备中 100℃加热 20min 取下，冷却。如溶液的体积不到 3mL 则补充水。同时严格按照微波溶样系统操作手册进行操作。

把装有样品的溶样杯放进预先准备好的干净的高压密闭溶样罐中，拧上罐盖（注意：不要拧得过紧）。

表 1 为一般样品消解时压力 - 时间的程序。如果样品是油脂类、中草药类、洗涤类，可适当提高防爆系统灵敏度，以增加安全性。

根据样品消解难易程度可在 5min~20min 内消解完毕，取出冷却，开罐，将消解好的含样品的溶样杯放入沸水浴或温度可调的 100℃电加热器中数分钟，驱除样品中多余的氮氧化物，以免干扰测定。

表 1 消解时压力 - 时间程序

压力挡	压力(MPa)	保压累加时间(min)
1	0.5	1.5
2	1.0	3.0
3	1.5	5.0

将样品移至 10mL 具塞比色管中,用水洗涤溶样杯数次,合并洗涤液,加入盐酸羟胺溶液(3.7)0.5mL,用水定容至 10mL,备用。

5.2.2 湿式回流消解法

称取样品 1g(精确到 0.001g)于 250mL 圆底烧瓶中。随同试样做试剂空白。样品如含有乙醇等有机溶剂,先在水浴或电热板上低温挥发(不得干涸)。

加入硝酸(3.1)30mL、水 5mL、硫酸(3.2)5mL 及数粒玻璃珠。置于电炉上,接上球形冷凝管,通冷凝水循环。加热回流消解 2h。消解液一般呈微黄色或黄色。从冷凝管上口注入水 10mL,继续加热 10min,放置冷却。用预先用水湿润的滤纸过滤消解液,除去固形物。对于含油脂蜡质多的样品,可预先将消解液冷冻使油脂蜡质凝固。用蒸馏水洗滤纸数次,合并洗涤液于滤液中。加入盐酸羟胺溶液(3.7)1.0mL,用水定容至 50mL,备用。

5.2.3 湿式催化消解法

称取样品 1g(精确到 0.001g)于 100mL 锥形瓶中。随同试样做试剂空白。样品如含有乙醇等有机溶剂,先在水浴或电热板上低温挥发(不得干涸)。

加入五氧化二钒(3.5)50mg、硝酸(3.1)7mL,置沙浴或电热板上用微火加热至微沸。取下放冷,加硫酸(3.2)5.0mL,于锥形瓶口放一小玻璃漏斗,在 135℃~140℃下继续消解并于必要时补加少量硝酸(3.1),消解至溶液呈现透明蓝绿色或桔红色。冷却后,加少量水继续加热煮沸约 2min 以驱赶二氧化氮。加入盐酸羟胺溶液(3.7)1.0mL,用水定容至 50mL,备用。

5.2.4 浸提法

称取样品 1g(精确到 0.001g)于 50mL 具塞比色管中。随同试样做试剂空白。样品如含有乙醇等有机溶剂,先在水浴或电热板上低温挥发(不得干涸)。

加入硝酸(3.1)5.0mL、过氧化氢(3.4)2.0mL,混匀。如样品产生大量泡沫,可滴加数滴辛醇(3.11)。于沸水浴中加热 2h,取出,加入盐酸羟胺溶液(3.7)1.0mL,放置 15min~20min,加水定容至 25mL,备用。

5.3 仪器参考条件

光电倍增管负高压 300V,汞元素灯电流 15mA,原子化器温度 300℃,高度 8.0mm;氩气流速:载气 300mL/min、屏蔽气 700mL/min;测量方式:标准曲线法;读数方式:峰面积,读数延迟时间 2s,读数时间为 12s;测试样品进样量与硼氢化钾溶液(3.14)加液量(两者比例为 1∶1)可设定在 0.5mL~0.8mL 之间。

5.4 测定

按“5.3”设定的仪器条件,输入相关的参数,包括样品稀释倍数和浓度单位。预热,待仪器稳定后,取适量消解定容样品(2mL~5mL),用盐酸(3.3)稀释至 10mL,摇匀,编号后放入仪器进样架上,在同一条件下先测定标准系列溶液,后测定样品。

6 分析结果的表述

6.1 计算

$$\omega=\frac{(\rho_1-\rho_0)\times V}{m\times 1000}$$

式中：ω——样品中汞的质量分数，μg/g；

ρ_1——测试溶液中汞的浓度，μg/L；

ρ_0——空白溶液中汞的浓度，μg/L；

V——样品消化液总体积，mL；

m——样品取样量，g。

6.2 回收率和精密度

本方法线性范围为 0μg/L~10μg/L；回收率为 95%；多次测定的相对标准偏差为 1.2%。

第二法 汞分析仪法

1 范围

本方法规定了直接汞分析仪法测定化妆品中总汞的含量。

本方法适用于化妆品中总汞的测定。

2 方法提要

直接称取样品于样品舟中，经自动进样器导入干燥分解炉中，进行干燥、分解、热分解的产物进入催化管催化、汞蒸气进行金汞齐反应，随后高温解析，最后在 254nm 处以冷原子光谱法测得的荧光值与汞含量做标准曲线，以标准曲线法计算含量。

本方法对汞的检出限为 0.1ng，定量下限为 0.3ng；取样量为 0.1g 时，检出浓度为 1ng/g，最低定量浓度为 3ng/g。

3 试剂和材料

除另有规定外，本方法所用试剂均为分析纯或以上规格，水为 GB/T6682 规定的一级水。

3.1 重铬酸钾。

3.1.1 饱和重铬酸钾溶液：称取 200g 重铬酸钾（3.1）溶于 1L 水中。用于吸收废气汞。或采用汞蒸气回收管（活性炭搜集管）吸收废气汞。

3.2 硝酸（优级纯）。

3.2.1 1% 硝酸溶液：取 10mL 硝酸（3.2）用水稀释至 1L。

3.3 汞标准物质[ρ(Hg)=1000μg/mL]，国家标准物质（GW08617）。

3.3.1 汞标准储备溶液：取汞标准溶液（3.3）1.0mL 置于 100mL 容量瓶中，用 1% 硝酸溶液（3.2.1）稀释至刻度，混匀。

3.4 高纯氧气，纯度不低于 99.95%。

4 仪器和设备

4.1 直接汞分析仪。

4.2 天平。

4.3 样品舟包括镍舟和石英舟，使用前于 650℃马弗炉中灼烧大约 1 小时，使本底荧光值降至 0.0030 以下。

5　分析步骤

5.1　标准系列溶液的制备

5.1.1　低浓度标准系列：由汞标准储备溶液（3.3.1）用1%硝酸（3.2.1）依次稀释成0ng/mL、1.0ng/mL、5.0ng/mL、10.0ng/mL、25.0ng/mL、50.0ng/mL标准系列。

5.1.2　中浓度及高浓度标准系列：由汞标准储备溶液（3.3.1）用1%硝酸（3.2.1）依次稀释成0ng/mL、50ng/mL、100ng/mL、150ng/mL、200ng/mL及250ng/mL、500ng/mL、750ng/mL、1000ng/mL、1500ng/mL标准系列。

5.2　仪器参考条件：

表1　干燥及分解的时间与温度程序表

时间（s）	温度（℃）
10	200
60	200
90	650
90	650

最低测量温度250℃，吹扫时间60s，汞齐化时间12s，记录时间30s，载气高纯氧气压力为0.4MPa。

5.3　测定

5.3.1　依次取低浓度标准系列（5.1.1）各100μL于石英舟中进行测定，100μL标准溶液中汞含量分别为0ng、0.1ng、0.5ng、1.0ng、2.5ng、5.0ng。以荧光值为纵坐标，汞含量为横坐标绘制低浓度标准曲线。依次取中浓度及高浓度标准系列（5.1.2）各100μL于石英舟中进行测定，100μL标准溶液中汞含量分别为0ng、5ng、10ng、15ng、20ng及25ng、50ng、75ng、100ng、150ng。以荧光值为纵坐标，汞含量为横坐标绘制中浓度及高浓度标准曲线。

5.3.2　称取样品0.1g（准确至0.0001g）于事先处理好的样品舟（4.3）中，由自动进样器导入干燥分解炉中，按（5.2）仪器参考条件进行测定。测量时首选低浓度标准曲线，如果超出线性范围，再选择中浓度或高浓度标准曲线。

6　分析结果的表述

6.1　计算

测量结果由数据处理终端直接读取或通过以下公式计算

$$x=\frac{y-b}{a}$$

式中：x——样品中汞的质量，ng

y——测定的荧光值；

a——标准曲线的斜率；

b——标准曲线的截距。

$$\omega=\frac{x\times 1000}{m\times 10^6}$$

式中：ω——样品中汞的质量分数，mg/kg；

m——样品取样量，g。

6.2 回收率和精密度

不同基质不同浓度的回收率在 81.5%~103.8% 之间，相对标准偏差≤5%（n=6）。

第三法 冷原子吸收法

1 范围

本方法规定了冷原子吸收法测定化妆品中总汞的含量。

本方法适用于化妆品中总汞含量的测定。

2 方法提要

汞蒸气对波长 253.7nm 的紫外光具特征吸收。在一定的浓度范围内，吸收值与汞蒸气浓度成正比。样品经消解、还原处理，将化合态的汞转化为原子态汞，再以载气带入测汞仪测定吸收值，与标准系列溶液比较定量。

汞蒸气对 253.7nm 的共振线具有强烈的吸收。样品经直接干燥燃烧分解，再经催化、歧化反应后，样品中的汞转化为元素汞，以 O_2 为载体，将元素汞吹入汞检测器。在一定浓度范围内，其吸收值与汞含量成正比，与标准系列溶液比较定量。

本方法对汞的检出限为 0.01μg，定量下限为 0.04μg；取样量为 1g 时，检出浓度为 0.01μg/g，最低定量浓度为 0.04μg/g。

3 试剂和材料

同第一法“3 试剂和材料”。

4 仪器和设备

4.1 冷原子吸收测汞仪。

4.2 具塞比色管，50mL、10mL。

4.3 玻璃回流装置（磨口球形冷凝管），250mL。

4.4 水浴锅（或敞开式电加热恒温炉）。

4.5 压力自控微波消解系统。

4.6 天平。

4.7 汞蒸气发生瓶。

4.8 高压密闭消解罐。

5 分析步骤

5.1 标准系列溶液的制备

取汞标准溶液Ⅲ（3.12.4）0mL、0.10mL、0.30mL、0.50mL、0.70mL、1.00mL、2.00mL，置于 100mL 锥形瓶或汞蒸气发生瓶中，用硫酸（3.6）定容至一定体积。

5.2 样品处理（可任选一种）

5.2.1 微波消解法（同第一法）

5.2.2 湿式回流消解法（同第一法）

5.2.3 湿式催化消解法（同第一法）

5.2.4 浸提法（只适用于不含蜡质的化妆品）

称取样品 1g（精确到 0.001g）于 50mL 具塞比色管中。随同试样做试剂空白。样品如含有乙醇等有机溶剂，先在水浴或电热板上低温挥发（不得干涸）。

加入硝酸（3.1）5.0mL、过氧化氢（3.4）2.0mL，混匀。如样品产生大量泡沫，可滴加数滴

辛醇(3.11)。于沸水浴中加热2h,取出,加入盐酸羟胺溶液(3.7)1.0mL,放置15min~20min,加入硫酸(3.6),加水定容至25mL,备用。

5.3　测定

按仪器说明书调整好测汞仪。将标准系列溶液加至汞蒸气发生瓶中,加入氯化亚锡溶液(3.8)2mL迅速塞紧瓶塞。开启仪器气阀。待指示达最高读数时,记录读数。绘制标准曲线。

吸取定量的空白和样品溶液于汞蒸气发生瓶中,加入硫酸(3.6)至一定体积,进行测定。

6　分析结果的表述

$$\omega=\frac{(m_1-m_0)\times V}{m\times V_1}$$

式中:ω——样品中汞的质量分数,μg/g;

m_1——测试溶液中汞的质量,μg;

m_0——空白溶液中汞的质量,μg;

V——样品消化液的总体积,mL;

V_1——分取样品消化液体积,mL;

m——样品取样量,g。

1.3　铅
Lead

第一法　石墨炉原子吸收分光光度法

1　范围

本方法规定了石墨炉原子吸收分光光度法测定化妆品中铅的含量。

本方法适用于化妆品中铅含量的测定。

2　方法提要

样品经预处理使铅以离子状态存在于样品溶液中,样品溶液中铅离子被原子化后,基态铅原子吸收来自铅空心阴极灯发出的共振线,其吸光度与样品中铅含量成正比。在其他条件不变的情况下,根据测量被吸收后的谱线强度,与标准系列比较进行定量。

本方法对铅的检出限为1.00μg/L,定量下限为3.00μg/L;取样量为0.5g定容至25mL时,检出浓度为0.05mg/kg,最低定量浓度为0.15mg/kg。

3　试剂和材料

除另有规定外,本方法所用试剂均为分析纯或以上规格,水为GB/T 6682规定的一级水。

3.1　硝酸(ρ_{20}=1.42g/mL),优级纯。

3.2　高氯酸[$\omega(HClO_4)$=70%~72%],优级纯。

3.3　过氧化氢[$\omega(H_2O_2)$=30%],优级纯。

3.4　硝酸(1+1):取硝酸(3.1)100mL,加水100mL,混匀。

3.5　硝酸(0.5mol/L):取硝酸(3.1)3.2mL加入50mL水中,稀释至100mL。

3.6　辛醇。

3.7　磷酸二氢铵溶液:取磷酸二氢铵20.0g溶于1000mL水中。

3.8 标准储备溶液:称取纯度为99.99%的金属铅1.000g,加入硝酸溶液(3.4)20mL,加热使溶解,移入1L容量瓶中,用水稀释至刻度。

4 仪器和设备

4.1 原子吸收分光光度计及其配件。

4.2 离心机。

4.3 硬质玻璃消解管或小型定氮消解瓶。

4.4 具塞比色管,10mL、25mL、50mL。

4.5 蒸发皿。

4.6 压力自控微波消解系统。

4.7 高压密闭消解罐。

4.8 聚四氟乙烯溶样杯。

4.9 水浴锅(或敞开式电加热恒温炉)。

4.10 天平。

5 分析步骤

5.1 标准系列溶液的制备

取铅标准储备溶液(3.8)1.0mL于100mL容量瓶中,加硝酸(3.5)至刻度。如此经多次稀释成每毫升含4.00ng、8.00ng、12.0ng、16.0ng、20.0ng的铅标准系列溶液。

5.2 样品处理(可任选一种方法)

5.2.1 湿式消解法

称取样品1.0g~2.0g(精确到0.001g),置于消解管中,同时做试剂空白。样品如含有乙醇等有机溶剂,先在水浴或电热板上低温挥发。若为膏霜型样品,可预先在水浴中加热使瓶壁上样品熔化流入瓶的底部。加入数粒玻璃珠,然后加入硝酸(3.1)10mL,由低温至高温加热消解,当消解液体积减少到2mL~3mL,移去热源,冷却。加入高氯酸(3.2)2mL~5mL,继续加热消解,不时缓缓摇动使均匀,消解至冒白烟,消解液呈淡黄色或无色。浓缩消解液至1mL左右。冷至室温后定量转移至10mL(如为粉类样品,则至25mL)具塞比色管中,以水定容至刻度,备用。如样液浑浊,离心沉淀后可取上清液进行测定。

5.2.2 微波消解法

称取样品0.3g~1g(精确到0.001g),置于清洗好的聚四氟乙烯溶样杯内,同时做试剂空白。含乙醇等挥发性原料的化妆品如香水、摩丝、沐浴液、染发剂、精华素、刮胡水、面膜等,先放入温度可调的100℃恒温电加热器或水浴上挥发(不得蒸干)。油脂类和膏粉类等干性物质,如唇膏、睫毛膏、眉笔、胭脂、唇线笔、粉饼、眼影、爽身粉、痱子粉等,取样后先加水0.5mL~1.0mL,润湿摇匀。

根据样品消解难易程度,样品或经预处理的样品,先加入硝酸(3.1)2.0mL~3.0mL,静止过夜,充分作用。然后再依次加入过氧化氢(3.3)1.0mL~2.0mL,将溶样杯晃动几次,使样品充分浸没。放入沸水浴或温度可调的恒温电加热设备中100℃加热20min取下,冷却。如溶液的体积不到3mL则补充水。同时严格按照微波溶样系统操作手册进行操作。

把装有样品的溶样杯放进预先准备好的干净的高压密闭溶样罐中,拧上罐盖(注意:不要拧得过紧)。

表1为一般化妆品消解时压力-时间的程序。如果化妆品是油脂类、中草药类、洗涤类,

可适当提高防爆系统灵敏度，以增加安全性。

根据样品消解难易程度可在 5min~20min 内消解完毕，取出冷却，开罐，将消解好的含样品的溶样杯放入沸水浴或温度可调的 100℃电加热器中数分钟，驱除样品中多余的氮氧化物，以免干扰测定。

表 1　消解时压力时间程序

压力挡	压力（MPa）	保压累加时间（min）
1	0.5	1.5
2	1.0	3.0
3	1.5	5.0

将样品移至 10mL 具塞比色管中，用水洗涤溶样杯数次，合并洗涤液，用水定容至 10mL，备用。

5.2.3　浸提法（只适用于不含蜡质的化妆品）

称取样品 1g（精确到 0.001g），置于 50mL 具塞比色管中。随同试样做试剂空白。样品如含有乙醇等有机溶剂，先在水浴或电热板上低温挥发。若为膏霜型样品，可预先在水浴中加热使管壁上样品熔化流入管底部。加入硝酸（3.1）5.0mL、过氧化氢（3.3）2.0mL，混匀，如出现大量泡沫，可滴加数滴辛醇（3.6）。于沸水浴中加热 2h。取出，放置 15min~20min，用水定容至 25mL。

5.3　仪器参考条件

根据各自仪器性能调至最佳状态。参考条件为波长 283.3nm，狭缝 0.2nm~1.0nm，灯电流 5mA~7mA，干燥温度 120℃，20s；灰化温度 800℃，持续 15s~20s，原子化温度：1100℃~1500℃，持续 3s~5s，背景校正为氘灯或塞曼效应。如样品溶液中铁含量超过铅含量 100 倍，不宜采用氘灯扣除背景法，应采用塞曼效应扣除背景法。

5.4　测定

5.4.1　在"5.3"仪器条件下，取标准系列溶液（5.1）各 20μL，分别注入石墨炉，测得其吸光值，得到以标准系列浓度为横坐标，吸光值为纵坐标的标准曲线。

5.4.2　试样测定：分别吸取样液和试剂空白液各 20μL，注入石墨炉，测得其吸光值，代入标准现得到样液中铅含量。

5.4.3　基体改进剂的使用：对有干扰试样，则注入适量的基体改进剂磷酸二氢铵溶液（3.7）（一般为 5μL）消除干扰。绘制铅标准曲线时也要加入与试样测定时等量的基体改进剂磷酸二氢铵溶液。（对于基体改进剂的使用，实验人员也可根据具体情况选择，如硝酸钯等）

6　分析结果的表述

$$\omega=\frac{(\rho_1-\rho_0)\times V\times 1000}{m\times 1000\times 1000}$$

式中：ω——样品中铅的质量分数，mg/kg；

ρ_1——测试溶液中铅的质量浓度，ng/mL；

ρ_0——空白溶液中铅的质量浓度，ng/mL；

V——样品消化液总体积，mL；

m——样品取样量，g。

以重复性条件下获得的两次独立测定结果的算术平均值表示，结果保留两位有效数字。

在重复性条件下获得的两次独立测定结果的绝对差值不得超过算术平均值的 20%。

第二法　火焰原子吸收分光光度法

1　范围

本方法规定了火焰原子吸收分光光度法测定化妆品中铅的含量。

本方法适用于化妆品中铅含量的测定。

2　方法提要

样品经预处理使铅以离子状态存在于样品溶液中，样品溶液中铅离子被原子化后，基态铅原子吸收来自铅空心阴极灯发出的共振线，其吸光度与样品中铅含量成正比。在其他条件不变的情况下，根据测量被吸收后的谱线强度，与标准系列比较进行定量。

本方法对铅的检出限为 0.15mg/L，定量下限为 0.50mg/L；取样量为 1g 定容至 10mL 时，检出浓度为 1.5μg/g，最低定量浓度为 5μg/g。

3　试剂和材料

除另有规定外，本方法所用试剂均为分析纯或以上规格，水为 GB/T 6682 规定的一级水。

3.1　硝酸（ρ_{20}=1.42g/mL），优级纯。

3.2　高氯酸[ω（$HClO_4$）=70%~72%]，优级纯。

3.3　过氧化氢[ω（H_2O_2）=30%]。

3.4　硝酸（1+1）：取硝酸（3.1）100mL，加水 100mL，混匀。

3.5　混合酸：硝酸（3.1）和高氯酸（3.2）按 3+1 混合。

3.6　辛醇。

3.7　盐酸羟铵溶液（120g/L）：取盐酸羟铵 12.0g 和氯化钠 12.0g 溶于 100mL 水中。

3.8　铅标准溶液

3.8.1　铅单元素溶液标准物质[ρ（Pb）=1000mg/L]：国家标准单元素储备溶液，应在有效期内。

3.8.2　铅标准溶液Ⅰ：取铅标准储备溶液（3.8.1）10.0mL 置于 100mL 容量瓶中，加硝酸溶液（3.4）2mL，用水稀释至刻度。

3.8.3　铅标准溶液Ⅱ：取铅标准溶液Ⅰ（3.8.2）10.0mL 置于 100mL 容量瓶中，加硝酸溶液（3.4）2mL，用水稀释至刻度。

3.9　甲基异丁基酮（MIBK）。

3.10　盐酸溶液（7mol/L）：取优级纯浓盐酸（ρ_{20}=1.19g/mL）30mL，加水至 50mL。

4　仪器和设备

4.1　原子吸收分光光度计及其配件。

4.2　天平。

4.3　具塞比色管，10mL、25mL、50mL。

4.4　压力自控微波消解系统。

4.5　离心机。

4.6　水浴锅（或敞开式电加热恒温炉）。

5　分析步骤

5.1　标准系列溶液的制备

取铅标准溶液Ⅱ(3.8.3)0mL、0.50mL、1.00mL、2.00mL、4.00mL、6.00mL，分别置于10mL具塞比色管中，加水至刻度，得相应浓度为0mg/L、0.50mg/L、1.00mg/L、2.00mg/L、4.00mg/L、6.00mg/L的铅标准系列溶液。

5.2　样品预处理(可任选一种方法)

5.2.1　湿式消解法

称取样品1g~2g(精确到0.001g)于消解管中，同时做试剂空白。样品如含有乙醇等有机溶剂，先在水浴或电热板上低温挥发。若为膏霜型样品，可预先在水浴中加热使瓶壁上样品熔化流入瓶的底部。加入数粒玻璃珠，然后加入硝酸(3.1)10mL，由低温至高温加热消解，当消解液体积减少到2mL~3mL，移去热源，冷却。加入高氯酸(3.2)2mL~5mL，继续加热消解，不时缓缓摇动使均匀，消解至冒白烟，消解液呈淡黄色或无色。浓缩消解液至1mL左右。冷至室温后定量转移至10mL(如为粉类样品，则至25mL)具塞比色管中，以水定容至刻度，备用。如样液浑浊，离心沉淀后可取上清液进行测定。

5.2.2　微波消解法

称取样品0.5g~1g(精确到0.001g)于清洗好的聚四氟乙烯溶样杯内。含乙醇等挥发性原料的化妆品如香水、摩丝、沐浴液、染发剂、精华素、刮胡水、面膜等，先放入温度可调的100℃恒温电加热器或水浴上挥发(不得蒸干)。蜡基类和粉类等干性物质，如唇膏、睫毛膏、眉笔、胭脂、唇线笔、粉饼、眼影、爽身粉、痱子粉等，取样后先加水0.5mL~1.0mL，润湿摇匀。

根据样品消解难易程度，样品或经预处理的样品，先加入硝酸(3.1)2.0mL~3.0mL，静置过夜，充分作用。然后再依次加入过氧化氢(3.3)1.0mL~2.0mL，将溶样杯晃动几次，使样品充分浸没。放入沸水浴或温度可调的恒温电加热设备中100℃加热20min取下，冷却。如溶液的体积不到3mL则补充水。同时严格按照微波溶样系统操作手册进行操作。

把装有样品的溶样杯放进预先准备好的干净的高压密闭溶样罐中，拧上罐盖(注意：不要拧得过紧)。

表1为一般化妆品消解时压力-时间的程序。如果化妆品是油脂类、中草药类、洗涤类，可适当提高防爆系统灵敏度，以增加安全性。

根据样品消解难易程度可在5min~20min内消解完毕，取出冷却，开罐，将消解好的含样品的溶样杯放入沸水浴或温度可调的100℃电加热器中数分钟，驱除样品中多余的氮氧化物，以免干扰测定。

表1　消解时压力-时间程序

压力挡	压力(MPa)	保压累加时间(min)
1	0.5	1.5
2	1.0	3.0
3	1.5	5.0

将样品移至10mL具塞比色管中，用水洗涤溶样杯数次，合并洗涤液，加入盐酸羟胺溶液(3.7)0.5mL，用水定容至10mL，备用。

5.2.3 浸提法(只适用于不含蜡质的化妆品)

称取样品 1g(精确到 0.001g)于 50mL 具塞比色管中。随同试样做试剂空白。样品如含有乙醇等有机溶剂,先在水浴或电热板上低温挥发。若为膏霜型样品,可预先在水浴中加热使管壁上样品熔化流入管底部。加入硝酸(3.1)5.0mL、过氧化氢(3.3)2.0mL,混匀,如出现大量泡沫,可滴加数滴辛醇(3.6)。于沸水浴中加热 2h。取出,加入盐酸羟铵溶液(3.7)1.0mL,放置 15min~20min,用水定容至 25mL。

5.3 测定

5.3.1 按仪器操作程序,将仪器的分析条件调至最佳状态。在扣除背景吸收下,分别测定铅标准系列、空白和样品溶液。如样品溶液中铁含量超过铅含量 100 倍,不宜采用氘灯扣除背景法,应采用塞曼效应扣除背景法,或按 5.3.2 预先除去铁。绘制浓度 - 吸光度标准曲线,计算样品含量。

5.3.2 将标准、空白和样品溶液转移至蒸发皿中,在水浴上蒸发至干。加入盐酸(3.10)10mL 溶解残渣,转移至分液漏斗,用等量的 MIBK(3.9)萃取二次,保留盐酸溶液。再用盐酸(3.10)5mL 洗 MIBK 层,合并盐酸溶液,必要时赶酸,定容。按仪器操作程序,进行测定。

6 分析结果的表述

$$\omega=\frac{(\rho_1-\rho_0)\times V}{m}$$

式中:ω——样品中铅的质量分数,μg/g;

ρ_1——测试溶液中铅的质量浓度,mg/L;

ρ_0——空白溶液中铅的质量浓度,mg/L;

V——样品消化液总体积,mL;

m——样品取样量,g。

1.4 砷
Arsenic

第一法 氢化物原子荧光光度法

1 范围

本方法规定了氢化物原子荧光光度法测定化妆品中总砷的含量。

本方法适用于化妆品中总砷的测定。

2 方法提要

在酸性条件下,五价砷被硫脲 - 抗坏血酸还原为三价砷,然后与由硼氢化钠与酸作用产生的大量新生态氢反应,生成气态的砷化氢,被载气输入石英管炉中,受热后分解为原子态砷,在砷空心阴极灯发射光谱激发下,产生原子荧光,在一定浓度范围内,其荧光强度与砷含量成正比,与标准系列比较定量。

本方法对砷的检出限为 4.0μg/L,定量下限为 13.3μg/L;取样量为 1g 时,检出浓度为 0.01μg/g,最低定量浓度为 0.04μg/g。

3 试剂和材料

3.1 硝酸(ρ_{20}=1.42g/mL),优级纯。

3.2　硫酸（ρ_{20}=1.84g/mL），优级纯。

3.3　氧化镁。

3.4　六水硝酸镁溶液（500g/L）：称取六水硝酸镁 500g，加水溶解稀释至 1L。

3.5　盐酸（1+1）：取优级纯盐酸（ρ_{20}=1.19g/mL）100mL，加水 100mL，混匀。

3.6　过氧化氢[$\omega(H_2O_2)$=30%]。

3.7　硫脲 - 抗坏血酸混合溶液：称取硫脲[$(NH_2)_2CS$]12.5g，加水约 80mL，加热溶解，待冷却后加入抗坏血酸 12.5g，稀释到 100mL，储存于棕色瓶中，可保存一个月。

3.8　氢氧化钠溶液：称取氢氧化钠 1g 溶于水中，稀释至 1L。

3.9　硼氢化钠溶液：称取硼氢化钠 7g 溶于 1L 氢氧化钠溶液（3.8）中。

3.10　氢氧化钠溶液：称取氢氧化钠 100g 溶于水中，稀释至 1L。

3.11　硫酸（1+9）：取硫酸（3.2）10mL，缓慢加入 90mL 水中。

3.12　酚酞指示剂（1g/L 乙醇溶液）：称取酚酞 0.1g 溶于 50mL 95% 乙醇中加水至 100mL。

3.13　砷单元素溶液标准物质[ρ（As）=1000mg/L]：国家标准单元素储备溶液，应在有效期范围内。

3.14　砷标准溶液 Ⅰ：移取砷单元素溶液标准物质（3.13）1.00mL 置于 100mL 容量瓶中，加水至刻度，混匀。

3.15　砷标准溶液 Ⅱ：临用时移取砷标准溶液 Ⅰ（3.14）10.0mL 于 100mL 容量瓶中，加水至刻度，混匀。

4　仪器和设备

4.1　原子荧光光度计。

4.2　天平。

4.3　具塞比色管，10mL、25mL。

4.4　压力自控微波消解系统。

4.5　水浴锅（或敞开式电加热恒温炉）。

4.6　坩埚，50mL。

5　分析步骤

5.1　标准系列溶液的制备

取砷标准溶液 Ⅱ（3.15）0mL、0.10mL、0.30mL、0.50mL、1.00mL、1.50mL、2.00mL 于 25mL 具塞比色管中，加水至 5mL，加入盐酸（1+1）溶液（3.5）5.0mL，再加入硫脲 - 抗坏血酸溶液（3.7）2.0mL，混匀，得相应浓度为 0μg/L、4μg/L、12μg/L、20μg/L、40μg/L、60μg/L、80μg/L 的砷标准系列溶液。

5.2　样品处理（可任选一种）

5.2.1　HNO_3-H_2SO_4 湿式消解法

称取样品 1g（精确到 0.001g）于 150mL 锥形瓶中。同时作试剂空白。样品如含乙醇等溶剂，称取样品后应预先将溶剂挥发（不得干涸）。加数粒玻璃珠，加入硝酸（3.1）10mL~20mL，放置片刻后，缓缓加热，反应开始后移去热源，稍冷后加入硫酸（3.2）2mL。继续加热消解，若消解过程中溶液出现棕色，可加少许硝酸（3.1）消解，如此反复直至溶液澄清或微黄。放置冷却后加水 20mL 继续加热煮沸至产生白烟，将消解液定量转移至 25mL 具塞

比色管中，加水定容至刻度，备用。

5.2.2　干灰化法

称取样品 1g（精确到 0.001g）于 50mL 坩埚中，同时作试剂空白。加入氧化镁（3.3）1g，六水硝酸镁溶液（3.4）2mL，充分搅拌均匀，在水浴上蒸干水分后微火炭化至不冒烟，移入箱形电炉，在 550℃下灰化 4h~6h，取出，向灰分中加少许水使润湿，然后用盐酸（1+1）（3.5）20mL 分数次溶解灰分，加水定容至 25mL，备用。

5.2.3　微波消解法

称取样品 0.5g~1g（精确到 0.001g）于清洗好的聚四氟乙烯溶样杯内。含乙醇等挥发性原料的化妆品如香水、摩丝、沐浴液、染发剂、精华素、刮胡水、面膜等，则先放入温度可调的 100℃恒温电加热器或水浴上挥发（不得蒸干），油脂类和膏粉类等干性物质，如唇膏、睫毛膏、眉笔、胭脂、唇线笔、粉饼、眼影、爽身粉、痱子粉等，取样后先加水 0.5mL~1.0mL，润湿摇匀。

根据样品消解难易程度，样品或经预处理的样品，先加入硝酸（3.1）2.0mL~3.0mL，静置过夜，充分作用。然后再加入过氧化氢（3.6）1.0mL~2.0mL，将溶样杯晃动几次，使样品充分浸没。放入沸水浴或温度可调的恒温电加热设备中 100℃加热 20min 取下，冷却。如溶液的体积不到 3mL 则补充水。同时严格按照微波溶样系统操作手册进行操作。

把装有样品的溶样杯放进预先准备好的干净的高压密闭溶样罐中，拧上罐盖（注意：不要拧得过紧）。

表 1 为一般化妆品消解时压力 - 时间的程序。如果化妆品是油脂类、中草药类、洗涤类，可适当提高防爆系统灵敏度，以增加安全性。

根据样品消解难易程度可在 5min~20min 内消解完毕，取出冷却，开罐，将消解好的含样品的溶样杯放入沸水浴或温度可调的 100℃电加热器中数分钟，驱除样品中多余的氮氧化物，以免干扰测定。

表 1　消解时压力 - 时间程序

压力挡	压力（MPa）	保压累加时间（min）
1	0.5	1.5
2	1.0	3.0
3	1.5	5.0

将样品移至 10mL 具塞比色管中，用水洗涤溶样杯数次，合并洗涤液，用水定容至 10mL，备用。

5.3　仪器参考条件

5.3.1　参考条件 1：

灯电流：45mA；光电倍增管负高压：340V；原子化器高度：8.5mm；载气流量：500mL Ar/min；屏蔽气流量：1000mL Ar/min；测量方式：标准曲线法；读数时间：12s；硼氢化钾加液时间：8s；进样体积：2mL。

5.3.2　参考条件 2（附流动注射）：

灯电流：45mA；光电倍增管负高压：340V；原子化器高度：8.5mm；氩气气压：0.03MPa；载

气流量：300mL Ar/min；屏蔽气流量：600mL Ar/min；测量方式：标准曲线法；读数时间：12s；硼氢化钾加液时间：10s；进样体积：1mL。

5.4　测定

在“5.3”仪器条件下，吸取砷标准系列溶液（5.1）2.0mL，注入氢化物发生器中，加入一定量硼氢化钠溶液（3.9），测定其荧光强度，以标准系列溶液浓度为横坐标、荧光强度为纵坐标，绘制标准曲线。

取预处理样品溶液及试剂空白溶液 10.0mL 于 25mL 具塞比色管中，加入硫脲 - 抗坏血酸溶液（3.7）2.0mL，混匀，吸取 2.0mL，按绘制标准曲线的操作步骤测定样品荧光强度，由标准曲线查出测试溶液中砷的浓度。

6　分析结果的表述

6.1　计算

$$\omega=\frac{(\rho_1-\rho_0)\times V}{m\times 1000}$$

式中：ω——样品中砷的质量分数，μg/g；

ρ_1——测试溶液中砷的质量浓度，μg/L；

ρ_0——空白溶液中砷的质量浓度，μg/L；

V——样品消化液总体积，mL；

m——样品取样量，g。

6.2　回收率和精密度

当样品中的砷含量在 0.24μg/g~4.59μg/g 时，各浓度样品测定的批内相对标准偏差为 1.1%~10.0%，平均相对标准偏差为 4.7%；批间相对标准偏差为 0.2%~8.0%，平均相对标准偏差为 4.1%。三个实验室分别重复测定的平均相对标准偏差分别为 5.1%、4.3% 和 3.2%。

当样品中加入 0.3μg/g~4.5μg/g 的砷时，样品的平均加标回收率为 100.3%，三个实验室分别测定的平均加标回收率分别为 99.0%、98.1% 和 98.5%。

第二法　氢化物发生原子吸收法

1　范围

本方法规定了氢化物原子吸收法测定化妆品中总砷的含量。

本方法适用于化妆品中总砷的测定。

2　方法提要

样品经预处理后，样品溶液中的砷在酸性条件下被碘化钾 - 抗坏血酸还原为三价砷，然后被硼氢化钠与酸作用产生的新生态氢还原为砷化氢，被载气导入被加热的“T”形石英管原子化器而原子化，基态砷原子吸收砷空心阴极灯发射的特征谱线。在一定浓度范围内，吸光度与样品砷含量成正比。与标准系列比较定量。

本方法对砷的检出限为 1.7ng，定量下限为 5.7ng；取样量为 1g 时，检出浓度为 0.17mg/kg，最低定量浓度为 0.57mg/kg。

3　试剂和材料

3.1　盐酸[φ（HCl）=10%]：取优级纯盐酸（ρ_{20}=1.19g/mL）10mL 加 90mL 水，混匀。

3.2　碘化钾 - 抗坏血酸混合溶液：称取碘化钾 15g 和抗坏血酸 2g，加水溶解，稀释至

100mL。

3.3　硼氢化钠溶液：称取氢氧化钠 0.5g 溶至 100mL 水中，加入硼氢化钠 0.5g 溶解后过滤，于塑料瓶内冰箱中保存。

3.4　硫酸（1mol/L）：取硫酸（第一法 3.2）55.5mL 缓慢加入到 944.5mL 水中。

3.5　硝酸镁溶液：称取硝酸镁 100g 溶于 1L 水中。

4　仪器和设备

4.1　具氢化物发生装置的原子吸收分光光度计。

4.2　具塞比色管，50mL。

4.3　天平。

5　分析步骤

5.1　标准系列溶液的制备

取砷标准溶液Ⅱ（第一法 3.15）0mL、0.50mL、1.00mL、2.00mL、4.00mL 于 100mL 容量瓶中，用盐酸（第二法 3.1）稀释至刻度，得相应浓度为 0μg/L、5.0μg/L、10.0μg/L、20.0μg/L、40.0μg/L 的砷标准系列溶液。

5.2　样品处理（可任选一种方法）

5.2.1　HNO_3—H_2SO_4 湿式消解法

称取样品 1g（精确到 0.001g），于 125mL 锥形瓶中，同时作试剂空白。样品如含乙醇等溶剂，称取样品后应预先将溶剂挥发（不得干涸）。加数粒玻璃珠，加入硝酸（第一法 3.1）10mL~20mL，放置片刻后，缓缓加热，反应开始后移去热源，稍冷后加入硫酸（第一法 3.2）2mL。继续加热消解，若消解过程中溶液出现棕色，可加少许硝酸（第一法 3.1）消解，如此反复直至溶液澄清或微黄。放置冷却后加水 20mL 继续加热煮沸至产生白烟，将消解液定量转移至 50mL 具塞比色管中，加入碘化钾 - 抗坏血酸溶液（第二法 3.2）5mL，加水定容至刻度，放置 10min 后测定。

5.2.2　干灰化法

称取样品 1g（精确到 0.001g），于 50mL 坩埚中，同时作试剂空白。加入氧化镁（第一法 3.3）1g，硝酸镁溶液（第二法 3.5）2mL，充分搅拌均匀，在水浴上蒸干水分后微火炭化至不冒烟。移入箱形电炉，在 550℃下灰化 4h~6h。取出，向灰分中加少许水使润湿，然后用盐酸（1+1）（第一法 3.5）20mL 分数次溶解灰分，加入碘化钾 - 抗坏血酸溶液（第二法 3.2）5mL，加水定容至 50mL，放置 10min 后测定。

5.2.3　压力消解罐消解法

称取样品 1g（精确到 0.001g），于聚四氟乙烯内胆中，同时作试剂空白。若样品含较多乙醇等溶剂，应预先于水浴上将溶剂挥发。加入硝酸（第一法 3.1）10mL~15mL，或硝酸（第一法 3.1）6mL 和过氧化氢（第一法 3.6）6mL，放置片刻，盖上聚四氟乙烯内盖，放入消解罐不锈钢筒体内，依次盖上不锈钢内盖、内垫和外盖，用拧紧手柄拧紧外盖。放入恒温烤箱内于 100℃烘 2h，升温至 140℃~150℃，加热 4h，放冷取出。将样品溶液转移至 50mL 烧杯中，用水洗涤内胆数次，合并洗涤液。加入硫酸（第二法 3.4）5mL，在电热板上加热赶硝酸至产生白烟。放冷，加入水 20mL，转移至 50mL 容量瓶，加入碘化钾 - 抗坏血酸溶液（第二法 3.2）5mL，加水至刻度。放置 10min 后测定。

5.3　仪器参考条件

按仪器说明书及表 2 要求调整好仪器及氢化物发生装置。

表 2　测定砷的参考分析条件

波长	通带	灯电流	负高压	增益	方式
193.7nm	0.4nm	1.5mA	588V	×2	峰面积
积分	载气	载气流量	C_2H_2/空气	硼氢化钠溶液	
9s	氮气	1.0L/min	1.0/5.0	2mL	

5.4　测定

在“5.3”仪器条件下，取砷标准系列溶液（5.1）5mL 于氢化物反应瓶内，通载气驱赶气路中空气使吸光度为零。关气，加入硼氢化钠溶液（3.3）2.0mL，通气，记录吸光度。放掉废液，洗涤。依次进行测定，以浓度为横坐标，吸光度为纵坐标，绘制标准曲线。

移取样品溶液 0.5mL 及盐酸（3.1）4.5mL 至氢化物反应瓶内，进行测定。

6　分析结果的表述

6.1　计算

$$\omega=\frac{(\rho_1-\rho_0)\times V\times V_S\times 1000}{m\times V_1}$$

式中：ω——样品中砷的质量分数，μg/g；

ρ_1——测试溶液中砷的质量浓度，μg/L；

ρ_0——空白溶液中砷的浓度，μg/L；

V——样品溶液总体积，mL；

V_S——测定时移取标准溶液体积，mL；

V_1——测定时移取样品溶液体积，mL；

m——样品取样量，g。

6.2　回收率和精密度

当样品中的砷含量在 2.09μg/g~12.12μg/g 时，各浓度样品的相对标准偏差为 3.1%~7.1%。多家实验室测定的相对标准偏差为 3.7%~9.0%。

当样品中加入 2.5μg/g~10μg/g 的砷时，样品的加标回收率为 94.3%，多家实验室分别测定的加标回收率范围为 84.2%~103%。

1.5　镉
Cadmium

1　范围

本方法规定了火焰原子吸收分光光度法测定化妆品中总镉的含量。

本方法适用于化妆品中总镉的测定。

2　方法提要

样品经处理，使镉以离子状态存在于溶液中，样品溶液中镉离子被原子化后，基态原子

吸收来自镉空心阴极灯的共振线,其吸收量与样品中镉的含量成正比。在其他条件不变的情况下,根据测量的吸收值与标准系列溶液比较进行定量。

本方法对镉的检出限为 0.007mg/L,定量下限为 0.023mg/L;取样量为 1g 时,检出浓度为 0.18mg/kg,最低定量浓度为 0.59mg/kg。

3 试剂和材料

除另有规定外,本方法所用试剂均为分析纯或以上规格,水为 GB/T 6682 规定的一级水。

3.1 硝酸(ρ_{20}=1.42g/mL),优级纯。

3.2 高氯酸[ω($HClO_4$)=70%~72%],优级纯。

3.3 过氧化氢[ω(H_2O_2)=30%],优级纯。

3.4 硝酸(1+1):取硝酸(3.1)100mL,加水 100mL,混匀。

3.5 混合酸:硝酸(3.1)和高氯酸(3.2)按(3+1)混合。

3.6 镉标准溶液

3.6.1 镉单元素溶液标准物质[ρ(Cd)=1g/L]:国家标准单元素储备溶液,应在有效期内。

3.6.2 镉标准溶液Ⅰ:镉单元素溶液标准物质(3.6.1)10.0mL 于 100mL 容量瓶中,加硝酸(1+1)(3.4)2mL,用水稀释至刻度。

3.6.3 镉标准溶液Ⅱ:取镉标准溶液Ⅰ(3.6.2)10.0mL 于 100mL 容量瓶中,加硝酸(1+1)(3.4)2mL,用水稀释至刻度。

3.7 甲基异丁基酮(MIBK)。

3.8 盐酸(7mol/L):取优级纯浓盐酸(ρ_{20}=1.19g/mL)30mL,加水至 50mL。

3.9 盐酸羟胺溶液:取盐酸羟胺 12.0g 和氯化钠 12.0g 溶于 100mL 水中。

3.10 辛醇。

4 仪器和设备

4.1 原子吸收分光光度计。

4.2 硬质玻璃消解管或高型烧杯。

4.3 具塞比色管,10mL、25mL。

4.4 电热板或水浴锅。

4.5 压力自控密闭微波溶样炉。

4.6 高压密闭消解罐。

4.7 聚四氟乙烯溶样杯。

4.8 天平。

5 分析步骤

5.1 标准系列溶液的制备

取镉标准溶液Ⅱ(3.6.3)0mL、0.50mL、1.00mL、2.00mL、3.00mL、4.00mL、5.00mL,分别于 50mL 容量瓶中,加硝酸(1+1)(3.4)1mL,用水稀释至刻度,得浓度为 0mg/L、0.10mg/L、0.20mg/L、0.40mg/L、0.60mg/L、0.80mg/L、1.00mg/L 的镉标准系列溶液。

5.2 样品处理

5.2.1 湿式消解法

称取样品 1g~2g(精确到 0.001g)于消化管中,同时做试剂空白。样品如含有乙醇等有机溶剂,先在水浴或电热板上低温挥发。若为膏霜类样品,可预先在水浴中加热使瓶壁上样品熔化流入瓶的底部。加入数粒玻璃珠，然后加入硝酸（3.1）10mL，由低温至高温加热消解，当消解液体积减少到 2mL~3mL，移去热源，冷却。加入高氯酸（3.2）2mL~5mL，继续加热消解，不时缓缓摇动使均匀，消解至冒白烟，消解液呈淡黄色或无色。浓缩消解液至 1mL 左右。冷至室温后定量转移至 10mL（如为粉类样品，则至 25mL）具塞比色管中，以水定容至刻度，备用。如样品溶液浑浊，离心沉淀后取上清液进行测定。

5.2.2　微波消解法

称取样品 0.5g~1g（精确到 0.001g）于清洗好的聚四氟乙烯溶样杯内。含乙醇等挥发性原料的样品，如香水、摩丝、沐浴液、染发剂、精华素、刮胡水、面膜等，先放入温度可调的 100℃恒温电加热器或水浴上挥发（不得蒸干）。油脂类和膏粉类等干性样品，如唇膏、睫毛膏、眉笔、胭脂、唇线笔、粉饼、眼影、爽身粉、痱子粉等，取样后先加水 0.5mL~1.0mL，润湿摇匀。

根据样品消解难易程度，样品或经预处理的样品，先加入硝酸（3.1）2.0mL~3.0mL，静置过夜，充分作用。然后再依次加入过氧化氢（3.3）1.0mL~2.0mL，将溶样杯晃动几次，使样品充分浸没。放入沸水浴或温度可调的恒温电加热设备中 100℃加热 20min 取下，冷却。如溶液的体积不到 3mL 则补充水。同时严格按照微波溶样系统操作手册进行操作。

把装有样品的溶样杯放进预先准备好的干净的高压密闭溶样罐中，拧上罐盖（注意：不要拧得过紧）。

表 1 为一般样品消解时压力 - 时间的程序。如果样品是油脂类、中草药类、洗涤类，可适当提高防爆系统灵敏度，以增加安全性。

根据样品消解难易程度可在 5min~20min 内消解完毕，取出冷却，开罐，将消解好的含样品的溶样杯放入沸水浴或温度可调的 100℃电加热器中数分钟，驱除样品中多余的氮氧化物，以免干扰测定。

表 1　消解时压力 - 时间程序

压力挡	压力（MPa）	保压累加时间（min）
1	0.5	1.5
2	1.0	3.0
3	1.5	5.0

将样品移至 10mL 具塞比色管中，用水洗涤溶样杯数次，合并洗涤液，加入盐酸羟胺溶液（3.9）0.5mL，用水定容至 10mL，备用。

5.2.3　浸提法（只适用于不含蜡质的样品）

称取样品 1g（精确到 0.001g）于 50mL 具塞比色管中。随同试样做试剂空白。样品如含有乙醇等有机溶剂，先在水浴或电热板上低温挥发。若为膏霜型样品，可预先在水浴中加热使管壁上样品熔化流入管底部。加入硝酸（3.1）5.0mL、过氧化氢（3.3）2.0mL，混匀，如出现大量泡沫，可滴加数滴辛醇（3.10）。于沸水浴中加热 2h。取出，加入盐酸羟胺溶液（3.9）1.0mL，放置 15min~20min，用水定容至 25mL。

注 1：如样品不测定汞，则免去此加盐酸羟胺步骤。

5.3 测定

5.3.1 按仪器操作程序，将仪器的分析条件调至最佳状态。在扣除背景吸收下，分别测定标准系列、空白和样品溶液。如样品溶液中铁含量超过镉含量100倍，则不宜采用氘灯扣除背景法，应采用塞曼效应扣除背景法，或按5.3.2预先除去铁。绘制浓度-吸光度曲线，计算样品含量。

5.3.2 将标准、空白和样品溶液转移至蒸发皿中，在水浴上蒸发至干，加入盐酸（3.8）10mL溶解残渣，转移至分液漏斗中，用等量的MIBK（3.7）萃取2次，保留盐酸溶液。再用盐酸（3.8）5mL洗MIBK层，合并盐酸溶液，必要时赶酸，定容。按仪器操作程序进行测定。

6 分析结果的表述

6.1 计算

$$\omega=\frac{(\rho_1-\rho_0)\times V}{m}$$

式中：ω——样品中镉的质量分数，mg/kg；

ρ_1——测试溶液中镉的质量浓度，mg/L；

ρ_0——空白溶液中镉的质量浓度，mg/L；

V——样品溶液总体积，mL；

m——样品取样量，g。

6.2 回收率和精密度

多家实验室采用湿式消解法，测定含镉为0.25μg/g~1.00μg/g的膏霜、粉饼、水剂等不同种类的化妆品样品，其相对标准偏差为0.73%~8.73%，回收率范围为85.8%~101.3%。

多家实验室采用浸提法，测定含镉为0.25μg/g~1.00μg/g的膏、霜、粉饼、水剂等不同种类的化妆品样品，其相对标准偏差为0.69%~6.90%，回收率范围为85.6%~102.0%。

1.6 锂等37种元素 Li and other 36 kinds of elements

1 范围

本方法规定了电感耦合等离子体质谱法测定化妆品中锂等37种元素的含量。

本方法适用于化妆品中锂等37种元素的测定。

本方法所指的37种元素为锂（Li）、铍（Be）、钪（Sc）、钒（V）、铬（Cr）、锰（Mn）、钴（Co）、镍（Ni）、铜（Cu）、砷（As）、铷（Rb）、锶（Sr）、银（Ag）、镉（Cd）、铟（In）、铯（Cs）、钡（Ba）、汞（Hg）、铊（Tl）、铅（Pb）、铋（Bi）、钍（Th）、镧（La）、铈（Ce）、镨（Pr）、钕（Nd）、镝（Dy）、铒（Er）、铕（Eu）、钆（Gd）、钬（Ho）、镥（Lu）、钐（Sm）、铽（Tb）、铥（Tm）、钇（Y）和镱（Yb）。

2 方法提要

样品经酸消解处理成溶液后，经气动雾化器以气溶胶的形式进入氩气为基质的高温射频等离子体中，经过蒸发、解离、原子化、电离等过程，转化为带正电荷的正离子，经离子采集系统进入质谱仪，质谱仪根据质荷比进行分离，质谱积分面积与进入质谱仪中的离子数成正比。即被测元素浓度与各元素产生的信号强度CPS成正比，与标准系列比较定量。

若取0.5g样品，定容体积（25mL），本方法定量下限和最低定量浓度见表1。

表 1　各种金属元素的检出限、定量下限、检出浓度和最低定量浓度

元素	检测限（μg/L）	最低检出浓度（μg/kg）	定量限（μg/L）	最低定量浓度（μg/kg）
锂（Li）	0.1	5	0.3	15
铍（Be）	0.04	2	0.13	6.7
钪（Sc）	0.06	3	0.2	10
钒（V）	0.1	5	0.3	15
铬（Cr）	0.3	15	1	50
锰（Mn）	1	50	3.3	167
钴（Co）	0.03	1.5	0.09	4.5
镍（Ni）	0.2	10	0.6	30
铜（Cu）	1.6	80	5.3	267
砷（As）	0.02	1	0.07	3.3
铷（Rb）	0.08	4	0.27	13
锶（Sr）	0.3	15	0.9	45
银（Ag）	0.02	1	0.07	3.3
镉（Cd）	0.02	1	0.07	3.3
铟（In）	0.02	1	0.07	3.3
铯（Cs）	0.02	1	0.07	3.3
钡（Ba）	0.65	32	2.2	108
汞（Hg）	0.02	1	0.07	3.3
铊（Tl）	0.02	1	0.07	3.3
铅（Pb）	0.6	30	1.8	90
铋（Bi）	0.12	6	0.4	20
钍（Th）	0.08	4	0.27	13
镧（La）	0.1	5	0.3	15
铈（Ce）	0.03	1.5	0.09	4.5
镨（Pr）	0.02	1	0.07	3.3
钕（Nd）	0.02	1	0.07	3.3
镝（Dy）	0.02	1	0.07	3.3
铒（Er）	0.02	1	0.07	3.3
铕（Eu）	0.02	1	0.07	3.3
钆（Gd）	0.02	1	0.07	3.3
钬（Ho）	0.02	1	0.07	3.3
镥（Lu）	0.02	1	0.07	3.3
钐（Sm）	0.02	1	0.07	3.3

续表

元素	检测限(μg/L)	最低检出浓度(μg/kg)	定量限(μg/L)	最低定量浓度(μg/kg)
铽(Tb)	0.02	1	0.07	3.3
铥(Tm)	0.02	1	0.07	3.3
钇(Y)	0.05	2.5	0.15	7.5
镱(Yb)	0.02	1	0.07	3.3

3 试剂和材料

除另有规定外,本方法所用试剂均为分析纯或以上规格,水为GB/T 6682规定的一级水。

3.1 硝酸(ρ_{20}=1.42g/mL),优级纯。

3.2 高氯酸[ω($HClO_4$)=70%~72%],优级纯。

3.3 过氧化氢[ω(H_2O_2)=30%],优级纯。

3.4 硝酸(0.5mol/L):取硝酸(3.1)3.2mL加入50mL水中,稀释至100mL。

3.5 混合酸:硝酸(3.1)和高氯酸(3.2)按3+1混合。

3.6 混合标准储备液:锂(Li)、铍(Be)、钪(Sc)、钒(V)、铬(Cr)、锰(Mn)、钴(Co)、镍(Ni)、铜(Cu)、砷(As)、铷(Rb)、锶(Sr)、银(Ag)、镉(Cd)、铟(In)、铯(Cs)、钡(Ba)、铊(Tl)、铅(Pb)、铋(Bi)、钍(Th)、镧(La)、铈(Ce)、镨(Pr)、钕(Nd)、镝(Dy)、铒(Er)、铕(Eu)、钆(Gd)、钬(Ho)、镥(Lu)、钐(Sm)、铽(Tb)、铥(Tm)、钇(Y)、镱(Yb)[ρ=10.0mg/L]。选用相应浓度的持证混合标准溶液;汞(Hg)标准溶液[ρ=10.0mg/L]。

3.7 混合标准使用液:取混合标准储备液(3.6)10mL,用硝酸(3.4)定容至100mL,摇匀,配成质量浓度为1000μg/L的混合标准使用液。准确移取汞(Hg)标准溶液(3.6)1.0mL,用硝酸(3.4)定容至100mL,摇匀,配成质量浓度为100μg/L的汞标准溶液。

3.8 内标储备溶液:Re[ρ=10.0mg/L]、Rh[ρ=10.0mg/L]。选用相应浓度的持证混合标准溶液。

3.9 内标使用液:用硝酸(3.4)配成浓度为20μg/L的(Re+Rh)混合内标使用液。[注1]

3.10 质谱调谐液:锂(Li)、钴(Co)、铟(In)、铀(U)、钡(Ba)、铈(Ce)混合溶液为质谱调谐液,浓度为1.0μg/L。[注2]

4 仪器和设备

4.1 电感耦合等离子体质谱(ICP-MS),微机工作站。

4.2 微波消解仪及其配件。

4.3 具塞比色管,10mL、25mL、50mL。

4.4 水浴锅(或敞开式电加热恒温炉)。

4.5 天平。

5 分析步骤

5.1 标准系列溶液的制备

取混合标准使用液(3.7)0.00mL、0.10mL、0.50mL、1.00mL、5.00mL、10.0mL于100mL容量瓶中,加硝酸溶液(3.4)至刻度,摇匀,配制成浓度分别为0.00μg/L、1.00μg/L、5.00μg/L、10.0μg/L、50.0μg/L、100μg/L的混合标准系列溶液。取汞标准溶液(3.7)0.00mL、0.50mL、

1.00mL、2.00mL、4.00mL、5.00mL 于 100mL 容量瓶中，加硝酸溶液（3.4）至刻度，摇匀，配制成浓度分别为 0.00μg/L、0.50μg/L、1.00μg/L、2.00μg/L、4.00μg/L、5.00μg/L 汞元素标准系列溶液。根据待测元素的实际含量，可在此范围内选取合适的标准曲线范围。

5.2　样品处理（可任选一种方法）

5.2.1　湿式消解法

称取样品 0.5g~1.0g（精确到 0.001g），置于三角瓶中，同时做试剂空白。样品如含有乙醇等有机溶剂，先在水浴或电热板上低温挥发。若为膏霜型样品，可预先在水浴中加热使瓶壁上样品熔化流入瓶的底部。加入数粒玻璃珠，然后加入混合酸（3.5）10mL~15mL，由低温至高温加热消解，不时缓缓摇动使均匀，消解至冒白烟，消解液呈淡黄色或无色。浓缩消解液至 2mL~3mL 左右。冷至室温后定量转移至 25mL 具塞比色管中，以水定容至刻度，备用。对于某些粉质化妆品消解后存在一些沉淀物或悬浊物，定容后过滤，待测。

5.2.2　微波消解法

称取样品 0.3g~0.5g（精确到 0.0001g），置于清洗好的聚四氟乙烯消解罐内，同时做试剂空白。含乙醇等挥发性原料的化妆品如香水、摩丝、沐浴液、染发剂、精华素、刮胡水、面膜等，先放入温度可调的 100℃恒温电加热器或水浴上挥发（不得蒸干）。油脂类和膏粉类等干性物质，如唇膏、睫毛膏、眉笔、胭脂、唇线笔、粉饼、眼影、爽身粉、痱子粉等，取样后先加水 0.5mL~1.0mL，润湿摇匀。

根据样品消解难易程度，样品或经预处理的样品，先加入硝酸（3.1）3.0mL~5.0mL，静置过夜，充分作用。然后再依次加入过氧化氢（3.3）1.0mL~2.0mL，将消解罐晃动几次，使样品充分浸没。放入沸水浴或温度可调的恒温电加热设备中 100℃加热约 30min 取下，冷却。把装有样品的消解罐拧上罐盖，放进微波消解仪中。同时严格按照微波消解系统操作手册进行操作。

表 2 为一般化妆品消解时温度 - 时间的程序[注3]。如果化妆品是油脂类、中草药类、洗涤类，可适当提高防爆系统灵敏度，以增加安全性。

根据样品消解难易程度可在 20min~40min 内消解完毕，取出冷却，开罐，将消解好的含样品的消解罐放入沸水浴或温度可调的 100℃电加热器中数分钟，驱除样品中多余的氮氧化物，以免干扰测定。

表 2　消解时温度 - 时间程序

温度（℃）	升温时间（min）	保持时间（min）
120	5	3
160	5	3
180	5	20

将样品移至 25mL 具塞比色管中，用水洗涤消解罐数次，合并洗涤液，用水定容至 25mL，备用。对于某些粉质化妆品消解后存在一些沉淀物或悬浊物，定容后过滤，待测。

5.3　仪器参考条件：

用调协液调整仪器各项指标，使仪器灵敏度、氧化物、双电荷、分辨率等指标达到要求。

射频功率：1550W；

等离子体氩气流速：14L/min；

雾化器氩气流速：1mL/min；

采样深度：5mm；

雾化器：Barbinton；

雾化室温度：4℃；

采样锥与截取锥类型：镍锥；

模式：碰撞反应模式。[注4]

5.4　测定

在“5.3”仪器条件下，引入在线内标溶液（3.9），标准和样品同时进行ICP-MS分析。每一样品定量需三次积分，取平均值。以各元素标准溶液浓度为横坐标，各元素与相应内标计数值的比值为纵坐标，绘制标准曲线，由工作站直接计算出待测溶液的浓度。

对每一元素，应测定可能影响数据的每一同位素，以减少干扰造成的分析误差。（推荐测定的元素同位素见表3）

表3　每一元素推荐测定的同位素

元素	质量数	元素	质量数	元素	质量数
Li	7	Ag	107	Sm	147
Be	9	Cd	111	Eu	153
Sc	45	In	115	Gd	157
V	51	Cs	133	Tb	159
Cr	52	Ba	137	Dy	163
Mn	55	La	139	Ho	165
Co	59	Hg	202	Er	166
Ni	60	Tl	205	Tm	169
Cu	63	Pb	208	Yb	172
As	75	Bi	209	Lu	175
Rb	85	Ce	140	Th	232
Sr	88	Pr	141		
Y	89	Nd	146		

6　计算

$$\omega(\text{元素}) = \frac{(\rho_1-\rho_0)\times V\times 1000}{m\times 1000\times 1000}$$

式中：ω（元素）——样品中锂等37种元素的质量分数，mg/kg；

ρ_1——测试溶液中待测元素的质量浓度，μg/L；

ρ_0——空白溶液中待测元素的质量浓度，μg/L；

V——样品消化液总体积，mL；

m——样品取样量，g。

以重复性条件下获得的两次独立测定结果的算术平均值表示，结果保留两位有效数字。

在重复性条件下获得的两次独立测定结果的绝对差值不得超过算术平均值的20%。

7　方法注释

注1：可根据不同型号仪器选用合适浓度的内标溶液，采用在线加入方式。

注2：可根据不同型号仪器选用合适的质谱调谐液。

注3：可根据不同型号微波消解仪器的特点选择适量的消解液及最佳消解条件进行样品消解。

注4：根据仪器型号的不同，选择适合的仪器最佳测定条件。

说明：汞元素为极易挥发元素，在样品测定前处理过程中，应尽量降低预消解温度和赶酸温度（建议100℃以下），同时也应减少赶酸时间，赶酸至氮氧化物除去即可。

汞元素的标准溶液应现用现配，防止吸附。其他元素标液可配制后放入4度冰箱中（建议用塑料材质容量瓶储存），有效期一周。

1.7　钕等15种元素
Nd and other 14 kinds of elements

1　范围

本方法规定了电感耦合等离子体质谱法测定化妆品中钕等15种元素的含量。

本方法适用于化妆品中钕等15种元素含量的测定。

本方法所指的15种元素为钕（Nd）、镧（La）、铈（Ce）、镨（Pr）、镝（Dy）、铒（Er）、铕（Eu）、钆（Gd）、钬（Ho）、镥（Lu）、钐（Sm）、铽（Tb）、铥（Tm）、钇（Y）、镱（Yb）。

2　方法提要

样品微波消解处理成溶液后，经气动雾化器以气溶胶的形式进入氩气为基质的高温射频等离子体中，经过蒸发、解离、原子化、电离等过程，转化为带正电荷的正离子，经离子采集系统进入质谱仪，质谱仪根据质荷比进行分离，质谱积分面积与进入质谱仪中的离子数成正比。即被测元素浓度与各元素产生的信号强度CPS成正比，与标准系列比较定量。

取样量为0.5g时，本方法定量下限（μg/L）和最低定量浓度（μg/kg）分别为：La，0.05、2.5；Ce，0.05、2.5；Pr，0.04、2.0；Nd，0.09、4.5；Sm，0.07、3.5；Eu，0.03、1.5；Gd，0.13、6.5；Tb，0.14、7.0；Dy，0.05、2.5；Ho，0.07、3.5；Er，0.07、3.5；Tm，0.04、2.0；Yb，0.07、3.5；Lu，0.08、4.0；Y，0.10、5.0。

3　试剂和材料

除另有规定外，本方法所用试剂均为分析纯或以上规格，水为GB/T 6682规定的一级水。

3.1　超纯水：18.2MΩ·cm。

3.2　硝酸（5+95）：量取优级纯硝酸（ρ_{20}=1.42g/mL）5mL，加入95mL超纯水（3.1）中。

3.3　过氧化氢：[ω（H_2O_2）=30%]。

3.4　混合标准储备溶液：La、Ce、Pr、Nd、Dy、Er、Eu、Gd、Ho、Lu、Sm、Tb、Tm、Y、Yb[ρ=10.0mg/L]。选用相应浓度的持证混合标准溶液。

3.5　混合标准使用液：准确移取混合标准储备液（3.4）10mL，用硝酸（5+95）（3.2）定容至100mL，摇匀，配成质量浓度为1000μg/L的混合标准使用液。

3.6　内标储备溶液：Re[ρ=10.0mg/L]、Rh[ρ=10.0mg/L]。选用相应浓度的持证混合标准溶液。

3.7　内标使用液：用硝酸（5+95）（3.2）配成浓度为 1mg/L 的（Re+Rh）混合内标使用溶液。[注1]

3.8　质谱调谐液：锂（Li）、钇（Y）、铈（Ce）、铊（Tl）、钴（Co）混合溶液为质谱调谐液，浓度为 10μg/L。[注2]

4　仪器和设备

4.1　电感耦合等离子体质谱（ICP-MS），微机工作站。

4.2　微波消解仪，高压微波消解罐。

4.3　水浴锅（或敞开式电加热恒温炉）。

4.4　天平。

5　分析步骤

5.1　混合标准系列溶液的制备

取混合标准使用液（3.5）0.00mL、0.05mL、0.10mL、0.50mL、1.00mL、2.00mL、5.00mL、10.0mL 于 100mL 容量瓶中，加硝酸（5+95）溶液（3.2）至刻度，摇匀，配制成浓度为 0.00μg/L、0.50μg/L、1.00μg/L、5.00μg/L、10.0μg/L、20.0μg/L、50.0μg/L、100μg/L 稀土元素标准系列溶液。根据待测元素的实际含量，可在 0.50μg/L~100μg/L 范围内选取合适的标准曲线范围。

5.2　样品处理

称取样品 0.5g（精确到 0.001g）（粉状样品可称取 0.3g 左右），置于清洗好的聚四氟乙烯微波内罐中。含乙醇等挥发性原料的样品如香水、摩丝、沐浴液、染发剂、精华素、刮胡水、面膜等，则先放入温度可调的 100℃水浴锅或电加热恒温炉上挥发（不得蒸干）。油脂类和膏粉类等干性物质，如唇膏、睫毛膏、眉笔、胭脂、唇线笔、粉饼、眼影、爽身粉、痱子粉等，取样后先加水 0.5mL~1.0mL，润湿。上述有些样品必要时加硝酸预消化。

加入浓硝酸 6mL，30% 过氧化氢 2mL，在最佳条件下进行微波消解。冷却至室温，将消解好的含样品的微波内罐放入温度可调的 100℃水浴锅或电加热恒温炉加热数分钟（不得蒸干），驱除样品中多余的氮氧化物，以免干扰测定。用超纯水定容至 25mL 容量瓶中，于聚乙烯管中保存，待测。对于某些粉质化妆品消解后存在一些沉淀物或悬浊物，定容后过滤，待测。图 1 为微波消解参考条件。[注3]

室温 —5min→ 120℃ —8min→ 170℃ —15min→ 降至室温

图 1　微波消解程序升温条件

5.3　仪器参考条件

用调协液调整仪器各项指标，使仪器灵敏度、氧化物、双电荷、分辨率等指标达到要求。

射频功率：1300W；

载气流速：1.14L/min；

采样深度：6.8mm；

雾化器：Barbinton；

雾化室温度：2℃；

采样锥与截取锥类型：镍锥；

冷却水流速：1.70L/min。[注4]

5.4　测定

在“5.3”仪器条件下，引入在线内标溶液(3.7)，取“5.1”项下的混合标准系列溶液和“5.2”项下待测溶液同时进行ICP-MS分析。每一样品定量需三次积分，取平均值。以标准溶液质量浓度为横坐标，计数值(CPS)为纵坐标，绘制标准曲线。按“6”计算样品中各组分的含量。

对每一元素，应测定可能影响数据的每一同位素(见表1)，以减少干扰造成的分析误差。

表1　每一元素应同时测定的同位素

元素	质量数	元素	质量数	元素	质量数
La	139	Eu	151　153	Er	166　167
Ce	140	Gd	155　157	Tm	169
Pr	141	Tb	159	Yb	171　172　173
Nd	143　145　146	Dy	161　163	Lu	175
Sm	147　149	Ho	165	Y	89

注：下划线元素为方法推荐的用于定量的同位素质量数。

空白试验：除不称取样品外，按以上步骤进行。

6　分析结果的表述

6.1　计算

$$\omega=\frac{(\rho_1-\rho_0)\times V}{m\times 1000}$$

式中：ω——化妆品中钕等15种元素的质量分数，μg/g；

ρ_1——测试液中钕等15种元素的质量浓度，ng/mL；

ρ_0——空白溶液中钕等15种元素的质量浓度，ng/mL；

V——样品定容体积，mL；

m——样品取样量，g。

6.2　精密度和准确度

根据不同物理形态样品中15种稀土元素的含量不同，在水、膏、霜状样品中加入质量浓度为0.5μg/L和10μg/L混合稀土标准溶液，在粉状样品中加入质量浓度为5μg/L和10μg/L混合稀土标准溶液。低浓度的RSD(%)在1.45%~7.71%之间，中浓度的RSD(%)在1.63%~7.93%之间，高浓度的RSD(%)在1.61%~5.81%之间。低浓度加标回收率在89.3%~114.6%之间，中浓度加标回收率在97.2%~111.0%之间，高浓度加标回收率在98.0%~109.3%之间。

方法注释

注1：根据在线内标管与样品管的内径比，实际样品中加入内标液浓度为50μg/L(Re+Rh)。

注2：可根据不同型号仪器选用合适的质谱调谐液。

注3：可根据不同型号微波消解仪器的特点选择适量的消解液及最佳消解条件进行样品消解。

注4：根据仪器型号的不同，选择适合的仪器最佳测定条件。

1.8　乙醇胺等 5 种组分
Ethanolamine and other 4 kinds of components

1　范围

本方法规定了离子色谱法测定化妆品中乙醇胺等 5 种组分的含量。

本方法适用于膏、霜、乳、液和粉类化妆品中乙醇胺等 5 种组分含量的测定。

本方法所指的 5 种组分为乙醇胺、二乙醇胺、二甲胺、三乙醇胺及二乙胺。

2　方法提要

样品提取后，经含羧酸功能基的阳离子交换柱分离，电导检测器检测，以保留时间定性，峰面积定量，以标准曲线法计算含量。对于阳性结果，可用气相色谱-质谱进行进一步确证。

本方法对乙醇胺、二乙醇胺、三乙醇胺、二甲胺、二乙胺的检出限、定量下限及取样量为 0.5g 时的检出浓度和最低定量浓度见表 1。

表 1　5 种组分的检出限、定量下限、检出浓度和最低定量浓度

组分名称	乙醇胺	二乙醇胺	三乙醇胺	二甲胺	二乙胺
检出限(ng)	4.5	4.5	9	4.5	4.5
定量下限(ng)	15	15	30	15	15
检出浓度(μg/g)	18	18	36	18	18
最低定量浓度(μg/g)	60	60	120	60	60

3　试剂和材料

除另有规定外，本方法所用试剂均为分析纯或以上规格，水为 GB/T 6682 规定的一级水。

3.1　乙醇胺，优级纯，纯度≥99%。

3.2　二乙醇胺，优级纯，纯度≥99%。

3.3　二乙胺，优级纯，纯度≥99%。

3.4　三乙醇胺，优级纯，纯度≥99%。

3.5　二甲胺水溶液，纯度 33%。

3.6　甲烷磺酸，优级纯。

3.7　正己烷。

3.8　乙腈，优级纯。

3.9　无水乙醇，优级纯。

3.10　无水硫酸钠。

3.11　流动相的配制：2.5mmol/L 甲烷磺酸-5% 乙腈：取 0.16mL 甲烷磺酸、50mL 乙腈，加水稀释至 1L，过滤后备用。

3.12　混合标准储备溶液：分别称取 0.1g（精确到 0.0001g）乙醇胺（3.1）、二乙醇胺（3.2）、二乙胺（3.3），及 0.2g（精确到 0.0001g）三乙醇胺（3.4）、0.3g（精确到 0.0001g）二甲胺水溶液（3.5）于 100mL 容量瓶中，用乙腈定容，配成如表 2 所示浓度的混合标准储备溶液。

3.13　混合标准工作溶液：吸取 5.00mL 混合标准储备溶液（3.12）于 100mL 容量瓶中，用流动相定容至刻度，摇匀，得到 50mg/L 乙醇胺、二乙醇胺、二甲胺、二乙胺和 100mg/L 三乙

醇胺混合标准工作溶液。

表2　各组分混合标准储备溶液及混合标准系列溶液浓度

名称	乙醇胺	二乙醇胺	三乙醇胺	二甲胺	二乙胺
混合标准储备溶液浓度（mg/L）	1000	1000	2000	1000	1000
混合标准系列溶液浓度（mg/L）	0.5	0.5	1	0.5	0.5
	2	2	4	2	2
	10	10	20	10	10
	25	25	50	25	25
	50	50	100	50	50

4　仪器和设备

4.1　离子色谱仪，电导检测器。

4.2　气相色谱质谱联用仪。

4.3　天平。

4.4　超声波清洗器。

4.5　离心机。

4.6　旋涡振荡器。

5　分析步骤

5.1　标准系列溶液的制备：

用流动相稀释混合标准工作溶液（3.13）配成浓度如表2所示的混合标准系列溶液。

5.2　样品处理

称取样品0.5g（精确到0.001g）于50mL具塞比色管中，用流动相定容到刻度，加入2mL正己烷，用涡旋振荡器分散，超声浸提10min，并弃去有机相。从水相中吸取部分溶液，经5000r/min离心5min，用0.45μm滤膜过滤，滤液作为待测溶液。

5.3　参考色谱条件

色谱柱：Ion Pac SCS 1（250×4mm，5μm），Ion Pac SCG 1（50×4mm，5μm），柱填料为具有羧基功能团的弱阳离子交换剂，或等效色谱柱；

流动相：2.5mmol/L 甲烷磺酸 -5% 乙腈；

流速：0.65mL/min；

柱温：25℃；

检测器：电导检测器；

进样量：25μL。

5.4　测定

在“5.3”色谱条件下，取混合标准系列溶液（5.1）分别进样，进行色谱分析，以混合标准系列溶液浓度为横坐标，峰面积为纵坐标，绘制标准曲线。

取“5.1”项下的待测溶液进样，进行色谱分析，根据保留时间定性，测得峰面积，根据标准曲线得到待测溶液中各测定组分的浓度。按“6”计算样品中各测定组分的含量。

6　分析结果的表述

6.1　计算

$$\omega=\frac{D\times\rho\times V}{m}$$

式中：ω——化妆品中乙醇胺等 5 种组分的质量分数，μg/g；

m——样品取样量，g；

ρ——从标准曲线得到各组分的浓度，mg/L；

V——样品定容体积，mL；

D——稀释倍数（不稀释则取 1）。

在重复性条件下获得的两次独立测试结果的绝对差值不得超过算术平均值的 10%。

6.2　回收率和精密度

方法的回收率为 86.6%~114%，相对标准偏差为 0.24%~6.4%。

7　图谱

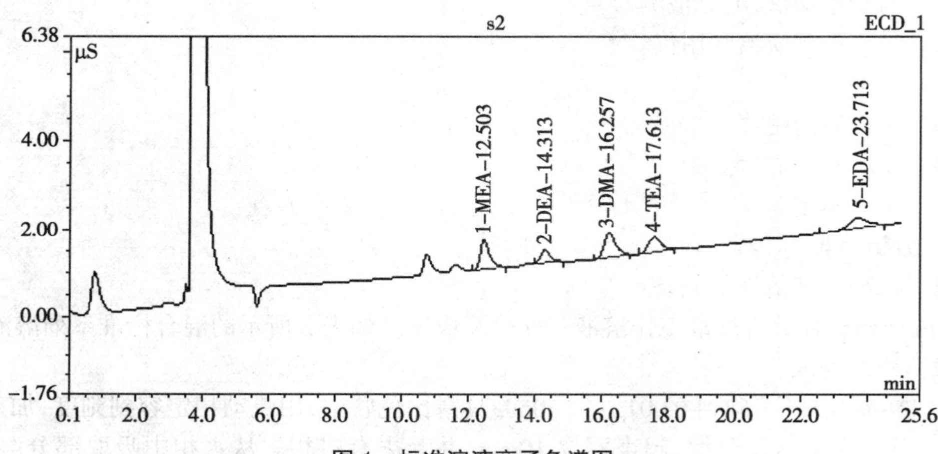

图 1　标准溶液离子色谱图

1：乙醇胺（12.503min）；2：二乙醇胺（14.313min）；3：二甲胺（16.257min）；
4：三乙醇胺（17.613min）；5：二乙胺（23.713min）

附录 A
（规范性附录）
乙醇胺等 5 种组分阳性结果的确证

测定过程中如果有阳性结果，可采用气相色谱 - 质谱法（GC/MS）进行进一步确证。

在相同的实验条件下，如果样品中检出的色谱峰的保留时间和紫外光谱图与标准溶液中对应的成分一致，所选择的检测离子对的相对丰度比与相当浓度标准溶液的离子相对丰度比的偏差不超过表 A.1 规定的范围，则可判定样品中存在对应的待测成分。

表 A.1　阳性结果确证时相对离子丰度比的最大允许偏差

相对离子丰度（k）	k≥50%	50%>k≥20%	20%>k≥10%	k≤10%
最大允许偏差	±20%	±25%	±30%	±50%

A.1　样品处理

称取样品 0.5g(精确到 0.001g),置于 10mL 具塞比色管中,加入约 8mL 无水乙醇,用涡旋振荡器充分振荡、分散,超声提取 10min,冷却至室温,用无水乙醇稀释至刻度。加入 3g 无水硫酸钠,轻轻摇荡几次,静置,取上清液经 0.45μm 滤膜过滤,滤液供 GC/MS 测定。

A.2　参考色谱条件

色谱柱:DB-624(60m × 0.25mm × 1.4μm),或等效色谱柱;

载气:高纯 He;

进样口压力:8.2psi;

汽化室温度:300℃;

程序升温:起始温度 80℃保持 5min,以 30℃/min 速率升至 250℃,保持 18min;

进样方式:分流进样,分流比:30 : 1;

进样量:1μL。

A.3　参考质谱条件

离子源:EI;

离子源温度:230℃;

接口温度:250℃;

离子化能量:70eV;

数据采集方式:全扫描方式(scan),质量范围 28~450。

表 A.2　5 种组分定性离子对

化合物名称	基峰(m/z)	定性离子对(m/z)
二甲胺	44	45/42
二乙胺	58	30/73
乙醇胺	30	28/42
二乙醇胺	74	56/30
三乙醇胺	118	74/56

A.4　图谱

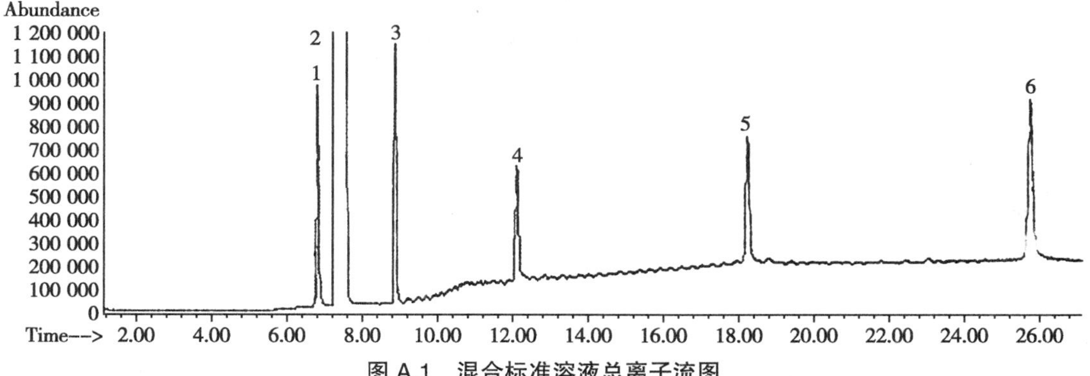

图 A.1　混合标准溶液总离子流图

1:二甲胺(6.805min);2:乙醇(溶剂);3:二乙胺(8.864min);4:乙醇胺(12.106min);
5:二乙醇胺(18.226min);6:三乙醇胺(25.753min)

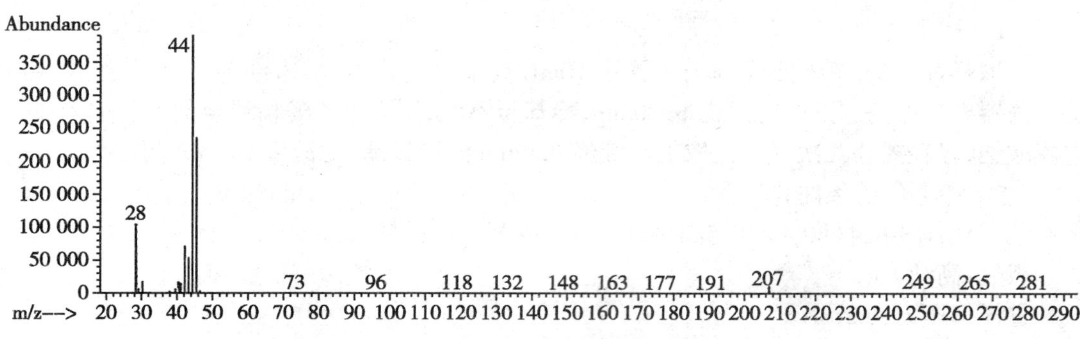

图 A.2　二甲胺质谱图

图 A.3　二乙胺质谱图

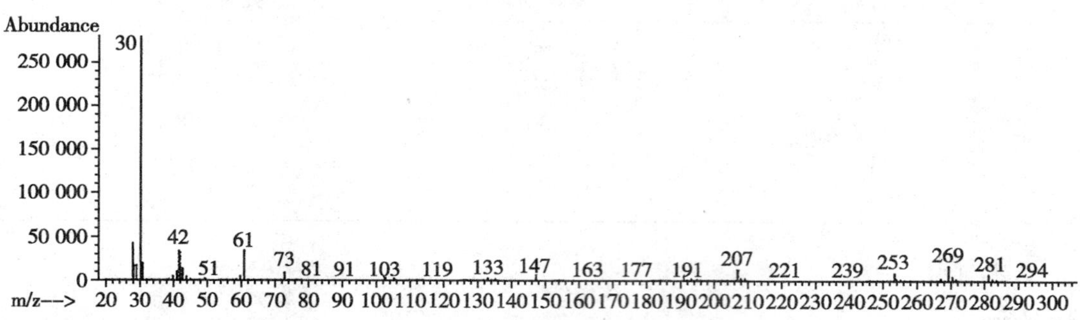

图 A.4　乙醇胺质谱图

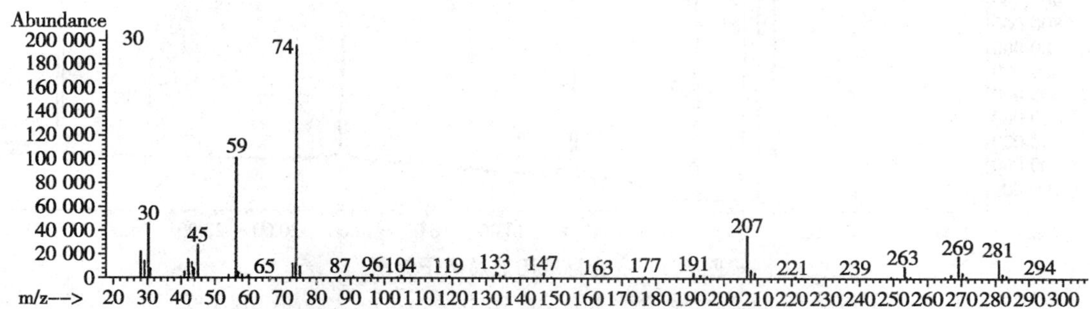

图 A.5　二乙醇胺质谱图

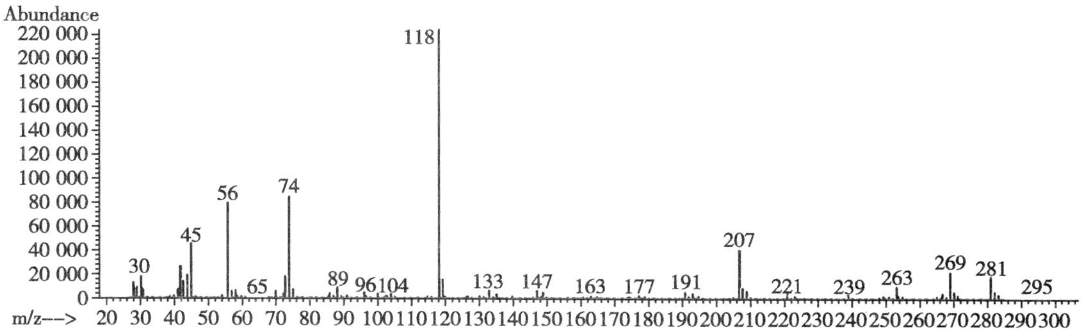

图 A.6 三乙醇胺质谱图

1.9 化妆品抗 UVA 能力仪器测定法
Test in vitro of protection against UVA

1 范围

本方法规定了仪器法测定化妆品抗 UVA（320nm~400nm）能力。

本方法适用于防晒化妆品抗 UVA 能力的测定。

2 方法提要

样品涂于 3M 膜或具毛面之聚甲基丙烯酸甲酯板上，用 SPF 仪测定其临界波长 λ_C 及 UVA/UVB 比值 R。

临界波长（λ_C）是指吸光度占 UVA+UVB（290nm~400nm）总吸光度 90% 处之 UVA 端波长（nm）。按下式计算：

$$90\%=\int_{290}^{\lambda_C} A(\lambda)\,\mathrm{d}\lambda \Big/ \int_{290}^{400} A(\lambda)\,\mathrm{d}\lambda$$

式中 $A(\lambda)$——波长为 λ 时的吸光度

UVA/UVB 比值（R）：

$$R=\int_{320}^{400} A(\lambda)\,\mathrm{d}\lambda \Big/ \int_{290}^{400} A(\lambda)\,\mathrm{d}\lambda$$

3 仪器和设备

3.1 SPF 测定仪：具有测定及记录 λ_C 功能。

3.2 3M 膜或单面磨毛之聚甲基丙烯酸甲酯（PMMA）板。

3.3 乳胶医用指套。

3.4 温湿度计。

3.5 质控样品

SPF 标样：λ_c=366nm。此标样 λ_c 测定值在 365nm~367nm 之间。

4 分析步骤

4.1 样品制备

用专用注射器采取加压法或抽入法吸取样品，均匀点加或条加在 3M 膜或聚甲基丙烯酸甲酯毛表面上，然后用戴有乳胶医用指套的手指涂抹样品，使之成为均匀表面。每块板上实际加样量应在 1.8mg/cm^2~2.2mg/cm^2 之间。PMMA 板上结果仅作阴性判断用。得到阳性

结果时需用3M膜结果确认。

4.2　测定

按仪器说明用负载条加3M膜或聚甲基丙烯酸甲酯板的石英板作仪器校准和测定时空白校准。随后将按4.1步骤涂膜的样品，在室温（20℃~30℃），40%~60%相对湿度下，放置20min后在SPF仪上测定，每样片测定点不得少于4点。

5　质量保证

5.1　仪器

按仪器说明书校准和测量光源强度、波长准度及负载样膜玻璃板的紫外吸收等，并均需满足仪器说明书的要求。

5.2　样品制备

5.2.1　样品中不得含有气泡（可用两块显微镜盖玻片挤压样品后进行观察）。

5.2.2　加样后必须反复来回涂布样品以保证涂布均匀性，同一玻片上至少应有4个测试点，不同测试点之间λ_C的相对标准偏差不得大于1%，否则结果作废。

5.2.3　每个样品必须涂布两片以上玻片进行测定。两片之间λ_C差不得大于2nm，否则应重做。

6　分析结果的表述

报告中应含有以下内容：

6.1　使用仪器及编号。

6.2　平行样品λ_C。

6.3　质控样品λ_C。

6.4　结果表达

$\lambda_C \geqslant 370$nm可标识广谱。

2　禁用组分检验方法

2.1　氟康唑等9种组分
Fluconazole and other 8 kinds of components

1　范围

本方法规定了液相色谱-串联质谱法测定化妆品中氟康唑等9种组分的含量。

本方法适用于化妆品中氟康唑等9种组分含量的测定。

本方法所指的9种组分为氟康唑、酮康唑、萘替芬、联苯苄唑、克霉唑、益康唑、灰黄霉素、咪康唑、环吡酮胺。

2　方法提要

样品提取后（其中环吡酮胺的测定需要进行硫酸二甲酯衍生化处理），用液相色谱-串联质谱法测定，以多反应离子监测模式进行监测，采用特征离子丰度比进行定性，峰面积定量，以标准曲线法计算含量。

本方法的检出限、定量下限和取样量为0.5g时的检出浓度、最低定量浓度见表1。

表 1 9 种组分的检出限、定量下限、检出浓度和最低定量浓度

测定组分	检出限(ng/mL)	定量下限(ng/mL)	检出浓度(μg/g)	最低定量浓度(μg/g)
氟康唑	2.0	20	0.25	1.0
酮康唑	10	50	0.50	2.5
萘替芬	0.40	2.0	0.02	0.10
联苯苄唑	0.40	2.0	0.02	0.10
克霉唑	2.0	4.0	0.15	0.25
益康唑	2.0	20	0.15	1.0
咪康唑	2.0	4.0	0.15	0.25
灰黄霉素	4.0	10	0.25	0.50
环吡酮胺	2.0	10	0.15	0.50

3 试剂和材料

除另有规定外,本方法所用试剂均为分析纯或以上规格,水为 GB/T 6682 规定的一级水。

3.1 灰黄霉素、酮康唑、克霉唑、益康唑、咪康唑、氟康唑、联苯苄唑、环吡酮胺、萘替芬标准品(纯度大于 97%)。

3.2 乙腈,色谱纯。

3.3 硫酸二甲酯。

3.4 三乙胺。

3.5 乙酸,色谱纯。

3.6 氯化钠。

3.7 氢氧化钠。

3.8 饱和氯化钠溶液:称取 40g 氯化钠(3.6),置于 250mL 磨口锥形瓶中,加入 100mL 水,超声 15 分钟,即得。

3.9 0.3mmol/L 氢氧化钠溶液:称取 1.2g 氢氧化钠(3.7),置于 250mL 烧杯中,加入 100mL 水,用玻璃棒搅拌至溶解,即得。

3.10 流动相的配制:

流动相 A:0.1% 乙酸。

流动相 B:乙腈(含 0.1% 乙酸)。

3.11 混合标准储备溶液:称取灰黄霉素、酮康唑、克霉唑、益康唑、咪康唑、氟康唑、联苯苄唑、环吡酮胺、萘替芬(3.1)各 10mg(精确到 0.00001g)置于同一 10mL 容量瓶中,加乙腈(3.2)使溶解并定容至刻度,摇匀,即得浓度为 1mg/mL 的混合标准储备溶液。

4 仪器和设备

4.1 液相色谱 - 三重四极杆质谱联用仪。

4.2 天平。

4.3 超声波清洗仪。

4.4 离心机。

4.5　涡旋混合仪。

5　分析步骤

5.1　混合标准系列溶液的制备

取混合标准储备溶液(3.11),用乙腈(3.2)配制得浓度为 10μg/mL、25μg/mL、50μg/mL、100μg/mL、300μg/mL、500μg/mL 的混合标准系列溶液。

5.2　样品处理

5.2.1　未衍生化样品处理(用于测定除环吡酮胺外的 8 种禁用组分)

称取样品 0.5g(精确到 0.001g),置于 25mL 具塞比色管中,加入饱和氯化钠溶液(3.8)1mL,涡旋 30s,加入乙腈(3.2)1mL,涡旋 30s,加入乙腈(3.2)20mL,涡旋 30s,超声提取 30min,涡旋 30s,加入乙腈(3.2)定容至刻度,4500r/min 离心 5min,取上清液经 0.45μm 微孔滤膜过滤后,滤液作为未衍生化待测溶液,用于测定除环吡酮胺外的 8 种禁用组分。

5.2.2　衍生化样品处理(仅用于测定环吡酮胺)

精密吸取上述未衍生化待测备用溶液 1mL 于玻璃试管中,加入 0.3mmol/L 氢氧化钠溶液(3.9)0.5mL,而后加入 50μL 硫酸二甲酯(3.3),涡旋 30s,置于 37℃水浴 15min,最后加入 50μL 三乙胺(3.4),涡旋 30s 后,经 0.45μm 微孔滤膜过滤,滤液作为衍生化待测溶液,仅用于测定环吡酮胺。

5.3　基质标准系列溶液的制备

5.3.1　未衍生化基质标准系列溶液的制备

称取空白样品 0.5g(精确到 0.001g),置于 25mL 具塞比色管中,分别加入混合标准系列溶液(5.1)50μL,按照“5.2.1 样品处理”步骤进行前处理,即得浓度为 1μg/g、2.5μg/g、5μg/g、10μg/g、30μg/g、50μg/g 的未衍生化基质标准系列溶液,用于测定除环吡酮胺外的 8 种禁用组分(基质标准曲线采用的空白样品的性状应与待测化妆品基本一致)。

5.3.2　衍生化基质标准系列溶液的制备

精密吸取上述未衍生化基质标准系列溶液(5.3.1)1mL 于玻璃试管中,加入 0.3mmol/L 氢氧化钠溶液(3.9)0.5mL,而后加入 50μL 硫酸二甲酯,涡旋 30s,置于 37℃水浴 15min,最后加入 50μL 三乙胺,涡旋 30s 后,经 0.45μm 微孔滤膜过滤后,即得浓度为 1μg/g、2.5μg/g、5μg/g、10μg/g、30μg/g、50μg/g 的衍生化基质标准系列溶液,仅用于测定环吡酮胺。

5.4　仪器参考条件

5.4.1　色谱条件

色谱柱:C_8 柱(100mm × 2.1mm × 3.5μm),或等效色谱柱;

流动相梯度洗脱程序:

时间 /min	V(流动相 A)/%	V(流动相 B)/%
0.0	85	15
1.0	85	15
2.0	55	45
4.0	40	60
4.8	20	80

续表

时间 /min	V(流动相 A)/%	V(流动相 B)/%
5.0	85	15
9.0	85	15

流速:0.4mL/min;
柱温:30℃;
进样量:2μL。

5.4.2　质谱条件

离子源:电喷雾离子源(ESI 源);
监测模式:正离子监测模式;监测离子对及相关电压参数设定见表 2;
喷雾压力:40psi;
干燥气流速:10L/min;
干燥气温度:350℃;
毛细管电压:4000V;
0min~1.5min:不进入质谱仪分析,1.5min~9min:进入质谱仪分析。

表 2　三重四极杆离子对及相关电压参数设定表

编号	组分名称	母离子(m/z)	Frag.(V)	子离子(m/z)	CE(V)
1	灰黄霉素	353.0	130	165.0*	20
			130	215.0	20
2	酮康唑	531.0	130	489.0*	50
			130	255.0	40
3	克霉唑	277.0	110	165.0*	20
			110	241.0	20
4	益康唑	381.0	130	125.0*	40
			130	193.0	20
5	咪康唑	417.0	130	159.0*	40
			130	161.0	30
6	氟康唑	307.0	130	238.0*	15
			130	220.0	15
7	联苯苄唑	311.0	90	243.0*	35
			90	165.0	10
8	环吡酮胺	222.2	110	136.1*	25
			110	162.2	30

续表

编号	组分名称	母离子(m/z)	Frag.(V)	子离子(m/z)	CE(V)
9	萘替芬	288.0	110	117.0*	25
			110	141.0	15

注:"*"为定量离子对。

5.5　定性判定

用液相色谱 - 串联质谱法对样品进行定性判定,在相同试验条件下,样品中应呈现定量离子对和定性离子对的色谱峰,被测禁用组分的质量色谱峰保留时间与标准溶液中对应组分的质量色谱峰保留时间一致;样品色谱图中所选择的监测离子对的相对丰度比与相当浓度标准溶液的离子对相对丰度比的偏差不超过表 3 规定范围,则可以判断样品中存在对应的禁用组分。

表 3　定性确证时相对离子丰度的最大允许偏差

相对离子丰度(k)	k>50%	50%≥k>20%	20%≥k>10%	k≤10%
允许的最大偏差	±20%	±25%	±30%	±50%

5.6　测定

5.6.1　未衍生化样品定量测定

在"5.4"项液相色谱 - 三重四极杆质谱联用条件下,用未衍生化基质标准系列溶液(5.3.1)分别进样,以系列浓度为横坐标,峰面积为纵坐标,进行线性回归,绘制基质标准曲线,其线性相关系数应大于 0.99。

取"5.2.1"项下处理得到的待测溶液进样,峰面积代入基质标准曲线,得到禁用组分的浓度,按"6"项下公式,计算样品中除环吡酮胺外 8 种禁用组分的质量分数。

5.6.2　衍生化样品定量测定

在"5.4"项液相色谱 - 三重四极杆质谱联用分析条件下,用衍生化基质标准系列溶液(5.3.2)分别进样,以系列浓度为横坐标,峰面积为纵坐标,进行线性回归,绘制基质标准曲线,其线性相关系数应大于 0.99。

取"5.2.2"项下处理得到的待测溶液进样,峰面积代入基质标准曲线,得到禁用组分的浓度,按"6"项下公式,计算样品中环吡酮胺的质量分数。

6　分析结果的表述

6.1　计算

$$\omega = D \times f \times \rho$$

式中:ω——化妆品中氟康唑等 9 种组分的质量分数,μg/g;

f——样品称量重量校正系数,0.5g/m(m—样品取样量,g);

ρ——从标准曲线得到待测组分的浓度,μg/g;

D——稀释倍数(不稀释则为 1)。

在重复性条件下获得的两次独立测试结果的绝对差值不得超过算术平均值的 15%。

6.2 回收率和精密度

低浓度的方法回收率为 84.7%~113.5%，相对标准偏差小于 14.9%，中、高浓度的方法回收率为 84.8%~115.1%，相对标准偏差小于 13.0%。

7 图谱

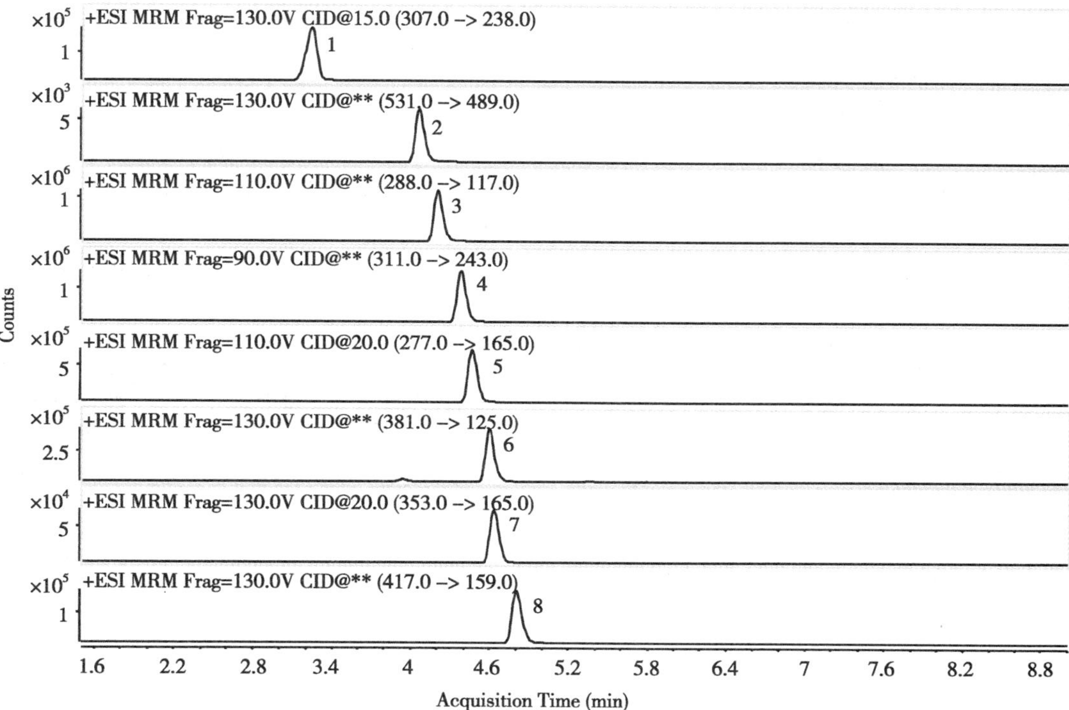

图 1 未经过衍生化处理的混合对照品溶液的 HPLC-MS/MS 质谱图

1:氟康唑;2:酮康唑;3:萘替芬;4:联苯苄唑;5:克霉唑;6:益康唑;7:灰黄霉素;8:咪康唑

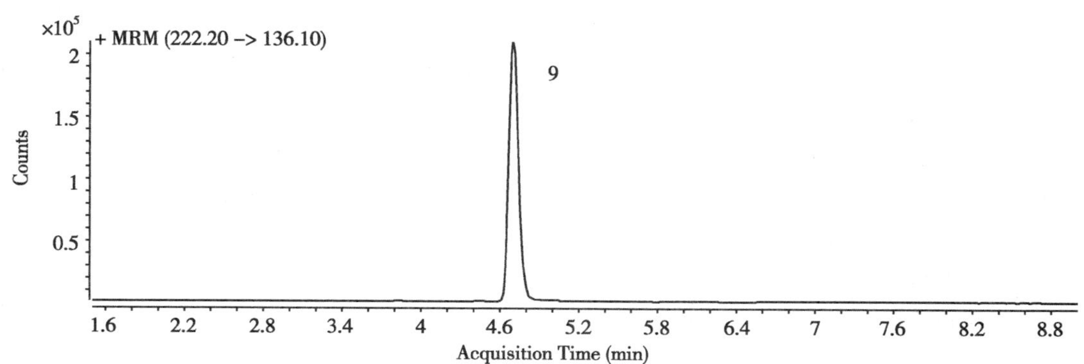

图 2 衍生化后混合对照品溶液的 HPLC-MS/MS 质谱图

9:环吡酮胺

2.2 盐酸美满霉素等 7 种组分
Minocycline hydrochloride and other 6 kinds of components

1 范围

本方法规定了高效液相色谱法测定化妆品中盐酸美满霉素等 7 种组分的含量。

本方法适用于化妆品中盐酸美满霉素等 7 种组分含量的测定。

本方法所指的 7 种组分包括盐酸美满霉素、甲硝唑、二水土霉素、盐酸四环素、盐酸金霉素、盐酸多西环素和氯霉素。

2 方法提要

盐酸美满霉素、二水土霉素、盐酸四环素、盐酸金霉素、盐酸多西环素、氯霉素和甲硝唑在 268nm 处有紫外吸收，可用反相高效液相色谱分离，以保留时间和紫外光谱图定性，峰面积定量。

本方法各组分的检出限、定量下限及取样量为 1g 时检出浓度和最低定量浓度见表 1。

表 1 各组分的检出限、定量下限、检出浓度和最低定量浓度

组分名称	盐酸美满霉素	甲硝唑	二水土霉素	盐酸四环素	盐酸金霉素	盐酸多西环素	氯霉素
检出限(ng)	50	50	1	1	1	1	1
定量下限(ng)	150	150	3.3	3.3	3.3	3.3	3.3
检出浓度(μg/g)	50	50	1	1	1	1	1
最低定量浓度(μg/g)	150	150	3.3	3.3	3.3	3.3	3.3

3 试剂和材料

除另有规定外，本方法所用试剂均为分析纯或以上规格，水为 GB/T 6682 规定的一级水。

3.1 甲醇，色谱纯。

3.2 乙腈，色谱纯。

3.3 草酸，分析纯。

3.4 盐酸（0.1mol/L）：取优级纯浓盐酸（ρ_{20}=1.19g/mL）8.3mL 加水至 1L，混匀。

3.5 混合标准储备溶液：分别准确称取盐酸美满霉素、二水土霉素、盐酸四环素、盐酸金霉素、盐酸多西环素、氯霉素、甲硝唑各 0.1g（精确到 0.0001g），用少许甲醇（3.1）及盐酸（3.4）溶解，移入 100mL 容量瓶中，甲醇定容至刻度，摇匀，配成各组分浓度为 1.00g/L 的混合标准储备溶液。

4 仪器和设备

4.1 高效液相色谱仪，二极管阵列检测器。

4.2 天平。

4.3 超声波清洗器。

5 分析步骤

5.1 混合标准系列溶液的制备

准确移取不同体积的混合标准储备溶液(3.5)于10mL具塞比色管中,用流动相稀释至刻度,摇匀。

5.2 样品处理

称取样品1g(精确到0.001g)于10mL具塞比色管中,加入甲醇(3.1)+盐酸(3.4)(1+1)的混合溶液至刻度,振摇,超声提取20min~30min。经0.45μm滤膜过滤,滤液作为待测溶液。

5.3 参考色谱条件

色谱柱:C_{18}柱(250mm×4.6mm×5μm),或等效色谱柱;

检测波长:268nm;

流动相:0.01mol/L草酸溶液(磷酸调节水溶液的pH至2.0)+甲醇+乙腈(67+11+22),HPLC分析前,经0.45μm滤膜过滤及真空脱气;

流量:0.8mL/min;

柱温:室温;

进样量:10μL。

5.4 测定

在"5.3"色谱条件下,取混合标准系列溶液(5.1)分别进样,记录色谱图,以混合标准系列溶液浓度为横坐标,峰面积为纵坐标,绘制标准曲线。

取"5.2"项下的待测溶液进样(若样品中被测组分含量过高,应用流动相稀释后测定)。根据保留时间和紫外光谱图定性。记录峰面积,从标准曲线上查得相应组分的浓度。按"6"计算样品中相应组分的含量。

6 分析结果的表述

$$\omega=\frac{\rho\times V}{m}$$

式中:ω——化妆品中盐酸美满霉素等7种组分的质量分数,μg/g;

ρ——从标准曲线得到待测组分的浓度,mg/L;

V——样品定容体积,mL;

m——样品取样量,g。

7 图谱

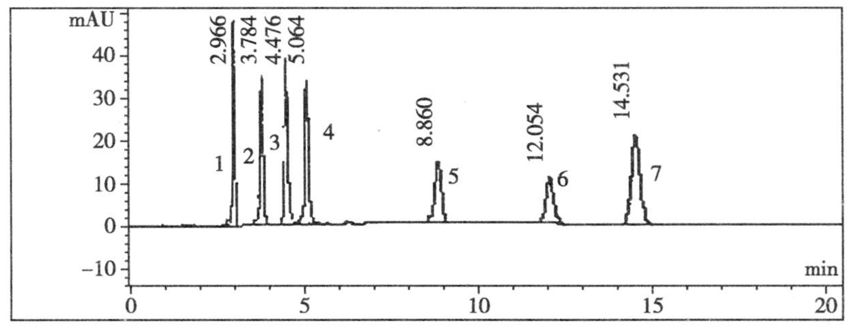

图1 标准溶液色谱图

1:盐酸美满霉素(2.966min);2:甲硝唑(3.784min);3:二水土霉素(4.476min);4:盐酸四环素(5.064min);5:盐酸金霉素(8.860min);6:盐酸多西环素(12.054min);7:氯霉素(14.531min)

2.3　依诺沙星等 10 种组分
Enoxacin and other 9 kinds of components

1　范围

本方法规定了液相色谱 - 串联质谱法测定化妆品中依诺沙星等 10 种组分的含量。

本方法适用化妆品中依诺沙星等 10 种组分含量的测定。

本方法所指的 10 种组分为依诺沙星、氟罗沙星、氧氟沙星、诺氟沙星、培氟沙星、环丙沙星、恩诺沙星、沙拉沙星、双氟沙星和莫西沙星。

2　方法提要

样品提取后，经液相色谱 - 串联质谱仪测定，以多反应离子监测模式进行监测，采用特征离子丰度比进行定性，峰面积定量，以标准曲线法计算含量。

本方法的检出限、定量下限和取样量为 0.5g 时的检出浓度、最低定量浓度见表 1。

表 1　10 种组分的检出限、定量下限、检出浓度和最低定量浓度

组分名称	检出限（ng/mL）	定量下限（ng/mL）	检出浓度（μg/g）	最低定量浓度（μg/g）
依诺沙星	10	20	0.50	1.0
氟罗沙星	4.0	10	0.20	0.50
氧氟沙星	10	20	0.50	1.0
诺氟沙星	10	20	0.50	1.0
培氟沙星	4.0	10	0.20	0.50
环丙沙星	4.0	20	0.20	1.0
恩诺沙星	1.0	2.0	0.050	0.10
沙拉沙星	2.0	4.0	0.10	0.20
双氟沙星	4.0	10	0.2	0.50
莫西沙星	4.0	10	0.2	0.50

3　试剂和材料

除另有规定外，本方法所用试剂均为分析纯或以上规格，水为 GB/T 6682 规定的一级水。

3.1　依诺沙星、氟罗沙星、氧氟沙星、诺氟沙星、培氟沙星、环丙沙星、恩诺沙星、沙拉沙星、双氟沙星、莫西沙星标准品（纯度大于 98%）。

3.2　乙腈，色谱纯。

3.3　甲酸，色谱纯。

3.4　氯化钠。

3.5　40% 乙腈溶液：量取 40mL 乙腈（3.2）于 100mL 量瓶中，加入 1mL 甲酸，用水稀释并定容至刻度，摇匀。

3.6　饱和氯化钠溶液，称取 40g 氯化钠（3.4），置于 250mL 磨口锥形瓶中，加入 100mL

水，超声 15 分钟，即得。

3.7　2% 甲酸溶液：量取 200mL 水于 500mL 容量瓶中，加入 10mL 甲酸（3.3），用水稀释并定容至刻度，摇匀。

3.8　流动相的配制：

流动相 A：0.2% 甲酸。

流动相 B：乙腈（含 0.2% 甲酸）。

3.9　混合标准储备溶液：称取依诺沙星、氟罗沙星、氧氟沙星、诺氟沙星、培氟沙星、环丙沙星、恩诺沙星、沙拉沙星、双氟沙星、莫西沙星标准品（3.1）10mg（精确到 0.00001g）置于同一 10mL 容量瓶中，加 40% 乙腈溶液（3.5）使溶解并定容至刻度，摇匀，即得浓度为 1mg/mL 的混合标准储备溶液。

4　仪器和设备

4.1　液相色谱 - 三重四极杆质谱联用仪。

4.2　天平。

4.3　超声波清洗仪。

4.4　离心机。

4.5　涡旋混合仪。

5　分析步骤

5.1　混合标准系列溶液的制备

取混合标准储备溶液（3.9），分别用 40% 乙腈溶液（3.5）配制成浓度为 10μg/mL、25μg/mL、50μg/mL、100μg/mL、200μg/mL、500μg/mL 的混合标准系列溶液。

5.2　样品处理

称取样品 0.5g（精确到 0.001g），置于 25mL 具塞比色管中，加入 1mL 饱和氯化钠溶液（3.6），涡旋 30s 后加入 2% 甲酸（3.7）15mL，涡旋 10s 后，加入乙腈（3.2）5mL，涡旋 30s，超声提取 30min，加入乙腈（3.2）定容至刻度，涡旋 1min，4500r/min 离心 5min，取上清液经 0.45μm 微孔滤膜过滤后，滤液作为待测溶液。

5.3　基质标准系列溶液的制备

称取空白样品 0.5g（精确到 0.001g），置于 25mL 具塞比色管中，分别加入混合标准系列溶液（5.1）50μL，按照“5.2”步骤进行前处理，即得浓度为 1μg/g、2.5μg/g、5μg/g、10μg/g、20μg/g、50μg/g 的基质标准系列溶液（随行基质标准曲线采用的空白样品的性状应与待测化妆品基本一致）。

5.4　仪器参考条件

5.4.1　色谱条件

色谱柱：C_{18} 柱（100mm × 2.1mm × 3.5μm），或等效色谱柱。

流动相梯度洗脱程序：

时间 /min	V（流动相 A）/%	V（流动相 B）/%
0.0	90	10
3.0	90	10

续表

时间 /min	V（流动相 A）/%	V（流动相 B）/%
7.0	70	30
9.0	20	80
9.5	90	10
16.0	90	10

流速：0.4mL/min；

柱温：30℃；

进样量：1μL。

5.4.2　质谱条件

离子源：电喷雾离子源（ESI 源）。

喷雾压力：40psi。

干燥气流速：10L/min。

干燥气温度：350℃。

毛细管电压：4000V。

0min~3min：不进入质谱仪分析，3min~16min：进入质谱仪分析。

监测模式：正离子监测模式；监测离子对及相关电压参数设定见表 2。

表 2　三重四极杆离子对及相关电压参数设定表

序号	组分名称	母离子（m/z）	Frag.（V）	子离子（m/z）	CE（V）
1	依诺沙星	320.9	130	233.9*	20
			130	276.9	15
2	氟罗沙星	369.9	150	325.9*	20
			150	268.9	25
3	氧氟沙星	361.9	130	317.9*	20
			130	260.9	30
4	诺氟沙星	319.9	130	275.9*	15
			130	232.9	20
5	培氟沙星	333.9	130	289.9*	15
			130	232.9	25
6	环丙沙星	331.9	130	287.9*	15
			130	244.9	20

续表

序号	组分名称	母离子(m/z)	Frag.(V)	子离子(m/z)	CE(V)
7	恩诺沙星	359.9	130	315.9*	20
			130	244.9	30
8	沙拉沙星	385.9	130	341.9*	20
			130	298.9	30
9	双氟沙星	399.9	150	355.9*	20
			150	298.9	30
10	莫西沙星	401.9	150	357.9*	20
			150	363.9	30

注:"*"为定量离子对。

5.5 定性判定

用液相色谱-串联质谱法对样品进行定性判定,在相同试验条件下,样品中应呈现定量离子对和定性离子对的色谱峰,被测禁用组分的质量色谱峰保留时间与标准溶液中对应组分的质量色谱峰保留时间一致;样品色谱图中所选择的监测离子对的相对丰度比与相当浓度标准溶液的离子对的相对丰度比的偏差不超过表3规定范围,则可以判断样品中存在对应的禁用组分。

表3 定性确证时相对离子丰度的最大允许偏差

相对离子丰度(k)	k>50%	50%≥k>20%	20%≥k>10%	k≤10%
允许的最大偏差	±20%	±25%	±30%	±50%

5.6 测定

在"5.4"项液相色谱-三重四极杆质谱联用条件下,取基质标准系列溶液(5.3)分别进样,以基质标准系列溶液浓度为横坐标,峰面积为纵坐标,绘制各测定组分的标准曲线。

取"5.2"项下待测溶液进样,测定组分的峰面积代入标准曲线得到待测溶液中各测定组分的浓度。按"6"计算样品中各测定组分的含量。

6 分析结果的表述

6.1 计算

$$\omega = D \times f \times \rho$$

式中:ω——化妆品中依诺沙星等10种组分的质量分数,μg/g;

f——样品称量重量校正系数,0.5g/m(m—样品取样量,g);

ρ——从标准曲线得到待测组分的浓度,μg/g;

D——稀释倍数(不稀释则为1)。

在重复性条件下获得的两次独立测试结果的绝对差值不得超过算术平均值的 15%。

6.2　回收率和精密度

最低定量浓度的方法回收率为 80.7%~111%，相对标准偏差小于 14%，中、高浓度的方法回收率为 85.3%~106%，相对标准偏差小于 9.4%。

7　图谱

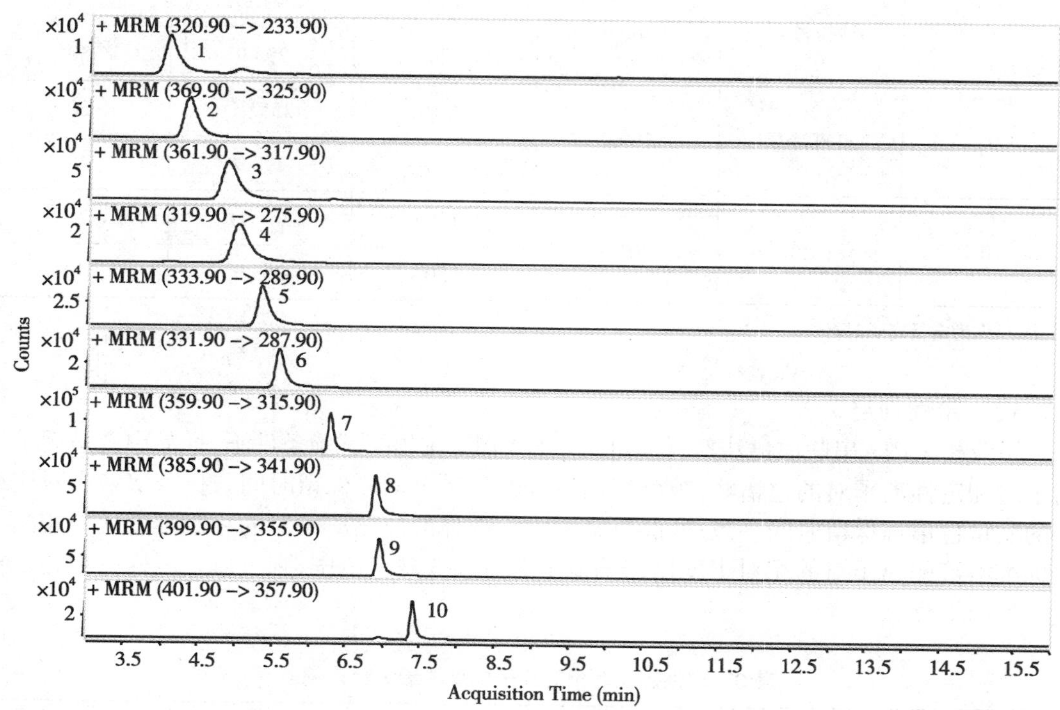

图 1　空白样品加混合标准溶液 HPLC-MS/MS 质谱图

1：依诺沙星；2：氟罗沙星；3：氧氟沙星；4：诺氟沙星；5：培氟沙星；6：环丙沙星；7：恩诺沙星；8：沙拉沙星；9：双氟沙星；10：莫西沙星

2.4　雌三醇等 7 种组分

Estriol and Other 6 kinds of Components

第一法　高效液相色谱 - 二极管阵列检测器法

1　范围

本方法规定了高效液相色谱 - 二极管阵列检测器法测定化妆品中雌三醇等 7 种组分的含量。

本方法适用于化妆品中雌三醇等 7 种组分含量的测定。

本方法所指的 7 种组分为性激素，包括雌三醇、雌酮、己烯雌酚、雌二醇、睾丸酮、甲基睾丸酮和黄体酮。

2　方法提要

样品提取后，经高效液相色谱仪分离，二极管阵列检测器检测，根据保留时间及紫外光谱图定性，峰面积定量。

本方法各组分的检出限及取样量为1g时的检出浓度见表1。

表1　各组分的检出限和检出浓度

激素组分	雌三醇	雌酮	己烯雌酚	雌二醇	睾丸酮	甲基睾丸酮	黄体酮
检出限，μg	0.02	0.04	0.01	0.02	0.002	0.002	0.003
检出浓度，μg/g	40	80	20	40	4	4	6

3　试剂和材料

除另有规定外，本方法所用试剂均为分析纯或以上规格，水为GB/T 6682规定的一级水。

3.1　甲醇。

3.2　饱和氯化钠溶液。

3.3　环己烷。

3.4　硫酸[$\varphi(H_2SO_4)=2\%$]：取硫酸（ρ_{20}=1.84g/mL）2mL，缓慢加入到98mL水中，混匀。

3.5　激素标准溶液

3.5.1　雌激素标准溶液：分别称取雌酮、雌二醇、雌三醇、己烯雌酚各0.2g（精确到0.0001g），用少量甲醇（3.1）溶解，转移至100mL容量瓶中，用甲醇稀释到刻度。

3.5.2　雄激素标准溶液：分别称取睾丸酮、甲基睾丸酮各0.6g（精确到0.0001g），用少量甲醇（3.1）溶解，转移至100mL容量瓶中，用甲醇稀释到刻度，配制成含睾丸酮、甲基睾丸酮为6.00mg/mL的溶液。取此溶液10.0mL置100mL容量瓶中，用甲醇（3.1）稀释到刻度。

3.5.3　孕激素标准溶液：称取黄体酮0.6g（精确到0.0001g），用少量甲醇（3.1）溶解，转移至100mL容量瓶中，用甲醇稀释到刻度，配制成含孕激素6.00mg/mL的溶液。取此溶液10.0mL置于100mL容量瓶中，用甲醇（3.1）稀释到刻度。

3.5.4　混合标准储备溶液：分别取雌激素标准溶液（3.5.1）50.00mL，雄激素标准溶液（3.5.2）5.00mL和孕激素标准溶液（3.5.3）5.00mL置于100mL容量瓶中，用甲醇（3.1）稀释到刻度，配制成1mL分别含4种雌激素各1.00mg、2种雄激素各30.0μg和1种孕激素30.0μg的混合标准储备溶液。

4　仪器和设备

4.1　高效液相色谱仪，二极管阵列检测器。

4.2　天平。

4.3　离心机。

5　分析步骤

5.1　混合标准系列溶液的制备

取混合标准储备溶液（3.5.4）0.00mL、1.00mL、2.00mL、5.00mL于10mL具塞比色管中，用甲醇（3.1）稀释至10mL刻度，制得混合标准系列溶液。

5.2　样品处理

5.2.1　溶液状样品：称取样品 1g~2g（精确到 0.001g）于 10mL 具塞比色管中，在水浴上蒸除乙醇等挥发性有机溶剂，用甲醇（3.1）稀释到 10mL，作为样品待测溶液。

5.2.2　膏状、乳状样品：称取样品 1g~2g（精确到 0.001g）于 100mL 锥形瓶中，加入饱和氯化钠溶液（3.2）50mL，硫酸（3.4）2mL，振荡溶解，转移至 100mL 分液漏斗中，以环已烷（3.3）30mL 分三次萃取，必要时离心分离。合并环已烷层并在水浴上蒸除。用甲醇（3.1）溶解残留物，转移到 10mL 具塞比色管中，用甲醇稀释到刻度。混匀后，经 0.45μm 滤膜过滤，滤液作为样品待测溶液。

5.3　参考色谱条件

色谱柱：C_{18} 柱（250mm × 4.6mm × 10μm），或等效色谱柱；

流动相：甲醇 + 水（60+40）；

流速：1.3mL/min；

检测波长：204nm（雌激素），245nm（雄激素，孕激素）；

进样量：5μL。

5.4　测定

在“5.3”色谱条件下，取混合标准系列溶液（5.1）分别进样，记录色谱图，以混合标准系列溶液浓度为横坐标，峰面积为纵坐标，绘制标准曲线。

取“5.2”项下的样品待测溶液进样，记录色谱图，以保留时间和紫外光谱图定性，量取峰面积，根据标准曲线得到样品待测溶液中激素的质量浓度。按“6”计算样品中激素的含量。

6　分析结果的表述

$$\omega = \frac{\rho \times V}{m}$$

式中：ω——样品中雌三醇等 7 种组分的质量分数，μg/g；

m——样品取样量，g；

ρ——从标准曲线得到待测组分的质量浓度，mg/L；

V——样品定容体积，mL。

7　图谱

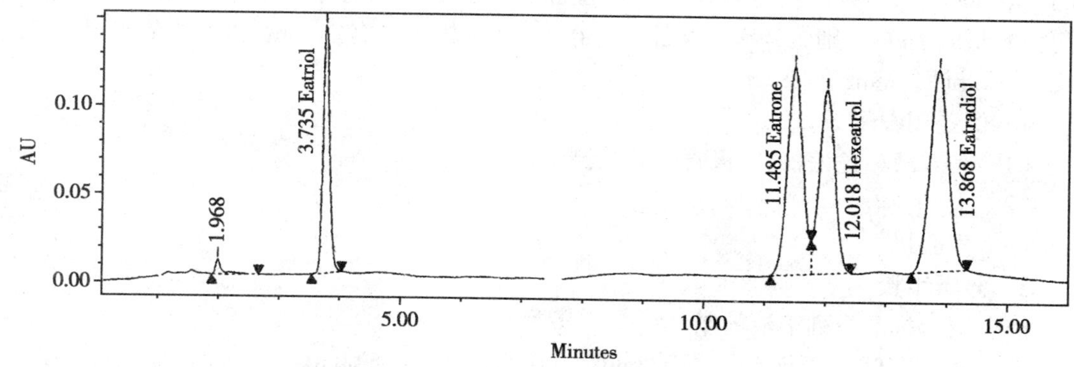

图 1　雌激素标准溶液色谱图

1：雌三醇（3.735min）；2：雌酮（11.485min）；3：己烯雌酚（12.018min）；4：雌二醇（13.868min）

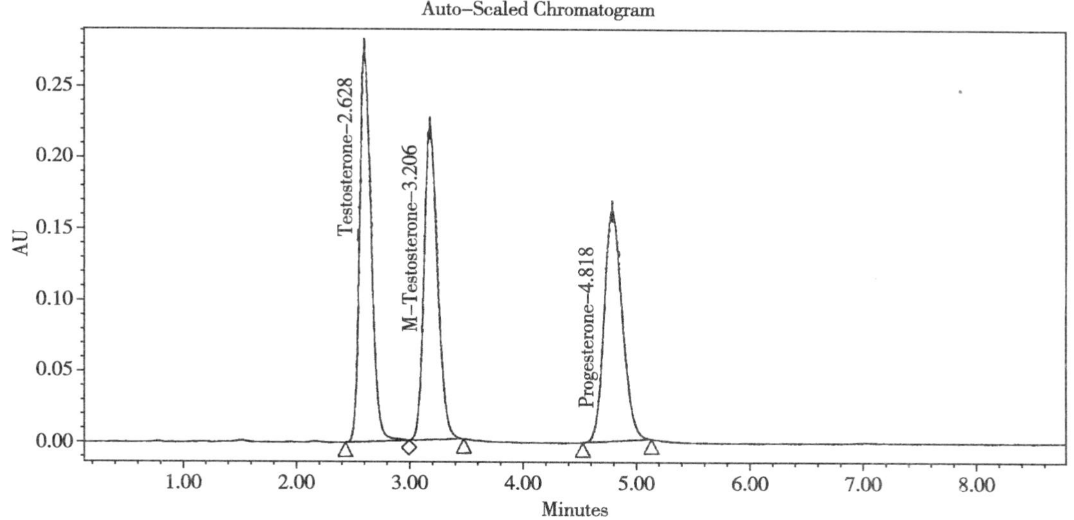

图 2　雄性激素及孕激素标准溶液色谱图

1：睾丸酮（2.628min）；2：甲基睾丸酮（3.206min）；3：黄体酮（4.818min）

第二法　高效液相色谱 - 紫外检测器 / 荧光检测器法

1　范围

本方法规定了高效液相色谱 - 紫外检测器 / 荧光检测器法测定化妆品中雌三醇等 7 种组分的含量。

本方法适用于化妆品中雌三醇等 7 种组分含量的测定。

本方法所指的 7 种组分为性激素，包括雌三醇、雌酮、己烯雌酚、雌二醇、睾丸酮、甲基睾丸酮和黄体酮。

2　方法提要

样品提取后，经高效液相色谱仪分离，紫外检测器 / 荧光检测器检测，以保留时间定性，峰面积定量。

本方法各组分的检出限及取 1g 样品时的检出浓度见表 2。

表 2　各组分的检出限和检出浓度

激素组分	雌三醇	雌酮	己烯雌酚	雌二醇	睾丸酮	甲基睾丸酮	黄体酮
检出限，μg	0.05	0.4	0.03	0.035	0.002	0.002	0.004
检出浓度，μg/g	100	800	60	70	4	4	8

3　试剂和材料

同第一法。

4　仪器和设备

4.1　高效液相色谱仪，紫外检测器或荧光检测器。

4.2　天平。

4.3　离心机。

5　分析步骤

5.1　混合标准系列溶液的制备

同第一法。

5.2　样品处理

同第一法。

5.3　参考色谱条件

色谱柱：C_{18} 柱（250mm × 4.6mm × 10μm），或等效色谱柱；

流动相：甲醇 + 水（80+20）；

流速：0.6mL/min；

检测波长：254nm（紫外检测器）或激发波长 280nm 和发射波长 310nm（荧光检测器）；

柱温：45℃；

进样量：5μL。

5.4　测定

标准曲线绘制同第一法。

样品待测溶液测定同第一法。

6　计算

同第一法。

7　图谱

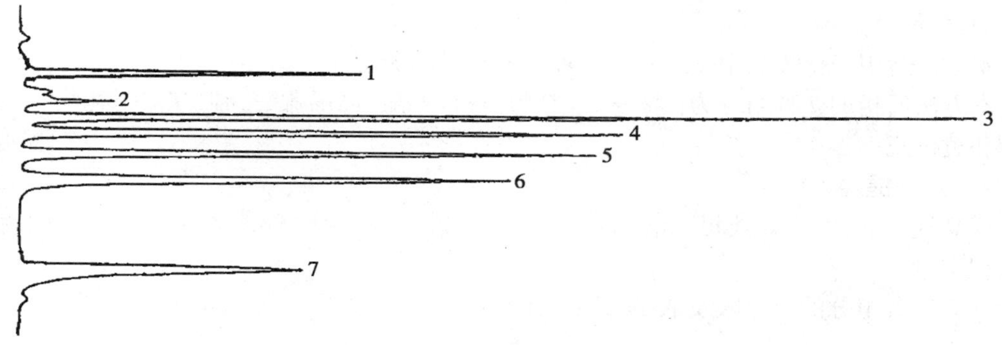

图 3　标准溶液色谱图

1：雌三醇；2：雌酮；3：己烯雌酚；4：雌二醇；5：睾丸酮；6：甲基睾丸酮；7：黄体酮

第三法　气相色谱 - 质谱法

1　范围

本方法规定了气相色谱 - 质谱法定性检测化妆品中雌三醇等 7 种组分。

本方法适用于化妆品中雌三醇等 7 种组分的定性检测。

本方法所指的 7 种组分为性激素，包括雌三醇、雌酮、己烯雌酚、雌二醇、睾丸酮、甲基睾丸酮和黄体酮。

2　方法提要

样品经提取、去脂、使用 C_{18} 固相萃取小柱净化，目标物用七氟丁酸酐衍生化，用气相色谱 - 质谱（GC-MS）联用技术分析。

3　试剂和材料

除另有规定外，本方法所用试剂均为分析纯或以上规格，水为 GB/T 6682 规定的一级水。

3.1　乙醚。

3.2　乙腈，色谱纯。

3.3　甲醇，色谱纯。

3.4　七氟丁酸酐（HFBA），色谱纯。

3.5　7 种性激素标准品：睾酮（T）、黄体酮（P）、甲基睾酮（MT）、雌二醇（E2）、雌三醇（E3）、雌酮（E1）、己烯雌酚（DES），7 种性激素的化学结构式见图 4。

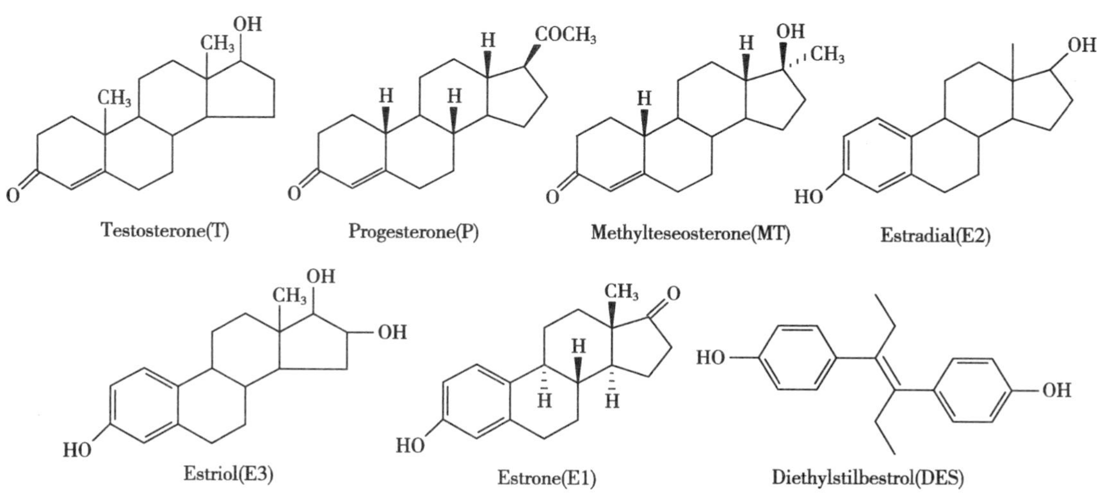

图 4　七种激素的化学结构式

3.6　激素标准溶液

3.6.1　雌激素标准溶液：分别称取雌酮、雌二醇、雌三醇、己烯雌酚各 0.1g（精确到 0.0001g），用少量甲醇（3.3）溶解，转移至 100mL 容量瓶中，用甲醇稀释到刻度。

3.6.2　雄激素标准溶液：分别称取睾丸酮、甲基睾丸酮各 0.1g（精确到 0.0001g），用少量甲醇（3.3）溶解，转移至 100mL 容量瓶中，用甲醇稀释到刻度。

3.6.3　孕激素标准溶液：称取黄体酮 0.1g（精确到 0.0001g），用少量甲醇（3.3）溶解，转移至 100mL 容量瓶中，用甲醇稀释到刻度。

3.6.4　激素混合标准溶液Ⅰ：分别取雌激素标准溶液（3.6.1）5.00mL，雄激素标准溶液（3.6.2）5.00mL 和孕激素标准溶液（3.6.3）5.00mL 置于 500mL 容量瓶中，用甲醇（3.3）稀释到刻度。

3.6.5　激素混合标准溶液Ⅱ：取激素混合标准溶液Ⅰ（3.6.4）10.0mL 于 100mL 容量瓶中，用甲醇（15.3）稀释到刻度。

4　仪器和设备

4.1　气相色谱 - 质谱联用仪。

4.2　天平。

4.3　固相提取系统。

4.4　吹氮浓缩仪。

4.5　C_{18} 萃取小柱。

4.6　微量衍生瓶。

5　分析步骤

5.1　样品处理

称取样品 1g（精确到 0.001g）于试管中，用乙醚（3.1）2mL 振荡提取 3 次，合并提取液，用氮气吹干，加乙腈（3.2）1mL 超声提取，移出，再用乙腈（3.2）0.5mL 振荡洗涤，合并乙腈（3.2）液，用氮气吹干。残渣加甲醇（3.3）0.5mL 超声溶解后加水 3.5mL，混匀，用 C_{18} 萃取小柱进行吸附[小柱预先依次用甲醇（3.3）3mL，水 5mL，甲醇 + 水（1+7）3mL 依次洗脱活化]，然后用乙腈 + 水（1+4）3mL 洗涤，真空抽干，最后用乙腈（3.2）7mL 洗脱，洗脱液最终收集于衍生化小瓶中，在 35℃氮气下吹干，备用。

5.2　仪器参考条件

5.2.1　色谱条件

色谱柱：DB-5MS 毛细管柱（30m × 0.25mm × 0.25μm），或等效色谱柱；

进样口温度：270℃；

进样方式：不分流进样；

柱温：程序升温，初始温度 120℃（保持 2min），以 20℃/min 升温至 200℃（保持 2min），再以 3℃/min 升温至 280℃（保持 5min）；载气：氦气，1.0mL/min（恒流）；

进样量：1.0μL。

5.2.2　质谱条件

EI 源：电子轰击能量 70eV；

溶剂延迟时间：10min；

传输线温度：280℃，

扫描方式：单离子扫描（SIM）。

5.3　测定

取激素混合标准溶液Ⅱ（3.6.5）1.0mL 于衍生化小瓶中，在氮气下吹至干。同吹干的样品一起分别加七氟丁酸酐（HFBA）（3.4）40μL，恒温 60℃放置 65min，冷却至室温，在“5.2”色谱 / 质谱条件下进样。

6　图谱

6.1　7 种激素衍生物总离子图（见图 5）。

6.2　特征离子的选择

7 种激素衍生物进入离子源后产生的特征碎片（见图 6）。

根据 7 种激素衍生物对应的质谱图选择干扰少、选择性好的离子作为特征离子（见表 3）。

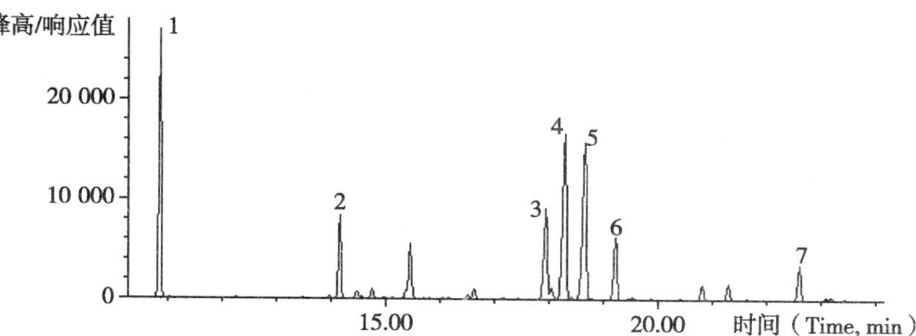

图 5 激素混合标准品衍生物的总离子流色谱图

1:DES;2:MT;3:T;4:E2;5:E3;6:E1;7:P

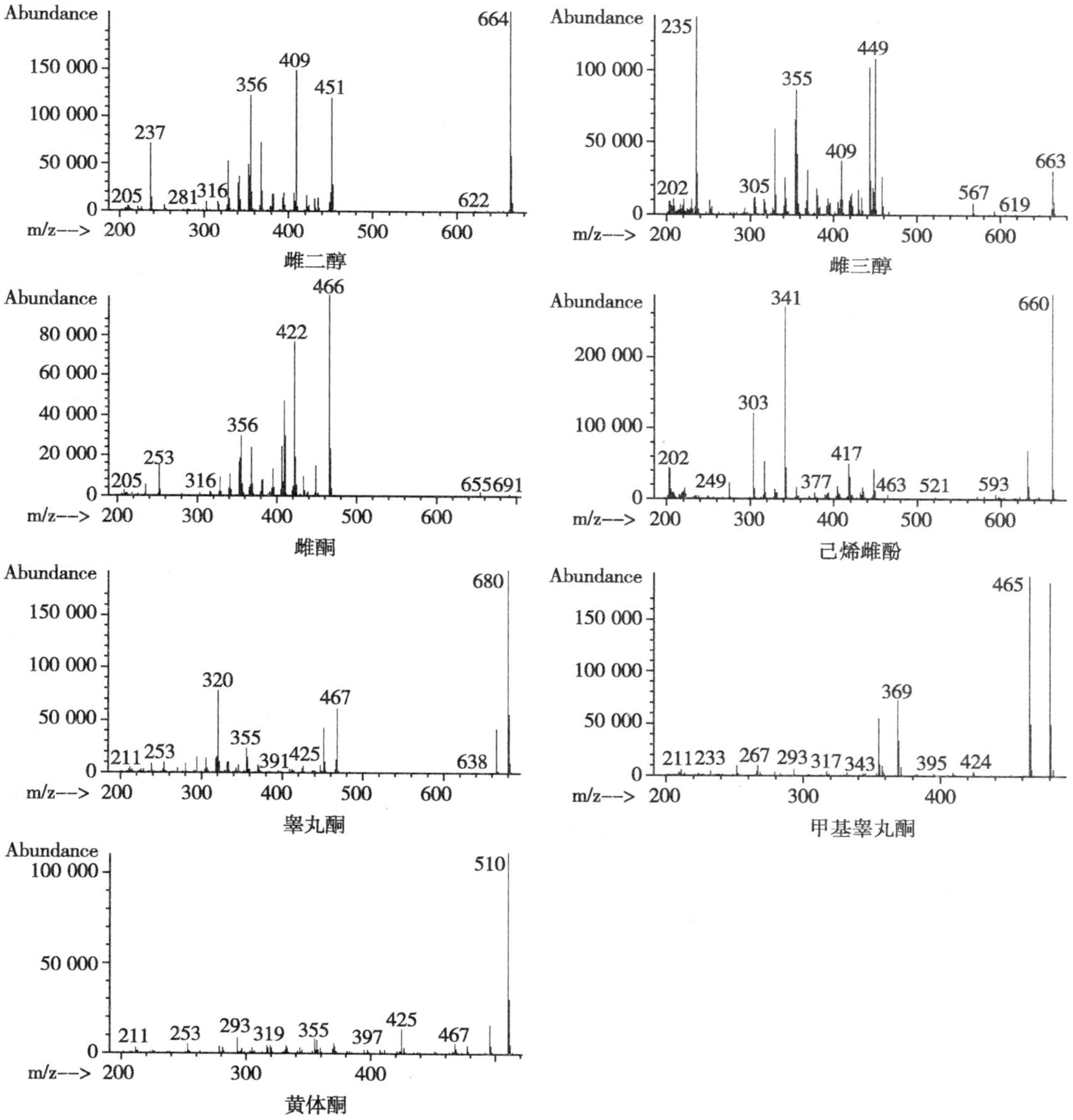

雌二醇

雌三醇

雌酮

己烯雌酚

睾丸酮

甲基睾丸酮

黄体酮

图 6 激素衍生物的全质谱扫描图

表 3　激素衍生物的保留时间和特征离子

组分名称	保留时间（min）	特征离子（m/z）
己烯雌酚（DES）	10.87	341　447　660
甲基睾丸酮（MT）	14.17	369　465　480
睾丸酮（T）	17.96	320　467　680
雌二醇（E2）	18.31	409　451　664
雌三醇（E3）	18.69	409　449　663
雌酮（E1）	19.24	409　422　466
黄体酮（P）	22.50	370　425　510

注：下划线部分为分子离子。

7　结果判定

7.1　每一个被测激素的保留时间与标准一致，选定的两个检测离子都出峰，两个检测离子强度比与标准质谱图中的两个离子强度比值的相对误差 <30%。

7.2　出峰的面积大于仪器噪声的三倍，同时满足以上条件，判为含有与标准溶液中相同的组分。

2.5　米诺地尔等 7 种组分
Minoxidil and other 6 kinds of components

1　范围

本方法规定了液相色谱 - 串联质谱法测定化妆品中米诺地尔等 7 种组分的含量。

本方法适用于化妆品中米诺地尔等 7 种组分含量的测定。

本方法所指的 7 种组分为米诺地尔、氢化可的松、螺内酯、雌酮、坎利酮、醋酸曲安奈德、黄体酮。

2　方法提要

样品经提取后，用液相色谱 - 串联质谱法测定，以多反应离子监测模式进行监测，采用特征离子丰度比进行定性，各组分峰面积定量，以标准曲线法计算含量。

本方法的检出限、定量下限和取样量为 1.0g 时的检出浓度、最低定量浓度见表 1。

表 1　各组分的检出限、定量下限、检出浓度和最低定量浓度

化合物	检出限（ng/mL）	定量限（ng/mL）	检出浓度（ng/g）	最低定量浓度（ng/g）
米诺地尔	0.2	0.5	2	5
氢化可的松	1	2	10	20
螺内酯	1	2	10	20
雌酮	5	10	50	100
坎利酮	1	2	10	20
醋酸曲安奈德	0.2	0.5	2	5
黄体酮	0.5	1	5	10

3　试剂和材料

除另有规定外，本方法所用试剂均为分析纯或以上规格，水为GB/T 6682规定的一级水。

3.1　米诺地尔、氢化可的松、螺内酯、雌酮、坎利酮、醋酸曲安奈德、黄体酮标准品。

3.2　乙腈，色谱纯。

3.3　甲醇，色谱纯。

3.4　90%乙腈溶液：量取10mL水于100mL量瓶中，加乙腈（3.2）稀释至刻度，混匀。

3.5　流动相的配制：

流动相A：0.2%甲酸水溶液。

流动相B：甲醇（含0.2%甲酸）。

3.6　混合标准储备溶液：称取米诺地尔、氢化可的松、螺内酯、雌酮、坎利酮、醋酸曲安奈德、黄体酮标准品各10mg（精确到0.00001g）于同一10mL容量瓶中，加甲醇（3.2）使溶解并定容至刻度，摇匀，即得浓度为1.0mg/mL的混合标准储备溶液。

4　仪器和设备

4.1　液相色谱-三重四极杆质谱联用仪。

4.2　天平。

4.3　超声波清洗仪。

4.4　离心机。

4.5　涡旋混合仪。

5　分析步骤

5.1　混合标准系列溶液的制备

用90%乙腈溶液（3.4）稀释混合标准储备溶液（3.5），得到浓度为10.0ng/mL、20.0ng/mL、50.0ng/mL、100.0ng/mL、200.0ng/mL、500.0ng/mL、1000.0ng/mL、1500.0ng/mL的混合标准系列溶液。

5.2　样品处理

称取样品1g（精确到0.001g）于10mL具塞比色管中，加入1mL饱和氯化钠溶液，涡旋30s后加入乙腈，定容至刻度，涡旋30s，超声提取30min，涡旋1min，4500r/min离心5min，取上清液经0.45μm微孔滤膜过滤后，滤液作为待测液备用。

5.3　仪器参考条件

5.3.1　色谱条件

色谱柱：C_{18}柱（150mm × 2.1mm × 3.5μm），或等效色谱柱，螺内酯和坎利酮两个化合物色谱峰分离度要求大于1.5。

流动相梯度洗脱程序：

时间/min	V（流动相A）/%	V（流动相B）/%
0	95	5
2	75	25
4	45	55
11	20	80
18	10	90

流速：0.3mL/min；

柱温：30℃；

进样量：5μL。

5.3.2 质谱条件

离子源：电喷雾离子源（ESI 源）；

监测模式：正离子监测模式；

喷雾压力：40psi；

干燥气流速：8L/min；

干燥气温度：325℃；

毛细管电压：4000V；

0min~3.5min：不进入质谱仪分析，3.5min~18min：进入质谱仪分析。

三重四极杆离子对及相关电压参数设定见表 2。

表 2

编号	组分名称	母离子（m/z）	Frag.（V）	子离子（m/z）	CE（V）
1	米诺地尔	210.0	110	193.2	10
			110	164.1*	25
2	氢化可的松	363.1	125	327	10
			125	121*	25
3	螺内酯	341.1	147	107.1*	35
			165	90.9	65
4	雌酮	271.2	105	253.1*	5
			105	132.8	22
5	坎利酮	341.1	147	107.1*	35
			165	90.9	65
6	醋酸曲安奈德	477.1	100	457.2*	5
			100	439.1	10
7	黄体酮	315.2	140	109	25
			140	97*	23

注："*" 为定量离子对

5.4 测定

5.4.1 定性

用液相色谱 - 串联质谱法对样品进行定性判定，在相同试验条件下，样品中被测禁用组分的质量色谱峰保留时间与标准溶液中对应组分的质量色谱峰保留时间一致；样品色谱图中所选择的监测离子对的相对丰度比与相当浓度标准溶液的离子相对丰度比的偏差不超过表 3 规定范围，则可以判断样品中存在对应的禁用组分。

表 3

相对离子丰度(k)	k>50%	50%≥k>20%	20%≥k>10%	k≤10%
允许的最大偏差	± 20%	± 25%	± 30%	± 50%

5.4.2　定量

在“5.3”液相色谱 - 三重四极杆质谱联用条件下，用混合标准系列溶液(5.1)分别进样，以各组分标准系列浓度为横坐标，峰面积为纵坐标，绘制标准曲线，其线性相关系数应大于 0.99。

取“5.2”项下的待测溶液进样，各组分的峰面积代入标准曲线，计算浓度，按“6”计算样品中各组分的含量。

6　分析结果的表述

6.1　计算

$$\omega=\frac{D\times\rho\times V}{m\times10^3}$$

式中：ω——化妆品中米诺地尔等 7 种组分的质量分数，μg/g；

D——样品稀释倍数(不稀释则为 1)；

ρ——从标准曲线得到待测组分的质量浓度，ng/mL；

V——样品定容体积，mL；

m——样品取样量，g。

在重复性条件下获得的两次独立测定结果的绝对差值不得超过算术平均值的 15%。

6.2　回收率和精密度

多家实验室验证的平均方法回收率为 90.4%~113.0%，相对标准偏差小于 8.6%。

7　图谱

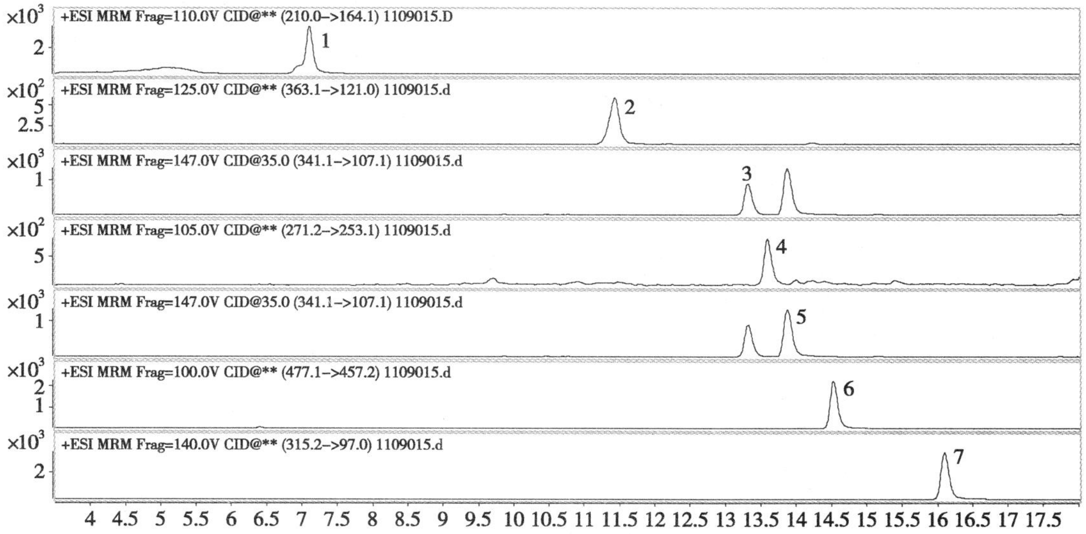

图 1　混合标准溶液质谱图

1：米诺地尔；2：氢化可的松；3：螺内酯；4：雌酮；5：坎利酮；6：醋酸曲安奈德；7：黄体酮

2.6 6-甲基香豆素 6-Methyl coumarin

第一法 高效液相色谱法

1 范围

本方法规定了高效液相色谱法测定化妆品中6-甲基香豆素的含量。

本方法适用于液态水基类、膏霜乳液类、粉类化妆品中6-甲基香豆素含量的测定。

2 方法提要

样品处理后，经高效液相色谱仪分离，紫外检测器检测，根据保留时间定性，峰面积定量，以标准曲线法计算含量。必要时，采用气相色谱-质谱法进行确证。

本方法对6-甲基香豆素的检出限为0.00005μg，定量下限为0.00017μg。取样量为1g时，检出浓度为0.000005%，最低定量浓度为0.000017%。

3 试剂和材料

除另有规定外，所用试剂均为分析纯或以上规格，水为GB/T 6682规定的一级水。

3.1 6-甲基香豆素，纯度≥99.0%。

3.2 甲醇，色谱纯。

3.3 磷酸二氢钠，分析纯。

3.4 流动相的配制：

流动相A：甲醇。

流动相B：磷酸二氢钠缓冲溶液[$c(NaH_2PO_4)$=0.02mol/L，pH=3.5]：称取3.12g磷酸二氢钠，加水溶解并稀释至1000mL，磷酸调pH值至3.5。

3.5 标准储备溶液Ⅰ：称取6-甲基香豆素0.1g（精确到0.0001g）于100mL容量瓶中，加甲醇（3.2）溶解并稀释至刻度，即得浓度为1.0mg/mL的6-甲基香豆素标准储备溶液。

3.6 标准储备溶液Ⅱ：精密量取标准储备溶液Ⅰ（3.5）5mL于50mL容量瓶中，加甲醇（3.2）稀释至刻度，即得浓度为100μg/mL的6-甲基香豆素标准储备溶液。

4 仪器和设备

4.1 高效液相色谱仪，紫外检测器。

4.2 气相色谱-质谱仪。

4.3 天平。

4.4 涡旋振荡器。

4.5 超声波清洗器。

4.6 离心机：转速不小于5000r/min。

5 分析步骤

5.1 标准系列溶液的制备

取6-甲基香豆素标准储备溶液Ⅱ（3.6），分别配制浓度为0.1μg/mL、0.5μg/mL、1.0μg/mL、3.0μg/mL、5.0μg/mL、10.0μg/mL的标准系列溶液。

5.2 样品处理

称取样品1g（精确到0.001g）于10mL容量瓶中，加入5mL甲醇（3.2），涡旋振荡使样品与提取溶剂充分混匀，超声提取 20min，冷却至室温后，用甲醇（3.2）稀释至刻度，混匀后转移至 10mL 刻度离心管中，以 5000r/min 离心 5min。上清液经 0.45μm 滤膜过滤，滤液备用。

5.3 参考色谱条件

色谱柱：C_{18} 柱（250mm × 4.6mm × 5μm），或等效色谱柱；

流动相梯度洗脱程序：

时间 /min	V（流动相 A）/%	V（流动相 B）/%
0	55	45
11	55	45
12	90	10
40	90	10
41	55	45
50	55	45

流速：1.0mL/min；

检测波长：275nm；

柱温：35℃；

进样量：10μL。

5.4 测定

在“5.3”色谱条件下，取标准系列溶液（5.1）分别进样，进行色谱分析，以标准系列溶液浓度为横坐标，峰面积为纵坐标，绘制标准曲线。

取“5.2”项下的待测溶液进样，根据保留时间定性，测得峰面积，根据标准曲线得到待测溶液中 6- 甲基香豆素的浓度。按“6”计算样品中 6- 甲基香豆素的含量。

6 分析结果的表述

6.1 计算

$$\omega = \frac{\rho \times V}{m} \times 10^{-4}$$

式中：ω——化妆品中 6- 甲基香豆素的质量分数，%；

ρ——从标准曲线中得到待测组分的浓度，μg/mL；

V——样品定容体积，mL；

m——样品取样量，g。

在重复条件下获得的两次独立测定结果的绝对差值不得超过算术平均值的 10%。

6.2 回收率

当样品添加标准溶液浓度在 0.001%~0.005% 时，测定结果的平均回收率在 92.2%~103.5%。

7　图谱

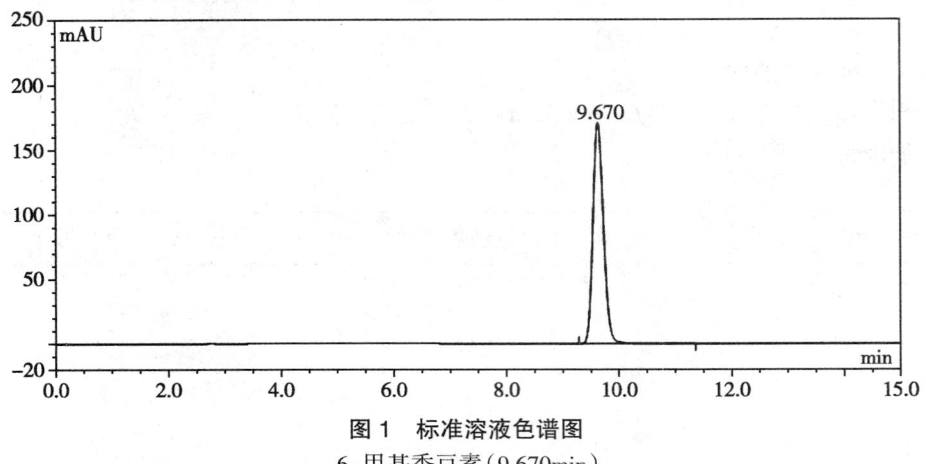

图 1　标准溶液色谱图

6- 甲基香豆素（9.670min）

第二法　气相色谱法

1　范围

本方法规定了气相色谱法测定化妆品中 6- 甲基香豆素的含量。

本方法适用于液态水基类、膏霜乳液类、粉类化妆品中 6- 甲基香豆素含量的测定。

2　方法提要

样品处理后，经气相色谱仪分离，氢火焰离子化检测器（FID）检测，根据保留时间定性，峰面积定量，以标准曲线法计算含量。必要时，采用气相色谱 - 质谱法进行确证。

本方法对 6- 甲基香豆素的检出限为 0.00013μg，定量下限为 0.0005μg。取样量为 1g 时，检出浓度为 0.00013%，最低定量浓度为 0.0005%。

3　试剂和材料

3.1　6- 甲基香豆素，纯度≥99.0%。

3.2　甲醇，色谱纯。

3.3　无水硫酸钠，于 650℃灼烧 4h，储于密闭干燥器中备用。

3.4　标准储备溶液Ⅰ：称取 6- 甲基香豆素 0.1g（精确到 0.0001g）于 100mL 容量瓶中，加甲醇（3.2）溶解并稀释至刻度，即得浓度为 1.0mg/mL 的 6- 甲基香豆素标准储备溶液。

3.5　标准储备溶液Ⅱ：精密量取标准储备溶液Ⅰ（3.4）5mL 于 50mL 容量瓶中，加甲醇（3.2）稀释至刻度，即得浓度为 100μg/mL 的 6- 甲基香豆素标准储备溶液。

4　仪器和设备

4.1　气相色谱仪，氢火焰离子化检测器（FID）。

4.2　天平。

4.3　涡旋振荡器。

4.4　超声波清洗器。

4.5　离心机：转速不小于 5000r/min。

5 分析步骤

5.1 标准系列溶液的制备

取6-甲基香豆素标准储备溶液Ⅱ(3.5),分别配制浓度为0.5μg/mL、1.0μg/mL、3.0μg/mL、5.0μg/mL、10.0μg/mL的标准系列溶液。

5.2 样品处理

称取样品1g(精确到0.001g)于10mL容量瓶中,加入5mL甲醇(3.2),涡旋振荡使样品与提取溶剂充分混匀,超声提取20min,冷却放置室温,用甲醇(3.2)稀释至刻度,混匀后转移至10mL刻度离心管中,以5000r/min离心5min。上清液经3g无水硫酸钠(3.2)脱水,经0.45μm滤膜过滤,滤液备用。

5.3 参考色谱条件

色谱柱:HP-5毛细管柱(30m×0.32mm×0.25μm,5%-苯基-甲基聚硅氧烷),或等效色谱柱;

柱温程序:初始温度100℃,保持3min,后以8℃/min的速率升至200℃,保持3min;

进样口温度:250℃;

检测器温度:280℃;

载气:氮气1.0mL/min(纯度为99.999%);

燃气:氢气30mL/min;

助燃气:空气400mL/min;

尾吹N_2流量:30mL/min;

进样方式:不分流进样;

进样量:1.0μL。

载气、空气、氢气流速随仪器而异,操作者可根据仪器及色谱柱等差异,通过试验选择最佳操作条件,使6-甲基香豆素与其他组分峰获得完全分离。

5.4 测定

在"5.3"色谱条件下,取6-甲基香豆素标准系列溶液(5.1)分别进样,进行气相色谱分析,以标准系列溶液浓度为横坐标,峰面积为纵坐标,绘制标准曲线。

取"5.2"项下的待测溶液进样,根据保留时间定性,测定峰面积,根据标准曲线得到待测溶液中6-甲基香豆素的浓度。按"6"计算样品中6-甲基香豆素的含量。

必要时用第一法佐证。

6 分析结果的表述

6.1 计算

$$\omega=\frac{\rho\times V}{m}\times 10^{-4}$$

式中:

ω——化妆品中6-甲基香豆素的质量分数,%;

ρ——从标准曲线中得到待测组分的浓度,μg/mL;

V——样品定容体积,mL;

m——样品取样量,g。

在重复条件下获得的两次独立测定结果的绝对差值不得超过算术平均值的 10%。

6.2 回收率

当样品添加标准溶液浓度在 0.001%~0.005% 范围内，测定结果的平均回收率在 96.3%~103.5%。

7 图谱

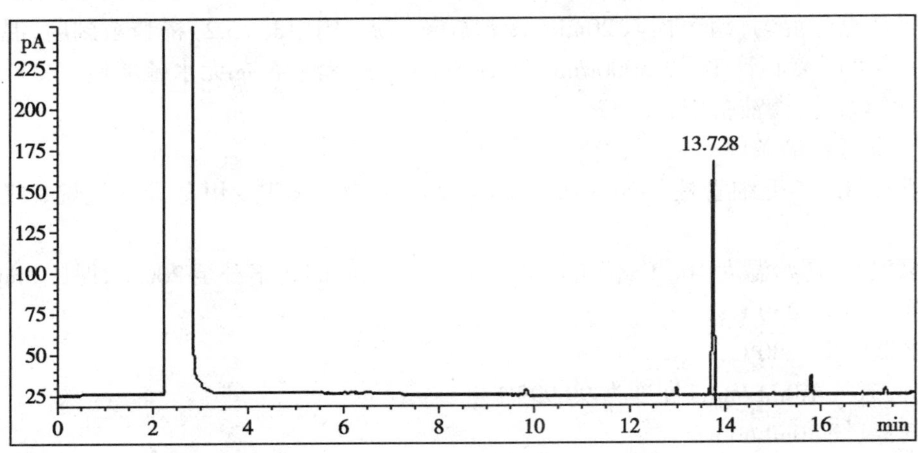

图 2 标准溶液色谱图

6- 甲基香豆素（13.728min）

附录 A
（规范性附录）
6- 甲基香豆素阳性结果的确证

必要时，采用气相色谱 - 质谱法确证阳性检测结果，以检查化妆品中是否有其他组分干扰 6- 甲基香豆素的测定。如果检出的色谱峰的保留时间与标准品一致，并且在扣除背景后的样品质谱图中，所选择的离子均出现，且所选择的离子的相对丰度比与标准物质相一致，则可判断样品中存在 6- 甲基香豆素。

A.1 参考气质条件：

色谱柱：HP-5MS 毛细管柱（30m × 0.32mm × 0.25μm，5%- 苯基 - 甲基聚硅氧烷），或等效色谱柱；

柱温程序：初始温度 100℃，保持 3min，后以 8℃/min 的速率升至 200℃，保持 3min；

进样口温度：250℃；

接口温度：280℃；

载气：氦气 1.0mL/min；

电离方式：EI；

电离能量：70eV；

监测方式：全扫描；

监视离子范围（m/z）：40~200；

进样方式：不分流进样；

进样量：1.0μL。

A.2　图谱

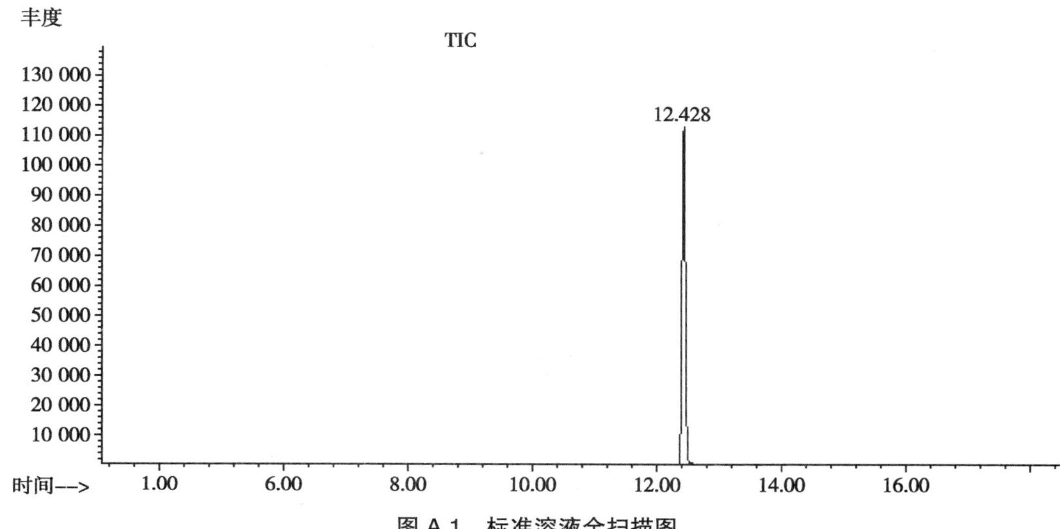

图 A.1　标准溶液全扫描图

6-甲基香豆素（12.428min）

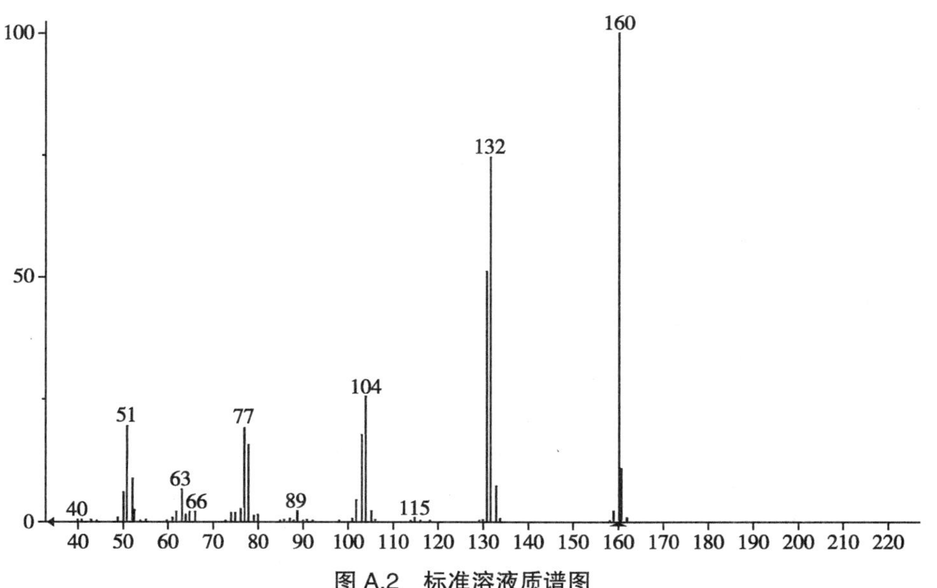

图 A.2　标准溶液质谱图

表 A.1　6-甲基香豆素特征离子表

名称	分子式	CAS 编号	特征选择离子及丰度比
6-甲基香豆素	$C_{10}H_8O_2$	92-48-8	160（100），132（74），131（51）

2.7　8-甲氧基补骨脂素等4种组分
8-methoxypsoralen and other 3 kinds of components

1　范围

本方法规定了高效液相色谱法测定化妆品中8-甲氧基补骨脂素等4种组分的含量。

本方法适用于化妆品中8-甲氧基补骨脂素等4种组分含量的测定。

本方法所指的4种组分包括8-甲氧基补骨脂素、5-甲氧基补骨脂素、三甲沙林和欧前胡内酯。

2　方法提要

样品提取后，经高效液相色谱仪分离，二极管阵列检测器检测，根据保留时间和紫外光谱图定性，峰面积定量，以标准曲线法计算含量。必要时，采用液相色谱-质谱方法（LC-MS/MS）进行确证。

本方法对三甲沙林、8-甲氧基补骨脂素、5-甲氧基补骨脂素和欧前胡内酯的检出限、定量下限和取样量为0.5g时的检出浓度和最低定量浓度见表1。

表1　4种组分的检出限、定量下限、检出浓度和最低定量浓度

组分名称	检出限（ng）	定量下限（ng）	检出浓度（μg/g）	最低定量浓度（μg/g）
三甲沙林	0.13	0.25	0.26	0.50
8-甲氧基补骨脂素	0.13	0.27	0.26	0.54
5-甲氧基补骨脂素	0.05	0.26	0.10	0.52
欧前胡内酯	0.15	0.29	0.30	0.58

3　试剂和材料

除另有规定外，本方法所用试剂均为分析纯或以上规格，水为GB/T 6682规定的一级水。

3.1　三甲沙林，纯度≥99%。

3.2　8-甲氧基补骨脂素，纯度≥98%。

3.3　5-甲氧基补骨脂素，纯度≥99%。

3.4　欧前胡内酯，纯度≥99%。

3.5　甲醇，色谱纯。

3.6　流动相的配制：

流动相A：甲醇。

流动相B：水。

3.7　混合标准储备溶液：分别称取三甲沙林（3.1）、8-甲氧基补骨脂素（3.2）、5-甲氧基补骨脂素（3.3）和欧前胡内酯（3.4）各5mg（精确到0.00001g），于5mL容量瓶中，加入甲醇（3.5）溶解并定容至刻度，即得浓度各为1.0mg/mL的标准储备溶液。精密量取各标准储备溶液0.5mL于1个50mL量瓶中，加甲醇（3.5）定容至刻度，即得浓度为10μg/mL的混合标准储备溶液。

4　仪器和设备

4.1　高效液相色谱仪，二极管阵列检测器。

4.2　液相色谱 - 三重串联四级杆质谱联用仪。

4.3　天平。

4.4　移液器。

4.5　涡旋振荡器。

4.6　超声波清洗器（功率不低于 200W）。

4.7　高速离心机：转速不小于 10 000r/min。

5　分析步骤

5.1　混合标准系列溶液的制备

取混合标准储备溶液（3.7），分别配制浓度为 0.05μg/mL、0.1μg/mL、0.5μg/mL、1.0μg/mL、5.0μg/mL、10.0μg/mL 的混合标准系列溶液。

5.2　样品处理

膏霜乳液类：称取样品 0.5g（精确到 0.001g）于 10mL 具塞比色管中，加 6mL 甲醇（3.5），涡旋振荡使试样与提取溶剂充分混匀，超声提取 20min，冷却至室温，加甲醇（3.5）定容至刻度，转移至 10mL 具塞塑料离心管中，以 12 000r/min 离心 5min，上清液经 0.45μm 滤膜过滤，滤液作为待测溶液。

液态类：称取样品 0.5g（精确到 0.001g）于 10mL 具塞比色管中，加甲醇（3.5）定容至刻度，混匀，必要时，转移至 10mL 具塞塑料离心管中，以 12 000r/min 离心 5min，上清液经 0.45μm 滤膜过滤，滤液作为待测溶液。

粉类：称取样品 0.5g（精确到 0.001g）于 10mL 具塞比色管中，加 8mL 甲醇（3.5），混匀，超声提取 20min，冷却至室温，加甲醇（3.5）定容至刻度，摇匀，静置。必要时，转移至 10mL 具塞塑料离心管中，以 12 000r/min 离心 5min，上清液经 0.45μm 滤膜过滤，滤液作为待测溶液。

5.3　参考色谱条件

色谱柱：C_{18} 柱（250mm × 4.6mm × 5μm），或等效色谱柱；

流动相梯度洗脱程序：

时间 /min	V（流动相 A）/%	V（流动相 B）/%
0.0	70	30
15.0	90	10
16.0	100	0
19.0	100	0
20.0	70	30

流速：1.0mL/min；

检测波长：248nm；

柱温：30℃；

进样量：10μL。

5.4　测定

在“5.3”色谱条件下，取混合标准系列溶液（5.1）分别进样，进行色谱分析，以标准系列

溶液浓度为横坐标，峰面积为纵坐标，绘制各测定组分的标准曲线。

取“5.2”项下的待测溶液进样，根据保留时间和紫外光谱图定性，测得峰面积，根据标准曲线得到待测溶液中各测定组分的浓度。按“6”计算样品中各测定组分的含量。

6　分析结果的表述

6.1　计算

$$\omega=\frac{\rho\times V}{m}$$

式中：

ω——化妆品中8-甲氧基补骨脂素等4种组分的质量分数，μg/g；

m——样品取样量，g；

ρ——从标准曲线得到待测组分的浓度，μg/mL；

V——样品定容体积，mL；

在重复性条件下获得的两次独立测定结果的绝对差值不得超过算术平均值的10%。

6.2　回收率和精密度

低浓度的平均提取回收率和平均方法回收率在80%~120%之间，相对标准偏差小于10%（n=6）；高浓度的平均提取回收率和平均方法回收率在85%~115%之间，相对标准偏差小于5%（n=6）。

7　图谱

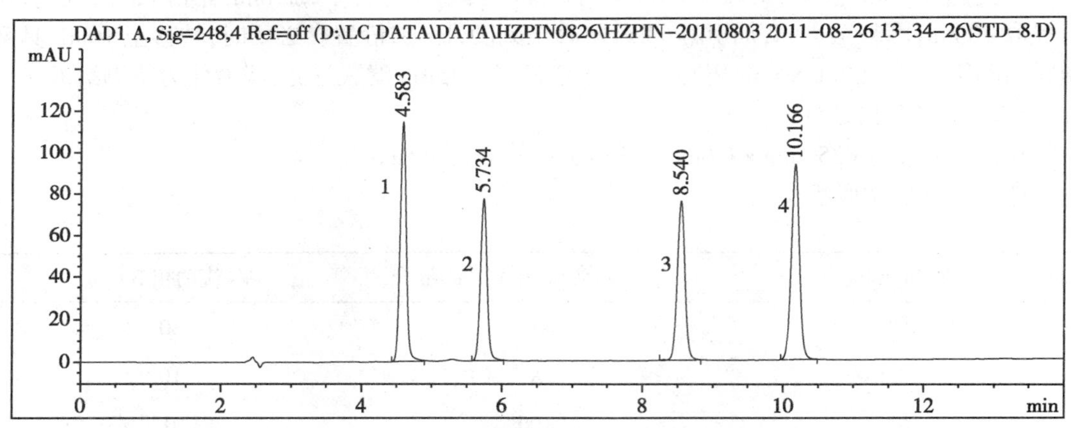

图1　混合标准溶液色谱图

1：8-甲氧基补骨脂素（4.583min）；2：5-甲氧基补骨脂素（5.734min）；

3：三甲沙林（8.540min）；4：欧前胡内酯（10.166min）

附录A

（规范性附录）

8-甲氧基补骨脂素等4种组分阳性结果的确证

测定过程中若有阳性结果，可采用液相色谱-质谱法进一步确证。

在相同的液相色谱-质谱实验条件下，如果样品中色谱峰的保留时间和紫外光谱图与标准溶液中对应成分一致，所选择的监测离子对的相对丰度比与相当浓度标准溶液的离子相对丰度比的偏差不超过表 A.1 规定范围，则可以判定样品中存在对应的测定成分。

表 A.1　阳性结果确证时相对离子丰度比的最大允许偏差

相对离子丰度（k）	k>50%	50%≥k>20%	20%≥k>10%	k≤10%
允许的最大偏差	±20%	±25%	±30%	±50%

A.1　仪器参考条件

A.1.1　色谱条件同 5.3。

A.1.2　质谱条件

离子源：电喷雾离子源（ESI 源）；

监测模式：正离子监测模式；

离子源电压（IS）：4500V。

碰撞气（CAD）、气帘气（CUR）、雾化气（GS1）、辅助气 2（GS2）均为高纯氮气，使用前调节各气流流量以使质谱灵敏度达到检测要求。4 种成分的定性离子对和去簇电压（DP）、碰撞能量（CE）等电压值的设定参考值见表 A.2。在以上色谱、质谱条件下，测定成分的定性离子及丰度比见表 A.3。

表 A.2　4 种组分的定性离子对及相关电压参数

序号	组分名称	母离子（m/z）	DP（V）	子离子（m/z）	CE（V）
1	8- 甲氧基补骨脂素	217	40	202，174	30
2	5- 甲氧基补骨脂素	217	40	202，174	30
3	欧前胡内酯	271	30	203，69	10
4	三甲沙林	229	40	173，142	30

表 A.3　4 种组分的定性离子及丰度比

序号	测定组分	分子式	定性离子及丰度比
1	8- 甲氧基补骨脂素	$C_{12}H_8O_4$	217（47），202（100），174（75）
2	5- 甲氧基补骨脂素	$C_{12}H_8O_4$	217（29），202（100），174（31）
3	欧前胡内酯	$C_{16}H_{14}O_4$	271（45），203（100），69（7）
4	三甲沙林	$C_{14}H_{12}O_3$	229（100），173（47），142（57）

2.8　补骨脂素等 4 种组分

Psoralen and other 3 kinds of components

1　范围

本方法规定了高效液相色谱法定性检测化妆品中补骨脂素等 4 种组分的方法。

本方法适用于化妆品中补骨脂素等 4 种组分的定性测定。

本方法所指的 4 种组分为补骨脂特征成分，包括补骨脂素、异补骨脂素、新补骨脂异黄

酮和补骨脂二氢黄酮。

2 方法提要

样品提取后，经高效液相色谱仪分离，二极管阵列检测器检测，根据保留时间和紫外光谱图定性，鉴别补骨脂特征成分补骨脂素、异补骨脂素、新补骨脂异黄酮和补骨脂二氢黄酮的存在。

本方法对补骨脂素、异补骨脂素、新补骨脂异黄酮和补骨脂二氢黄酮的检出限和取样量为 0.5g 时的检出浓度见表 1。

表 1 4 种组分的检出限和检出浓度

测定组分	检出限(ng)	检出浓度(μg/g)
补骨脂素	0.3	0.6
异补骨脂素	0.3	0.6
新补骨脂异黄酮	0.3	0.6
补骨脂二氢黄酮	0.3	0.6

3 试剂和材料

除另有规定外，本方法所用试剂均为分析纯或以上规格，水为 GB/T 6682 规定的一级水。

3.1 补骨脂素，纯度≥99%。

3.2 异补骨脂素，纯度≥99%。

3.3 新补骨脂异黄酮，纯度≥98%。

3.4 补骨脂二氢黄酮，纯度≥99%。

3.5 补骨脂对照药材，鉴别用。

3.6 甲醇，色谱纯。

3.7 无水乙醇，色谱纯。

3.8 乙腈，色谱纯。

3.9 乙酸。

3.10 流动相的配制：

流动相 A：乙腈。

流动相 B：0.1% 乙酸水溶液。

3.11 混合标准溶液：分别称取补骨脂素(3.1)、异补骨脂素(3.2)、新补骨脂异黄酮(3.3)、补骨脂二氢黄酮(3.4)各 5mg(精确到 0.00001g)于 500mL 容量瓶中，加甲醇(3.6)溶解并定容至刻度，摇匀，即得浓度各为 10μg/mL 的标准储备溶液。精密量取各标准储备溶液 0.1mL 于 10mL 容量瓶中，加甲醇(3.6)定容至刻度，摇匀，即得浓度为 0.1μg/mL 的混合标准溶液。

3.12 补骨脂标准储备溶液：取补骨脂对照药材(3.5)0.2g(精确到 0.0001g)于 50mL 锥形瓶中，加 30mL 70% 乙醇回流提取 1h，滤过，滤液置 100mL 容量瓶中，加 70% 乙醇定容至刻度，摇匀，即得。

4 仪器和设备

4.1 高效液相色谱仪，二极管阵列检测器。

4.2 天平。

4.3 超声波清洗器(功率不低于 200W)。

4.4 涡旋振荡器。

4.5 高速离心机:转速不小于 10 000r/min。

5 分析步骤

5.1 样品处理

膏霜乳液类:称取样品 0.5g(精确到 0.001g)于 10mL 具塞比色管中,加 6mL 甲醇(3.6),涡旋振荡使试样与提取溶剂充分混匀,超声提取 20min,放至室温,加甲醇(3.6)定容至刻度,摇匀,转移至 10mL 具塞塑料离心管中,以 12 000r/min 离心 5min,上清液经 0.45μm 滤膜过滤,滤液作为待测溶液。

液态类:称取样品 0.5g(精确到 0.001g)于 10mL 具塞比色管中,加甲醇(3.6)定容至刻度,混匀,必要时,转移至 10mL 具塞塑料离心管中,以 12 000r/min 离心 5min,上清液经 0.45μm 滤膜过滤,滤液作为待测溶液。

粉类:称取样品 0.5g(精确到 0.001g)于 10mL 具塞比色管中,加 8mL 甲醇(3.6),混匀,超声提取 20min,放至室温,加甲醇(3.6)定容至刻度,摇匀,静置,必要时,转移至 10mL 具塞塑料离心管中,以 12 000r/min 离心 5min,上清液经 0.45μm 滤膜过滤,滤液作为待测溶液。

5.2 参考色谱条件

色谱柱:C_{18} 柱(100mm × 4.6mm × 5μm),或等效色谱柱;

流动相梯度洗脱程序:

时间 /min	V(流动相 A)/%	V(流动相 B)/%
0.0	40	60
2.0	40	60
12.0	70	30
13.0	90	10
15.0	90	10
16.0	40	60

流速:1.0mL/min;

检测波长:246nm;

柱温:30℃;

进样量:10μL。

5.3 测定

在“5.2”色谱条件下,取混合标准溶液(3.11)进样,进行色谱分析,记录各色谱峰相应的保留时间和紫外光谱图;取补骨脂标准储备溶液(3.12)进行色谱分析,记录各色谱峰相应的保留时间和紫外光谱图。

取待测溶液(5.1)进样,进行色谱分析,若样品色谱图中,在与补骨脂特征性成分——补骨脂素、异补骨脂素、新补骨脂异黄酮和补骨脂二氢黄酮对照品相应保留时间处有相同色谱峰出现,且具有相同的紫外光谱,则可以定性鉴别补骨脂特征性成分补骨脂素、异补骨脂素、

新补骨脂异黄酮和补骨脂二氢黄酮的存在。

5.4　平行试验

在重复性条件下获得的两次独立测试的色谱峰保留时间不得超过 ±1min。

5.5　阳性结果确证

测定过程中若补骨脂素和异补骨脂素检出阳性结果，而新补骨脂异黄酮和补骨脂二氢黄酮低于检出限，可适当富集样品对新补骨脂异黄酮和补骨脂二氢黄酮的检测进一步确证。

6　精密度

在不同空白基质中，补骨脂素和异补骨脂素、新补骨脂异黄酮和补骨脂二氢黄酮4种特征性成分的保留时间和峰面积的相对标准偏差均应小于5%（n=6）。

7　图谱

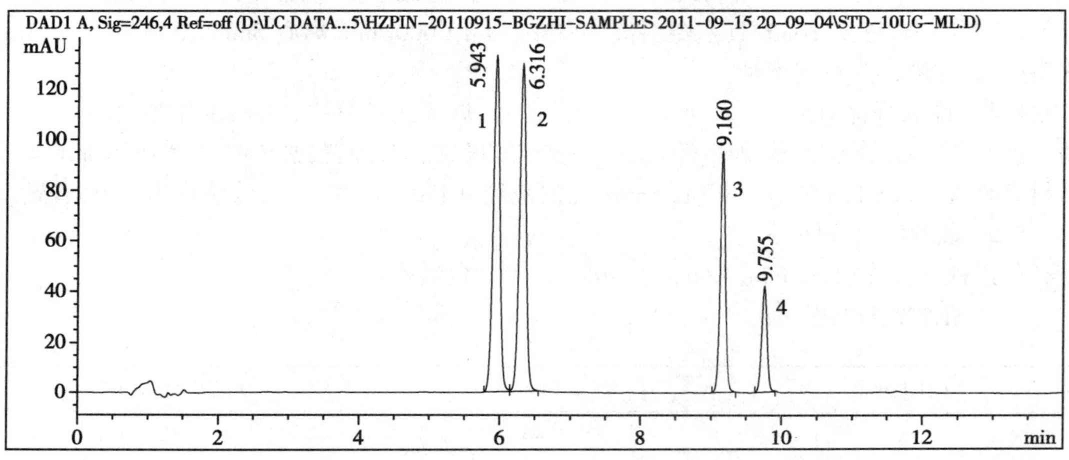

图1　混合标准溶液色谱图

1：补骨脂素（5.943min）；2：异补骨脂素（6.316min）；3：新补骨脂异黄酮（9.160min）；4：补骨脂二氢黄酮（9.755min）

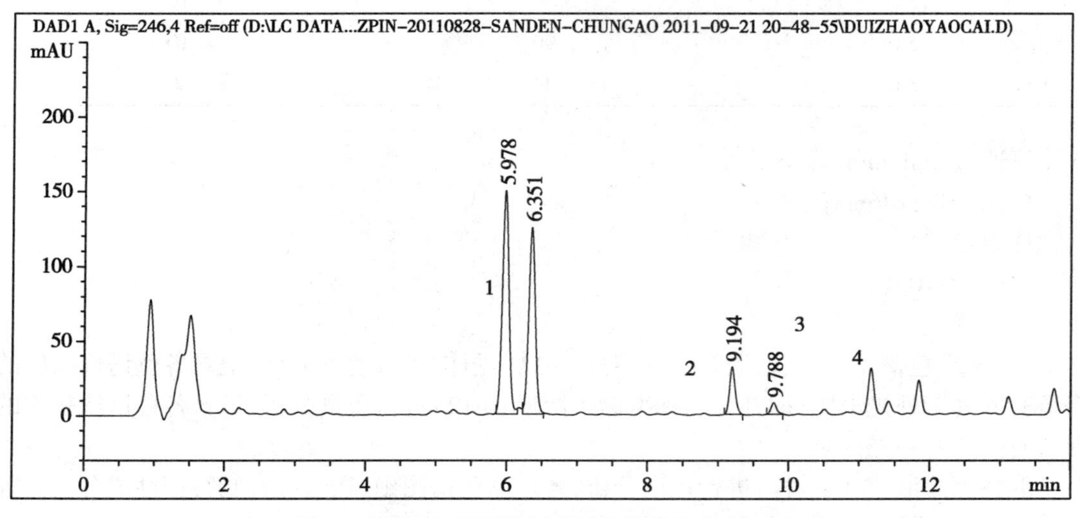

图2　补骨脂标准溶液色谱图

1：补骨脂素（5.978min）；2：异补骨脂素（6.351min）；3：新补骨脂异黄酮（9.194min）；4：补骨脂二氢黄酮（9.788min）

2.9　4- 氨基偶氮苯和联苯胺
4-Aminoazobenzene and Benzidine

1　范围

本方法规定了气相色谱 - 质谱法测定化妆品中 4- 氨基偶氮苯和联苯胺的含量。

本方法适用于液态水基类、液态油基类、膏霜乳液类、粉类化妆品中 4- 氨基偶氮苯和联苯胺的测定。

2　方法提要

样品在氨水 - 氯化铵缓冲溶液（pH=9.5）中经叔丁基甲醚超声萃取后，使用硅胶 - 中性氧化铝混合填充的固相萃取小柱进行净化，叔丁基甲醚为淋洗液，浓缩后进样，经气相色谱仪分离、质谱检测器检测，根据保留时间和特征离子丰度比双重模式定性，各组分定量离子峰面积定量，以外标法计算含量。

本方法的浓度适用范围为 0.5mg/kg~10mg/kg，4- 氨基偶氮苯及联苯胺的检出浓度均为 0.5mg/kg，最低定量浓度分别为 2.0mg/kg、2.5mg/kg。

3　试剂和材料

除另有规定外，本方法所用试剂均为分析纯或以上规格，水为 GB/T 6682 规定的一级水。

3.1　4- 氨基偶氮苯，纯度≥99.0%。

3.2　联苯胺，纯度≥98.5%。

3.3　正己烷，色谱纯。

3.4　甲醇，色谱纯。

3.5　叔丁基甲醚，色谱纯。

3.6　无水硫酸钠。

3.7　氯化铵。

3.8　氨水：25%。

3.9　氯化钠。

3.10　硅胶：100 目 ~200 目，使用前用 160℃烘 12h。

3.11　中性氧化铝：100 目 ~200 目，使用前用 180℃烘 12h。

3.12　氨水 - 氯化铵缓冲溶液：称取 13.4g 氯化铵、量取 18.5mL 氨水于 250mL 烧杯中，加水溶解后转移至 500mL 容量瓶，定容，配制成 pH=9.5 的缓冲溶液。

3.13　标准储备溶液：

3.13.1　4- 氨基偶氮苯标准储备溶液：称取 4- 氨基偶氮苯 10mg（精确到 0.00001g）于 10mL 容量瓶中，加入少量甲醇溶解，并用甲醇定容至刻度。转移到安瓿瓶中于 4℃保存。

3.13.2　联苯胺标准储备溶液：称取联苯胺 10mg（精确到 0.00001g）于 10mL 容量瓶中，加入少量甲醇溶解，并用甲醇定容至刻度。转移到安瓿瓶中于 4℃保存。

3.14　混合标准中间溶液：取一定量 4- 氨基偶氮苯和联苯胺的标准储备溶液，用甲醇稀释成浓度为 0.1mg/mL 混合标准中间溶液。转移到安瓿瓶中于 4℃保存。

4　仪器和设备

4.1　气相色谱 - 质谱仪。

4.2　天平。

4.3 超声波振荡器。

4.4 离心机。

4.5 氮气吹扫装置。

4.6 玻璃固相萃取柱:内径 1cm,长度 10cm。

4.7 圆底螺口玻璃离心管:50mL。

4.8 滤膜:0.45μm 有机相滤膜。

4.9 分液漏斗振荡器。

4.10 K-D 浓缩瓶:30mL。

5 分析步骤

5.1 混合标准系列溶液的制备

用甲醇将一定量的混合标准中间溶液(3.14)配制成相应浓度的混合标准系列溶液。转移到安瓿瓶中于 4℃保存。

5.2 样品处理

称取样品 0.5g(精确到 0.001g)于 50mL 圆底螺口玻璃离心管(4.7),加入 1.0mL 氨水 - 氯化铵缓冲溶液(3.12),振荡混匀,加入 10mL 叔丁基甲醚,密封于 45℃下超声萃取 15min。按照化妆品类型进行以下样品操作:

5.2.1 液态水基类

待样品冷却后,加入 10mL 水、5g 氯化钠,在分液振荡器上振荡 10min,取下,离心 5min,移取 5mL 上层溶液,加入 0.5g 无水硫酸钠静置 15min,将无水硫酸钠除水后的溶液转移至 30mL K-D 浓缩瓶(4.10)中溶液用缓慢的氮气流吹至近干,浓缩过程中采用 8mL 叔丁基甲醚分三次淋洗 K-D 浓缩瓶内壁,最后用叔丁基甲醚定容至 1.0mL,过 0.45μm 滤膜(4.8),供 GC-MS 测定。

5.2.2 液态油基类、膏霜乳液类、粉类

待样品冷却后,离心 5min,移出上层溶液,加入 0.5g 无水硫酸钠静置 15min,将无水硫酸钠除水后的溶液转移至 30mL K-D 浓缩瓶(4.10)中浓缩至 1.0mL,浓缩过程中采用 8mL 正己烷分三次淋洗 K-D 浓缩瓶内壁,用缓慢的氮气流将溶液吹至近干,加入 0.5mL 正己烷溶解后进行以下净化步骤:

称取 800mg 硅胶和 1200mg 中性氧化铝(2∶3,m/m),充分混匀,用干法装入玻璃固相萃取柱,轻敲至实。使用前用 4mL 叔丁基甲醚预淋洗净化柱,弃去淋洗液。将上述正己烷溶液转移至硅胶 - 中性氧化铝混装的净化柱,并用 1mL 正己烷分两次洗涤器皿,洗涤液转移至固相萃取小柱。待样品过柱后,用 15.0mL 叔丁基甲醚将目标物洗脱,用 30mL K-D 浓缩瓶(4.9)收集洗脱液,氮气吹扫、浓缩至近干,浓缩过程中用 8mL 叔丁基甲醚分三次淋洗 K-D 浓缩瓶内壁,叔丁基甲醚定容至 1.0mL,供 GC-MS 测定。

5.3 参考气质条件

色谱柱:DB-35 MS 柱(30m × 0.25mm × 0.25μm),或等效色谱柱;

柱温程序:初始温度 70℃,保持 0.5min 后以 30℃/min 升至 270℃,保持 2.0min,再以 25℃/min 升至 310℃;

进样口温度:300℃;

接口温度:280℃;

四极杆温度:150℃;

离子源温度：230℃；

载气：氦气（纯度≥99.999%），恒流方式，流速 1.0mL/min；

电离方式：EI；

电离能量：70eV；

监测方式：全扫描 / 选择离子监测（Scan/SIM）同时采集模式；

监视离子范围（m/z）：20~130；

进样方式：分流进样，分流比：7 ∶ 1；

进样量：1.0μL；

溶剂延迟 3min。

5.4　测定

根据样品中被测组分含量，选定适宜浓度标准系列溶液，使待测溶液中 4- 氨基偶氮苯和联苯胺的响应值均在仪器检测的线性范围内。如果待测溶液的检测响应值超出仪器检测的线性范围，可适当稀释后进行测定。

在“5.3”气质条件下，测定混合标准系列溶液及样品溶液。参考表 1、表 2 中的保留时间、待测组分的特征离子丰度指标进行确证。

表 1　4- 氨基偶氮苯和联苯胺的保留时间及特征离子

序号	名称	保留时间（min）	选择离子（m/z）	丰度比
1	4- 氨基偶氮苯	9.31	92，*197，120，65	100 ∶ 40 ∶ 33 ∶ 42
2	联苯胺	9.84	*184，183，185，92	100 ∶ 10 ∶ 14 ∶ 12

注：“*”为定量离子。

表 2　4- 氨基偶氮苯和联苯胺的特征离子丰度指标

名称	质量数	允许相对偏差
4- 氨基偶氮苯	197	± 20%
	120	± 20%
	65	± 20%
联苯胺	183	± 5%
	185	± 5%
	92	± 10%

注：允许相对偏差为特征离子相对于定量离子丰度的偏差。

6　分析结果的表述

6.1　计算

6.1.1　液态水基类

$$\omega=\frac{\rho\times V\times 2}{m}$$

式中：ω——样品中 4- 氨基偶氮苯和联苯胺的含量，单位为 mg/kg；

ρ——从标准曲线得到待测组分的浓度，单位为 mg/L；

V——样品定容体积，mL；

m——样品取样量，g。

计算结果保留到小数点后二位。

在重复性条件下获得的两次独立测定结果的绝对差值不得超过算术平均值的 15%。

6.1.2　液态油基类、膏霜乳液类、粉类

$$\omega=\frac{\rho \times V}{m}$$

式中：ω——样品中 4- 氨基偶氮苯和联苯胺的含量，单位为 mg/kg；

ρ——标准曲线得到的样品中待测组分的浓度，单位为 mg/L；

V——样品定容体积，mL；

m——样品取样量，g。

计算结果保留到小数点后一位。

在重复性条件下获得的两次独立测定结果的绝对差值不得超过算术平均值的 15%。

6.2　回收率

4- 氨基偶氮苯和联苯胺的回收率在 85%~115% 之间。

7　图谱

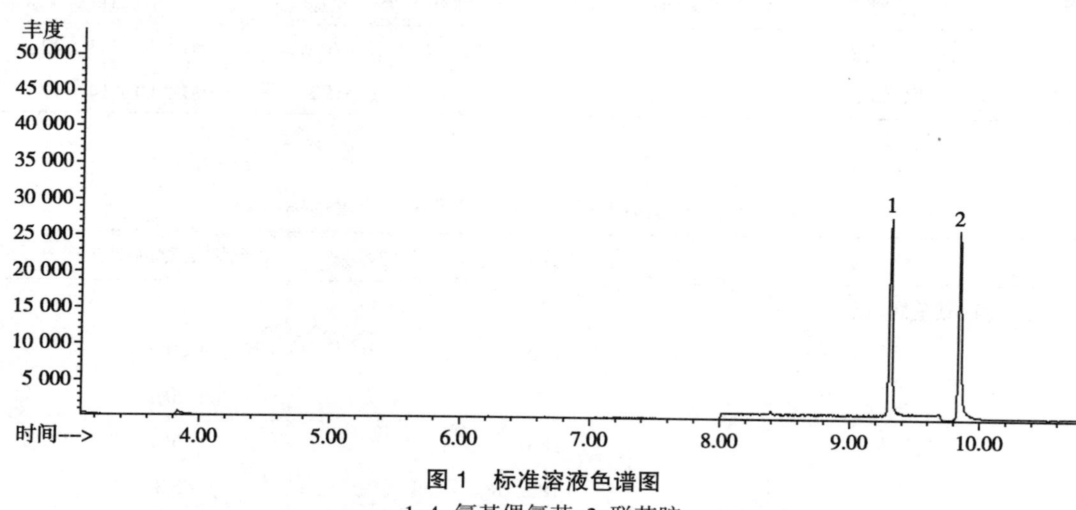

图 1　标准溶液色谱图

1：4- 氨基偶氮苯；2：联苯胺

2.10　4- 氨基联苯及其盐
Biphenyl-4-ylamine and its salts

1　范围

本方法规定了液相色谱 - 串联质谱法测定化妆品中 4- 氨基联苯及其盐的含量。

本方法适用于化妆品中 4- 氨基联苯及其盐含量的测定。

2　方法提要

样品通过超声提取、液液萃取及固相萃取小柱净化并浓缩后，用适当的有机溶剂定容，

经液相色谱-串联质谱仪测定，以内标法定量。

取样量为0.2g时，本方法对4-氨基联苯及其盐的检出浓度为1.0μg/kg，最低定量浓度为3.3μg/kg。

3 试剂和材料

除另有规定外，所用试剂均为分析纯或以上规格，水为GB/T 6682规定的一级水。

3.1 甲醇，色谱纯。

3.2 乙腈，色谱纯。

3.3 甲酸，色谱纯。

3.4 正己烷，分析纯。

3.5 乙醚，分析纯。

3.6 氯化钠饱和溶液。

3.7 HLB固相萃取小柱或相当者：500mg/6mL。

3.8 30%甲醇水溶液：甲醇（3.1）+水=30+70。

3.9 氨水：NH_3含量25%~28%。

3.10 5%氨水甲醇溶液：氨水（3.9）+甲醇=5+95，现配现用。

3.11 4-氨基联苯，纯度>99%。

3.12 4-氨基联苯-D9，纯度>99%。

3.13 标准储备溶液：称取4-氨基联苯标准物质10mg（精确到0.00001g），用甲醇溶解并定容至10mL，于-18℃下保存。

4 仪器和设备

4.1 液相色谱-串联质谱仪，配ESI离子源。

4.2 天平。

4.3 涡旋混合器。

4.4 离心机：转速10 000r/min，容量为10mL。

4.5 样品过滤器：0.2μm PTFE滤膜或相当者。

5 分析步骤

5.1 标准系列溶液的制备

5.1.1 4-氨基联苯标准工作溶液：取标准储备溶液（3.13），用甲醇稀释定容，制成浓度为1000ng/mL的标准溶液，于-18℃下保存。临用时用50%甲醇水溶液稀释成5ng/mL、25ng/mL、50ng/mL、125ng/mL、250ng/mL、500ng/mL。

5.1.2 4-氨基联苯-D9内标标准溶液：用50%甲醇稀释内标标准品溶液，得到100ng/mL 4-氨基联苯-D9内标溶液。

5.1.3 从4-氨基联苯标准工作溶液（5.1.1）中分别吸取0.5mL溶液与0.5mL 100ng/mL内标溶液（5.1.2）混合，制得内标4-氨基联苯-D9浓度为50ng/mL，4-氨基联苯分别为2.5ng/mL、12.5ng/mL、25ng/mL、62.5ng/mL、125ng/mL、250ng/mL的标准系列溶液。并根据需要配制成相应浓度的空白基质加标系列溶液。

5.2 样品处理

5.2.1 化妆水、面霜、粉底类

称取样品0.2g（精确到0.0001g），置于10mL具塞塑料离心管中，加入1mL浓度为

100ng/mL 氘同位素标记的 4- 氨基联苯(5.1.2),再加入 3mL 氯化钠饱和溶液(3.6),于涡旋混合器上使样品分散,加入 3mL 乙腈(3.2),充分涡旋,并超声提取 30min,10 000r/min 离心 10min,吸出上层清液于另一 10mL 具塞塑料离心管中,下层氯化钠饱和溶液用 3mL 乙腈(3.2)重复提取步骤一次,合并两次乙腈提取液,往提取液中加入正己烷(3.4)2mL,涡旋离心,静置分层,弃去上层正己烷溶液,再在乙腈层加入正己烷(3.4)2mL,涡旋离心,静置分层,弃去上层正己烷溶液,转移下层乙腈溶液至另一 10mL 玻璃刻度试管中,40℃水浴下用氮气吹至近干,再用 30% 甲醇水溶液(3.8)重新溶解、定容至 2mL,并经 0.2μm 滤膜过滤后作为测定液上机测定。

5.2.2 洗面奶、沐浴液类

称取样品 0.2g(精确到 0.0001g),置于 10mL 具塞塑料离心管中,加入 1mL 浓度为 100ng/mL 氘同位素标记的 4- 氨基联苯(5.1.2),再加入 3mL 氯化钠饱和溶液(3.6),于涡旋混合器上使样品分散,加入 3mL 乙醚(3.5),充分涡旋,并超声提取 30min,10 000r/min 离心 10min,吸出上层清液于另一 10mL 具塞塑料离心管中,下层氯化钠饱和溶液用 3mL 乙醚(3.5)重复提取步骤一次,合并两次乙醚提取液,用氮气吹至近干,并用 30% 甲醇水溶液(3.8)2mL 重新溶解,再加入 8mL 纯水稀释。

将 HLB 固相萃取小柱(3.7)接上固相萃取装置,小柱预先用 10mL 甲醇、10mL 水进行活化、平衡。将待净化的样品溶液倾倒入固相萃取小柱,待样品溶液自然流尽后,依次用 10mL 纯水、5mL 10% 甲醇溶液淋洗小柱;待淋洗液自然流尽后,用吸球吹出小柱中的残留液,用 10mL 5% 氨水甲醇溶液(3.10)洗脱固相萃取小柱,收集洗脱液,40℃水浴下用氮气吹至近干,再用 30% 甲醇水溶液(3.8)重新溶解、定容至 2mL,并经 0.2μm 滤膜过滤后作为测定液上机测定。

5.2.3 指甲油与口红类

称取样品 0.2g(精确到 0.0001g),置于 10mL 具塞塑料离心管中,加入 1mL 浓度为 100ng/mL 氘同位素标记的 4- 氨基联苯(5.1.2),再加入 3mL 乙腈(3.2),于涡旋混合器上使样品分散溶解,充分涡旋,并超声提取 30min,10 000r/min 离心 10min,取上层清液于另一 10mL 具塞塑料离心管中,下层样品残渣再用 3mL 乙腈(3.2)重复提取步骤一次,合并两次乙腈提取液,往提取液中加入正己烷(3.4)2mL,涡旋,离心,静置分层,弃去上层正己烷溶液,再在乙腈层加入正己烷 2mL,涡旋,离心,静置分层,弃去上层正己烷溶液,转移下层乙腈溶液至另一 10mL 玻璃刻度试管中,40℃水浴下用氮气吹至近干,再用 30% 甲醇水溶液重新溶解、定容至 2mL,并经 0.2μm 滤膜过滤后作为测定液上机测定。

5.3 仪器参考条件

5.3.1 色谱条件

色谱柱:C_{18} 柱(100mm × 2.1mm × 1.7μm),或等效色谱柱;

柱温:40℃;

流动相:0.3% 甲酸水溶液 + 乙腈 =75+25;

流速:0.5mL/min;

进样量:2μL。

5.3.2 质谱条件

电离源模式:电喷雾离子化;

电离源极性：正离子模式；
雾化气：氮气；
雾化气压力：45psi；
毛细管电压：3500V；
干燥气温度：325℃；
干燥气流速：5L/min；
鞘气温度：400℃；
鞘气流速：12L/min；
监测方法：多反应监测（MRM）；
分辨率：Q1（unit）Q3（unit）。

质谱测定参数见表1；质谱鉴定的允差见表2。

表1　4-氨基联苯及其内标物的保留时间、监测离子对、源内裂解电压、碰撞气能量

分析物	保留时间 /min	母离子	子离子	源内裂解电压（V）	碰撞气能量（V）
4-氨基联苯-D9	1.069	179	*159	150	33
4-氨基联苯	1.139	170.1	*152	75	30
			93	75	30

注："*"为定量离子

表2　定性确定时相对离子丰度的最大允许偏差

相对离子丰度（k）	k>50%	50%≥k>20%	20%≥k>10%	k≤10%
允许的最大偏差	±20%	±25%	±30%	±50%

5.4　测定

在"5.3"仪器条件下，取空白基质加标系列溶液（5.1.3）分别进样，进行分析，以空白基质加标浓度与内标物浓度的比值为横坐标，空白基质加标峰面积与内标峰面积比值为纵坐标，绘制标准曲线。

取"5.2"项下的待测溶液进样，按"6"计算样品中4-氨基联苯及其盐的含量。

6　分析结果的表述

$$\omega=\frac{\rho\times R\times V}{m}$$

式中：ω——样品中4-氨基联苯及其盐的含量，以4-氨基联苯计，μg/kg；

ρ——4-氨基联苯氘代同位素内标的质量浓度，ng/mL；

R——从标准曲线上得到4-氨基联苯与同位素内标的质量浓度比值；

V——样品定容体积，mL；

m——样品的质量，g。

在重复性条件下获得的两次独立测定结果的绝对差值不得超过算术平均值的10%。

7 图谱

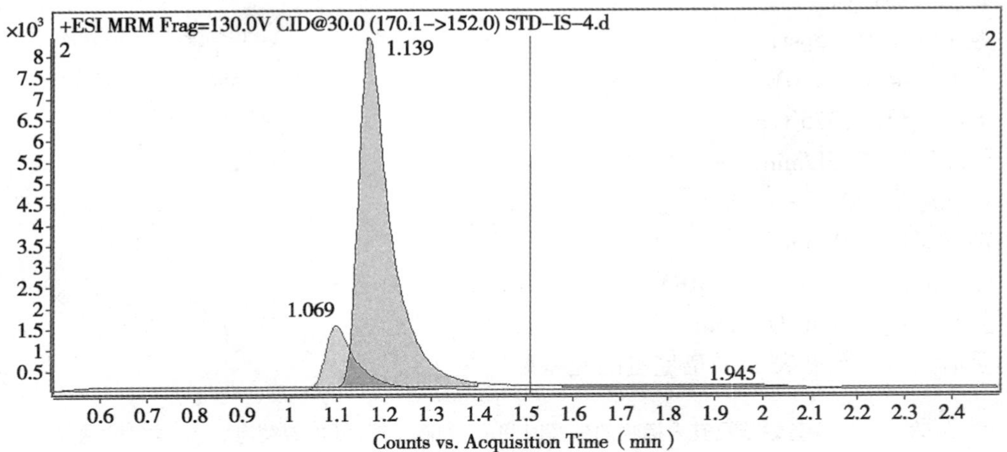

图1 标准溶液多反应监测(MRM)离子流图

1:4-氨基联苯-D9(1.069min);2:4-氨基联苯(1.139min)

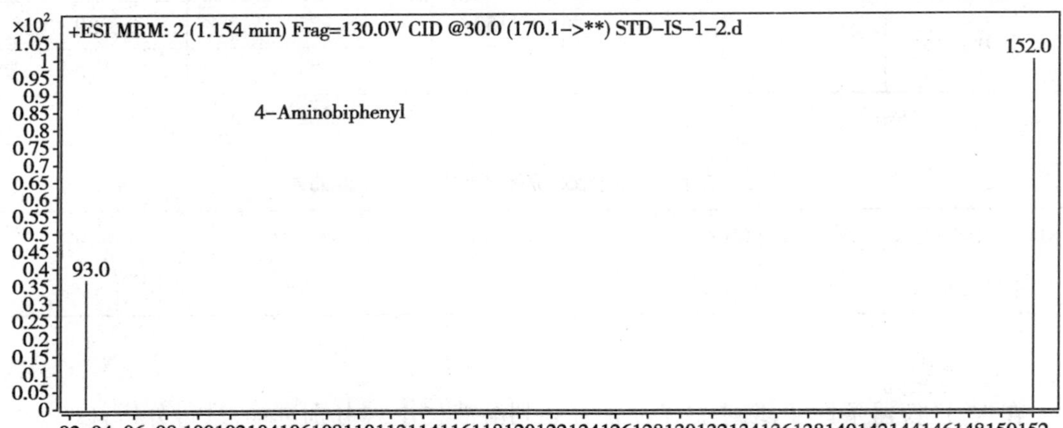

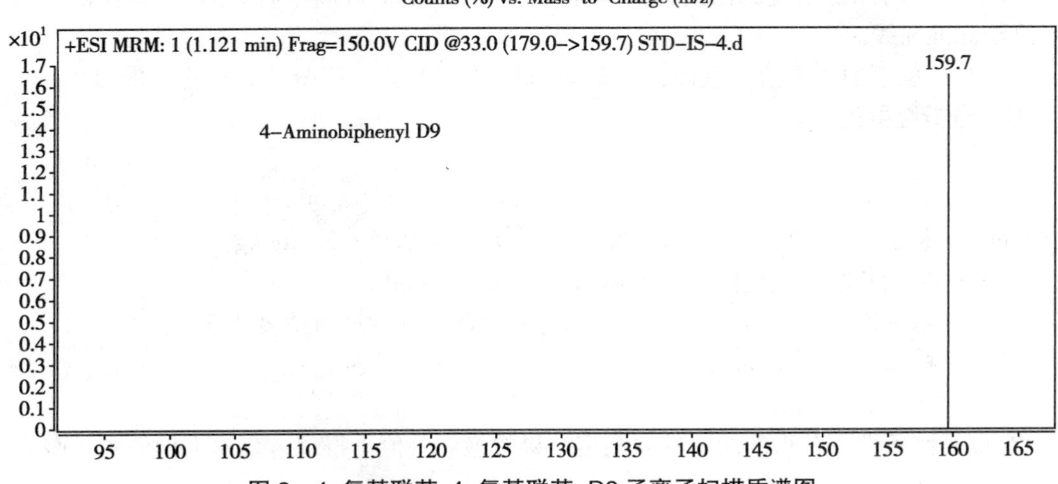

图2 4-氨基联苯、4-氨基联苯-D9子离子扫描质谱图

2.11　酸性黄 36 等 5 种组分
Acid Yellow 36 and other 4 kinds of components

1　范围

本方法规定了高效液相色谱法测定化妆品中酸性黄 36 等 5 种组分的含量。

本方法适用于唇膏、散粉和指甲油类化妆品中酸性黄 36 等 5 种组分含量的测定。

本方法所指的 5 种组分包括酸性黄 36（CI 13065）、颜料红 53：1（CI 15585：1）、颜料橙 5（CI 12075）、苏丹红Ⅱ（CI 12140）和苏丹红Ⅳ（CI 26105）。

2　方法提要

样品处理后，经高效液相色谱仪分离，二极管阵列检测器检测，根据保留时间和紫外光谱图定性，峰面积定量，以标准曲线法计算含量。必要时，采用液相色谱 - 质谱联用法进行确证。

本方法对酸性黄 36、颜料橙 5、颜料红 53：1、苏丹红Ⅱ和苏丹红Ⅳ的检出限、定量下限、检出浓度和最低定量浓度见表 1。

表 1　5 种着色剂的检出限、定量下限、检出浓度和最低定量浓度

着色剂名称	检出限（ng）	定量下限（ng）	检出浓度（μg/g）	最低定量浓度（μg/g）
酸性黄 36	2.0	5.0	3.0	6.0
颜料橙 5	2.0	5.0	3.0	6.0
颜料红 53：1	5.0	8.0	4.0	10.0
苏丹红Ⅱ	2.0	5.0	3.0	6.0
苏丹红Ⅳ	2.0	5.0	3.0	7.0

3　试剂和材料

除另有规定外，本方法所用试剂均为分析纯或以上规格，水为 GB/T 6682 规定的一级水。

3.1　乙腈，色谱纯。

3.2　甲醇，色谱纯。

3.3　四氢呋喃，色谱纯。

3.4　二甲基亚砜，色谱纯。

3.5　乙醇，色谱纯。

3.6　四丁基氢氧化铵，浓度为 55%。

3.7　柠檬酸。

3.8　氨水，浓度为 25%~28%。

3.9　酸性黄 36，纯度≥99%。

3.10　苏丹红Ⅳ，纯度≥94%。

3.11　苏丹红Ⅱ，纯度≥90%。

3.12　颜料橙 5，纯度≥97%。

3.13　颜料红 53：1，纯度≥95%。

3.14 流动相的配制：

流动相 A：乙腈（3.1）。

流动相 B：缓冲溶液［10mmol/L 四丁基氢氧化胺（3.6），10mmol/L 柠檬酸（3.7），用氨水（3.8）调节至 pH 8.2］。

3.15 酸性黄 36 标准储备溶液：称取酸性黄 36（3.9）标准品 50mg（精确到 0.0001g）于 100mL 容量瓶中，用甲醇（3.2）溶解并稀释至刻度，摇匀，即得 500μg/mL 的标准储备溶液。

3.16 苏丹红Ⅳ标准储备溶液：称取苏丹红Ⅳ（3.10）标准品 50mg（按实际含量折算，精确到 0.0001g）于 100mL 容量瓶中，用四氢呋喃（3.3）和乙腈（3.1）混合液（体积比 1∶9）溶解并稀释至刻度，摇匀，即得 500μg/mL 的标准储备溶液。

3.17 苏丹红Ⅱ标准储备溶液：称取苏丹红Ⅱ（3.11）标准品 50mg（按实际含量折算，精确到 0.0001g）于 100mL 容量瓶中，用乙腈（3.1）溶解并稀释至刻度，摇匀，即得 500μg/mL 的标准储备溶液。

3.18 颜料橙 5 标准储备溶液：称取颜料橙 5（3.12）标准品 25mg（按实际含量折算，精确到 0.0001g）于 100mL 容量瓶中，用四氢呋喃（3.3）、二甲基亚砜（3.4）和乙腈（3.1）的混合溶液（体积比 5∶1∶4）溶解并稀释至刻度，摇匀，即得 250μg/mL 的标准储备溶液。

3.19 颜料红 53∶1 标准储备溶液：称取颜料红 53∶1（3.13）标准品 25mg（按实际含量折算，精确到 0.0001g）于 100mL 容量瓶中，用二甲基亚砜（3.4）和乙醇（3.5）的混合溶液（体积比 2∶3）溶解并稀释至刻度，摇匀，即得 250μg/mL 的标准储备溶液。

3.20 混合标准储备溶液：分别精密量取酸性黄 36 标准储备溶液（3.15）、苏丹红Ⅳ标准储备溶液（3.16）和苏丹红Ⅱ标准储备溶液（3.17）各 5mL，量取颜料橙 5 标准储备溶液（3.18）和颜料红 53∶1 标准储备溶液（3.19）各 10mL，置于 50mL 容量瓶中，用乙腈（3.1）溶解并稀释至刻度，摇匀，即得浓度为 50μg/mL 的混合标准储备溶液。

4 仪器和设备

4.1 高效液相色谱仪，二极管阵列检测器。

4.2 液相色谱 - 串联四极杆质谱联用仪。

4.3 天平。

4.4 精密移液器。

4.5 涡旋振荡器。

4.6 超声波清洗仪。

4.7 高速离心机：转速不小于 10 000r/min。

5 分析步骤

5.1 混合标准系列溶液的制备

取混合标准储备溶液（3.20），分别配制浓度为 0.2μg/mL、0.5μg/mL、2.0μg/mL、10.0μg/mL、50.0μg/mL 的混合标准系列溶液。

5.2 样品处理

5.2.1 唇膏类：称取样品 0.5g（精确到 0.001g）于 10mL 具塞比色管中，加四氢呋喃（3.3）与乙腈（3.1）混合液（体积比 1∶9）至刻度，摇匀，涡旋振荡使试样与提取溶剂充分混匀，超声提取 30min，放至室温，必要时，转移至 10mL 具塞塑料离心管中，以 10 000r/min 离心 5min，上清液经 0.45μm 滤膜过滤，滤液作为待测溶液。

5.2.2　散粉类：称取样品 0.5g（精确到 0.001g）于 10mL 具塞比色管中，加四氢呋喃（3.3）、二甲基亚砜（3.4）和乙腈（3.1）混合液（体积比 1∶1∶8）至刻度，混匀，超声提取 30min，放至室温，上清液经 0.45μm 滤膜过滤，滤液作为待测溶液。

5.2.3　指甲油类：称取样品 0.5g（精确到 0.001g）于 10mL 具塞比色管中，加 5~6mL 乙腈（3.1），混匀，超声提取 30min，放至室温，加乙腈（3.1）稀释至刻度，摇匀，静置，必要时，转移至 10mL 具塞塑料离心管中，以 10 000r/min 离心 5min，上清液经 0.45μm 滤膜过滤，滤液作为待测溶液。

5.3　参考色谱条件

色谱柱：C_{18} 柱（250mm × 4.6mm × 5μm），或等效色谱柱；

流动相梯度洗脱程序：

时间 /min	V（流动相 A）/%	V（流动相 B）/%
0.00	30	70
5.00	80	20
10.00	100	0
15.00	100	0
20.00	30	70
22.00	30	70

流速：1.0mL/min；

检测波长：416nm（酸性黄 36）；484nm（颜料橙 5、颜料红 53∶1、苏丹红Ⅱ）；514nm（苏丹红Ⅳ）；

柱温：30℃；

进样量：10μL。

5.4　测定

在“5.3”色谱条件下，取混合标准系列溶液（5.1）分别进样，进行色谱分析，以标准系列溶液浓度为横坐标，峰面积为纵坐标，绘制标准曲线。

取“5.2”项下的待测溶液进样，根据保留时间和紫外光谱图定性，测得峰面积，根据标准曲线得到待测溶液中着色剂的浓度。按“6”计算样品中着色剂的含量。

6　分析结果的表述

6.1　计算

$$\omega=\frac{\rho\times V}{m}$$

式中：ω——样品中酸性黄 36 等 5 种组分的质量分数，μg/g；

ρ——从标准曲线得到待测组分的质量浓度，μg/mL；

V——样品定容体积，mL；

m——样品取样量，g。

在重复条件下获得的两次独立测定结果的绝对差值不得超过算术平均值的 10%。

6.2 回收率和精密度

两个浓度水平中,低浓度的平均提取回收率和平均方法回收率在 80%~120% 之间,并且 RSD 小于 10%(n=6);高浓度的平均提取回收率和平均方法回收率在 85%~115% 之间,并且 RSD 小于 5%(n=6)。

7 图谱

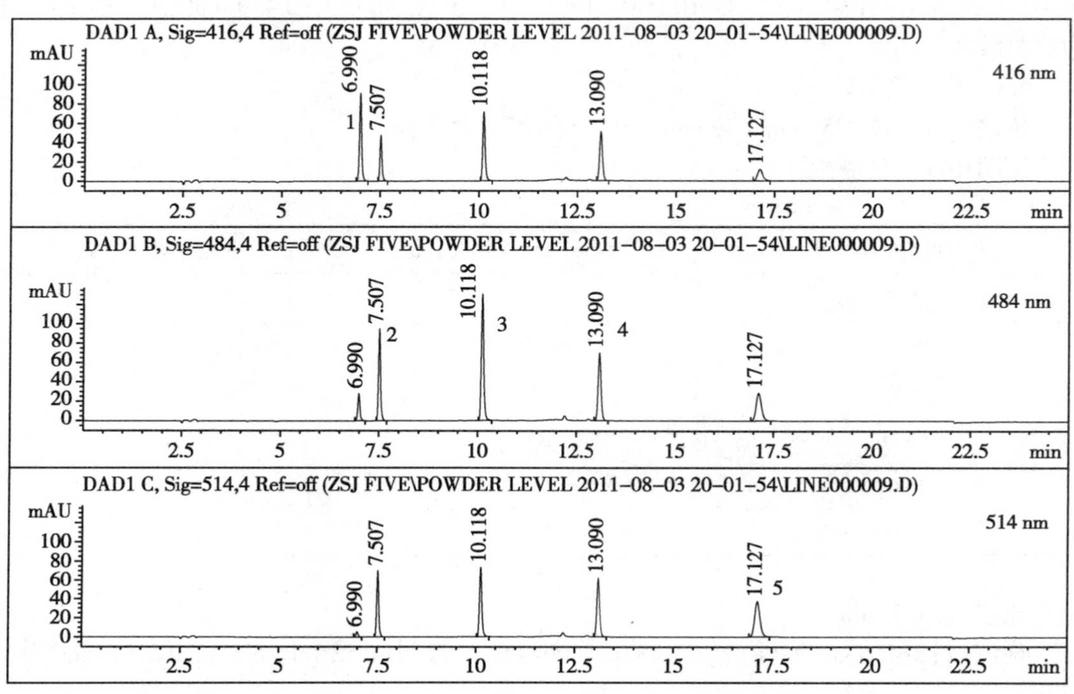

图 1 混合标准溶液色谱图

1:酸性黄 36(6.990min);2:颜料红 53:1(7.507min);3:颜料橙 5(10.118min);
4:苏丹红Ⅱ(13.090min);5:苏丹红Ⅳ(17.127min)

附录 A
(规范性附录)
酸性黄 36 等 5 种组分阳性结果的确证

A.1 在相同的实验条件下,如果检出的色谱峰的保留时间和紫外 - 可见光谱图与对照品一致,所选择的监测离子对的相对丰度比与相当浓度标准溶液的离子对相对丰度比的偏差不超过表 A.1 规定范围,则可判定样品中存在对应的待测成分。

表 A.1 阳性结果确证时相对离子丰度比的最大允许偏差

相对离子丰度(k)	k>50%	50%≥k>20%	20%≥k>10%	k≤10%
允许的最大偏差	±20%	±25%	±30%	±50%

A.2 仪器参考条件:

A.2.1 色谱条件:

色谱柱：C_{18} 柱（150mm × 2.1mm × 3.5μm），或等效色谱柱；
流动相：
流动相 A：乙腈
流动相 B：0.1% 甲酸水溶液
梯度洗脱程序：

时间 /min	V（流动相 A）/%	V（流动相 B）/%
0.00	78	22
3.00	78	22
5.00	95	5
7.00	95	5
8.00	78	22

流速：0.3mL/min；
柱温：30℃；
进样量：5μL。
A.2.2　质谱条件：
毛细管电压：3.5kV；
二级锥孔电压：5V；
射频透镜电压：0.5V；
离子源温度：150℃；
脱溶剂气温度：500℃；
脱溶剂气流量：1000L/hr；
锥孔气流量：50L/hr；
碰撞室压力：3.2×10^{-3} mbar；
低质量端 1 分辨率：13.0；
高质量端 1 分辨率：13.0；
离子能量 1：0.5V；
碰撞室入口电压：−2eV；
碰撞室出口电压：1eV；
低质量端 2 分辨率：13.0；
高质量端 2 分辨率：13.0；
离子能量 2：0.5V；
光电倍增器电压：650V；
碰撞气体：氩气；
数据采集模式：多反应监测。
在以上色谱、质谱条件下，5 种着色剂的定性离子对和保留时间见表 A.2。

表 A.2 5 种着色剂的定性离子对和保留时间

着色剂名称	定性离子对(m/z)	保留时间(min)
颜料橙 5	339.2/156.2,339.2/128.2	2.56
酸性黄 36	354.2/169.2,354.2/109.2	3.33
颜料红 53:1	377.2/221.2,377.2/128.2	4.11
苏丹红Ⅳ	381.4/128.2,381.4/106.2	5.40
苏丹红Ⅱ	277.2/156.2,277.2/128.2	5.96

2.12 α-氯甲苯 α-Chlorotoluene

1 范围

本方法规定了气相色谱法测定化妆品中 α-氯甲苯的含量。

本方法适用于膏霜乳液类和液态水基类化妆品中 α-氯甲苯含量的测定。

2 方法提要

样品提取后,经气相色谱仪分离,用氢火焰离子化检测器检测。根据保留时间定性,峰面积定量,以标准曲线法计算含量。必要时,采用气相色谱-质谱法(GC-MS)确证。

本方法对 α-氯甲苯的检出限为 0.00054μg,定量下限为 0.0018μg。取样量为 2.0g 时,检出浓度为 2.7μg/g,最低定量浓度为 9μg/g。

3 试剂和材料

除另有规定外,本方法所用试剂均为分析纯或以上规格,水为 GB/T 6682 规定的一级水。

3.1 α-氯甲苯,纯度≥99%。

3.2 三氯甲烷,色谱纯。

3.3 正己烷,色谱纯。

3.4 无水硫酸钠。

3.5 氯化钠。

3.6 饱和氯化钠溶液:称取氯化钠(3.5),置于 250mL 磨口锥形瓶中,加入 100mL 水,超声 15 分钟,即得。

3.7 标准储备溶液:称取 α-氯甲苯(3.1)0.1g(精确到 0.0001g)于 100mL 容量瓶中,用三氯甲烷(3.2)溶解并定容至刻度,摇匀,即得浓度为 1g/L 的标准储备溶液。

4 仪器和设备

4.1 气相色谱仪,氢火焰离子化检测器。

4.2 气相色谱-四极杆质谱联用仪(GC-MS)。

4.3 天平。

4.4 离心机。

5 分析步骤

5.1 标准系列溶液的制备

取标准储备溶液（3.7），用三氯甲烷（3.2）分别配成浓度为 2.5μg/mL、12.5μg/mL、25μg/mL、50μg/mL、100μg/mL 的 α- 氯甲苯标准系列溶液。

5.2　样品处理

称取样品 2g（精确到 0.001g）于 100mL 具塞锥形瓶中，加入 10mL 饱和氯化钠溶液（3.6），充分振摇，使样品分散后转移至 25mL 分液漏斗，加 5mL 三氯甲烷（3.2），振摇提取 30s，静置分层，将三氯甲烷提取液置于 10mL 具塞比色管，水相加三氯甲烷（3.2）重复提取步骤一次，合并二次三氯甲烷提取液，补加三氯甲烷（3.2）至刻度，加入适量无水硫酸钠（3.4）脱水（必要时取提取液，5000r/min 离心 5min，取上清液），溶液经 0.45μm 滤膜过滤，取续滤液作为待测溶液。

5.3　参考色谱条件

色谱柱：DB-1701P（30m × 0.32mm × 0.25μm），或等效色谱柱；

检测器：氢火焰离子化检测器（FID）；

柱温程序：90℃（10min），10℃/min 升至 250℃（10min）；

进样口温度：200℃；

检测口温度：250℃；

载气：N_2，流速：1.5mL/min；

氢气流量：40mL/min；

空气流量：400mL/min；

尾吹氮气流量：25mL/min；

进样方式：分流进样，分流比 5 ：1；

进样量：1μL。

5.4　测定

在"5.3"色谱条件下，取标准系列溶液（5.1）分别进样，进行气相色谱分析，以标准溶液浓度为横坐标，峰面积为纵坐标，绘制标准曲线。

取"5.2"项下的待测溶液进样，进行气相色谱分析，测得峰面积，根据标准曲线得到待测溶液中 α- 氯甲苯的浓度。按"6"计算样品中 α- 氯甲苯的含量。

6　分析结果的表述

6.1　计算

$$\omega=\frac{\rho\times V}{m}$$

式中：ω——化妆品中 α- 氯甲苯的质量分数，μg/g；

m——样品取样量，g；

ρ——从标准曲线中得到待测组分的质量浓度，μg/mL；

V——样品定容体积，mL；

在重复性条件下获得的两次独立测试结果的绝对差值不得超过算术平均值的 10%。

6.2　回收率和精密度

低浓度的回收率在 91.9%~104.5% 之间，相对标准偏差小于 3.8%（n=6）；高浓度的回收率在 92.6%~107.8% 之间，相对标准偏差小于 3.2%（n=6）。

7 图谱

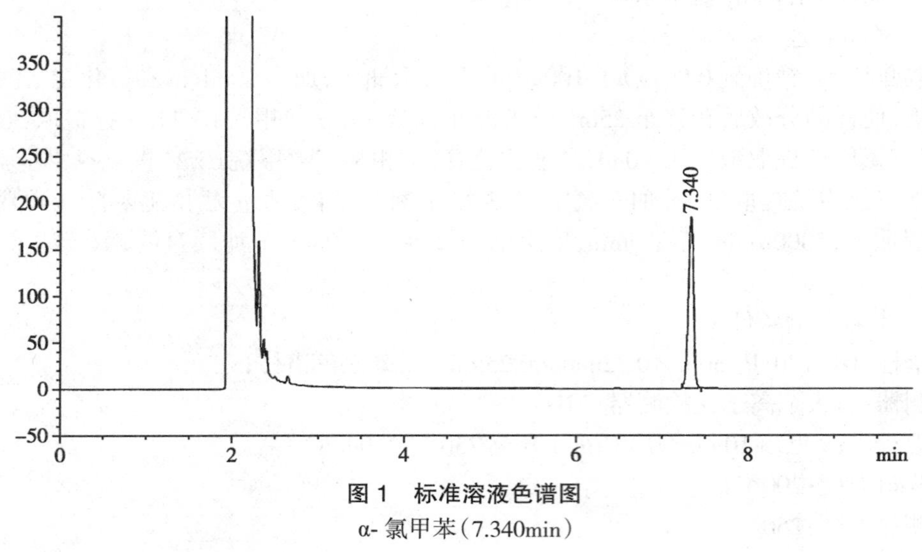

图 1　标准溶液色谱图

α- 氯甲苯（7.340min）

附录 A

（规范性附录）

α- 氯甲苯阳性结果的确证

测定过程中若有阳性结果，可采用气相色谱 - 质谱法进一步确证。

在相同的实验条件下，如果样品中检出的色谱峰的保留时间与标准溶液中对应成分一致，所选择的监测离子的相对丰度比与相当浓度标准溶液的选择监测离子相对丰度比的偏差不超过表 A.1 规定范围，则可以判定样品中存在对应的待测成分。样品溶液中 α- 氯甲苯含量较高时，可用三氯甲烷（3.2）稀释制成含 α- 氯甲苯为 0.2μg/mL~12μg/mL 的浓度范围进行气相色谱 - 质谱法测定。

表 A.1　阳性结果确证时相对离子丰度比的最大允许偏差

相对离子丰度（k）	k>50%	50%≥k>20%	20%≥k>10%	k≤10%
允许的最大偏差	± 20%	± 25%	± 30%	± 50%

A.1　仪器参考条件：

A.1.1　色谱条件

色谱柱：VF-1701MS（30m × 0.25mm × 0.25μm），或等效色谱柱；

柱温程序：90℃（10min），10℃/min 升至 250℃（10min）；

进样口温度：200℃；

载气：氦气 1.0mL/min；

进样方式：分流进样，分流比 5 ∶ 1；

进样量：1μL。

A.1.2　质谱条件

电离方式：电子轰击源（EI），电离能量为 70eV；

离子源温度：220℃；

传输线温度：220℃；

溶剂延迟时间：4 分钟；

扫描方式：采用选择性离子监测（SIM）采集；α- 氯甲苯的特征离子为 m/z 91、126、65，选择不同的离子通道，以 m/z 91 作为定量离子，以 m/z 91、126、65 作为定性鉴别离子，考察各特征离子与 m/z 91 离子的丰度比。

在以上色谱、质谱条件下，α- 氯甲苯的特征离子见表 A.2。

表 A.2 待测成分的定性离子

待测成分	分子式	特征选择离子及丰度比
α- 氯甲苯	$C_6H_5CH_2Cl$	91（100），126（26），65（13）

A.2 图谱

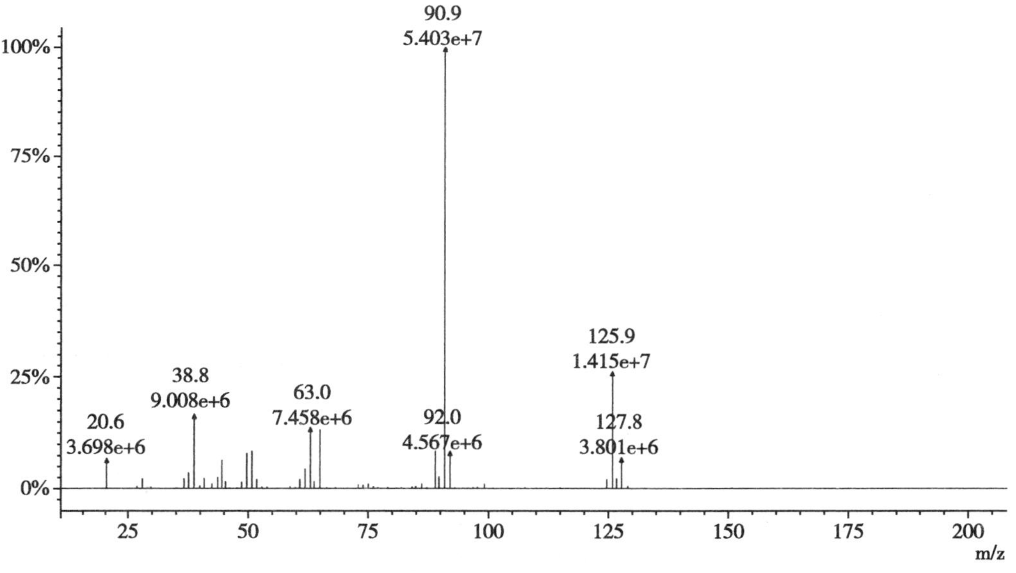

图 A.1 α- 氯甲苯的质谱图

2.13 氨基己酸 Aminocaproic Acid

1 范围

本方法规定了高效液相色谱法测定化妆品中氨基己酸的含量。

本方法适用于膏霜乳液类和粉类化妆品中氨基己酸的含量测定。

2 方法提要

样品提取后，经高效液相色谱分离，并根据保留时间和紫外光谱图定性，峰面积定量，以标准曲线法计算含量。对于阳性结果，可用液相色谱 - 质谱法进行进一步确证。

本方法对氨基己酸的检出限为50ng、定量下限为150ng；取样量为0.2g时，检出浓度为125μg/g，最低定量浓度为400μg/g。

3　试剂和材料

除另有规定外，本方法所用试剂均为分析纯或以上规格，水为GB/T 6682规定的一级水。

3.1　氨基己酸，纯度≥99%。

3.2　甲醇，色谱纯。

3.3　磷酸，优级纯。

3.4　磷酸二氢铵。

3.5　氯化钠。

3.6　甲酸，色谱纯。

3.7　流动相的配制：

流动相A：甲醇。

流动相B：0.1mol/L磷酸二氢铵溶液（磷酸调节pH至3.0）。

3.8　标准储备溶液：称取氨基己酸0.05g（精确到0.0001g）于小烧杯中，加水适量，超声溶解后转移至100mL容量瓶中，加水定容至刻度，摇匀，即得浓度为500mg/L的标准储备溶液。

4　仪器和设备

4.1　高效液相色谱仪，二极管阵列检测器。

4.2　液相色谱质谱联用仪。

4.3　超声波清洗器。

4.4　离心机。

4.5　天平。

5　分析步骤

5.1　标准系列溶液的制备

取标准储备溶液（3.8），分别配制成浓度为10mg/L、50mg/L、100mg/L、250mg/L和500mg/L的氨基己酸标准系列溶液。

5.2　样品处理

称取样品0.2g（精确到0.0001g）于10mL具塞比色管中，加入0.5mL饱和氯化钠溶液，旋涡振摇1min，用流动相稀释至刻度，超声浸提20min，浑浊样品可取适量于5000r/min离心5min。上清液经0.45μm滤膜过滤，滤液作为待测溶液。

5.3　参考色谱条件

色谱柱：C_{18}柱（250mm × 4.6mm × 5μm），或等效色谱柱；

流动相：A+B（2+98）；

流速：1.0mL/min；

检测波长：210nm；

柱温：25℃；

进样量：20μL。

5.4　测定

在“5.3”色谱条件下，取标准系列溶液（5.1）进样，进行高效液相色谱分析，以标准系列溶液浓度为横坐标，峰面积为纵坐标，绘制标准曲线。

取"5.2"项下的待测溶液进样，进行高效液相色谱分析，根据保留时间和紫外光谱图定性，测得峰面积，根据标准曲线得到待测溶液中氨基己酸的浓度。按"6"计算样品中氨基己酸的含量。

6　分析结果的表述

6.1　计算

$$\omega=\frac{D\times\rho\times V}{m}\times10^{-4}$$

式中：ω——样品中氨基己酸的质量分数，%；

m——样品取样量，g；

ρ——从标准曲线得到待测组分的质量浓度，mg/L；

V——样品定容体积，mL；

D——稀释倍数（不稀释则取 1）。

在重复性条件下获得的两次独立测试结果的绝对差值不得超过算术平均值的 10%。

6.2　回收率和精密度

方法的回收率为 91%~113%，相对标准偏差为 0.2%~4.0%。

7　图谱

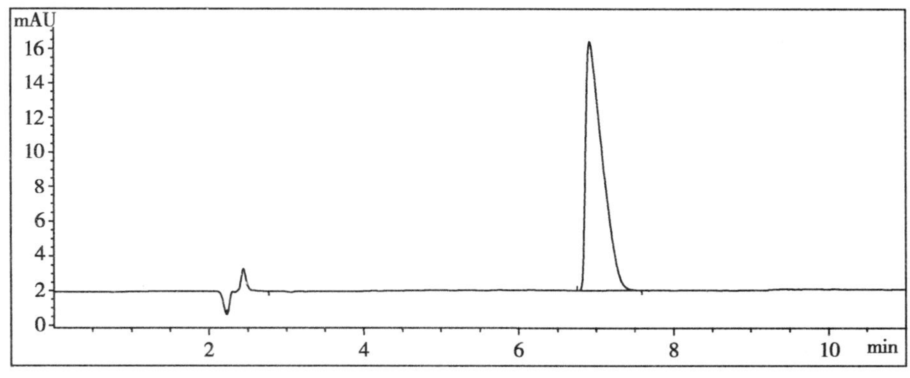

图 1　标准溶液色谱图

附录 A
（规范性附录）
氨基己酸阳性结果的确证

测定过程中如果有阳性结果，可采用液相色谱 - 质谱法（LC/MS）进行进一步确证。

在相同的实验条件下，如果样品中检出的色谱峰的保留时间和紫外光谱图与标准溶液中对应的成分一致，所选择的检测离子对的相对丰度比与相当浓度标准溶液的离子相对丰度比的偏差不超过表 A.1 规定的范围，则可以判定样品中存在对应的待测成分。

表 A.1　阳性结果确证时相对离子丰度比的最大允许偏差

相对离子丰度（k）	k>50%	50%≥k>20%	20%≥k>10%	k≤10%
允许的最大偏差	±20%	±25%	±30%	±50%

A.1　参考液相色谱 - 质谱条件

A.1.1　色谱条件

色谱柱：C_{18}（35mm × 2.0mm × 3μm），或等效色谱柱；

流动相：甲醇 +0.1% 甲酸水溶液 =10+90；

流速：0.2mL/min；

进样体积：20μL。

A.1.2　质谱条件

离子源：电喷雾离子源（ESI 源）；

监测模式：正离子监测模式；

离子源电压（IS）：4500V；

鞘气：35arb；辅助气：5arb；

毛细管温度：350℃；

碰撞能量（CE）值：35；

保留时间：1.03min；

定性离子对：132.2/114.2m/z。

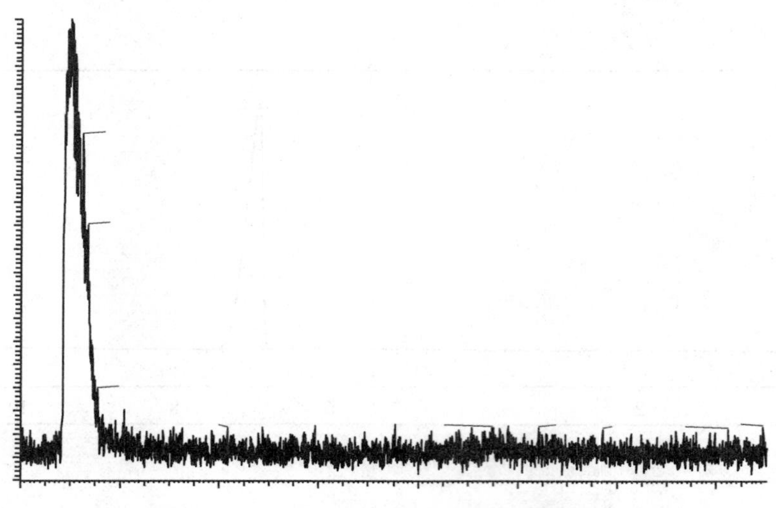

图 A.1　标准溶液液相色谱 - 质谱联用色谱图

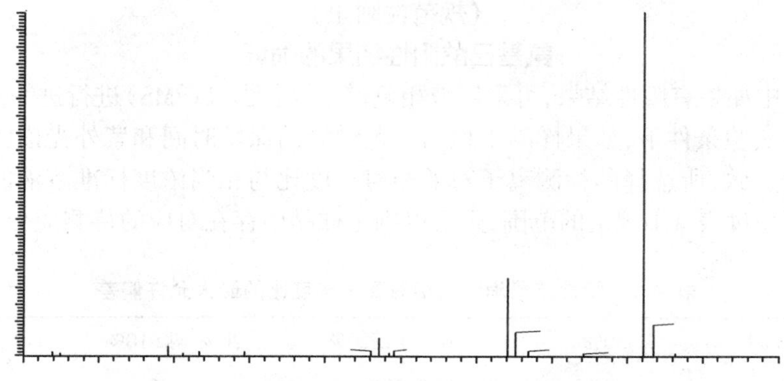

图 A.2　标准溶液质谱图

2.14　斑蝥素
Cantharidin

1　范围

本方法规定了气相色谱法测定化妆品中斑蝥素的含量。

本方法适用于毛发用化妆品中斑蝥素含量的测定。

2　方法提要

样品中的斑蝥素用三氯甲烷萃取，用气相色谱仪，氢火焰离子化检测器测定。以保留时间定性，以峰高或峰面积定量。

本方法对斑蝥素的检出限为0.6ng，定量下限为2.0ng；取样量为5g时，检出浓度为0.6μg/g，最低定量浓度为 2μg/g。

3　试剂和材料

除另有规定外，本方法所用试剂均为分析纯或以上规格，水为GB/T 6682规定的一级水。

3.1　高纯氮（99.999%）。

3.2　高纯氢（99.999%）。

3.3　无油压缩空气，经装 5Å 分子筛的净化管净化。

3.4　三氯甲烷：色谱纯。

3.5　无水硫酸钠。

3.6　标准储备溶液：称取斑蝥素 0.1g（精确到 0.0001g）溶于三氯甲烷中，定容于 100mL 容量瓶中，储存于玻璃瓶中。

4　仪器和设备

4.1　气相色谱仪：氢火焰离子化检测器。

4.2　天平。

5　分析步骤

5.1　标准溶液的制备

吸取斑蝥素标准储备溶液（3.6）1.00mL 于 100mL 容量瓶中，用三氯甲烷定容，得浓度为10mg/L 的斑蝥素标准溶液。

5.2　样品处理

称取样品 5g（精确到 0.001g）于 25mL 分液漏斗中，加入水 5mL 混匀。加三氯甲烷 5mL 振摇 30s 后静置分层（必要时离心），将有机相置于刻度试管中，补加三氯甲烷至 5mL，加入适量无水硫酸钠（3.5）除水，待测定。

5.3　参考色谱条件

色谱柱：DB-5 毛细管柱（30m × 0.25mm），或等效色谱柱；

温度：进样口温度 230℃，检测口温度 250℃，柱温，60℃（1min），10℃/min 升至 230℃（10min）；

气体流量：高纯氮气 60mL/min，高纯氢气 50mL/min，压缩空气 500mL/min；

分流比：50 ∶ 1；

进样量：1μL。

5.4　测定

取“5.2”项下的样品待测溶液进样测定。采用单点外标法定量，斑蝥素标准溶液（5.1）的进样体积应与样品溶液相同，其峰面积应与样品峰面积在同一数量级内。

6　分析结果的表述

$$\omega=\frac{\rho\times V\times A_1}{m\times A_0}$$

式中：ω——样品中斑蝥素的浓度，μg/g；

ρ——标准溶液中斑蝥素的浓度，mg/L；

A_1——待测溶液中斑蝥素的峰面积；

A_0——标准溶液中斑蝥素的峰面积；

V——样品定容体积，mL；

m——样品取样量，g。

7　图谱

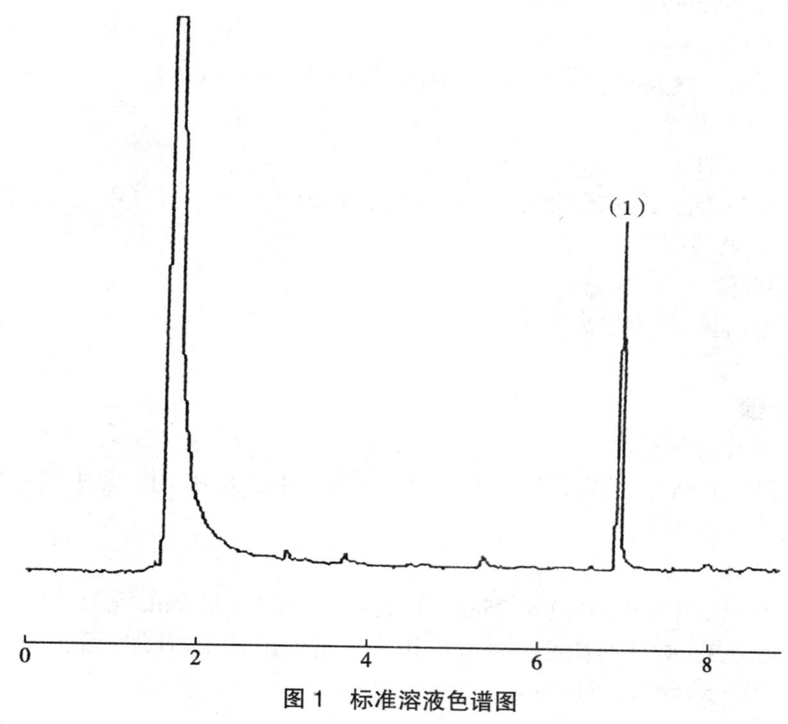

图 1　标准溶液色谱图

2.15　苯并[a]芘 Benzo[a]pyrene

1　范围

本方法规定了高效液相色谱法测定化妆品中苯并[a]芘的含量。

本方法适用于液态水基类、液态油基类、膏霜乳液类化妆品中苯并[a]芘含量的测定。

2　方法提要

样品提取后，经高效液相色谱仪分离，根据保留时间定性，峰面积定量，以标准曲线法计算含量，用气相色谱 - 质谱法确认。

本方法对苯并[a]芘的检出限为 0.5pg，定量下限为 1.6pg；取样量为 0.5g 时，检出浓度为 0.5μg/kg，最低定量浓度为 1.6μg/kg。

3　试剂和材料

除另有规定外，本方法所用试剂均为分析纯或以上规格，水为 GB/T 6682 规定的一级水。

3.1　甲醇，色谱纯。

3.2　苯并[a]芘标准溶液：国家标准物质，20μg/mL。

4　仪器和设备

4.1　高效液相色谱仪，荧光检测器。

4.2　超声波清洗器。

4.3　离心机。

4.4　气相色谱 - 质谱联用仪。

4.5　天平。

5　分析步骤

5.1　标准系列溶液的制备

用甲醇将苯并[a]芘标准溶液（3.2）稀释成浓度为 0.08ng/mL，0.16ng/mL，0.80ng/mL，4.00ng/mL，16.00ng/mL 的标准系列溶液。

5.2　样品处理

称取样品 0.5g（精确到 0.001g）于 25mL 具塞比色管中，加入 9mL 甲醇，涡旋混匀，超声提取 30min，每隔 10min 取出用力振摇 15 秒，冷至室温，加甲醇至 10mL，混匀。5000r/min 离心 5min，取上层清液过 0.45μm 滤膜后备用。

5.3　参考色谱条件

色谱柱：C_{18} 柱（150mm × 3.9mm × 5μm），或等效色谱柱；

流动相：甲醇 + 水（90+10）；

流速：1.0mL/min；

检测波长：激发波长 370nm，发射波长 406nm；

柱温：35℃；

进样量：20μL。

5.4　测定

在“5.3”色谱条件下，取苯并[a]芘标准系列溶液（5.1）分别进样，进行色谱分析，以标准系列溶液浓度为横坐标，峰面积为纵坐标，绘制标准曲线。

取“5.2”项下的待测溶液进样，根据保留时间定性，测得峰面积，根据标准曲线得到待测溶液中苯并[a]芘的浓度。按“6”计算样品中苯并[a]芘的含量。

6　分析结果的表述

$$\omega=\frac{\rho\times V}{m}$$

式中：ω——样品中苯并[a]芘含量，μg/kg；

ρ——从标准曲线得到待测组分的含量，ng/mL；

V——样品定容体积，mL；

m——样品取样量，g。

在重复性条件下获得的两次独立测定结果的绝对差值不得超过算术平均值的10%。

7　图谱

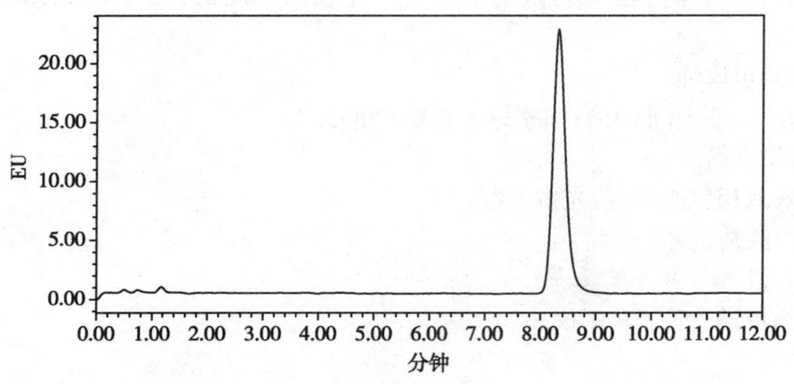

图1　标准溶液色谱图

附录A
（规范性附录）
苯并[a]芘阳性结果的确证

A.1　参考色谱条件

色谱柱：HP-5MS（30m × 0.25mm × 0.25μm），或等效色谱柱；

柱箱温度：80℃保持1min，以15℃/min上升到230℃，再以4℃/min上升到310℃，保持1min；

进样口温度：280℃；

传输线温度：280℃；

不分流进样；

载气：氦气，流速1.0mL/min；

进样量：1μL。

A.2　参考质谱条件：

离子源：EI源；

电离能量：70eV；

选择离子监测（SIM）模式，监测离子：252，126，113；

溶剂延迟时间：5min。

质谱鉴定的允差见表A.1。

气相色谱-质谱法的检出限为0.3ng/mL。实际样品溶液的苯并[a]芘浓度如果低于此检出限，则需将样品溶液浓缩至合适浓度后进行确证分析。

表 A.1　苯并[a]芘相对离子丰度比的最大允许偏差

检测离子(m/z)	相对离子丰度(%)	允许相对偏差(%)
252	100	
126	应用标准溶液测定相对离子丰度比	±25%
113	应用标准溶液测定相对离子丰度比	±30%

2.16　丙烯酰胺 Acrylamide

1　范围

本方法规定了液相色谱 - 质谱法测定化妆品中丙烯酰胺的含量。

本方法适用于化妆品中丙烯酰胺含量的测定。

2　方法提要

样品经过提取后,用液相色谱 - 质谱法测定,以多反应离子监测模式进行监测,采用特征离子丰度比进行定性,丙烯酰胺与内标峰面积比定量。

本方法对丙烯酰胺的检出限为 0.00005μg,定量下限为 0.0002μg;取样量为 0.2g 时,检出浓度为 0.005mg/kg,最低定量浓度为 0.025mg/kg。

3　试剂和材料

除另有规定外,本方法所用试剂均为分析纯或以上规格,水为 GB/T 6682 规定的一级水。

3.1　丙烯酰胺,纯度大于等于 99.0%。

3.2　氘代丙烯酰胺(2,3,3-D_3),纯度大于等于 98%。

3.3　醋酸铵。

3.4　乙腈,色谱纯。

3.5　甲醇,色谱纯。

3.6　空白样品:选择不含丙烯酰胺的化妆品作为空白样品。

3.7　乙腈溶液:量取 10mL 乙腈(3.4)置 100mL 量瓶中,加水稀释至刻度,混匀。

3.8　醋酸铵溶液:称取醋酸铵 0.08g,置 50mL 量瓶中,加水溶解并定容至刻度,即得浓度约为 0.02mol/L 的醋酸铵溶液。

3.9　标准储备溶液:称取丙烯酰胺标准品(3.1)50mg(精确到 0.0001g)置 100mL 量瓶中,加乙腈溶液(3.7)使溶解并定容至刻度,摇匀,即得质量浓度为 0.5g/L 的丙烯酰胺标准储备溶液。

4　仪器和设备

4.1　液相色谱 - 三重四极杆质谱联用仪。

4.2　天平。

4.3　超声波清洗器。

4.4　高速离心机。

4.5　精密移液器。

4.6　涡旋振荡器。

5 分析步骤

5.1 标准系列溶液的制备

5.1.1 丙烯酰胺标准系列溶液

按照表1操作，分别精密量取一定体积的丙烯酰胺标准储备溶液(3.9)置10mL量瓶中，以乙腈溶液(3.7)稀释并定容至刻度，得不同浓度的丙烯酰胺标准系列溶液。

表1 丙烯酰胺标准系列溶液的配制

溶液	溶液初始浓度	量取体积	定容终体积	标准溶液终浓度
标准溶液1	(0.5mg/mL)	2mL	10mL	100μg/mL
标准溶液2	(0.5mg/mL)	1mL	10mL	50μg/mL
标准溶液3	(50μg/mL)	1mL	10mL	5μg/mL
标准溶液4	(5μg/mL)	2mL	10mL	1μg/mL
标准溶液5	(1μg/mL)	2mL	10mL	0.2μg/mL
标准溶液6	(1μg/mL)	1mL	10mL	0.1μg/mL

5.1.2 内标溶液

称取氘代丙烯酰胺标准品10mg(精确到0.00001g)置100mL量瓶中，加乙腈溶液(3.7)使溶解并定容至刻度，摇匀，即得浓度为100μg/mL的氘代丙烯酰胺储备溶液，然后精密量取氘代丙烯酰胺储备溶液1mL置50mL量瓶中，加乙腈溶液(3.7)使溶解并定容至刻度，摇匀，即得浓度为2μg/mL的氘代丙烯酰胺内标溶液。

5.1.3 空白样品加入丙烯酰胺标准系列溶液

取空白样品6份，每份0.2g(精确到0.0001g)于5mL塑料离心管中，分别加浓度为2μg/mL的内标溶液50μL，涡旋30s，再分别加丙烯酰胺系列标准溶液50μL，涡旋30s；然后加0.15mL 0.02mol/L的醋酸铵水溶液(3.8)，涡旋30s。再加2.0mL乙腈(3.4)，涡旋60s后，以10 000r/min离心转速10min，取上清液，氮气吹干，残渣加2mL色谱流动相复溶，涡旋60s，以10 000r/min转速离心5min，取上清液，经0.45μm微孔滤膜过滤后，滤液作为待测溶液，备用，使得每克样品中含有丙烯酰胺0.025μg、0.05μg、0.25μg、1.25μg、12.5μg、25μg。

5.2 样品处理

称取样品0.2g(精确到0.0001g)，置5mL塑料离心管中，加浓度为2μg/mL的内标溶液50μL，涡旋30s；然后加0.15mL 0.02mol/L的醋酸铵水溶液(3.8)，涡旋30s，再加2.0mL乙腈(3.4)，涡旋60s后，以10 000r/min转速离心10min，取上清液，氮气吹干，残渣加2mL色谱流动相复溶，涡旋60s，以10 000r/min转速离心5min，经0.45μm微孔滤膜过滤后，滤液作为待测溶液，备用。

5.3 仪器参考条件

5.3.1 色谱条件

色谱柱：Waters Atlantis T3(100mm × 2.1mm × 3.5μm)，或等效色谱柱；

流动相：甲醇+0.1%甲酸水溶液=1.5+98.5，恒度洗脱3min；

流速：0.3mL/min；

柱温：25℃；

进样量：5μL。

5.3.2　质谱条件

离子源：电喷雾离子源（ESI源）；

监测模式：正离子监测模式；监测离子对及相关电压参数设定见表2；

表2　三重四级杆离子对及相关电压参数设定表

编号	组分名称	母离子（m/z）	Frag.（V）	子离子（m/z）	CE（V）
1	丙烯酰胺	72	40	55	8
2	氘代丙烯酰胺（内标）	75	40	58	8

雾化气压力：50psi；

干燥气流速：12L/min；

干燥气温度：350℃；

毛细管电压：4000V；

0min~1min：不进入质谱仪分析，1min~2.5min：进入质谱仪分析。

5.4　测定

5.4.1　定性

用液相色谱-质谱法对样品进行定性判定，如果检出的色谱峰的保留时间与标准品相一致，并且所选择的监测离子对的相对丰度比与标准样品的离子对相对丰度比相一致（见表3），则可以判断样品中存在丙烯酰胺。

表3　监测离子和离子相对丰度比

监测离子对（m/z）	离子相对丰度比（%）	允许相对偏差（%）
72~55	100	
72~44	应用标准品测定离子相对丰度比	±50
72~27	应用标准品测定离子相对丰度比	±50

5.4.2　定量

在“5.3”分析条件下，用空白样品加入丙烯酰胺标准系列溶液（5.1.3）分别进样，以其浓度为横坐标，丙烯酰胺与内标的峰面积比为纵坐标，进行线性回归，建立标准曲线，其线性相关系数应大于0.99。取“5.2”项下的样品待测溶液进样5μL，将丙烯酰胺与内标的峰面积比代入标准曲线，计算丙烯酰胺的质量浓度，按“6”计算，得出样品中丙烯酰胺的含量。

6　分析结果的表述

6.1　计算

$$\omega = \frac{m_1}{m}$$

式中：ω——化妆品中丙烯酰胺的含量，mg/kg；

m——样品取样量，g；

m_1——从标准曲线得到待测组分的质量，μg；

在重复性条件下获得的两次独立测定结果的绝对差值不得超过算术平均值的15%。

6.2　回收率和精密度

两个浓度水平的平均提取回收率在85%~110%，并且RSD小于8%（n=6），平均方法回收率在96.6%~106%之间，并且RSD小于8%（n=6）。

7　图谱

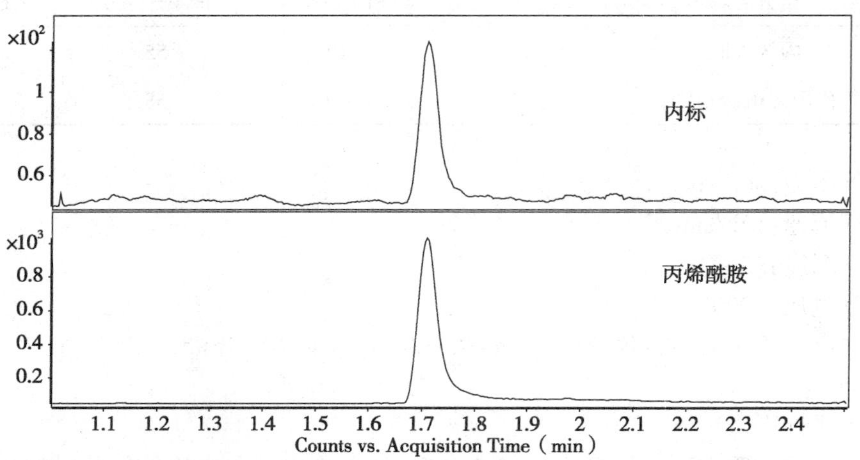

图1　丙烯酰胺和内标标准溶液的多反应离子监测的高效液相质谱色谱图

1：内标（1.7min）；2：丙烯酰胺（1.7min）

2.17　氮芥
Chlormethine

1　范围

本方法规定了气相色谱法测定化妆品中氮芥的含量。

本方法适用于发用类化妆品中氮芥含量的测定。

2　方法提要

样品中的氮芥在碱性条件下用三氯甲烷萃取，用气相色谱仪，氢火焰离子化检测器测定。以保留时间定性，以峰高或峰面积定量。

本方法对氮芥的检出限为0.3ng，定量下限为1.0ng；取样量为5g时检出浓度为0.3μg/g，最低定量浓度为1μg/g。

3　试剂和材料

除另有规定外，本方法所用试剂均为分析纯或以上规格，水为GB/T 6682规定的一级水。

3.1　高纯氮（99.999%）。

3.2　高纯氢（99.999%）。

3.3　无油压缩空气，经装5Å分子筛的净化管净化。

3.4　三氯甲烷：色谱纯。

3.5　无水硫酸钠。

3.6　盐酸溶液（1mol/L）：取浓盐酸（ρ_{20}=1.19g/mL）8.3mL，加水至 100mL。

3.7　氢氧化钠溶液（2mol/L）：称取氢氧化钠 8g，溶于水中，定容至 100mL，混匀。

3.8　碳酸钠。

3.9　标准储备溶液：称取盐酸氮芥 0.1g（精确到 0.0001g）溶于水中，定容于 100mL 容量瓶中，储存于玻璃瓶中。

4　仪器和设备

4.1　气相色谱仪，氢火焰离子化检测器。

4.2　微量玻璃注射器，10μL。

4.3　天平。

5　分析步骤

5.1　标准溶液的制备

吸取氮芥标准储备溶液（3.9）1.00mL 于 100mL 容量瓶中，用水定容，即得浓度为 10mg/L 的氮芥标准溶液。

5.2　样品处理

称取样品 5g（精确到 0.001g）于 25mL 分液漏斗中，加入水 5mL，混匀。用盐酸溶液（3.6）调节 pH 值至 2 以下，加入三氯甲烷（3.4）5mL，振摇 30s 后静置分层（必要时离心），弃去有机相。再用氢氧化钠溶液（3.7）调节水相至中性，加入碳酸钠（3.8）约 50mg，用三氯甲烷（3.4）5mL 提取，振摇 30s 后静置分层（必要时离心），将有机相置于刻度试管中，补加三氯甲烷至 5mL，加入适量无水硫酸钠（3.5）除水，待测定。氮芥标准溶液测定前须按上述步骤同样处理。

5.3　参考色谱条件

色谱柱：DB-225 毛细管柱（30m × 0.25mm），或等效色谱柱；

温度：进样口温度 170℃，检测口温度 200℃，柱温，50℃（1min），8℃/min 升至 160℃（10min）；

气体流量：高纯氮气 60mL/min，高纯氢气 50mL/min，压缩空气 500mL/min；

分流比：1 ∶ 50；

进样量：1μL。

5.4　测定

取样品待测溶液（5.2）测定。采用单点外标法定量，处理后的氮芥标准使用溶液的进样体积应与样品溶液相同，其峰面积应与样品峰面积在同一数量级内。

6　分析结果的表述

$$\omega=\frac{\rho \times V \times A_1}{m \times A_0}$$

式中：ω——样品中氮芥的质量浓度，μg/g；

ρ——标准溶液中氮芥的浓度，mg/L；

A_1——待测溶液中氮芥的峰面积；

A_0——标准溶液中氮芥的峰面积；

V——样品定容体积，mL；

m——样品取样量，g。

7 图谱

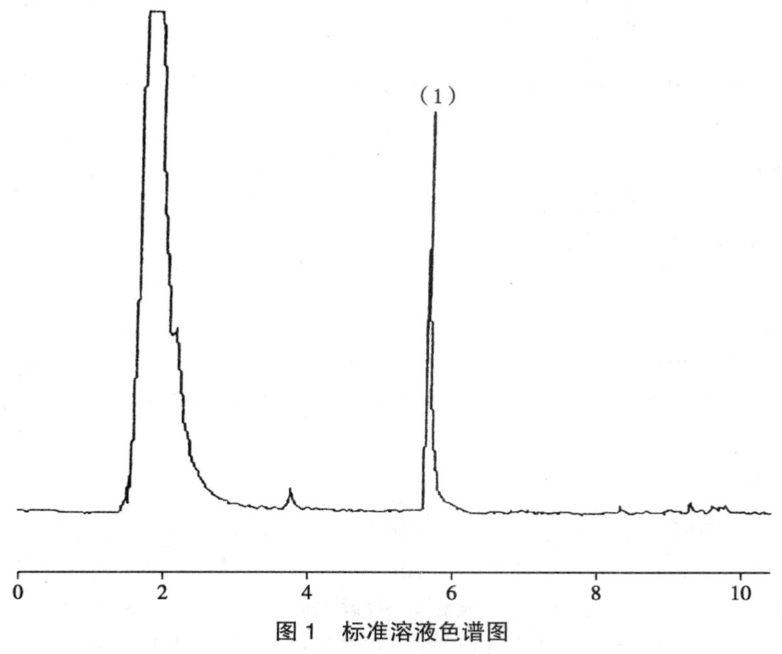

图 1 标准溶液色谱图

2.18 地氯雷他定等 15 种组分 Desloratadine and other 14 kinds of components

1 范围

本方法规定了高效液相色谱 - 串联质谱法测定化妆品中地氯雷他定等 15 种组分的含量。

本方法适用于液态水基类、膏霜乳液类和啫喱等化妆品中地氯雷他定等 15 种组分含量的测定。

本方法所指的 15 种组分包括地氯雷他定、氯苯那敏、阿司咪唑、曲吡那敏、溴苯那敏、苯海拉明、异丙嗪、羟嗪、奋乃静、西替利嗪、氟奋乃静、氯丙嗪、氯雷他定、特非那定、赛庚啶。

2 方法提要

样品提取后，经高效液相色谱仪分离，质谱检测器检测，采用保留时间和特征离子对丰度比定性，以待测组分相对应离子峰面积定量，以标准曲线法计算含量。

本方法对 15 种抗组胺类组分的检出限均为 1ng/mL，定量下限均为 2ng/mL，如以取样 0.2g 计，检出浓度均为 250ng/g，定量下限浓度均为 500ng/g。

3 试剂和材料

除另有规定外，本方法所用试剂均为分析纯或以上规格，水为 GB/T 6682 规定的一级水。

3.1 甲醇，色谱纯。

3.2 甲酸，色谱纯。

3.3 甲酸铵，色谱纯。

3.4 甲酸铵 - 甲酸水溶液：称取甲酸铵（3.3）6.3g，加 1mL 甲酸（3.2），加水 1000mL 溶解，用 0.22μm 滤膜过滤。

3.5 标准品,参考附录 A。

3.6 标准储备溶液:称取 15 种组分标准品各 10mg(精确到 0.00001g),置于 10mL 容量瓶中,用甲醇(3.1)溶解并定容。

3.7 混合标准储备溶液:取各标准储备液 25μL 至 10mL 容量瓶中,用甲醇(3.1)溶解并定容。

4 仪器和设备

4.1 高效液相色谱 - 三重四极杆质谱联用仪。

4.2 超声波清洗器。

4.3 0.22μm 滤膜。

4.4 离心机,10 000r/min。

4.5 涡旋振荡器。

4.6 天平。

注:由于部分吩噻嗪类抗组胺组分在个别高效液相色谱 - 三重四极杆质谱联用仪上有吸附现象,这可能与其中的金属管道种类和仪器清洗有关,因此在实验时应确认仪器没有影响实验结果的吸附存在。

5 分析步骤

5.1 混合标准系列溶液的制备

取混合标准储备溶液(3.7),用甲醇(3.1)稀释配制得浓度为 2ng/mL、5ng/mL、10ng/mL、20ng/mL、50ng/mL 的系列浓度标准溶液。标准溶液现用现配。

5.2 样品处理

称取样品 0.2g(精确到 0.0001g),置于具塞比色管中,加入甲醇(3.1)40mL,涡旋振荡 30s,使试样与提取溶剂充分混匀,超声提取 20min(工作频率 20KHz~43KHz,200W),用甲醇(3.1)定容至 50mL,摇匀,必要时以 10 000r/min 离心 5min。取上清液经 0.22μm 滤膜过滤,滤液作为试样溶液备用。必要时用适量甲醇(3.1)稀释滤液备用。

5.3 仪器参考条件

5.3.1 色谱条件

色谱柱:C_{18} 柱(150mm × 3.0mm × 3.0μm),或等效色谱柱;。

流动相:A:甲酸铵 - 甲酸水溶液(3.4),B:甲醇(3.1),梯度程序见表 1:

表 1 流动相比例

时间	流动相组成
0min	A+B=50+50
4min	A+B=50+50
6min	A+B=35+65
14min	A+B=0+100
16min	A+B=0+100
16.1min	A+B=50+50
20min	A+B=50+50

流速：0.4mL/min；
柱温：35℃；
进样量：2μL；
样品盘温度：4℃。

5.3.2　质谱条件

离子源：电喷雾离子源（ESI 源）；
监测模式：正离子多离子反应监测模式；监测离子对及相关电压参数设定见表 2；

表 2　质谱监测离子对及相关电压参数设定表

编号	组分名称	母离子（m/z）	子离子（m/z）	CE（V）
1	地氯雷他定	311.1	259.1*	22
			294.1	18
2	氯苯那敏	275.1	230.1*	15
			167.1	42
3	阿司咪唑	459.3	135.1*	38
			218.1	26
4	曲吡那敏	256.2	211.1*	14
			91.1	35
5	溴苯那敏	319.1	273.9*	18
			167.0	43
6	苯海拉明	256.2	167.1*	13
			165.0	45
7	异丙嗪	285.1	86.2*	20
			198.0	22
8	羟嗪	375.2	201.0*	20
			166.1	39
9	奋乃静	404.2	171.1*	24
			143.2	29
10	西替利嗪	389.1	201.0*	20
			166.1	41
11	氟奋乃静	438.2	143.1*	31
			171.1	25
12	氯丙嗪	319.1	86.2*	21
			58.0	41
13	氯雷他定	383.1	337.0*	22
			267.0	36

续表

编号	组分名称	母离子(m/z)	子离子(m/z)	CE(V)
14	特非那定	472.3	436.3*	26
			454.3	20
15	赛庚啶	288.2	96.2*	27
			191.0	27

*:定量离子对。

雾化气流速:3L/min;

干燥气流速:15L/min;

脱溶剂管温度:250℃;

离子源加热温度:400℃;

碰撞气:Ar,230kPa;

离子化电压:4500V。

5.4　定性判定

用高效液相色谱 - 串联质谱法对样品进行定性判定。在相同试验条件下,样品中应呈现定量离子对和定性离子对的色谱峰,被测组分的特征离子峰保留时间与标准溶液对应的保留时间一致,且样品所选择的监测离子对的相对丰度比与相当浓度标准溶液的监测离子对相对丰度比的偏差不超过表 3 规定范围,则可以判定样品中存在对应的组分。

表 3　定性判定时离子相对丰度的最大允许偏差

相对离子丰度(k)	k>50%	50%≥k>20%	20%≥k>10%	k≤10%
允许的最大偏差	± 20%	± 25%	± 30%	± 50%

5.5　定量测定

在“5.3”仪器条件下,取混合标准系列溶液(5.1)分别进样,记录各次特征离子色谱峰面积,以标准系列溶液浓度为横坐标,峰面积为纵坐标,绘制标准曲线。

取“5.2”项下的样品待测溶液进样,测得对应特征离子色谱峰面积,根据标准曲线得到待测溶液中各组分的浓度。按“6”计算样品中各组分的含量。

6　分析结果的表述

6.1　计算

$$\omega=\frac{\rho\times V\times D}{m}$$

式中:ω——样品中地氯雷他定等 15 种组分的含量,ng/g;

ρ——从标准曲线得到待测组分的浓度,ng/mL;

V——样品定容体积,mL;

m——样品取样量,g;

D——稀释倍数(如未稀释则为 1)。

对同一样品独立进行测定获得的两次独立测试结果的绝对差值不得超过算术平均值的

15%。

6.2　回收率和精密度

多家实验室验证在定量下限浓度附近回收率为 76.7%~148.6%，相对标准偏差小于 10.2%；其他浓度回收率为 75.7%~119.4%，相对标准偏差小于 9.8%。

7　图谱

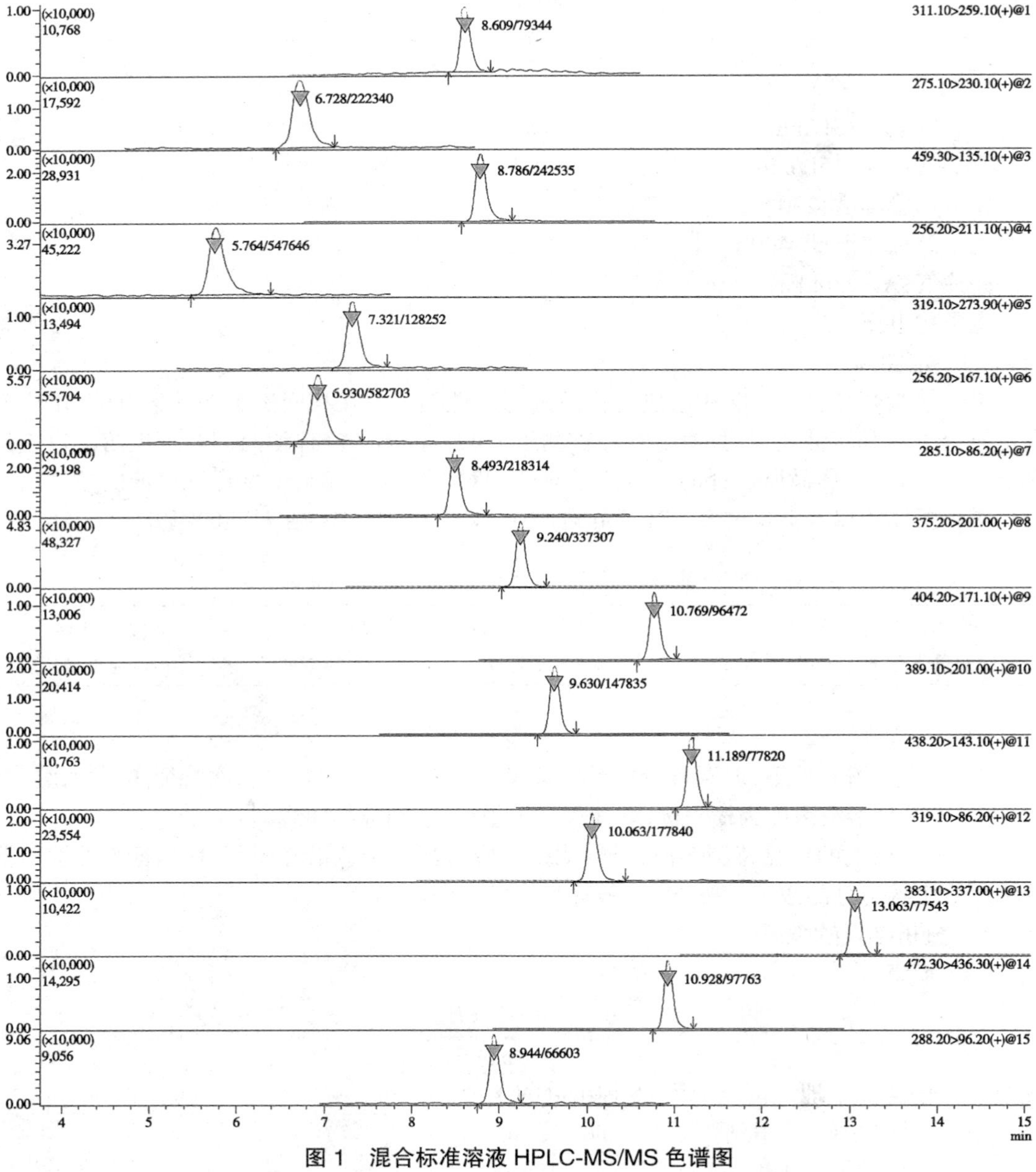

图 1　混合标准溶液 HPLC-MS/MS 色谱图

1：地氯雷他定（8.609min）；2：氯苯那敏（6.728min）；3：阿司咪唑（8.786min）；4：曲吡那敏（5.764min）；5：溴苯那敏（7.321min）；6：苯海拉明（6.930min）；7：异丙嗪（8.493min）；8：羟嗪（9.240min）；9：奋乃静（10.769min）；10：西替利嗪（9.630min）；11：氟奋乃静（11.189min）；12：氯丙嗪（10.063min）；13：氯雷他定（13.063min）；14：特非那定（10.928min）；15：赛庚啶（8.944min）

附录 A

表 A 标准品信息表

序号	标准品	分子量	纯度要求	CAS No	分子式	折算系数
1	地氯雷他定	310.83	≥98%	100643-71-8	$C_{19}H_{19}ClN_2$	1.00
2	马来酸氯苯那敏	390.87	≥98%	113-92-8	$C_{16}H_{19}ClN_2 \cdot C_4H_4O_4$	1.43
3	阿司咪唑	458.58	≥98%	68844-77-9	$C_{28}H_{31}FN_4O$	1.00
4	盐酸曲吡那敏	291.82	≥98%	154-69-8	$C_{16}H_{21}N_3 \cdot HCl$	1.14
5	马来酸溴苯那敏	435.3	≥98%	980-71-2	$C_{16}H_{19}BrN_2 \cdot C_4H_4O_4$	1.37
6	盐酸苯海拉明	291.82	≥98%	247-24-0	$C_{17}H_{21}NO \cdot HCl$	1.14
7	盐酸异丙嗪	320.89	≥98%	58-33-3	$C_{17}H_{20}N_2S \cdot HCl$	1.13
8	盐酸羟嗪	447.83	≥95%	2192-20-3	$C_{21}H_{27}ClN_2O_2 \cdot 2HCl$	1.20
9	奋乃静	403.97	≥98%	58-39-9	$C_{21}H_{26}ClN_3OS$	1.00
10	盐酸西替利嗪	461.82	≥98%	83881-52-1	$C_{21}H_{25}ClN_2O_3 \cdot 2HCl$	1.19
11	盐酸氟奋乃静	510.44	≥98%	146-56-5	$C_{22}H_{26}F_3N_3OS \cdot 2HCl$	1.17
12	盐酸氯丙嗪	355.33	≥98%	69-09-0	$C_{17}H_{19}ClN_2S \cdot HCl$	1.12
13	氯雷他定	382.89	≥98%	79794-75-5	$C_{22}H_{23}ClN_2O_2$	1.00
14	特非那定	471.7	≥98%	50679-08-8	$C_{32}H_{41}NO_2$	1.00
15	盐酸赛庚啶	350.88	≥95%	41354-29-4	$C_{21}H_{21}N \cdot HCl \cdot 1.5H_2O$	1.22

注:标准品与目标组分不同时需进行必要的折算。

2.19 二噁烷
Dioxane

第 一 法

1 范围

本方法规定了气相色谱 - 质谱法测定化妆品中二噁烷的含量。

本方法适用于液态水基类、膏霜乳液类化妆品中二噁烷含量的测定。

2 方法提要

样品在顶空瓶中经过加热提取后,经气相色谱 - 质谱法测定,采用离子相对丰度比进行定性,以选择离子监测模式进行测定,以标准加入单点法定量。

本方法对二噁烷的检出限为 2μg,定量下限为 6μg;取样量为 2.0g 时,检出浓度为 1μg/g,最低定量浓度为 3μg/g。

3　试剂和材料

除另有规定外，本方法所用试剂均为分析纯或以上规格，水为GB/T 6682规定的一级水。

3.1　二噁烷，纯度大于99%。

3.2　标准储备溶液：称取二噁烷0.1g（精确到0.0001g），置100mL容量瓶中，用去离子水配制成浓度为1000μg/mL的标准储备溶液。

3.3　氯化钠。

4　仪器和设备

4.1　气相色谱仪，配有质谱检测器（MSD）。

4.2　顶空进样器，或气密针。

4.3　20mL顶空瓶。

4.4　天平。

4.5　超声波清洗器。

5　分析步骤

5.1　标准系列溶液的制备

5.1.1　标准系列溶液：用去离子水将标准储备液（3.2）分别配成二噁烷浓度为0μg/mL、4μg/mL、10μg/mL、20μg/mL、50μg/mL、100μg/mL的二噁烷标准系列溶液。

5.1.2　二噁烷定性标准溶液：取50μg/mL二噁烷标准溶液1mL，置于顶空进样瓶中，加入1g氯化钠（3.3），加入7mL去离子水，密封后超声，轻轻摇匀，作为二噁烷定性标准溶液。

5.2　样品处理

称取样品2g（精确到0.001g），置于顶空进样瓶中，加入1g氯化钠（3.3），加入7mL去离子水，分别精密加入二噁烷标准系列溶液（5.1.1）1mL，密封后超声，轻轻摇匀，作为加二噁烷标准系列溶液的样品。置于顶空进样器中，待测。

5.3　仪器参考条件

5.3.1　顶空条件

汽化室温度：70℃；

定量管温度：150℃；

传输线温度：200℃；

振荡情况：振荡；

汽液平衡时间：40min；

进样时间：1min。

5.3.2　气相色谱-质谱条件

色谱柱：交联5%苯基甲基硅烷毛细管柱（30m×0.25mm×0.25μm），或等效色谱柱；

色谱柱温度：40℃（5min）$\xrightarrow{50℃/min}$150℃（2min），可根据实验室情况适当调整升温程序；

进样口温度：210℃；

色谱-质谱接口温度：280℃；

载气：氦气，纯度大于等于99.999%，流速1.0mL/min；

电离方式：EI；

电离能量：70eV；

测定方式：选择离子检测（SIM），选择检测离子（m/z）见表 1；

进样方式：分流进样，分流比 10：1；

进样量：1.0mL。

5.4　测定

5.4.1　定性

用气相色谱 - 质谱仪对加二噁烷标准浓度为 0μg/mL 的样品（5.2）、二噁烷定性标准溶液（5.1.2）进行定性测定，如果检出的色谱峰的保留时间与二噁烷定性标准溶液相一致，并且在扣除背景后样品的质谱图中，所选择的检测离子均出现，而且检测离子相对丰度比与标准样品的离子相对丰度比相一致（见表 1），则可以判断样品中存在二噁烷。

表 1　检测离子和离子相对丰度比

检测离子（m/z）	离子相对丰度比（%）	允许相对偏差（%）
88	100	
58	应用标准品测定离子相对丰度比	± 20
43	应用标准品测定离子相对丰度比	± 25

5.4.2　定量

用加标准系列溶液的样品（5.2）分别进样，以检测离子（m/z）88 为定量离子，以二噁烷峰面积为纵坐标，二噁烷标准加入量为横坐标进行线性回归，建立标准曲线，其线性相关系数应大于 0.99。按“6”计算样品中二噁烷的含量。

6　分析结果的表述

6.1　确定标准加入单点法中用于计算的标准参考量

选择加标为 0μg/mL 的样品作为样品取样量（m），根据样品（m）的峰面积（A_i），选择加入二噁烷标准品后二噁烷的峰面积（A_s）与 2 Ai 相当的加标样品（m_i）作为计算用标准（m_s），应用标准加入单点法对样品进行计算。

6.2　计算

$$\omega=\frac{m_s}{[(A_s/A_i)-(m_i/m)]\times m}$$

式中：ω——样品中二噁烷的含量，μg/g；

m_s——加入二噁烷标准品的量，μg；

A_i——样品中二噁烷的峰面积；

A_s——加入二噁烷标准品后样品中二噁烷的峰面积；

m——样品取样量，g；

m_i——加入二噁烷标准品的样品取样量，g。

在重复性条件下获得的两次独立测定结果的绝对差值不得超过算术平均值的 10%。

6.3　回收率和精密度

多家实验室验证的平均回收率为 84.9%~113%，相对标准偏差小于 13.3%（n=6）。

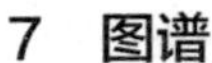

7 图谱

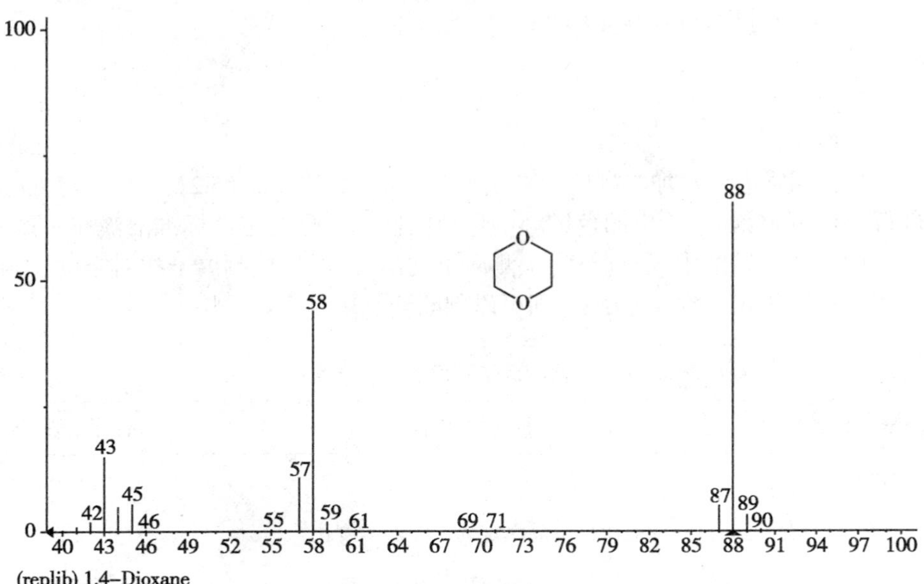

图 1 标准溶液质谱图

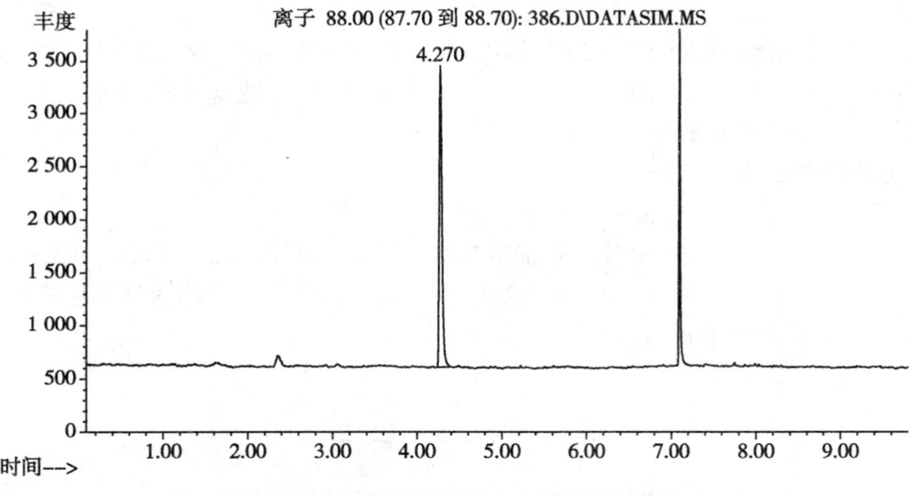

图 2 空白样品加二噁烷的 GC-MS 提取离子图（m/z 88）

二噁烷（4.270min）

第 二 法

1 范围

本方法规定了气相色谱 - 质谱法测定化妆品中二噁烷的含量。

本方法适用于液态水基类、膏霜乳液类和凝胶类化妆品中二噁烷含量的测定。

2 方法提要

样品在顶空瓶中经过加热提取后，用气相色谱 - 质谱法测定，采用离子相对丰度比进行定性，以选择离子监测模式进行测定，以标准曲线法计算含量。

本方法对二噁烷的检出限为 2μg，定量下限为 4μg；取样量为 2.0g 时，检出浓度为 1μg/g，最低定量浓度为 2μg/g。

3 试剂和材料

除另有规定外，本方法所用试剂均为分析纯或以上规格，水为GB/T 6682规定的一级水。

3.1 标准物质：二噁烷，纯度 >99.0%。

3.2 氯化钠。

3.3 标准储备溶液：称取二噁烷标准物质 0.1g（精确到 0.0001g），置 100mL 容量瓶中，用水配制成浓度为 1000μg/mL 的标准储备溶液。

3.4 标准系列溶液：用水将标准储备溶液（3.3）分别配成二噁烷浓度为 0μg/mL、4μg/mL、10μg/mL、20μg/mL、50μg/mL、100μg/mL 的标准系列溶液。

4 仪器和设备

4.1 气相色谱仪，配有质谱检测器（MSD）。

4.2 顶空进样器，或气密针。

4.3 天平。

4.4 超声波清洗仪。

4.5 顶空瓶：20mL。

5 分析步骤

5.1 系列浓度基质标准溶液制备

称取基质空白 2g（精确到 0.001g）6 份，分别加入标准系列溶液（3.4）1.0mL，置于顶空进样瓶中，加入 1g 氯化钠（3.2），加入 7mL 水，密封后超声，轻轻摇匀，即得质量浓度为 0μg/g、2μg/g、5μg/g、10μg/g、25μg/g、50μg/g 的系列浓度基质标准溶液。

5.2 样品处理

称取样品 2g（精确到 0.001g），置于顶空进样瓶中，加入 1g 氯化钠（3.2），加入 8mL 水，密封后超声，轻轻摇匀，置于顶空进样器中，待测。

当样品中二噁烷含量超过标准曲线范围后，应对样品进行适当稀释并选择合适的标准曲线范围进行检测。

5.3 仪器参考条件

5.3.1 气相色谱 - 质谱条件

色谱柱：交联 5% 苯基甲基硅烷毛细管柱（30m × 0.25mm × 0.25μm），或等效色谱柱；

色谱柱升温程序：40℃（8min）$\xrightarrow{30℃/min}$ 220℃（10min），可根据实验室情况适当调整升温程序；

进样口温度：210℃；

色谱 - 质谱接口温度：280℃；

载气：氦气，纯度≥99.999%，流速 1.0mL/min；

电离方式：EI；

电离能量：70eV；

进样方式：分流进样，分流比 1 ∶ 1；

进样量：1.0mL；

测定方式：选择离子检测（SIM），选择检测离子（m/z）见表 2。

表 2 检测离子和离子相对丰度比

检测离子(m/z)	离子相对丰度比(%)	允许相对偏差(%)
88*	100	
58	相当浓度标准品测定离子相对丰度比	± 20
43	相当浓度标准品测定离子相对丰度比	± 25

注:选择检测离子中带“*”的为定量离子

5.3.2 顶空条件

汽化室温度:70℃;

定量管温度:150℃;

传输线温度:200℃;

振荡情况:振荡;

汽液平衡时间:40min;

进样时间:1min。

5.4 测定

5.4.1 定性

在“5.3”气质条件下,对待测溶液(5.2)进行测定,如果检出色谱峰的保留时间与二噁烷标准溶液一致,并且在扣除背景后,样品质谱图中所选择的检测离子均出现,而且检测离子相对丰度比与相当浓度标准溶液的离子相对丰度比一致(见表 2),则可以判定样品中存在二噁烷。

5.4.2 定量

在“5.3”气质条件下,取系列浓度基质标准溶液(5.1)分别进样,进行质谱分析,以系列基质标准溶液的浓度为横坐标,定量离子(m/z)88 的峰面积为纵坐标,绘制标准曲线,其线性相关系数 $r>0.99$。

取“5.2”项下的待测溶液进样,测得峰面积,根据基质标准曲线,得到待测溶液中二噁烷的浓度。按“6”计算样品中二噁烷的含量。

6 分析结果的表述

6.1 计算

$$\omega=\frac{\rho\times 2.0\times D}{m}$$

式中:ω——化妆品中二噁烷的质量分数,μg/g;

ρ——从标准曲线得到待测组分的质量浓度,μg/g;

m——样品取样量,g;

D——稀释倍数(不稀释则取 1)。

在重复性条件下获得的两次独立测定结果的绝对差值不得超过算术平均值的 10%。

6.2 回收率和精密度

多家实验室验证低浓度的平均方法回收率为 91.7%~111.2%,相对标准偏差小于 6.0%;中浓度的平均方法回收率为 86.9%~111.2%,相对标准偏差小于 7.7%;高浓度的平均方法回收率为 93.3%~102.3%,相对标准偏差小于 4.9%。

精密度相对标准偏差小于10.4%(n=6)。

7 图谱

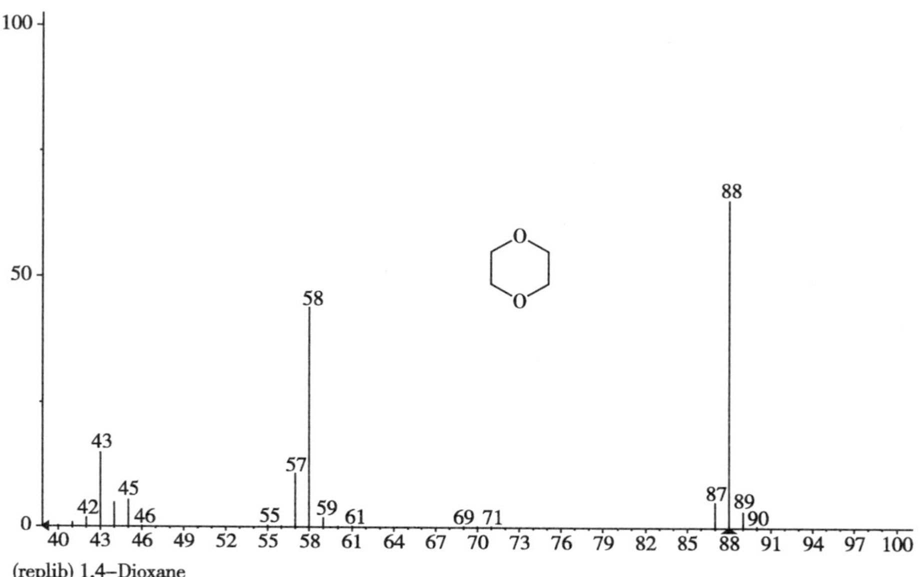

图1　标准溶液质谱图

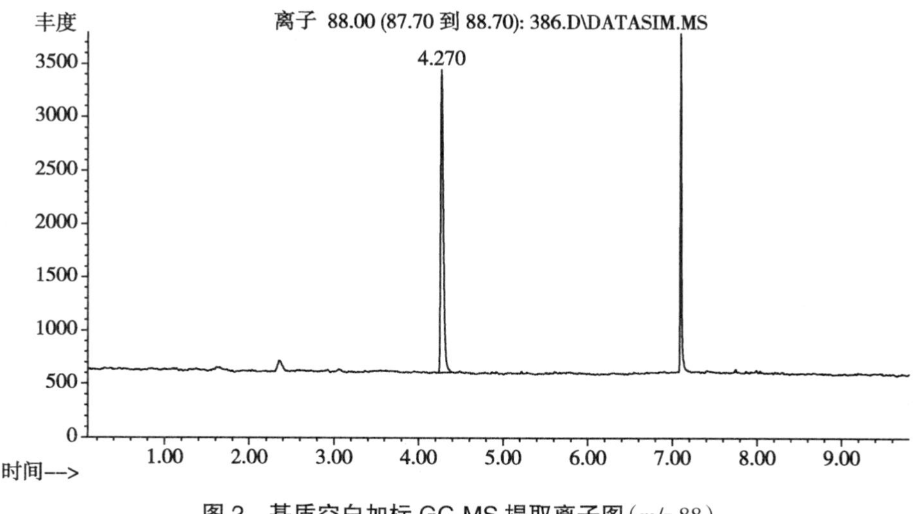

图2　基质空白加标GC-MS提取离子图(m/z 88)

二噁烷(4.270min)

2.20 二甘醇 Diethylene glycol

1 范围

本方法规定了气相色谱法测定化妆品原料丙二醇中二甘醇的含量。

本方法适用于化妆品原料丙二醇中二甘醇含量的测定。

2　方法提要

样品提取后，以气相色谱法进行分析，根据保留时间定性，峰面积定量，以标准曲线法计算含量。必要时对阳性结果可采用气相色谱-质谱法进一步确证。

本方法对二甘醇的检出限为0.3ng，定量下限为1ng。取样量为1g时，检出浓度为0.003%，最低定量浓度为0.009%。

3　试剂和材料

除另有规定外，本方法所用试剂均为分析纯或以上规格，水为GB/T 6682规定的一级水。

3.1　二甘醇，纯度≥99.0%。

3.2　无水乙醇。

3.3　标准储备溶液：称取二甘醇(3.1)10mg(精确到0.00001g)于100mL容量瓶中，用无水乙醇(3.2)定容至刻度。准确移取10mL此标准溶液置于50mL容量瓶中，用无水乙醇(3.2)定容至刻度。

4　仪器和设备

4.1　气相色谱仪，氢火焰离子化检测器。

4.2　天平。

4.3　气相色谱-质谱仪。

5　分析步骤

5.1　标准系列溶液的制备

取二甘醇标准储备溶液(3.3)，用无水乙醇(3.2)配制成浓度为1μg/mL、2μg/mL、4μg/mL、8μg/mL、10μg/mL、16μg/mL的二甘醇标准系列溶液。

5.2　样品处理

称取1g样品(精确到0.001g)于100mL容量瓶中，加入无水乙醇定容至刻度，待测。

5.3　参考色谱条件

色谱柱：聚乙二醇毛细管柱(30m×0.32mm×0.5μm)，或等效色谱柱；

柱温程序：起始温度为160℃，维持10min，以20℃/min的速率升温至220℃，维持4min；

进样口温度：230℃；

检测器温度：250℃；

载气：N_2，流速：2.0mL/min；

氢气流量：40mL/min；

空气流量：400mL/min；

尾吹气氮气流量：30mL/min；

进样方式：分流进样，分流比：5∶1；

进样量：1.0μL。

注：载气、空气、氢气流速随仪器而异，操作者可根据仪器及色谱柱等差异，通过试验选择最佳操作条件，使二甘醇与丙二醇中其他组分峰分离度1.5以上。

5.4　测定

在“5.3”色谱条件下，取“5.1”标准系列溶液分别进样，进行气相色谱分析，以标准系列溶液浓度为横坐标，峰面积为纵坐标，绘制标准曲线。

取“5.2”项下的待测溶液进样，进行气相色谱分析，根据保留时间定性，测得峰面积，根据标准曲线得到待测溶液中二甘醇的浓度。按“6”计算样品中二甘醇的含量。

6 分析结果的表述

6.1 计算

$$\omega = \frac{\rho \times V}{m \times 10^6} \times 100$$

式中：ω——丙二醇中二甘醇的质量分数，%；

m——样品取样量，g；

ρ——从标准曲线得到二甘醇的浓度，μg/mL；

V——样品定容体积，mL。

在重复性条件下获得的两次独立测试结果的绝对差值不得超过算术平均值的 10%。

6.2 回收率和精密度

方法的回收率为 90.7%~103.4%，相对标准偏差小于 5.0%（n=6）。

7 图谱

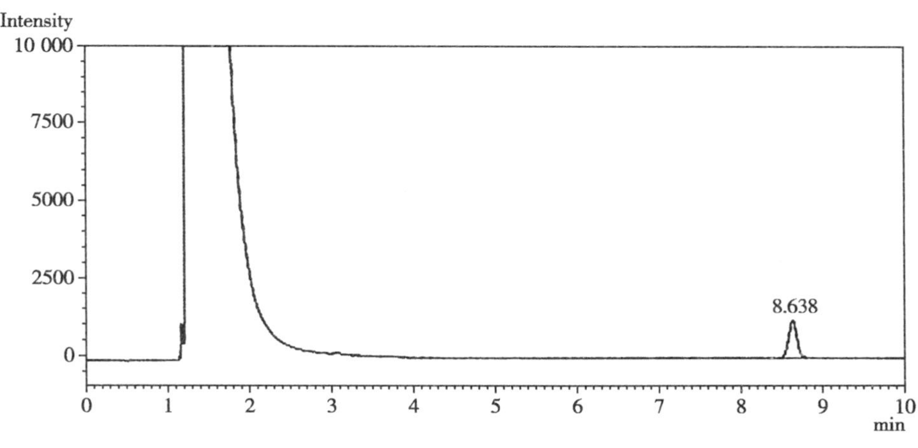

图 1 标准溶液色谱图

二甘醇（8.638min）

附录 A
（规范性附录）
二甘醇阳性结果的确证

必要时，可采用气相色谱 - 质谱法进一步确证阳性结果。

A.1 参考气相色谱 - 质谱条件

色谱柱：（5%- 苯基）- 甲基聚硅氧烷毛细管柱（30m × 0.25mm × 0.25μm），或等效色谱柱；

柱温程序：程序升温：起始温度为 50℃，维持 3min，以 20℃/min 的速率升温至 220℃，维持 3min；

进样口温度：250℃；

接口温度：250℃；

载气：氦气 1.0mL/min；

电离方式：EI；

电离能量：70eV；
监测方式：选择离子扫描（SIM）；
进样方式：分流进样，分流比：5∶1；
进样量：1.0μL。

A.2　谱图

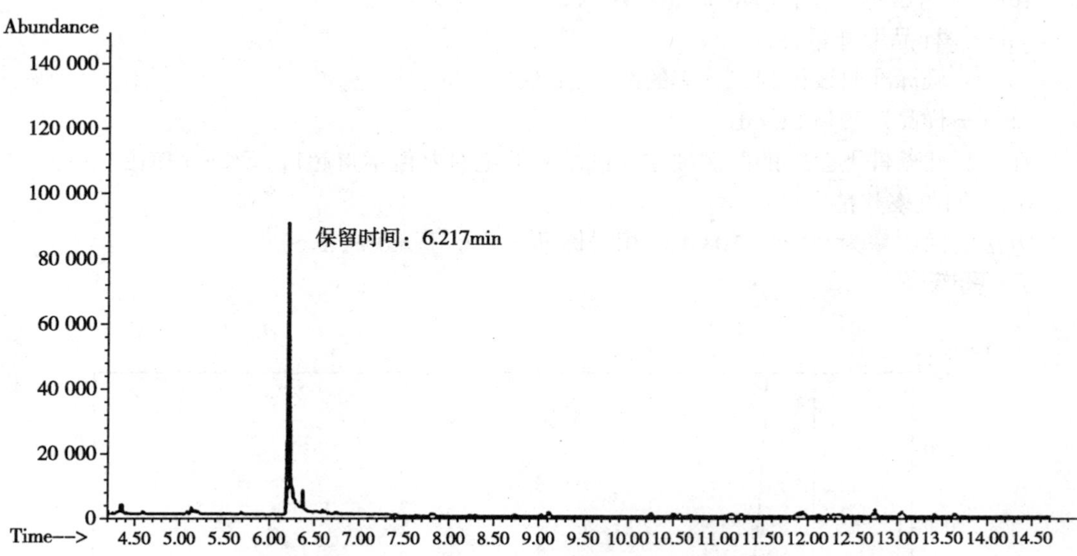

图 A.1　二甘醇的总离子流色谱图

二甘醇（6.217min）

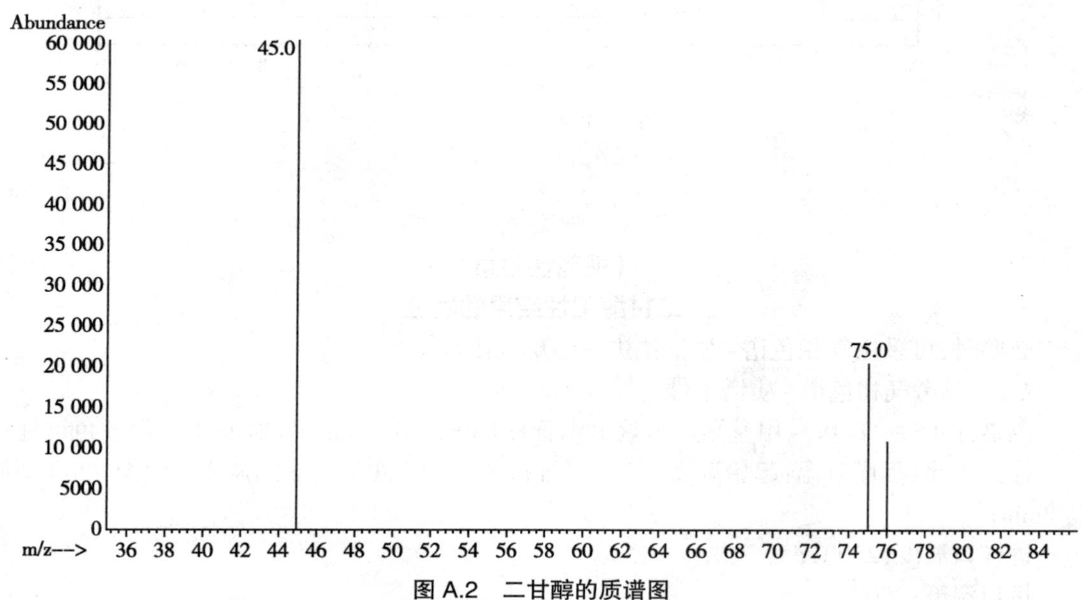

图 A.2　二甘醇的质谱图

表 A.1　二甘醇特征离子表

特征选择离子	45	75	76
相对离子丰度比（k）	100%	30%	15%
最大允许偏差		± 25%	± 30%

2.21　环氧乙烷和甲基环氧乙烷 Ethylene oxide and Methyloxirane

1　范围

本方法规定了气相色谱法测定化妆品中环氧乙烷和甲基环氧乙烷的含量。

本方法适用于清洁类和以聚乙二醇、聚丙二醇类结构的物质为原料的液态水基类化妆品中环氧乙烷和甲基环氧乙烷含量的测定。

2　方法提要

样品中的环氧乙烷和甲基环氧乙烷通过顶空进样系统加热后变成气态游离出来，经顶空进样进入气相色谱系统分离，采用氢火焰离子化检测器进行检测，以保留时间定性，峰面积定量，以标准曲线法计算含量。

本方法中环氧乙烷和甲基环氧乙烷的检出限分别为 0.05μg 和 0.025μg，环氧乙烷和甲基环氧乙烷定量下限分别为 0.17μg 和 0.083μg。取样量为 2.0g 时，环氧乙烷和甲基环氧乙烷的检出浓度分别为 0.025μg/g 和 0.0125μg/g，环氧乙烷和甲基环氧乙烷最低定量浓度分别为 0.085μg/g 和 0.042μg/g。

3　试剂和材料

除另有规定外，本方法所用试剂均为分析纯或以上规格，水为 GB/T 6682 规定的一级水。

3.1　环氧乙烷标准物质：气态，纯度≥95%。

3.2　甲基环氧乙烷标准物质：纯度≥95%。

3.3　氯化钠。

3.4　环氧乙烷标准储备溶液（2.0mg/mL~6.0mg/mL）：量取 50mL 去离子水于 50mL 样品瓶中，准确称重（记为 M_1，单位为 g，精确到 0.0001g），使用气密针向水中通入适量环氧乙烷（3.1）气体，使其加入量在 0.1g~0.3g 之间，立即密封，涡旋混匀后，静置并准确称重（记为 M_2，单位为 g，精确到 0.0001g）。计算环氧乙烷标准储备液的实际浓度 C（$C=\dfrac{M_2-M_1}{50\times1000}$）。溶液应于 4℃避光密封储存，有效期为二个月。

3.5　甲基环氧乙烷标准储备溶液：称取 0.05g（精确到 0.0001g）甲基环氧乙烷（3.2）于预先盛有 30mL 水的 50mL 容量瓶中，摇匀，用水定容。计算甲基环氧乙烷标准储备液的实际浓度。溶液应于 4℃避光密封储存，有效期为二个月。

4　仪器和设备

4.1　气相色谱仪，氢火焰离子化检测器。

4.2　气相色谱 - 四级杆质谱联用仪，电子轰击离子源（EI）。

4.3　天平。

4.4　涡旋混匀器。

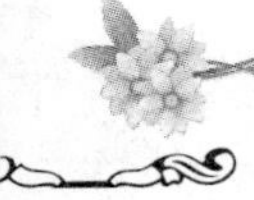

5　分析步骤

5.1　混合标准系列溶液的制备

取5个含5mL水的顶空瓶，分别吸取环氧乙烷（3.4）和甲基环氧乙烷标准储备溶液（3.5）适量，使之分别含有环氧乙烷5μg、10μg、25μg、50μg、100μg和甲基环氧乙烷2.5μg、5μg、12.5μg、25μg、50μg，涡旋混匀2min，得混合标准系列溶液。

5.2　样品处理

称取样品2g（精确到0.001g）于20mL顶空进样瓶中，加入1.0g氯化钠（3.3）固体，加入5.0mL水，加盖密封，涡旋混匀至样品分散均匀，置于顶空进样器中，待测。

5.3　参考色谱条件

炉温温度：70℃；

平衡时间：30min；

取样针温度：90℃；

传输线温度：110℃；

进样量：1mL；

色谱柱：6%腈丙基苯基-94%二甲基聚硅氧烷涂层的石英毛细管柱（30m×0.53mm×3.0μm），或等效色谱柱；

柱温：45℃保持5min，以50℃/min程序升温至150℃，保持1min；

进样口温度：220℃；

检测器温度：260℃；

载气：氮气，纯度≥99.999%；

载气流速：1.5mL/min。

5.4　测定

在“5.3”色谱条件下，取混合标准系列溶液（5.1）分别进样，进行顶空-气相色谱分析，以混合标准系列溶液浓度为横坐标，峰面积为纵坐标，绘制标准曲线。

取“5.2”项下的待测溶液进样，根据保留时间定性，测得峰面积，根据标准曲线得到待测溶液中环氧乙烷或甲基环氧乙烷的浓度。按“6”计算样品中环氧乙烷或甲基环氧乙烷的含量。

6　分析结果的表述

6.1　计算

$$\omega=\frac{m_1}{m_0}$$

式中：ω——化妆品中环氧乙烷或甲基环氧乙烷含量，单位为μg/g；

m_1——从标准曲线上得到待测组分的含量，单位为μg；

m_0——样品取样量，单位为g。

在重复性条件下获得的两次独立测试结果的绝对差值不得超过算术平均值的10%。

6.2　回收率和精密度

环氧乙烷的回收率为85.2%~104.2%，相对标准偏差小于9.33%（n=6）；甲基环氧乙烷的回收率为87.5%~103.1%，相对标准偏差小于8.77%（n=6）。

7　图谱

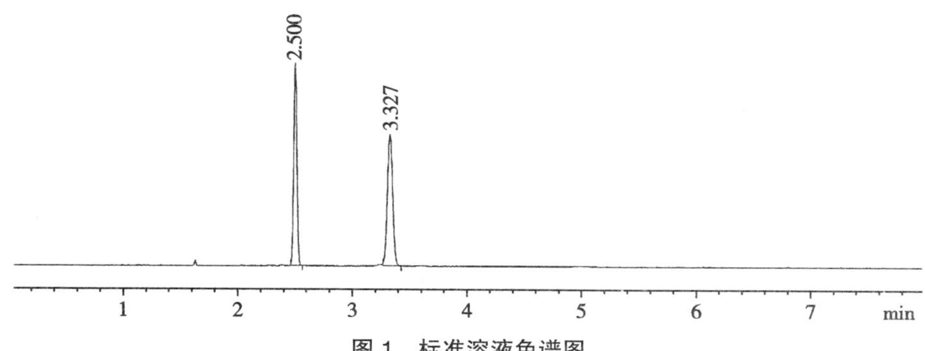

图 1　标准溶液色谱图

1：环氧乙烷（2.500min）；2：甲基环氧乙烷（3.327min）

附录 A
（规范性附录）
环氧乙烷、甲基环氧乙烷阳性结果的确证

如检出阳性样品，需经气相色谱 - 质谱联用法进行确证。

A.1　前处理过程见“5.2”

A.2　参考气相色谱 - 质谱条件

色谱柱：6% 腈丙基苯基 -94% 二甲基聚硅氧烷涂层的石英毛细管柱（30m × 0.32mm × 3.0μm），或等效色谱柱；

柱温：45℃保持 5min，以 50℃/min 程序升温至 150℃，保持 1min。

进样口温度：220℃；

载气：氦气，纯度≥99.999%，流速：1.5mL/min；

离子源：电子轰击离子源（EI）；

离子源温度：230℃；

四级杆温度：150℃；

传输线温度：260℃；

电离能量：70eV；

扫描方式：全扫描模式。

A.3　定性判定

用气相色谱 - 质谱仪进行样品定性测定。进行样品测定时，如果样品中环氧乙烷或甲基环氧乙烷的色谱峰保留时间与浓度相近标准溶液相一致（变化范围在 ±2.5% 之内），并且在扣除背景后样品的质谱图中，所选择的检测离子均出现，而且样品中所选择的的离子对相对丰度与标准样品的离子对相对丰度相一致（离子相对丰度比见表 A.1），相对丰度偏差符合表 A.2 要求，则可以判断样品中存在环氧乙烷或者甲基环氧乙烷。

A.4　检出限

本方法对环氧乙烷和甲基环氧乙烷的检出限分别为 0.05μg 和 0.025μg。

表 A.1　环氧乙烷和甲基环氧乙烷的定性离子及丰度比

序号	名称	定性离子及其丰度比
1	环氧乙烷	29 : 44 : 15(100 : 99 : 65)
2	甲基环氧乙烷	58 : 43 : 31(100 : 69 : 31)

表 A.2　相对离子丰度的最大允许偏差

相对离子丰度(k)	k>50%	50%≥k>20%	20%≥k>10%	k≤10%
允许的最大偏差	± 20%	± 25%	± 30%	± 50%

A.5　谱图

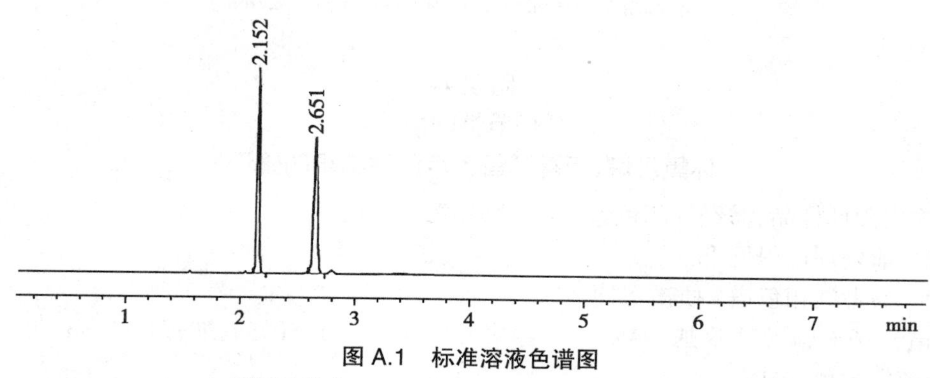

图 A.1　标准溶液色谱图

1:环氧乙烷(2.152min);2:甲基环氧乙烷(2.651min)

2.22　甲醇
Methanol

第　一　法

1　范围

本方法规定了气相色谱法测定化妆品中甲醇的含量。

本方法适用于化妆品中甲醇含量的测定。

2　方法提要

样品在经过气 - 液平衡、直接提取或蒸馏后,采用气相色谱分离,氢火焰离子化检测器检测,根据保留时间定性,峰面积定量,以标准曲线法计算含量。

本方法采用气 - 液平衡法,取样量为 1g 时,检出浓度 20mg/kg,最低定量浓度 80mg/kg;采用直接法,取样量为 2g 时,检出浓度 25mg/kg,最低定量浓度 100mg/kg;采用蒸馏法,取样量为 10g 时,检出浓度 25mg/kg,最低定量浓度 100mg/kg。

3　试剂和材料

除另有规定外,本方法所用试剂均为分析纯或以上规格,水为 GB/T6682 规定的一级水。

3.1　高纯氮（99.999%）

3.2　高纯氢（99.999%）

3.3　无油压缩空气，经装5Å分子筛的净化管净化。

3.4　无甲醇乙醇（色谱纯）：取1.0μL注入色谱仪，应无杂峰出现，无甲醇检出。

3.5　75%乙醇：取无甲醇乙醇（3.4）75mL，用水稀释至100mL。

3.6　甲醇（标准品，99.8%）

3.7　氯化钠。

4　仪器和设备

4.1　气相色谱仪，配有氢火焰离子化检测器（FID）。

4.2　微量进样器或自动进样装置。

4.3　顶空进样器。

4.4　顶空瓶：20mL。

4.5　天平。

4.6　全磨口水浴蒸馏装置。

5　分析步骤

5.1　标准系列溶液的制备

5.1.1　甲醇标准溶液

称取甲醇标准品（3.6）1g（精确到0.0001g）置于100mL容量瓶中，用无甲醇乙醇（3.4）定容，得10g/L甲醇标准溶液。

5.1.2　气-液平衡法标准系列溶液

取甲醇标准溶液（5.1.1）0.1mL、0.2mL、0.5mL、1.0mL、2.0mL、4.0mL于10mL容量瓶中，用无甲醇乙醇（3.4）定容，配制成0.1g/L、0.2g/L、0.5g/L、1.0g/L、2.0g/L、4.0g/L的标准系列溶液，取标准系列溶液各1.0mL分别置于顶空瓶中，加75%乙醇（3.5）10.0mL，顶空盖密封，摇匀，备用。

5.1.3　直接法标准系列溶液

取甲醇标准溶液（5.1.1）0.1mL、0.25mL、0.50mL、1.0mL、2.0mL于50mL容量瓶中，用无甲醇乙醇（3.4）定容，配制成0.02g/L、0.05g/L、0.1g/L、0.2g/L、0.4g/L的标准系列溶液，摇匀，备用。

5.1.4　蒸馏法标准系列溶液

取甲醇标准溶液（5.1.1）0.5mL、1.0mL、2.0mL、5.0mL、10.0mL于250mL蒸馏烧瓶中，加水50mL，氯化钠（3.7）2.0g，无甲醇乙醇（3.4）35mL，水浴加热蒸馏，收集蒸馏液于50.0mL容量瓶中，至接近刻线，加无甲醇乙醇（3.4）定容，配制成0.1g/L、0.2g/L、0.4g/L、1.0g/L、2.0g/L的标准系列溶液，摇匀，备用。

5.2　样品处理

5.2.1　气-液平衡法

称取样品1g（精确到0.001g）于顶空瓶（4.4）中，加75%乙醇（3.5）10.0mL，密封振摇，作为样品溶液。

5.2.2　直接法

称取样品2g（精确到0.001g）于10mL刻度管中，加无甲醇乙醇（3.4）定容，振摇，涡旋混匀，超声提取15min，5000r/min离心10min，取上清液0.45μm滤膜过滤，作为样品溶液。

5.2.3　蒸馏法

称取样品10g(精确到0.001g)于蒸馏瓶中(4.6),加水50mL,氯化钠(3.7)2.0g,无甲醇乙醇(3.4)35mL,水浴加热蒸馏,收集蒸馏液于50.0mL容量瓶中,至接近刻线,加无甲醇乙醇(3.4)定容,作为样品溶液。

5.3　仪器参考条件

5.3.1　顶空条件

a)汽化室温度:70℃;

b)汽液平衡时间:20min;

c)进样时间:0.03min(1.2mL,根据气相色谱状况优化选择);

d)传输线温度:100℃。

5.3.2　色谱条件

a)色谱柱:DB-WAXETR毛细管色谱柱(30m×0.32mm×1.00μm),或等效色谱柱;

b)载气流速:1.0mL/min;

c)进样量:1μL(直接法、蒸馏法);

d)升温程序:50℃ $\xrightarrow{10℃/min}$ 120℃(1min) $\xrightarrow{40℃/min}$ 230℃(8min);

e)进样方式:分流进样,分流比:20∶1(气-液平衡法);50∶1(直接法、蒸馏法);

f)进样口温度:230℃;

g)检测器温度:250℃;

h)高纯氢气流量40mL/min;

i)高纯空气流量400mL/min。

5.4　测定

5.4.1　标准曲线测定

根据样品性质,选择5.1项下相应标准系列溶液,注入气相色谱仪,按5.3气相条件测定,记录峰面积,以峰面积-浓度(g/L)作图,得到标准曲线。

5.4.2　样品测定

按5.2项下相应方法处理取得待测样品溶液,注入气相色谱仪,按5.3气相条件测定,根据保留时间定性,峰面积定量,根据标准曲线得到样品待测溶液中甲醇的质量浓度,按“6”计算样品中甲醇的含量。

6　分析结果的表述

6.1　计算

$$\omega=\frac{\rho\times V\times 1000}{m}$$

式中:ω——样品中甲醇的质量分数,mg/kg;

ρ——测试溶液中甲醇的质量浓度,g/L;

V——样品定容体积,mL;

m——样品取样量,g。

在重复性条件下获得的两次独立测试结果的绝对值不得超过算术平均值的15%。

6.2　回收率和精密度

气-液平衡法在0.1g/L~4.0g/L浓度范围内,高低两点回收率为85%~115%,RSD≤5%。

直接法在 0.02g/L~0.4g/L 浓度范围内，高低两点回收率为 85%~115%，RSD≤5%。

蒸馏法在 0.1g/L~2.0g/L 浓度范围内，高低两点回收率为 85%~115%，RSD≤5%。

7 图谱

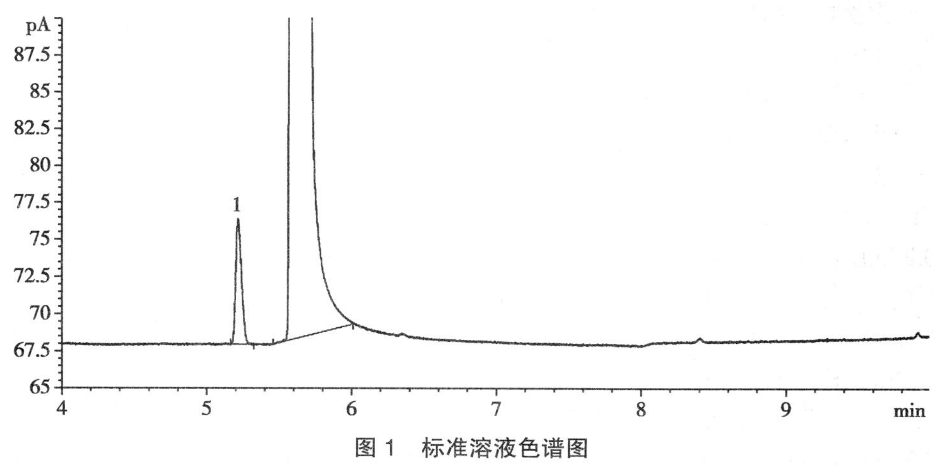

图 1 标准溶液色谱图

第 二 法

1 范围

本方法规定了气相色谱法测定化妆品中甲醇的含量。

本方法适用于含乙醇或异丙醇化妆品中甲醇含量的测定。

2 方法提要

样品经处理（经蒸馏或经气 - 液平衡）后，以气相色谱进行测试和定量。

本方法检出浓度为 15mg/kg，最低定量浓度为 50mg/kg。

3 试剂和材料

除另有规定外，本方法所用试剂均为分析纯或以上规格，水为 GB/T 6682 规定的一级水。

3.1 无甲醇乙醇：取 1.0μL 注入色谱仪，应无杂峰出现。

3.2 乙醇：取无甲醇乙醇（3.1）75mL，用水稀释至 100mL。

3.3 色谱担体 GDX-102（60 目 ~80 目）。

3.4 色谱固定液聚乙二醇 1540（或 1500）。

3.5 标准溶液

3.5.1 适用于 5.2.2.1 的样品处理：取色谱纯甲醇 1.00mL 置于 100mL 容量瓶中，用 75% 乙醇（3.2）定容至刻度，本标准溶液含甲醇 1.00%（V/V）。于冰箱中保存。

3.5.2 适用于 5.2.2.2 和 5.2.2.3 的样品处理：称取色谱纯甲醇 1.0g（精确到 0.0001g）置于 100mL 容量瓶中，用 75% 乙醇（3.2）定容至刻度，本标准溶液含甲醇 10g/L。于冰箱中保存。

3.6 氯化钠。

3.7 消泡剂：乳化硅油。

4 仪器和设备

4.1 气相色谱仪，氢火焰离子化检测器。

4.2 色谱柱：规格 2m × φ2mm，内填充 GDX-102，适用于不含二甲醚的样品。

4.3 色谱柱：规格 2m × ϕ4mm，内填充涂有 25% 聚乙二醇 1540（或 1500）的 GDX-102（3.3）担体。适用于含二甲醚的样品。

4.4 全玻璃磨口水蒸馏装置。

4.5 超级恒温水浴：温度范围 0℃~100℃，控温精度 ±0.5℃。

4.6 顶空瓶：20mL~65mL。

4.7 注射器：0.5μL、1μL、1mL。

5 分析步骤

5.1 标准系列溶液的制备

5.1.1 适用于按（5.2.2.1）处理的样品：取 50mL 容量瓶 7 只，分别加入甲醇标准溶液（3.5.1）0.25mL、0.50mL、1.00mL、2.00mL、4.00mL、7.00mL、10.00mL，然后分别加入 75% 乙醇（3.2）至刻度，此标准系列溶液含甲醇为 0.005%（V/V）、0.010%（V/V）、0.020%（V/V）、0.040%（V/V）、0.080%（V/V）、0.140%（V/V）、0.200%（V/V）。依次取标准溶液 1μL 注入气相色谱仪，记录各次色谱峰面积，并绘制峰面积 - 甲醇浓度（% V/V）曲线。

5.1.2 适用于按（5.2.2.2）处理的样品：取 50mL 容量瓶 7 只，分别加入甲醇标准溶液（3.5.2）0.25mL、0.50mL、1.00mL、2.00mL、4.00mL、7.00mL、10.0mL，然后分别加入 75% 乙醇（3.2）至刻度，此标准系列溶液含甲醇为 0.050g/L、0.10g/L、0.20g/L、0.40g/L、0.80g/L、1.40g/L、2.00g/L。依次取标准溶液 1μL 注入气相色谱仪，记录各次色谱峰面积，并绘制峰面积 - 甲醇浓度（g/L）曲线。

5.1.3 适用于按（5.2.2.3）处理的样品：取甲醇标准溶液（3.5.2）0mL、0.10mL、0.50mL、1.00mL、2.00mL、3.00mL、4.00mL 于顶空瓶中，加 75% 乙醇（3.2）至 10.0mL，配制成 0g/L、0.10g/L、0.50g/L、1.00g/L、2.00g/L、3.00g/L、4.00g/L 的标准系列溶液，密封后放入 40℃恒温水浴中平衡 20min。依次取液上气体 1mL 注入气相色谱仪，记录各次色谱峰面积，并绘制峰面积 - 甲醇浓度（g/L）曲线。

5.2 样品处理

5.2.1 取样

不含推进剂的样品直接取样。含推进剂的样品，如发胶，按以下方法取样：取一定量 75% 乙醇（3.2）于顶空瓶或蒸馏瓶中，在发胶瓶的喷嘴上装一注射器针头，连接聚四氟乙烯细管，将此管另一端插入到乙醇液面下，缓缓按压喷嘴，使发胶从针头流出经聚四氟乙烯细管流入到乙醇溶液中。如难以压出样品，可将样品置于冰箱冷却后，再挤压取样。用减差法计算取样量。

5.2.2 处理

5.2.2.1 直接法（本法只适用于非发胶类、低粘度的样品）：直接取样测定或取一定样品用 75% 乙醇（3.2）稀释后测定（必要时过滤）。

5.2.2.2 蒸馏法（本法适用于各类样品）：取样品 10g（精确到 0.001g）于蒸馏瓶中（4.4），加水 50mL，氯化钠（3.6）2g，消泡剂（3.7）1 滴和无甲醇乙醇（3.1）30mL，在沸水浴中蒸馏，收集蒸馏液至不再蒸出，加无甲醇乙醇定容至 50mL，以此作为样品溶液。

5.2.2.3 气 - 液平衡法（本法不适用于发胶类样品）：取样品 5g（精确到 0.001g）于顶空瓶中，加 75% 乙醇（3.2）5mL，密封后置于 40℃恒温水浴中平衡 20min。取气 - 液平衡后的液上气体作为待测样品。

5.3　参考色谱条件

启动色谱仪，进行必要的调节以达到仪器最佳工作条件，色谱条件依据具体情况选择，参考条件为：

色谱柱 1（4.2）的色谱条件（适用于不含二甲醚的样品）

柱温：170℃；汽化室温度：180℃；检测器温度：180℃。

氮气流速：40mL/min；氢气流速：40mL/min；空气流速：500mL/min。

色谱柱 2（4.3）的色谱条件（适用于含二甲醚的样品）

柱温：75℃；汽化室温度：90℃；检测器温度：150℃。

氮气流速：30mL/min；氢气流速：30mL/min；空气流速：300mL/min。

5.4　测定

依次取待测样品溶液 1μL（或液上气体 1mL）注入气相色谱仪，记录各次色谱峰面积。根据峰面积 - 甲醇浓度曲线，求得样品溶液中甲醇含量。

6　分析结果的表述

$$\omega=\frac{\rho\times V\times 1000}{m}$$

式中：ω——样品中甲醇的质量分数，mg/kg；

ρ——测试溶液中甲醇的质量浓度，g/L；

V——样品定容体积，mL；

m——样品取样量，g。

如样品按 5.2.2.1 直接进样，则可按下式计算。必要时，根据甲醇和样品密度，折算为质量分数。

$$\varphi=\varphi_1\times 100\times K$$

式中：φ——样品中甲醇浓度的体积分数，10^{-6}；

φ_1——测试溶液中甲醇浓度，%（V/V）；

K——样品稀释倍数。

7　图谱

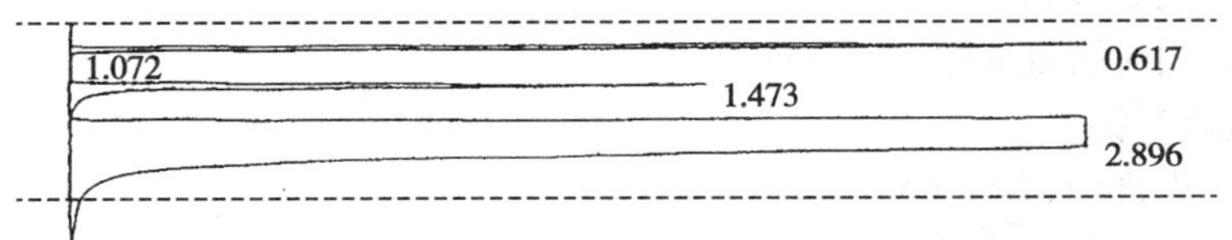

图 1　甲醇与二甲醚的色谱图（色谱条件 2）

1：二甲醚（0.617min）；2：甲醇（1.473min）

2.23　普鲁卡因胺等 7 种组分

Procainamide and other 6 kinds of components

1　范围

本方法规定了高效液相色谱法测定化妆品中普鲁卡因胺等 7 种组分的含量。

本方法适用于肤用单元中液态水基类、液态油基类、膏霜乳液类、凝胶类等化妆品中普

鲁卡因胺等 7 种组分含量的测定。

本方法所指的 7 种禁用组分包括普鲁卡因胺、普鲁卡因、氯普鲁卡因、苯佐卡因、利多卡因、丁卡因、辛可卡因。

2 方法提要

样品处理后，经高效液相色谱仪分离，二极管阵列检测器检测，根据保留时间和紫外光谱图定性，峰面积定量，以标准曲线法计算含量，对于测定过程中有阳性结果的样品，采用液相色谱 - 质谱法确认。

本方法中各组分的检出限、定量限及取样量为 0.5g 时的检出浓度和最低定量浓度见表 1。

表 1 各组分的检出限、定量下限、检出浓度和最低定量浓度

名称	检出限（ng）	定量下限（ng）	检出浓度（μg/g）	最低定量浓度（μg/g）
普鲁卡因胺	10	25	40	100
普鲁卡因	8	20	32	80
氯普鲁卡因	10	25	40	100
苯佐卡因	8	20	32	80
利多卡因	10	25	40	100
丁卡因	10	25	40	100
辛可卡因	8	20	32	80

3 试剂和材料

除另有规定外，本方法所用试剂均为分析纯或以上规格，水为 GB/T 6682 规定的一级水。

3.1 甲醇，色谱纯。

3.2 乙腈，色谱纯。

3.3 正已烷，色谱纯。

3.4 三氯乙酸，优级纯。

3.5 甲酸，优级纯。

3.6 磷酸，相对密度 =1.685，ω（H_3PO_4）=85%，优级纯。

3.7 磷酸氢二钠。

3.8 氨水，优级纯，含量（NH_3）=25%~28%。

3.9 混合标准储备溶液：称取普鲁卡因胺、氯普鲁卡因、丁卡因、利多卡因标准品各 0.05g（精确到 0.0001g），普鲁卡因、苯佐卡因、辛可卡因标准品各 0.04g（精确到 0.0001g）置于同一 50mL 容量瓶中，加甲醇（3.1）使溶解并定容至刻度，摇匀。

3.10 流动相的配制：

流动相 A：0.01moL/L Na_2HPO_4 水溶液，H_3PO_4 调 pH 值至 7.0。

流动相 B：甲醇。

4 仪器和设备

4.1 高效液相色谱仪，二极管阵列检测器。

4.2 天平。

4.3 超声波清洗仪。

4.4 高速离心机。

4.5 涡旋混合仪。

4.6 pH 计:精度 0.01。

4.7 固相萃取仪。

5 分析步骤

5.1 混合标准系列溶液的制备

5.1.1 液态水基类、凝胶类

称取基质空白 0.5g(精确到 0.001g)5 份,分别置于 10mL 具塞比色管中,分别加入混合标准储备溶液 0.05mL、0.10mL、0.25mL、0.50mL、1.00mL,按“5.2.1 样品处理”步骤进行前处理,即得。

5.1.2 膏霜乳液类、液态油基类

称取基质空白 0.5g(精确到 0.001g)5 份,分别置于 15mL 具塞比色管中,分别加入混合标准储备溶液 0.05mL、0.10mL、0.25mL、0.50mL、1.00mL,按“5.2.2 样品处理”步骤进行前处理,即得。

各组分标准系列溶液浓度见表 2。

表 2 各组分标准系列溶液浓度

名称	普鲁卡因胺	普鲁卡因	氯普鲁卡因	苯佐卡因	利多卡因	丁卡因	辛可卡因
浓度（μg/mL）	5	4	5	4	5	5	4
	10	8	10	8	10	10	8
	25	20	25	20	25	25	20
	50	40	50	40	50	50	40
	100	80	100	80	100	100	80

5.2 样品处理

5.2.1 液态水基类、凝胶类

称取样品 0.5g(精确到 0.001g)于 10mL 具塞比色管中,加入甲醇(3.1)2mL,涡旋 30s,用甲醇(3.1)定容至刻度,混匀,超声提取 20min,以 5000r/min 离心 5min,取上清液经 0.45μm 滤膜过滤,滤液作为待测溶液。

5.2.2 膏霜乳液类、液态油基类

5.2.2.1 膏霜乳液类

称取样品 0.5g(精确到 0.001g)于 15mL 离心管中,加入 8mL 1% 三氯乙酸,2mL 乙腈,涡旋 1min,5000r/min 离心 5min,上清液待固相萃取小柱净化。

5.2.2.2 液态油基类

称取样品 0.5g(精确到 0.001g)于 15mL 离心管中,加入 2mL 乙腈饱和正己烷溶液(乙腈 : 正己烷 =1 : 1,超声 30min 后静置 2h,取上层溶液),涡旋 1min,超声 10min,加入 8mL 1% 三氯乙酸,2mL 乙腈,涡旋 1min,5000r/min 离心 5min,下清液待固相萃取小柱净化。

5.2.2.3　净化过程

PCX 固相萃取小柱依次用 3mL 甲醇、5mL 1% 三氯乙酸进行活化。将待净化的样品清液流经小柱后，用 3mL 1% 甲酸甲醇溶液淋洗小柱，弃去淋洗液，再用 10mL 的 5% 氨水甲醇［取 5mL 氨水(3.8)加甲醇至 100mL］洗脱，收集洗脱液，氮气吹干，用甲醇定容至 10mL，经 0.45μm 滤膜过滤，滤液作为待测溶液。

5.3　参考色谱条件

色谱柱：C_{18} 柱(250mm × 4.6mm × 5μm)，或等效色谱柱；

流动相梯度洗脱程序：

时间(min)	V(流动相 A)/%	V(流动相 B)/%
0	40	60
6	40	60
7	20	80
15	20	80
16	40	60
25	40	60

流速：1.0mL/min；

检测波长：230nm；

柱温：30℃；

进样量：5μL。

5.4　测定

在“5.3”色谱条件下，取混合标准系列溶液(5.1)分别进样，进行液相色谱分析，分别以标准系列溶液浓度为横坐标，峰面积为纵坐标，绘制各组分标准曲线。

取“5.2”项下的待测溶液进样，根据保留时间和紫外光谱图定性，测得峰面积，根据标准曲线得到待测溶液中各组分的浓度。按“6”分别计算样品中 7 种组分的含量。

6　分析结果的表述

6.1　计算

$$\omega=\frac{D\times\rho\times V}{m}$$

式中：ω——化妆品中普鲁卡因胺等 7 种组分的质量分数，μg/g；

ρ——从标准曲线上得到待测组分的质量浓度，μg/mL；

V——样品定容体积，mL；

m——样品称样量，g；

D——稀释倍数(不稀释则取 1)。

在重复性条件下获得的两次独立测定结果的绝对差值不得超过算术平均值的 10%。

6.2　回收率和精密度

多家实验室验证超声提取法低浓度的平均方法回收率为 80.6%~119.2%，相对标准偏差小于 13.8%，中浓度的平均方法回收率为 81.1%~119.2%，相对标准偏差小于 13.1%，高浓度的平均方法回收率为 81.2%~118.7%，相对标准偏差小于 10.8%。

精密度相对标准偏差小于 5.4%（n=6）。

7 图谱

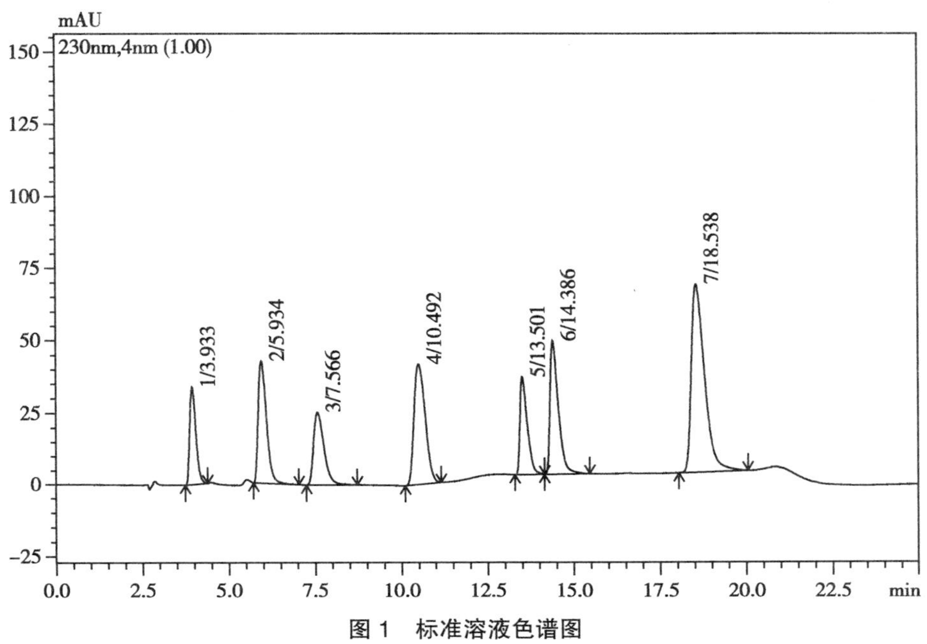

图 1 标准溶液色谱图

1：普鲁卡因胺（3.933min）；2：普鲁卡因（5.934min）；3：氯普鲁卡因（7.566min）；4：苯佐卡因（10.492min）；5：利多卡因（13.501min）；6：丁卡因（14.386min）；7：辛可卡因（18.538min）

附录 A
（规范性附录）
普鲁卡因胺等 7 种组分阳性结果的确证

A1 参考液相色谱 - 质谱条件

A1.1 色谱条件：

色谱柱：C_{18}（150mm × 2.1mm × 5μm），或等效色谱柱；

流动相：甲醇 + 水 =90+10；

流速：0.3mL/min；

柱温：30℃；

进样量：2μL。

A1.2 质谱条件：

离子源：电喷雾离子源（ESI 源）。

监测模式：正离子监测模式；

检测模式：scan。

A2 质谱参考特征离子

普鲁卡因胺等 7 种组分的质谱参考特征离子

编号	组分名称	母离子 m/z	子离子 m/z
1	普鲁卡因胺	235.90	163.25
			120.20
2	普鲁卡因	236.90	100.25
			120.20
3	氯普鲁卡因	270.85	100.25
			154.10
4	苯佐卡因	166.05	138.10
			94.15
5	利多卡因	234.95	86.25
			58.05
6	丁卡因	265.25	176.25
			72.20
7	辛可卡因	344.30	271.25
			116.15

A3　定性判定

用液相色谱 - 串联质谱法对样品进行定性判定，在相同的实验条件下，样品中检出组分的色谱峰保留时间和紫外光谱图与对应组分标准溶液一致，所选择的监测离子对的相对丰度比与相当浓度标准溶液的离子对的相对丰度比的偏差不超过下表规定范围，则可以判定样品中存在对应的组分。

阳性结果确证时相对离子丰度比的最大允许偏差

相对离子丰度（k）	k>50%	50%≥k>20%	20%≥k>10%	k≤10%
允许的最大偏差	± 20%	± 25%	± 30%	± 50%

2.24　马来酸二乙酯 Diethyl maleate

1　范围

本方法规定了高效液相色谱法测定化妆品中马来酸二乙酯的含量。

本方法适用于膏霜乳液类、液态油基类和液态水基类化妆品中马来酸二乙酯含量的测定。

2　方法提要

样品在 60℃水浴经乙腈超声提取后，经高效液相色谱系统分离，紫外检测器或二极管阵列检测器检测，根据保留时间定性，峰面积定量，以标准曲线法计算含量。

本方法对马来酸二乙酯的检出限为 5.0μg，定量下限为 15.0μg。取样量为 5.0g 时，检出浓度为 1.0mg/kg，最低定量浓度为 3.0mg/kg。

3　试剂和材料

除另有规定外，本方法所用试剂均为分析纯或以上规格，水为GB/T 6682规定的一级水。

3.1　马来酸二乙酯标准物质：纯度≥95%。

3.2　乙腈，色谱纯。

3.3　标准储备溶液：称取马来酸二乙酯（3.1）0.1g（精确到0.0001g）于100mL容量瓶中，加入乙腈（3.2）溶解并定容至刻度。

4　仪器和设备

4.1　高效液相色谱仪，紫外检测器或二极管阵列检测器。

4.2　液相色谱 - 三重四极杆串联质谱仪，电喷雾离子源。

4.3　天平。

4.4　超声清洗器。

4.5　涡旋混匀器。

5　分析步骤

5.1　标准系列溶液的制备

取标准储备溶液（3.3），分别配制成浓度为0.0mg/L、5.0mg/L、10.0mg/L、20.0mg/L、50.0mg/L、100.0mg/L的马来酸二乙酯标准系列溶液。

5.2　样品处理

称取样品5g（精确到0.001g）于25mL比色管中，加入20.0mL乙腈（3.2），在涡旋混匀器上高速振荡5min。然后在60℃水浴中超声提取30min，静置至20℃（±5℃），用乙腈（3.2）定容至刻度，摇匀，过0.45μm滤膜，滤液作为待测溶液。

5.3　参考色谱条件

色谱柱：C_{18}柱（250mm×4.6mm×5μm），或等效色谱柱；

流动相：乙腈+水（40+60）；

流速：1.0mL/min；

检测波长：220nm；

柱温：30℃；

进样量：10μL。

5.4　测定

在“5.3”色谱条件下，取马来酸二乙酯标准系列溶液（5.1）分别进样，进行色谱分析，以标准系列溶液浓度为横坐标，峰面积为纵坐标，绘制标准曲线。

取“5.2”项下的待测溶液进样，根据保留时间和紫外光谱图定性，测得峰面积，根据标准曲线得到待测溶液中马来酸二乙酯的浓度。按“6”计算样品中马来酸二乙酯的含量。

6　分析结果的表述

6.1　计算

$$\omega=\frac{D\times\rho\times V}{m}$$

式中：ω——样品中马来酸二乙酯的质量分数，mg/kg；

m——样品取样量，g；

ρ——从标准曲线得到待测组分的质量浓度，μg/mL；

V——样品定容体积，mL；

D——稀释倍数（不稀释则为 1）。

6.2　回收率和精密度

方法的回收率为 89.2%~100.4%，相对标准偏差小于 5%（n=6）。

7　图谱

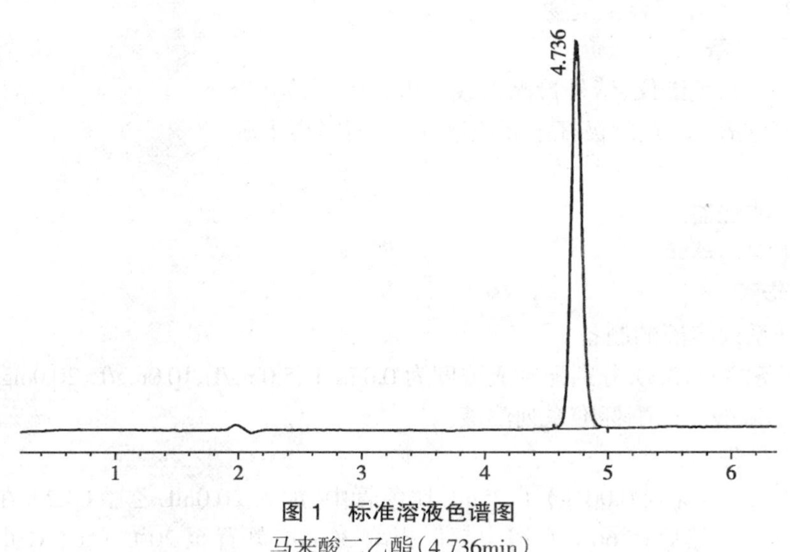

图 1　标准溶液色谱图

马来酸二乙酯（4.736min）

附录 A
（规范性附录）
马来酸二乙酯阳性结果的确证

如检出阳性样品，需经液相色谱 - 三重四级杆串联质谱法进行确证。

A.1　前处理过程见“5.2”

A.2　参考色谱条件

色谱柱：C_{18} 柱（150mm × 2.1mm × 3.5μm），或等效色谱柱；

流动相：乙腈 + 水（75+25）；

流速：0.3mL/min；

柱温：30℃；

进样量：2μL。

A.3　参考质谱条件

离子源：电喷雾离子源（ESI）；

扫描方式：正离子扫描；

监测方式：多反应监测模式（MRM）；

干燥气：N_2；

离子源温度：120℃；

干燥气温度：350℃；

干燥气流速：12L/min。

表 A.1　母离子、特征碎片离子、裂解电压及碰撞能

母离子（m/z）	碎片离子（m/z）	裂解电压（V）	碰撞能（V）
173	127	70	5
	99	70	5

表 A.2　马来酸二乙酯的定性离子

名称	定性离子对	定量离子对	丰度比
马来酸二乙酯	173.0>127.0	173.0>99.0	83.3%
	173.0>99.0*		

A.4　定性判定

在相同的实验条件下，样品溶液中测定成分的色谱峰保留时间与标准溶液相同，并且在扣除背景后的样品溶液谱图中，所选择的离子对均出现，各定性离子的相对丰度与标准品离子的相对丰度相比，偏差不超过表 A.3 规定范围内，则可判断样品中存在对应的测定成分。

表 A.3　定性确证时相对离子丰度的最大允许偏差

相对离子丰度（k）	k>50%	50%≥k>20%	20%≥k>10%	k≤10%
允许的最大偏差	± 20%	± 25%	± 30%	± 50%

A.5　检出限

本方法对马来酸二乙酯的检出浓度为 1.0mg/kg。

A.6　图谱

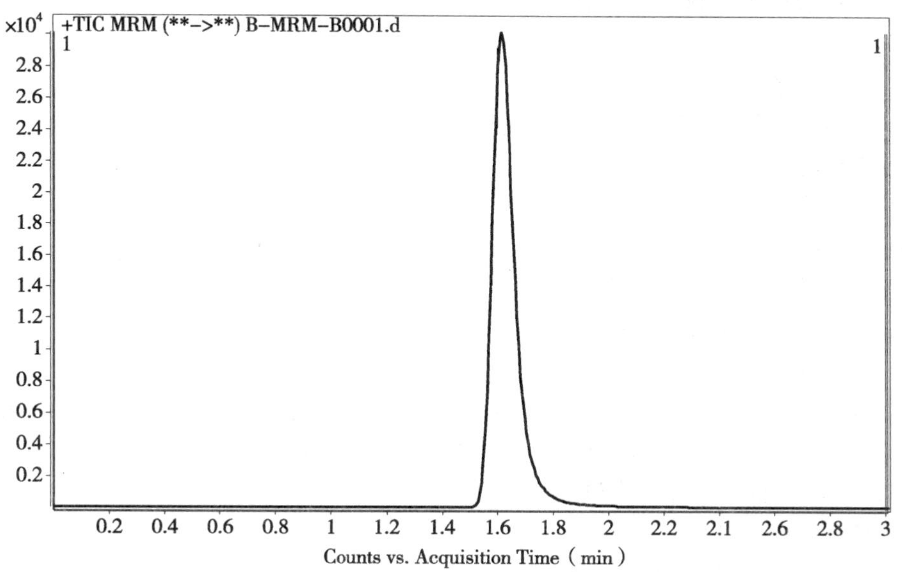

图 A.1　标准溶液 HPLC-MS/MS 色谱图

2.25 米诺地尔 Minoxidil

1 范围

本方法规定了高效液相色谱法测定化妆品中米诺地尔的含量。

本方法适用于毛发用液态水基类化妆品中米诺地尔含量的测定。

2 方法提要

样品处理后，经高效液相色谱分离，紫外检测器检测（米诺地尔在 280nm 处有紫外吸收），根据保留时间定性，峰面积定量。

本方法在取样量 1g 时，米诺地尔的最低检出限为 10μg/g。

3 试剂和材料

除另有规定外，本方法所用试剂均为分析纯或以上规格，水为 GB/T 6682 规定的一级水。

3.1 米诺地尔对照品。

3.2 甲醇，色谱纯。

3.3 冰醋酸。

3.4 磺基丁二酸钠二辛酯。

3.5 高氯酸。

3.6 磺基丁二酸钠二辛酯溶液：称取磺基丁二酸钠二辛酯 3.0g，加甲醇 + 水 + 冰醋酸（730+270+10）混合溶液约 950mL 溶解，用高氯酸调节至 pH 值为 3.0，用甲醇 + 水 + 冰醋酸（730+270+10）混合溶液稀释至 1L，摇匀。

3.7 标准储备溶液：称取米诺地尔对照品 0.025g（精确到 0.0001g）于 100mL 容量瓶中，加磺基丁二酸钠二辛酯溶液（3.6）适量使溶解并定容至刻度，摇匀。

4 仪器和设备

4.1 高效液相色谱仪，紫外检测器。

4.2 天平。

4.3 超声波清洗器。

4.4 高速离心机。

5 分析步骤

5.1 标准系列溶液的制备

分别取标准储备溶液（3.7）0.20mL、1.00mL、5.00mL、10.00mL、20.00mL 于 50mL 容量瓶中，用磺基丁二酸钠二辛酯溶液（3.6）定容至刻度，摇匀，制成含米诺地尔分别为 1μg/mL、5μg/mL、25μg/mL、50μg/mL、100μg/mL 的系列标准溶液。

5.2 样品处理

称取样品 1g（精确到 0.001g）于 50mL 量瓶中，加入磺基丁二酸钠二辛酯溶液（3.6）约 40mL，常温超声提取 15min，用磺基丁二酸钠二辛酯溶液（3.6）定容至刻度，摇匀（必要时可离心）。取上清液经 0.45μm 滤膜过滤，滤液作为待测溶液，备用。

5.3 参考色谱条件

色谱柱：C_{18} 柱（250mm × 4.6mm × 5μm），或等效色谱柱；

流动相：磺基丁二酸钠二辛酯溶液（3.6）；

检测波长：280nm；

流速：1.0mL/min；

柱温：室温；

进样量：10μL。

5.4 测定

在“5.3”色谱条件下，取米诺地尔标准系列溶液（5.1）分别进样，记录色谱图。以标准系列溶液浓度（μg/mL）为横坐标，峰面积为纵坐标，绘制标准曲线。线性相关系数不小于0.999。

取“5.2”项下的待测溶液进样，记录色谱图，以保留时间定性，测得峰面积，根据标准曲线得到待测溶液中米诺地尔的浓度。按“6”计算样品中米诺地尔的含量。若样品中米诺地尔含量超过100μg/mL，应用磺基丁二酸钠二辛酯溶液（3.6）适当稀释后测定。

6 分析结果的表述

$$\omega=\frac{\rho\times V}{m}$$

式中：ω—样品中米诺地尔的质量分数，μg/g；

m—样品取样量，g；

ρ—从标准曲线上得到待测组分的质量浓度，μg/mL；

V—样品定容体积，mL。

在重复性条件下获得的两次独立测定结果的绝对差值不得超过算术平均值的10%。

7 图谱

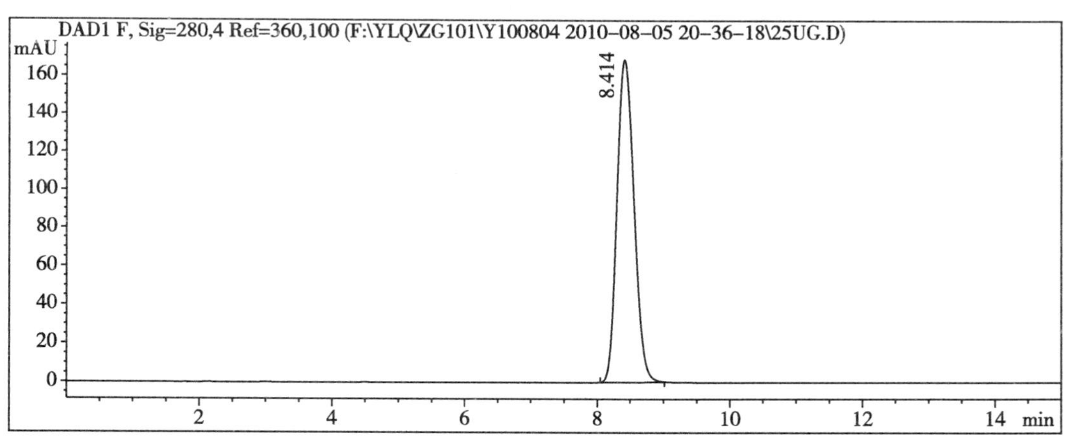

图1 标准溶液色谱图

米诺地尔（8.414min）

附录 A
（规范性附录）
米诺地尔阳性结果的确证

如检测出阳性结果，应采用液相色谱-质谱法进行确证。

A.1　范围

本附录规定了液相色谱 - 质谱法检测化妆品中米诺地尔的方法。

本附录适用于液相色谱法检出化妆品中米诺地尔的结果确证。

A.2　仪器和设备

液相色谱 - 质谱仪。

A.3　参考色谱条件

色谱柱：C_{18} 柱；

流动相：甲醇 + 水（70+30）（含 0.1% 乙酸、0.02mol/L 乙酸铵）。

A.4　测定溶液制备

根据仪器的灵敏度，分别取标准溶液和样品溶液，用流动相稀释制成适宜的浓度测定溶液。

A.5　质谱确证

应至少选择两个离子对进行定性确认（见表 A.1）。阳性结果判断时离子对的相对丰度比的最大允许偏差见表 A.2。

表 A.1　监测离子

质谱类型	母离子[M+H]$^+$/（m/z）	碎片离子（子离子）/（m/z）
离子阱	210	193、164、137、125
三重四级杆	210	193、164、110、84

表 A.2　离子对的相对丰度比的最大允许偏差

相对离子丰度（k）	k>50%	50%≥k>20%	20%≥k>10%	k≤10%
允许的最大偏差	±20%	±25%	±30%	±50%

A.6　图谱

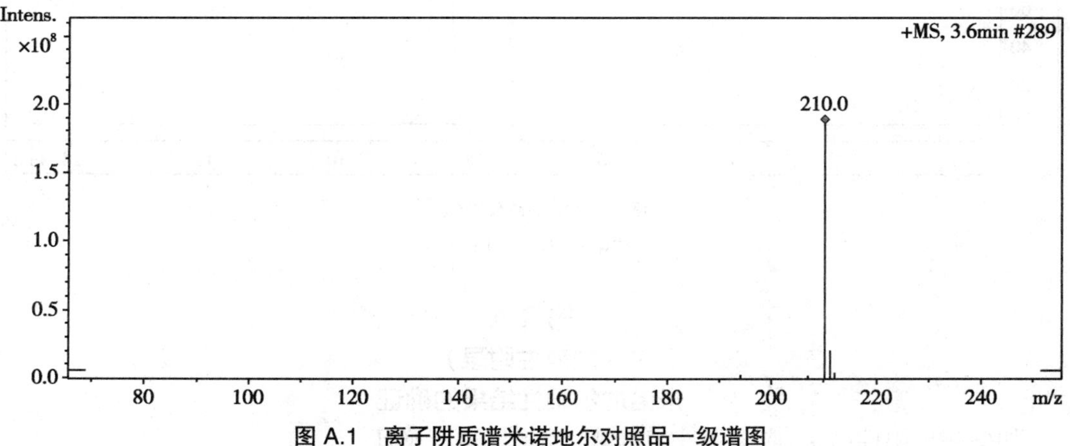

图 A.1　离子阱质谱米诺地尔对照品一级谱图

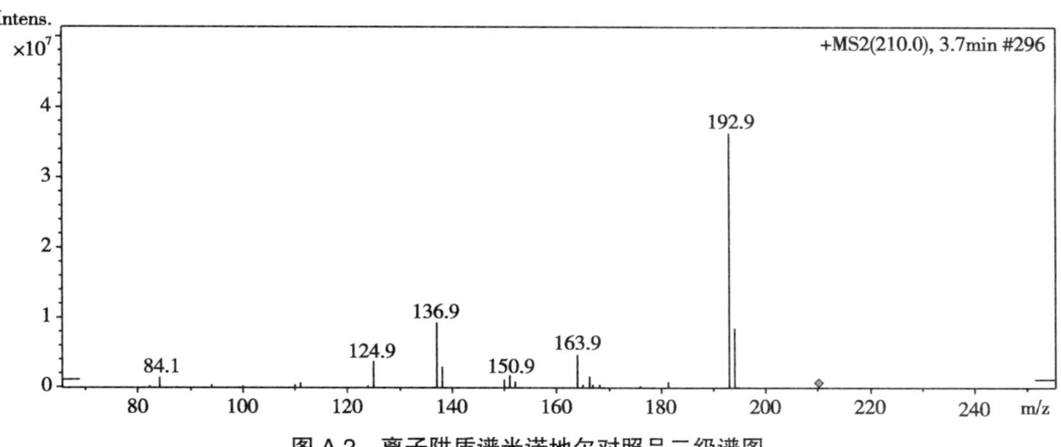

图 A.2　离子阱质谱米诺地尔对照品二级谱图

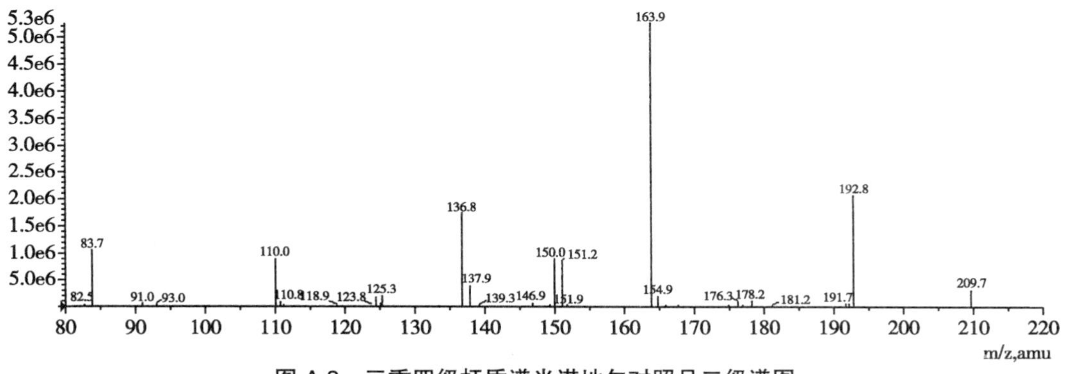

图 A.3　三重四级杆质谱米诺地尔对照品二级谱图

2.26　氢醌、苯酚
Hydroquinone and phenol

第一法　高效液相色谱 - 二极管阵列检测器法

1　范围

本方法规定了高效液相色谱 - 二极管阵列检测器法测定化妆品中氢醌、苯酚的含量。

本方法适用于祛斑类化妆品和香波中氢醌、苯酚含量的测定。

2　方法提要

样品中的氢醌、苯酚经甲醇提取后，用高效液相色谱仪分离，二极管阵列检测器检测，根据保留时间及紫外吸收光谱图定性、峰面积定量，气相色谱 - 质谱确证。

本方法的检出限苯酚为 0.001μg，氢醌为 0.003μg；定量下限苯酚为 0.003μg，氢醌为 0.01μg。取样量为 1g 时，检出浓度苯酚为 2μg/g，氢醌为 7μg/g；最低定量浓度苯酚为 7μg/g，氢醌为 23μg/g。

3　试剂和材料

除另有规定外，本方法所用试剂均为分析纯或以上规格，水为 GB/T 6682 规定的一级水。

3.1　甲醇，优级纯。

3.2 氢醌标准溶液：称取色谱纯或经蒸馏精制的氢醌 0.1g（精确到 0.0001g）于烧杯中，用少量甲醇（3.1）溶解后，转移至 100mL 容量瓶中，用甲醇稀释至刻度。本溶液于 4℃暗处保存，在一个月内稳定。

3.3 苯酚标准溶液：称取色谱纯苯酚 0.1g（精确到 0.0001g）于烧杯中，用少量甲醇（3.1）溶解后，转移至 100mL 容量瓶中，用甲醇稀释至刻度。本溶液于 4℃暗处保存，在一个月内稳定。

4 仪器和设备

4.1 高效液相色谱仪，二极管阵列检测器。

4.2 天平。

4.3 超声波清洗器。

4.4 气相色谱 - 质谱仪。

5 分析步骤

5.1 混合标准系列溶液的制备

取氢醌标准溶液（3.2）和苯酚标准溶液（3.3）溶液，分别配制成含氢醌和苯酚为 10.0mg/L、50.0mg/L、100mg/L、200mg/L 的混合标准系列溶液。

5.2 样品处理

称取样品 1g（精确到 0.001g）于具塞比色管中，必要时在水浴上蒸馏除乙醇等挥发性有机溶剂，用甲醇（3.1）定容至 10mL，常温超声提取 15min，取上清液经 0.45μm 滤膜过滤，滤液作为样品待测溶液。

5.3 参考色谱条件

色谱柱：C_{18} 柱（150mm × 3.9mm × 5μm），或等效色谱柱；

流动相：甲醇 + 水（60+40）；

流速：1.0mL/min；

检测波长：280nm；

柱温：室温；

进样量：5μL。

5.4 测定

在“5.3”色谱条件下，取混合标准系列溶液（5.1）分别进样，记录色谱图，以混合标准系列溶液浓度为横坐标，峰面积为纵坐标，绘制氢醌、苯酚标准曲线。

取“5.2”项下的样品待测溶液进样，记录色谱图，测得峰面积，根据标准曲线得到样品待测溶液中氢醌、苯酚的浓度。按“6”计算样品中氢醌、苯酚的含量。

6 分析结果的表述

$$\omega = \frac{\rho \times V}{m}$$

式中：ω——样品中氢醌或苯酚的质量分数，μg/g；

m——样品取样量，g；

ρ——从标准曲线得到待测组分的质量浓度，mg/L；

V——样品定容体积，mL。

7 图谱

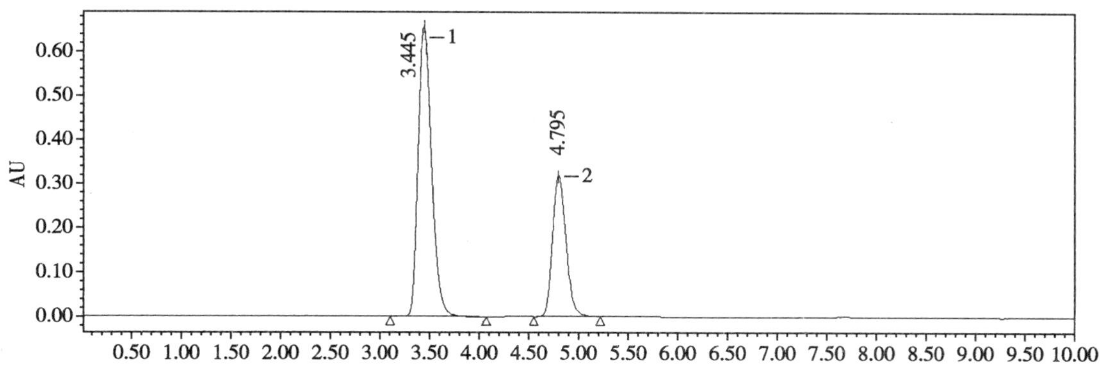

图 1 标准溶液色谱图

1:氢醌(3.445min);2:苯酚(4.795min)

第二法 气相色谱法

1 范围

本方法规定了气相色谱法测定化妆品中氢醌、苯酚的含量。

本方法适用于祛斑类化妆品和香波中氢醌、苯酚含量的测定。

2 方法提要

样品中的氢醌和苯酚经乙醇提取后,用气相色谱法分离,氢火焰离子化检测器检测,根据保留时间定性,峰面积定量。

本方法的检出限苯酚为 0.03μg,氢醌为 0.05μg;定量下限苯酚为 0.10μg,氢醌为 0.16μg。取样量为 1g 时,检出浓度苯酚为 150μg/g,氢醌为 250μg/g;最低定量浓度苯酚为 500μg/g,氢醌为 830μg/g。

3 试剂和材料

除另有规定外,本方法所用试剂均为分析纯或以上规格,水为 GB/T 6682 规定的一级水。

3.1 乙醇[φ(乙醇)=99.9%]。

3.2 氢醌标准储备溶液:称取色谱纯氢醌 0.4g(精确到 0.0001g)于烧杯中,用少量乙醇溶解后移至 100mL 容量瓶中,用乙醇稀释至刻度。此溶液在一个月内稳定。

3.3 苯酚标准储备溶液:称取色谱纯苯酚 0.2g(精确到 0.0001g)于烧杯中,用少量乙醇溶解后移至 100mL 容量瓶中,用乙醇稀释至刻度。此溶液在一个月内稳定。

4 仪器和材料

4.1 气相色谱仪,氢火焰离子化检测器。

4.2 天平。

5 分析步骤

5.1 标准系列溶液的制备

5.1.1 取氢醌标准储备溶液(3.2)0mL、1.50mL、2.00mL、2.50mL、3.00mL 于 10mL 容量瓶中,用乙醇(3.1)定容至刻度,制成浓度分别为 0g/L、0.60g/L、0.80g/L、1.00g/L 和 1.20g/L 的氢醌标准系列溶液。

5.1.2　取苯酚标准储备溶液（3.3）0mL、0.50mL、1.00mL、2.00mL、3.00mL、4.00mL、5.00mL于10mL容量瓶中，用乙醇（3.1）定容至刻度，制成浓度分别为0g/L、0.10g/L、0.20g/L、0.40g/L、0.60g/L、0.80g/L和1.00g/L的苯酚标准系列溶液。

5.2　样品处理

称取样品1g（精确到0.001g）于10mL具塞比色管中，用乙醇（3.1）溶解，超声振荡1min，用乙醇（3.1）稀释至刻度，静止后取上清液作为样品待测溶液。注入色谱仪，测定其峰面积。

5.3　参考色谱条件

色谱柱：硬质玻璃柱（长2m，内径3mm），10% SE-30，担体：Chromosorb W AW DMCS 60目～80目；

柱温：220℃；

汽化室温度：280℃；

载气：氮气；

气体流量：氮气30mL/min，氢气50mL/min，空气500mL/min；

进样体积：2.0μL。

5.4　测定

在“5.3”色谱条件下，取氢醌和苯酚标准系列溶液（5.1.1和5.1.2）分别进样，记录色谱图，分别以氢醌标准系列溶液和苯酚标准系列溶液浓度为横坐标，峰面积为纵坐标，绘制氢醌和苯酚的标准曲线。

取“5.2”项下的样品待测溶液进样，记录色谱图，测得峰面积，根据标准曲线得到样品待测溶液中氢醌、苯酚的浓度。按“6”计算样品中氢醌、苯酚的含量。

6　分析结果的表述

$$\omega=\frac{\rho\times V\times 1000}{m}$$

式中：ω——样品中氢醌或苯酚的质量分数，μg/g；

m——样品取样量，g；

ρ——从标准曲线得到待测组分的质量浓度，g/L；

V——样品定容体积，mL。

7　图谱

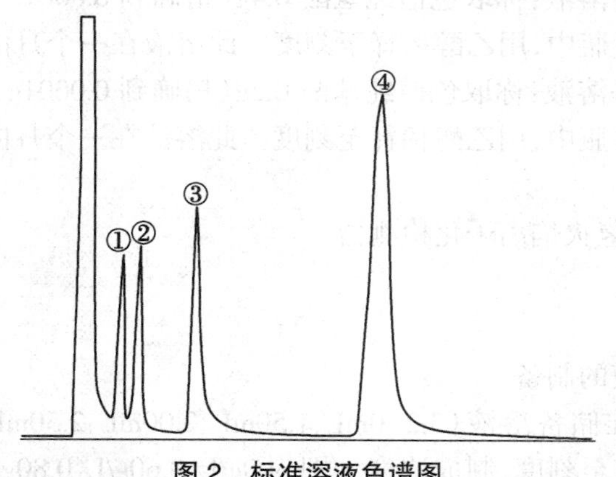

图2　标准溶液色谱图

1：苯酚；3：氢醌

第三法　高效液相色谱 - 紫外检测器法

1　范围

本方法规定了高效液相色谱 - 紫外检测器法测定化妆品中氢醌、苯酚的含量。

本方法适用于祛斑类化妆品和香波中氢醌、苯酚含量的测定。

2　方法提要

样品中氢醌、苯酚经甲醇提取，用高效液相色谱仪分离，紫外检测器检测，根据保留时间定性，峰面积定量。

本方法的检出限苯酚为 0.045μg，氢醌为 0.09μg；定量下限苯酚为 0.15μg，氢醌为 0.3μg；取样量为 1g 时，检出浓度苯酚为 90μg/g，氢醌为 180μg/g；最低定量浓度苯酚为 300μg/g，氢醌为 600μg/g。

3　试剂和材料

同第一法。

4　仪器和设备

4.1　高效液相色谱仪，紫外检测器。

4.2　天平。

4.3　超声波清洗器。

5　分析步骤

5.1　混合标准系列溶液的制备

同第一法。

5.2　样品处理

同第一法。

5.3　参考色谱条件

色谱柱、流动相、流速及柱温同第一法；检测器：紫外检测器，检测波长 280nm。

5.4　测定

标准曲线绘制同第一法。

样品待测溶液测定同第一法。必要时用第二法佐证。

6　分析结果的表述

同第一法。

7　图谱

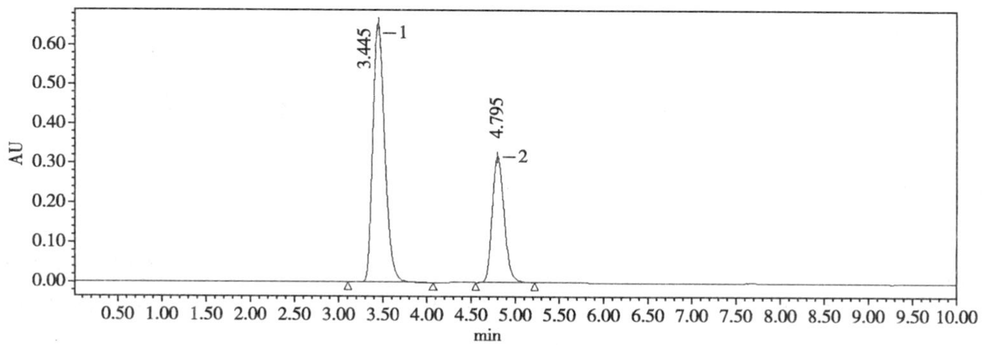

图 3　标准溶液色谱图

1：氢醌（3.445min）；2：苯酚（4.795min）

附录 A
（规范性附录）
氢醌、苯酚阳性结果的确证

如果检测为阳性结果，应采用气相色谱 - 质谱法进行确证。

A.1　参考色谱条件：

色谱柱：DB-1（30m × 0.25mm），或等效色谱柱；

进样口温度：250℃；

柱箱温度：50℃（1min），以 6℃/min 的速度升温至 190℃（2min）；

界面温度：230℃；

分流比：30∶1；

柱前压：100kPa。

A.2　参考质谱条件：

质量数范围：30~300；

扫描速度：50amu/s；

溶剂切割时间：4min；

开始采集时间：5min；

检测口电压：1.4kV。

2.27　石棉
Asbestos

1　范围

本方法规定了用 X 射线衍射仪及偏光显微镜测定粉状化妆品及其原料中石棉的要求。

本方法适用于粉状化妆品及其原料中石棉的测定。

2　规范性引用文件

下列文件对于本文件的应用是必不可少的。凡是注日期的引用文件，仅所注日期的版本适用于本文件。凡是不注日期的引用文件，其最新版本（包括所有的修改单）适用于本文件。

GB/T2007.1 散装矿产品取样、制样通则手工取样方法

JJG629 多晶 X 射线衍射仪

3　术语和定义

下列术语和定义适用于本方法。

3.1　石棉 asbestos

包括纤维状蛇纹石（温石棉）和纤维状角闪石类（兰闪石石棉、直闪石石棉、透闪石石棉、阳起石石棉及镁铁闪石石棉）硅酸盐矿物。

4　测定方法及原理

4.1　测定方法概要

粉状化妆品及其原料中石棉的测定采用 X 射线衍射测定与偏光显微镜观察相结合的方法进行，首先，用 X 射线衍射仪进行测定，确认是否含有某种石棉，然后，对于被定为“含有某种石棉”的样品，再用偏光显微镜进行验证观察，确认其是否为纤维状石棉。

4.2　测定原理

4.2.1　每种矿物都具有其特定的 X 射线衍射数据和图谱，样品中某种矿物的含量与其衍射峰的强度成正比关系，据此来判断样品中是否含有某种石棉矿物和测定其含量。

4.2.2　每种矿物都有其特定矿物光性和形态特征，通过偏光显微镜观测可以判断样品是否含有石棉。

5　测定方法

5.1　样品处理

5.1.1　含油样品或有机改性样品应在 450℃高温炉中灰化一小时。

5.1.2　对粗颗粒样品（d_5>0.04mm），应对其研磨加工。加工应先过筛（300 目），之后对筛上物再研磨、过筛、混匀。

5.1.3　X 射线衍射测定采用背压法制片，将样品框架置于毛玻璃板上，装入样品，要求垂直压制成型，压力适度。把贴毛玻璃的一面作为测试面。

5.2　X 射线衍射测定方法

5.2.1　X 射线衍射测定分为定性测定和定量测定，为了保证测定精度，X 射线衍射技术参数和测定条件应满足附件 A 的技术要求。

5.2.2　定性测定

将样品的 X 射线衍射数据与石棉矿物的 X 射线衍射数据（见附录 B）对比，鉴定样品中的石棉种类。

5.2.3　定量测定

5.2.3.1　X 射线衍射石棉定量测定采用 K 值法。

5.2.3.2　样品测试前应首先确定矿物的 K_i 值，K_i 值的测定按附录 C 进行。

5.2.3.3　样品中某种石棉矿物含量按式（1）计算。

$$X_i=\left[\frac{I_i}{K_i}/\sum_{i=1}\left(\frac{I_i}{K_i}\right)\right]\times 100 \tag{1}$$

式中：

X_i：样品中 i 种石棉矿物含量，%；

I_i：i 种石棉矿物衍射峰强度；

K_i：i 种石棉矿物参比强度。

5.2.3.4　每个样品应用同样方法制作 3 个测试样，如获得的 3 个测试结果之间的相对误差不超过 10%，则以其平均值作为最终测定结果，否则应再增加 3 个样品，以 6 个测定数据的平均值作为该样品的测定结果。

5.3　偏光显微镜测定方法

5.3.1　样品制备

取三份适量样品，分别置于玻璃载物片上，用滴管加入适量的折光率为 1.550 ± 0.005 的浸油，并使粉体颗粒充分分散和润湿，避免出现颗粒重叠，堆积，之后加盖上盖玻片待测定。

5.3.2　测定方法

5.3.2.1　对 X 衍射测定检出含蛇纹石矿物的样品，将制备好的三个测试样品放在单偏光下观察，只要在其中一个样品中发现有低突起，且长径比大于 3 的纤维矿物，则定为该测样品含蛇纹石石棉；否则定为不含蛇纹石石棉。

5.3.2.2　对 X 衍射测定检出含角闪石类矿物的样品，将制备好的三个测试样品放在单

偏光下观察，只要在其中一个样品中发现有中突起，且长径比大于 3 的纤维矿物，则定为含角闪石类石棉；否则定为不含角闪石类石棉。

6　综合判别方法

6.1　如果在 X 衍射测定结果中，未出现石棉矿物衍射特征峰，则判定该样品中不含石棉。

6.2　如果在 X 衍射测定结果中，出现了某种石棉矿物衍射特征峰，同时在偏光显微镜下，发现了该矿物呈纤维状，则判定该样品含石棉。

6.3　如果在 X 衍射测定结果中，出现了某种石棉矿物衍射特征峰，但在偏光显微镜下，未发现该矿物呈纤维状，则判定该样品不含石棉。

附录 A
（规范性附录）
X 射线衍射仪和测定石棉的技术条件

A.1　X 射线衍射仪要求

A1.1　检定方法按 JJG629 进行

A1.2　测角仪测角准确度优于 0.02°（2θ）。

A1.3　仪器分辨率优于 60%。

A1.4　综合稳定率优于 ±1%。

A.2　技术条件

测定石棉时，X 射线衍射仪应满足下列测定技术条件：

A2.1　CU-Ka 辐射

A2.2　工作电压：30kV~45kV；

A2.3　工作电流：30mA~60mA；

A2.4　发散狭缝：1mm；

A2.5　散射狭缝：1mm；

A2.6　接受狭缝：0.3mm；

A2.7　扫描速度：1/8°~2°（2θ）/min；

A2.8　采样步宽：0.02°（2θ）；

A2.9　测定扫描范围：5°~64°（2θ）。

附录 B
（资料性附录）
石棉矿物 X 射线衍射数据和图谱

B.1　石棉矿物 X 射线衍射数据

石棉矿物 X 射线衍射数据列于表 B1~B6，其中 2θ 为衍射角，d 为晶面间距，I/I_0 为衍射峰相对强度，hkl 为衍射指数。

表 B.1　兰闪石石棉的 X 光衍射数据

2θ	d(Å)	I/I_0	hkl
10.75	8.23	100	110
18.25	4.85	13	111

续表

2θ	d(Å)	I/I_0	hkl
19.35	4.46	20	021
19.87	4.45	34	040
23.17	3.84	22	131
26.34	3.38	15	131
29.18	3.05	53	310
33.26	2.69	57	151
34.75	2.57	16	061
35.72	5.22	28	202
31.38	2.85	16	351
37.01	2.43	17	312
42.19	2.14	15	261
56.55	1.630	15	461
58.17	1.583	12	153
61.40	1.509	11	263
分子式		$Na_2(Mg \cdot Fe \cdot Al)_5Si_8O_{22}(OH)_2$	
晶系		单斜	

表 B.2 直闪石石棉的 X 光衍射数据

2θ	d(Å)	I/I_0	hkl
9.52	9.30	25	200
9.90	8.90	30	020
10.68	8.26	55	210
17.50	5.04	14	011
19.74	4.50	25	410
24.33	3.65	35	430
26.53	3.36	30	141
27.50	3.24	60	421
29.18	3.05	100	610
31.45	2.84	40	260
33.45	2.68	30	361

续表

2θ	d(Å)	I/I_0	hkl
33.39	2.59	30	112
35.33	2.54	40	640
39.02	2.31	20	551
42.25	2.14	30	432
52.80	1.73	30	771
57.13	1.61	30	423
分子式		$(Mg \cdot Fe^{2+})_7Si_8O_{22}(OH)_2$	
晶系		斜方	

表 B.3　镁铁闪石石棉的 X 光衍射数据

2θ	d(Å)	I/I_0	hkl
9.69	9.12	50	020
10.62	8.30	100	–110
19.48	4.55	40	040
21.42	4.14	40	220
22.97	3.87	30	–131
27.37	3.260	80	–240
29.18	3.060	90	310
32.48	2.754	70	151
34.17	2.623	50	061
35.85	2.504	30	022
39.28	2.293	30	–351
41.22	2.190	50	261
44.45	2.038	20	351
55.32	1.659	50	461
56.36	1.631	40	1110
60.82	1.518	40	353
分子式		$(Fe^{2+} \cdot Mg)_7Si_8O_{22}(OH)_2$	
晶系		单斜	

表 B.4　透闪石石棉的 X 光衍射数据

2θ	d(Å)	I/I_0	hkl
10.55	8.38	100	110
21.10	4.200	35	220
26.36	3.376	40	041
27.24	3.268	75	240
28.54	3.121	100	310
30.41	2.983	40	151
31.90	2.805	45	330
33.07	2.705	90	151
34.56	2.592	30	061
35.46	2.529	40	202
37.79	2.380	30	350
38.49	2.335	30	351
38.76	2.321	40	421
41.74	2.163	35	132
44.98	2.015	45	402
48.09	1.892	50	510
55.71	1.649	40	461
分子式		$Ca_2Mg_5Si_8O_{22}(OH)_2$	
晶系		单斜	

表 B.5　阳起石石棉的 X 光衍射数据

2θ	d(Å)	I/I_0	hkl
9.77	9.049	37	020
10.49	8.4392	100	110
26.34	3.3858	44	131
28.47	3.1320	54	310
30.36	2.9438	28	151
33.07	2.7108	80	151
34.42	2.5974	30	061
35.38	2.5373	50	202
38.37	2.3431	30	351
41.63	2.1663	20	132

续表

2θ	d(Å)	I/I_0	hkl
44.78	2.0207	16	351
55.52	1.6532	17	461
58.36	1.5797	16	153
分子式		$Ca_2Mg_5Si_8O_{22}(OH)_2$	
晶系		单斜	

表 B.6　温石棉的 X 光衍射数据

2θ	d(Å)	I/I_0	hkl
12.05	7.36	100	002
19.48	4.56	25	110
24.27	3.66	50	004
34.42	2.604	15	131
35.85	2.500	20	132
36.62	2.451	30	202
43.16	2.093	10	204
48.81	1.828	3	008
60.43	4.531	30	029
分子式		$Mg_{12}Si_8O_{20}(OH)_{18}$	
晶系		单斜	

附录 C
（规范性附录）
参比强度（K 值）的测定方法

C.1　参考物质

选用刚玉（α-AL_2O_3）作为参考物质，刚玉的纯度应优于 99.9%，粒径应小于 0.040mm。

C.2　标样的选择

根据待测样品中石棉矿物种类分别选择蛇纹石和闪石类矿物作为相应石棉矿物标样，选用的矿物标样应结晶良好，在 X 射线衍射图谱上没有杂质衍射峰。矿物标样应研磨至粒径小于 0.040mm。

C.3　测定方法

C3.1　干燥

将矿物标样和刚玉粉末置于电热干燥箱内，在 105℃温度条件下恒温 2h，冷却至室温待用。

C3.2　制样

在精度万分之一测定天平上按 1∶1 分别称取刚玉和矿物标样各 2.5000g。将称量后的样品放入玛瑙研钵中研磨，使其充分混合均匀。

C3.3　试片制作

按标准中 5.1 进行。

C3.4　衍射峰强度测量

从衍射图谱分别测量矿物标样和刚玉选定的衍射峰的积分强度。

每个样品至少重复制样 5 次，并进行相应的衍射峰强度测量。

C.4　计算 K 值

当石棉矿物标样与刚玉按 1：1 配制成混合样品时，i 石棉矿物的 K 值计算公式如下：

$$K_i=\frac{I_i}{I_{cor}} \tag{C1}$$

式中：

K_i：i 矿物的参比强度；

I_i：i 矿物的衍射峰的强度；

I_{cor}：刚玉衍射峰的强度

每次测得的衍射峰强度带入（C1）式，求得 K_i 值，然后计算出多次测量的平均 K_i 值和相对标准偏差。

2.28　维甲酸和异维甲酸 Tretinoin and Isotretinoin

1　范围

本方法规定了高效液相色谱法测定化妆品中维甲酸和异维甲酸的含量。

本方法适用于膏霜乳液类和液态水基类化妆品中维甲酸和异维甲酸含量的测定。

2　方法提要

样品提取后，经高效液相色谱分离，二极管阵列检测器检测，根据保留时间和紫外光谱图定性，峰面积定量，以标准曲线法计算含量。

本方法对维甲酸及异维甲酸的检出限均为 1ng，定量下限为 3ng；取样量为 0.2g 时，维甲酸及异维甲酸的检出浓度均为 0.0005%，最低定量浓度为 0.0015%。

3　试剂和材料

除另有规定外，本方法所用试剂均为分析纯或以上规格，水为 GB/T 6682 规定的一级水。以下操作均在避光条件下进行。

3.1　维甲酸，纯度≥98%。

3.2　异维甲酸，纯度≥98%。

3.3　甲醇，色谱纯。

3.4　冰醋酸。

3.5　流动相的配制：

流动相 A：甲醇。

流动相 B：2% 醋酸溶液：量取冰醋酸（3.4）20mL，用 980mL 水溶解。

3.6　混合标准储备溶液：分别称取维甲酸及异维甲酸 10mg（准确至 0.00001g）于 100mL 棕色容量瓶中，用甲醇（3.3）溶解并定容至刻度，摇匀，得 100μg/mL 的混合标准储备溶液。

该标准储备溶液在4℃下可保存7天。

4　仪器和设备

4.1　高效液相色谱仪，二极管阵列检测器。

4.2　液相色谱-三重四级杆联用仪。

4.3　天平。

4.4　高速离心机。

4.5　超声波清洗仪。

5　分析步骤

以下操作均在避光条件下进行。

5.1　混合标准系列溶液的制备

取混合标准储备溶液（3.6），用甲醇（3.3）配制成浓度分别为1μg/mL、5μg/mL、10μg/mL、50μg/mL、100μg/mL的混合标准系列溶液。

5.2　样品处理

称取样品0.2g（精确到0.0001g）于10mL具塞比色管中，用甲醇（3.3）定容至刻度，混匀，冰浴超声提取15min，必要时以10 000r/min离心5min。取上清液经0.45μm滤膜过滤，滤液作为待测溶液。

5.3　参考色谱条件

色谱柱：C_{18}柱（250mm×4.6mm×5μm），或等效色谱柱；

流动相：A+B=90+10；

流速：1.0mL/min；

检测波长：355nm；

柱温：30℃；

进样量：10μL。

5.4　测定

在“5.3”色谱条件下，取混合标准系列溶液（5.1）进样，进行色谱分析。以混合标准系列溶液浓度为横坐标，峰面积为纵坐标，绘制标准曲线。

取“5.2”项下的待测溶液进样，进行色谱分析，根据保留时间和紫外光谱图定性，测得峰面积，根据标准曲线得到待测溶液中测定组分的浓度，按“6”计算样品中测定组分的含量。

6　分析结果的表述

6.1　计算

$$\omega=\frac{D\times\rho\times V}{m\times10^{6}}\times100$$

式中：ω——样品中维甲酸和异维甲酸的质量分数，%；

m——样品取样量，g；

ρ——从标准曲线得到待测组分的质量浓度，μg/mL；

V——样品定容体积，mL；

D——稀释倍数（不稀释则取1）。

在重复性条件下获得的两次独立测试结果的绝对差值不得超过算术平均值的10%。

6.2　回收率和精密度

方法的回收率为 87.7%~114.2%，相对标准偏差为 0.4%~4.2%。

7　图谱

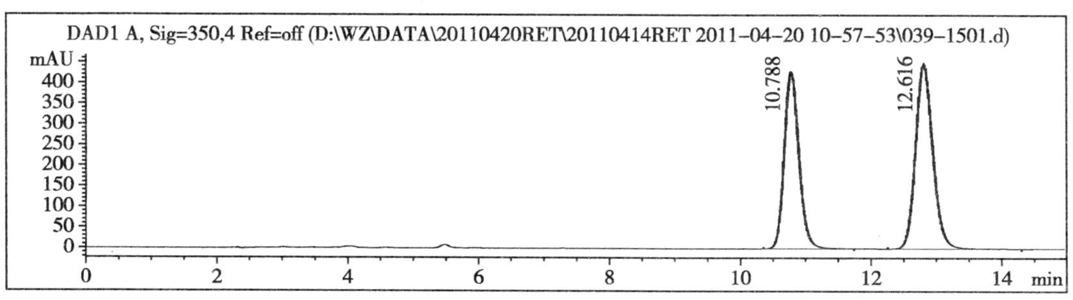

图 1　标准溶液色谱图

1：异维甲酸（10.788min），2：维甲酸（12.616min）

附录 A

（规范性附录）

维甲酸和异维甲酸阳性结果的确证

如液相方法中检出阳性结果，可采用液相色谱 - 质谱法进一步确证。

在相同的实验条件下，如果样品中检出的色谱峰的保留时间和紫外光谱图与标准溶液中对应成分一致，所选择的监测离子对的相对丰度比与相当浓度标准溶液的离子相对丰度比的偏差不超过表 A.1 规定范围，则可以判定样品中存在对应的待测成分。

表 A.1　阳性结果确证时相对离子丰度比的最大允许偏差

相对离子丰度（k）	k>50%	50%≥k>20%	20%≥k>10%	k≤10%
允许的最大偏差	± 20%	± 25%	± 30%	± 50%

A.1　参考色谱条件：

色谱柱：C_{18} 柱；

流速：0.3mL/min；

柱温：30℃；

流动相：甲醇 + 水 =90+10；

进样量：10μL。

A.2　参考质谱条件：

离子源：电喷雾离子源（ESI 源）。

监测模式：负离子监测模式；

离子源电压：-4200V；

检测模式：MS2 全扫描，扫描范围（m/z）：50~350；

碰撞电压：-25eV；

去簇电压：-30eV。

表 A.2　待测成分的定性离子对

编号	待测成分	母离子(m/z)	子离子(m/z)
1	维甲酸	299	255
2	异维甲酸	299	255

A.3　图谱

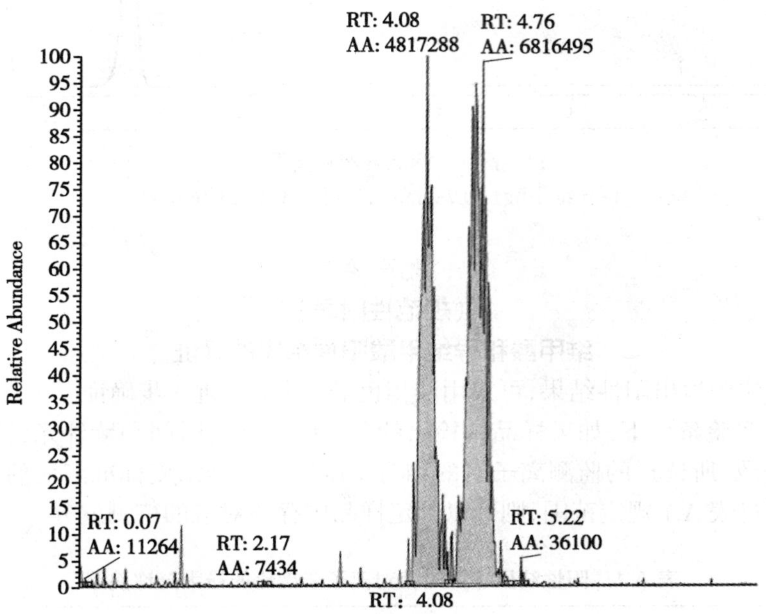

图 A.1　标准溶液总离子流图

1:异维甲酸(4.08min),2:维甲酸(4.76min)

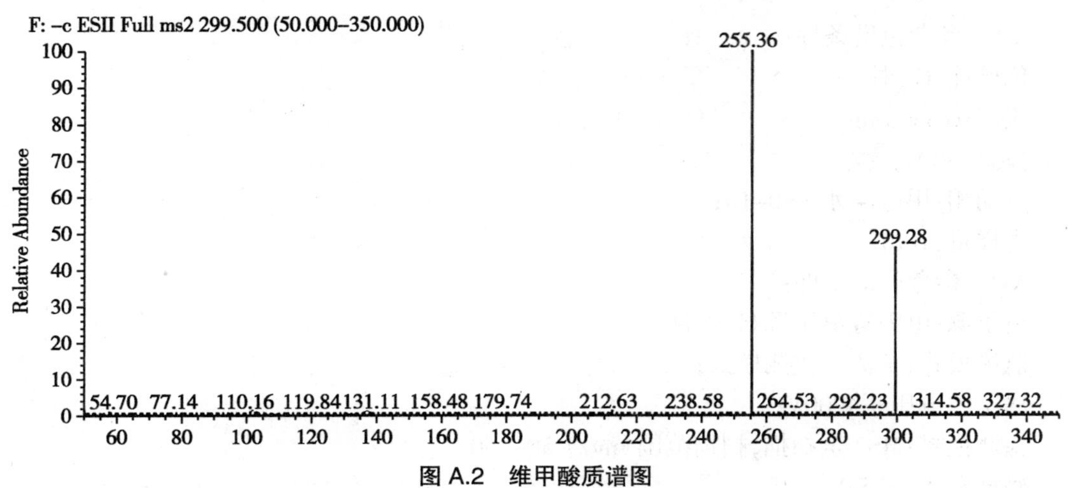

图 A.2　维甲酸质谱图

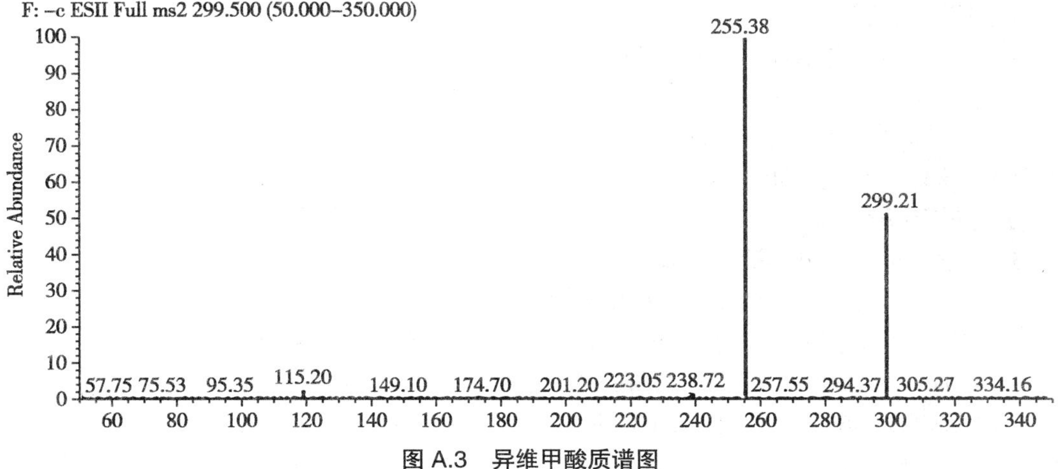

图 A.3　异维甲酸质谱图

2.29　维生素 D_2 和维生素 D_3 Vitamin D_2 and Vitamin D_3

1　范围

本方法规定了高效液相色谱法测定化妆品中维生素 D_2 和维生素 D_3 的含量。

本方法适用于化妆品中维生素 D_2 和维生素 D_3 含量的测定。

2　方法提要

样品提取后，经高效液相色谱仪分离，二极管阵列检测器检测，根据保留时间和紫外光谱图定性，峰面积定量，以标准曲线法计算含量。

本方法对维生素 D_2 和维生素 D_3 的检出限、定量下限及取样量为 0.5g 时的检出浓度、最低定量浓度见表 1。

表 1　各维生素的检出限和检出浓度

组分名称	维生素 D_2	维生素 D_3
检出限（ng）	0.58	0.32
定量下限（ng）	2	1
检出浓度（μg/g）	2.6	1.3
最低定量浓度（μg/g）	8	4

3　试剂和材料

除另有规定外，本方法所用试剂均为分析纯或以上规格，水为 GB/T 6682 规定的一级水。

3.1　甲醇，色谱纯。

3.2　乙腈，色谱纯。

3.3　混合标准储备溶液：称取维生素 D_2 和维生素 D_3 各 0.1g（精确到 0.0001g）于 100mL 容量瓶中，用甲醇（3.1）溶解并定容至刻度，摇匀，作为混合标准储备溶液。避光保存。

4　仪器和设备

4.1　高效液相色谱仪，二极管阵列检测器。

4.2　天平。

4.3　超声波清洗器。

4.4　紫外分光光度计。

5　分析步骤

5.1　混合标准系列溶液的制备

5.1.1　纯度校正：由于维生素 D_2 和维生素 D_3 对光不稳定，因此在配制标准溶液之前需用紫外分光光度法进行纯度校正，方法如下：维生素 D_2 和维生素 D_3 在 263nm 波长处有最大紫外吸收，而乙醇在该波长无吸收。在 95% 乙醇溶液中，质量分数为 1% 的维生素 D_2 溶液的吸光系数 $\varepsilon_{1cm}^{1\%}$ 为 460，质量分数为 1% 的维生素 D_3 溶液的吸光系数 $\varepsilon_{1cm}^{1\%}$ 为 485。吸光系数相当于吸光度 / 浓度，因此通过测定吸光度可得出所配制溶液的准确浓度，进而校正纯度。

$$P=\frac{100A}{C\varepsilon_{1cm}^{1\%}L}$$

式中：P——维生素 D_2、D_3 的纯度，%；

A——维生素 D_2、D_3 的吸光度；

C——维生素 D_2、D_3 的质量分数，%；

L——比色皿的光径，cm；

$\varepsilon_{1cm}^{1\%}$——维生素 D_2、D_3 的吸光系数。

5.1.2　标准溶液的配制：分别准确吸取混合标准储备溶液（3.3）各 1.00mL，用甲醇（3.1）稀释到 10.0mL，此混合标准溶液约含 100.0mg/L 维生素 D_2、D_3。只要很好地避光，该溶液在室温能够稳定 2 周以上。用流动相将混合标准溶液稀释至 50.0mg/L、20.0mg/L、10.0mg/L、2.00mg/L、0.50mg/L 系列质量浓度溶液。

5.2　样品处理

称取样品 0.5g（精确到 0.001g）于 10mL 具塞比色管中，用流动相定容至刻度，摇匀，超声提取 20min。经 0.45μm 滤膜过滤，滤液作为待测溶液。避光操作。

5.3　参考色谱条件

色谱柱：C_{18} 柱（250mm × 4.6mm × 5μm），或等效色谱柱；

流动相：甲醇 + 乙腈（90+10）；

流速：1.0mL/min；

检测波长：265nm；

柱温：室温；

进样量：5μL。

5.4　测定

在“5.3”色谱条件下，取混合标准系列溶液（5.1）分别进样，进行色谱分析，以标准系列溶液浓度为横坐标，峰面积为纵坐标，绘制标准曲线。

取“5.2”项下的待测溶液进样，根据保留时间和紫外光谱图定性，测得峰面积，根据标准曲线得到待测溶液中各组分的浓度。按“6”计算样品中维生素 D_2、D_3 的含量。

6　分析结果的表述

$$\omega=\frac{\rho\times V}{m}$$

式中：ω——化妆品中维生素 D_2、D_3 的含量，μg/g；

ρ——从标准曲线得到待测组分的质量浓度，mg/L；

V——样品定容体积，mL；

m——样品取样量，g。

7　图谱

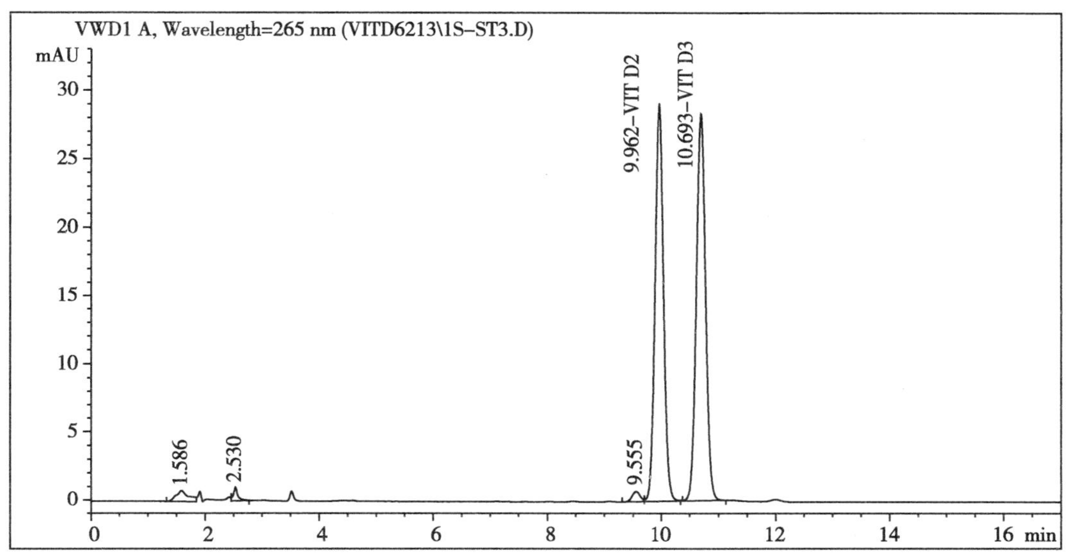

图 1　标准溶液色谱图

1：维生素 D_2（9.962min）；2：维生素 D_3（10.693min）

2.30　邻苯二甲酸二甲酯等 10 种组分

Dimethylphthalate and other 9 kinds of components

1　范围

本方法规定了高效液相色谱法测定化妆品中邻苯二甲酸二甲酯等 10 种组分的含量。

本方法适用于化妆品中邻苯二甲酸二甲酯等 10 种组分含量的测定。

本方法所指的邻苯二甲酸二甲酯等 10 种组分包括邻苯二甲酸二甲酯（DMP）、邻苯二甲酸二乙酯（DEP）、邻苯二甲酸二正丙酯（DPP）、邻苯二甲酸丁基苄酯（BBP）、邻苯二甲酸二正丁酯（DBP）、邻苯二甲酸二正戊酯（DAP）、邻苯二甲酸二环己酯（DCHP）、邻苯二甲酸二正己酯（DHP）、邻苯二甲酸二异辛酯（DEHP）和邻苯二甲酸二正辛酯（DOP）。

2　方法提要

样品提取后，经高效液相色谱仪分离，二极管阵列检测器检测，根据保留时间和紫外光谱图定性，峰面积定量，以标准曲线法计算含量。

本方法中各种邻苯二甲酸酯类化合物的检出限，定量下限及取样量 1g 时的检出浓度，最低定量浓度见表1。

表1　各种邻苯二甲酸酯类化合物的检出限和检出浓度

组分名称	DMP	DEP	DPP	BBP	DBP	DAP	DCHP	DHP	DEHP	DOP
检出限/ng	0.5	0.5	3	3	3	40	40	40	5	5
定量下限/ng	2	2	10	10	10	135	135	135	20	20
检出浓度/(μg/g)	1	1	5	5	5	70	70	70	10	10
最低定量浓度/(μg/g)	4	4	20	20	20	270	270	270	40	40

3　试剂和材料

除另有规定外，本方法所用试剂均为分析纯或以上规格，水为GB/T 6682规定的一级水。

3.1　甲醇，色谱纯。(溶剂应不含邻苯二甲酸酯类化合物)

3.2　邻苯二甲酸二甲酯、邻苯二甲酸二乙酯、邻苯二甲酸二正丙酯、邻苯二甲酸丁基苄酯、邻苯二甲酸二正丁酯、邻苯二甲酸二正戊酯、邻苯二甲酸二环已酯、邻苯二甲酸二正已酯、邻苯二甲酸二异辛酯、邻苯二甲酸二正辛酯(纯度>97.5%)。

3.3　混合标准储备溶液：称取邻苯二甲酸二甲酯等10种组分标准品0.05g(精确到0.0001g)，用甲醇(3.1)溶解，移入50mL容量瓶中，定容，摇匀，配成质量浓度为1000mg/L的混合标准储备溶液。

4　仪器和设备

4.1　高效液相色谱仪，带二极管阵列检测器。

4.2　超声波清洗器。

4.3　高速离心机。

4.4　天平。

5　分析步骤

5.1　标准系列溶液的制备

取邻苯二甲酸酯类混合标准储备溶液(3.3)0mL、1.00mL、2.00mL、4.00mL、6.00mL、8.00mL于10mL具塞刻度管中，用甲醇(3.1)稀释至刻度，摇匀，配制浓度为0mg/L、100mg/L、200mg/L、400mg/L、600mg/L和800mg/L的邻苯二甲酸酯类标准系列溶液。

5.2　样品处理

称取样品1g(精确到0.001g)于10mL具塞刻度管中，加入甲醇(3.1)至刻度，振摇，超声提取20min，必要时可高速离心。经0.45μm滤膜过滤，滤液作为待测溶液备用。

5.3　参考色谱条件

色谱柱：C_{18}柱(250mm×4.6mm×5μm)，或等效色谱柱；

流动相梯度洗脱程序：

时间/min	V(甲醇)/%	V(水)/%
0	75	25
12	75	25

续表

时间 /min	V（甲醇）/%	V（水）/%
15	100	0
22	100	0
23	75	25
25	75	25

流速：1.0mL/min；

检测波长：280nm；

柱温：25℃或室温；

进样量：5μL

5.4　测定

在“5.3”色谱条件下，取邻苯二甲酸酯类标准系列溶液（5.1）分别进样，进行色谱分析，以标准系列溶液浓度为横坐标，峰面积为纵坐标，绘制标准曲线。

取“5.2”项下的待测溶液进样，根据保留时间和紫外光谱图定性，测得峰面积，根据标准曲线得到待测溶液中邻苯二甲酸酯类的浓度。按“6”计算样品中邻苯二甲酸酯类的含量。

空白试验：除不称取样品外，按以上步骤进行。

6　计算

$$\omega = \frac{\rho \times V}{m}$$

式中：ω——化妆品中邻苯二甲酸二甲酯等 10 种组分的含量，μg/g；

ρ——从标准曲线得到待测组分的质量浓度，mg/L；

V——样品定容体积，mL；

m——样品取样量，g。

在重复性条件下获得的两次独立测定结果的绝对差值不得超过算术平均值的 10%。

7　图谱

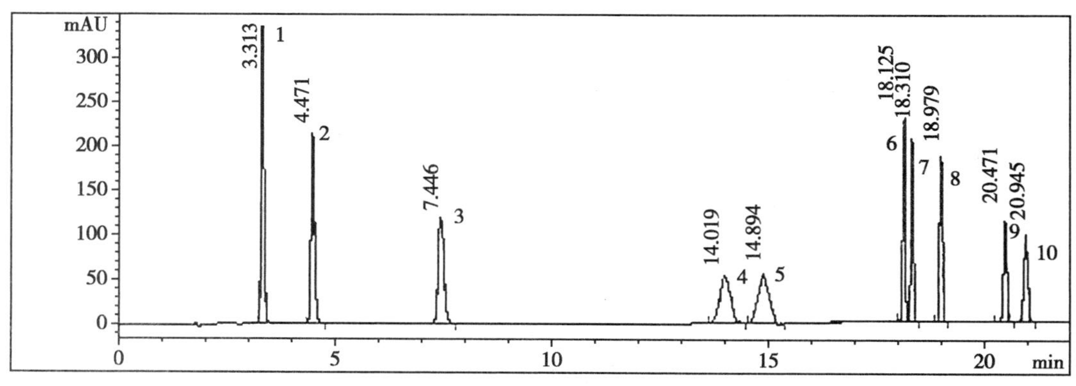

图 1　混合标准溶液色谱图

1：DMP（3.313min）；2：DEP（4.471min）；3：DPP（7.446min）；4：BBP（14.019min）；5：DBP（14.894min）；6：DAP（18.125min）；7：DCHP（18.310min）；8：DHP（18.979min）；9：DEHP（20.471min）；10：DOP（20.945min）

附录 A

（规范性附录）

邻苯二甲酸二甲酯等 10 种组分阳性结果的确证

对测定过程中有阳性结果的样品，可用气相色谱 - 质谱法确认。

A.1　参考色谱条件

色谱柱：HP-5MS（30m × 0.25mm × 0.25μm），或等效色谱柱；

进样口温度：250℃；

色谱与质谱接口温度：280℃；

柱温：程序升温，初始温度 60℃（1min），以 20℃/min 上升至 220℃（1min），再以 5℃/min 上升至 280℃（4min）；

载气：高纯氦气，流速 1.0mL/min；

进样方式：不分流进样；

进样量：1.0μL。

A.2　参考质谱条件

电离方式：电子轰击（EI）源；

电离能量：70eV；

溶剂延迟：5min；

扫描方式：选择离子扫描（SIM）。

A.3　邻苯二甲酸酯类化合物的信息表

邻苯二甲酸酯类化合物的信息汇总见附表。

附表　邻苯二甲酸酯类化合物的信息表

序号	中文名称	英文名称	CAS No.	英文缩写	化妆品禁用组分	纳入《国际化妆品原料标准中文名称目录》
1	邻苯二甲酸二甲酯	Dimethyl phthalate	131-11-3	DMP	/	《国际化妆品原料标准中文名称目录》3345 号
2	邻苯二甲酸二乙酯	Diethyl phthalate	84-66-2	DEP	/	《国际化妆品原料标准中文名称目录》3084 号
3	邻苯二甲酸二正丙酯	Dipropyl phthalate	131-16-8	DPP	/	/
4	邻苯二甲酸二正丁酯	Dibutyl phthalate	84-74-2	DBP	《化妆品安全技术规范》（2015 年版）表 1	《国际化妆品原料标准中文名称目录》2985 号
5	邻苯二甲酸二正戊酯	Diamyl phthalate	131-18-0	DAP	《化妆品安全技术规范》（2015 年版）表 1	/
6	邻苯二甲酸二正己酯	Dihexyl phthalate	84-75-3	DHP	/	/
7	邻苯二甲酸丁基苄酯	Benzyl butyl phthalate	85-68-7	BBP	《化妆品安全技术规范》（2015 年版）表 1	《国际化妆品原料标准中文名称目录》1265 号
8	邻苯二甲酸二环己酯	Dicyclohexyl phthalate	84-61-7	DCHP	/	/

续表

序号	中文名称	英文名称	CAS No.	英文缩写	化妆品禁用组分	纳入《国际化妆品原料标准中文名称目录》
9	邻苯二甲酸双(1-辛基)酯	Bis(1-octyl) phthalate	117-84-0	DOP	/	/
10	邻苯二甲酸双(2-乙基己基)酯	Bis(2-ethylhexyl) phthalate	117-81-7	DEHP	《化妆品安全技术规范》(2015年版)表1	《国际化妆品原料标准中文名称目录》3076号

2.31　邻苯二甲酸二丁酯等8种组分 Dibutylphthalate and other 7 kinds of components

1　范围

本方法规定了气相色谱-质谱法测定化妆品中邻苯二甲酸二丁酯等8种组分的含量。

本方法适用于化妆品中邻苯二甲酸二丁酯等8种组分含量的测定。

本方法所指的邻苯二甲酸二丁酯等8种组分包括邻苯二甲酸二丁酯(DBP)、邻苯二甲酸二(2-甲氧乙基)酯(DMEP)、邻苯二甲酸二异戊酯(DIPP)、邻苯二甲酸戊基异戊酯(DnIPP)、邻苯二甲酸二正戊酯(DnPP)、邻苯二甲酸丁苄酯(BBP)、邻苯二甲酸二(2-乙基己基)酯(DEHP)以及1,2-苯基二羧酸支链和直链二戊基酯。其中,1,2-苯基二羧酸支链和直链二戊基酯有3种同分异构体,分别为DnIPP、DnPP、DIPP,文中涉及该组分含量时,是指DnIPP、DnPP、DIPP 3种同分异构体含量的总和,可以使用本方法对3种同分异构体进行测定,3种组分之和即为其含量。

2　方法提要

样品提取后,使用硅胶-中性氧化铝混合填充的固相萃取小柱进行净化,正己烷-乙酸乙酯(1∶1,v:v)为淋洗液,浓缩后经气相色谱分离、质谱检测器测定,根据保留时间和待测组分特征离子丰度比双重模式定性,以外标法计算含量。

本方法的浓度适用范围以及检出限、定量下限如表1所示。

表1　各组分的检出限和定量下限

	DIPP	DMEP	DnIPP	DnPP	BBP	DBP	DEHP
浓度适用范围(mg/kg)	1.0~20					5.0~20	
检出限(3σ,mg/kg)	1.0	1.0	1.0	1.0	1.0	5.0	5.0
定量下限(10σ,mg/kg)	3.5	3.5	3.5	3.5	3.5	17.0	17.0

3　试剂和材料

除另有规定外,本方法所用试剂均为分析纯或以上规格;水为GB/T 6682规定的一级水。

3.1　邻苯二甲酸酯类标准物质:纯度高于97.0%。各待测组分的信息如表2。

3.2　正己烷:色谱纯。

表 2 邻苯二甲酸酯的种类列表

序号	邻苯二甲酸酯类名称	英文名称及缩写	CAS NO.	化学分子式
1	邻苯二甲酸戊基异戊酯	Di-*n*-iso-pentyl phthalate，DnIPP		$C_{18}H_{26}O_4$
2	邻苯二甲酸二正戊酯	Di-n-pentyl phthalate，DnPP	131-18-0	$C_{18}H_{26}O_4$
3	邻苯二甲酸二异戊酯	Di-iso-pentyl phthalate，DIPP	605-50-5	$C_{18}H_{26}O_4$
4	邻苯二甲酸丁苄酯	Butyl benzyl phthalate，BBP	85-68-7	$C_{19}H_{20}O_4$
5	邻苯二甲酸二（2-乙基己基）酯	Di（2-ethylhexyl）phthalate，DEHP	117-81-7	$C_{24}H_{38}O_4$
6	邻苯二甲酸二（2-甲氧乙基）酯	Di（2-methoxyethyl）phthalate，DMEP	117-82-8	$C_{14}H_{18}O_6$
7	邻苯二甲酸二丁酯	Dibutyl phthalate，DBP	84-74-2	$C_{16}H_{22}O_4$

3.3 乙酸乙酯：色谱纯。

3.4 二氯甲烷：色谱纯。

3.5 硅胶：100 目~200 目，使用前于 160℃下烘 12h。

3.6 中性氧化铝：100 目~200 目，使用前于 180℃下烘 12h。

3.7 邻苯二甲酸酯标准溶液

3.7.1 标准储备溶液：称取 10mg（精确到 0.00001g）各邻苯二甲酸酯标准品于 10mL 容量瓶中，分别加入少量正己烷溶解，定容至刻度，溶液浓度为 1000mg/L。分别将各标准溶液转移到安瓿瓶中于 4℃保存。标准储备液保存时间为 12 个月。

3.7.2 混合标准储备溶液：取一定量各标准储备液用正己烷稀释成混合标准储备溶液，混合标准储备溶液浓度为 100mg/L。将混合标准中间溶液转移到安瓿瓶中于 4℃保存。混合标准储备溶液保存时间为 6 个月。

4 仪器和设备

4.1 气相色谱 - 质谱仪。

4.2 天平。

4.3 超声波振荡器。

4.4 离心机。

4.5 氮气吹扫装置。

4.6 玻璃固相萃取柱：内径 1cm，管长 10cm。

4.7 圆底螺口玻璃离心管：50mL。

4.8 滤膜：0.45μm 有机相滤膜。

4.9 K-D 浓缩瓶：30mL。

5 分析步骤

5.1 混合标准系列溶液的制备

取混合标准储备溶液（3.7.2），用正己烷配制成系列不同浓度的混合标准系列溶液。将混合标准系列溶液转移至安瓿瓶中于 4℃保存，保存时间为 3 个月。

5.2 样品处理

称取 0.5g 试样（精确到 0.001g），置于 50mL 圆底螺口玻璃离心管（4.7）中，加入 10.0mL 二氯甲烷（3.4），密封，于 40℃~50℃范围内超声萃取 15min，2000r/min 离心 5min 后，移取有机相；重复上述操作，合并两次萃取液于 30mL K-D 浓缩瓶（4.9）中。以下按照化妆品类型进行不同的操作：

5.2.1　对于液态的化妆品，如爽肤水、啫喱水、香水等，将萃取液用氮吹浓缩至近干，并用 8mL 正己烷（3.2）分三次淋洗 K-D 浓缩瓶内壁，最后用正己烷（3.2）定容至 1.0mL，过 0.45μm 滤膜，供 GC-MS 测定。

5.2.2　对于粉、露、霜、膏、油等的化妆品，如洗发水、沐浴露、染发剂、指甲油、胭脂、粉饼等，将萃取液用氮吹浓缩至近干，并用 8mL 正己烷（3.2）分三次淋洗 K-D 浓缩瓶内壁，加入 0.5mL 正己烷（3.2），使用以下步骤对样品进行净化：

称取 0.8g 硅胶（3.5）和 1.2g 中性氧化铝（3.6）（2：3，m/m），充分混匀后用干法装入玻璃固相萃取小柱，轻敲至实。使用前对小柱进行预淋洗，预淋洗液为正己烷（3.2）和乙酸乙酯（3.3）的混合液（1：1，V/V），预淋洗体积为 5mL，弃去淋洗液。将上述浓缩后的萃取液转移至硅胶 - 中性氧化铝混装的固相萃取小柱，并用 1mL 正己烷（3.2）分两次洗涤器皿，洗涤液转移至固相萃取小柱。待样液过柱后，用 20.0mL 正己烷 - 乙酸乙酯混合液（1：1，V/V）将目标物洗脱，流速为 2.0mL/min，用 30mL K-D 浓缩瓶（4.9）收集洗脱液，氮气吹扫、浓缩至近干，浓缩过程中用 8mL 正己烷（3.2）分三次淋洗 K-D 浓缩瓶内壁，最后用正己烷（3.2）定容至 1.0mL，供 GC-MS 测定。

空白试验：除不称取试样外，均按上述步骤进行。

5.3　仪器参考条件

5.3.1　色谱条件

由于测试条件取决于所使用仪器，因此不能给出色谱分析的通用参数。设定的参数应保证色谱测定时被测组分与其他组分能够得到有效的分离，以下参数可供参考：

进样口温度 300℃；

载气为氦气（纯度≥99.999%），恒流方式，流速 1.0mL/min；

色谱柱为 DB-35 MS 柱（30m × 0.25mm × 0.25μm），或等效色谱柱；

柱升温程序为：初始温 100℃，保持 0.5min 后以 30℃/min 升至 300℃，保持 2.0min 至待测组分全部流出。

进样量 1.0μL。

5.3.2　质谱条件

离子源为 EI 源，电离能量 70eV；

色谱 - 质谱接口温度 280℃，离子源温度 230℃，四级杆温度 150℃；

溶剂延迟时间 6.0min；

测量方式为全扫描 / 选择离子监测（Scan/SIM）同时采集模式。

各待测组分的定性、定量离子如表 3 所示。

表 3　各组分的保留时间及特征离子

序号	名称	保留时间（min）	选择离子（m/z）	丰度比
1	DBP	6.81	*149，150，223	100：10：6
2	DIPP	7.10	*149，237，207	100：11：4

续表

序号	名称	保留时间(min)	选择离子(m/z)	丰度比
3	DMEP	7.16	*59,58,149,207	100：69：25：16
4	DnIPP	7.25	*149,237,207	100：10：7
5	DnPP	7.40	*149,237,207	100：7：3
6	BBP	8.52	*149,206,238	100：26：4
7	DEHP	8.65	*149,167,279	100：33：3

注：选择离子中带“*”的为定量离子

5.4　测定

5.4.1　定性

如果在试样、标准工作溶液的选择离子色谱图中，在相同保留时间出现色谱峰，则根据表3、表4中各组分特征选择离子丰度指标进行确证。

表4　各组分的特征离子丰度指标

名称	质量数	允许相对偏差
DBP	150	±5%
	223	±10%
DIPP	237	±5%
	207	±20%
DMEP	58	±20%
	149	±10%
	207	±20%
DnIPP	237	±5%
	207	±20%
DnPP	237	±5%
	207	±20%
BBP	206	±5%
	238	±10%
DEHP	167	±10%
	279	±10%

注：允许相对偏差为特征离子相对于定量离子丰度的偏差。

5.4.2　定量

根据试样中被测组分含量，选定适宜浓度标准工作液，使待测样液中各组分的响应值均在仪器检测的线性范围内。如果样液的检测响应值超出仪器检测的线性范围，可适当稀释后再进行测定。按“6”计算各组分的含量。

空白试验：除不称取样品外，按以上步骤进行。

6　分析结果的表述

$$\omega_i = \frac{(\rho_{i1} - \rho_{i2}) \times V}{m}$$

式中：ω_i——试样中邻苯二甲酸二丁酯等 8 种组分的含量，单位 mg/kg；

ρ_{i1}——从标准曲线得到萃取液中各组分的浓度，单位 mg/L；

ρ_{i2}——从标准曲线得到空白中各组分的浓度，单位 mg/L；

V——待测样液定容体积，单位 mL；

m——试样的质量，单位 g。

在重复性条件下获得的两次独立测定结果的绝对差值不得超过算术平均值的 15%。

结果保留到小数点后两位。

7　图谱

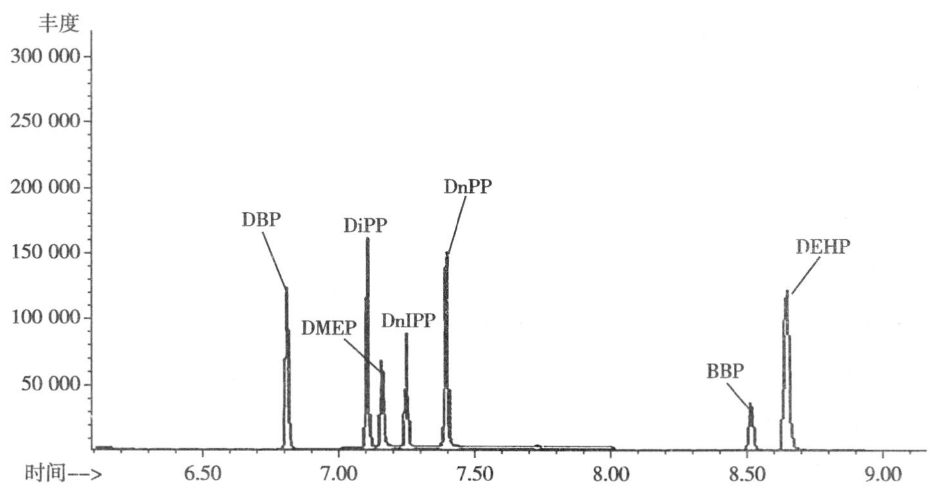

图 1　混合标准溶液气相色谱 - 质谱选择离子色谱图

1：DBP；2：DMEP；3：DIPP；4：DnIPP；5：DnPP；6：BBP；7：DEHP

2.32　二氯甲烷等 15 种组分

Dichloromethane and other 14 kinds of components

1　范围

本方法规定了气相色谱法测定化妆品中二氯甲烷等 15 种组分的含量。

本方法适用于化妆品中二氯甲烷等 15 种组分含量的测定。

本方法所指的二氯甲烷等 15 种组分为二氯甲烷、1,1- 二氯乙烷、1,2- 二氯乙烯、三氯甲烷、1,2- 二氯乙烷、苯、三氯乙烯、甲苯、四氯乙烯、乙苯、间、对 - 二甲苯、苯乙烯、邻二甲苯和异丙苯。

2　方法提要

样品用水稀释，经顶空处理达到气 - 液平衡后进样，用具有氢火焰离子化检测器的气相

色谱仪进行分析，以保留时间定性，峰面积定量。

本方法对二氯甲烷等 15 种组分的检出限、定量下限及取 1g 样品时的检出浓度、最低定量浓度见表 1。

表 1　二氯甲烷等 15 种组分的检出限、定量下限、检出浓度和最低定量浓度

组分名称	检出限（ng）	定量下限（ng）	检出浓度（μg/g）	最低定量浓度（μg/g）
二氯甲烷	58	200	0.58	2.0
1，1- 二氯乙烷	43	150	0.43	1.5
1，2- 二氯乙烯	32	110	0.32	1.1
三氯甲烷	40	140	0.40	1.4
1，2- 二氯乙烷	61	200	0.61	2.0
苯	10	35	0.10	3.5
三氯乙烯	31	110	0.31	1.1
甲苯	11	40	0.11	0.4
四氯乙烯	68	270	0.68	2.7
乙苯	9	30	0.09	0.3
间、对 - 二甲苯	12	40	0.12	0.4
苯乙烯	20	70	0.20	0.7
邻二甲苯	15	50	0.15	0.5
异丙苯	10	35	0.10	0.35

3　试剂和材料

除另有规定外，本方法所用试剂均为分析纯或以上规格，水为 GB/T 6682 规定的一级水。

3.1　甲醇，色谱纯。

3.2　氯化钠：550℃烘 2h~3h。

3.3　二氯甲烷等 15 种组分标准品：二氯甲烷、1，1- 二氯乙烷、1，2- 二氯乙烯、三氯甲烷、1，2- 二氯乙烷、苯、三氯乙烯、甲苯、四氯乙烯、乙苯、间、对 - 二甲苯、苯乙烯、邻二甲苯、异丙苯（均为色谱纯）。

3.4　标准储备溶液制备：分别称取二氯甲烷等 15 种组分标准品各 10mg（精确到 0.00001g），分别置于已加少量甲醇的 10mL 容量瓶中，待溶解完全后用甲醇定容，即得二氯甲烷等 15 种组分标准储备溶液。

表 2　二氯甲烷等 15 种组分的标准储备溶液浓度及标准系列溶液浓度

组分名称	储备溶液浓度（mg/L）	使用溶液浓度（mg/L）	标准系列溶液浓度（mg/L）				
二氯甲烷	1000	100	0.1	0.3	0.5	0.7	1.0
1，1- 二氯乙烷		100	0.1	0.3	0.5	0.7	1.0
1，2- 二氯乙烯		100	0.1	0.3	0.5	0.7	1.0

续表

组分名称	储备溶液浓度(mg/L)	使用溶液浓度(mg/L)	标准系列溶液浓度(mg/L)				
三氯甲烷	1000	100	0.1	0.3	0.5	0.7	1.0
1,2-二氯乙烷		100	0.1	0.3	0.5	0.7	1.0
苯		20	0.02	0.06	0.1	0.14	0.2
三氯乙烯		100	0.1	0.3	0.5	0.7	1.0
甲苯		20	0.02	0.06	0.1	0.14	0.2
四氯乙烯		100	0.1	0.3	0.5	0.7	1.0
乙苯		20	0.02	0.06	0.1	0.14	0.2
间、对-二甲苯		20	0.02	0.06	0.1	0.14	0.2
苯乙烯		20	0.02	0.06	0.1	0.14	0.2
邻二甲苯		20	0.02	0.06	0.1	0.14	0.2
异丙苯		20	0.02	0.06	0.1	0.14	0.2

4 仪器和设备

4.1 气相色谱仪,具氢火焰离子化检测器,分流/不分流进样口,配色谱工作站。

4.2 自动顶空装置,或超级恒温水浴锅(控温精度 ±0.5℃)和气密针。

4.3 顶空瓶:20mL,配聚四氟乙烯密封盖,带刻度。使用前于120℃烘烤2h~3h。

4.4 天平。

5 分析步骤

5.1 混合标准系列溶液的制备

按表2所示,取各标准储备溶液单标适量,用水稀释配成混合标准使用溶液和标准系列溶液。

5.2 样品处理

对于易溶于水的样品,称取样品1g(精确到0.001g)于100mL具塞刻度管中,加水至刻度,混匀,此溶液作为待测溶液备用;对于难溶于水的样品,称取样品0.1g(精确到0.0001g)于已加1.0g氯化钠的顶空瓶中,加水至10mL后立即盖上瓶盖轻轻摇匀,作为待测溶液。

5.3 仪器参考条件

5.3.1 顶空条件

水浴温度:60℃;

平衡时间:30min;

进样体积:60μL。

5.3.2 色谱条件

色谱柱:DB-1(30m×0.32mm×0.25μm),或等效色谱柱;

氮气流速:45.0mL/min;

氢气流速:40.0mL/min;

空气流速:450mL/min;

温度：进样口温度 180℃；检测器温度 200℃；柱温 35℃（5min），5℃/min 升至 120℃，再以 30℃/min 升至 220℃（5min）；

柱流量：1.0mL/min；

分流比：10∶1。

5.4　测定

在“5.3”色谱条件下，分别吸取混合标准系列溶液（5.1）10.0mL 于已加 1.0g 氯化钠的顶空瓶内，立即盖上瓶盖轻轻摇匀，置于 60℃水浴平衡 30min。取气液平衡后的液上气体 60μL 注入气相色谱仪进行分析。以标准系列溶液浓度为横坐标，峰面积为纵坐标，绘制标准曲线。

取“5.2”项下的待测溶液 10.0mL 于已加 1.0g 氯化钠的顶空瓶内，立即盖上瓶盖轻轻摇匀，置于 60℃水浴中平衡 30min。用气密针取待测样品溶液气液平衡后的液上气体 60μL 注入气相色谱仪，进行分析。待测样品色谱图与该组分的标准质谱图比较确证后，根据峰面积，从标准曲线上查得相应组分的质量浓度。按“6”计算样品中各组分的含量。

空白试验：除不称取样品外，按以上步骤操作。

6　计算

$$\omega=\frac{\rho\times V}{m}$$

式中：ω——化妆品中二氯甲烷等 15 种组分的质量分数，μg/g；

ρ——从标准曲线得到各组分的质量浓度，mg/L；

V——样品定容体积，mL；

m——样品取样量，g。

在重复性条件下获得的两次独立测定结果的绝对差值不得超过算术平均值的 10%。

7　图谱

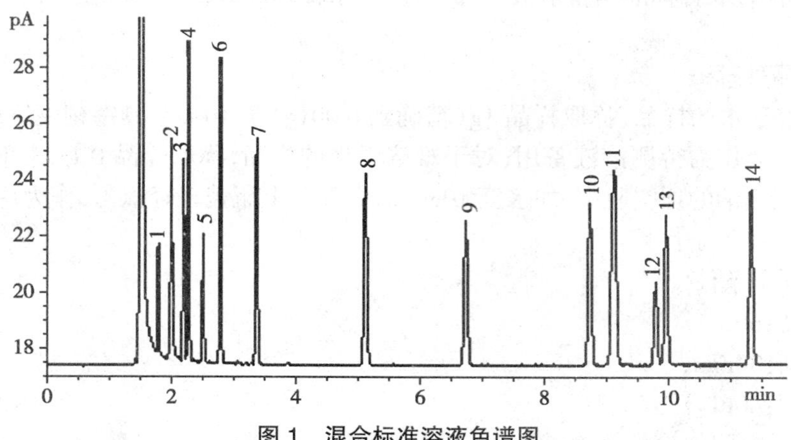

图 1　混合标准溶液色谱图

1：二氯甲烷（1.801min）；2：1，1- 二氯乙烷（2.008min）；3：1，2- 二氯乙烯（2.197min）；4：三氯甲烷（2.289min）；5：1，2- 二氯乙烷（2.516min）；6：苯（2.790min）；7：三氯乙烯（3.380min）；8：甲苯（5.120min）；9：四氯乙烯（6.734min）；10：乙苯（8.726min）；11：间、对 - 二甲苯（9.117min）；12：苯乙烯（9.776min）；13：邻 - 二甲苯（9.946min）；14：异丙苯（11.313min）

附录 A
（规范性附录）
二氯甲烷等 15 种组分阳性结果的确证

对测定过程中有阳性结果的样品，可用气相色谱 - 质谱法确认。

A.1　参考气相色谱 - 质谱条件

色谱柱：DB-1（30m × 0.32mm × 0.25μm），或等效色谱柱；

柱温：初始温度 35℃，保留 5min，然后以 5℃/min 的速度升至 120℃，再以 30℃/min 的速度升至 220℃，保留 5min；

进样口温度 180℃；

离子源温度 230℃；

接口温度 230℃；

扫描模式：选择离子检测；

柱流量：1.5mL/min，恒流模式；

分流比：10：1。

A.2　质谱参考特征离子

表 A.1　二氯甲烷等 15 种组分的质谱参考特征离子

组分名称	特征离子（m/z）
二氯甲烷	49，84，86
1，1- 二氯乙烷	63，65，83
1，2- 二氯乙烯	61，96，98
三氯甲烷	83，85，87
1，2- 二氯乙烷	49，62，98
苯	77，78
三氯乙烯	95，130，132
甲苯	65，91，92
四氯乙烯	166，164，129，131
乙苯	91，106
间、对 - 二甲苯	77，96，106
苯乙烯	78，103，104
邻 - 二甲苯	77，96，106
异丙苯	77，105，120

2.33　乙醇等 37 种组分
Ethanol and other 36 kinds of components

1　范围

本方法从通用性的角度，为化妆品中挥发性有机溶剂的筛查、鉴别和定量提供方法，本

方法为 37 种常用溶剂残留的气相色谱 - 质谱测定方法，适用于化妆品中多种挥发性有机溶剂鉴别和含量测定。

本方法所指的乙醇等 37 种组分为乙醇、乙醚、丙酮、甲酸乙酯、异丙醇、乙腈、乙酸甲酯、二氯甲烷、甲基叔丁基醚、正丙醇、2- 丁酮、乙酸乙酯、四氢呋喃、仲丁醇、氯仿、环己烷、四氯化碳、苯、1,2- 二氯乙烷、异丁醇、乙酸异丙酯、三氯乙烯、正丁醇、二氧六环、乙酸丙酯、4- 甲基 -2- 戊酮、甲苯、异戊醇、乙酸异丁酯、四氯乙烯、正戊醇、乙酸丁酯、乙基苯、对 / 间二甲苯、乙酸异戊酯和邻二甲苯。

2 方法提要

本方法选择在化妆品产品中常见的三个沸点水平（即 40℃、80℃、120℃）的 37 种常用有机溶剂作为研究对象，建立了化妆品中挥发性有机溶剂初筛数据库和定量方法。初筛数据库包括双柱保留指数数据库（自建）和 NIST 质谱库，建立双柱保留指数数据库时选择极性的 VF-1301ms 和弱极性的 DB-5ms 两根极性相反的色谱柱，以考察 37 种挥发性有机溶剂在两根色谱柱上的保留特性，见表 1。

表 1 各组分保留指数及保留指数时间窗

No.	组分	VF-1301ms		DB-5ms	
		KI1	KI1 window	KI2	KI2 window
1	乙醇	506	501~511	479	455~503
2	乙醚	511	506~516	503	478~528
3	丙酮	527	522~532	496	471~521
4	甲酸乙酯	537	532~542	512	486~538
5	异丙醇	538	533~543	499	474~524
6	乙腈	544	539~549	494	469~519
7	乙酸甲酯	548	543~553	521	495~547
8	二氯甲烷	556	550~562	527	501~553
9	甲基叔丁基醚	576	570~582	559	531~587
10	正丙醇	611	605~617	549	522~576
11	2- 丁酮	629	623~635	595	565~625
12	乙酸乙酯	632	626~638	610	580~641
13	四氢呋喃	638	632~644	619	588~650
14	仲丁醇	642	636~648	602	572~632
15	氯仿	646	640~652	617	586~648
16	环己烷	652	645~659	652	619~685
17	四氯化碳	658	651~665	651	618~684
18	苯	671	664~678	649	617~681

续表

No.	组分	VF-1301ms		DB-5ms	
		KI1	KI1 window	KI2	KI2 window
19	1,2-二氯乙烷	678	671~685	642	610~674
20	异丁醇	680	673~687	619	588~650
21	乙酸异丙酯	687	680~694	652	619~685
22	三氯乙烯	715	708~722	697	662~732
23	正丁醇	724	717~731	655	622~688
24	二氧六环	737	730~744	706	671~741
25	乙酸丙酯	749	742~756	713	677~749
26	4-甲基-2-戊酮	784	776~792	735	698~772
27	甲苯	786	778~794	757	719~795
28	异戊醇	794	786~802	733	696~770
29	乙酸异丁酯	804	796~812	763	725~801
30	四氯乙烯	812	804~820	803	763~843
31	正戊醇	826	818~834	758	720~796
32	乙酸丁酯	847	839~855	809	769~849
33	乙基苯	880	871~889	839	797~881
34,35	对/间二甲苯	889	880~898	845	803~887
36	乙酸异戊酯	906	897~915	847	805~889
37	邻二甲苯	914	905~923	857	814~900

本方法采用顶空进样，用水分散样品（脂溶性样品加入适量甲醇），用气相色谱-质谱仪进行分析，以极性的 VF-1301ms 和弱极性的 DB-5ms 色谱柱建立双柱保留指数，并结合 NIST 质谱库初筛定性，使用对照品对可疑阳性组分进行确证，选择极性柱 VF-1301ms 以外标法对阳性组分定量。本方法各组分的检出浓度及最低定量浓度（1g 样品）、线性范围见表 2。

表 2　各组分的检出浓度、最低定量浓度

序号	组分名称	VF-1301ms		DB-5ms		线性范围
		检出浓度/(μg/g)	定量浓度/(μg/g)	检出浓度/(μg/g)	定量浓度/(μg/g)	
1	乙醇	3.3	10	10	33	0.500~20.0
2	乙醚	0.25	0.67	0.07	0.20	0.050~1.00
3	丙酮	0.03	0.10	0.50	1.3	0.005~0.200

续表

序号	组分名称	VF-1301ms		DB-5ms		线性范围
		检出浓度 /（μg/g）	定量浓度 /（μg/g）	检出浓度 /（μg/g）	定量浓度 /（μg/g）	
4	甲酸乙酯	2.5	6.7	10	25	0.500~20.0
5	异丙醇	1.4	5.0	3.3	10	0.500~20.0
6	乙腈	1.4	5.0	10	25	0.500~20.0
7	乙酸甲酯	0.50	1.4	1.3	5	0.050~2.00
8	二氯甲烷	0.03	0.10	0.33	1.0	0.005~0.100
9	甲基叔丁基醚	0.02	0.05	0.03	0.10	0.005~0.200
10	正丙醇	10	33	10	25	0.500~20.0
11	2- 丁酮	0.67	2.5	1.0	3.3	0.500~10.0
12	乙酸乙酯	0.50	1.4	0.33	1.0	0.050~2.00
13	四氢呋喃	2.0	6.7	1.0	2.9	0.500~10.0
14	仲丁醇	1.0	3.3	1.3	5.0	0.500~10.0
15	氯仿	0.02	0.07	0.02	0.07	0.005~0.100
16	环己烷	0.17	0.50	1.0	2.9	0.050~1.00
17	四氯化碳	0.07	0.25	0.07	0.20	0.050~1.00
18	苯	0.02	0.07	0.07	0.20	0.005~0.100
19	1,2- 二氯乙烷	0.05	0.13	0.03	0.10	0.005~0.100
20	异丁醇	10	33	10	25	0.500~10.0
21	乙酸异丙酯	0.50	1.4	0.33	1.0	0.050~2.00
22	三氯乙烯	0.01	0.03	0.03	0.10	0.005~0.100
23	正丁醇	3.3	10	10	25	0.500~10.0
24	二氧六环	1.4	5	10	25	0.500~20.0
25	乙酸丙酯	0.33	1.0	0.50	1.3	0.050~1.00
26	4- 甲基 -2- 戊酮	0.33	1.0	0.33	1.0	0.050~1.00
27	甲苯	0.02	0.07	0.10	0.33	0.005~0.100
28	异戊醇	3.3	12	5.0	13	0.500~10.0
29	乙酸异丁酯	0.17	0.5	0.20	0.50	0.050~2.00
30	四氯乙烯	0.02	0.07	0.03	0.10	0.005~0.100
31	正戊醇	5.0	16.7	5.0	13.3	0.500~10.0
32	乙酸丁酯	0.25	0.67	0.20	0.67	0.050~1.00
33	乙基苯	0.07	0.25	0.10	0.33	0.050~1.00

续表

序号	组分名称	VF-1301ms		DB-5ms		线性范围
		检出浓度/(μg/g)	定量浓度/(μg/g)	检出浓度/(μg/g)	定量浓度/(μg/g)	
34,35	对/间二甲苯	0.07	0.25	0.20	0.50	0.050~1.00
36	乙酸异戊酯	0.50	1.4	0.20	0.50	0.050~1.00
37	邻二甲苯	0.10	0.33	0.20	0.50	0.050~1.00

3　试剂和材料

除另有规定外，本方法所用试剂均为分析纯或以上规格，水为GB/T 6682规定的一级水。

3.1　甲醇(CH_3OH)，色谱纯。

3.2　氯化钠(NaCl)，优级纯。

4　仪器和设备

4.1　气相色谱-质谱仪。

4.2　天平。

4.3　超声波清洗器。

4.4　涡旋混合仪。

5　分析步骤

5.1　混合标准溶液的制备

5.1.1　37种挥发性有机溶剂标准储备溶液

分别称取挥发性有机溶剂对照品或试剂20mg(精确到0.0001g)于10mL容量瓶中，以甲醇溶解并定容至10mL，配成约2g/L的单标溶液。对于纯度大于98%的组分，可直接计算标准储备溶液的浓度，对于小于98%的组分，需先进行质量校正后进行计算。

5.1.2　37种挥发性有机溶剂混合对照品工作溶液

根据需要分别吸取适量的标准储备溶液，至适宜容量瓶用纯水溶解并定容(37种挥发性有机溶剂线性范围见表2)，得到混合标准储备溶液。分别准确移取混合标准储备溶液0.25mL、0.5mL、1mL、2.5mL、5mL、10mL至10mL容量瓶，定容后得到混合标准系列溶液。

5.1.3　正构烷烃混合对照品溶液的配制：

分别吸取适量的正戊烷、正己烷、正庚烷及C_8-C_{40}正构烷烃混标，以甲醇稀释得500μg/mL的正构烷烃混合标准储备液。吸取适量正构烷烃混合标准储备液以水稀释得各组分浓度为0.1μg/mL的正构烷烃混合对照品溶液，该对照品溶液用于计算37种挥发性有机溶剂双柱保留指数。

5.2　样品处理

称取样品1g(精确到0.001g)于100mL容量瓶中，加水分散并定容至刻度，脂溶性样品，加入适量甲醇后用水定容至刻度。涡旋1min。取10mL样品溶液至20mL顶空瓶中，加入1gNaCl(马弗炉550℃烘烤过夜)，加铝盖密封并尽快测定。

5.3　仪器参考条件

5.3.1　顶空参考条件

平衡温度:60℃

进样温度:100℃

传输线温度:120℃

平衡时间:30min

定量环:1mL

5.3.2　色谱参考条件

色谱柱:极性柱:VF-1301ms 毛细管色谱柱(30m × 0.25mm × 1μm),或等效色谱柱;

弱极性柱:DB-5ms 毛细管色谱柱(30m × 0.25mm × 1μm),或等效色谱柱;

流量:1.3mL/min;

进样口温度:150℃;

进样方式:分流进样,分流比 50 : 1;

程序升温:初始温度 30℃,保持 10min,以 5℃/min 升至 100℃,30℃/min 升至 220℃,保持 5min。

5.3.3　质谱参考条件

电子轰击源,碰撞能量 70eV;离子源温度 230℃;四级杆温度 150℃;传输线温度 220℃;选择离子监测(SIM)模式。37 种挥发性有机溶剂在极性柱和弱极性柱的保留时间,定性离子和定量离子见表 3。采用分时段分别监测,极性柱和弱极性柱的质谱参数分别见表 5、表 6。

表 3　各组分的 GC-MS 检测参数

序号	组分名称	保留时间 /min		定量离子 (m/z)	定性离子 1 (m/z)	定性离子 2 (m/z)	丰度比 (VF-1301ms)
		VF-1301ms	DB-5ms				
1	乙醇	2.128	2.135	45	46	/	100 : 42
2	乙醚	2.211	2.711	59	74	31	100 : 98 : 63
3	丙酮	2.472	2.523	43	58	42	100 : 66 : 8
4	甲酸乙酯	2.637	2.911	74	73	/	100 : 38
5	异丙醇	2.643	2.611	45	43	41	100 : 25 : 6
6	乙腈	2.755	2.485	41	38	39	100 : 19 : 10
7	乙酸甲酯	2.815	3.124	43	74	59	100 : 42 : 7
8	二氯甲烷	2.956	3.274	84	49	86	100 : 74 : 65
9	甲基叔丁基醚	3.288	4.051	73	57	41	100 : 21 : 14
10	正丙醇	4.133	3.794	31	59	42	100 : 45 : 27
11	2- 丁酮	4.93	4.890	43	72	57	100 : 52 : 11
12	乙酸乙酯	5.102	5.646	43	61	70	100 : 24 : 23
13	四氢呋喃	5.327	6.262	42	71	72	100 : 76 : 84
14	仲丁醇	5.518	5.164	45	59	43	100 : 31 : 15

续表

序号	组分名称	保留时间 /min		定量离子（m/z）	定性离子 1（m/z）	定性离子 2（m/z）	丰度比（VF-1301ms）
		VF-1301ms	DB-5ms				
15	氯仿	5.677	6.148	83	85	47	100：66：13
16	环已烷	5.975	8.389	84	56	69	100：82：31
17	四氯化碳	6.219	8.276	117	119	121	100：98：32
18	苯	6.781	8.205	78	77	51	100：22：9
19	1,2- 二氯乙烷	7.092	7.720	62	64	49	100：33：33
20	异丁醇	7.211	6.255	43	41	42	100：68：60
21	乙酸异丙酯	7.511	8.377	43	61	87	100：37：27
22	三氯乙烯	9.163	11.287	130	132	95	100：100：69
23	正丁醇	9.831	8.584	56	41	31	100：47：24
24	二氧六环	10.777	11.943	88	58	29	100：45：9
25	乙酸丙酯	11.61	12.496	43	61	73	100：52：27
26	4- 甲基 -2- 戊酮	14.122	14.177	43	58	85	100：62.：40
27	甲苯	14.306	15.852	91	92	65	100：65.：8
28	异戊醇	14.903	14.048	55	70	42	100：84.：52
29	乙酸异丁酯	15.522	16.361	43	56	73	100：51.：35
30	四氯乙烯	15.937	18.037	166	164	129	100：80.：60
31	正戊醇	16.637	15.987	55	42	70	100：85.：83
32	乙酸丁酯	17.673	18.506	43	56	41	100：64.：16
33	乙基苯	19.364	20.824	91	106	105	100：42.：6
34,35	对 / 间二甲苯	19.822	21.307	91	106	105	100：68：27
36	乙酸异戊酯	20.569	21.475	43	70	55	100：108：66
37	邻二甲苯	20.896	22.270	91	106	105	100：64：23

注：VF1301ms 色谱柱用于 37 种挥发性有机溶剂的定性筛查、确证和定量测定；
DB-5ms 色谱柱用于 37 种挥发性有机溶剂的定性筛查。

表 4　定性确证时相对离子丰度的最大允许偏差

相对离子丰度（k）	k>50%	50%≥k>20%	20%≥k>10%	k≤10%
允许的最大偏差	± 20%	± 25%	± 30%	± 50%

表 5　各组分选择离子监测模式的质谱参数（极性柱）

Segment No.	Time/min	selected ion（m/z）	Dwell time/ms
1	0.0~4.5	86,84,74,73,59,58,57,49,46,45,43,42,41,39,38,31,28	20
2	4.5~6.5	121,119,117,85,84,83,72,71,70,69,61,59,57,56,47,45,43,42	20
3	6.5~8.0	87,78,77,64,62,61,51,49,43,42,41	30
4	8.0~11.0	132,130,95,88,58,56,41,31,29	30
5	11.0~13.2	73,61,43	100
6	13.2~15.2	92,91,79,70,65,58,55,52,51,42	30
7	15.2~16.2	166,164,129,73,56,43	60
8	16.2~18.4	70,56,55,43,43,42,41	60
9	18.4~33.0	106,105,91,70,56,55,43	40

表 6　各组分选择离子监测模式的质谱参数（弱极性柱）

Segment No.	Time/min	selected ion（m/z）	Dwell time/ms
1	0.0~4.4	86,84,74,73,59,58,57,49,46,45,43,42,41,39,38,31,28	20
2	4.4~7.0	85,83,72,71,70,61,59,57,47,45,43,42,41	30
3	7.0~10.5	121,119,117,87,84,78,77,69,64,62,61,56.51,49,43,41,31	20
4	10.5~13.5	132,130,95,88,73,61,58,43,29	40
5	13.5~15.2	79,70,55,52,51,42	40
6	15.2~17.5	92,91,73,70,65,56,55,43,42	40
7	17.5~19.5	166,164,129,56,43,41	50
8	19.5~33.0	106,105,91,70,55,43	50

5.4　测定

5.4.1　样品测定

在设定顶空、色谱和质谱条件下，测定待测溶液。

5.4.2　保留指数的测定

取正构烷烃混合对照品溶液在设定色谱和质谱条件下进行测定，分别记录各正构烷烃的保留时间，采用线性升温公式计算各组分的 KI 值，见下式：

$$KI=100n+\frac{100(t_x-t_n)}{t_{n+1}-t_n}$$

式中：t_x——被分析组分流出峰的保留时间（min）；

t_n，t_{n+1}——分别为碳原子数处于 n 和 n+1 之间的正烷烃（$t_n<t_x<t_{n+1}$）的保留时间（min）。

6　数据库的应用

6.1　初筛数据库的使用

按 5.1 项下方法处理好样品后注入气相色谱 - 质谱仪，分别测定样品在极性柱和弱极性柱上的保留指数，与本项目自建的双柱保留指数数据库进行对比，若样品待测组分均在某溶剂双柱保留指数数据库数据范围内，则使用 NIST 质谱库检索进一步确认待测组分。若结果仍成阳性，则使用对照品再进行确证和定量计算。具体技术路线见图 1。

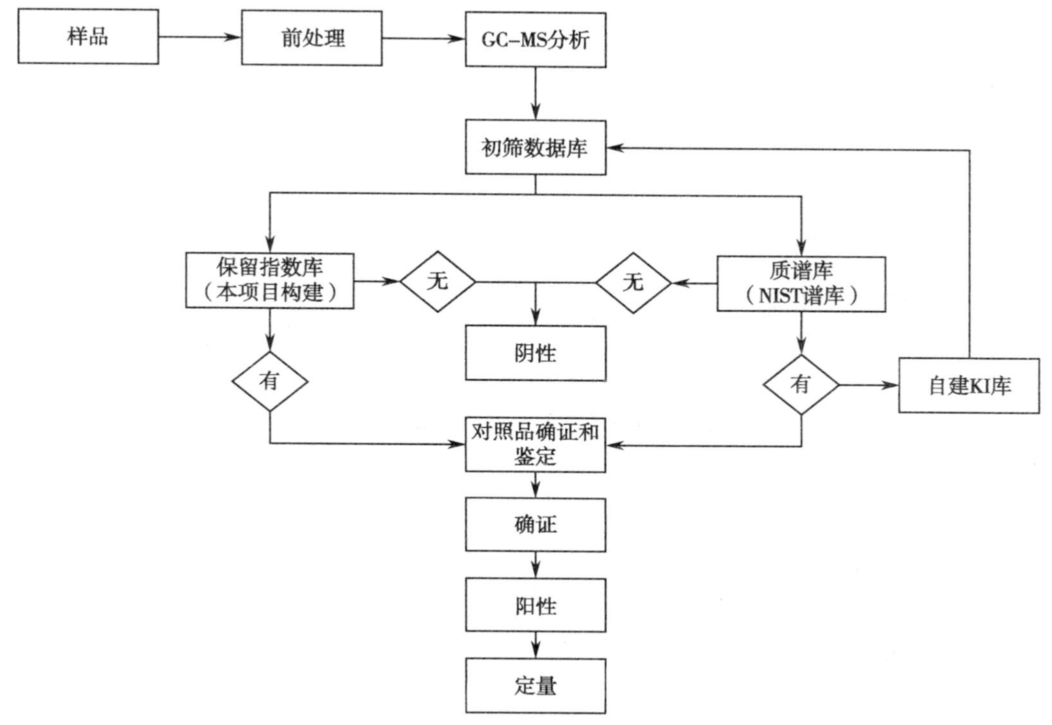

图 1　化妆品中溶剂残留通用检测方法建立的技术路线

6.2　样品的确证与定量测定

按 5.1 项下方法处理好样品后注入连接极性色谱柱的气相色谱 - 质谱仪，根据标准曲线求出各种挥发性有机溶剂的含量。

7　分析结果的表述

7.1　计算

$$\omega=\frac{D\times\rho\times V}{m}$$

式中：ω——化妆品中乙醇等 37 种组分的含量，μg/g；

ρ——从标准曲线上得到各组分的质量浓度，μg/mL；

V——样品定容体积，mL；

m——样品取样量，g；

D——稀释倍数（不稀释则取 1）。

7.2　回收率和精密度

37 种挥发性有机溶剂的方法回收率在 60%~130% 之间，相对标准偏差在 10% 以内。

8　图谱

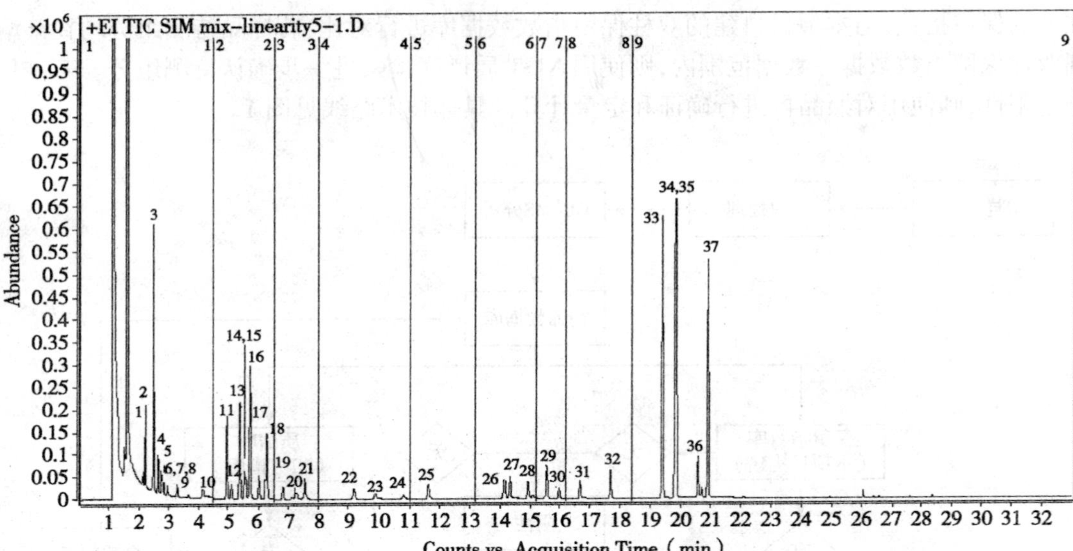

图 2　混合标准溶液总离子流图（极性柱）

1：乙醇；2：乙醚；3：丙酮；4：甲酸乙酯；5：异丙醇；6：乙腈；7：乙酸甲酯；8：二氯甲烷；9：甲基叔丁基醚；10：正丙醇；11：2- 丁酮；12：乙酸乙酯；13：四氢呋喃；14：仲丁醇；15：氯仿；16：环已烷；17：四氯化碳；18：苯：19：1，2- 二氯乙烷；20：异丁醇；21：乙酸异丙酯；22：三氯乙烯；23：正丁醇；24：二氧六环；25：乙酸丙酯；26：4- 甲基 -2- 戊酮；27：甲苯；28：异戊醇；29：乙酸异丁酯；30：四氯乙烯；31 正戊醇；32：乙酸丁酯；33：乙基苯；34，35：间 / 对二甲苯；36：乙酸异戊酯；37：邻二甲苯

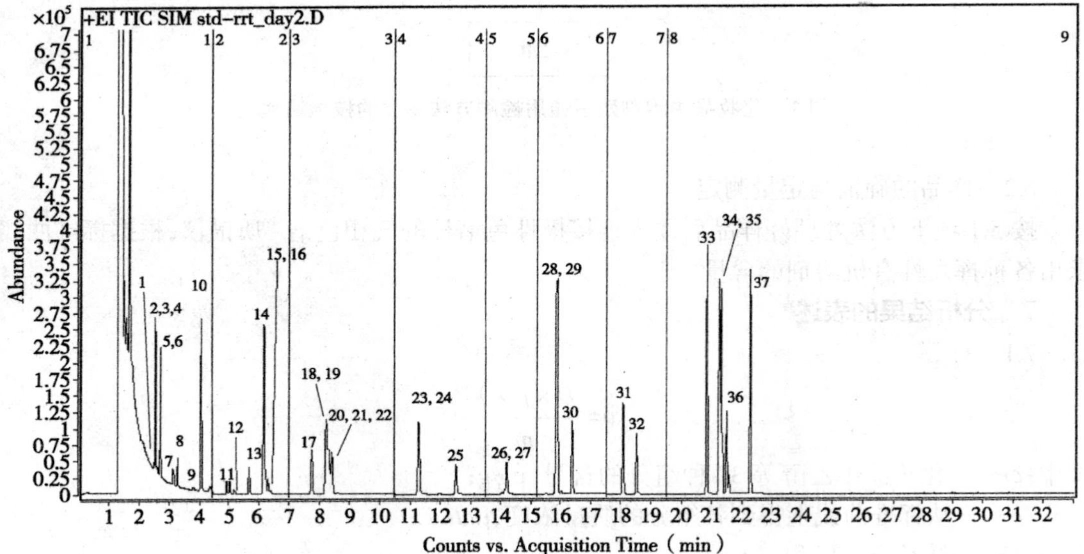

图 3　混合标准溶液总离子流图（弱极性柱）

1：乙醇；2：乙腈；3：丙酮；4：异丙醇；5：乙醚；6：甲酸乙酯；7：乙酸甲酯；8：二氯甲烷；9：正丙醇；10：甲基叔丁基醚；11：2- 丁酮；12：仲丁醇；13：乙酸乙酯；14：氯仿；15：四氢呋喃；16：异丁醇；17：1，2- 二氯乙烷；18：苯；19：四氯化碳；20：乙酸异丙酯；21：环已烷；22：正丁醇；23：三氯乙烯；24：二氧六环；25：乙酸丙酯；26：4- 甲基 -2- 戊酮；27：异戊醇；28：甲苯；29：正戊醇；30：乙酸异丁酯；31：四氯乙烯；32：乙酸丁酯；33：乙基苯；34，35：间 / 对二甲苯；36：乙酸异戊酯；37：邻二甲苯

附录 A

37 种挥发性有机溶剂理化参数

编号	名称	CAS 号	化学式	相对分子量	熔点	沸点	储存条件	水溶解性	化学性质	用途
1	乙基苯	100-41-4	C_8H_{10}	106.17	-95℃	34.6℃	0℃~6℃	0.0206g/100mL	无色液体，具有芳香气味，蒸气略重于空气。溶于乙醇、苯、四氯化碳及乙醚，几乎不溶于水。	用作苯乙烯的原料，也用于制药和其他有机合成。
2	乙醚	60-29-7	$C_4H_{10}O$	74.12	-116℃	34.6℃	Store at RT.	69g/L（20℃）	无色易挥发的流动液体，有芳香气味。具有吸湿性，味甜。溶于乙醇、苯、氯仿及石油，微溶于水。	常用作分析试剂、溶剂及萃取剂，也用于有机合成。
3	二氯甲烷	75-9-2	CH_2Cl_2	84.93	-97℃	39.8℃~40℃	Store at RT.	20g/L（20℃）	无色透明易挥发液体。具有类似醚的刺激性气味。溶于约 50 倍的水，溶于酚、醛、酮、冰醋酸、磷酸三乙酯、乙酰乙酸乙酯、环己胺。与其他氯代烃溶剂乙醇、乙醚和 N，N-二甲基甲酰胺混溶。	二氯甲烷是杀菌剂腈菌唑和咪菌唑生产的原料，也是一种很好的溶剂。
4	甲酸乙酯	109-94-4	$C_3H_6O_2$	74.08	-80℃	52℃~54℃	Flammables area	11g/100mL（18℃）	无色透明液体，易挥发，有好闻的芳香味。与乙醇、乙醚混溶，易溶于丙酮。在水中溶解度 11.8g/100ml。	GB 2760 规定为允许使用的食用香料。主要用于配制朗姆酒、杏、桃、菠萝、什锦水果和雪莉酒等型香精。
5	丙酮	67-64-1	C_3H_6O	58.08	-94℃	56℃	Store at RT.	soluble	无色易挥发易燃液体，微有香气。能与水、甲醇、乙醇、乙醚、氯仿和吡啶等混溶。能溶解油、脂肪、树脂和橡胶。	在化工、人造纤维、医药、油漆、塑料、有机玻璃、化妆品等行业中作为重要的有机原料，是优良的有机溶剂。

续表

编号	名称	CAS 号	化学式	相对分子量	熔点	沸点	储存条件	水溶解性	化学性质	用途
6	乙酸甲酯	79-20-9	$C_3H_6O_2$	74.08	-98℃	57℃ ~ 58℃	Flammables area	250g/L（20℃）	无色液体，具有芳香味。与醇、醚互溶，在水中溶解度为31.9g/100ml（20℃）。	GB 2760 规定为允许使用的食用香料。
7	氯仿	67-66-3	$CHCl_3$	119.38	-63℃	61℃	2℃ ~8℃	8g/L（20℃）	无色透明、高折射率、易挥发的液体。有特殊香甜气味。与乙醇、乙醚、苯、石油醚、四氯化碳、二硫化碳和挥发油等混溶，微溶于水（25℃时1ml溶于约200ml水）。	主要用于制造氟利昂22，医药上用作溶剂和麻醉剂，也可作为橡胶、树脂、油脂的溶剂 用作溶剂、洗涤剂和各种带色化合物的提取剂。
8	乙酸乙酯	141-78-6	$C_4H_8O_2$	88.11	-84℃	76.5℃ ~ 77.5℃	2℃ ~8℃	80g/L（20℃）	无色、具有水果香味的易燃液体。与醚、醇、卤代烃、芳烃等多种有机溶剂混溶，微溶于水。	GB 2760 规定为允许使用的食用香料。主要用于着香、柿子脱涩、制作香辛料的颗粒或片剂、酿醋配料。广泛用于配制樱桃、桃、杏等水果型香精及白兰地等酒用香精。
9	四氯化碳	56-23-5	CCl_4	153.82	-23℃	76℃ ~ 77℃	2℃ ~8℃	0.8g/L（20℃）	无色透明挥发液体，具有特殊的芳香气味。味甜。1ml溶于2000ml水，与乙醇、乙醚、氯仿、苯、二硫化碳、石油醚和多数挥发油等混溶。	用作溶剂、灭火剂、有机物的氯化剂、香料的浸出剂、纤维的脱脂剂、粮食的蒸煮剂、药物的萃取剂、织物的干洗剂。
10	乙醇	64-17-5	C_2H_6O	46.06844	-114℃	78℃	Store at RT.	miscible	无色透明、易燃易挥发液体。有酒的气味和刺激性辛辣味。溶于水、甲醇、乙醚和氯仿。能溶解许多有机化合物和若干无机化合物。	是重要的基础化工原料之一，广泛用于有机合成、医药、农药等行业，也是一种重要的有机溶剂。

续表

编号	名称	CAS 号	化学式	相对分子量	熔点	沸点	储存条件	水溶解性	化学性质	用途
11	苯	71-43-2	C_6H_6	78.11	5.5℃	80℃	0℃ ~6℃	0.18g/100mL	无色至淡黄色易挥发、非极性液体。具有高折射性和强烈芳香味,易燃,有毒！与乙醇、乙醚、丙酮、四氯化碳、二硫化碳和醋酸混溶,微溶于水。	最重要的基本有机化工原料之一,是生产合成树脂、塑料、合成纤维、橡胶、洗涤剂、染料、医药、农药、炸药等的重要基础原料。
12	环己烷	110-82-7	C_6H_{12}	84.16	4℃~7℃	80.7℃	Store at RT.	practically insoluble	常温下为无色液体,具有刺激性气味。不溶于水,溶于乙醇,丙酮和苯。	环己烷大部分用于制造己二酸、己内酰胺及己二胺(占总消费量 98%),小部分用于制造环己胺及其他方面。
13	乙腈	75-5-8	C_2H_3N	41.05	-48℃	81℃ ~ 82℃	2~8℃	miscible	无色透明液体,有类似醚的异香。可与水、甲醇、醋酸甲酯、丙酮、乙醚、氯仿、四氯化碳和氯乙烯混溶。	化妆品安全技术规范禁用组分。
14	异丙醇	67-63-0	C_3H_8O	60.1	-89.5℃	82℃	Flammables area	miscible	无色透明可燃性液体,有似乙醇的气味。与水、乙醇、乙醚、氯仿混溶。	在制药和化妆品工业,异丙醇用于制造生产擦洗液,手和身体乳液,防腐剂,以及制药发红剂。
15	1,2-二氯乙烷	107-06-2	$C_2H_4Cl_2$	98.96	-35℃	83℃	0℃ ~6℃	8.7g/L (20℃)	无色透明油状液体,具有类似氯仿的气味,味甜。溶于约 120 倍的水,与乙醇、氯仿、乙醚混溶。能溶解油和脂类、润滑脂、石蜡。	食品工业用加工助剂,一般应在制成最后成品之前除去,有规定食品中残留量的除外,无最大允许使用量。主要用于制造氯乙烯、乙二酸和乙二胺,还可作溶剂、谷物熏蒸剂、洗涤剂、萃取剂、金属脱油剂等。

续表

编号	名称	CAS 号	化学式	相对分子量	熔点	沸点	储存条件	水溶解性	化学性质	用途
16	2- 丁酮	78-93-3	C_4H_8O	72.11	-87℃	80℃	2℃ ~8℃	290g/L（20℃）	无色易燃液体，有丙酮的气味。溶于水、乙醇和乙醚，可与油混溶。	GB 2760 规定为允许使用的食用香料。主要用于配制干酪、咖啡和香蕉型香精。亦可用作萃取溶剂。FEMA：作香料用。
17	三氯乙烯	28861	C_2HC_{l3}	131.39	-86℃	87℃	0℃ ~6℃	Slightly soluble. 0.11g/100mL	无色稳定、低佛点重质油状液体，具有类似氯仿的气味。与一般有机溶剂混溶，微溶于水。	用于制造靛蓝及其他染料，生产一氯代乙酸，是重要的工业溶剂，用作金属洗涤剂、干洗剂、农用杀虫剂等。
18	乙酸异丙酯	108-21-4	$C_5H_{10}O_2$	102.13	-73℃	88.8℃	Flammables area	2.90g/100mL	无色透明液体，有水果香味。易挥发。与醇、酮、醚等多数有机溶剂混溶。20℃时在水中溶解 2.9%（重量）。	用作涂料、印刷油墨等的溶剂，也是工业上常用的脱水剂，药物生产中的萃取剂及香料组分。我国 GB2760 规定为允许使用的食用香料。主要用以配制朗姆酒香精和水果型香料的溶剂。
19	正丙醇	71-23-8	C_3H_8O	60.1	-127℃	97℃	Store at RT.	soluble	无色透明液体，有类似乙醇的气味。	萃取溶剂；GB 2760：食品用香料、食品加工助剂。丙醇直接用作溶剂或合成乙酸丙酯，用于涂料溶剂、印刷油墨、化妆品等。
20	仲丁醇	78-92-2	$C_4H_{10}O$	74.12	-115℃	98℃	Flammables area	12.5g/100mL（20℃）	无色透明微粘易燃液体，有强烈特殊气味。易溶于水，混溶于乙醇和醚。	萃取溶剂；香料。

续表

编号	名称	CAS 号	化学式	相对分子量	熔点	沸点	储存条件	水溶解性	化学性质	用途
21	乙酸丙酯	109-60-4	$C_5H_{10}O_2$	102.13	-95℃	102℃	Flammables area	2g/100mL（20℃）	无色液体，具有柔和的水果香味。与醇、醚、酮、烃类互溶，微溶于水。	GB 2760 规定为允许使用的食用香料。主要用以配制梨、蜜糖、香蕉、苹果、含醇饮料和醋栗等型香精，亦用作水果型香料的溶剂。
22	异丁醇	78-83-1	$C_4H_{10}O$	74.12	-108℃	108℃	Flammables area	95g/L（20℃）	无色透明液体。有特殊气味。溶于约 20 倍的水，与乙醇和乙醚混溶。	萃取溶剂。GB 2760 规定为允许使用的食用香料。
23	甲苯	108-88-3	C_7H_8	92.14	-95℃	111℃	0℃ ~6℃	0.5g/L（20℃）	无色透明液体，有类似苯的芳香气味。不溶于水，可混溶于苯、醇、醚等多数有机溶剂。	广泛用作有机溶剂和合成医药、涂料、树脂、染料、炸药和农药等的原料。
24	乙酸异丁酯	110-19-0	$C_6H_{12}O_2$	116.16	-99℃	116℃	Flammables area	7g/L（20℃）	具有柔和水果酯香味的水白色液体。与醇、醚及烃类等多种有机溶剂混溶。	具有生梨和复盆子的香气，常作果实香精，用于调配香蕉、菠萝、复盆子和梨味香精。也用作玫瑰的调配剂。
25	正丁醇	71-36-3	$C_4H_{10}O$	74.12	-89℃	117.6℃	Store at RT.	80g/L（20℃）	无色液体，有酒味。20℃时在水中的溶解度 7.7%（重量），水在正丁醇中的溶解度 20.1%（重量）。与乙醇、乙醚及其他多种有机溶剂混溶。	GB 2760 规定为允许使用的食用香料。主要用于配制香蕉、奶油、威士忌和干酪等型香精。亦用作萃取用溶剂、色素稀释剂。
26	四氯乙烯	127-18-4	C_2Cl_4	165.83	-22℃	121℃	0℃ ~6℃	-22.0℃	无色透明液体，具有类似乙醚的气味。能溶解多种物质（如橡胶、树脂、脂肪、三氯化铝、硫、碘、氯化汞）。与乙醇、乙醚、氯仿、苯混溶。溶于约 10 000 倍体积的水。	用作有机溶剂、干洗剂、油脂萃取剂、烟幕剂、脱硫剂及织物整理剂等。

续表

编号	名称	CAS 号	化学式	相对分子量	熔点	沸点	储存条件	水溶解性	化学性质	用途
27	乙酸丁酯	123-86-4	$C_6H_{12}O_2$	116.16	−78℃	124℃ ~ 126℃	Flammables area	0.7g/100mL（20℃）	具有愉快水果香味的无色易燃液体。与醇、酮、醚等有机溶剂混溶，与低级同系物相比，较难溶于水。	GB 2760 规定为允许使用的食用香料。作为香料，大量用于配制香蕉、梨、菠萝、杏、桃及草莓、浆果等型香精。亦可用作天然胶和合成树脂等的溶剂。
28	异戊醇	123-51-3	$C_5H_{12}O$	88.15	−117℃	131℃ ~ 132℃	Flammables area	25g/L（20℃）	无色至淡黄色澄清油状液体。有苹果白兰地香气和辛辣味。蒸气有毒。混溶于乙醇和乙醚，微溶于水。	GB 2760 规定为允许使用的食用香料。主要用以配制苹果和香蕉等型香精。
29	正戊醇	71-41-0	$C_5H_{12}O$	88.15	−78℃	136℃ ~ 138℃	Flammables area	22g/L（22℃）	无色液体，有杂醇油气味。微溶于水，溶于乙醇、乙醚、丙酮。	GB 2760 规定为允许使用的食用香料。用于巧克力、威士忌酒、香葱、苹果、坚果、面包、谷物等香精。
30	对二甲苯	106-42-3	C_8H_{10}	106.17	12℃~13℃	138℃	0℃ ~6℃	insoluble	无色液体，在低温下结晶。可与乙醇、乙醚、苯、丙酮混溶，不溶于水。	用作生产聚酯纤维和树脂、涂料、染料及农药的原料。
31	间二甲苯	108-38-3	C_8H_{10}	106.17	−48℃	139℃	0℃ ~6℃	insoluble	无色透明液体，有强烈芳香气味。不溶于水，溶于乙醇和乙醚。	用于生产间苯二甲酸、间甲基苯甲酸、间苯二甲腈等，也可用作医药、染料、香料、彩色胶片成色剂的原料。

续表

编号	名称	CAS 号	化学式	相对分子量	熔点	沸点	储存条件	水溶解性	化学性质	用途
32	乙酸异戊酯	123-92-2	$C_7H_{14}O_2$	130.18	−78℃	142℃ 756mm Hg	Flammables area	0.20g/100mL. Slightly soluble	无色透明液体，有愉快的香蕉香味。易挥发。与乙醇、乙醚、苯、二硫化碳等有机溶剂互溶，几乎不溶于水。	GB 2760 规定为允许使用的食用香料。广泛用于配制各种果味食用香精，如雪梨、香蕉等型，在烟用和日用化妆香精中亦适量应用。
33	邻二甲苯	95-47-6	C_8H_{10}	106.17	−26℃~−23℃	143℃~145℃	0℃~6℃	insoluble	无色透明液体，有芳香气味。可与乙醇、乙醚、丙酮和苯混溶，不溶于水。	主要用于生产邻苯二甲酸酐。
34	甲基叔丁基醚	1634-04-4	$C_5H_{12}O$	88.15	−110℃	55℃~56℃	−20℃	51g/L（20℃）	无色、低粘度液体，具有类似萜烯的臭味。微溶于水，但与许多有机溶剂互溶。	主要用作汽油添加剂，提高辛烷值，亦可裂解制得异丁烯。
35	1,4-二氧六环	123-91-1	$C_4H_8O_2$	88.11	12℃	101℃	Flammables area	soluble	无色液体。能与水及多数有机溶剂混溶。当无水时易形成爆炸性过氧化物。有清香的酯味。	该品在医药、化妆品、香料等特殊精细化学品制造，以及科学研究中作为溶剂、反应介质、萃取剂使用。
36	4-甲基-2-戊酮	108-10-1	$C_6H_{12}O$	100.16	−84℃	117℃~118℃	2℃~8℃	17g/L（20℃）	本品为具有樟脑气味的无色透明液体，能与酚、醛、醚、苯等有机溶剂混溶。本品有毒，蒸气刺激眼睛和呼吸道。	香料。主要用以配制朗姆酒、干酪和水果型香精。
37	四氢呋喃	109-99-9	C_4H_8O	72.11	33℃~36℃	66℃	2℃~8℃	miscible	无色透明液体，有乙醚气味。与水、醇、酮、苯、酯、醚、烃类混溶。	用作色谱分析试剂、有机溶剂及尼龙 66 中间体。

附录 B

37 种挥发性有机溶剂禁限用情况

第一类:禁用有机溶剂

序号	中文名称	英文名称
1	苯	Benzene
2	氯仿	Chloroform
3	乙腈	Acetonitrile
4	四氯化碳	Carbon tetrachloride
5	三氯乙烯	Trichloroethylene
6	四氯乙烯	Tetrachloroethylene

第二类:限用有机溶剂

序号	中文名称	英文名称
7	二氯甲烷	Dichloromethane

第三类:暂无规定有机溶剂

序号	中文名称	英文名称
8	乙醇	Ethanol
9	乙醚	Diethyl ether
10	丙酮	Acetone
11	甲酸乙酯	Ethyl formate
12	异丙醇	Isopropanol
13	乙酸甲酯	Methyl acetate
14	甲基叔丁基醚	tert-Butyl methyl ether
15	正丙醇	1-Propanol
16	2- 丁酮	2-Butanone
17	乙酸乙酯	Ethyl acetate
18	四氢呋喃	Tetrahydrofuran
19	仲丁醇	sec-Butanol
20	环己烷	Cyclohexane
21	1,2- 二氯乙烷	1,2-Dichloroethane
22	异丁醇	2-Methyl-1-propanol
23	乙酸异丙酯	Isopropyl acetate

续表

序号	中文名称	英文名称
24	正丁醇	1-Butanol
25	1,4- 二氧六环	1,4-Dioxane
26	乙酸丙酯	Propyl acetate
27	4- 甲基 -2- 戊酮	4-Methyl-2-pentanone
28	甲苯	Toluene
29	正戊醇	1-Pentanol
30	乙酸异丁酯	Isobutyl acetate
31	异戊醇	3-Methyl-1-butanol
32	乙酸丁酯	Butyl acetate
33	乙基苯	Ethylenzene
34	对二甲苯	p-Xylene
35	间二甲苯	m-Xylene
36	乙酸异戊酯	Isoamyl acetate
37	邻二甲苯	1,2-Dimethylbenzene

3　限用组分检验方法

3.1　α- 羟基酸 α-Hydroxy Acid

第一法　高效液相色谱法

1　范围

本方法规定了高效液相色谱法测定化妆品中 α- 羟基酸的含量。

本方法适用于洗、护发及肤用化妆品中 α- 羟基酸含量的测定。

本方法所指的 α- 羟基酸包括酒石酸、乙醇酸、苹果酸、乳酸、柠檬酸。

2　方法提要

以水提取化妆品中乙醇酸等 5 种 α- 羟基酸组分，用高效液相色谱仪进行分析，以保留时间和紫外光谱图定性，峰面积定量。

本方法中各种 α- 羟基酸的检出限、定量下限及取样量为 1g 时检出浓度和最低定量浓度见表 1。

表 1 各种 α- 羟基酸的检出限、定量下限和检出浓度、最低定量浓度

α- 羟基酸组分	酒石酸	乙醇酸	苹果酸	乳酸	柠檬酸
检出限（μg）	0.1	0.35	0.2	0.4	0.25
定量下限（μg）	0.33	1.17	0.67	1.33	0.83
检出浓度（μg/g）	200	700	400	800	500
最低定量浓度（μg/g）	660	2340	1340	2660	1660

3 试剂和材料

除另有规定外，本方法所用试剂均为分析纯或以上规格，水为 GB/T 6682 规定的一级水。

3.1 磷酸二氢铵。

3.2 磷酸，优级纯。

4 仪器和设备

4.1 高效液相色谱仪，二极管阵列检测器。

4.2 天平。

4.3 超声波清洗器。

4.4 水浴锅。

4.5 高速离心机。

4.6 pH 计。

5 分析步骤

5.1 混合标准系列溶液的制备

称取各种 α- 羟基酸标准品适量，溶解后转移至 100mL 容量瓶中，定容。配成如表 2 所示浓度的标准储备溶液，再用标准储备溶液配成混合标准系列。

表 2 各种 α- 羟基酸的储备溶液浓度及标准系列浓度

α- 羟基酸组分	酒石酸	乙醇酸	苹果酸	乳酸	柠檬酸
储备溶液浓度，g/L	5.0	8.0	20.0	40.0	20.0
标准系列浓度，mg/L	100	160	400	800	400
	250	400	1000	2000	1000
	500	800	2000	4000	2000

5.2 样品处理

称取样品 1g（精确到 0.001g）于 10mL 具塞比色管中，水浴去除挥发性有机溶剂，加水至 10mL，超声提取 20min，取适量样品在 10 000r/min 下高速离心 15min，取上清液过 0.45μm 的滤膜后作为待测溶液。

5.3 参考色谱条件

色谱柱：C_8 柱（250mm × 4.6mm × 10μm），或等效色谱柱；

流动相：0.1mol/L 的磷酸二氢铵溶液，用磷酸调 pH 值为 2.45；

流速：0.8mL/min；

检测波长：214nm；

柱温：室温；

进样量：5μL。

5.4　测定

在"5.3"色谱条件下，取α-羟基酸的混合标准系列溶液（5.1）分别进样，进行色谱分析，以标准系列溶液浓度为横坐标，峰面积为纵坐标，绘制标准曲线。

取"5.2"项下的待测溶液进样，根据保留时间和紫外光谱图定性，测得峰面积，根据标准曲线得到待测溶液中α-羟基酸的浓度。按"6"计算样品中α-羟基酸的含量。

6　分析结果的表述

$$\omega = \frac{\rho \times V}{m}$$

式中：ω——样品中α-羟基酸组分的质量分数，μg/g；

ρ——从标准曲线得到待测组分的质量浓度，mg/L；

V——样品定容体积，mL；

m——样品取样量，g。

7　图谱

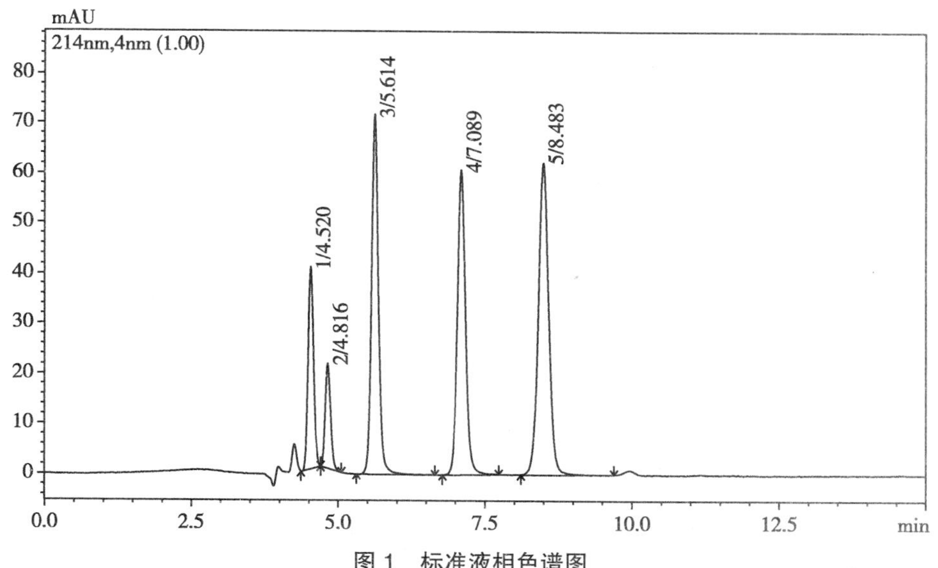

图1　标准液相色谱图

1：酒石酸（4.520min）；2：乙醇酸（4.816min）；3：苹果酸（5.614min）；4：乳酸（7.089min）；5：柠檬酸（8.483min）

第二法　离子色谱法

1　范围

本方法规定了离子色谱法测定化妆品中α-羟基酸的含量。

本方法适用于洗、护发及肤用化妆品中α-羟基酸含量的测定。

本方法所指的α-羟基酸包括酒石酸、乙醇酸、苹果酸、乳酸、柠檬酸。

2　方法提要

以水提取化妆品中乙醇酸等5种α-羟基酸组分，离子色谱柱分离各组分，电导检测器检测，以保留时间定性，峰面积定量。

本方法中各种α-羟基酸的检出限、定量下限及取样量为0.5g时检出浓度和最低定量浓度见表3。

表3　各种α-羟基酸的检出限、定量下限和检出浓度、最低定量浓度

α-羟基酸组分	酒石酸	柠檬酸	苹果酸	乙醇酸	乳酸
检出限(ng)	0.94	1.1	0.83	0.90	1.7
定量下限(ng)	20	8.0	9.0	8.5	10
检出浓度(μg/g)	3.8	4.4	3.3	3.6	6.8
定量浓度(μg/g)	80	32	36	34	40

3　试剂和材料

除另有规定外，本方法所用试剂均为分析纯或以上规格，水为GB/T 6682规定的一级水。

3.1　盐酸，优级纯。

3.2　氢氧化钠。

3.3　高纯氮气。

4　仪器和设备

4.1　离子色谱仪。

4.2　天平。

4.3　旋涡振荡器。

4.4　超声波清洗器。

4.5　高速离心机。

5　分析步骤

5.1　混合标准系列溶液的制备

用水作溶剂，称取适量的5种α-羟基酸标准品，溶解后转移至100mL容量瓶中，定容。配成如表4所示浓度的标准储备溶液，再用标准储备溶液配制成混合标准系列溶液。

表4　各种α-羟基酸的储备溶液浓度及标准系列浓度

α-羟基酸组分	酒石酸	柠檬酸	苹果酸	乙醇酸	乳酸
储备溶液浓度，mg/L	1000	1000	1000	1000	2000
标准系列浓度，mg/L	2.00	0.45	0.50	0.60	1.00
	5.00	5.00	4.00	5.00	4.00
	10.0	10.0	10.0	10.0	10.0
	30.0	40.0	40.0	40.0	60.0
	70.0	50.0	80.0	70.0	120

5.2　样品处理

称取样品 0.5g（精确到 0.001g）于 50mL 具塞比色管中，加水至刻度，旋涡振荡器振摇均匀，超声波清洗器提取 20min，取适量样品在 19 000r/min 下高速离心 10min，取上清液过 0.25μm 滤膜，作为待测样液。

5.3　参考色谱条件

色谱柱：ICE-AS6（9×250mm），抑制器 AMMS-ICE Ⅱ；

淋洗液：0.4mmol/L 盐酸溶液；

化学抑制再生液：5mmol/L 氢氧化钠溶液；

淋洗液流速：1.0mL/min；

再生液流速：1.5mL/min；

氮气流速（压力）：5psi；

柱温：室温；

进样量：25μL；

检测器：化学抑制型电导检测器。

5.4　测定

在“5.3”色谱条件下，取 α- 羟基酸的混合标准系列溶液（5.1）分别进样，进行色谱分析，以标准系列溶液浓度为横坐标，峰面积为纵坐标，绘制标准曲线。

取“5.2”项下的待测溶液进样，根据保留时间定性，测得峰面积，根据标准曲线得到待测溶液中 α- 羟基酸的浓度。按“6”计算样品中 α- 羟基酸的含量。

6　分析结果的表述

$$\omega = \frac{\rho \times V}{m}$$

式中：ω——样品中 α- 羟基酸组分的质量分数，μg/g；

ρ——从标准曲线得到待测组分的质量浓度，mg/L；

V——样品定容体积，mL；

m——样品取样量，g。

7　图谱

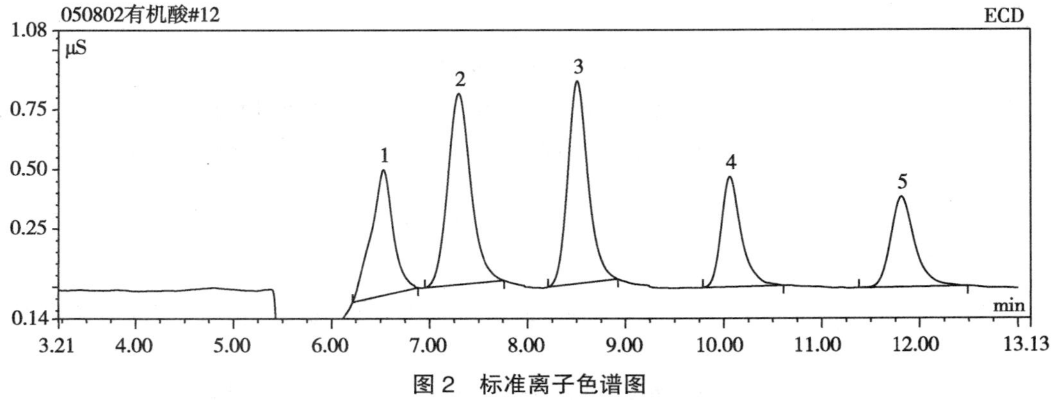

图 2　标准离子色谱图

1：酒石酸；2：柠檬酸；3：苹果酸；4：乙醇酸；5：乳酸

第三法　气相色谱法

1　范围

本方法规定了气相色谱法测定化妆品中α-羟基酸的含量。

本方法适用于洗、护发及肤用化妆品中α-羟基酸含量的测定。

本方法所指的α-羟基酸包括酒石酸、乙醇酸、苹果酸、乳酸、柠檬酸。

2　方法提要

用N,N-二甲基甲酰胺提取化妆品中5种α-羟基酸，经三甲基硅三氟乙酰胺衍生后，用气相色谱仪分析，以保留时间定性，峰面积定量。

3　试剂和材料

除另有规定外，本方法所用试剂均为分析纯或以上规格，水为GB/T 6682规定的一级水。

3.1　三甲基硅三氟乙酰胺（BSTFA）。

3.2　N,N-二甲基甲酰胺（DMF）。

3.3　混合标准储备溶液：称取乳酸、乙醇酸、苹果酸、酒石酸、柠檬酸各0.5g（精确到0.0001g）于50mL容量瓶中，用DMF（3.2）溶解并定容。

4　仪器和设备

4.1　气相色谱仪，氢火焰离子化检测器。

4.2　天平。

4.3　高速超声清洗器。

4.4　带盖衍生瓶，2mL。

5　分析步骤

5.1　混合标准系列溶液的制备

取混合标准储备溶液（3.3），分别配制浓度为50.0mg/L，100mg/L，300mg/L，1000mg/L的混合标准系列溶液。

5.2　样品处理

称取样品0.1g~0.5g（精确到0.0001g）于10mL具塞比色管中，加DMF（3.2）溶解并定容到10mL。超声提取20min，取上清液过0.45μm滤膜，取溶液50μL于2mL带盖衍生瓶中，加BSTFA（3.1）100μL，80℃衍生20min，此溶液作为待测样液。

5.3　参考色谱条件

色谱柱：CP-Sil8CB（30m × 0.32mm × 0.25μm），或等效色谱柱；

温度：柱温，60℃（1min），以10℃/min升至310℃（5min），进样口和检测器温度330℃；

气体流量：载气（高纯氮气）50mL/min，高纯氢气35mL/min，空气350mL/min；

分流比：50 ∶ 1；

进样量：1μL。

5.4　测定

混合标准系列溶液（5.1）与样品相同处理后，取1μL注入气相色谱仪，记录各色谱峰面积，分别绘制标准曲线。

取待测样液1μL注入气相色谱仪，进行分析。根据其保留时间定性，测得峰面积，根据标准曲线得到待测溶液中的α-羟基酸的浓度。按“6”计算α-羟基酸的含量。

6　分析结果的表述

$$\omega=\frac{\rho \times V}{m}$$

式中：ω——样品中 α- 羟基酸组分的质量分数，μg/g；

ρ——从标准曲线得到待测组分的质量浓度，mg/L；

V——样品定容体积，mL；

m——样品取样量，g。

7　图谱

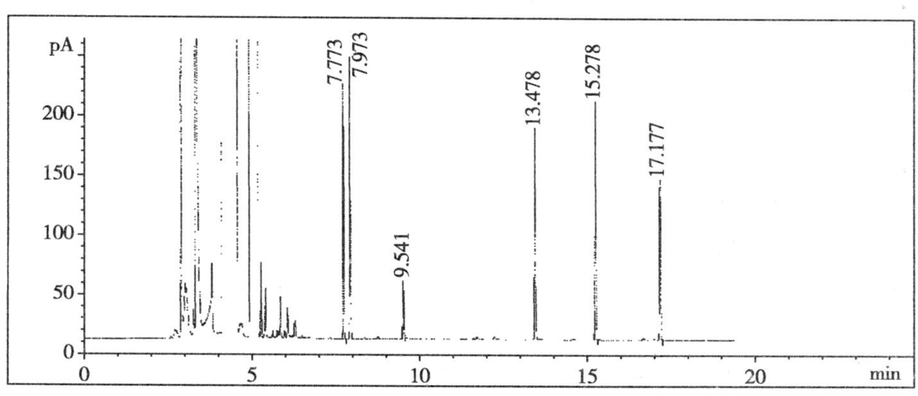

图 3　标准溶液色谱图

1：乳酸（7.773min）；2：乙醇酸（7.937min）；3：苹果酸（13.478min）；
4：酒石酸（15.278min）；5：柠檬酸（17.177min）

3.2　二硫化硒
Selenium Disulfide

1　范围

本方法规定了荧光分光光度法测定化妆品中二硫化硒的含量。

本方法适用于去屑洗发类化妆品中二硫化硒中硒（Ⅳ）含量的测定。

2　方法提要

样品中的二硫化硒用高氯酸 - 过氧化氢提取，与 2，3- 二氨基萘在 pH1.5~2.0 条件下反应生成 4，5- 苯并苤硒脑绿色荧光物质，反应方程式如下：

NH_2 NH_2 + H_2SeO_3 ⟶ N Se N + $3H_2O$

用环己烷萃取反应产物，用荧光分光光度计测定其荧光强度，与标准溶液比较、定量。

本方法对硒（Ⅳ）的检出限为 4.8×10^{-3}μg，定量下限为 1.6×10^{-2}μg。取样量为 1g 时，检出浓度为 4.8×10^{-3}μg/g，最低定量浓度为 1.6×10^{-2}μg/g。

3　试剂和材料

除另有规定外，本方法所用试剂均为分析纯或以上规格，水为 GB/T 6682 规定的一级水。

3.1　硝酸，优级纯（ρ_{20}=1.42g/ml）。

3.2 高氯酸[$\omega(HClO_4)$=70%~72%],优级纯。

3.3 过氧化氢[$\omega(H_2O_2)$=30%],优级纯。

3.4 高氯酸溶液:量取高氯酸(3.2)10mL,加入 90mL 水,混合。

3.5 高氯酸 + 过氧化氢混合溶液:高氯酸溶液(3.4)+ 过氧化氢(3.3)=4+1。

3.6 盐酸(ρ_{20}=1.19g/mL),优级纯。

3.7 盐酸溶液Ⅰ:量取盐酸(3.6)50mL,加入 200mL 水中。

3.8 盐酸溶液Ⅱ(0.1mol/L):量取盐酸(3.6)8.3mL,用水稀释至 1000mL。

3.9 乙二胺四乙酸二钠溶液:称取乙二胺四乙酸二钠($C_{10}H_{14}N_2O_8Na_2 \cdot 2H_2O$,简称 EDTA-2Na)50g 于少量水中加热溶解,放冷后稀释至 1L。

3.10 盐酸羟胺溶液:称取盐酸羟胺($NH_2OH \cdot HCl$)100g,溶于水中并稀释至 1L。

3.11 精密 pH 试纸:pH 值 0.5~5.0。

3.12 甲酚红溶液:称取甲酚红($C_{22}H_{18}O_5S$)0.2g,溶于少量水中,加一滴氨水(3.14)使完全溶解,加水稀释至 100mL。

3.13 乙二胺四乙酸二钠 - 盐酸羟胺 - 甲酚红混合溶液:临用现配。取乙二胺四乙酸二钠溶液(3.9)50mL、盐酸羟胺溶液(3.10)50mL 及甲酚红溶液(3.12)2.5mL,加水稀释至 500mL,混匀备用。

3.14 氨水溶液:量取氨水 100mL,加入 100mL 水中。

3.15 环己烷,不得有荧光杂质,必要时重蒸后使用。

3.16 2,3- 二氨基萘溶液[$C_{10}H_6(NH_2)_2$,简称 DAN]:在暗处操作。称取 2,3- 二氨基萘 200mg 于 250mL 磨口锥形瓶中,加入盐酸溶液Ⅱ(3.8)100mL,振摇至全部溶解(约 15min),加入环己烷(3.15)20mL 继续振摇 5min,转移至底部塞有玻璃棉(或脱脂棉)的分液漏斗中,静置分层后将水相放回原锥形瓶内,再用环己烷萃取,重复此操作直至环己烷相荧光值最低为止。将此纯化的 2,3- 二氨基萘溶液储存在棕色瓶中,加一层约 1cm 厚的环己烷以隔绝空气层,置冰箱内保存(必要时,使用前再以环己烷萃取一次)。

3.17 消泡剂:辛醇或其他等同的消泡剂。

3.18 标准储备溶液:称取金属硒 0.1g(精确到 0.0001g),溶于少量硝酸(3.1)中,加入高氯酸(3.2)2mL,在沸水浴上加热蒸去硝酸(约 3~4h),稍冷后加入盐酸溶液Ⅰ(3.7)8.4mL,继续加热 2min,用水定容至 1L。

3.19 硒标准使用溶液:取硒标准储备溶液(3.18)适量,用盐酸溶液Ⅱ(3.8)稀释制成含硒 0.1mg/L 的溶液。储存于冰箱内备用。

4 仪器和设备

4.1 荧光分光光度计。

4.2 天平。

4.3 离心机。

4.4 水浴锅。

4.5 电砂浴。

4.6 首次使用的玻璃仪器,均须以硝酸 + 水(1+1)浸泡 4h 以上,并用水冲洗干净。本方法用过的玻璃器皿,经自来水冲洗,洗涤剂溶液浸泡,自来水冲洗后,按首次使用的器皿进行处理和清洗。

5　分析步骤

5.1　标准系列溶液的制备

取硒标准使用溶液（3.19）0mL、0.10mL、0.50mL、0.70mL、1.00mL、1.50mL、2.00mL 分别置 50mL 比色管中，与样品同时操作，待测。

5.2　样品处理

5.2.1　香波类样品：称取样品 1g~2g（精确到 0.001g）于 50mL 比色管中，加消泡剂（3.17）5 滴，再加高氯酸+过氧化氢混合溶液（3.5）10mL~20mL，振摇 3min，放置过夜，作为待测溶液。

5.2.2　膏类样品：称取样品 1g~2g（精确到 0.001g）于 50mL 比色管中，加消泡剂（3.17）5 滴，加高氯酸 + 过氧化氢混合溶液（3.5）20mL~40mL，放置 4h，振摇 3min，放置过夜后过滤，取滤液 10.0mL~20.0mL 作为待测溶液。

5.3　测定

分别将硒标准系列溶液（5.1）及样品待测溶液（5.2）转移于 50mL 比色管中，分别向各管加入乙二胺四乙酸二钠 - 盐酸羟胺 - 甲酚红混合溶液（3.13）10mL，摇匀，溶液应呈桃红色，用氨水溶液（3.14）调至浅橙色[必要时可加入少量盐酸溶液 I（3.7）]，溶液 pH 值应为 1.5~2.0，也可用 pH0.5~5.0 精密试纸（3.11）检验。

以下步骤需在暗处操作：向上述各管内加入 2，3- 二氨基萘溶液（3.16）1mL，摇匀，置沸水浴中加热 5min（自放入沸水浴中算起），取出，冷却。向各管中加入环己烷（3.15）4.0mL，以每分钟 60 次的速度振摇 3min，静置分层，取环己烷层溶液离心（4000rpm）40min。

用荧光分光光度计在激发光波长 379nm，发射光波长 519nm 测定荧光强度。以标准系列溶液浓度为横坐标，荧光强度为纵坐标，绘制标准曲线，按“6”计算样品中二硫化硒的含量。

6　分析结果的表述

6.1　计算

$$\omega=\frac{(m_1-m_0)\times V}{m\times V_1}\times 1.812$$

式中：ω——样品中 SeS_2 的质量分数，μg/g；

m——样品取样量，g；

m_1——待测溶液中硒（Ⅳ）的质量，μg；

m_0——空白溶液中硒（Ⅳ）的质量，μg；

V——用高氯酸 + 过氧化氢混合溶液提取样品溶液的总体积，mL；

V_1——测定时所取高氯酸 + 过氧化氢混合溶液提取样品溶液的体积，mL；

1.812——Se^{4+} 与 SeS_2 的换算系数。

6.2　回收率和精密度

回收率为 84.0%~94.0%，精密度为 6.4%~8.9%。

3.3　过氧化氢
Hydrogen peroxide

1　范围

本方法规定了高效液相色谱法测定化妆品中过氧化氢的含量。

本方法适用于染发类、膏状面膜化妆品中过氧化氢含量的测定。

2 方法提要

样品采用水浸提，部分上清液与三苯基膦衍生反应，衍生溶液经滤膜过滤，经高效液相色谱仪分离，紫外检测器检测，峰面积定量，以标准曲线法计算含量。

本方法对过氧化氢的检出限为0.0012μg，定量下限为0.004μg；取样量为0.2g时，检出浓度为60μg/g，最低定量浓度为200μg/g。

3 试剂和材料

除另有规定外，本方法所用试剂均为分析纯或以上规格，水为GB/T 6682规定的一级水。

3.1 乙腈，色谱纯。

3.2 三苯基膦溶液：称取三苯基膦1.3g，用乙腈（3.1）溶解，定容至25mL，浓度为0.2mol/L，现配现用。

3.3 氧化三苯基膦溶液：称取氧化三苯基膦0.0003g，用乙腈（3.1）溶解，定容至100mL，浓度为0.00001mol/L。

3.4 过氧化氢，浓度为3%，使用前需要进行标定（见附录A）。

3.5 标准储备溶液：称取标定过的过氧化氢（3.4）1.5g（精确到0.0001g）于25mL棕色容量瓶中，用水定容至刻度，即得浓度为1.8mg/mL的标准储备溶液。

4 仪器和设备

4.1 高效液相色谱仪，二极管阵列检测器。

4.2 涡旋振荡器。

4.3 天平。

5 分析步骤

5.1 标准系列溶液的制备

取过氧化氢标准储备溶液（3.5），分别配制浓度为3.6mg/L、9.0mg/L、18.0mg/L、36.0mg/L、54.0mg/L、90.0mg/L、180.0mg/L的标准系列溶液。

5.2 样品处理

5.2.1 样品预处理

称取样品0.05g~0.2g（含过氧化氢3%以下称取0.2g，含过氧化氢3%~6%称取0.1g，含过氧化氢6%~12%称取0.05g）（精确到0.0001g）于100mL容量瓶中，加入约50mL水，振摇至样品完全溶解，用水定容至刻度，摇匀备用。面膜等半固体样品可以称取样品于50mL烧杯中，加入约20mL水，用玻璃棒将样品搅碎，用水转移至100mL容量瓶中，定容至刻度，摇匀备用。

5.2.2 衍生化反应

分别移取过氧化氢标准系列溶液（5.1）和样品预处理溶液（5.2.1）各1mL于10mL棕色容量瓶中，摇匀，加入1mL三苯基膦乙腈溶液（3.2），振摇，继续加入5mL乙腈（3.1），振摇，用水定容至刻度，置于暗处室温反应30min，得到待测溶液。

5.3 参考色谱条件

色谱柱：C_{18}柱（250mm × 4.6mm × 5μm），或等效色谱柱；

流动相：乙腈 + 水（60+40）；

流速：1.0mL/min；

检测波长：225nm；

进样量：10μL。

5.4 测定

5.4.1 标准曲线的绘制

吸取10μL氧化三苯基膦溶液（3.3），注入高效液相色谱仪，确定氧化三苯基膦的保留时间。衍生化反应结束后，立即开始色谱分析，分别吸取10μL过氧化氢标准系列衍生溶液（5.2.2）注入高效液相色谱仪，2h内完成上机分析。在“5.3”色谱条件下测定氧化三苯基膦峰面积，以标准系列溶液浓度为横坐标、氧化三苯基膦的峰面积为纵坐标，绘制标准曲线。

5.4.2 样品测定

衍生化反应结束后，立即开始色谱分析，吸取10μL待测溶液（5.2.2）注入高效液相色谱仪，2h内完成上机分析。在“5.3”色谱条件下测得峰面积。根据标准曲线得到待测溶液中过氧化氢的浓度，按“6”计算样品中过氧化氢的含量。

6 分析结果的表述

6.1 计算

$$\omega=\frac{\rho\times V\times D}{m\times 10^{6}}\times 100$$

式中：ω——化妆品中过氧化氢的含量，%；

ρ——由标准曲线计算待测溶液（5.2.2）中过氧化氢的质量浓度，mg/L；

V——样品定容体积，mL；

D——样品稀释倍数；

m——样品取样量，g。

在重复性条件下获得的两次独立测定结果的绝对差值不得超过算术平均值的10%。

6.2 回收率和精密度

方法的回收率为99.9%~107.3%，相对标准偏差小于7%（n=6）。

7 图谱

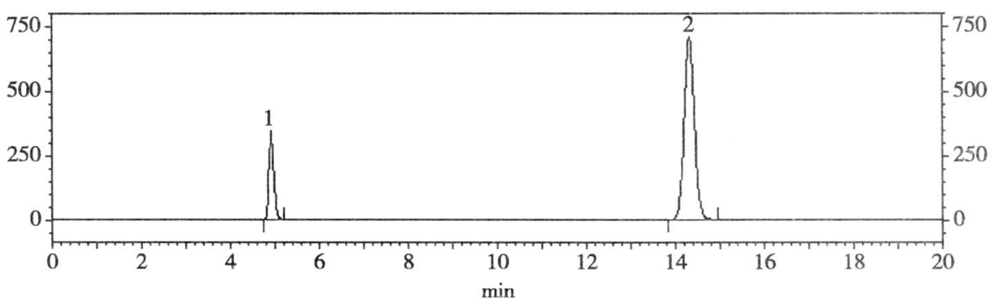

图1 标准溶液色谱图

1：氧化三苯基膦；2：三苯基膦

附录A
（规范性附录）
过氧化氢含量的标定方法

A.1 范围

本附录规定了过氧化氢含量的标定方法。

A.2 过氧化氢含量的测定原理

H_2O_2 分子中含有一个过氧键—O—O—，既可在一定条件下作为氧化剂，又可在一定条件下作为还原剂。在稀 H_2SO_4 介质中，室温条件下 $KMnO_4$ 可将 H_2O_2 定量氧化，反应方程式为：

$$5H_2O_2+2MnO_4^-+6H^+=2Mn^{2+}+5O_2+8H_2O$$

该反应开始时速度较慢，滴入第一滴后溶液不易褪色，随着反应的进行，生成的 Mn^{2+} 对反应有催化作用，反应速度加快，故能顺利滴定，当滴定到溶液中有稍过量的 MnO_4^- 后，溶液出现微红色显示终点，通过消耗 $KMnO_4$ 溶液的浓度和体积，可以计算过氧化氢的含量。

A.3 试剂和溶液

A.3.1 硫酸溶液，取 10mL 浓硫酸缓慢加入 150mL 水中，摇匀，备用。

A.3.2 高锰酸钾标准滴定溶液，0.1mol/L。

A.3.2.1 高锰酸钾标准溶液的配制

称量 1.0g 固体 $KMnO_4$，置于大烧杯中，加水至 300mL（由于要煮沸使水蒸发，可适当多加些水），煮沸约 1 小时，静置冷却后用微孔玻璃漏斗或玻璃棉漏斗过滤，滤液装入棕色细口瓶中，贴上标签，一周后标定。保存备用。

A.3.2.2 高锰酸钾标准溶液的标定

准确称取 0.13~0.16g 基准物质 $Na_2C_2O_4$ 三份，分别置于 250mL 的锥形瓶中，加约 30mL 水和 3mol/L $H_2SO_4$10mL，盖上表面皿，在石棉铁丝网上慢慢加热到 70~80℃（刚开始冒蒸气的温度），趁热用高锰酸钾溶液滴定。开始滴定时反应速度慢，待溶液中产生了 Mn^{2+} 后，滴定速度可适当加快，直到溶液呈现微红色并持续半分钟不褪色即终点。根据 $Na_2C_2O_4$ 的质量和消耗 $KMnO_4$ 溶液的体积计算 $KMnO_4$ 浓度。用同样方法滴定其他二份 $Na_2C_2O_4$ 溶液，相对平均偏差应在 0.2% 以内。

A.4 仪器和设备

A.4.1 酸式滴定管，50mL。

A.5 实验步骤

称取 0.3g 过氧化氢（精确到 0.0001g），置于 250mL 锥形瓶中，加入 20~30mL 水，振摇，加入 100mLH_2SO_4 溶液，振摇，用 $KMnO_4$ 标准溶液［$c(1/5KMnO_4)$=0.1mol/L］滴定至微红色，半分钟内不退色为终点。记录消耗 $KMnO_4$ 溶液的体积，平行测定 3 次，极差应小于 0.1mL，根据 $KMnO_4$ 标准溶液浓度和消耗的体积，计算过氧化氢的含量。

A.6 计算公式

过氧化氢质量分数按下式计算：

$$\omega=\frac{V\times c\times 17.01}{m\times 10^3}\times 100$$

式中：ω——过氧化氢的质量分数，%；

V——高锰酸钾标准滴定溶液的体积，mL；

c——高锰酸钾标准滴定溶液的浓度，mol/L；

17.01——过氧化氢的摩尔质量［$M(1/2H_2O_2)$］，g/mol；

m——样品取样量，g。

3.4　间苯二酚
Resorcinol

1　范围

本方法规定了高效液相色谱法测定化妆品中间苯二酚的含量。

本方法适用于非染发类发用化妆品中间苯二酚含量的测定。

2　方法提要

样品提取后，经高效液相色谱仪分离，二极管阵列检测器检测，根据保留时间和紫外光谱图定性，峰面积定量，以标准曲线法计算含量。

本方法对间苯二酚的检出限为 0.001μg，定量下限为 0.003μg；取样量为 0.25g 时，检出浓度为 16μg/g，最低定量浓度为 45μg/g。

3　试剂和材料

除另有规定外，本方法所用试剂均为分析纯或以上规格，水为 GB/T 6682 规定的一级水。以下操作均在避光条件下进行。

3.1　间苯二酚，纯度 >99.0%。

3.2　甲醇，色谱纯。

3.3　甲醇水溶液：甲醇 + 水（20+80）。

3.4　标准储备溶液：称取间苯二酚 0.025g（精确到 0.0001g）于 50mL 棕色容量瓶中，加入甲醇水溶液（3.3）溶解并定容至刻度，即得浓度为 0.5mg/mL 的间苯二酚标准储备溶液。避光保存，5 日内稳定。

4　仪器和设备

4.1　高效液相色谱仪，二极管阵列检测器。

4.2　天平。

4.3　超声波清洗器。

4.4　涡旋振荡器。

5　分析步骤

5.1　标准系列溶液的制备

取标准储备溶液（3.4），分别配制浓度为 1.0μg/mL、10.0μg/mL、50.0μg/mL、100.0μg/mL 和 200.0μg/mL 的间苯二酚标准系列溶液。

5.2　样品处理

称取样品 0.25g（精确到 0.0001g）于 25mL 具塞比色管中，加入甲醇水溶液（3.3）20mL，涡旋 60s 分散均匀，超声提取 15min，冷却到室温后，用甲醇水溶液（3.3）定容至 25mL 刻度线，涡旋振荡摇匀后过 0.45μm 有机系滤膜，滤液可根据需要用甲醇水溶液（3.3）进行稀释，保存于 2mL 棕色进样瓶中作为待测样液，备用，避光保存，5 日内稳定。

5.3　参考色谱条件

色谱柱：C_{18} 柱（250mm × 4.6mm × 5μm），或等效色谱柱；

流动相：甲醇 + 水（20+80）；

流速：1.0mL/min；

检测波长：274nm；

柱温:25℃;

进样量:20μL。

5.4 测定

在“5.3”色谱条件下,取标准系列溶液(5.1)分别进样,进行色谱分析,以标准系列溶液浓度为横坐标,峰面积为纵坐标,绘制标准曲线。

取“5.2”项下的待测溶液进样,测得峰面积,根据标准曲线得到待测溶液中间苯二酚的浓度。按“6”计算样品中间苯二酚的含量。

6 分析结果的表述

6.1 计算

$$\omega=\frac{\rho\times V\times D}{m\times 10^{6}}\times 100$$

式中:ω——化妆品中间苯二酚的质量分数,%;

D——样品稀释倍数(不稀释则为1);

ρ——从标准曲线得到间苯二酚的质量浓度,μg/mL;

V——样品定容体积,mL;

m——样品取样量,g。

在重复性条件下获得的两次独立测定结果的绝对差值不得超过算术平均值的10%。

6.2 回收率和精密度

方法的回收率为97.5%~103.3%,相对标准偏差小于3%(n=6)。

7 图谱

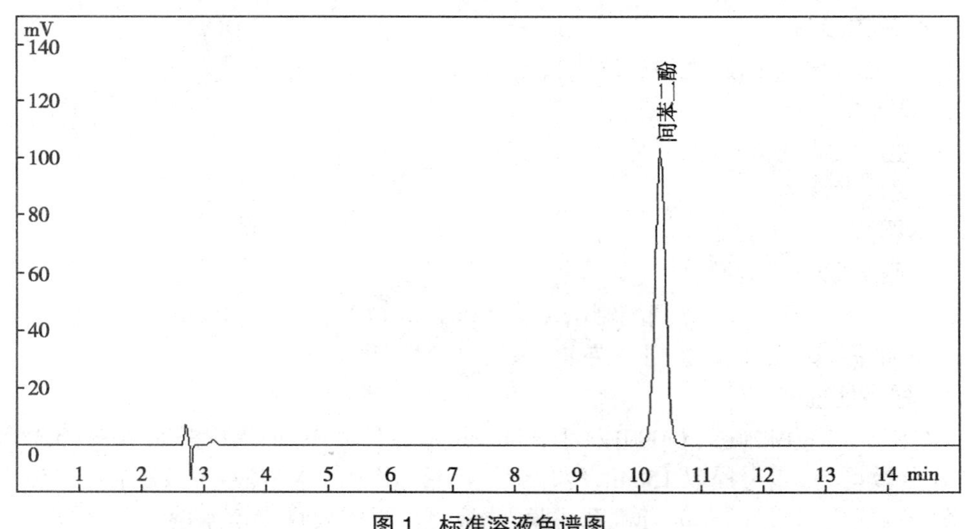

图1 标准溶液色谱图

3.5 可溶性锌盐

Soluble zinc salt

1 范围

本方法规定了火焰原子吸收分光光度法测定除臭类化妆品中可溶性锌盐的含量。

本方法适用于除臭类化妆品中可溶性锌盐含量的测定。

2 方法提要

化妆品中的基态锌原子能吸收来自同种金属元素空心阴极灯发出的共振线，且其吸收强度与样品中该元素含量成正比。根据测得的吸光强度，以标准曲线法计算含量。

本方法对可溶性锌盐的检出限为 8.2×10^{-3} μg，定量下限为 2.7×10^{-2} μg；取样量为 1g 时检出浓度为 8.2×10^{-3} μg/g，最低定量浓度为 2.7×10^{-2} μg/g。

3 试剂和材料

除另有规定外，本方法所用试剂均为分析纯或以上规格，水为 GB/T 6682 规定的一级水。

3.1 硝酸（ρ_{20}=1.42g/mL），优级纯。

3.2 硝酸：取硝酸（3.1）1.5mL 加水至 1000mL。

3.3 标准储备溶液：称取纯度大于 99.9% 的金属锌 1.000g，加入 20mL 硝酸（3.1）中，用水定容至 1L，摇匀，备用。此溶液 1.00mL 含锌 1.00mg。

3.4 标准使用溶液：取标准储备溶液（3.3）2.00mL 于 100mL 容量瓶中，用硝酸（3.1）稀释至 100mL。

4 仪器和设备

所用玻璃器皿使用前均须先用硝酸（1+1）浸泡 4h 以上，并用水冲洗洁净。

4.1 原子吸收分光光度计。

4.2 离心机。

4.3 超声波清洗器。

4.4 10mL、25mL 的具塞比色管。

4.5 天平。

5 分析步骤

5.1 标准系列溶液的制备

取标准使用溶液（3.4）0.00mL、0.50mL、1.00mL、2.00mL、3.00mL、5.00mL 置于 100mL 容量瓶中，用硝酸（3.2）稀释至刻度，配制成标准系列溶液。

5.2 样品处理

称取样品 1g~2g（精确到 0.001g）于 25mL 具塞比色管中，用水稀释至 10mL，混匀超声提取 20min，以 5000r/min 离心 40min。取样品离心液 2.00mL~5.00mL 用硝酸（3.2）稀释至 10.0mL 作为待测溶液，备用。

5.3 测定

按仪器操作程序，将仪器的分析条件调至最佳状态，选择灵敏度吸收线 213.9nm。取标准系列溶液（5.1）和空白溶液依次交替喷入火焰，测定其吸光度。以标准系列溶液的浓度为横坐标，吸光度为纵坐标，绘制标准曲线。

在相同的仪器条件下，取“5.2”项下的待测溶液进样，测得吸光度。根据标准曲线得到待测溶液中锌的浓度。按“6”计算样品中锌的含量。

6 分析结果的表述

6.1 计算

$$\omega=\frac{(\rho_1-\rho_0)\times V}{m}\times\frac{V_2}{V_1}$$

式中：ω——化妆品中锌的含量，μg/g；

ρ_1——测试溶液中锌的质量浓度，mg/L；

ρ_0——空白溶液中锌的质量浓度，mg/L；

V——样品溶液总体积，mL；

V_1——分取样品溶液体积，mL；

V_2——分取样品溶液稀释后体积，mL；

m——样品取样量，g。

6.2　回收率和精密度

回收率为 97.0%~98.5%，精密度为 1.26%。

3.6　奎宁 Quinine

1　范围

本方法规定了高效液相色谱法测定化妆品中奎宁的含量。

本方法适用于洗发类、驻留型护发类化妆品中奎宁含量的测定。

2　方法提要

样品处理后，经高效液相色谱仪分离，紫外检测器检测，根据保留时间定性，峰面积定量，以标准曲线法计算含量。

本方法对奎宁的检出限为 0.00156μg，定量下限为 0.005μg；取样量为 0.25g 时，检出浓度为 16.7μg/g，最低定量浓度为 56μg/g。

3　试剂和材料

除另有规定外，所用试剂均为分析纯或以上规格，水为 GB/T 6682 规定的一级水。

3.1　奎宁，纯度≥98%。

3.2　磷酸氢二铵，色谱纯。

3.3　甲醇，色谱纯。

3.4　标准储备溶液：称取奎宁 0.05g（精确到 0.0001g）于 50mL 棕色容量瓶中，用甲醇（3.3）溶解并定容至刻度，即得浓度为 1.0mg/mL 的奎宁标准储备溶液。

4　仪器和设备

4.1　高效液相色谱仪，紫外检测器。

4.2　天平。

4.3　超声波清洗器。

4.4　微型涡旋混合仪。

4.5　微量进样器，50μL 或 100μL。

5　分析步骤

5.1　标准系列溶液的制备

取奎宁标准储备溶液，分别配制浓度为 1.0μg/mL、10.0μg/mL、30.0μg/mL、80.0μg/mL、120.0μg/mL 和 200.0μg/mL 的奎宁标准系列溶液。

5.2　样品处理

称取样品 0.25g（精确到 0.0001g）于 25mL 具塞刻度管中，加入 20mL 甲醇（3.3），涡旋 1min，振摇，超声提取 30min，取出后冷却至室温，用甲醇（3.3）定容至 25mL 刻度线，涡旋振荡摇匀，取上层液经 0.45μm 滤膜过滤，滤液作为待测溶液，备用。

5.3　参考色谱条件

色谱柱：C_{18} 柱（250mm × 4.6mm × 5μm），或等效色谱柱；

流动相：甲醇 +0.01mol/L（NH_4）$_2HPO_4$（90+10）；

流速：1.0mL/min；

检测波长：328nm；

柱温：30℃；

进样量：20μL。

5.4　测定

取标准系列溶液（5.1）分别进样，进行色谱分析，以标准系列溶液浓度为横坐标，峰面积为纵坐标，绘制标准曲线。

取"5.2"项下的待测溶液进样，根据保留时间定性，测得峰面积，根据标准曲线得到待测溶液中奎宁的浓度。按"6"计算样品中奎宁的含量。

6　分析结果的表述

6.1　计算

$$\omega = \frac{\rho \times V \times D}{m \times 10^6} \times 100$$

式中：ω——化妆品中奎宁的质量分数，%；

D——样品稀释倍数；

V——样品定容体积，mL；

ρ——从标准曲线得到奎宁的浓度，μg/mL；

m——样品取样量，g。

在重复性条件下获得的两次独立测定结果的绝对差值不得超过算术平均值的 10%。

6.2　精密度与回收率

多家实验室验证的回收率为 90%~115%，相对标准偏差小于 7%。

7　图谱

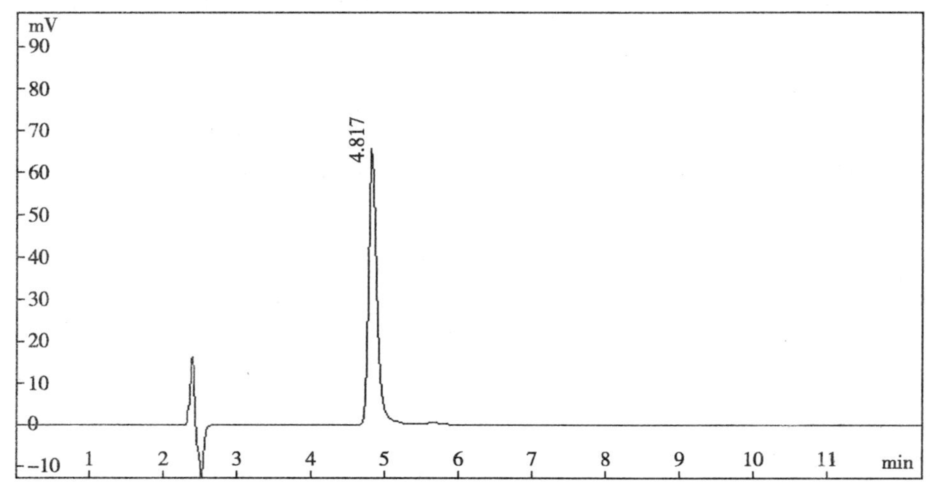

图 1　标准溶液色谱图

奎宁（4.817min）

3.7 硼酸和硼酸盐 Boric Acid and Borate

1 范围

本方法规定了甲亚胺-H分光光度法测定化妆品中硼酸和硼酸盐的含量。

本方法适用于化妆品中硼酸和硼酸盐含量的测定。

2 方法提要

样品处理后，硼与亚甲胺-H形成黄色配合物，其颜色与硼的浓度在一定范围内成线性关系。

本方法对硼酸的检出限为1.17μg，定量下限为3.86μg；取样量为1g时，检出浓度为11.7μg/g，最低定量浓度为38.6μg/g。

3 试剂和材料

除另有规定外，本方法所用试剂均为分析纯或以上规格，水为GB/T 6682规定的一级水。

3.1 无水硼酸。

3.2 盐酸，优级纯。

3.3 无水乙醇。

3.4 乙酸-乙酸铵缓冲溶液（pH=6.0）：称取乙酸铵50g，乙二胺四乙酸（EDTA）二钠4.5g，加水150mL溶解，再加冰乙酸3.5mL，摇匀。

3.5 甲亚胺-H溶液制备

3.5.1 甲亚胺-H：将H酸-钠盐[$NH_2C_{10}H_4(OH)(SO_3H)SO_3Na \cdot 3/2H_2O$]18g溶于1L水中，稍加热使完全溶解，用10%氢氧化钠溶液中和至中性，在搅拌下缓缓加入浓盐酸10mL，使pH值达1.5。加水杨醛20mL，在搅拌下40℃保温1h，静置16h，用布氏漏斗抽滤至干，得金黄色沉淀物，再用少量无水乙醇洗涤沉淀物3~4次。待沉淀物中的无水乙醇完全挥发后，置干燥器中干燥或置干燥箱中80℃以下干燥2h~3h，保存在干燥器中。

3.5.2 甲亚胺-H溶液：临用现配。称取甲亚胺-H（3.5.1）0.5g，抗坏血酸2.0g，加水100mL，微热（<50℃），使完全溶解。

3.6 碳酸钠溶液：称取碳酸钠1g，溶于100mL水中。

3.7 盐酸溶液（1+9）：取盐酸（ρ_{20}=1.19g/mL）100mL，加水900mL，混匀。

3.8 乙醇溶液（1+1）：取无水乙醇100mL，加水100mL，混匀。

3.9 硼酸标准溶液制备

3.9.1 硼酸标准溶液Ⅰ：称取无水硼酸（H_3BO_3）1g（精确到0.0001g）于250mL烧杯中，加水溶解，转移至1L容量瓶中，用水稀释至刻度，置于聚乙烯瓶中。

3.9.2 硼酸标准溶液Ⅱ：取硼酸标准溶液Ⅰ（3.9.1）10.0mL于500mL容量瓶中，用水稀释至刻度，置于聚乙烯瓶中。

4 仪器和设备

4.1 分光光度计。

4.2 天平。

4.3 离心机。

4.4　无硼比色管，25mL。

5　分析步骤

5.1　样品处理

5.1.1　粉类：称取样品 1g（精确到 0.001g）于 200mL 容量瓶中，加适量水剧烈振摇 3min，再加水定容至刻度，摇匀，过滤（或离心），弃去初滤液，取续滤液（或上清液）作为待测溶液。

5.1.2　膏霜乳液及其他类（以下两种方法可任选其一）

5.1.2.1　方法一

称取样品 1g~2g（精确到 0.001g）于 30mL 瓷蒸发皿中，加碳酸钠溶液（3.6）5mL，在水浴上蒸干，将瓷蒸发皿在电炉上碳化，然后移入高温炉，在 500℃下灰化，冷却后向灰分加盐酸溶液（3.7）10mL 溶解，转移至 100mL 容量瓶中，用水定容至刻度，作为待测溶液。

5.1.2.2　方法二

称取样品 1g（精确到 0.001g）于三角烧瓶中，加适量乙醇溶液（3.8），剧烈振摇（或稍加热）使膏体完全分散在溶液中，转移至 200mL 容量瓶中，并用乙醇溶液（3.8）定容至刻度，摇匀，取部分溶液离心（5000rpm）30min，取澄清液作为待测溶液。待测溶液若显浑浊，可采用双光束双波长分光光度法或待测溶液的消光值减空白溶液（不加显色剂）消光值的方法消除浑浊影响。

5.2　测定

分别取硼酸标准溶液Ⅱ（3.9.2）0mL、0.50mL、1.00mL、2.00mL、4.00mL、6.00mL、8.00mL、10.0mL（分别相当于 0μg、10.0μg、20.0μg、40.0μg、80.0μg、120μg、160μg、200μg 的硼酸）、适量待测溶液（5.1.1 或 5.1.2）和空白溶液于 25mL 比色管中，加水至 10mL。分别加入乙酸 - 乙酸铵缓冲溶液（3.4）2.0mL，摇匀，再加入甲亚胺 -H 溶液（3.5.2）2.0mL，摇匀，室温（25℃）下反应 80min，定容。以水作为参比，于 415nm（1cm 比色皿）测定吸光度。绘制质量 - 吸光度曲线，按“6”计算样品中硼酸的含量。

6　分析结果的表述

6.1　计算

$$\omega=\frac{(m_1-m_0)\times V}{m\times V_1}$$

式中：ω——样品中硼酸的质量分数，μg/g；

m——样品取样量，g；

m_1——待测溶液中硼酸的质量，μg；

m_0——空白溶液中硼酸质量，μg；

V——样品定容体积，mL；

V_1——测定时样品溶液的吸取量，mL。

6.2　回收率和精密度

多家实验室测定硼酸浓度为 0.003%~2.05% 的化妆品样品，相对标准偏差范围为 0.67%~5.9%，粉类化妆品样品加标回收率为 81.2%~117.7%；膏霜乳液及其他类化妆品样品采用加碱灰化法的回收率为 68%~90%，采用乙醇加水浸出法的回收率为 76%~99%。

3.8 羟基喹啉 Oxyquinoline

1 范围

本方法规定了高效液相色谱法测定化妆品中羟基喹啉的含量。

本方法适用于发用类化妆品中羟基喹啉含量的测定。

2 方法提要

样品提取后，经高效液相色谱仪分离，二极管阵列检测器检测，根据保留时间和紫外光谱图定性，峰面积定量，以标准曲线法计算含量。

本方法对羟基喹啉的检出限为0.0002μg，定量下限为0.0006μg；取样量为0.25g时，检出浓度为2.5μg/g，最低定量浓度为7.5μg/g。

3 试剂和材料

除另有规定外，本方法所用试剂均为分析纯或以上规格，水为GB/T 6682规定的一级水。

3.1 甲醇，色谱纯。

3.2 羟基喹啉，纯度≥99.5%。

3.3 癸烷磺酸钠，色谱纯。

3.4 标准储备溶液：称取羟基喹啉0.05g（精确到0.0001g）于50mL棕色容量瓶中，用甲醇（3.1）溶解并定容至刻度，即得浓度为1.0g/L的羟基喹啉标准储备溶液。

4 仪器和设备

4.1 高效液相色谱仪，二极管阵列检测器。

4.2 涡旋振荡器。

4.3 超声波清洗器。

4.4 天平。

5 分析步骤

5.1 标准系列溶液的制备

取羟基喹啉标准储备溶液（3.4），分别配制浓度为1.0μg/mL、10.0μg/mL、30.0μg/mL、50.0μg/mL、80.0μg/mL和100.0μg/mL的羟基喹啉标准系列溶液。

5.2 样品处理

称取样品0.25g（精确到0.0001g）于25mL具塞比色管中，加入20mL甲醇（3.1），涡旋振荡1min，超声提取15min，取出，冷却至室温后用甲醇（3.1）定容至25mL，混匀，取上层液经0.45μm滤膜过滤，滤液作为待测溶液。

5.3 参考色谱条件

色谱柱：C_{18}柱（250mm × 4.6mm × 5μm），或等效色谱柱；

流动相：甲醇+0.01moL/L癸烷磺酸钠（磷酸调pH至2.25）（60+40）；

流速：1.0mL/min；

检测波长：240nm；

柱温：25℃；

进样量：20μL。

5.4 测定

在“5.3”色谱条件下，取标准系列溶液（5.1）分别进样，进行色谱分析，以标准系列溶液浓度为横坐标，峰面积为纵坐标，绘制标准曲线。

取“5.2”项下的待测溶液进样，测得峰面积，根据标准曲线得到待测溶液中羟基喹啉的浓度。按“6”计算样品中羟基喹啉的含量。

6　分析结果的表述

6.1　计算

$$\omega = \frac{\rho \times V \times D}{m \times 10^6} \times 100$$

式中：ω——化妆品中羟基喹啉的质量分数，%；

D——样品稀释倍数；

ρ——从标准曲线得到羟基喹啉的质量浓度，μg/mL；

V——样品定容体积，mL；

m——样品取样量，g。

在重复性条件下获得的两次独立测定结果的绝对差值不得超过算术平均值的 10%。

6.2　回收率和精密度

方法的回收率为 95.5%~112%，相对标准偏差小于 6%（n=6）。

7　图谱

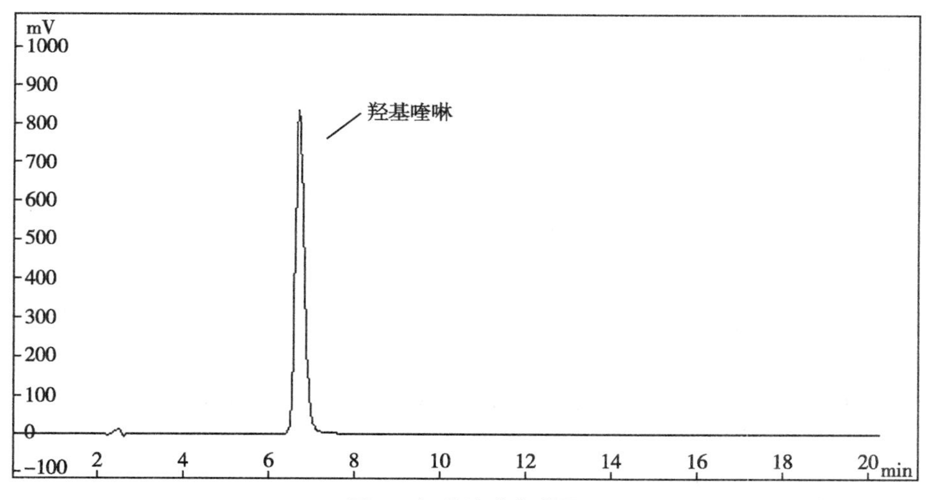

图 1　标准溶液色谱图

3.9　巯基乙酸
Thioglycollic Acid

第一法　高效液相色谱法

1　范围

本方法规定了高效液相色谱法测定化妆品中巯基乙酸的含量。

本方法适用于头发烫卷剂或烫直剂、脱毛膏类化妆品中巯基乙酸含量的测定。

2　方法提要

样品处理后，经高效液相色谱仪分离，紫外检测器检测，根据保留时间定性，峰面积定量，以标准曲线法计算含量。

本方法对巯基乙酸的检出限为 0.004μg，定量下限为 0.015μg；取样量为 0.25g 时，检出浓度为 35.6μg/g，最低定量浓度为 118.7μg/g。

3　试剂和材料

除另有规定外，本方法所用试剂均为分析纯或以上规格，水为 GB/T 6682 规定的一级水。

3.1　巯基乙酸，纯度≥99%。

3.2　乙腈，色谱纯。

3.3　乙腈水溶液：乙腈 + 水（10+90）。

3.4　磷酸二氢钾（KH_2PO_4），色谱纯。

3.5　磷酸，优级纯。

3.6　标准储备溶液：称取巯基乙酸 0.05g（精确到 0.0001g），置 50mL 棕色容量瓶中，用乙腈水溶液（3.3）溶解并定容至刻度，摇匀，制成质量浓度为 1g/L 的巯基乙酸标准储备溶液。常温保存，3 日内稳定。使用前需标定（见第二法）。

4　仪器和设备

4.1　高效液相色谱仪，紫外检测器。

4.2　天平。

4.3　涡旋振荡器。

4.4　超声波清洗器。

5　分析步骤

5.1　标准系列溶液的制备

取巯基乙酸标准储备溶液，分别配制成浓度为 5μg/mL、20μg/mL、50μg/mL、80μg/mL、110μg/mL 和 150μg/mL 的巯基乙酸标准系列溶液。临用现配。

5.2　样品处理

称取样品 0.25g（精确到 0.0001g）于 25mL 具塞刻度管中，加入 20mL 乙腈水溶液（3.3），涡旋使样品分散，超声（功率：400W）提取 15min，取出，冷却至室温后用乙腈水溶液（3.3）定容至 25mL 刻度，混匀，取上层溶液，经 0.45μm 有机系滤膜过滤，滤液用乙腈水溶液（3.3）稀释 10 倍，稀释液作为待测溶液，备用。

5.3　参考色谱条件

色谱柱：耐酸性 C_{18} 柱（250mm × 4.6mm × 5μm），或等效色谱柱；

流动相：乙腈 +0.01mol/LKH_2PO_4（磷酸调 pH 至 2.5）（10+90）；

流速：1.0mL/min；

检测波长：215nm；

柱温：30℃；

进样量：20μL。

5.4　测定

在“5.3”色谱条件下，取巯基乙酸标准系列溶液（5.1）分别进样，记录色谱图，以标准系列溶液浓度为横坐标，峰面积为纵坐标，绘制标准曲线。

取"5.2"项下的样品待测溶液进样，记录色谱图，测得峰面积，根据标准曲线得到样品待测溶液中巯基乙酸的浓度。按"6"计算样品中巯基乙酸的含量。

6 分析结果的表述

6.1 计算

$$\omega = \frac{D \times \rho \times V}{m \times 10^6} \times 100$$

式中：ω——样品中巯基乙酸的质量分数，%；

m——样品取样量，g；

ρ——从标准曲线得到巯基乙酸的质量浓度，μg/mL；

V——样品定容体积，mL；

D——稀释倍数。

在重复性条件下获得的两次独立测定结果的绝对差值不得超过算术平均值的10%。

6.2 回收率和精密度

方法回收率为91.5%~105.8%，相对标准偏差小于6%（n=6）。

7 图谱

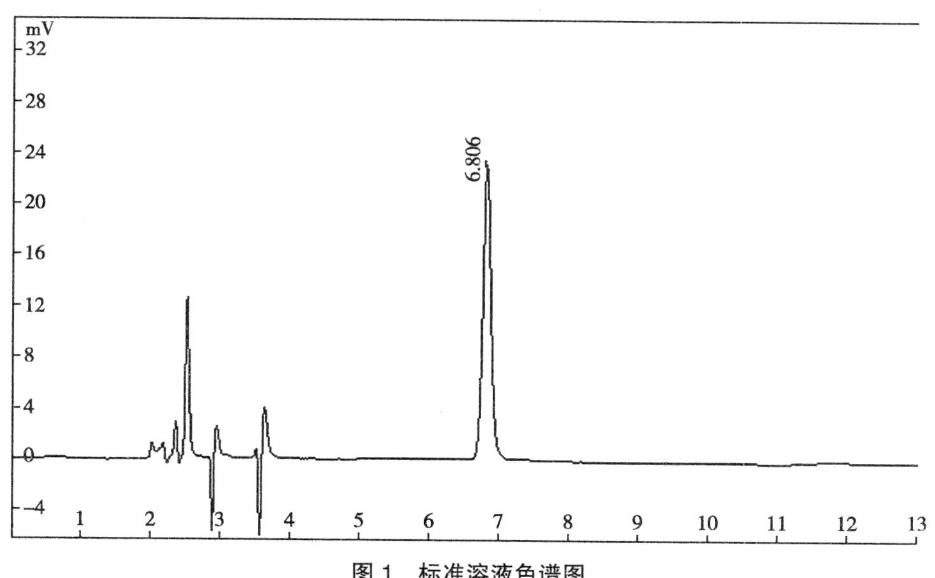

图1 标准溶液色谱图

巯基乙酸（6.806min）

第二法 离子色谱法

1 范围

本方法规定了离子色谱法测定化妆品中巯基乙酸的含量。

本方法适用于化妆品中巯基乙酸及其盐类含量的测定。

2 方法提要

样品中的巯基乙酸经水溶解提取后，用离子色谱仪分离巯基乙酸根与无机离子，电导检测器检测，以保留时间定性，峰面积定量。

本方法巯基乙酸的检出限 5.8ng，定量下限 20ng；取样量为 0.5g 时，检出浓度为 46μg/g，最低定量浓度 0.15mg/g。

3 试剂和材料

除另有规定外，本方法所用试剂均为分析纯或以上规格，水为 GB/T 6682 规定的一级水。

3.1 巯基乙酸，优级纯。

3.2 甲醇，优级纯。

3.3 二氯甲烷，分析纯

3.4 硫酸溶液：取硫酸（ρ_{20}=1.84g/ml）10mL，缓慢加入到 90mL 水中，混匀。

3.5 盐酸溶液：取盐酸（ρ_{20}=1.19g/ml）10mL，加入 90mL 水中，混匀。

3.6 淀粉溶液：称取可溶性淀粉 1g，加水 5mL 调成溶液，再加入沸水 95mL，煮沸，并加水杨酸 0.1g 或氯化锌 0.4g 防腐。

3.7 氢氧化钠溶液：称取氢氧化钠 50g，加水适量使溶解并至 100mL。再量取一定量用经超声脱气的水稀释到淋洗液浓度。

3.8 重铬酸钾标准溶液[$c(1/6K_2Cr_2O_7)$=0.1mol/L]：准确称取已于 120℃ ± 2℃电烘箱中干燥至恒重的重铬酸钾基准物质 4.9031g，溶于水并转移至 1000mL 量瓶中，定容至刻度，摇匀。

3.9 硫代硫酸钠标准溶液（0.1mol/L）：称取硫代硫酸钠（$Na_2S_2O_3 \cdot 5H_2O$）26g（或无水硫代硫酸钠 16g）溶于 1000mL 新煮沸放冷的水中，加入氢氧化钠 0.4g 或无水碳酸钠 0.2g，摇匀，贮存于棕色瓶内，放置两周后过滤，用重铬酸钾标准溶液标定其浓度，标定方法如下：

准确吸取重铬酸钾标准溶液（3.8）25.00mL 于 500mL 碘量瓶中，加碘化钾 2.0g 和硫酸溶液（3.4）20mL，立即密塞，摇匀，于暗处放置 10min。加入水 150mL，用硫代硫酸钠标准溶液滴定至溶液呈淡黄色时，加入淀粉溶液（3.6）2mL，继续滴定至溶液由蓝色变为亮绿色。同时做空白试验。按下式计算硫代硫酸钠标准溶液的浓度。

$$c(Na_2S_2O_3) = \frac{C' \times 25.00}{V_1 - V_0}$$

式中：$c(Na_2S_2O_3)$——硫代硫酸钠标准溶液的浓度，mol/L；

C'——重铬酸钾标准溶液的浓度[$c(1/6K_2Cr_2O_7)$]，mol/L；

V_1——重铬酸钾标准溶液消耗硫代硫酸钠标准溶液的体积，mL；

V_0——空白试验消耗硫代硫酸钠溶液的体积，mL。

3.10 碘标准溶液（0.05mol/L）：称取碘 13.0g 和碘化钾 35g，加水 100mL 使溶解，加入盐酸 3 滴，用水稀释至 1000mL，过滤后转入棕色瓶中。

3.11 巯基乙酸标准储备溶液：称取巯基乙酸标准品（3.1）1.0g（精确到 0.001g），用水稀释并转移至 100mL 容量瓶中，加入甲醛 1mL，加水定容得标准储备溶液，临用时标定。标定方法如下：

准确吸取巯基乙酸标准储备溶液 10.00mL，置于 250ml 碘量瓶中，加入水 10mL，盐酸 10mL，精确加入碘标准溶液（3.10）20.00mL，混匀，于暗处放置 3 分钟，用硫代硫酸钠标准溶液滴定，至溶液颜色变为浅黄色时，加入淀粉溶液（3.6）2mL（溶液变为蓝色），继续滴定至蓝色消失即为终点。同时做空白试验。按下式计算巯基乙酸标准溶液的浓度。

$$c(HSCH_2COOH)=\frac{92.1\times c\times(V_0-V_1)\times 1000\times 1000}{V\times 1000}$$

式中：$c(HSCH_2COOH)$——巯基乙酸标准储备溶液的浓度，μg/mL；

c——硫代硫酸钠标准溶液的浓度，mol/L；

V_0——空白试验消耗硫代硫酸钠标准溶液的体积，mL；

V_1——巯基乙酸标准储备溶液消耗硫代硫酸钠标准溶液的体积，mL；

V——量取巯基乙酸标准储备溶液的体积，mL；

92.1——巯基乙酸的摩尔质量，g/mol。

4　仪器和设备

4.1　离子色谱仪，抑制型电导检测器。

4.2　天平。

4.3　涡旋振荡器。

4.4　超声波清洗器。

4.5　高速离心机。

5　分析步骤

5.1　标准系列溶液的制备

取经标定的巯基乙酸标准储备溶液适量，分别配制成 0.50mg/L、1.00mg/L、2.00mg/L、5.00mg/L、10.0mg/L、20.0mg/L、50.0mg/L、80.0mg/L 的巯基乙酸标准系列溶液。临用新配。

5.2　样品处理

称取样品 0.5g（精确到 0.001g）于 100mL 具塞比色管中，加水至刻度。膏状样品用涡旋振荡器振摇均匀，超声波清洗器提取 20min，加入二氯甲烷 2mL，轻轻振摇，静置，取上清液经 0.25μm 滤膜过滤；浑浊样品，在 14 000rpm 转速下高速离心 15min，取上清液经 0.25μm 滤膜过滤。滤液作为待测溶液。

5.3　参考色谱条件

色谱柱：分析柱 AS11-HC（250×4mm I.D.）与保护柱 AG11-HC（50×4mm I.D.），或分析柱 AS19-HC（250×4mm I.D.）与保护柱 AG19-HC（50×4mm I.D.），柱填料为强碱性离子交换树脂，烷醇季铵作功能基；

抑制器：ASRS ULTRA；

抑制模式：外接水 1.0mL/min，自动抑制电流 50mA；

淋洗液：25mmol/LNaOH+1% 甲醇混合液；

淋洗液流速：0.85mL/min；

柱温：室温；

进样量：25μL。

5.4　测定

在“5.3”色谱条件下，取巯基乙酸标准系列溶液“5.1”分别进样，记录色谱图，以标准系列溶液浓度为横坐标，峰面积为纵坐标，绘制标准曲线。

取“5.2”项下的样品待测溶液进样，记录色谱图，测得峰面积，根据标准曲线得到样品待测溶液中巯基乙酸的浓度。按“6”计算样品中巯基乙酸的含量。

6　分析结果的表述

按下式计算巯基乙酸的浓度（以巯基乙酸计）：

$$\omega=\frac{\rho\times V}{m}$$

式中：ω—样品中巯基乙酸的质量分数，μg/g；

ρ—测试溶液中巯基乙酸的质量浓度，mg/L；

V—样品定容体积，mL；

m—样品取样量，g。

7　图谱

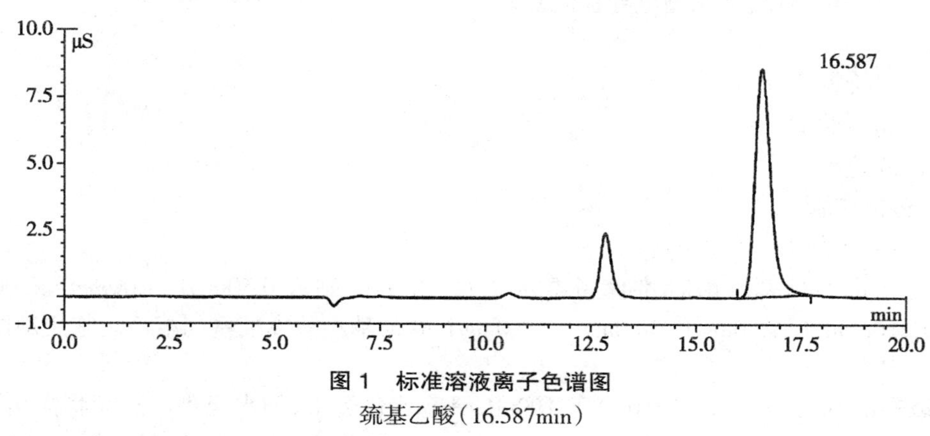

图1　标准溶液离子色谱图

巯基乙酸（16.587min）

第三法　化学滴定法

1　范围

本方法规定了化学滴定法测定化妆品中巯基乙酸的含量。

本方法适用于脱毛类、烫发类和其他发用类化妆品中巯基乙酸及其盐类和酯类含量的测定。

2　方法提要

样品中含有的巯基乙酸及其盐类和酯类经处理后，用碘标准溶液滴定定量。其反应方程式如下：

$$2HSCH_2COOH+I_2 \longrightarrow HOOCH_2C\text{-}S\text{-}S\text{-}CH_2COOH+2HI$$

本方法对巯基乙酸的检出限为0.46mg；取样量为2g时，最低检出浓度为0.023%（w/w）。

3　试剂和材料

3.1　三氯甲烷，分析纯。

其他同第二法。

4　仪器和设备

4.1　天平。

4.2　酸式滴定管。

4.3　电磁搅拌器。

5　分析步骤

5.1　样品处理

称取样品 2g（精确到 0.001g）于碘量瓶中，加盐酸溶液（第二法 3.5）20mL 及水 50mL，缓慢加热至沸腾，冷却后加三氯甲烷 5mL，用电磁搅拌器搅拌至溶解，作为待测溶液。对于有机物干扰少的烫发类产品，可以加酸及水后直接测定。

5.2　测定

取“5.1”项下的样品待测溶液，加入淀粉溶液（第二法 3.6）2mL，用碘标准溶液（第二法 3.10）滴定至溶液颜色突变或呈现的蓝色在 1min 内不消失，即得。按“6”计算样品中巯基乙酸的含量。

注：巯基丙酸、半胱氨酸等含自由巯基的化合物对化学滴定法有干扰。

6　计算

$$\omega=\frac{92.1\times c\times V\times 2\times 100}{m\times 1000}$$

式中：ω——样品中巯基乙酸的质量分数，%（w/w）；

m——样品取样量，g；

c——碘标准溶液的浓度，mol/L；

V——滴定消耗碘标准溶液的体积，mL；

92.1——巯基乙酸的摩尔质量，g/mol；

2——碘与巯基乙酸反应的分子系数。

3.10　水杨酸
Salicylic acid

1　范围

本方法规定了高效液相色谱法测定化妆品中水杨酸的含量。

本方法适用于肤用和淋洗类发用化妆品中水杨酸含量的测定。

2　方法提要

样品提取后，经高效液相色谱仪分离，二极管阵列检测器检测，根据保留时间和紫外光谱图定性，峰面积定量，以标准曲线法计算含量。

本方法对水杨酸的检出限为 0.0007μg，定量下限为 0.002μg；取样量为 0.25g 时，检出浓度为 15μg/g，最低定量浓度为 40μg/g。

3　试剂和材料

除另有规定外，本方法所用试剂均为分析纯或以上规格，水为 GB/T 6682 规定的一级水。以下操作均在避光条件下进行。

3.1　水杨酸，纯度 >99.0%。

3.2　甲醇，色谱纯。

3.3　磷酸，优级纯。

3.4　氨水，优级纯，含量 25.0%~28.0%。

3.5　甲醇水溶液：甲醇 + 水（75+25）。

3.6　流动相的配制：

磷酸溶液：称取 11.5g 磷酸（3.3），加入 950mL 水，用氨水（3.4）调节 pH 至 2.3~2.5，加水至 1000mL。

流动相 A：量取磷酸溶液 200mL，并用水稀释至 1000mL。

流动相 B：量取磷酸溶液 250mL，并用甲醇（3.2）稀释至 1000mL。

3.7　标准储备溶液：称取水杨酸 0.05g（精确到 0.0001g）于 50mL 棕色容量瓶中，加入甲醇水溶液（3.5）溶解并定容至刻度，即得浓度为 1.0mg/mL 的水杨酸标准储备溶液。避光保存，5 日内稳定。

4　仪器和设备

4.1　高效液相色谱仪，二极管阵列检测器。

4.2　天平。

4.3　pH 计：精度 0.01。

4.4　超声波清洗器。

4.5　涡旋振荡器。

5　分析步骤

5.1　标准系列溶液的制备

取水杨酸标准储备溶液（3.7），分别配制浓度为 5.0μg/mL、50.0μg/mL、100.0μg/mL、150.0μg/mL 和 200.0μg/mL 的水杨酸标准系列溶液。

5.2　样品处理

称取样品 0.25g（精确到 0.0001g）于 25mL 具塞比色管中，加入甲醇水溶液（3.5）20mL，涡旋 60s，分散均匀，超声（功率：400W）提取 15min，冷却到室温后，用甲醇水溶液（3.5）定容至 25mL 刻度线，涡旋振荡摇匀后过 0.45μm 有机系滤膜，滤液可根据需要用甲醇水溶液（3.5）稀释，保存于 2mL 棕色进样瓶中作为待测溶液，备用，避光保存，5 日内稳定。

5.3　参考色谱条件

色谱柱：耐酸性 C_8 柱（250mm × 4.6mm × 5μm），或等效色谱柱；

流动相梯度洗脱程序：

时间 /min	V（流动相 A）/%	V（流动相 B）/%
0.0	80	20
10.0	10	90
15.0	10	90
15.1	80	20
20.0	80	20

流速：1.2mL/min；

检测波长：300nm；

柱温：25℃；

进样量：20μL。

5.4　测定

在“5.3”色谱条件下，取水杨酸标准系列溶液（5.1）分别进样，进行色谱分析，以标准系列溶液浓度为横坐标，峰面积为纵坐标，绘制标准曲线。

取“5.2”项下的待测溶液进样，根据保留时间和紫外光谱图定性，测得峰面积，根据标准曲线得到待测溶液中水杨酸的浓度。按“6”计算样品中水杨酸的含量。

6　分析结果的表述

6.1　计算

$$\omega=\frac{D\times\rho\times V}{m\times10^{6}}\times100$$

式中：ω——化妆品中水杨酸的质量分数，%；

D——样品稀释倍数（不稀释则为 1）；

ρ——从标准溶液得到水杨酸的质量浓度，μg/mL；

V——样品定容体积，mL；

m——样品取样量，g。

在重复性条件下获得的两次独立测定结果的绝对差值不得超过算术平均值的 10%。

6.2　回收率和精密度

方法的回收率为 93.2%~106.3%，相对标准偏差小于 4%（n=6）。

7　图谱

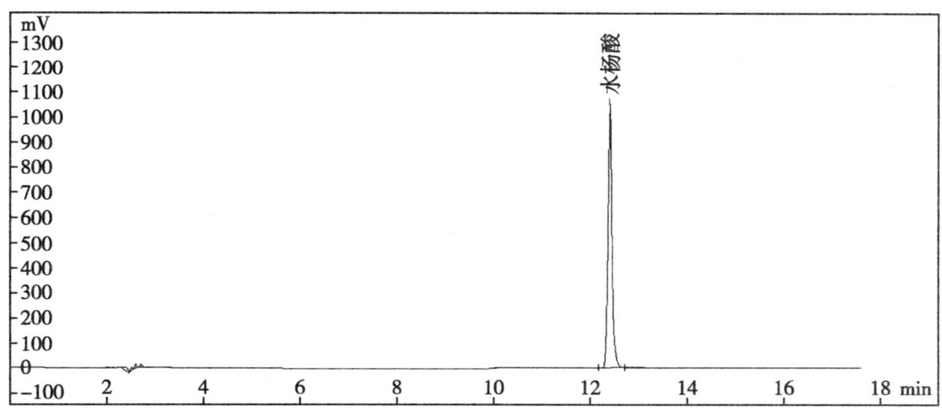

图 1　标准溶液色谱图

3.11　酮麝香
Musk ketone

1　范围

本方法规定了高效液相色谱法测定化妆品中酮麝香的含量。

本方法适用于香水和膏霜乳液类化妆品中酮麝香含量的测定。

2　方法提要

样品提取后，经高效液相色谱仪分离，二极管阵列检测器检测，根据保留时间和紫外光谱图定性，峰面积定量，以标准曲线法计算含量。

本方法对酮麝香的检出限为 0.001μg，定量下限为 0.003μg；取样量为 0.25g 时，检出浓度

为 15μg/g，最低定量浓度为 50μg/g。

3 试剂和材料

除另有规定外，本方法所用试剂均为分析纯或以上规格，水为 GB/T 6682 规定的一级水。以下操作均在避光条件下进行。

3.1 乙腈，色谱纯。

3.2 酮麝香，≥98.0%。

3.3 乙腈水溶液：乙腈 + 水（80+20）。

3.4 标准储备溶液：称取酮麝香标准品 0.05g（精确到 0.0001g）于 50mL 棕色容量瓶中，用乙腈水溶液（3.3）溶解并定容至刻度，即得浓度为 1.0mg/mL 的酮麝香标准储备溶液（避光，2℃~8℃储存，5 日内稳定）。

4 仪器和设备

4.1 高效液相色谱仪，二极管阵列检测器。

4.2 涡旋振荡器。

4.3 超声波清洗器。

4.4 天平。

5 分析步骤

5.1 标准系列溶液的制备

取酮麝香标准储备溶液（3.4），分别配制浓度为 0.5μg/mL、5.0μg/mL、50.0μg/mL、100.0μg/mL 和 150.0μg/mL 的酮麝香标准系列溶液。

5.2 样品处理

5.2.1 膏霜乳液类样品

称取样品 0.25g（精确到 0.0001g）于 25mL 具塞比色管中，加入乙腈水溶液（3.3）20mL，涡旋 60s，分散均匀，超声提取 15min（控制水温在 20℃~25℃），用乙腈水溶液（3.3）定容至 25mL 刻度线，涡旋振荡摇匀后过 0.45μm 有机系滤膜，滤液可根据需要进行稀释，保存于 2mL 棕色进样瓶中作为待测溶液，备用。避光并在 2℃~8℃储存，5 日内稳定。

5.2.2 香水样品

称取样品 0.25g（精确到 0.0001g）于 25mL 具塞比色管中，加入乙腈水溶液（3.3）20mL，涡旋 60s，分散均匀，用乙腈水溶液（3.3）定容至 25mL 刻度线，涡旋振荡摇匀后过 0.45μm 有机系滤膜，滤液可根据需要进行稀释，保存于 2mL 棕色进样瓶中作为待测溶液，备用。避光并在 2℃~8℃储存，5 日内稳定。

5.3 参考色谱条件

色谱柱：C_{18} 柱（250mm × 4.6mm × 5μm），或等效色谱柱；

流动相：乙腈 + 水（80+20）；

流速：1.0mL/min；

检测波长：235nm；

柱温：25℃；

进样量：20μL。

5.4 测定

在“5.3”色谱条件下，取标准系列溶液（5.1）分别进样，进行色谱分析，以标准系列溶液浓度为横坐标，峰面积为纵坐标，绘制标准曲线。

取"5.2"项下的待测溶液进样，根据保留时间和紫外光谱图定性，测得峰面积，根据标准曲线得到待测溶液中酮麝香的浓度。按"6"计算样品中酮麝香的含量。

6　分析结果的表述

6.1　计算

$$\omega = \frac{D \times \rho \times V}{m \times 10^6} \times 100$$

式中：ω——化妆品中酮麝香的质量分数，%；

D——样品稀释倍数（不稀释则为 1）；

ρ——从标准曲线得到酮麝香的质量浓度，μg/mL；

V——样品定容体积，mL；

m——样品取样量，g。

在重复性条件下获得的两次独立测定结果的绝对差值不得超过算术平均值的 10%。

6.2　回收率和精密度

方法的回收率为 90.1%~107.5%，相对标准偏差小于 3%（n=6）。

7　图谱

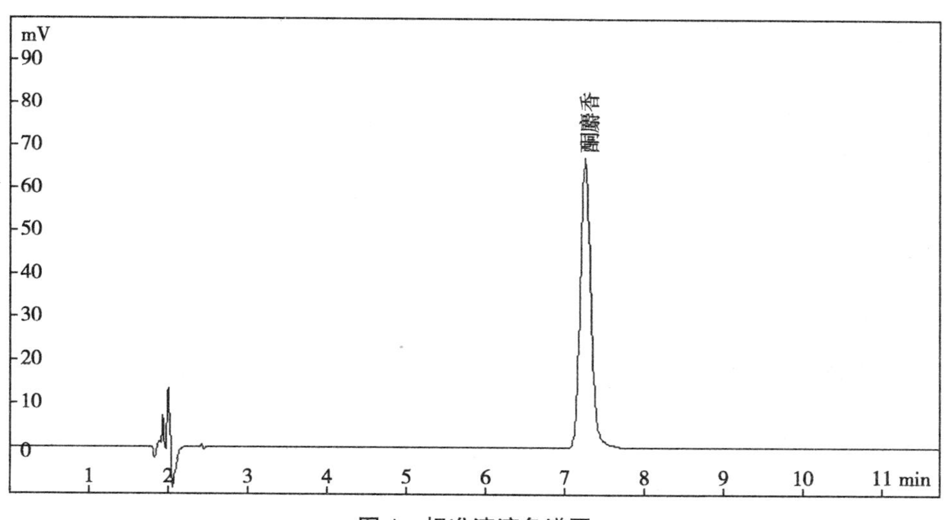

图 1　标准溶液色谱图

3.12　游离氢氧化物
Free Hydroxide

1　范围

本方法规定了电位滴定法测定化妆品中游离氢氧化物（氢氧化钠和氢氧化钾均以氢氧化钠计）的含量。

本方法适用于各种不同类型直发产品中游离氢氧化物的测定。

2　方法提要

样品中的氢氧化物与盐酸发生中和反应，电极电位发生变化，滴定终点确定为 pH9.2，

根据盐酸标准溶液的用量，计算样品中氢氧化物的含量。

本方法对氢氧化物的检出限为0.20mg，取样量为2g时，最低检出浓度为0.01%。

3 试剂和材料

3.1 盐酸标准溶液[c(HCl)=0.100mol/L]，配制及标定见GB/T601-2002中，4.2节。

4 仪器和设备

4.1 精密酸度计。

4.2 复合电极或玻璃电极与饱和甘汞电极。

4.3 磁力搅拌器。

4.4 天平。

4.5 酸式微量滴定管。

5 分析步骤

5.1 定性检验

5.1.1 样品处理

称取1g(精确到0.001g)加入9mL水，置于25mL烧杯中，加入一个搅拌子，在磁力搅拌器上搅拌至样品均匀地分散在水中(如不均匀，再超声分散样品5~10min)作为pH定性检测溶液。

5.1.2 pH测定

用校准的pH计测定待测溶液，如果pH≥11，则进行下述定量测定。

5.2 定量测定

5.2.1 称取样品1g~2g(精确到0.001g)于150mL烧杯中，如果含有氨味，加入几粒小的浮石或小玻璃珠，置于真空干燥器中，用真空泵抽3h(若用水泵抽，约需4h)直至样品不再有氨味，加入水100mL，加入搅拌子，在磁力搅拌器上搅拌至样品均匀地分散在水中(如不均匀，再在超声清洗器上，超声分散样品5~10min)待测，边搅拌边用盐酸标准溶液(3.1)滴定(滴定速度不宜快)，当pH值接近9.6时滴定要慢，多搅拌，当pH值到9.2时停止搅拌，准确读取盐酸标准溶液的用量。

6 分析结果的表述

$$\omega=\frac{40\times c\times V\times 100}{m\times 1000}$$

式中：ω——样品中氢氧化物的质量分数，%；

c——盐酸标准溶液的浓度，mol/L；

V——滴定所消耗盐酸标准溶液的体积，mL；

m——样品取样量，g；

40——氢氧化物的摩尔质量，g/mol。

3.13 总硒

Total Selenium

1 范围

本方法规定了荧光分光光度法测定化妆品中总硒的含量。

本方法适用于化妆品中总硒含量的测定。

2 方法提要

样品经硝酸-高氯酸消解，使硒被游离和氧化，再用盐酸将六价硒还原为四价硒，与2，3-二氨基萘在pH值1.5~2.0条件下，反应生成4，5-苯并苤硒绿色荧光物质，以环己烷萃取，用荧光分光光度法测定其荧光强度，与标准溶液比较、定量。

本方法对硒的检出限为$2.1\times10^{-3}\mu g$，定量下限为$7.0\times10^{-3}\mu g$。取样量为1g时，检出浓度为$2.1\times10^{-3}\mu g/g$，最低定量浓度为$7.0\times10^{-3}\mu g/g$。

3 试剂和材料

除另有规定外，本方法所用试剂均为分析纯或以上规格，水为GB/T 6682规定的一级水。

3.1 硝酸（ρ_{20}=1.42g/mL），优级纯。

3.2 高氯酸［$\omega(HClO_4)$=70%~72%］，优级纯。

3.3 盐酸（ρ_{20}=1.19g/mL），优级纯。

3.4 盐酸溶液Ⅰ：量取盐酸（3.3）50mL，加入200mL水中。

3.5 盐酸溶液Ⅱ（0.1mol/L）：量取盐酸（3.3）8.3mL，用水稀释至1000mL。

3.6 氨水（ρ_{20}=0.892g/mL）。

3.7 乙二胺四乙酸二钠溶液：称取乙二胺四乙酸二钠（$C_{10}H_{14}N_2O_8Na_2\cdot2H_2O$）50g于少量水中加热溶解，放冷后稀释至1L。

3.8 盐酸羟胺溶液：称取盐酸羟胺（$NH_2OH\cdot HCl$）100g，溶于水中并稀释至1L。

3.9 精密pH试纸（pH0.5~5.0）。

3.10 甲酚红溶液：称取甲酚红（$C_{22}H_{18}O_5S$）0.2g溶于少量水中，加一滴氨水（3.6），使完全溶解，加水稀释至100mL。

3.11 乙二胺四乙酸二钠+盐酸羟胺+甲酚红混合试剂：临用现配。取乙二胺四乙酸二钠溶液（3.7）50mL、盐酸羟胺溶液（3.8）50mL及甲酚红溶液（3.10）2.5mL，加水稀释至500mL，混匀。

3.12 氨水溶液（1+1）：量取氨水（3.6）100mL，加入100mL水中。

3.13 环已烷：不得有荧光杂质，必要时重蒸后使用。

3.14 2，3-二氨基萘溶液［$C_{10}H_6(NH_2)_2$，简称DAN］：在暗处操作。称取2，3-二氨基萘200mg于250mL磨口锥形瓶中，加入盐酸溶液Ⅱ（3.5）100mL，振摇至全部溶解（约15min）。加入环已烷20mL继续振摇5min，移入底部塞有玻璃棉（或脱脂棉）的分液漏斗中，静置分层后将水相放回原锥形瓶内，再用环已烷萃取，重复此操作直至环已烷相荧光值最低为止。将此纯化的2，3-二氨基萘溶液储存于棕色瓶中，加一层约1cm厚的环已烷以隔绝空气层，置冰箱内保存。必要时使用前再以环已烷萃取一次。

3.15 消泡剂：辛醇或其他等同的消泡剂。

3.16 硒标准储备溶液：称取金属硒0.1g（精确到0.0001g），溶于少量硝酸（3.1）中，加入高氯酸（3.2）2mL，在沸水浴上加热蒸去硝酸（约3~4h），稍冷后加入盐酸溶液Ⅰ（3.4）8.4mL，继续加热2min，然后用水定容至1L。

3.17 硒标准溶液：取硒标准储备溶液（3.16）适量，用盐酸溶液Ⅱ（3.5）稀释制成含硒为0.100μg/mL的溶液。储存于冰箱内备用。

4　仪器和设备

4.1　荧光分光光度计。

4.2　天平。

4.3　水浴锅。

4.4　电砂浴。

4.5　首次使用的玻璃仪器，须用硝酸＋水(1+1)浸泡4h以上，并用水冲洗干净。本方法用过的玻璃器皿，经自来水冲洗，洗涤剂溶液浸泡，自来水冲洗后，按首次使用的器皿进行处理和清洗。

5　分析步骤

5.1　标准系列溶液的制备

取硒标准溶液(3.17)0.00mL、0.10mL、0.25mL、0.50mL、0.75mL、1.00mL、2.00mL分别于100mL锥形瓶中，与样品同时消解。

5.2　样品处理

称取样品1g~2g(精确到0.001g)于消化管中(若样品中含有乙醇等有机溶剂，可预先在水浴或电热板上低温挥发。若为膏霜型样品，可预先在水浴中加热使瓶壁上样品融化流入瓶的底部)，加入玻璃珠数粒，然后加入硝酸(3.1)10mL，由低温至高温加热消解，当消解液体积减少到2~3mL时，移去热源，冷却。加入高氯酸(3.2)2~5mL，继续加热消解，不时缓缓摇动使均匀，消解至冒白烟，取下。稍冷后加入盐酸溶液Ⅰ(3.4)4mL继续加热至产生白烟，立即取下。同时做试剂空白。

5.3　测定

将消解后的标准系列溶液及样品溶液分别转移到50mL比色管中，分别向各管中加入乙二胺四乙酸二钠＋盐酸羟胺＋甲酚红混合试剂(3.11)10mL，摇匀，溶液应呈桃红色。用氨水溶液(3.12)调至浅橙色，必要时可加入少量盐酸溶液Ⅰ(3.4)，溶液的pH值应为1.5~2.0，[也可用pH 0.5~5.0精密试纸(3.9)检验]。

以下步骤需在暗处操作：向上述各管中加入2,3-二氨基萘溶液(3.14)1mL，摇匀，置沸水浴中加热5min，取出，冷却。再向各管中加入环己烷(3.13)4.0mL，加塞盖严，振摇2min，静置分层。用滴管分别吸取各管中的环己烷层溶液，用荧光分光光度计在激发光波长379nm，发射光波长519nm测定荧光强度。以标准系列溶液浓度为横坐标，荧光强度为纵坐标，绘制标准曲线。根据标准曲线得到待测溶液中硒的浓度，按“6”计算样品中硒的含量。

6　分析结果的表述

6.1　计算

$$\omega=\frac{m_1-m_0}{m}$$

式中：ω——样品中硒的质量分数，μg/g；

m——样品取样量，g；

m_1——待测溶液中硒的质量，μg；

m_0——空白溶液中硒的质量，μg。

6.2　回收率和精密度

取化妆品四种类型（水、粉、蜜、油）作 3 种含量（高、中、低）加标回收实验，回收率为 92.0%~98.0%，精密度为 4.9%~8.0%。

4　防腐剂检验方法

4.1　苯甲醇
Benzyl alcohol

第一法　气相色谱法

1　范围

本方法规定了气相色谱法测定化妆品中苯甲醇的含量。

本方法适用于液态水基类、膏霜乳液类、粉类化妆品中苯甲醇含量的测定。

2　方法提要

样品处理后，经气相色谱仪分离，氢火焰离子化检测器检测，根据保留时间定性，峰面积定量，以标准曲线法计算含量。

本方法对苯甲醇的检出限为 0.0012μg，定量下限为 0.0039μg；取样量为 1.0g 时，检出浓度为 0.0012%，最低定量浓度为 0.004%。

3　试剂和材料

除另有规定外，所用试剂均为分析纯或以上规格，水为 GB/T 6682 规定的一级水。

3.1　无水乙醇。

3.2　苯甲醇，纯度≥99.5%。

3.3　标准储备溶液：称取苯甲醇标准品 0.1g（精确到 0.0001g）于 100mL 的容量瓶中，用无水乙醇（3.1）溶解并稀释至刻度，即得浓度为 1.0mg/mL 的苯甲醇标准储备溶液。该储备液应在 0℃~4℃冰箱冷藏保存。

4　仪器和设备

4.1　气相色谱仪：氢火焰离子化检测器（FID）、质谱检测器（MSD）。

4.2　天平。

4.3　涡旋振荡器。

4.4　恒温水浴锅。

4.5　超声波清洗器。

4.6　离心机：转速不小于 5000r/min。

5　分析步骤

5.1　标准系列溶液的制备

分别精密量取一定体积的苯甲醇标准储备溶液（3.3）于 10mL 容量瓶中，用无水乙醇（3.1）稀释并定容至刻度，得到浓度为 0.05mg/mL、0.10mg/mL、0.20mg/mL、0.30g/mL、0.40mg/mL、0.50mg/mL 的标准系列溶液。

5.2 样品处理

称取样品 0.5g~1.0g（精确到 0.001g）于 10mL 容量瓶中，加入 5mL 无水乙醇（3.1），涡旋振荡使样品与提取溶剂充分混匀，置于 50℃水浴中加热 5min（液体类样品不需水浴加热），超声提取 20min，冷却至室温后，用无水乙醇（3.1）稀释至刻度，混匀后转移至 10mL 刻度离心管中，以 5000r/min 离心 5min。上清液经 0.45μm 滤膜过滤，滤液作为样品溶液备用。

5.3 参考色谱条件

色谱柱：HP-FFAP 石英毛细管色谱柱（30m × 0.25mm × 0.25μm，硝基对苯二酸改性的聚乙二醇），或等效色谱柱；

柱温程序：初始温度 150℃，以 10℃/min 的速率升温至 180℃，保持 3min 后，再以 20℃/min 的速率升温至 230℃，保持 5min；

进样口温度：240℃；

检测器温度：250℃；

载气：N_2，流速：1.0mL/min；

氢气流量：40mL/min；

空气流量：400mL/min；

尾吹气氮气流量：30mL/min；

进样方式：分流进样，分流比：40∶1；

进样量：1μL。

注：载气、空气、氢气流速随仪器而异，操作者可根据仪器及色谱柱等差异，通过试验选择最佳操作条件，使苯甲醇与化妆品中其他组分峰获得完全分离。

5.4 测定

在“5.3”色谱条件下，取标准系列溶液（5.1）分别进样，进行气相色谱分析，以标准系列溶液浓度为横坐标，峰面积为纵坐标，绘制标准曲线。

取“5.2”项下样品待测溶液进样，根据保留时间定性，测得峰面积，根据标准曲线得到待测溶液中苯甲醇的浓度。按“6”计算样品中苯甲醇的含量。

6 分析结果的表述

6.1 计算

$$\omega = \frac{\rho \times V}{m \times 1000} \times 100$$

式中：ω——化妆品中苯甲醇的质量分数，%；

ρ——从标准曲线中得到苯甲醇的浓度，mg/mL；

V——样品定容体积，mL；

m——样品取样量，g。

在重复性条件下获得的两次独立测定结果的绝对差值不得超过算术平均值的 10%。

6.2 回收率

当样品添加标准溶液浓度在 0.05%~0.5% 范围内，测定结果的平均回收率在 97.9%~108.7%。

7　图谱

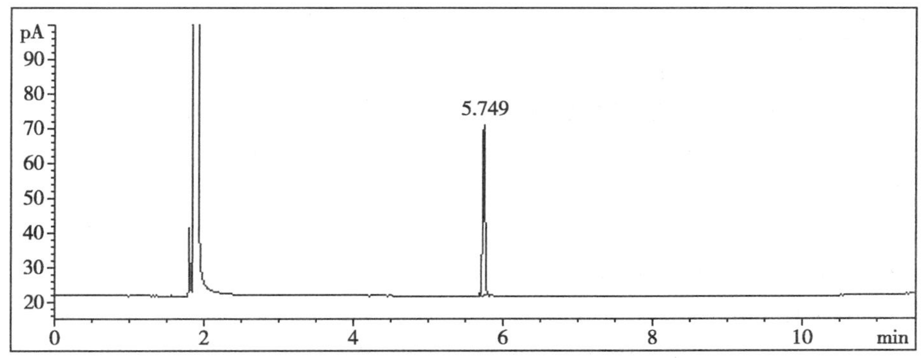

图 1　标准溶液色谱图

苯甲醇(5.749min)

第二法　高效液相色谱法

1　范围

本方法规定了高效液相色谱法测定化妆品中苯甲醇的含量。

本方法适用于液态水基类、膏霜乳液类、粉类化妆品中苯甲醇含量的测定。

2　方法提要

样品处理后，经高效液色谱仪分离，紫外检测器检测，根据保留时间定性，峰面积定量，以标准曲线法计算含量。

本方法对苯甲醇的检出限为 0.000005μg，定量下限为 0.00002μg；取样量为 1.0g 时，检出浓度为 0.0000005%，最低定量浓度为 0.000002%。

3　试剂和材料

除另有规定外，所用试剂均为分析纯或以上规格，水为 GB/T 6682 规定的一级水。

3.1　甲醇，色谱纯。

3.2　苯甲醇，纯度≥99.5%。

3.3　流动相的配制：

流动相 A：甲醇。

流动相 B：水。

3.4　标准储备溶液：称取苯甲醇标准品 0.1g(精确到 0.0001g)于 100mL 的容量瓶中，用甲醇(3.1)溶解并稀释至刻度，即得质量浓度为 1.0mg/mL 的苯甲醇标准储备溶液。该储备液应在 0℃~4℃冰箱冷藏保存。

4　仪器和设备

4.1　高效液相色谱仪，紫外检测器。

4.2　天平。

4.3　涡旋振荡器。

4.4　超声波清洗器。

4.5　离心机：转速不小于 5000r/min。

4.6　恒温水浴锅。

4.7　注射式样品过滤器(有机溶媒型,0.45μm)。

5　分析步骤

5.1　标准系列溶液的制备

分别精密量取一定体积的苯甲醇标准储备溶液(3.4)于10mL容量瓶中,用甲醇(3.1)稀释并定容至刻度,得到浓度为0.05mg/mL、0.10mg/mL、0.20mg/mL、0.30mg/mL、0.40mg/mL、0.50mg/mL的标准系列溶液。

5.2　样品处理

称取样品0.5g~1.0g(精确到0.001g)于10mL容量瓶中,加入5mL甲醇(3.1),涡旋振荡使样品与提取溶剂充分混匀,置于50℃水浴中加热5min(液体类样品不需水浴加热),超声提取20min,冷却至室温后,用甲醇(3.1)稀释至刻度,混匀后转移至10mL刻度离心管中,以5000r/min离心5min。上清液经0.45μm滤膜过滤,滤液作为样品溶液备用。

5.3　参考色谱条件

色谱柱:C_{18}柱(250mm × 4.6mm × 5μm),或等效色谱柱;

流动相梯度洗脱程序:

时间(min)	V(流动相A)/%	V(流动相B)/%
0	35	65
12	35	65
15	70	30
20	100	0
35	100	0
40	35	65
45	35	65

流速:1.0mL/min;

检测波长:210nm;

柱温:35℃;

进样量:10μL。

5.4　测定

在“5.3”色谱条件下,取标准系列溶液(5.1)分别进样,进行液相色谱分析,以标准系列溶液浓度为横坐标,峰面积为纵坐标,绘制标准曲线。

取“5.2”项下的待测溶液进样,根据保留时间定性,测得峰面积,根据标准曲线得到待测溶液中苯甲醇的浓度。按“6”计算样品中苯甲醇的含量。

6　分析结果的表述

6.1　计算

$$\omega=\frac{\rho \times V}{m \times 1000} \times 100$$

式中：ω——化妆品中苯甲醇的质量分数，%；

ρ——从标准曲线中得到苯甲醇的浓度，mg/mL；

V——样品定容体积，mL；

m——样品取样量，g。

在重复性条件下获得的两次独立测定结果的绝对差值不得超过算术平均值的 10%。

6.2　回收率

当样品添加标准溶液浓度在 0.05%~0.5% 范围内，测定结果的平均回收率在 91.9%~102.7%。

7　图谱

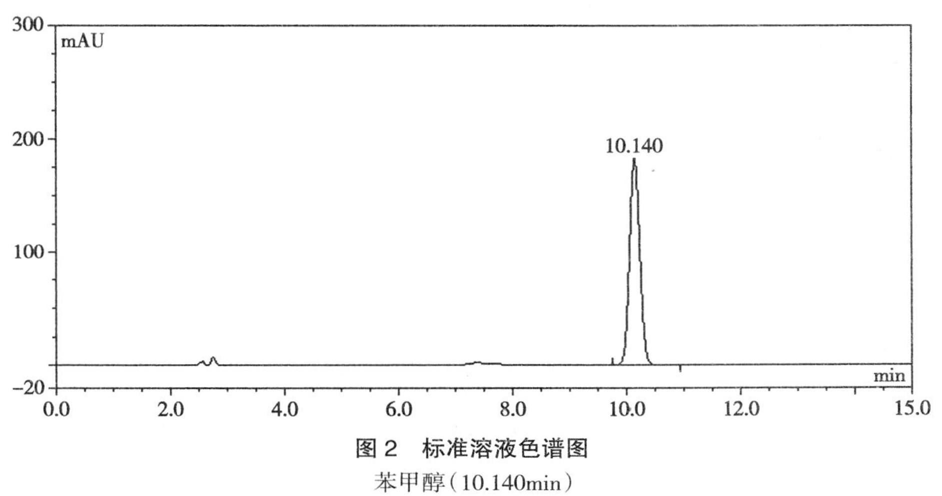

图 2　标准溶液色谱图

苯甲醇（10.140min）

附录 A
（规范性附录）
苯甲醇阳性结果的确证

必要时，采用气相色谱 - 质谱法确证阳性结果，以检查化妆品中是否有其他组分干扰苯甲醇的测定。如果检出的色谱峰的保留时间与标准物质的保留时间一致，并且在扣除背景后的样品质谱图中，所选择的离子均出现，且所选择的离子的相对丰度比与标准物质的相对丰度比一致，则可判断样品中存在苯甲醇。

A.1　参考气质条件

色谱柱：HP-FFAP 石英毛细管色谱柱（30m × 0.25mm × 0.25μm，硝基对苯二酸改性的聚乙二醇），或等效色谱柱；

柱温程序：初始温度 150℃，以 10℃/min 的速率升温至 180℃，保持 3min 后，再以 20℃/min 的速率升温至 230℃，保持 5min；

进样口温度：230℃；

接口温度：240℃；

载气：氦气 1.0mL/min；

电离方式：EI；

电离能量：70eV；

监测方式：全扫描；

监视离子范围（m/z）：20~110；

进样方式：分流进样，分流比：40∶1；

进样量：1.0μL。

A.2　图谱

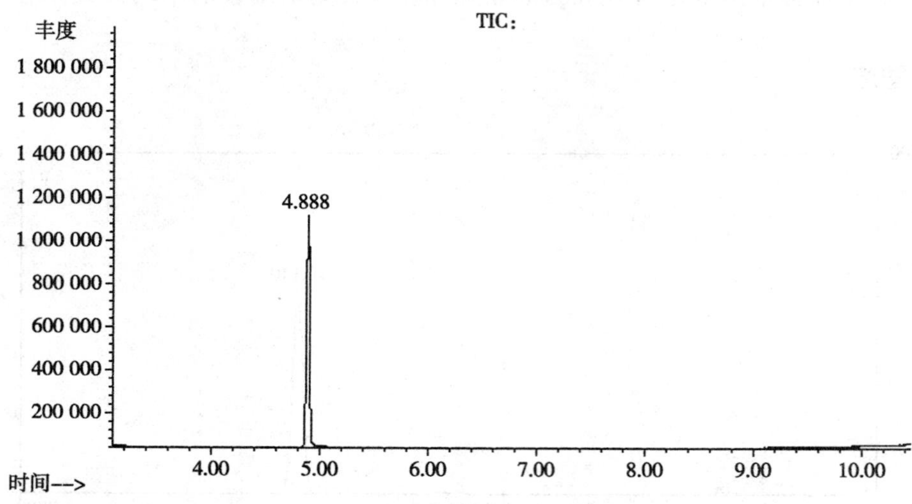

图 A.1　标准溶液全扫描色谱图

苯甲醇（4.888min）

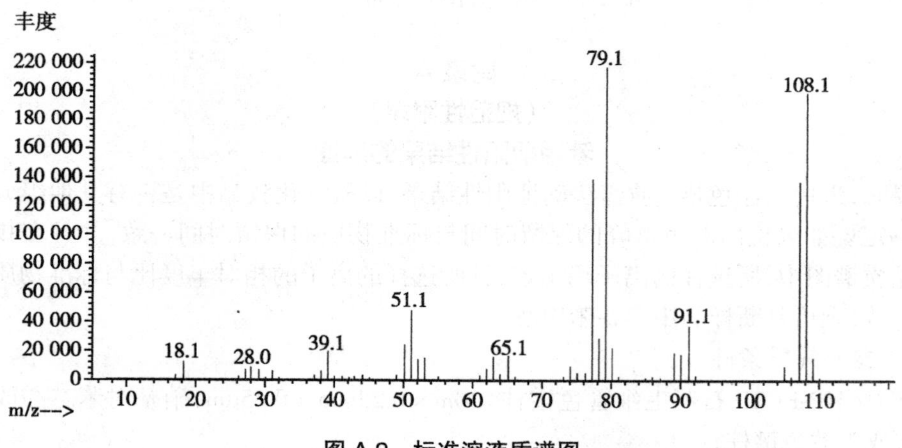

图 A.2　标准溶液质谱图

表 A.1　特征离子表

名称	分子式	CAS 编号	特征选择离子及丰度比
苯甲醇	C_7H_8O	100-51-6	79（100），108（89），91（18）

4.2　苯甲酸及其钠盐
Benzoic acid and sodium benzoate

第一法　高效液相色谱法

1　范围

本方法规定了高效液相色谱法测定化妆品中苯甲酸及其钠盐(以酸计)的含量。

本方法适用于液态水基类、膏霜乳液类、粉类化妆品中苯甲酸及其钠盐含量的测定。

2　方法提要

样品酸化后,用乙醇和水的混合溶液,水浴、超声提取,经高效液相色谱仪分离,紫外检测器检测,根据保留时间定性,峰面积定量,以标准曲线法计算含量。

本方法对苯甲酸及其钠盐的检出限为0.000225μg,定量下限为0.00075μg;取样量为1.0g时,检出浓度为0.0001%,最低定量浓度为0.0004%。

3　试剂和材料

除另有规定外,本方法所用试剂均为分析纯或以上规格,水为GB/T 6682规定的一级水。

3.1　无水乙醇。

3.2　磷酸二氢钠。

3.3　磷酸。

3.4　硫酸。

3.5　硫酸[$c(1/2H_2SO_4)$=2mol/L]:取6mL硫酸(3.4)缓缓注入100mL水中,冷却摇匀。

3.6　乙醇-水混合液:取90mL无水乙醇和10mL水混合摇匀。

3.7　甲醇,色谱纯。

3.8　苯甲酸,纯度≥99.5%。

3.9　流动相的配制:

流动相A:甲醇。

流动相B:磷酸二氢钠缓冲溶液:称取3.12g磷酸二氢钠,加水溶解并稀释至1000mL,用磷酸调pH值至2.2。

3.10　标准储备溶液:称取苯甲酸0.1g(精确到0.0001g)于100mL容量瓶中,用乙醇-水混合液(3.6)溶解并稀释至刻度,即得浓度为1.0mg/mL的苯甲酸标准储备溶液。该储备液应在0℃~4℃冰箱冷藏保存。

4　仪器和设备

4.1　高效液相色谱仪,紫外检测器。

4.2　气相色谱-质谱仪。

4.3　天平。

4.4　涡旋振荡器。

4.5　恒温水浴锅。

4.6　超声波清洗器。

4.7　离心机:转速不小于5000r/min。

4.8　酸度计。

4.9 注射式样品过滤器（有机溶媒型，0.45μm）。

5 分析步骤

5.1 标准系列溶液的制备

分别精密量取一定体积的苯甲酸标准储备溶液（3.10）于10mL容量瓶中，用乙醇-水混合液（3.6）稀释并定容至刻度，得到浓度为0.05mg/mL、0.10mg/mL、0.20mg/mL、0.30mg/mL、0.40mg/mL、0.50mg/mL的标准系列溶液。

5.2 样品处理

称取样品0.5g~1.0g（精确到0.001g）于50mL容量瓶中，加入1mL硫酸[$c(1/2H_2SO_4)$=2mol/L]（3.5），30mL乙醇-水混合液（3.6），涡旋振荡使样品与提取溶剂充分混匀，置于50℃水浴中加热5min，超声提取20min。冷却至室温后，用乙醇-水混合液（3.6）稀释至刻度，在冰浴中放置1h，取出至室温后转移至10mL刻度离心管中，以5000r/min离心5min。上清液经0.45μm滤膜过滤，滤液作为样品溶液备用。

5.3 参考色谱条件

色谱柱：C_{18}柱（250mm×4.6mm×5μm），或等效色谱柱；

流动相梯度洗脱程序：

时间/min	V（流动相A）/%	V（流动相B）/%
0	50	50
10	50	50
11	90	10
40	90	10
41	50	50
50	50	50

流速：1.0mL/min；

检测波长：230nm；

柱温：35℃；

进样量：10μL。

5.4 测定

在“5.3”色谱条件下，取标准系列溶液（5.1）分别进样，进行液相色谱分析，以标准系列溶液浓度为横坐标，峰面积为纵坐标，绘制标准曲线。

取“5.2”项下样品待测溶液进样，根据保留时间定性，测得峰面积，根据标准曲线得到待测溶液中苯甲酸的浓度。按“6”计算样品中苯甲酸及其钠盐（以酸计）的含量。

6 分析结果的表述

6.1 计算

$$\omega=\frac{\rho\times V}{m\times 1000}\times 100$$

式中：ω——样品中苯甲酸及其钠盐（以酸计）的质量分数，%；

ρ——从标准曲线中得到苯甲酸的浓度，mg/mL；

V——样品定容体积，mL；

m——样品取样量，g。

在重复性条件下获得的两次独立测定结果的绝对差值不得超过算术平均值的 10%。

6.2　回收率

当样品添加标准溶液浓度在 0.05%~0.5% 范围内，测定结果的平均回收率在 92.5%~104.9%。

7　图谱

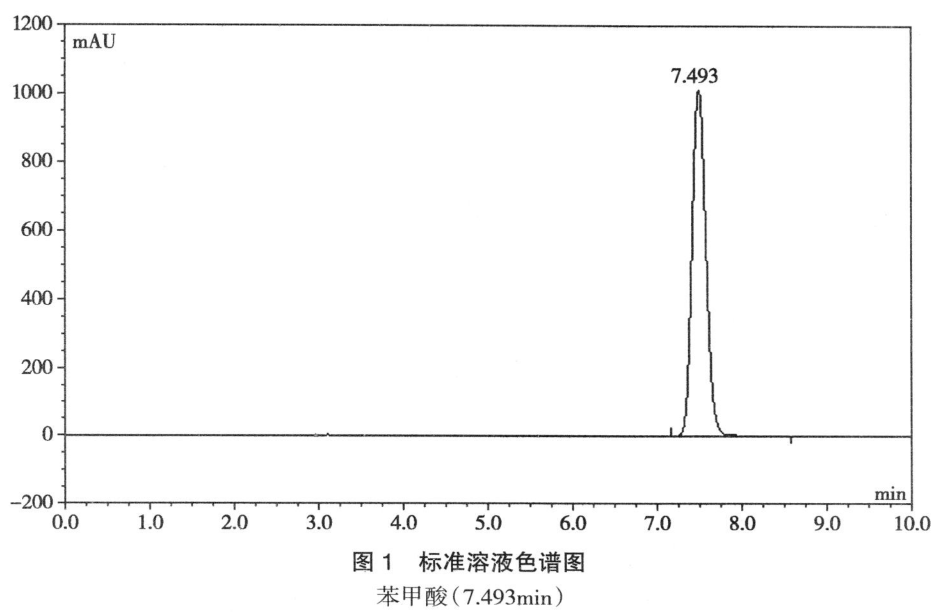

图 1　标准溶液色谱图

苯甲酸（7.493min）

第二法　气相色谱法

1　范围

本方法规定了气相色谱法测定化妆品中苯甲酸及其钠盐的含量。

本方法适用于液态水基类、膏霜乳液类、粉类化妆品中苯甲酸及其钠盐含量的测定。

2　方法提要

样品酸化后，用乙醚低温超声提取，提取溶液除去乙醚，残渣用无水乙醇溶解定容，离心，取上清液经滤膜过滤，经气相色谱仪分离，氢火焰离子化检测器检测，根据保留时间定性，峰面积定量，以标准曲线法计算含量。

本方法对苯甲酸及其钠盐的检出限为 0.0025μg，定量下限为 0.0083μg；取样量为 1.0g 时，检出浓度为 0.0025%，最低定量浓度为 0.0083%。

3　试剂和材料

除另有规定外，本方法所用试剂均为分析纯或以上规格，水为 GB/T 6682 规定的一级水。

3.1　无水乙醇。

3.2　乙醚。

3.3　盐酸。

3.4　盐酸 - 水混合液：取 50mL 盐酸（3.3）和 50mL 水混合摇匀。

3.5　苯甲酸，纯度≥99.5%。

3.6　标准储备溶液：称取苯甲酸标准品 0.1g（精确到 0.0001g）于 100mL 的容量瓶中，用无水乙醇溶解并稀释至刻度，即得浓度为 1.0mg/mL 的苯甲酸标准储备溶液。该储备液应在 0℃~4℃冰箱冷藏保存。

4　仪器和设备

4.1　气相色谱仪，氢火焰离子化检测器（FID）。

4.2　天平。

4.3　涡旋振荡器。

4.4　超声波清洗器。

4.5　恒温水浴锅。

4.6　离心机：转速不小于 5000r/min。

4.7　注射式样品过滤器（有机溶媒型，0.45μm）。

5　分析步骤

5.1　标准系列溶液的制备

分别精密量取一定体积的苯甲酸标准储备溶液（3.6）于 10mL 容量瓶中，以无水乙醇（3.1）稀释并定容至刻度，得到浓度为 0.05mg/mL、0.10mg/mL、0.20mg/mL、0.30mg/mL、0.40mg/mL、0.50mg/mL 的标准系列溶液。

5.2　样品处理

5.2.1　液态水基类化妆品：

称取样品 0.5g~1.0g（精确到 0.001g）于 50mL 具塞比色管中，加 0.5mL 盐酸 - 水混合液（3.4）和 20mL 乙醚（3.2），盖上塞子，称重，涡旋振摇使样品与提取溶剂充分混匀，冰浴超声提取 20min，用乙醚（3.2）补足重量，混匀后静置至溶液分层，准确移取上清液 10.0mL 于 50mL 蒸发皿中，40℃水浴蒸至近干，残渣用无水乙醇（3.1）转移至 5mL 容量瓶定容，混匀，再转移至 10mL 刻度离心管中，以 5000r/min 离心 5min，上清液经 0.45μm 滤膜过滤，滤液作为待测溶液备用。

5.2.2　膏霜乳液类、粉类化妆品：

称取样品 0.5g~1.0g（精确到 0.001g）于 50mL 具塞比色管中，加 1mL 纯水振摇后加入 0.5mL 盐酸 - 水混合液（3.4）及 20mL 乙醚（3.2），盖上塞子，称重，涡旋振摇使样品与提取溶剂充分混匀，冰浴超声提取 20min，用乙醚（3.2）补足重量，混匀后静置至溶液分层，准确移取上清液 10.0mL 于 50mL 蒸发皿中，40℃水浴蒸至近干，残渣用无水乙醇（3.1）转移至 5mL 容量瓶定容，混匀，再转移至 10mL 刻度离心管中，以 5000r/min 离心 5min，上清液经 0.45μm 滤膜过滤，滤液作为待测溶液备用。

5.3　参考色谱条件

色谱柱：HP-FFAP 石英毛细管色谱柱（30m × 0.25mm × 0.25μm，硝基对苯二酸改性的聚乙二醇），或等效色谱柱；

柱温程序：初始温度 150℃，以 10℃/min 的速率升温至 180℃，保持 3min 后，再以 20℃/min 的速率升温至 230℃，保持 5min；

进样口温度：240℃；

检测器温度：250℃；

载气：N_2，流速：1.0mL/min；

氢气流量:40mL/min;

空气流量:400mL/min;

尾吹气氮气流量:30mL/min;

进样方式:分流进样,分流比:40：1;

进样量:1μL。

注:载气、空气、氢气流速随仪器而异,操作者可根据仪器及色谱柱等差异,通过试验选择最佳操作条件,使苯甲酸与化妆品中其他组分峰获得完全分离。

5.4　测定

在"5.3"色谱条件下,取标准系列溶液(5.1)分别进样,进行气相色谱分析,以标准系列溶液浓度为横坐标,峰面积为纵坐标,绘制标准曲线。

取"5.2"项下的待测溶液进样,根据保留时间定性,测得峰面积,根据标准曲线得到待测溶液中苯甲酸的浓度。按"6"计算样品中苯甲酸及其钠盐(以酸计)的含量。

必要时用第一法佐证。

6　分析结果的表述

6.1　计算

$$\omega = \frac{\rho \times V \times V_2}{m \times V_1 \times 1000} \times 100$$

式中:ω——样品中苯甲酸及其钠盐(以酸计)的质量分数,%;

ρ——从标准曲线中得到苯甲酸的浓度,mg/mL;

V——样品中加入提取溶剂体积,mL;

V_1——分取样品提取溶液的体积,mL;

V_2——样品最终定容体积,mL;

m——样品取样量,g。

在重复性条件下获得的两次独立测定结果的绝对差值不得超过算术平均值的10%。

6.2　回收率

当样品添加标准溶液浓度在0.05%~0.5%范围内,测定结果的平均回收率在90.3%~107.7%。

7　图谱

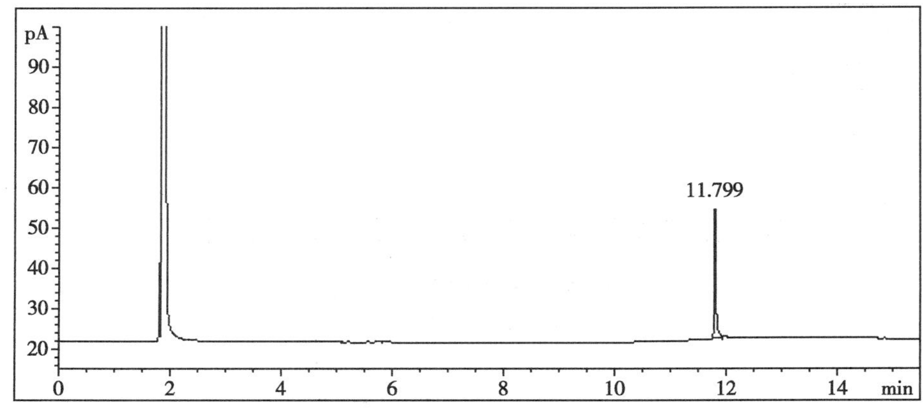

图2　标准溶液色谱图

苯甲酸(11.799min)

附录 A
（规范性附录）
苯甲酸及其钠盐阳性结果的确证

必要时，采用气相色谱 - 质谱法确证阳性结果，以检查化妆品中是否有其他组分干扰苯甲酸的测定。如果检出的色谱峰的保留时间与标准物质的保留时间一致，并且在扣除背景后的样品质谱图中，所选择的离子均出现，且所选择的离子的相对丰度比与标准物质的相对丰度比一致，则可判断样品中存在苯甲酸或苯甲酸钠。

A.1　参考气质条件

色谱柱：HP-FFAP 石英毛细管色谱柱（30m × 0.25mm × 0.25μm，硝基对苯二酸改性的聚乙二醇）或等效色谱柱；

柱温程序：初始温度 150℃，以 10℃/min 的速率升温至 180℃，保持 3min 后，再以 20℃/min 的速率升温至 230℃，保持 5min；

进样口温度：230℃；

接口温度：240℃；

载气：氦气 1.0mL/min；

电离方式：EI；

电离能量：70eV；

监测方式：全扫描；

监视离子范围（m/z）：20~130；

进样方式：分流进样，分流比：40 ∶ 1；

进样量：1.0μL。

A.2　图谱

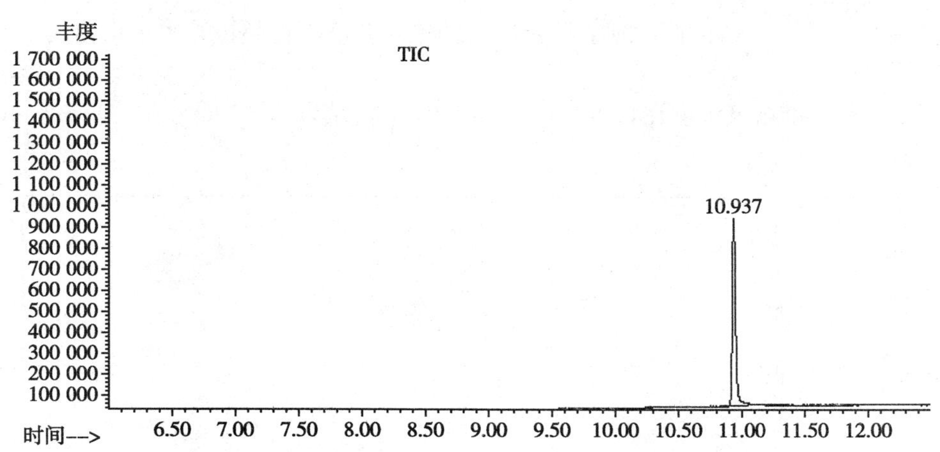

图 A.1　标准溶液全扫描图

苯甲酸（10.937min）

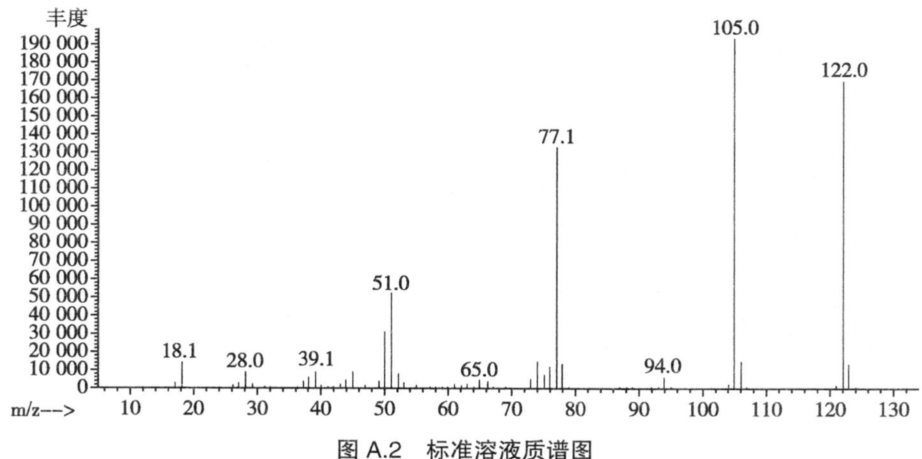

图 A.2　标准溶液质谱图

表 A.1　特征离子表

名称	分子式	CAS 编号	特征选择离子及丰度比
苯甲酸	$C_7H_6O_2$	65-85-0	105(100),122(83),77(66)

4.3　苯氧异丙醇 Phenoxyisopropanol

1　范围

本方法规定了高效液相色谱法测定化妆品中苯氧异丙醇的含量。

本方法适用于淋洗类化妆品(包括液态水基类和膏霜乳液类,不包括口腔卫生用品)中苯氧异丙醇含量的测定。

2　方法提要

样品提取后,经高效液相色谱仪分离,紫外检测器检测,根据保留时间定性,峰面积定量,以标准曲线法计算含量。

本方法对苯氧异丙醇的检出限为 0.0008μg,定量下限为 0.0012μg;取样量为 0.25g 时,检出浓度为 5.0μg/g,最低定量浓度为 8.0μg/g。

3　试剂和材料

除另有规定外,本方法所用试剂均为分析纯或以上规格,水为 GB/T 6682 规定的一级水。

3.1　苯氧异丙醇,纯度 >93.0%。

3.2　乙腈,色谱纯。

3.3　甲醇,色谱纯。

3.4　四氢呋喃(THF),色谱纯。

3.5　标准储备溶液:称取苯氧异丙醇 0.05g(精确到 0.0001g)于 50mL 容量瓶中,加入甲醇(3.3)溶解并定容至 50mL,配制得质量浓度为 1.0mg/mL 的苯氧异丙醇标准储备溶液。

4　仪器和设备

4.1　高效液相色谱仪,紫外检测器。

4.2　天平。

4.3　超声波清洗器。

4.4　微型涡旋振荡器。

5　分析步骤

5.1　标准系列溶液的制备

按照表1操作，分别精密量取一定体积的苯氧异丙醇标准储备溶液（3.5）和标准溶液于10mL容量瓶中，用甲醇（3.3）稀释并定容至刻度，得到苯氧异丙醇标准系列溶液。

表1　苯氧异丙醇标准系列溶液的配制

序号	工作溶液	标准溶液的浓度	量取体积	定容体积	标准溶液终浓度
1	储备液	1.0mg/mL	2mL	10mL	200μg/mL
2	储备液	1.0mg/mL	1mL	10mL	100μg/mL
3	储备液	1.0mg/mL	0.5mL	10mL	50μg/mL
4	标准溶液	50μg/mL	2mL	10mL	10μg/mL
5	标准溶液	10μg/mL	1mL	10mL	1μg/mL

5.2　样品处理

称取样品0.25g（精确到0.0001g），置于25mL具塞比色管中，加入甲醇（3.3）20mL，涡旋60s分散均匀，超声提取15min，冷却到室温后，用流动相定容至25mL刻度线，涡旋振荡摇匀，混液过0.45μm滤膜，滤液可根据需要进行稀释，保存于2mL棕色进样瓶中作为待测溶液，备用。

5.3　参考色谱条件

色谱柱：C_{18}柱（250mm×4.6mm×5μm），或等效色谱柱；

流动相：水+乙腈+甲醇+THF（60+25+10+5）；

流速：1.2mL/min；

检测波长：268nm；

柱温：30℃；

进样量：20μL。

5.4　测定

在"5.3"色谱条件下，取苯氧异丙醇标准系列溶液（5.1）分别进样，进行色谱分析，以标准系列溶液浓度为横坐标，峰面积为纵坐标，绘制标准曲线。

取"5.2"项下的待测溶液进样，根据保留时间定性，测得峰面积，根据标准曲线得到待测溶液中苯氧异丙醇的浓度。按"6"计算样品中苯氧异丙醇的含量。

6　分析结果的表述

6.1　计算

$$\omega=\frac{D\times\rho\times V}{m\times10^{6}}\times100$$

式中：ω——化妆品中苯氧异丙醇的含量，%；

D——样品稀释倍数（不稀释则为1）；

ρ——从标准曲线得到苯氧异丙醇的质量浓度，μg/mL；

V——样品定容体积，mL；

m——样品取样量，g。

在重复性条件下获得的两次独立测定结果的绝对差值不得超过算术平均值的 10%。

6.2　回收率和精密度

多家实验室验证的平均回收率在 96%~107%，相对标准偏差小于 3%。

7　图谱

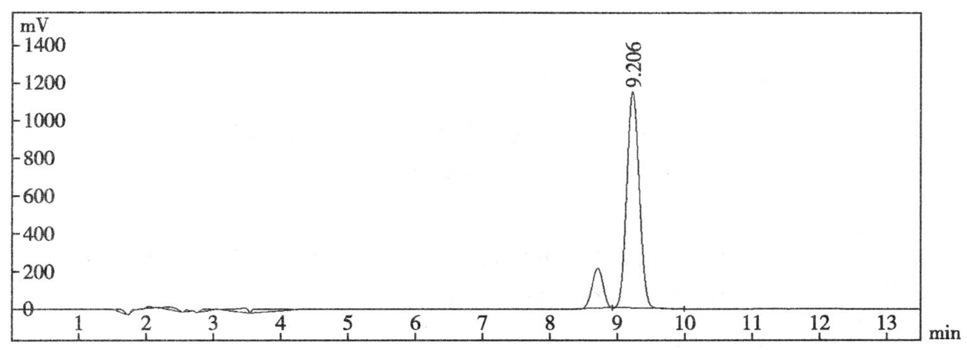

图 1　标准溶液色谱图

1：杂质峰苯氧基丙醇（苯氧异丙醇的同分异构体）（R>1.5）；2：苯氧异丙醇（9.206min）

4.4　苯扎氯铵
Benzalkonium chloride

1　范围

本方法规定了高效液相色谱法测定化妆品中苯扎氯铵的含量。

本方法适用于淋洗类发用产品或液态水基类、膏霜乳液类化妆品中苯扎氯铵的测定。

本方法所指苯扎氯铵为十二烷基二甲基苄基氯化铵、十四烷基二甲基苄基氯化铵和十六烷基二甲基苄基氯化铵之和。

2　方法提要

样品处理后，经高效液相色谱仪分离，二极管阵列检测器检测，根据保留时间和紫外光谱图定性，峰面积定量，以标准曲线法计算含量。

本方法对苯扎氯铵的检出限为 0.02μg，定量下限为 0.07μg；取样量为 0.5g 时，检出浓度为 130μg/g，最低定量浓度为 435μg/g。

3　试剂和材料

除另有规定外，本方法所用试剂均为分析纯或以上规格，水为 GB/T 6682 规定的一级水。

3.1　十二烷基二甲基苄基氯化铵，纯度≥99%；十四烷基二甲基苄基氯化铵，纯度≥99%；十六烷基二甲基苄基氯化铵，纯度≥99%。

3.2　乙腈，色谱纯。

3.3　醋酸铵，色谱纯。

3.4　冰醋酸，优级纯。

3.5　标准储备溶液：称取十二烷基二甲基苄基氯化铵、十四烷基二甲基苄基氯化铵、十六烷基二甲基苄基氯化铵各 0.05g（精确到 0.0001g）于 50mL 棕色容量瓶中，用乙腈（3.2）溶解并定容至刻度，即得浓度为 1.0mg/mL 的苯扎氯铵标准储备溶液。

4 仪器和设备

4.1 高效液相色谱仪，二极管阵列检测器。

4.2 天平。

4.3 pH 计：精度 0.01。

4.4 涡旋振荡器。

4.5 超声波清洗器。

5 分析步骤

5.1 标准系列溶液的制备

取苯扎氯铵标准储备溶液（3.5），分别配制浓度为 5.0μg/mL、10.0μg/mL、30.0μg/mL、50.0μg/mL、80.0μg/mL 和 100.0μg/mL 的苯扎氯铵标准系列溶液。

5.2 样品处理

称取样品 0.5g（精确到 0.001g）于 25mL 具塞比色管中，加入 20mL 乙腈（3.2），涡旋振荡 1min，超声提取 30min，取出，冷却至室温后用乙腈（3.2）定容至 25mL，混匀，经 0.45μm 滤膜过滤，滤液作为待测溶液，备用。

5.3 参考色谱条件

色谱柱：CN 柱（250mm × 4.6mm × 5μm），或等效色谱柱；

流动相：乙腈 +0.1mol/L 醋酸铵缓冲溶液（冰醋酸调 pH 至 5.0）（70+30）；

流速：1.0mL/min；

检测波长：260nm；

柱温：25℃；

进样量：20μL。

5.4 测定

在“5.3”色谱条件下，取标准系列溶液分别进样，进行色谱分析，以标准系列溶液浓度为横坐标，峰面积为纵坐标，绘制标准曲线。

取“5.2”项下处理得到的待测溶液进样，根据保留时间和紫外光谱图定性，测得峰面积，根据标准曲线得到待测溶液中十二烷基二甲基苄基氯化铵、十四烷基二甲基苄基氯化铵、十六烷基二甲基苄基氯化铵的浓度。按“6”计算样品中苯扎氯铵的含量。

6 分析结果的表述

6.1 计算

$$\omega=\frac{D\times(\rho_{C_{12}}+\rho_{C_{14}}+\rho_{C_{16}})\times V}{m\times 10^{6}}\times 100$$

式中：ω——样品中苯扎氯铵的质量分数，%；

D——样品稀释倍数；

$\rho_{C_{12}}$——从标准曲线得到十二烷基二甲基苄基氯化铵的浓度，μg/mL；

$\rho_{C_{14}}$——从标准曲线得到十四烷基二甲基苄基氯化铵的浓度，μg/mL；

$\rho_{C_{16}}$——从标准曲线得到十六烷基二甲基苄基氯化铵的浓度，μg/mL；

V——样品定容体积，mL；

m——样品取样量，g。

在重复性条件下获得的两次独立测定结果的绝对差值不得超过算术平均值的 10%。

6.2　回收率和精密度

方法的回收率为 91.3%~104.4%，相对标准偏差小于 6%（n=6）。

7　图谱

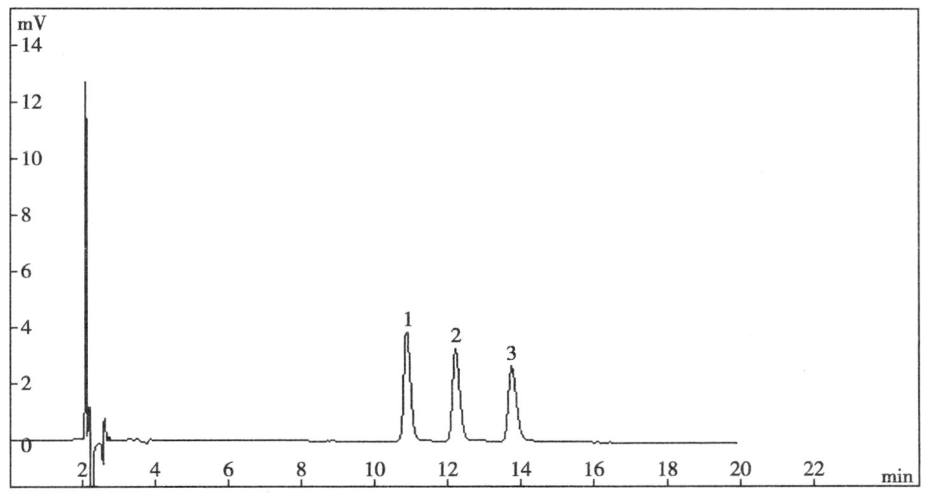

图 1　标准溶液色谱图

1：十二烷基二甲基苄基氯化铵；2：十四烷基二甲基苄基氯化铵；3：十六烷基二甲基苄基氯化铵

4.5　劳拉氯铵、苄索氯铵和西他氯铵

Ammonium chloride、Benzethonium chloride and Cetalkonium chloride

1　范围

本方法规定了高效液相色谱法测定化妆品中劳拉氯铵、苄索氯铵和西他氯铵的含量。

本方法适用于液态水基类、膏霜乳液类化妆品中劳拉氯铵、苄索氯铵和西他氯铵含量的测定。

2　方法提要

样品处理后，经高效液相色谱仪分离，二极管阵列检测器检测，根据保留时间和紫外光谱图定性，峰面积定量，以标准曲线法计算含量。

本方法对劳拉氯铵、苄索氯铵和西他氯铵的检出限、定量下限及取样量为 0.5g 时的检出浓度和最低定量浓度见下表。

	劳拉氯铵	苄索氯铵	西他氯铵
检出限	0.04μg	0.07μg	0.03μg
定量下限	0.2μg	0.3μg	0.1μg
检出浓度	8μg/g	11μg/g	9μg/g
最低定量浓度	25μg/g	35μg/g	30μg/g

3　试剂和材料

除另有规定外，本方法所用试剂均为分析纯或以上规格，水为 GB/T 6682 规定的一级水。

3.1　苄索氯铵，纯度≥99%；劳拉氯铵，纯度≥99%；西他氯铵，纯度≥99%。

3.2　甲醇，色谱纯。

3.3　醋酸铵，色谱纯。

3.4　冰醋酸，优级纯。

3.5　混合标准储备溶液：取苄索氯铵、劳拉氯铵和西他氯铵各 0.05g（精确到 0.0001g）于 50mL 棕色容量瓶中，用甲醇（3.2）溶解并定容至刻度，即得浓度为 1.0mg/mL 的混合标准储备溶液。

4　仪器和设备

4.1　高效液相色谱仪，二极管阵列检测器。

4.2　天平。

4.3　pH 计：精度 0.01。

4.4　涡旋振荡器。

4.5　超声波清洗器。

5　分析步骤

5.1　混合标准系列溶液的制备

取混合标准储备溶液（3.5），分别配制浓度为 5.0μg/mL、20.0μg/mL、30.0μg/mL、50.0μg/mL、80.0μg/mL 和 100.0μg/mL 的苄索氯铵、劳拉氯铵和西他氯铵的混合标准系列溶液。

5.2　样品处理

称取样品 0.5g（精确到 0.001g）于 25mL 具塞比色管中，加入 20mL 甲醇（3.2），涡旋振荡 1min，超声提取 15min，取出，冷却至室温后用甲醇（3.2）定容至 25mL，混匀，经 0.45μm 滤膜过滤，滤液作为待测溶液，备用。

5.3　参考色谱条件

色谱柱：CN 柱（250mm × 4.6mm × 5μm），或等效色谱柱；

流动相：甲醇 +0.1mol/L 醋酸铵缓冲溶液（冰醋酸调 pH 至 5.0）（75+25）；

流速：1.0mL/min；

检测波长：260nm；

柱温：25℃；

进样量：20μL。

5.4　测定

在“5.3”色谱条件下，取混合标准系列溶液（5.1）分别进样，进行色谱分析，以标准系列溶液浓度为横坐标，峰面积为纵坐标，绘制标准曲线。

取“5.2”项下的待测溶液进样，测得峰面积，根据标准曲线得到待测溶液中苄索氯铵、劳拉氯铵和西他氯铵的质量浓度。按“6”计算样品中苄索氯铵、劳拉氯铵和西他氯铵的含量。

6　分析结果的表述

6.1　计算

$$\omega = \frac{D \times \rho \times V}{m \times 10^6} \times 100$$

式中：ω——化妆品中劳拉氯铵、苄索氯铵和西他氯铵的质量分数，%；

D——样品稀释倍数；

ρ——从标准曲线得到待测组分的质量浓度，μg/mL；

V——样品定容体积,mL;

m——样品取样量,g。

在重复性条件下获得的两次独立测定结果的绝对差值不得超过算术平均值的 10%。

6.2　回收率和精密度

方法的回收率为 87%~107.3%,相对标准偏差小于 6%(n=6)。

7　图谱

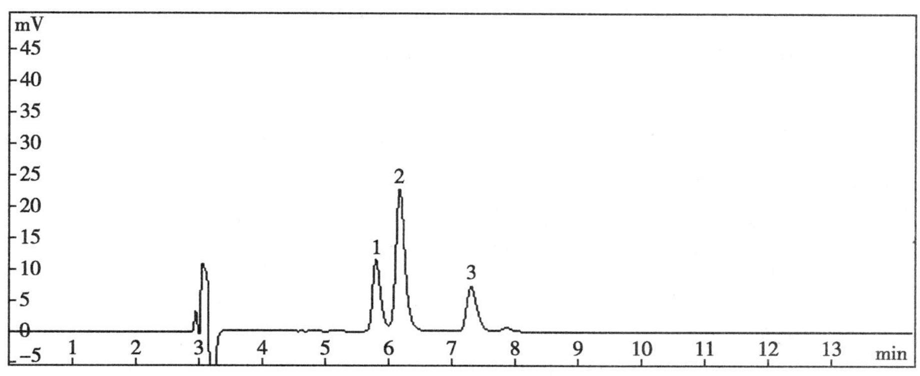

图 1　标准溶液色谱图

1:劳拉氯铵;2:苄索氯铵;3:西他氯铵

4.6　甲醛
Formaldehyde

第一法　乙酰丙酮分光光度法

1　范围

本方法规定了乙酰丙酮分光光度法测定化妆品中总甲醛的含量。

本方法适用于化妆品中甲醛含量的测定,不适用于含甲苯磺酰胺树脂的指甲油中甲醛含量的测定。

2　方法提要

样品中的甲醛,在过量铵盐存在下,与乙酰丙酮和氨作用生成黄色的 3,5- 二乙酰基 -1,4 二氢卢剔啶,根据颜色深浅比色定量。反应方程式如下:

$$\mathrm{HCH(=O)+NH_3+2CH_3-C(=O)-CH_2-C(=O)-CH_3 \longrightarrow CH_3-C(=O)-CH_2-C\ \ C-CH_2C(\overset{H_2}{C})-CH_3(=O)+3H_2O}$$

(产物环:HC=C、CH=C,经 N—H 相连)

本方法对甲醛的检出限为 1.8μg,定量下限为 6.0μg。取样量为 1g 时,检出浓度为 18μg/g,最低定量浓度为 60μg/g。

3　试剂和材料

除另有规定外,本方法所用试剂均为分析纯或以上规格,水为 GB/T 6682 规定的一级水。

3.1　硫酸,优级纯。

3.2 硫酸钠溶液：称取无水硫酸钠 25g 于烧杯中，加水溶解至 100mL。

3.3 乙酰丙酮的乙酸铵溶液：称取乙酸铵 25g 溶于水后，加冰乙酸 3mL 及乙酰丙酮 0.2mL，再加水至 100mL，混匀，转移至棕色瓶中，于冰箱内保存可在一个月内稳定。

3.4 乙酸铵溶液：称取乙酸铵 25g 溶于水后，加冰乙酸 3mL，再加水至 100mL，混匀。

3.5 氢氧化钠溶液：称取氢氧化钠 4g，用少量水溶解，再加水至 100mL，混匀。

3.6 硫酸溶液Ⅰ：取硫酸 3mL，缓慢加入到 97mL 水中，混匀。

3.7 硫酸溶液Ⅱ：取硫酸 10mL，缓慢加入到 90mL 水中，混匀。

3.8 淀粉溶液：称取可溶性淀粉 1g，用水 5mL 调成溶液后，加入沸水 95mL，煮沸，加水杨酸 0.1g 或氯化锌 0.4g 防腐。

3.9 碘标准溶液：称取碘 13.0g 和碘化钾 35g，加水 100mL，溶解后加入盐酸 3 滴，用水稀释至 1L，过滤后转移至棕色瓶中。

3.10 重铬酸钾标准溶液[$c(1/6K_2Cr_2O_7)=0.1mol/L$]：准确称取于 120℃ ± 2℃干燥至恒重的重铬酸钾基准物质 4.9031g，溶于水转移至 1L 容量瓶中，定容到刻度，摇匀。

3.11 硫代硫酸钠标准溶液：称取硫代硫酸钠（$Na_2S_2O_3 \cdot 5H_2O$）26g 或无水硫代硫酸钠 16g 溶于 1L 新煮沸放冷的水中，加入氢氧化钠 0.4g 或无水碳酸钠 0.2g，摇匀，储存于棕色玻璃瓶内，放置两周后过滤，并按如下方法标定浓度：

准确量取重铬酸钾标准溶液（3.10）25.00mL 于 500mL 碘量瓶中，加碘化钾 2.0g 和硫酸溶液Ⅱ（3.7）20mL，立即密塞，摇匀，于暗处放置 10min。加水 150mL，用硫代硫酸钠溶液（3.11）滴定至溶液显浅黄色时，加入淀粉溶液（3.8）2mL，继续滴定至溶液颜色由蓝色变为亮绿色。同时做空白试验。按下式计算硫代硫酸钠溶液的浓度：

$$c(Na_2S_2O_3)=\frac{c(K_2Cr_2O_7)\times 25.00}{(V_1-V_0)}$$

式中：$c(Na_2S_2O_3)$——硫代硫酸钠标准溶液的浓度，mol/L；

$c(K_2Cr_2O_7)$——重铬酸钾标准溶液的浓度[$c(1/6K_2Cr_2O_7)$]，mol/L；

V_1——滴定重铬酸钾消耗硫代硫酸钠溶液的体积，mL；

V_0——滴定空白消耗硫代硫酸钠溶液的体积，mL。

3.12 甲醛标准储备溶液：称取甲醛溶液（Formalin）1g（精确到 0.0001g），加水稀释到 1L，作为甲醛标准储备溶液（此溶液于冰箱中保存可在三个月内稳定）。按如下方法标定甲醛标准储备溶液中所含甲醛（HCHO）的浓度：

准确量取甲醛标准储备溶液 20.00mL 于 250mL 碘量瓶中，加入碘标准溶液（3.9）50.00mL，氢氧化钠溶液（3.5）15mL，加塞，摇匀放置 15min，加硫酸溶液Ⅰ（3.6）20mL，立即塞紧，混匀，于暗处放置 15min，用硫代硫酸钠标准溶液（3.11）滴定至溶液显淡黄色时，加入淀粉溶液（3.8）2mL，继续滴定至溶液的蓝色刚好褪去，记录消耗硫代硫酸钠标准溶液的体积。同时做空白试验。并按下式计算甲醛的浓度：

$$\rho(HCHO)=\frac{(V_0-V_1)\times c\times 15\times 1000}{V}$$

式中：$\rho(HCHO)$——甲醛溶液的浓度分数，mg/L；

V——甲醛标准储备液取样体积，mL；

V_0——滴定空白溶液消耗的硫代硫酸钠标准溶液体积，mL；

V_1——滴定甲醛溶液消耗的硫代硫酸钠标准溶液体积，mL；

c——硫代硫酸钠溶液的摩尔浓度，mol/L；

15——甲醛（1/2HCHO）摩尔质量，g/mol。

4 仪器和材料

4.1 分光光度计。

4.2 天平。

4.3 离心机。

4.4 水浴锅。

5 分析步骤

5.1 标准系列溶液的制备

取甲醛标准储备溶液（3.12）适量，用水逐级稀释到所需浓度（1mg/L~4mg/L）的标准系列溶液。临用现配。

5.2 样品处理

称取样品 1g（精确到 0.001g）于 50mL 具塞比色管中，加硫酸钠溶液（3.2）25mL，振摇，加水至刻度，于 40℃水浴中放置 1h（其间不时振摇）。取出快速冷却，转移至离心管中，离心（3000r/min），过滤。滤液作为待测溶液。

5.3 测定

取待测溶液 5.00mL 于 10mL 具塞比色管中，加乙酰丙酮的乙酸铵溶液（3.3）5.00mL，摇匀，于 40℃水浴中加热 30min，室温下放置 30min。另取待测溶液 5.00mL，加乙酸铵溶液（3.4）5.00mL，摇匀，与前者同法加热，作为比色参比溶液。用 1cm 的比色皿在 414nm 波长处测定吸光度，待测溶液和参比溶液的吸光度之差值作为 A。另取甲醛标准溶液及水各 5.00mL，分别加入乙酰丙酮的乙酸铵溶液（3.3）5.00mL，与样品同法加热，冷却。以水为参比溶液，测定其吸光度 A_S 及 A_0。为保证测定结果的准确性，样品溶液中甲醛的含量应与标准溶液中的浓度相近。

如为含硫化物较多的样品，可在弱碱性条件下加入适量的 10% 乙酸锌溶液，使之生成硫化锌沉淀，过滤去除沉淀物，取滤液测定。

6 分析结果的表述

$$\omega=\rho\times\frac{A-A_0}{A_S-A_0}\times V\times\frac{1}{m}$$

式中：ω——样品中甲醛的质量分数，μg/g；

m——样品取样量，g；

ρ——甲醛标准溶液的质量浓度，mg/L；

A——待测溶液与参比溶液吸光度的差值；

A_S——以水为参比的甲醛标准溶液的吸光度值；

A_0——以水为参比的空白溶液的吸光度值；

V——样品定容体积，mL。

第二法 高效液相色谱法

1 范围

本方法规定了柱前衍生化液相色谱 - 紫外检测器法测定化妆品中甲醛的含量。

本方法适用于化妆品中甲醛含量的测定。

2 方法提要

样品中的甲醛与2,4-二硝基苯肼反应生成黄色的2,4-二硝基苯腙（见图1）衍生物，经高效液相色谱仪分离，紫外检测器在355nm波长下检测，根据保留时间定性，峰面积定量，以标准曲线法计算含量。

本方法对甲醛的检出限为0.01μg，定量下限为0.052μg；取样量为0.2g时，检出浓度为0.001%，最低定量浓度为0.0052%。

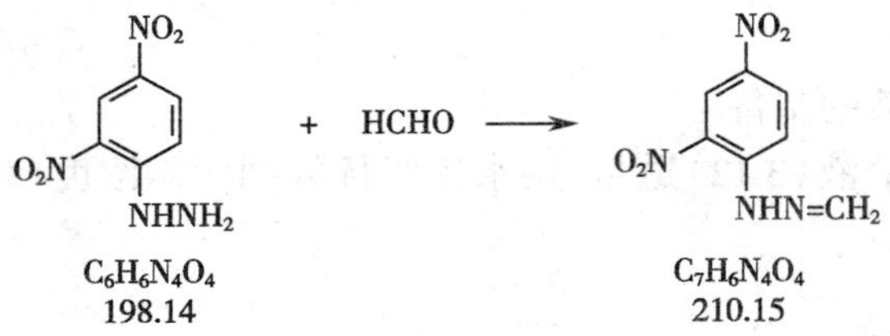

NO_2 / O_2N / $NHNH_2$ + HCHO ⟶ NO_2 / O_2N / $NHN{=}CH_2$

$C_6H_6N_4O_4$ 198.14 　　$C_7H_6N_4O_4$ 210.15

图1 甲醛衍生化反应式

3 试剂和材料

除另有规定外，本方法所用试剂均为分析纯或以上规格，水为GB/T 6682规定的一级水。

3.1 甲醛标准物质水溶液。

3.2 2,4-二硝基苯肼，纯度≥99.0%。

3.3 三氯甲烷，色谱纯，含量≥99.9%。

3.4 盐酸（ρ_{20}=1.19g/mL）。

3.5 氢氧化钠。

3.6 磷酸氢二钠（$Na_2HPO_4 \cdot 12H_2O$）。

3.7 磷酸二氢钠（$NaH_2PO_4 \cdot 2H_2O$）。

3.8 乙腈，色谱纯。

3.9 甲醇，色谱纯。

3.10 去离子水。

3.11 2,4-二硝基苯肼盐酸溶液：称取2,4-二硝基苯肼（3.2）0.20g，置于锥形瓶中，加浓盐酸（3.4）40mL使溶解（必要时可超声助溶），加去离子水（3.10）60mL，摇匀，即得。

3.12 氢氧化钠溶液[c(NaOH)=1mol/L]：称取氢氧化钠（3.5）10g，加水适量溶解后，转移到250mL量瓶中，用去离子水（3.10）稀释并定容至刻度，摇匀，即得。

3.13 磷酸缓冲溶液[$c(PO_4^{3-})$ 0.5mol/L]：精密称取磷酸二氢钠（$NaH_2PO_4 \cdot 2H_2O$）（3.7）2.28g和磷酸氢二钠（$Na_2HPO_4 \cdot 12H_2O$）（3.6）12.67g，加水适量溶解后，转移到100mL量瓶中，加水稀释至刻度，摇匀，即得。

3.14 乙腈水溶液：量取乙腈（3.8）180mL，置锥形瓶中，加水20mL，摇匀，即得。

3.15 标准储备溶液：精密量取甲醛标准物质水溶液（3.1）适量，置10mL量瓶中，加乙腈水溶液（3.14）稀释至刻度，摇匀，即得浓度约为1.04mg/mL的甲醛标准储备溶液。

4 仪器和材料

4.1 高效液相色谱仪，紫外检测器。

4.2　天平。

4.3　超声波清洗仪。

4.4　离心机。

4.5　涡旋振荡器。

5　分析步骤

5.1　标准系列溶液的制备

取甲醛标准储备溶液（3.15），按照“表 1”配制甲醛标准系列溶液。

表 1　甲醛标准系列溶液配制[1)]

工作溶液	溶液初始浓度	量取体积	定容终体积	标准系列溶液终浓度
储备溶液	10.4mg/mL	1mL	10mL	1.04mg/mL
标准溶液 1	1.04mg/mL	2.5mL	10mL	260μg/mL
标准溶液 2	1.04mg/mL	2mL	10mL	208μg/mL
标准溶液 3	1.04mg/mL	1mL	10mL	104μg/mL
标准溶液 4	104μg/mL	5mL	10mL	52.0μg/mL
标准溶液 5	104μg/mL	1mL	10mL	10.4μg/mL
标准溶液 6	10.4μg/mL	5mL	10mL	5.2μg/mL

注 1)：甲醛标准储备溶液的初始浓度应以甲醛标准物质水溶液的标示量计算。

5.2　样品处理

称取样品 0.2g（精确到 0.0001g），置具塞刻度试管中，加乙腈水溶液（3.14）至 2mL，涡旋 2min，使混匀，离心（5000r/min）5min，精密量取上清液 1mL 置 5mL 离心管中，加水 2mL，涡旋 30s，必要时离心（5000r/min）5min，精密量取上清液 1mL 置 10mL 离心管中，加 2，4- 二硝基苯肼盐酸溶液（3.11）0.4mL，涡旋 1min，静置 2min，加磷酸缓冲液（3.13）0.4mL，再加氢氧化钠溶液（3.12）约 1.9mL 调至中性，涡旋 10s，然后加 4mL 三氯甲烷（3.3），涡旋 3min，离心（5000r/min）10min，取三氯甲烷层溶液 1mL 置离心管中，离心（5000r/min）10min，取三氯甲烷层溶液，作为样品待测溶液，备用。

5.3　参考色谱条件

色谱柱：C_{18} 柱（250mm × 4.6mm × 5μm），或等效色谱柱；

流动相：甲醇 + 水（60+40）；

流速：1.0mL/min；

检测波长：355nm；

柱温：25℃；

进样量：10μL。

5.4　测定

在“5.3”色谱条件下，精密量取甲醛标准系列溶液各 1mL 置 5mL 离心管中，加水 2mL，涡旋 30s，必要时离心（5000r/min）5min，精密量取上清液 1mL 置 10mL 离心管中，加 2，4- 二硝基苯肼盐酸溶液（3.11）0.4mL，涡旋 1min，静置 2min，加磷酸缓冲液（3.13）0.4mL，再加氢氧化钠溶液（3.12）约 1.9mL 调至中性，涡旋 10s，然后精密加入 4mL 三氯甲烷（3.3），涡旋 3min，离心（5000r/min）10min，取三氯甲烷层溶液 1mL 置离心管中，离心（5000r/min）10min，取三氯甲烷层溶液，作为标准曲线待测溶液。取本液分别进样，记录色谱图，以标准系列溶液浓度为横坐标，甲醛衍生物 2，4- 二硝基苯腙的峰面积为纵坐标，绘制标准曲线。

取“5.2”项下样品待测溶液进样，记录色谱图，根据测得的甲醛衍生物 2，4- 二硝基苯腙的峰面积，从标准曲线得到待测溶液中游离甲醛的质量浓度。按“6”计算样品中游离甲醛的含量。

6 分析结果的表述

6.1 计算

$$\omega = \frac{\rho \times V}{m \times 1000} \times 100$$

式中：ω——样品中游离甲醛的含量，%；

m——样品取样量，g；

ρ——从标准曲线得到甲醛的质量浓度，mg/mL；

V——样品定容体积，本方法为 2mL。

在重复性条件下获得的两次独立测定结果的绝对差值不得超过算术平均值的 10%。

6.2 回收率和精密度

方法回收率为 99.9%~104%，相对标准偏差小于 7%（n=6）。

7 图谱

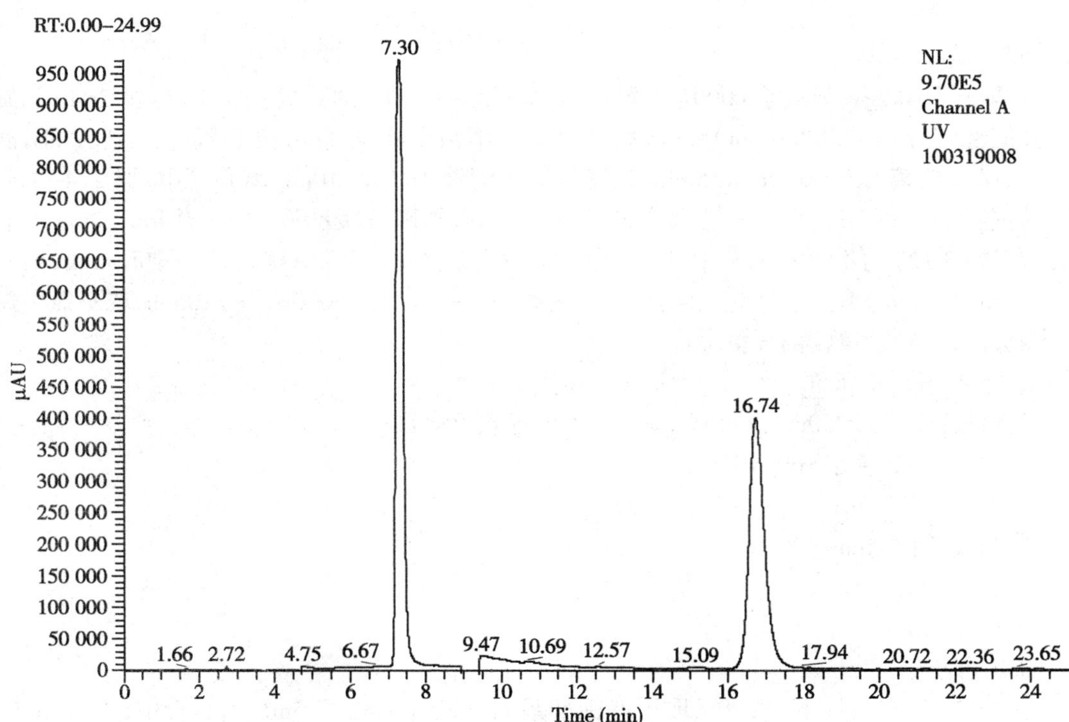

图 2 标准溶液衍生化反应后的色谱图

甲醛衍生物（2，4- 二硝基苯腙）（16.74min）

4.7 甲基氯异噻唑啉酮等 12 种组分 Chloromethyl Isothiazolinone and Other 11 Kinds of Components

1 范围

本方法规定了高效液相色谱法测定化妆品中甲基氯异噻唑啉酮等 12 种组分的含量。

本方法适用于化妆品中甲基氯异噻唑啉酮等 12 种组分含量的测定。

本方法所指的 12 种组分为防腐剂,包括甲基氯异噻唑啉酮、2- 溴 -2- 硝基丙烷 -1,3- 二醇、甲基异噻唑啉酮、苯甲醇、苯氧乙醇、4- 羟基苯甲酸甲酯、苯甲酸、4- 羟基苯甲酸乙酯、4- 羟基苯甲酸异丙酯、4- 羟基苯甲酸丙酯、4- 羟基苯甲酸异丁酯和 4- 羟基苯甲酸丁酯。

2 方法提要

样品中的甲基氯异噻唑啉酮等 12 种组分经甲醇提取,用高效液相色谱仪分析,根据保留时间和紫外光谱图定性,峰面积定量,以标准曲线法计算含量。

本方法对各组分的检出限、定量下限及取样量为 1g 时的检出浓度和最低定量浓度见表 1。

表 1 各组分的检出限、定量下限、检出浓度和最低定量浓度

组分名称	甲基氯异噻唑啉酮	2- 溴 -2- 硝基丙烷 -1,3- 二醇	甲基异噻唑啉酮	苯甲醇	苯氧乙醇	4- 羟基苯甲酸甲酯	苯甲酸	4- 羟基苯甲酸乙酯	4- 羟基苯甲酸异丙酯	4- 羟基苯甲酸丙酯	4- 羟基苯甲酸异丁酯	4- 羟基苯甲酸丁酯
检出限(μg)	0.002	0.15	0.002	0.1	0.1	0.002	0.05	0.005	0.005	0.005	0.015	0.015
定量下限(μg)	0.007	0.5	0.007	0.34	0.34	0.007	0.17	0.017	0.017	0.017	0.05	0.05
检出浓度(μg/g)	4	300	4	200	200	4	100	10	10	10	30	30
定量浓度(μg/g)	13	1000	13	667	667	13	340	34	34	34	100	100

3 试剂和材料

除另有规定外,本方法所用试剂均为分析纯或以上规格,水为 GB/T 6682 规定的一级水。

3.1 甲醇,色谱纯。

3.2 磷酸二氢钠,优级纯。

3.3 乙腈,色谱纯。

3.4 氯化十六烷三甲胺,优级纯。

3.5 混合标准储备溶液:称取各组分标准品适量,用甲醇(3.1)溶解后,转移至 100mL 容量瓶中,定容至刻度。制成混合标准储备溶液,浓度见表 2。

4 仪器和材料

4.1 高效液相色谱仪,二极管阵列检测器。

4.2 天平。

4.3 超声波清洗器。

4.4 水浴锅。

4.5 pH 计。

表 2　各组分储备溶液浓度及标准系列浓度

标准品名称	甲基氯异噻唑啉酮	2-溴-2-硝基丙烷-1,3-二醇	甲基异噻唑啉酮	苯甲醇	苯氧乙醇	4-羟基苯甲酸甲酯	苯甲酸	4-羟基苯甲酸乙酯	4-羟基苯甲酸异丙酯	4-羟基苯甲酸丙酯	4-羟基苯甲酸异丁酯	4-羟基苯甲酸丁酯
储备液浓度（g/L）	25.0	25.0	25.0	25.0	10.0	1.0	10.0	1.0	1.0	1.0	2.5	2.5
标准系列浓度（mg/L）	250	250	250	250	100	10	100	10	10	10	25	25
	500	500	500	500	250	20	250	20	20	20	50	50
	1000	1000	1000	1000	500	50	500	50	50	50	100	100

5　分析步骤

5.1　混合标准系列溶液的制备

取混合标准储备溶液（3.5）适量，加甲醇（3.1）制成混合标准系列溶液，浓度见表 2。

5.2　样品处理

称取样品 1g（精确到 0.001g）于具塞比色管中（必要时，置水浴去除乙醇等挥发性有机溶剂），加甲醇（3.1）至 10mL，振摇，超声提取 15min，离心。经 0.45μm 滤膜过滤，滤液作为待测溶液。

5.3　参考色谱条件

色谱柱：C_{18} 柱（250mm × 4.6mm × 10μm），或等效色谱柱；

流动相：0.05mol/L 磷酸二氢钠 + 甲醇 + 乙腈（50+35+15），加氯化十六烷三甲胺至最终浓度为 0.002mol/L，并用磷酸调 pH 至 3.5；

流速：1.5mL/min；

检测波长：甲基氯异噻唑啉酮和甲基异噻唑啉酮的检测波长在 280nm 检测，其他组分在 254nm 检测；

柱温：室温；

进样量：5μL。

5.4　测定

在“5.3”色谱条件下，取混合标准系列溶液（5.1）分别进样，记录色谱图，以混合标准系列溶液浓度为横坐标，峰面积为纵坐标，绘制标准曲线。

取“5.2”项下的样品待测溶液进样，记录色谱图，以保留时间和紫外光谱图定性，测得峰面积，根据标准曲线得到待测溶液中各组分的质量浓度。按“6”计算样品中各组分的含量。

6　分析结果的表述

$$\omega = \frac{\rho \times V}{m}$$

式中：ω——样品中甲基氯异噻唑啉酮等 12 种组分的质量分数，μg/g；

m——样品取样量，g；

ρ——从标准曲线上得到待测组分的质量浓度，mg/L；

V——样品定容体积，mL。

7 图谱

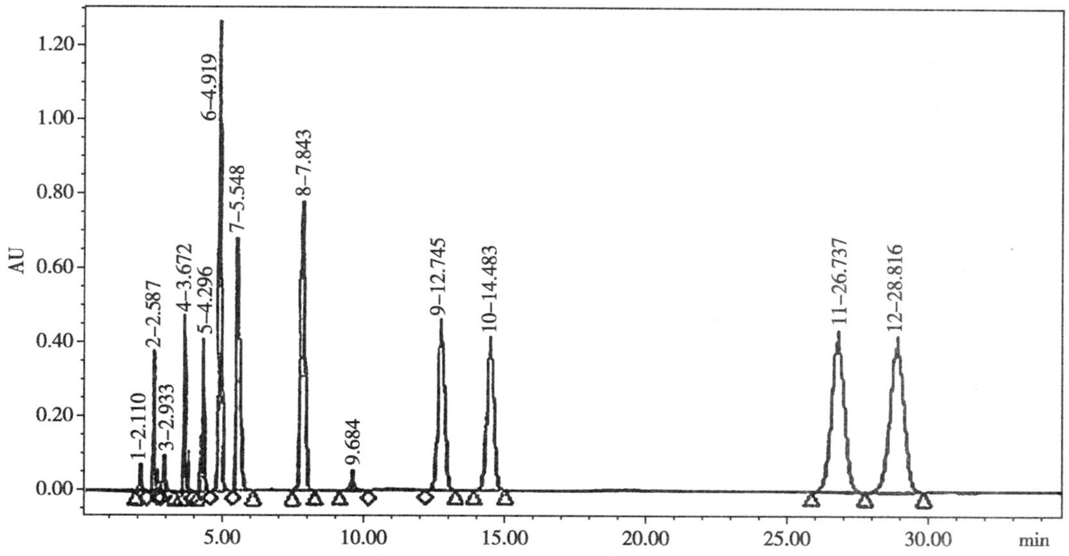

图 1 标准溶液色谱图（检测波长：254nm）

1：甲基氯异噻唑啉酮（2.110min）；2：2-溴-2-硝基丙烷-1，3-二醇（2.587min）；3：甲基异噻唑啉酮（2.933min）；4：苯甲醇（3.672min）；5：苯氧乙醇（4.296min）；6：4-羟基苯甲酸甲酯（4.919min）；7：苯甲酸（5.548min）；8：4-羟基苯甲酸乙酯（7.843min）；9：4-羟基苯甲酸异丙酯（12.745min）；10：4-羟基苯甲酸丙酯（14.483min）；11：4-羟基苯甲酸异丁酯（26.737min）；12：4-羟基苯甲酸丁酯（28.816min）

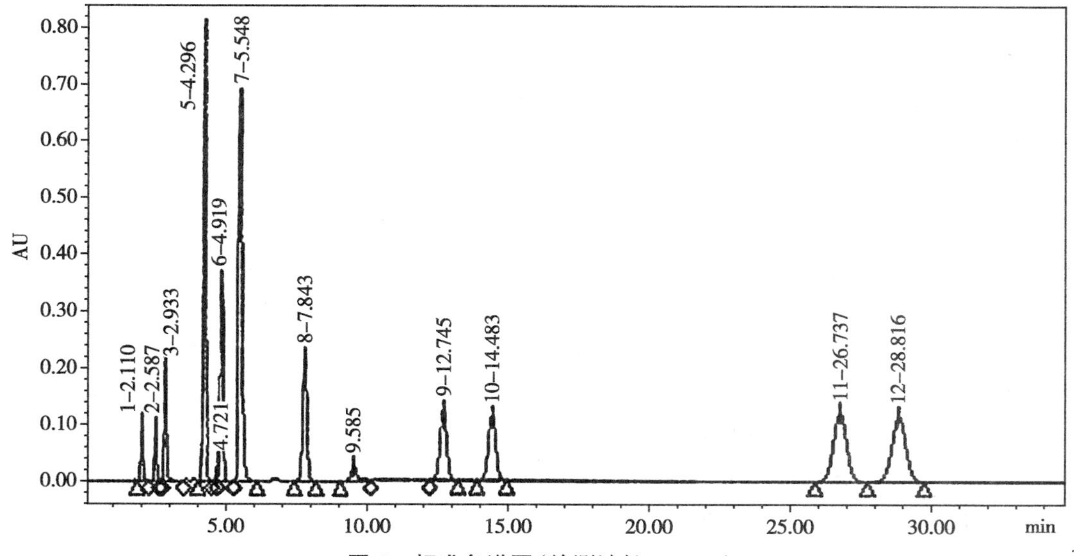

图 2 标准色谱图（检测波长：280nm）

1：甲基氯异噻唑啉酮（2.110min）；2：2-溴-2-硝基丙烷-1，3-二醇（2.587min）；3：甲基异噻唑啉酮（2.933min）；4：苯甲醇（3.672min）；5：苯氧乙醇（4.296min）；6：4-羟基苯甲酸甲酯（4.919min）；7：苯甲酸（5.548min）；8：4-羟基苯甲酸乙酯（7.843min）；9：4-羟基苯甲酸异丙酯（12.745min）；10：4-羟基苯甲酸丙酯（14.483min）；11：4-羟基苯甲酸异丁酯（26.737min）；12：4-羟基苯甲酸丁酯（28.816min）

4.8　氯苯甘醚
Chlorphenesin

1　范围

本方法规定了高效液相色谱法测定化妆品中氯苯甘醚的含量。

本方法适用于液态水基类、膏霜乳液类和粉类化妆品中氯苯甘醚的含量测定。

2　方法提要

氯苯甘醚在280nm处有特征吸收，以甲醇＋水（55+45）提取样品中的氯苯甘醚，经高效液相色谱仪分离，根据保留时间和紫外光谱图定性，峰面积定量，以标准曲线法计算含量。

本方法对氯苯甘醚的检出限为3ng，定量下限为10ng；取样量为0.5g时，检出浓度为6μg/g，最低定量浓度为20μg/g。

3　试剂和材料

除另有规定外，本方法所用试剂均为分析纯或以上规格，水为GB/T 6682规定的一级水。

3.1　氯苯甘醚，对照品，纯度99.5%。

3.2　甲醇，色谱纯。

3.3　标准储备溶液Ⅰ：称取氯苯甘醚0.05g（精确到0.0001g）于小烧杯中，加入甲醇，超声溶解后转移至50mL容量瓶中，甲醇定容至刻度，摇匀，配成浓度约为1000mg/L的标准溶液。

3.4　标准储备溶液Ⅱ：取标准储备溶液1（3.3）5.00mL至100mL容量瓶中，加甲醇定容至刻度，摇匀，即得浓度约为50mg/L的标准溶液。

4　仪器和设备

4.1　高效液相色谱仪，二极管阵列检测器。

4.2　超声波清洗器。

4.3　离心机。

4.4　天平。

5　分析步骤

5.1　标准系列溶液的制备

取标准储备溶液Ⅰ（3.3）和标准储备溶液Ⅱ（3.4），用甲醇配制成浓度为1mg/L、5mg/L、10mg/L、50mg/L、100mg/L、250mg/L和500mg/L的氯苯甘醚标准系列溶液。

5.2　样品处理

称取样品0.5g（精确到0.001g）于10mL具塞比色管中，加入少量流动相，涡旋振摇1min，加流动相定容至刻度，超声提取30min，浑浊样品可取适量5000rpm离心5min。经0.45μm滤膜过滤，滤液作为待测溶液。

5.3　参考色谱条件

色谱柱：C_{18}柱（250mm × 4.6mm × 5μm），或等效色谱柱；

流动相：甲醇＋水（55+45）；

流速：1.0mL/min；

检测波长：280nm；

柱温：25℃；

进样量：10μL。

5.4　测定

在“5.3”色谱条件下，取氯苯甘醚标准系列溶液（5.1）进样，进行高效液相色谱分析，以标准系列溶液浓度为横坐标，峰面积为纵坐标，绘制标准曲线。

取“5.2”项下的待测溶液进样，进行高效液相色谱分析，根据保留时间和紫外光谱图定性，测得峰面积，根据标准曲线得到待测溶液中氯苯甘醚的质量浓度。按“6”计算样品中氯苯甘醚的含量。

6　分析结果的表述

6.1　计算

$$\omega=\frac{D\times\rho\times V}{m}\times10^{-4}$$

式中：ω——化妆品中氯苯甘醚的质量分数，%；

m——样品取样量，g；

ρ——从标准曲线得到氯苯甘醚的质量浓度，mg/L；

V——样品定容体积，mL；

D——稀释倍数（不稀释则取 1）。

在重复性条件下获得的两次独立测定结果的绝对差值不得超过算术平均值的 10%。

6.2　回收率和精密度

方法的回收率为 85%~105%，相对标准偏差为 0.2%~2.2%。

7　图谱

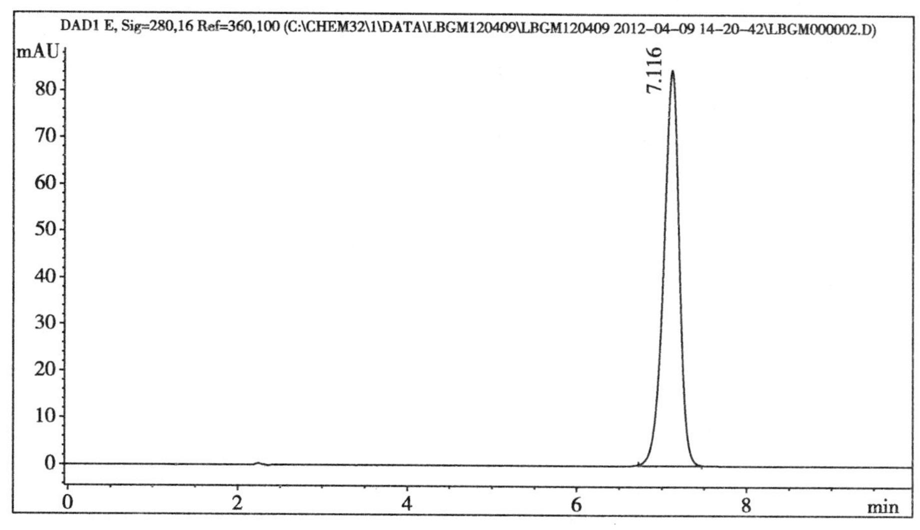

图 1　标准溶液色谱图

氯苯甘醚（7.116min）

4.9　三氯卡班

Triclocarban

1　范围

本方法规定了高效液相色谱法测定化妆品中三氯卡班的含量。

本方法适用于液态水基类、膏霜乳液类、固体皂类等化妆品中三氯卡班含量的测定。

2　方法提要

样品提取后，经高效液相色谱仪分离，紫外检测器检测，根据保留时间定性，峰面积定量，以标准曲线法计算含量。

本方法对三氯卡班的检出限为0.0005μg，定量下限为0.001μg；取样量为0.25g时，检出浓度为4.5μg/g，最低定量浓度为7.5μg/g。

3　试剂和材料

除另有规定外，本方法所用试剂均为分析纯或以上规格，水为GB/T 6682规定的一级水。

3.1　三氯卡班，纯度>99.0%。

3.2　丙酮，色谱纯。

3.3　甲醇，色谱纯。

3.4　标准储备溶液：称取三氯卡班0.025g（精确到0.0001g）于50mL容量瓶中，加入甲醇（3.3）溶解并定容至50mL，即得质量浓度为0.5mg/mL的三氯卡班标准储备溶液。

4　仪器和设备

4.1　高效液相色谱仪，紫外检测器。

4.2　天平。

4.3　超声波清洗器。

4.4　微型涡旋振荡器。

5　分析步骤

5.1　标准系列溶液的制备

按照表1操作，分别精密量取一定体积的三氯卡班标准储备溶液（3.4）和标准溶液于10mL容量瓶中，以甲醇（3.3）稀释并定容至刻度，得三氯卡班的标准系列溶液。

表1　三氯卡班标准系列溶液的配制

序号	工作溶液	标准溶液的浓度	量取体积	定容体积	标准溶液终浓度
1	储备液	0.5mg/mL	2.4mL	10mL	120μg/mL
2	储备液	0.5mg/mL	2mL	10mL	100μg/mL
3	标准溶液	100μg/mL	2mL	10mL	20μg/mL
4	标准溶液	20μg/mL	2.5mL	10mL	5μg/mL
5	标准溶液	5μg/mL	2mL	10mL	1μg/mL

5.2　样品处理

5.2.1　液态水基类和膏霜乳液类

称取样品0.25g（精确到0.0001g），置于25mL具塞比色管中，加入甲醇（3.3）20mL，涡旋60s，分散均匀，超声提取15min，冷却到室温后，用甲醇（3.3）定容至25mL刻度线，涡旋振荡摇匀，混液过0.45μm滤膜，滤液可根据需要进行稀释，保存于2mL棕色进样瓶中作为待测溶液，备用。

5.2.2　固体皂类

从中部切开样品，刮取断面样品（碎末状），称取0.25g（精确到0.0001g），置于25mL具塞比色管中，加入丙酮（3.2）5mL，涡旋60s，分散均匀，超声提取15min，再加入甲醇（3.3）15mL，超声提取15min，冷却到室温后，用甲醇（3.3）定容至25mL刻度线，涡旋振荡摇匀，混液过

0.45μm 滤膜，滤液可根据需要进行稀释，保存于 2mL 棕色进样瓶中作为待测溶液，备用。

5.3　参考色谱条件

色谱柱：C_{18} 柱（250mm × 4.6mm × 5μm），或等效色谱柱；

流动相：甲醇 + 水（88+12）；

流速：1.0mL/min；

检测波长：281nm；

柱温：25℃；

进样量：20μL。

5.4　测定

在“5.3”色谱条件下，取三氯卡班标准系列溶液（5.1）分别进样，进行色谱分析，以标准系列溶液浓度为横坐标，峰面积为纵坐标，绘制标准曲线。

取“5.2”项下的待测溶液进样，根据保留时间定性，测得峰面积，根据标准曲线得到待测溶液中三氯卡班的质量浓度。按“6”计算样品中三氯卡班的含量。

6　分析结果的表述

6.1　计算

$$\omega = \frac{D \times \rho \times V}{m \times 10^6} \times 100\%$$

式中：ω——化妆品中三氯卡班的含量，%；

D——样品稀释倍数（不稀释则为 1）；

ρ——从标准曲线得到三氯卡班的质量浓度，μg/mL；

V——样品定容体积，mL；

m——样品取样量，g。

在重复性条件下获得的两次独立测定结果的绝对差值不得超过算术平均值的 10%。

6.2　回收率和精密度

多家实验室验证的回收率为 91%~106%，相对标准偏差小于 3%。

7　图谱

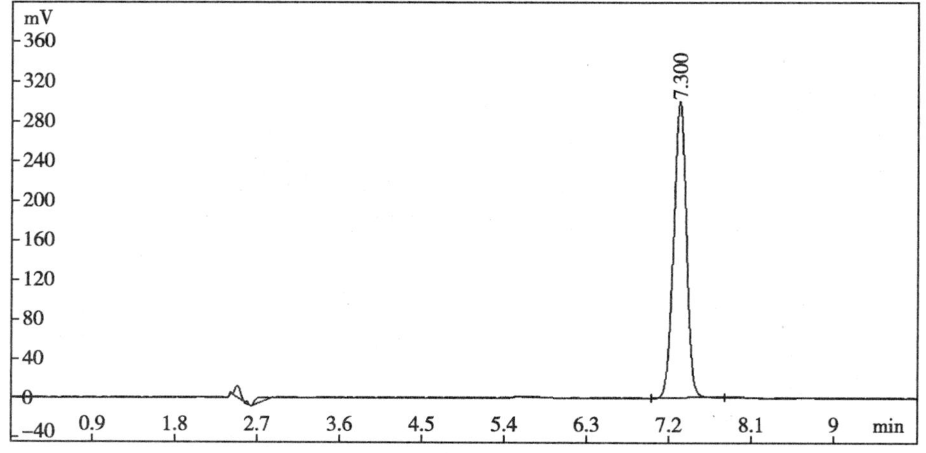

图 1　标准溶液色谱图

三氯卡班（7.3min）

4.10　山梨酸和脱氢乙酸 Sorbic acid and Dehydroacetic

1　范围

本方法规定了高效液相色谱法测定化妆品中山梨酸和脱氢乙酸的含量。

本方法适用于膏霜乳液类、液态水基类和凝胶类化妆品中山梨酸、脱氢乙酸及其盐含量的测定。

2　方法提要

样品提取后，经高效液相色谱仪分离，二极管阵列检测器检测，根据保留时间和紫外吸收光谱图定性，峰面积定量，以标准曲线法计算含量。

本方法对山梨酸和脱氢乙酸的检出限均为6ng，定量下限均为15ng，取样量为0.2g时，检出浓度均为0.006%，最低定量浓度均为0.015%。

3　试剂和材料

除另有规定外，本方法所用试剂均为分析纯或以上规格，水为GB/T 6682规定的一级水。

3.1　山梨酸，纯度≥99%。

3.2　脱氢乙酸，纯度≥99%。

3.3　甲醇。

3.4　甲酸。

3.5　乙腈，色谱纯。

3.6　甲酸溶液：取甲酸（3.4）1mL加水至1000mL。

3.7　混合标准储备溶液：称取山梨酸（3.1）和脱氢乙酸（3.2）标准品各0.03g（精确到0.0001g）于50mL容量瓶中，用甲醇（3.3）溶解并定容至刻度。在5℃下避光可保存5天。

4　仪器和设备

4.1　高效液相色谱仪，二极管阵列检测器。

4.2　超声波清洗器。

4.3　天平。

4.4　离心机。

4.5　涡旋振荡器。

5　分析步骤

5.1　混合标准系列溶液的制备

取混合标准储备溶液（3.7），分别用甲醇（3.3）配制成山梨酸和脱氢乙酸浓度为6.0μg/mL、12.0μg/mL、24.0μg/mL、60.0μg/mL、150.0μg/mL的混合标准系列溶液。

5.2　样品处理

称取样品0.2g（精确到0.0001g）于10mL具塞比色管中，加入甲醇（3.3）定容至刻度，涡旋振荡30s，超声提取20min，必要时以10 000r/min离心5min。取上清液经0.45μm滤膜过滤，滤液作为待测溶液。

5.3　参考色谱条件

色谱柱：C_{18}柱（250mm × 4.6mm × 5μm），或等效色谱柱；

流动相：乙腈（3.5）+ 甲酸溶液（3.6）=25+75；

流速：1.0mL/min；

检测波长：290nm；

柱温：30℃；

进样量：5μL。

5.4　测定

在"5.3"色谱条件下，取混合标准系列溶液（5.1）分别进样，进行高效液相色谱分析。以混合标准系列溶液浓度为横坐标，峰面积为纵坐标，绘制标准曲线。

取"5.2"项下待测溶液进样，根据保留时间和紫外光谱图定性，测得峰面积，根据标准曲线得到待测溶液中山梨酸和脱氢乙酸的浓度，按"6"计算样品中山梨酸或脱氢乙酸及其盐的含量。

6　分析结果的表述

6.1　计算

$$\omega=\frac{\rho\times V}{m\times 10^{6}}\times 100\%$$

式中：ω——化妆品中山梨酸或脱氢乙酸及其盐的质量分数（以山梨酸、脱氢乙酸计），%；

m——样品取样量，g；

ρ——从标准曲线得到待测组分的浓度（以山梨酸、脱氢乙酸计），μg/mL；

V——样品定容体积，mL。

在重复性条件下获得的两次独立测定结果的绝对差值不得超过算术平均值的10%。

6.2　回收率和精密度

本方法山梨酸回收率为92.4%~99.5%，相对标准偏差小于1.4%（n=6）；脱氢乙酸回收率为90.9%~99.5%，相对标准偏差小于1.7%（n=6）。

7　图谱

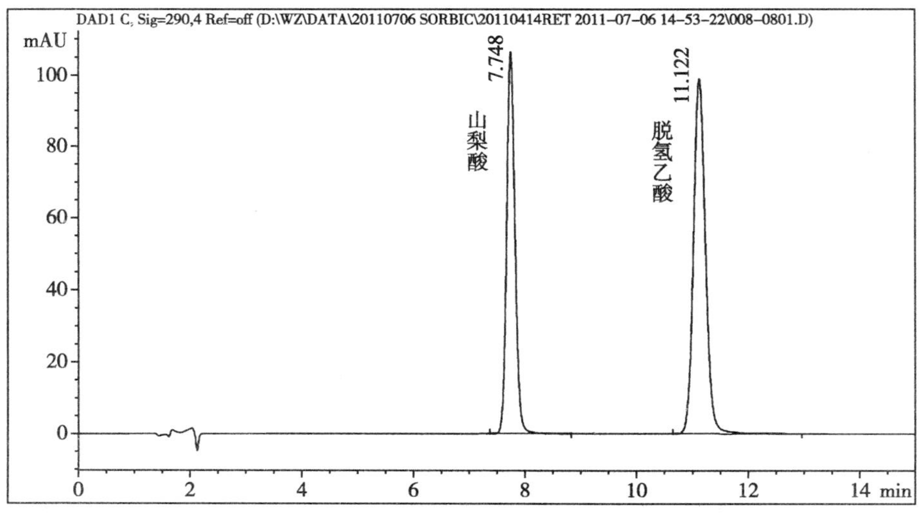

图1　标准溶液色谱图

1：山梨酸（7.748min），2：脱氢乙酸（11.122min）

4.11 水杨酸等 5 种组分 Salicylic acid and other 4 kinds of components

1 范围

本方法规定了高效液相色谱法测定化妆品中水杨酸等 5 种组分的含量。

本方法适用于毛发用化妆品中水杨酸等 5 种组分的含量测定。

本方法所指 5 种组分为水杨酸、吡硫鎓锌、酮康唑、氯咪巴唑和吡罗克酮乙醇胺盐。

2 方法提要

样品提取后，经高效液相色谱分离，二极管阵列检测器检测，根据保留时间和紫外光谱图定性，峰面积定量，以标准曲线法计算含量。

本方法对水杨酸等 5 种组分的检出限、定量下限及取样量 0.5g 时的检出浓度和最低定量浓度见表 1。

表 1 5 种组分的检出限、定量下限、检出浓度和最低定量浓度

组分名称	水杨酸	吡硫鎓锌	酮康唑	氯咪巴唑	吡罗克酮乙醇胺盐
检出限(ng)	3	12	4	3	5
定量下限(ng)	10	40	15	10	20
检出浓度(%)	0.006	0.02	0.008	0.006	0.01
最低定量浓度(%)	0.02	0.08	0.03	0.02	0.04

注：以上数据是使用二极管阵列检测器，检测波长为 230nm 时获取的。

3 试剂和材料

除另有规定外，本方法所用试剂均为分析纯或以上规格，水为 GB/T 6682 规定的一级水。

3.1 水杨酸，纯度≥99%。

3.2 吡硫鎓锌，纯度≥96%。

3.3 酮康唑，纯度≥99%。

3.4 氯咪巴唑，纯度≥99%。

3.5 吡罗克酮乙醇胺盐，纯度≥99%。

3.6 甲醇，色谱纯。

3.7 乙腈，色谱纯。

3.8 磷酸，相对密度 =1.685，ω(H_3PO_4)=85%，优级纯。

3.9 磷酸二氢钾。

3.10 乙二胺四乙酸二钠。

3.11 混合标准储备溶液：称取水杨酸(3.1)、吡硫鎓锌(3.2)、酮康唑(3.3)、氯咪巴唑(3.4)和吡罗克酮乙醇胺盐(3.5)适量(精确到 0.0001g)，加 85mL 左右的乙腈 + 甲醇(95+5)混合溶液，超声，待溶解完全后转移至 100mL 容量瓶中，用此混合溶液定容，配成如表 2 所示浓度的混合标准储备溶液(室温放置可保存 1 周)。

4 仪器和设备

4.1 高效液相色谱仪，二极管阵列检测器。

表 2　5 种组分混合标准储备溶液及混合标准系列溶液的浓度

组分名称	水杨酸	吡硫鎓锌	酮康唑	氯咪巴唑	吡罗克酮乙醇胺盐
混合标准储备溶液浓度(mg/L)	400	200	400	400	500
混合标准系列溶液浓度(mg/L)	40	20	40	40	50
	80	40	80	80	100
	160	80	160	160	200
	320	160	320	320	400
	400	200	400	400	500

4.2　天平。

4.3　pH 计。

4.4　超声波清洗器。

4.5　离心机。

5　测定步骤

5.1　混合标准系列溶液的制备

取混合标准储备溶液(3.6),分别用乙腈 + 甲醇(95+5)的混合溶液稀配成浓度如表 2 所示的混合标准系列溶液。

5.2　样品处理

称取样品 0.5g(精确到 0.001g)于 50mL 具塞比色管中,加入乙腈 + 甲醇(95+5)的混合溶液至刻度,振摇,超声提取 30min,取出后冷却至室温。浑浊溶液可取适量 5000r/min 离心 5min。经 0.45μm 滤膜过滤,滤液作为待测溶液备用。必要时用甲醇(3.3)稀释滤液备用。

5.3　参考色谱条件

色谱柱:C_{18} 柱(150mm × 4.6mm × 5μm),或等效色谱柱;

流动相:乙腈 + 甲醇 +10mmol/L 磷酸二氢钾水溶液[添加乙二胺四乙酸二钠至 $c(Na_2EDTA)$=0.5mmol/L,用磷酸调节水溶液的 pH 至 4.0](50+10+40);

检测器:二极管阵列检测器,通用检测波长为 230nm;水杨酸和吡罗克酮乙醇胺盐的测定可采用 300nm;吡硫鎓锌的测定可采用 340nm;

流速:1.0mL/min;

柱温:25℃;

进样量:5μL。

5.4　测定

在“5.3”色谱条件下,取混合标准系列溶液(5.1)分别进样,进行色谱分析,以标准系列溶液浓度为横坐标,峰面积为纵坐标,绘制各测定组分的标准曲线。

取“5.2”项下的待测溶液进样,根据保留时间和紫外光谱图定性,测得峰面积,根据标准曲线得到待测溶液中各测定组分的浓度。按“6”计算样品中各测定组分的含量。

注:对于有干扰的样品,测定水杨酸和吡罗克酮乙醇胺盐时建议检测波长调整为 300nm,测定吡硫鎓锌时检测波长调整为 340nm。

6　分析结果的表述

6.1　计算

$$\omega=\frac{D\times\rho\times V}{m}\times10^{-4}$$

式中：ω——化妆品中水杨酸等 5 种组分的质量分数，%；

ρ——从标准曲线得到待测组分的浓度，mg/L；

V——样品定容体积，mL；

m——样品取样量，g；

D——稀释倍数(不稀释则取 1)。

在重复性条件下获得的两次独立测试结果的绝对差值不得超过算术平均值的 10%。

6.2　回收率和精密度

方法的回收率为 88%~110%，相对标准偏差为 0.2%~3.8%。

7　图谱

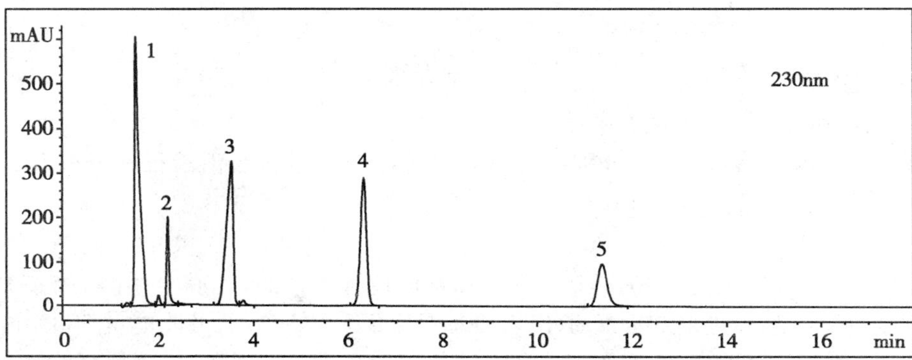

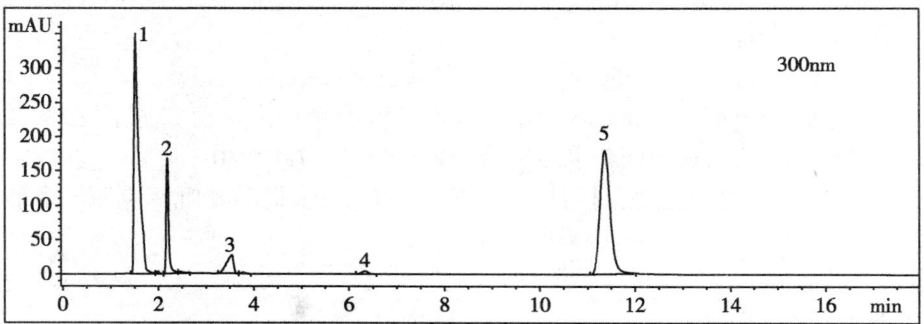

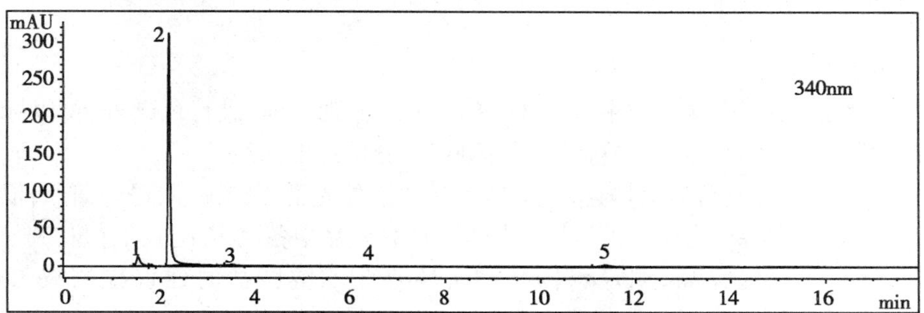

图 1　不同检测波长下的混合标准溶液色谱图

1：水杨酸；2：吡硫鎓锌；3：酮康唑；4：氯咪巴唑；5：吡罗克酮乙醇胺盐

5 防晒剂检验方法

5.1 苯基苯并咪唑磺酸等 15 种组分
Phenylbenzimidazole Sulfonic Acid and Other 14 Kinds of Components

第一法 高效液相色谱 - 二极管阵列检测器法

1 范围

本方法规定了高效液相色谱 - 二极管阵列检测器法测定化妆品中苯基苯并咪唑磺酸等 15 种组分的含量。

本方法适用于化妆品中苯基苯并咪唑磺酸等 15 种组分含量的测定。

本方法所指的 15 种组分为防晒剂，包括苯基苯并咪唑磺酸、二苯酮 -4 和二苯酮 -5、对氨基苯甲酸、二苯酮 -3、对甲氧基肉桂酸异戊酯、4- 甲基苄亚基樟脑、PABA 乙基己酯、丁基甲氧基二苯甲酰基甲烷、奥克立林、甲氧基肉桂酸乙基己酯、水杨酸乙基己酯、胡莫柳酯，乙基己基三嗪酮、亚甲基双 - 苯并三唑基四甲基丁基酚和双 - 乙基己氧苯酚甲氧苯基三嗪。

2 方法提要

根据苯基苯并咪唑磺酸等 15 种组分的结构差异，经高效液相色谱分离，二极管阵列检测。以保留时间和紫外光谱图定性，峰面积定量。

本方法对各组分的检出限、检出浓度、定量下限和最低定量浓度见表 1。

表 1 本方法的检出限、检出浓度、定量下限和最低定量浓度

序号	防晒剂名称	检出限（ng）	检出浓度（%）	定量下限 ng	最低定量浓度（%）
1	苯基苯并咪唑磺酸	2	0.02	7	0.07
2	二苯酮 -4 和二苯酮 -5	3	0.03	10	0.10
3	对氨基苯甲酸	2	0.02	7	0.07
4	二苯酮 -3	3	0.03	10	0.10
5	对甲氧基肉桂酸异戊酯	3	0.03	10	0.10
6	4- 甲基苄亚基樟脑	2.5	0.025	8	0.08
7	PABA 乙基己酯	3	0.03	10	0.10
8	丁基甲氧基二苯甲酰基甲烷	12	0.12	40	0.40
9	奥克立林	5	0.05	17	0.17
10	甲氧基肉桂酸乙基己酯	3	0.03	10	0.10
11	水杨酸乙基己酯	20	0.20	67	0.67
12	胡莫柳酯	20	0.20	67	0.67

续表

序号	防晒剂名称	检出限（ng）	检出浓度（%）	定量下限 ng	最低定量浓度（%）
13	乙基己基三嗪酮	2	0.02	7	0.07
14	亚甲基双 - 苯并三唑基四甲基丁基酚	5	0.05	17	0.17
15	双 - 乙基己氧苯酚甲氧苯基三嗪	5	0.05	17	0.17

3　试剂和材料

除另有规定外，本方法所用试剂均为分析纯或以上规格，水为GB/T 6682规定的一级水。

3.1　甲醇，色谱纯。

3.2　四氢呋喃，色谱纯。

3.3　高氯酸[ω($HClO_4$)=70%~72%]，优级纯。

3.4　混合溶液：甲醇（3.1）+ 四氢呋喃（3.2）+ 水 + 高氯酸（3.3）(250+450+300+0.2)。

3.5　标准储备溶液：按“表 2”称取各防晒剂适量，分别用表中所示的溶剂溶解并稀释到 100mL，配成各防晒剂标准储备溶液，其浓度如“表 2”所示。

3.6　混合标准储备溶液：量取各防晒剂标准储备溶液 1.00mL 于 100mL 容量瓶中，用混合溶液（3.4）定容至刻度，制成防晒剂混合标准储备溶液。此混合标准储备溶液所含防晒剂的浓度见“表 2”。

3.7　流动相的配制：

溶液 A：甲醇（3.1）。

溶液 B：四氢呋喃（3.2）。

溶液 C：水 + 高氯酸（3.3）(300+0.2)。

表 2　标准储备溶液和混合标准储备溶液的配制

序号	防晒剂名称	称样量（g）	定容溶剂[1]	储备溶液浓度（g/L）	混合标准溶液浓度（mg/L）
1	苯基苯并咪唑磺酸[2]	0.300	3.4	3	30
2	二苯酮 -4 和二苯酮 -5	1.000	3.4	10	100
3	对氨基苯甲酸	0.300	3.4	3	30
4	二苯酮 -3	1.000	3.4	10	100
5	对甲氧基肉桂酸异戊酯	1.000	3.4	10	100
6	4- 甲基苄亚基樟脑	0.600	3.4	6	60
7	PABA 乙基己酯	1.000	3.4	10	100
8	丁基甲氧基二苯甲酰基甲烷	3.000	3.2	30	300
9	奥克立林	1.450	3.2	14.5	100[3]
10	甲氧基肉桂酸乙基己酯	1.000	3.2	10	100
11	水杨酸乙基己酯	5.000	3.2	50	500

续表

序号	防晒剂名称	称样量（g）	定容溶剂[1]	储备溶液浓度（g/L）	混合标准溶液浓度（mg/L）
12	胡莫柳酯	5.000	3.2	50	500
13	乙基己基三嗪酮	0.500	3.2	5	50
14	亚甲基双 - 苯并三唑基四甲基丁基酚	1.000	3.2	10	100
15	双 - 乙基己氧苯酚甲氧苯基三嗪	1.000	3.2	10	100

注：[1]定容溶剂的代号见“3 试剂和材料”；[2]加入定容溶剂前，预先加入少量氢氧化钠溶液使溶解，再用定容溶剂定容；[3]已由酯折算为酸。

4　仪器和设备

4.1　高效液相色谱仪，二极管阵列检测器。

4.2　天平。

4.3　超声波清洗器。

5　分析步骤

5.1　混合标准系列溶液的制备

取混合标准储备溶液（3.6）0mL、0.20mL、1.00mL、5.00mL、10.0mL 于 10mL 具塞比色管中，用混合溶液（3.4）稀释至刻度，配制成混合标准系列溶液。

5.2　样品处理

5.2.1　不含蜡质的样品（护肤类、香波类、粉类等）：称取样品 0.25g（精确到 0.0001g）于 25mL 具塞比色管中，加入混合溶液（3.4），定容至 25mL 刻度线，混匀，超声 20~30min。取此溶液 1.00mL，再用混合溶液（3.4）稀释至 10.0mL，混匀后，经 0.45μm 滤膜过滤，滤液作为样品待测溶液。

5.2.2　含蜡质的样品（唇膏、口红等）：称取样品 0.25g（精确到 0.0001g）于 25mL 具塞比色管中，加入四氢呋喃（3.2），定容至 25mL 刻度线，混匀，超声 20~30min。取此溶液 1.00mL，再用四氢呋喃（3.2）稀释至 10.0mL，混匀后，经 0.45μm 滤膜过滤，滤液作为样品待测溶液。

5.3　参考色谱条件

色谱柱：C_{18} 柱（250mm × 4.6mm × 5μm），或等效色谱柱；

流动相梯度程序：

时间（min）	溶液 A（%）	溶液 B（%）	溶液 C（%）
0.00	25	45	30
13.00	25	45	30
14.00	45	50	5
20.00	45	50	5
22.00	25	45	30

流速：1.0mL/min；

检测波长：311nm；

进样量：10μL。

5.4　测定

在"5.3"色谱条件下，取防晒剂混合标准系列溶液（5.1）分别进样，记录色谱图，以混合标准系列溶液浓度为横坐标，峰面积为纵坐标，绘制标准曲线。

取"5.2"项下的样品待测溶液进样，记录色谱图，以保留时间和紫外光谱图定性，测得峰面积，根据标准曲线得到样品待测溶液中各组分的质量浓度。按"6"计算样品中各组分的含量。

6　分析结果的表述

$$\omega=\frac{\rho\times V\times 10^{-4}}{m}$$

式中：ω——样品中苯基苯并咪唑磺酸等15种组分的质量分数，%；

m——样品取样量，g；

ρ——从标准曲线上得到待测组分的质量浓度，mg/L；

V——样品定容体积，mL。

7　图谱

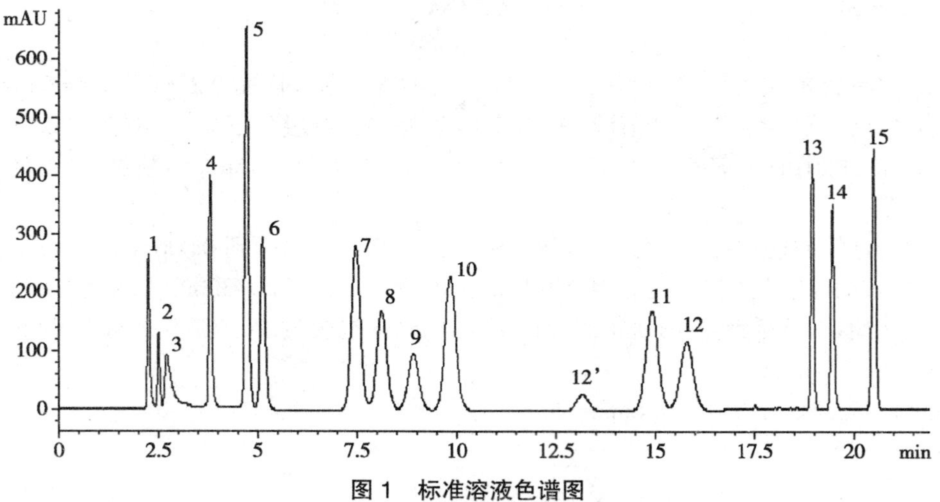

图1　标准溶液色谱图

1：苯基苯并咪唑磺酸；2：二苯酮-4和二苯酮-5；3：对氨基苯甲酸；4：二苯酮-3；5：对甲氧基肉桂酸异戊酯；6：4-甲基苄亚基樟脑；7：PABA乙基己酯；8：丁基甲氧基二苯甲酰基甲烷；9：奥克立林；10：甲氧基肉桂酸乙基己酯；12'：峰12的同分异构体；11：水杨酸乙基己酯；12：胡莫柳酯；13：乙基己基三嗪酮；14：亚甲基双-苯并三唑基四甲基丁基酚；15：双-乙基己氧苯酚甲氧苯基三嗪

第二法　高效液相色谱-紫外检测器法

1　范围

本方法规定了高效液相色谱-紫外检测器法测定化妆品中苯基苯并咪唑磺酸等15种

组分的含量。

本方法适用于化妆品中苯基苯并咪唑磺酸等 15 种组分含量的测定。

本方法所指的 15 种组分为防晒剂，包括苯基苯并咪唑磺酸、二苯酮 -4 和二苯酮 -5、对氨基苯甲酸、二苯酮 -3、对甲氧基肉桂酸异戊酯、4- 甲基苄亚基樟脑、PABA 乙基己酯、丁基甲氧基二苯甲酰基甲烷、奥克立林、甲氧基肉桂酸乙基己酯、水杨酸乙基己酯、胡莫柳酯，乙基己基三嗪酮、亚甲基双 - 苯并三唑基四甲基丁基酚和双 - 乙基己氧苯酚甲氧苯基三嗪。

2　方法提要

根据各组分的结构差异，经高效液相色谱分离，紫外检测器检测。以保留时间定性，峰面积定量。

本方法对各组分的检出限、检出浓度、定量下限和最低定量浓度同第一法。

3　试剂和材料

3.1　混合溶液Ⅰ：甲醇 + 四氢呋喃 + 水 + 高氯酸（250+450+300+0.2）。

3.2　混合溶液Ⅱ：甲醇 + 四氢呋喃 + 水 + 高氯酸（450+500+50+0.5）。

4　仪器和材料

4.1　高效液相色谱仪，紫外检测器。

4.2　天平。

4.3　超声波清洗器。

5　分析步骤

5.1　混合标准系列溶液的制备

同第一法。

5.2　样品处理

同第一法。

5.3　参考色谱条件

色谱柱：C_{18} 柱（250mm × 4.6mm × 5μm），或等效色谱柱；

流动相：混合溶液Ⅰ（3.1），混合溶液Ⅱ（3.2）；

流速：1.0mL/min；

检测波长：311nm；

进样量：10μL。

5.4　测定

在“5.3”色谱条件下，取混合标准系列溶液（5.1）分别进样，记录色谱图，以混合标准系列溶液浓度为横坐标，峰面积为纵坐标，绘制标准曲线。

取“5.2”项下的样品待测溶液进样，记录色谱图，以保留时间定性，测得峰面积，根据标准曲线得到样品待测溶液中各组分的质量浓度。按“6”计算样品中各组分的含量。

流动相使用混合溶液Ⅰ（3.1）可同时分离第一法“表 1”中序号“1-12”组分。

流动相使用混合溶液Ⅱ（3.2）可同时分离第一法“表 1”中序号“13-15”组分。

6　分析结果的表述

同第一法。

7　图谱

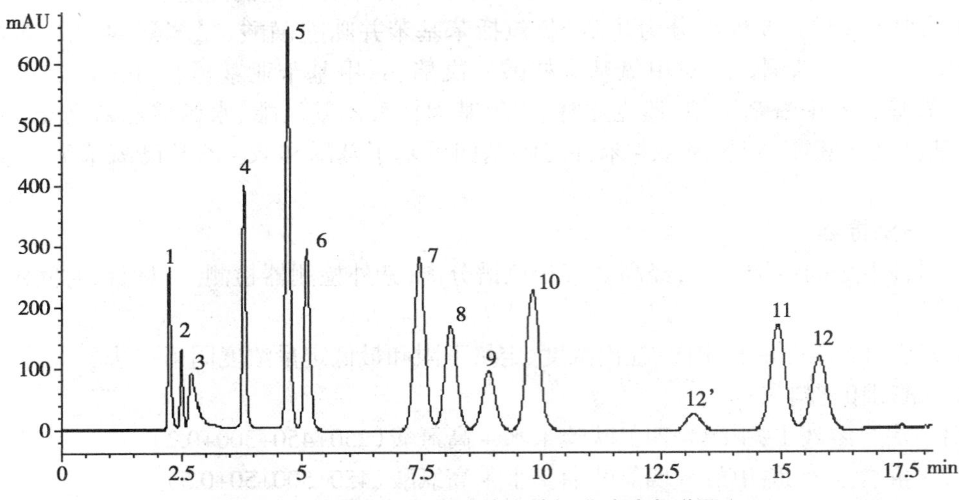

图 2　流动相为混合溶液Ⅰ的标准溶液色谱图

1:苯基苯并咪唑磺酸;2:二苯酮 -4 和二苯酮 -5;3:对氨基苯甲酸;4:二苯酮 -3;5:对甲氧基肉桂酸异戊酯;6:4- 甲基苄亚基樟脑;7:PABA 乙基己酯;8:丁基甲氧基二苯甲酰基甲烷;9:奥克立林;10:甲氧基肉桂酸乙基己酯;12':峰 12 的同分异构体;11:水杨酸乙基己酯;12:胡莫柳酯

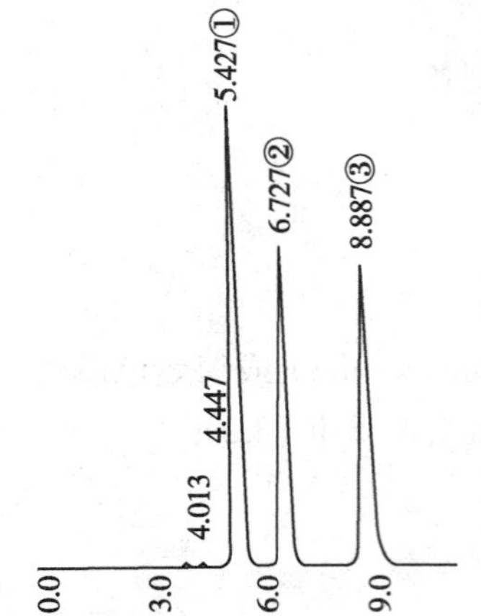

图 3　流动相为混合溶液Ⅱ的标准溶液色谱图

1:乙基己基三嗪酮(5.427min);2:亚甲基双 - 苯并三唑基四甲基丁基酚(6.727min);3:双 - 乙基己氧苯酚甲氧苯基三嗪(8.887min)

5.2　二苯酮 -2
Denzophenone

1　范围

本方法规定了高效液相色谱法测定化妆品中二苯酮 -2 的含量。

本方法适用于液态水基类、膏霜乳液类和指甲油等化妆品中二苯酮 -2 含量的测定。

2 方法提要

样品提取后，经高效液相色谱仪分离，紫外检测器检测，根据保留时间定性，峰面积定量，以标准曲线法计算含量。

本方法对二苯酮-2的检出限为1.5μg，定量下限为5μg；取样量为0.1g时，检出浓度为0.03%，最低定量浓度为0.1%。

3 试剂和材料

除另有规定外，本方法所用试剂均为分析纯或以上规格，水为GB/T 6682规定的一级水。

3.1 乙腈，色谱纯。

3.2 二苯酮-2，纯度≥97%。

3.3 标准储备溶液：称取二苯酮-2 0.1g（精确到0.0001g）于100mL棕色量瓶中，用乙腈溶解并稀释至刻度，摇匀，得浓度为1000μg/mL的标准储备溶液（1），取5mL，置50mL棕色量瓶中，用乙腈稀释至刻度，摇匀，得100μg/mL的标准储备溶液（2）。

4 仪器和设备

4.1 高效液相色谱仪：紫外检测器。

4.2 天平。

4.3 高速离心机。

4.4 超声波清洗器。

5 分析步骤

5.1 标准系列溶液的制备

用乙腈（3.1）将标准储备溶液（3.3）按下表配制二苯酮-2浓度为1μg/mL、2μg/mL、4μg/mL、8μg/mL、20μg/mL、100μg/mL、150μg/mL的标准系列溶液。

表1 二苯酮-2标准系列溶液的配制

序号	储备液	浓度 μg/mL	量取体积 mL	定容体积 mL	标准溶液浓度 μg/mL
1	储备液1	1000	7.5	50	150
2	储备液1	1000	5.0	50	100
3	储备液1	1000	1.0	50	20
4	储备液2	100	8.0	100	8
5	储备液2	100	4.0	100	4
6	储备液2	100	2.0	100	2
7	储备液2	100	1.0	100	1

5.2 样品处理

称取样品0.1g（精确到0.0001g）于50mL具塞比色管中，加乙腈+水（90+10）约45mL，超声处理30min；冷却至室温，用乙腈+水（90+10）加至刻度，摇匀，4500rpm离心30min。取上清液作为待测溶液。

5.3 参考色谱条件

色谱柱：C_{18}柱（250mm×4.6mm×5μm），或等效色谱柱；

流动相梯度洗脱程序：

时间 /min	V(乙腈)/%	V(水)/%
0.00	40	60
3.00	40	60
13.00	100	0
29.00	100	0
38.00	40	60

流速：1.0mL/min；

检测波长：335nm；

柱温：30℃；

进样体积：10μL。

5.4　测定

在 5.3 色谱条件下，取二苯酮 -2 标准系列溶液（5.1）分别进样，进行色谱分析，以标准系列溶液浓度为横坐标，峰面积为纵坐标，绘制标准曲线。

取“5.2”项下的待测溶液进样，根据保留时间定性，测得峰面积，根据标准曲线得到待测溶液中二苯酮 -2 的质量浓度。按“6”计算样品中二苯酮 -2 的含量。

6　分析结果的表述

6.1　计算

$$\omega = \frac{\rho \times V}{m \times 10^6} \times 100\%$$

式中：ω——化妆品中二苯酮 -2 的含量，%；

ρ——从标准曲线得到二苯酮 -2 的质量浓度，μg/mL；

V——样品定容体积，mL；

m——样品取样量，g。

在重复性条件下获得的两次独立测定结果的绝对差值不得超过算术平均值的 10%。

6.2　回收率和精密度

回收率为 92.5%~108%，相对标准偏差小于 7%（n=6）。

7　图谱

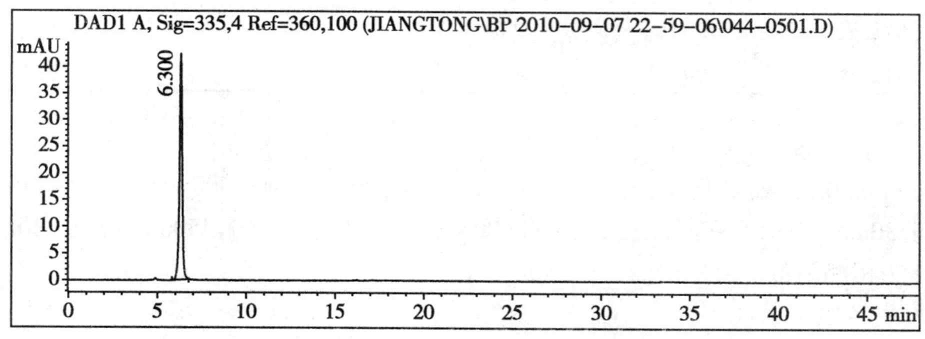

图 1　标准溶液色谱图

二苯酮 -2（6.300min）

5.3　二氧化钛
Titanium dioxide

1　范围

本方法规定了分光光度法测定化妆品中总钛(以二氧化钛计)的含量。

本方法适用于膏霜、乳、液等化妆品中总钛(以二氧化钛计)含量的测定。

本方法不适用于配方中同时含有除二氧化钛外其他钛及钛化合物的化妆品测定。

2　方法提要

样品预处理后,使钛以离子状态存在于样品溶液中,加入抗坏血酸溶液掩蔽干扰,在酸性环境下样品溶液中的钛与二安替比林甲烷溶液生成黄色,用分光光度法在 388nm 处检测,以标准曲线法计算含量。

本方法对二氧化钛的检出限为 0.068μg/mL,定量下限为 0.2μg/mL;取样量为 0.1g 时,检出浓度为 0.0068%,最低定量浓度为 0.02%。

3　试剂和材料

除另有规定外,本方法所用试剂均为分析纯或以上规格,水为 GB/T 6682 规定的一级水。

3.1　抗坏血酸。

3.2　硫酸(ρ_{20}=1.84g/mL)。

3.3　盐酸(ρ_{20}=1.19g/mL)。

3.4　二安替比林甲烷,纯度 >97%。

3.5　焦硫酸钾:将焦硫酸钾固体块研成粉末。

3.6　钛单元素溶液标准物质(100μg/mL)。

3.7　硫酸(1+9):取硫酸(3.2)10mL,缓慢加入到 90mL 去离子水中,混匀。

3.8　二安替比林甲烷溶液:称取 8g 二安替比林甲烷(3.4),加入 10mL 盐酸(3.3),加去离子水稀释至 100mL,摇匀,即得。

3.9　抗坏血酸溶液(100g/L):称取 10g 抗坏血酸(3.1),加去离子水稀释至 100mL,摇匀,即得。

4　仪器和设备

4.1　紫外可见分光光度计。

4.2　马弗炉。

4.3　天平。

4.4　电炉。

4.5　50mL 瓷坩埚。

5　分析步骤

5.1　标准系列溶液的制备

精密量取 5mL 盐酸(3.3)于 100mL 容量瓶中,精密量取 100μg/mL 钛单元素溶液标准物质(3.6)0mL、0.1mL、0.2mL、0.5mL、1.0mL、2.0mL、3.0mL,分别置于 100mL 容量瓶中。精密加入 10mL 抗坏血酸溶液(3.9),稍加振摇,置于室温下放置 5min。精密加入 10mL 二安替比林甲烷溶液(3.8),用去离子水稀释至刻度,摇匀,放置 45min,得钛标准系列溶液中钛的浓度依次为 0μg/mL、0.1μg/mL、0.2μg/mL、0.5μg/mL、1.0μg/mL、2.0μg/mL、3.0μg/mL。

5.2　样品处理

称取样品 0.1g（精确到 0.0001g）置于 50mL 瓷坩埚中，同时做试剂空白，在电炉上小火缓慢炽灼至完全炭化，转移至马弗炉中，逐渐升高温度至 800℃后，灰化 2h，取出，置干燥器中，放冷至室温。小心加入 1.8g 焦硫酸钾粉末（3.5），使之尽量均匀完全地覆盖样品。坩埚加盖，置 550℃ 马弗炉中熔融约 10min，取出放冷。量取 30mL 硫酸（1+9）（3.7）置坩埚中，小火加热至溶液澄清，并将坩埚盖上的熔融物用坩埚中的上清液小心洗下，并入坩埚。用滴管吸取上清液转移至 100mL 容量瓶中。

在上述坩埚中添加 5mL 硫酸（3.2），加热至剩 2mL~3mL 硫酸时取下，上清液用吸管吸出，并入容量瓶。再用 10mL 硫酸（1+9）（3.7）分三次洗涤坩埚及盖，每次小火加热数分钟，用滴管吸取上清液至同一容量瓶中。移取 10mL 去离子水洗涤坩埚和滴管，并入容量瓶。放冷至室温，用去离子水稀释至刻度，摇匀，作为样品溶液，备用。

精密量取 5mL 盐酸（3.3）于 100mL 容量瓶中，精密移取上述样品溶液适量于同一容量瓶中，精密加入 10mL 抗坏血酸溶液（3.9），稍加振摇，置于室温下放置 5min。精密加入 10mL 二安替比林甲烷溶液（3.8），用去离子水稀释至刻度，摇匀，放置 45min，作为待测溶液（使待测溶液中钛的浓度在 0μg/mL~3μg/mL 范围内）。

5.3　测定

取待测溶液、试剂样品空白、系列浓度标准工作溶液，在波长 388nm 处测定吸光度，以钛吸收值为纵坐标，钛标准系列溶液（μg/mL）浓度为横坐标进行线性回归，建立标准曲线，得到标准曲线。利用标准曲线计算出样品待测溶液中钛的质量浓度（ρ_1，μg/mL）。按“6 计算”，计算样品中二氧化钛的含量。

6　分析结果的表述

$$\omega=\frac{(\rho_1-\rho_0)\times V\times D\times 1.67}{m\times 10^6}\times 100\%$$

式中：ω——化妆品中二氧化钛的含量，%；

ρ_1——待测溶液中钛的质量浓度，μg/mL；

ρ_0——空白溶液中钛的质量浓度，μg/mL；

V——样品定容体积，mL；

D——稀释倍数（不稀释则为 1）；

m——样品取样量，g。

在重复性条件下获得的两次独立测定结果的绝对差值不得超过算术平均值的 10%。

方法注释：

10 000 倍钾、钠、铷、钙、镁、锶、磷，1000 倍锰、铅、锌、铝、锆、砷、铁，50 倍铌、锡，20 倍铬，10 倍铋、钼，对钛测定不产生干扰。

5.4　二乙氨羟苯甲酰基苯甲酸己酯 Diethylamino hydroxybenzoyl hexyl benzoate

1　范围

本方法规定了高效液相色谱法测定化妆品中二乙氨羟苯甲酰基苯甲酸己酯的含量。

本方法适用于液态水基类、膏霜乳液类化妆品中二乙氨羟苯甲酰基苯甲酸己酯含量的测定。

2　方法提要

样品提取后，经高效液相色谱仪分离，紫外检测器检测，根据保留时间定性，峰面积定量，以标准曲线法计算含量。

本方法对二乙氨羟苯甲酰基苯甲酸己酯的检出限为0.001μg，定量下限为0.003μg；取样量为0.1g时，检出浓度为0.01%，最低定量浓度为0.03%。

3　试剂和材料

除另有规定外，本方法所用试剂均为分析纯或以上规格，水为GB/T 6682规定的一级水。

3.1　甲醇，色谱纯。

3.2　二乙氨羟苯甲酰基苯甲酸己酯，纯度>99.0%。

3.3　标准储备溶液：称取二乙氨羟苯甲酰基苯甲酸己酯（3.2）0.1g（精确到0.0001g）于100mL容量瓶中，用甲醇（3.1）溶解并定容至刻度，摇匀，即得浓度为1.0mg/mL的标准储备溶液。

4　仪器和设备

4.1　高效液相色谱仪，带紫外检测器。

4.2　超声波清洗器。

4.3　离心机。

4.4　天平。

4.5　涡旋振荡器。

5　分析步骤

5.1　标准系列溶液的制备

精密移取标准储备溶液（3.3）0.1mL于100mL容量瓶中，0.1mL、0.2mL于20mL容量瓶中，0.15mL、0.25mL、0.4mL及0.5mL于5mL容量瓶中，用甲醇（3.1）稀释至刻度，摇匀。配制成浓度为1.0μg/mL、5.0μg/mL、10.0μg/mL、30.0μg/mL、50.0μg/mL、80.0μg/mL和100.0μg/mL的标准系列溶液。

5.2　样品处理

称取样品0.1g（精确到0.0001g）于50mL具塞比色管中，加入甲醇（3.1）约20mL，涡旋3min，振摇，超声（功率：500W）提取30min，静置待其冷却到室温，用甲醇（3.1）定容至25mL刻度，必要时于4500r/min离心5min，精密量取上清液1mL置于10mL容量瓶中，用甲醇（3.1）稀释至刻度，摇匀，经0.45μm滤膜过滤，滤液作为待测溶液，备用。

5.3　参考色谱条件

色谱柱：C_{18}（250mm × 4.6mm × 5μm），或等效色谱柱；

流动相：甲醇 + 水 =88+12；

流速：1.0mL/min；

检测波长：356nm；

柱温：30℃；

进样量：20μL。

5.4　测定

在“5.3”色谱条件下，取二乙氨羟苯甲酰基苯甲酸己酯标准系列溶液（5.1）分别进样，进行色谱分析，以标准系列溶液浓度为横坐标，峰面积为纵坐标，绘制标准曲线。

取“5.2”项下的待测溶液进样，根据保留时间，测得峰面积，根据标准曲线得到待测溶液中二乙氨羟苯甲酰基苯甲酸己酯的质量浓度。按“6”计算样品中二乙氨羟苯甲酰基苯甲酸己酯的含量。

6 分析结果的表述

6.1 计算

$$\omega=\frac{D\times\rho\times V}{m\times10^{6}}\times100\%$$

式中：ω——化妆品中二乙氨羟苯甲酰基苯甲酸己酯的含量，%；

m——样品取样量，g；

ρ——从标准曲线得到二乙氨羟苯甲酰基苯甲酸己酯的质量浓度，μg/mL；

V——样品定容体积，mL；

D——稀释倍数（不稀释则为1）。

在重复性条件下获得的两次独立测定结果的绝对差值不得超过算术平均值的10%。

6.2 回收率和精密度

方法的回收率为94.7%~107%，相对标准偏差小于4%（n=6）

7 图谱

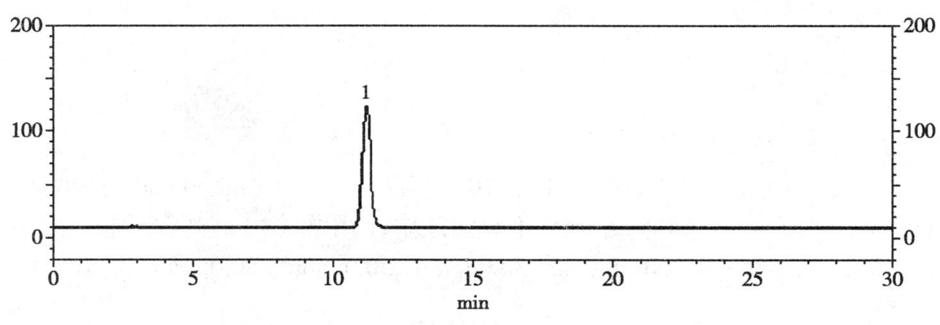

图1 标准溶液色谱图

5.5 二乙基己基丁酰胺基三嗪酮 Diethylhexyl butamido triazone

1 范围

本方法规定了高效液相色谱法测定化妆品中二乙基己基丁酰胺基三嗪酮的含量。

本方法适用于液态水基类、膏霜乳液类产品中二乙基己基丁酰胺基三嗪酮含量的测定。

2 方法提要

样品提取后，经高效液相色谱仪分离，紫外检测器检测，根据保留时间定性，峰面积定量，以标准曲线法计算含量。

本方法对二乙基己基丁酰胺基三嗪酮的检出限为0.0006μg，定量下限为0.0016μg；取样量为0.1g时，检出浓度为0.006%，最低定量浓度为0.016%。

3 试剂和材料

除另有规定外，本方法所用试剂均为分析纯或以上规格，水为GB/T 6682规定的一级水。

3.1　甲醇，色谱纯。

3.2　二乙基己基丁酰胺基三嗪酮，纯度 >99.0%。

3.3　标准储备溶液：称取二乙基己基丁酰胺基三嗪酮 0.1g（精确到 0.0001g）于 100mL 容量瓶中，用甲醇（3.1）溶解并定容至刻度，摇匀，即得浓度为 1.0mg/mL 的标准储备溶液。

4　仪器和设备

4.1　高效液相色谱仪，紫外检测器。

4.2　超声波清洗器。

4.3　离心机。

4.4　天平。

4.5　涡旋振荡器。

5　分析步骤

5.1　标准系列溶液的制备

精密移取标准储备溶液（3.3）0.1mL 于 100mL 容量瓶中，0.1mL、0.2mL 于 20mL 容量瓶中，0.15mL、0.25mL、0.4mL 及 0.5mL 于 5mL 容量瓶中，用甲醇（3.1）稀释至刻度，摇匀。配制成浓度为 1.0μg/mL、5.0μg/mL、10.0μg/mL、30.0μg/mL、50.0μg/mL、80.0μg/mL 和 100.0μg/mL 的标准系列溶液。

5.2　样品处理

称取样品 0.1g（精确到 0.0001g）于 50mL 具塞比色管中，加入甲醇（3.1）约 20mL，涡旋 3min，振摇，超声（功率：500W）提取 30min，静置待其冷却到室温，用甲醇定容至 25ml 刻度，必要时 4500r/min 离心 5min，精密量取上清液 1mL 于 10mL 容量瓶中，用甲醇（3.1）稀释至刻度，摇匀，过 0.45μm 滤膜，滤液作为待测溶液，备用。

5.3　参考色谱条件

色谱柱：C_{18} 柱（250mm × 4.6mm × 5μm），或等效色谱柱；

流动相：甲醇 + 水 =98+2；

流速：1.0mL/min；

检测波长：307nm；

柱温：30℃；

进样量：20μL。

5.4　测定

在“5.3”色谱条件下，取二乙基己基丁酰胺基三嗪酮标准系列溶液（5.1）分别进样，进行色谱分析，以标准系列溶液浓度为横坐标，峰面积为纵坐标，绘制标准曲线。

取“5.2”项下的待测溶液进样，根据保留时间定性，测得峰面积，根据标准曲线得到待测溶液中二乙基己基丁酰胺基三嗪酮的质量浓度。按“6”计算样品中二乙基己基丁酰胺基三嗪酮的含量。

6　分析结果的表述

6.1　计算

$$\omega = \frac{D \times \rho \times V}{m \times 10^6} \times 100\%$$

式中：ω——化妆品中二乙基己基丁酰胺基三嗪酮的含量，%；

m——样品取样量，g；

ρ——从标准曲线得到二乙基己基丁酰胺基三嗪酮的质量浓度，μg/mL；

V——样品定容体积，mL；

D——稀释倍数（不稀释则为 1）。

在重复性条件下获得的两次独立测定结果的绝对差值不得超过算术平均值的 10%。

6.2　回收率和精密度

方法的回收率为 93.8%~113%，相对标准偏差小于 4%（n=6）。

7　图谱

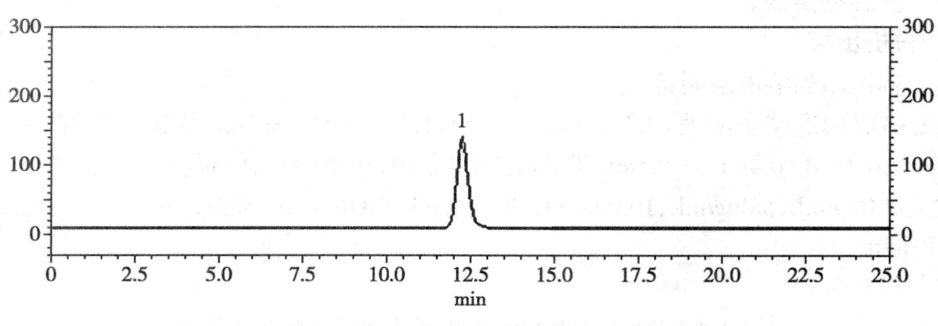

图 1　标准溶液色谱图

5.6　亚苄基樟脑磺酸
Benzylidene camphor sulfonic acid

1　范围

本方法规定了高效液相色谱法测定化妆品中亚苄基樟脑磺酸的含量。

本方法适用于液态水基类、膏霜乳液类化妆品中亚苄基樟脑磺酸含量的测定。

2　方法提要

样品提取后，经高效液相色谱仪分离，紫外检测器检测，根据保留时间定性，峰面积定量，以标准曲线法计算含量。

本方法对亚苄基樟脑磺酸的检出限为 0.0005μg，定量下限为 0.0015μg；取样量为 0.1g 时，检出浓度为 0.0001%，最低定量浓度为 0.0003%。

3　试剂和材料

除另有规定外，本方法所用试剂均为分析纯或以上规格，水为 GB/T 6682 规定的一级水。

3.1　亚苄基樟脑磺酸标准品，HPLC 纯度大于 99.0%。

3.2　醋酸铵。

3.3　乙腈，色谱纯。

3.4　甲醇，色谱纯。

3.5　硫酸（ρ_{20}=1.84g/mL），优级纯。

3.6　硫酸甲醇溶液：精密吸取硫酸（3.5）0.6mL 于 100mL 量瓶中，加甲醇稀释并定容至 100mL，即得硫酸甲醇溶液。

3.7　标准储备溶液：称取亚苄基樟脑磺酸标准品 50mg（精确到 0.0001g）于 10mL 量瓶中，加入硫酸甲醇溶液（3.6）溶解并定容至 10mL，即得质量浓度为 5mg/mL 的亚苄基樟脑磺酸标准储备溶液。

4　仪器和设备

4.1　高效液相色谱仪，紫外检测器。

4.2　天平。

4.3　超声波清洗器。

4.4　离心机。

4.5　涡旋振荡器。

5　分析步骤

5.1　标准系列溶液的制备

按照表 1 操作，分别精密量取一定体积的亚苄基樟脑磺酸标准储备溶液（3.7）和标准溶液于相应体积规格的量瓶中，以硫酸甲醇溶液（3.6）稀释并定容至刻度，得亚苄基樟脑磺酸的标准系列溶液。

表 1　亚苄基樟脑磺酸标准系列溶液的配制

序号	工作溶液	初始浓度	量取体积	定容体积	标准溶液终浓度
1	储备液	5mg/mL	3mL	5mL	3mg/mL
2	储备液	5mg/mL	2mL	10mL	1mg/mL
3	标准溶液 1	3mg/mL	2mL	10mL	600μg/mL
4	标准溶液 2	1mg/mL	1mL	10mL	100μg/mL
5	标准溶液 3	100μg/mL	5mL	10mL	50μg/mL
6	标准溶液 4	50μg/mL	5mL	10mL	25μg/mL
7	标准溶液 5	25μg/mL	2mL	10mL	5μg/mL
8	标准溶液 6	5μg/mL	1mL	10mL	0.5μg/mL

5.2　样品处理

称取样品 0.1g（精确到 0.0001g），置于 10mL 具塞比色管中，加硫酸甲醇溶液（3.6）0.1mL，涡旋 60s 混匀，加硫酸甲醇溶液（3.6）约 4.0mL，涡旋 60s 混匀，超声（功率：500W）5min，置 60℃热水浴中加热 5min。待冷却到室温后，用硫酸甲醇溶液（3.6）定容至 5mL 刻度，必要时以 4500r/min 离心 10min，取上清液经 0.45μm 微孔滤膜过滤，取续滤液作为待测溶液，备用；若样品中亚苄基樟脑磺酸的质量浓度超过了线性范围的上限，需对待测溶液进行适当稀释。

5.3　参考色谱条件

色谱柱：C_{18} 柱（250mm × 4.6mm × 5μm），或等效色谱柱；

流动相：20mmol/L 的醋酸铵水溶液（乙酸调 pH 至 pH=5.1）+ 乙腈 =65+35；

检测波长：300nm；

柱温：25℃；

进样量：10μL。

5.4　测定

在“5.3”色谱条件下，取亚苄基樟脑磺酸标准系列溶液（5.1）分别进样，进行色谱分析，以标准系列溶液浓度为横坐标，峰面积为纵坐标，绘制标准曲线。

取“5.2”项下的待测溶液进样，根据保留时间定性，测得峰面积，根据标准曲线得到待测溶液中亚苄基樟脑磺酸的质量浓度。按“6”计算样品中亚苄基樟脑磺酸的含量。

6　分析结果的表述

6.1　计算

$$\omega = \frac{D \times \rho \times V}{m \times 10^6} \times 100\%$$

式中：ω——化妆品中亚苄基樟脑磺酸的含量，%；

m——样品取样量，g；

ρ——从标准曲线得到亚苄基樟脑磺酸的质量浓度，μg/mL；

V——样品定容体积，mL；

D——稀释倍数（不稀释则为 1）。

在重复性条件下获得的两次独立测定结果的绝对差值不得超过算术平均值的 10%。

6.2　回收率和精密度

方法的回收率为 92.0%~107%，相对标准偏差小于 7%（n=6）

7　图谱

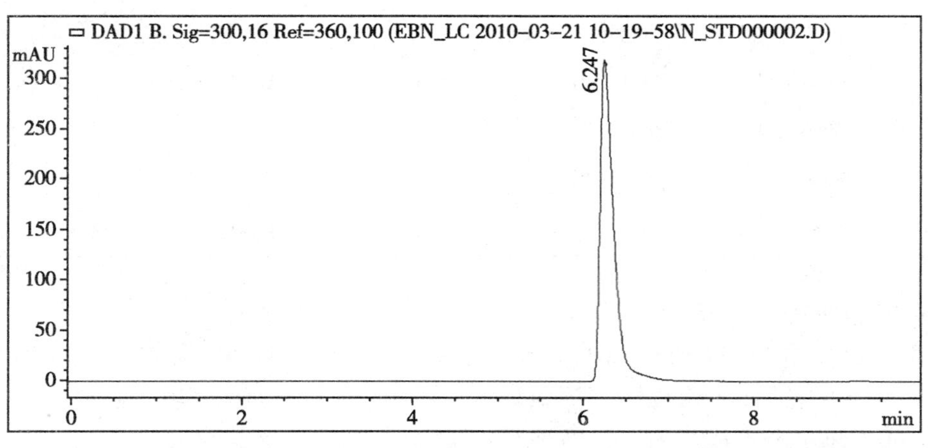

图 1　标准溶液色谱图

亚苄基樟脑磺酸（6.247min）

5.7　氧化锌

Zinc oxide

1　范围

本方法规定了火焰原子吸收法测定化妆品中总锌（以氧化锌计）的含量。

本方法适用于膏霜、乳、液等化妆品中总锌含量（以氧化锌计）的测定。

本方法不适于配方中同时含有除氧化锌外其他锌及锌化合物的化妆品测定。

2　方法提要

样品经预处理后，使锌以离子状态存在于样品溶液中，样品溶液中的锌离子被原子化后，基态锌原子吸收来自锌空心阴极灯的共振线，其吸收量与样品中锌的含量成正比。根据测量的吸收值，以标准曲线法计算含量。

本方法对氧化锌的检出限为 0.012μg/mL，定量下限为 0.04μg/mL；取样量为 0.1g 时，检出浓度为 0.0012%，最低定量浓度为 0.004%。

3　试剂和材料

除另有规定外，本方法所用试剂均为分析纯或以上规格，水为 GB/T 6682 规定的一级水。

3.1　盐酸（ρ_{20}=1.19g/mL），BV-III 级高纯盐酸。

3.2　锌单元素溶液标准物质（1000μg/mL）。

3.3　盐酸（6g/L）：取盐酸（3.1）5mL，加去离子水稀释至 100mL。

3.4　标准储备溶液：精密量取 10mL 锌单元素溶液标准物质（1000μg/mL）（3.2）至 100mL 容量瓶中，用去离子水稀释至刻度，摇匀，得 100μg/mL 锌标准储备液。

4　仪器和设备

4.1　火焰原子吸收光谱仪。

4.2　马弗炉。

4.3　天平。

4.4　电炉。

4.5　50mL 瓷坩埚。

所有玻璃器皿均用硝酸（1+1）浸泡过夜，用去离子水冲洗干净，晾干备用。

5　分析步骤

5.1　标准系列溶液的制备

取锌标准储备液（3.4）0mL、0.1mL、0.2mL、0.4mL、0.8mL、1.0mL，分别置于 100mL 容量瓶中，去离子水定容至刻度，得浓度为 0μg/mL、0.100μg/mL、0.200μg/mL、0.400μg/mL、0.800μg/mL、1.000μg/mL 的锌标准系列溶液。

5.2　样品处理

称取样品 0.1g（精确到 0.0001g），置 50mL 瓷坩埚中。同时作试剂空白。在电炉上小火缓慢炽灼至完全炭化，转移至马弗炉中，逐渐升高温度至 800℃后，灰化 2h，取出，置干燥器中，放冷至室温。量取 20mL 盐酸（3.3）置坩埚中，小火加热至溶液澄清。用滴管吸取上清液转移至 100mL 容量瓶中。再量取 10mL 盐酸（3.3）置坩埚中，小火加热数分钟，用滴管吸取上清液至同一容量瓶中。分别移取 10mL 去离子水洗涤坩埚和滴管 3 次，并入容量瓶。放冷至室温，用去离子水稀释至刻度。

精密移取上述样品溶液适量置于 50mL 容量瓶中，用去离子水稀释至刻度作为待测溶液（使待测溶液中氧化锌的浓度在 0μg/mL~1μg/mL 范围内）。

5.3　仪器参考条件

锌灯检测波长：213.9nm；

狭缝：1.0nm；

灯电流：2.0mA；

背景校正方式：氘灯扣背景；

定量方式：积分模式；

测量次数：3 次；

测量时间：5s，延迟时间：10s；

采用空气 - 乙炔火焰，乙炔流量：13L/min，空气流量：1.9L/min。

5.4 测定

在"5.3"仪器条件下，取标准系列溶液（5.1）分别进样，进行测定，以标准系列溶液浓度为横坐标，锌吸收值为纵坐标，绘制标准曲线。

取"5.2"项下的待测溶液、试剂空白溶液进样，测得吸收值，根据标准曲线得到待测溶液中锌的质量浓度。按"6"计算样品中氧化锌的含量。

6 分析结果的表述

6.1 计算

$$\omega = \frac{(\rho_1 - \rho_0) \times V \times D \times 1.25}{m \times 10^6} \times 100\%$$

式中：ω——化妆品中氧化锌的含量，%；

ρ_1——待测溶液中锌的质量浓度，μg/mL；

ρ_0——空白溶液中锌的质量浓度，μg/mL；

V——样品定容体积，mL；

D——稀释倍数（不稀释则为 1）；

m——样品取样量，g。

在重复性条件下获得的两次独立测定结果的绝对差值不得超过算术平均值的 10%。

6.2 回收率和精密度

方法的回收率为 88.6%~104%，相对标准偏差小于 5%（n=5）。

6 着色剂检验方法

6.1 碱性橙 31 等 7 种组分 Basic Orange 31 and other 6 kinds of components

1 范围

本方法规定了高效液相色谱法测定化妆品中碱性橙 31 等 7 种组分的含量。

本方法适用于染发类和烫发类化妆品中碱性橙 31 等 7 种组分含量的测定。

本方法所指的 7 种组分为碱性橙 31、碱性黄 87、碱性红 51、碱性紫 14（CI 42510）、酸性橙 3（CI 10385）、酸性紫 43（CI 60730）、碱性蓝 26（CI 44045）。

2 方法提要

样品提取后，经高效液相色谱仪分离，二极管阵列检测器进行检测，根据保留时间和紫外光谱图定性，峰面积定量，以标准曲线法计算含量。

本方法的检出限、定量下限和取样量为 5.0g 时检出浓度、最低定量浓度见表 1。

表 1 7 种组分的检出限、定量下限、检出浓度和最低定量浓度

中文名称	检出限 (μg)	定量下限 (μg)	检出浓度 (μg/g)	最低定量浓度 (μg/g)
酸性紫 43(CI 60730)	3.0	10.0	0.6	2.0
碱性紫 14(CI 42510)	0.3	1.0	0.06	0.2
酸性橙 3(CI 10385)	6.0	17.5	1.2	3.5
碱性黄 87	15.0	50.0	3.0	10
碱性蓝 26(CI 44045)	3.0	10.0	0.6	2.0
碱性红 51	0.3	1.0	0.06	0.2
碱性橙 31	6.0	17.5	1.2	3.5

3 试剂和材料

除另有规定外,本方法所用试剂均为分析纯或以上规格,水为 GB/T 6682 规定的一级水。

3.1 着色剂:酸性紫 43(CI 60730)、碱性紫 14(CI 42510)、酸性橙 3(CI 10385)、碱性黄 87、碱性蓝 26(CI 44045)、碱性红 51、碱性橙 31;纯度均≥90%。

3.2 甲醇,色谱纯。

3.3 四氢呋喃,色谱纯。

3.4 乙酸铵。

3.5 流动相的配制:

流动相 A:甲醇。

流动相 B:0.02mol/L 乙酸铵(pH=4.0):称取 1.54g 乙酸铵(3.4),加水至 1000mL,溶解,用乙酸调节 pH,经 0.45μm 滤膜过滤。

3.6 标准储备溶液:称取 7 种标准物质(3.1)0.1g(精确到 0.0001g)于 100mL 容量瓶中,加甲醇(3.2)溶解并定容至刻度。溶液应于 4℃储存,有效期为二个月。

4 仪器和设备

4.1 高效液相色谱仪,二极管阵列检测器。

4.2 天平。

4.3 超声波清洗器。

4.4 涡旋振荡器。

5 分析步骤

5.1 混合标准系列溶液的制备

取 2 种发用品着色剂(酸性紫 43、碱性紫 14)标准储备溶液(3.6),用甲醇配制成浓度为 5.0μg/mL、10.0μg/mL、20.0μg/mL、30.0μg/mL、40.0μg/mL、50.0μg/mL 的混合标准系列溶液Ⅰ。取 5 种发用品着色剂(酸性橙 3、碱性黄 87、碱性蓝 26、碱性红 51、碱性橙 31)标准储备溶液(3.6),用甲醇配制成浓度为 1.0μg/mL、2.0μg/mL、4.0μg/mL、6.0μg/mL、8.0μg/mL、10.0μg/mL 的混合标准系列溶液Ⅱ。溶液应于 4℃储存,有效期为二个月。

5.2　样品处理

称取样品 5g(精确到 0.001g)于 25mL 具塞比色管中,加入 1.0mL 四氢呋喃(3.3),再加入 20mL 甲醇(3.2),涡旋振荡 2min,再超声提取 30min 后,冷却至室温,用甲醇(3.2)定容至刻度,摇匀,经 0.45μm 滤膜过滤,作为待测溶液。

5.3　参考色谱条件

色谱柱:C_{18} 柱(250mm × 4.6mm × 5μm),或等效色谱柱。

流动相梯度洗脱程序:

时间 /min	V(流动相 A)/%	V(流动相 B)/%
0.0	5	95
10.0	30	70
25.0	80	20
35.0	80	20
35.1	5	95
41.0	5	95

流速:1.0mL/min;

检测波长:碱性蓝 26 为 616nm;碱性红 51、碱性紫 14、酸性紫 43 为 520nm;碱性橙 31、碱性黄 87、酸性橙 3 为 480nm;

柱温:30℃;

进样量:10μL。

5.4　测定

在"5.3"色谱条件下,取混合标准系列溶液(5.1)分别进样,进行色谱分析,以标准系列溶液浓度为横坐标,峰面积为纵坐标,绘制各测定组分的标准曲线。

取"5.2"项下的待测溶液进样,根据保留时间和紫外光谱图定性,测得峰面积,根据标准曲线得到待测溶液中各测定组分的浓度。按"6"计算样品中各测定组分的含量。

6　分析结果的表述

6.1　计算

$$\omega=\frac{\rho\times V}{m}$$

式中:ω—化妆品中碱性橙 31 等 7 种组分的含量,μg/g;

m—样品取样量,g;

ρ—从标准曲线得到待测组分的浓度,μg/mL;

V—样品定容体积,mL。

6.2　回收率和精密度

方法的回收率为 85.2%~109.2%,相对标准偏差小于 6%(n=6)。

7 图谱

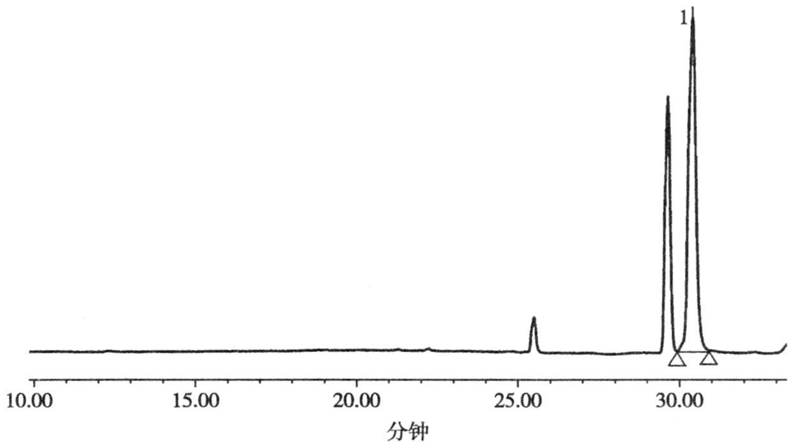

图 1 混合标准溶液在 245nm 下的色谱图

1：碱性蓝 26（30.389min）

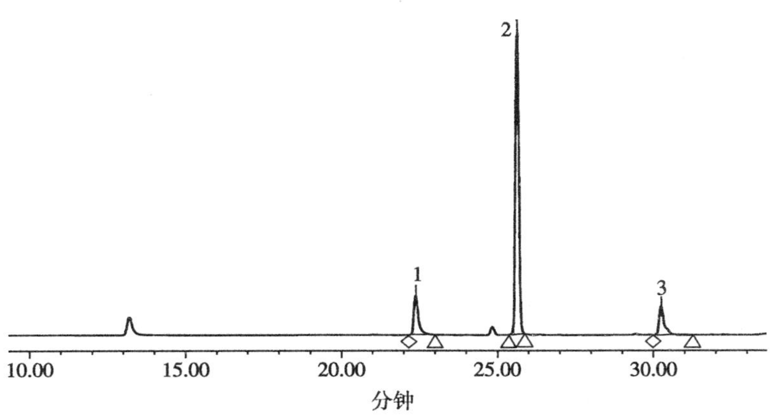

图 2 混合标准溶液在 530nm 下的色谱图

1：碱性红 51（22.383min）；2：碱性紫 14（25.654min）；3：酸性紫 43（30.269min）

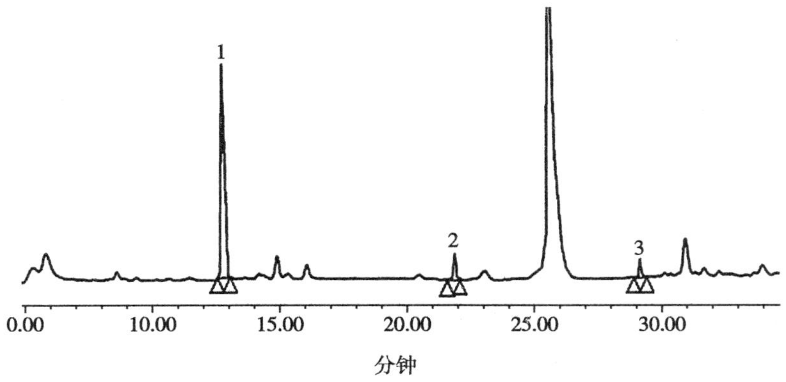

图 3 混合标准溶液在 480nm 下的色谱图

1：碱性橙 31（13.186min）；2：碱性黄 87（22.101min）；3：酸性橙 3（29.437min）

6.2 着色剂 CI 59040 等 10 种组分
CI 59040 and Other 9 Kinds of Components

1 范围

本方法规定了高效液相色谱法测定化妆品中 CI 59040 等 10 种组分的含量。

本方法适用于胭脂、口红、粉底、指甲油、睫毛膏、眼影等修饰类化妆品中 CI59040 等 10 种组分含量的测定。

本方法所指的 10 种组分包括 CI 59040、CI 16185、CI 16255、CI 10316、CI 15985、CI 16035、CI 14700、橙黄Ⅰ、CI 45380、CI 15510。

2 方法提要

样品提取后，经高效液相色谱仪分离，二极管阵列检测器进行检测，根据保留时间和紫外光谱图定性，峰面积定量，以标准曲线法计算含量。

本方法的检出限、定量下限和取样量为 5.0g 时的检出浓度、最低定量浓度见表 1。

表 1 10 种组分的检出限、定量下限、检出浓度和最低定量浓度

着色剂索引号	着色剂索引通用中文名	检出限(μg)	定量下限(μg)	检出浓度(μg/g)	最低定量浓度(μg/g)
CI 16185	食品红 9	0.3	1.0	0.06	0.20
CI 16255	食品红 7	0.3	1.0	0.06	0.20
CI 16035	食品红 17	0.3	1.0	0.06	0.20
CI 14700	食品红 1	0.3	1.0	0.06	0.20
CI 45380	酸性红 87	0.3	1.0	0.06	0.20
CI 15510	酸性橙 7	0.3	1.0	0.06	0.20
CI 59040	溶剂绿 7	5.0	16.5	1.0	3.3
——	橙黄Ⅰ	5.0	16.5	1.0	3.3
CI 15985	食品黄 3	15.0	50.0	3.0	10.0
CI 10316	酸性黄 1	15.0	50.0	3.0	10.0

3 试剂和材料

除另有规定外，本方法所用试剂均为分析纯或以上规格，水为 GB/T 6682 规定的一级水。

3.1 着色剂：CI 16185、CI 16255、CI 16035、CI 14700、CI 45380、CI 15510、CI 59040、橙黄Ⅰ、CI 15985、CI 10316，含量纯度均大于等于 90%。

3.2 甲醇，色谱纯。

3.3 四氢呋喃，色谱纯。

3.4 乙酸铵。

3.5 流动相的配制：

流动相 A：甲醇(3.2)。

流动相 B：0.02mol/L 乙酸铵溶液(用乙酸调节 pH=4.0)：称取乙酸铵(3.4)1.54g，加水至

1000mL，溶解，用乙酸调节pH，经0.45μm滤膜过滤。

3.6　混合标准储备溶液：称取着色剂标准物质（3.1）0.1g（精确到0.0001g）于100mL容量瓶中，加甲醇（3.2）稀释并定容至刻度。

4　仪器和设备

4.1　高效液相色谱仪，二极管阵列检测器。

4.2　液相色谱 - 三重四极杆串联质谱仪，电喷雾离子源。

4.3　天平。

4.4　超声波清洗器。

4.5　涡旋混匀器。

5　分析步骤

5.1　混合标准系列溶液的制备

取混合标准储备溶液（3.6），分别用甲醇配制成浓度为5.0μg/mL、10.0μg/mL、20.0μg/mL、30.0μg/mL、40.0μg/mL、50.0μg/mL、100.0μg/mL的混合标准系列溶液。

5.2　样品处理

称取样品5g（精确到0.001g）于25mL具塞比色管中，加入1.0ml四氢呋喃（3.3），加入20.0mL甲醇（3.2），在涡旋混匀器上高速振荡5min，再超声提取30min后，冷却至室温，加甲醇（3.2）定容至刻度，摇匀，经0.45μm滤膜过滤，作为待测溶液。

5.3　参考色谱条件

色谱柱：C_{18}柱（250mm × 4.6mm × 5μm），或等效色谱柱；

流动相梯度洗脱程序：

时间 /min	V（流动相 A）/%	V（流动相 B）/%
0.0	5	95
7.5	30	70
15.0	30	70
25.0	80	20
30.0	80	20
30.1	5	95
36.0	5	95

流速：1.0mL/min；

检测波长：CI 59040为245nm；CI 16185、CI 16255、CI 16035、CI 14700、CI 45380为520nm；CI 15985、CI 10316、橙黄Ⅰ、CI 15510为480nm；

柱温：30℃；

进样量：10μL。

5.4　测定

在“5.3”色谱条件下，取混合标准系列溶液（5.1）分别进样，进行色谱分析，以标准系列溶液浓度为横坐标，峰面积为纵坐标，绘制标准曲线。

取“5.2”项下的待测溶液进样，进行色谱分析，根据保留时间和紫外光谱图定性，测得峰面积，根据标准曲线得到待测溶液中各测定组分的浓度。按“6”计算样品中各测定组分的含量。

6　分析结果的表述

6.1　计算

$$\omega=\frac{\rho\times V}{m}$$

式中：ω——化妆品中着色剂 CI 59040 等 10 种组分的含量，μg/g；

m——样品取样量，g；

ρ——从标准曲线得到待测组分的浓度，μg/mL；

V——样品定容体积，mL。

6.2　回收率和精密度

方法的回收率为 84.7%~104.6%，相对标准偏差小于 6%（n=6）。

7　图谱

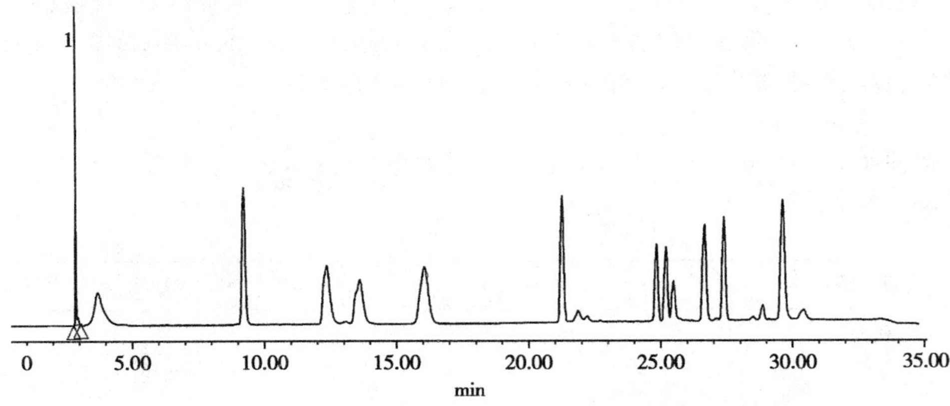

图 1　混合标准溶液在 245nm 下的色谱图

CI 59040（2.845min）

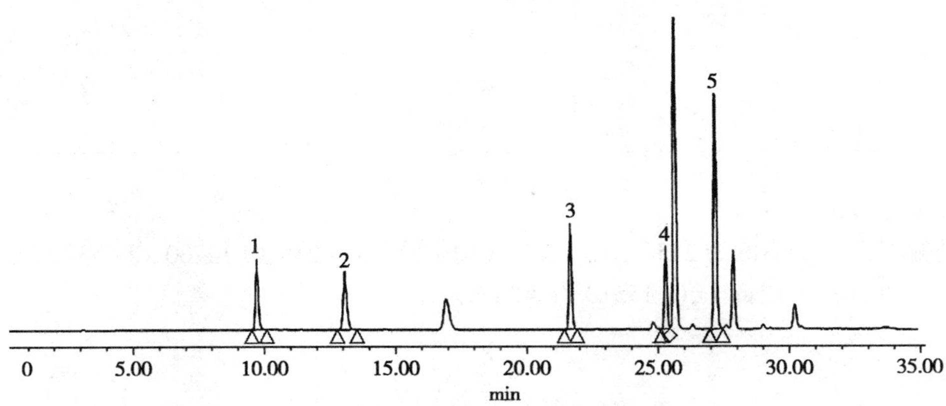

图 2　混合标准溶液在 520nm 下的色谱图

1：CI 16185（9.222min）；2：CI 16255（12.364min）；3：CI 16035（21.280min）；4：CI 14700（24.863min）；5：CI 45380（26.674min）

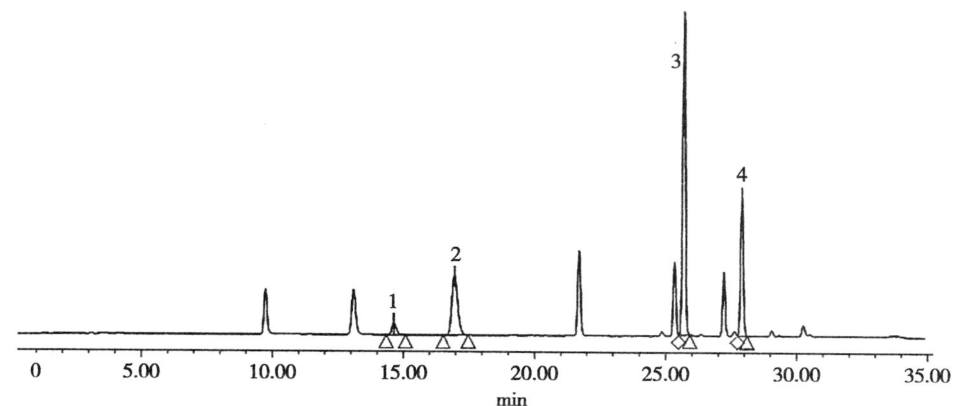

图 3　混合标准溶液在 480nm 下的色谱图

1:CI 10316(13.610min);2:CI 15985(16.066min);3:橙黄 Ⅰ(25.217min);4:CI 15510(27.411min)

附录 A
(规范性附录)
橙黄 Ⅰ 阳性结果的确证

如检出橙黄 Ⅰ 阳性样品,需经液相色谱 - 三重四级杆质谱法进行确证。

A.1　前处理过程见 5.2

A.2　参考色谱条件

色谱柱:C_{18} 柱(100mm × 2.1mm × 1.7μm),或等效色谱柱;

流动相 A:乙腈;

流动相 B:20mmol/L 乙酸铵水溶液(用氨水调节 pH=8.0);

流动相梯度洗脱程序:

时间 /min	V(流动相 A)/%	V(流动相 B)/%
0.0	5	95
3.0	5	95
6.0	30	70
6.01	5	95
8.0	5	95

流速:0.3mL/min;

柱温:30℃;

进样量:2μL。

A.3　参考质谱条件

离子源:电喷雾离子源(ESI);

扫描方式:负离子扫描;

监测方式:多反应监测模式(MRM);

干燥气:N_2;

碰撞气：Ar；

雾化器温度：250℃；

雾化器气流：3.0L/min；

干燥器气流：15L/min；

离子化电压：3.5kV；

脱溶剂气温度：250℃；

加热块温度：400℃；

碰撞气电压：230kPa。

表 A.1 母离子、特征碎片离子、裂解电压及碰撞能

待测物 / 母离子（m/z）	碎片离子（m/z）	碰撞能（V）	碎片离子丰度比
橙黄Ⅰ/327	171	21	27.8%
	156	32	

A.4 定性

用液相色谱 - 三重四级杆串联质谱仪进行样品定性测定，如果样品中橙黄Ⅰ的色谱峰保留时间与浓度相近标准工作溶液相一致（变化范围在 ±2.5% 之内），并且在扣除背景后样品的质谱图中，所选择的检测离子均出现，而且样品中所选择的的离子对相对丰度与标准样品的离子对相对丰度相一致（离子相对丰度比见表 A.2），相对丰度偏差符合表 A.2 要求，则可以判断样品中存在橙黄Ⅰ。

表 A.2 相对离子丰度的最大允许偏差

相对离子丰度（k）	k>50%	50%≥k>20%	20%≥k>10%	k≤10%
允许的最大偏差	±20%	±25%	±30%	±50%

A.5 检出限

本方法对橙黄Ⅰ的检出浓度为 1.0μg/g。

A.6 图谱

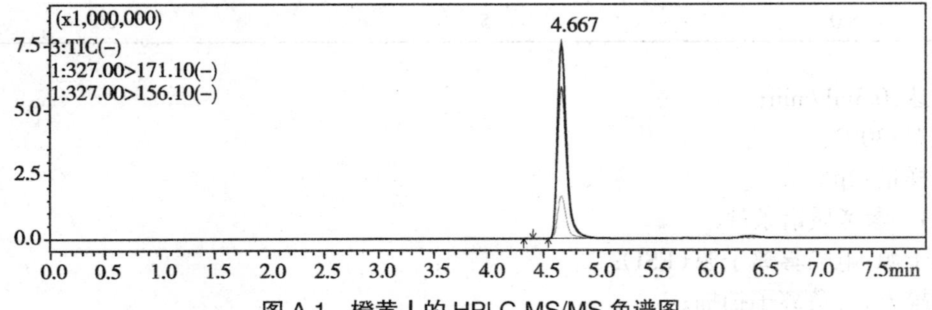

图 A.1 橙黄Ⅰ的 HPLC-MS/MS 色谱图

橙黄Ⅰ（4.667min）

7 染发剂检验方法

7.1 对苯二胺等 8 种组分 p-Phenylenediamine and Other 7 Kinds of Components

1 范围

本方法规定了高效液相色谱法测定化妆品中对苯二胺等 8 种组分的含量。

本方法适用于染发类化妆品中对苯二胺等 8 种组分含量的测定。

本方法所指的 8 种组分为氧化型染料，包括对苯二胺、对氨基苯酚、氢醌、甲苯 2,5- 二胺、间氨基苯酚、邻苯二胺、间苯二酚和对甲氨基苯酚。

2 方法提要

样品经 95% 乙醇和水（1+1）提取，用高效液相色谱仪分析，根据保留时间和紫外光谱定性，峰面积定量。

本方法对对苯二胺等 8 种染料组分的检出限、定量下限及取样量为 0.5g 时的检出浓度及最低定量浓度见表 1。

表 1 对苯二胺等 8 种染料组分的检出限、定量下限、检出浓度、最低定量浓度

染料组分	对苯二胺	氢醌	间氨基苯酚	邻苯二胺	对氨基苯酚	甲苯 2,5- 二胺	间苯二酚	对甲氨基苯酚
检出限，μg	0.08	0.015	0.02	0.03	0.025	0.05	0.025	0.05
定量下限，μg	0.27	0.05	0.067	0.10	0.083	0.17	0.083	0.17
检出浓度，μg/g	800	150	200	300	250	500	250	500
最低定量浓度，μg/g	2700	500	670	1000	830	1700	830	1700

3 试剂和材料

除另有规定外，本方法所用试剂均为分析纯或以上规格，水为 GB/T 6682 规定的一级水。

3.1 乙醇［$\varphi(CH_3CH_2OH)=95\%$］，优级纯。

3.2 乙醇（1+1）：取等量乙醇（3.1）与水混合。

3.3 三乙醇胺。

3.4 磷酸［$\rho_{20}(H_3PO_4)=1.83g/mL$］，优级纯。

3.5 乙腈，色谱纯。

3.6 亚硫酸钠。

3.7 流动相的配制：

将三乙醇胺 10mL 加至 980mL 水中，加入磷酸使溶液 pH 为 7.7，加水至 1L。取此溶液 950mL 与乙腈（3.5）50mL 混合组成含 5% 乙腈的磷酸缓冲溶液。

3.8　混合标准储备溶液：

称取对苯二胺等 8 种组分各 0.5g（精确到 0.0001g）分别置于 100mL 容量瓶中，加入 0.1g 亚硫酸钠（3.6）（或相当于 0.1g 亚硫酸钠的亚硫酸钠溶液），加 95% 乙醇（3.1）使溶解，并稀释定容至刻度（如使用甲苯 2，5- 二胺硫酸盐和对甲氨基苯酚硫酸盐为标准品，应用水溶解），配制成混合标准储备溶液。

4　仪器和设备

4.1　高效液相色谱仪，二极管阵列检测器。

4.2　天平。

4.3　超声波清洗器。

4.4　pH 计。

5　分析步骤

5.1　混合标准系列溶液的制备

取混合标准储备溶液（3.8）1.00mL、2.50mL、5.00mL 分别于 100mL 容量瓶中，用 95% 乙醇（3.1）稀释至刻度，配制成浓度为 50mg/L、125mg/L、250mg/L 的混合标准系列溶液。临用现配。

5.2　样品处理

取样品 0.5g（精确到 0.001g）于已加入 1% 亚硫酸钠溶液 1.0mL 的 25mL 具塞比色管中，加乙醇（1+1）（3.2）至 25mL 刻度，混匀，超声提取 15min，离心，经 0.45μm 滤膜过滤，滤液作为待测样液。

5.3　参考色谱条件

色谱柱：C_{18} 柱（250mm × 4.6mm × 10μm），或等效色谱柱；

流速：2.0mL/min；

检测波长：280nm；

柱温：20℃；

进样量：5μL。

5.4　测定

在“5.3”色谱条件下，取染料成分混合标准系列溶液（5.1）进样，记录色谱图，以混合标准系列溶液浓度为横坐标，峰面积为纵坐标，绘制标准曲线。

取“5.2”项下的样品待测溶液进样，根据保留时间和紫外光谱图定性，测得峰面积，根据标准曲线得到待测溶液中相应染料组分的质量浓度。按“6”计算样品中染料组分的含量。

6　计算

$$\omega=\frac{\rho \times V}{m}$$

式中：ω——样品中对苯二胺等 8 种组分的质量分数，μg/g；

m——样品取样量，g；

ρ——从标准曲线得到待测组分的质量浓度，mg/L；

V——样品定容体积，mL。

7 图谱

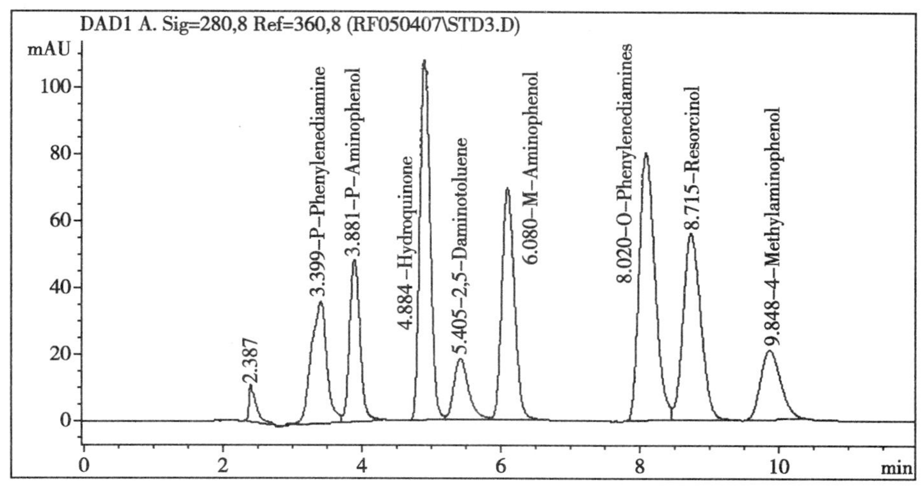

图 1　混合标准溶液色谱图

1：对苯二胺（3.399min）；2：对氨基苯酚（3.881min）；3：氢醌（4.884min）；4：甲苯 2，5- 二胺（5.405min）；5：间氨基苯酚（6.080min）；6：邻苯二胺（8.070min）；7：间苯二酚（8.715min）；8：对甲氨基苯酚（9.848min）

7.2　对苯二胺等 32 种组分
p-Phenylenediamine and Other 31 Kinds of Components

1　范围

本方法规定了高效液相色谱法测定化妆品中对苯二胺等 32 种组分的含量。

本方法适用于染发类化妆品中对苯二胺等 32 种组分含量的测定。

化妆品中的染料成分以多种形式存在，如硫酸盐、盐酸盐等，当多种形式同时存在时，应以其中的一种形式表示。

本方法所指的 32 种组分为染料，包括对苯二胺、对氨基苯酚、甲苯 -2，5- 二胺硫酸盐、间氨基苯酚、邻苯二胺、2- 氯对苯二胺硫酸盐、邻氨基苯酚、间苯二酚、2- 硝基对苯二胺、甲苯 -3，4- 二胺、4- 氨基 -2- 羟基甲苯、2- 甲基间苯二酚、6- 氨基间甲酚、苯基甲基吡唑啉酮、N，N- 二乙基甲苯 -2，5- 二胺盐酸盐、4- 氨基 -3- 硝基苯酚、间苯二胺、2，4- 二氨基苯氧基乙醇盐酸盐、氢醌、4- 氨基间甲酚、2- 氨基 -3- 羟基吡啶、N，N- 双（2- 羟乙基）对苯二胺硫酸盐、对甲基氨基苯酚硫酸盐、4- 硝基邻苯二胺、2，6- 二氨基吡啶、N，N- 二乙基对苯二胺硫酸盐、6- 羟基吲哚、4- 氯间苯二酚、2，7- 萘二酚、N- 苯基对苯二胺、1，5- 萘二酚和 1- 萘酚。

2　方法提要

样品提取后，经高效液相色谱仪分离，二极管阵列检测器检测，根据保留时间和紫外光谱定性，峰面积定量，以标准曲线计算含量。

本方法对对苯二胺等 32 种组分的检出限、定量下限及取样量为 0.5g 时的检出浓度及最低定量浓度见表 1。

3　试剂和材料

除另有规定外，本方法所用试剂均为分析纯或以上规格，水为 GB/T 6682 规定的一级水。

表 1　32 种组分的检出限、检出浓度、定量下限、最低定量浓度

序号	组分名称	检出限 /μg	检出浓度 /（μg/g）	定量下限 /μg	最低定量浓度 /（μg/g）
1	对苯二胺	1.2×10^{-2}	48	3.5×10^{-2}	140
2	对氨基苯酚	6.5×10^{-3}	26	2.0×10^{-2}	80
3	甲苯 -2,5- 二胺硫酸盐	2.0×10^{-2}	80	6.0×10^{-2}	240
4	间氨基苯酚	6.5×10^{-3}	26	2.0×10^{-2}	80
5	邻苯二胺	8.0×10^{-3}	32	2.5×10^{-2}	100
6	2- 氯对苯二胺硫酸盐	1.5×10^{-2}	60	5.0×10^{-2}	200
7	邻氨基苯酚	6.5×10^{-3}	26	2.0×10^{-2}	80
8	间苯二酚	8.0×10^{-3}	32	2.5×10^{-2}	100
9	2- 硝基对苯二胺	5.0×10^{-3}	20	1.5×10^{-2}	60
10	甲苯 -3,4- 二胺	8.0×10^{-3}	32	2.5×10^{-2}	100
11	4- 氨基 -2- 羟基甲苯	6.5×10^{-3}	26	2.0×10^{-2}	80
12	2- 甲基间苯二酚	1.3×10^{-2}	52	4.0×10^{-2}	160
13	6- 氨基间甲酚	1.0×10^{-2}	40	3.0×10^{-2}	120
14	苯基甲基吡唑啉酮	2.0×10^{-2}	80	6.0×10^{-2}	240
15	N,N- 二乙基甲苯 -2,5- 二胺盐酸盐	2.0×10^{-2}	80	6.0×10^{-2}	240
16	4- 氨基 -3- 硝基苯酚	6.5×10^{-3}	26	2.0×10^{-2}	80
17	间苯二胺	8.0×10^{-3}	32	2.5×10^{-2}	100
18	2,4- 二氨基苯氧基乙醇盐酸盐	8.0×10^{-3}	32	2.5×10^{-2}	100
19	氢醌	3.0×10^{-3}	12	1.0×10^{-2}	40
20	4- 氨基间甲酚	8.0×10^{-3}	32	2.5×10^{-2}	100
21	2- 氨基 -3- 羟基吡啶	1.3×10^{-2}	52	4.0×10^{-2}	160
22	N,N- 双（2- 羟乙基）对苯二胺硫酸盐	2.5×10^{-2}	100	7.5×10^{-2}	300
23	对甲基氨基苯酚硫酸盐	1.0×10^{-2}	40	3.0×10^{-2}	120
24	4- 硝基邻苯二胺	1.5×10^{-2}	60	5.0×10^{-2}	200
25	2,6- 二氨基吡啶	1.5×10^{-2}	60	5.0×10^{-2}	200
26	N,N- 二乙基对苯二胺硫酸盐	2.5×10^{-2}	100	7.5×10^{-2}	300
27	6- 羟基吲哚	3.0×10^{-3}	12	1.0×10^{-2}	40
28	4- 氯间苯二酚	5.0×10^{-3}	20	1.5×10^{-2}	60
29	2,7- 萘二酚	3.0×10^{-3}	12	1.0×10^{-2}	40
30	N- 苯基对苯二胺	2.5×10^{-3}	10	8.0×10^{-3}	32
31	1,5- 萘二酚	5.0×10^{-3}	20	1.5×10^{-2}	60
32	1- 萘酚	3.0×10^{-3}	12	1.0×10^{-2}	40

3.1　无水乙醇。

3.2　甲醇，色谱纯。

3.3 乙腈，色谱纯。

3.4 亚硫酸氢钠。

3.5 磷酸溶液：取磷酸（ρ_{20}=1.69g/mL）10mL，加水 90mL，混匀。

3.6 磷酸盐混合溶液：称取十二水合磷酸氢二钠 1.8g、磷酸二氢钾 2.8g 和庚烷磺酸钠（$C_7H_{15}SO_3Na$）1.0g，用水稀释至 1L，混匀，制成含庚烷磺酸钠（1g/L）的磷酸盐缓冲液，用磷酸溶液（3.5）调节 pH 至 6，使用 0.45μm 微孔滤膜过滤，滤液备用。

3.7 标准储备溶液：称取各染料对照品 0.1g（精确到 0.0001g），分别置 10mL 容量瓶中，以 2g/L 亚硫酸氢钠水溶液和无水乙醇（3.1）（1+1）的混合溶液溶解并定容至 10mL，制成浓度约为 10g/L 的各染料标准储备溶液。以下染料在上述溶剂中的溶解性较差，可分别采取如下措施：甲苯 -2，5- 二胺硫酸盐和 2- 氯对苯二胺硫酸盐 2 种组分直接用 2g/L 亚硫酸氢钠水溶液溶解并定容；甲苯 -3，4- 二胺直接用无水乙醇（3.1）定容；2- 硝基对苯二胺和 4- 硝基邻苯二胺需将称样量减至 25mg（精确到 0.00001g），再用无水乙醇（3.1）定容，配成约 2.5g/L 的溶液。储备溶液保存于 0℃~4℃冰箱中，应于 2 天内使用。

4 仪器和设备

4.1 高效液相色谱仪，二极管阵列检测器。

4.2 天平。

4.3 精密 pH 计。

4.4 超声波清洗器。

4.5 离心机。

4.6 涡旋混合仪。

5 分析步骤

5.1 混合标准系列溶液的制备

参照色谱图 1- 色谱图 3，对 32 种染料成分进行分组，并根据分组情况，取标准储备溶液（3.7）适量于 10mL 容量瓶中，用无水乙醇（3.1）稀释至刻度，配制成浓度为 500mg/L 的混合标准溶液；取混合标准溶液适量，用无水乙醇（3.1）稀释，配制成浓度为 10mg/L、25mg/L、50mg/L、100mg/L、250mg/L、500mg/L 的混合标准系列溶液。临用现配。

5.2 样品处理

称取样品 0.5g（精确到 0.001g）于 10mL 具塞比色管中，加无水乙醇（3.1）+ 水（1+1）的混合溶液至 10mL 刻度，涡旋 1min，冰浴超声提取 15min。如为浑浊溶液，可取适量离心（5000r/min）5min，取上清液经 0.45μm 微孔滤膜过滤，滤液作为待测溶液，并尽快测定。

5.3 参考色谱条件

色谱柱：RP-AMIDE C_{16} 柱（250mm × 4.6mm × 5μm），或等效色谱柱；

色谱保护柱：RP-AMIDE C_{16} 保护柱（20mm × 4.0mm × 5μm），或等效色谱柱；

流动相：流动相Ⅰ：乙腈（3.3）+ 磷酸盐混合溶液（3.6）=10+90；

流动相Ⅱ：甲醇（3.2）+ 磷酸盐混合溶液（3.6）=10+90；

流动相Ⅲ：乙腈（3.3）+ 磷酸盐混合溶液（3.6）=40+60；

流速：1.0mL/min；

检测波长：280nm；

柱温：25℃；

进样量：5μL。

5.4　测定

在"5.3"色谱条件下，取染料混合标准系列溶液（5.1）分别进样，分别采用3种流动相系统进行分析，以混合标准系列溶液浓度为横坐标，峰面积为纵坐标，绘制标准曲线。

取"5.2"项下的待测溶液进样，根据保留时间和紫外光谱图定性，测得峰面积，根据标准曲线得到待测溶液中各组分的浓度。按"6"计算样品中各组分的含量。

6　分析结果的表述

6.1　计算

$$\omega=\frac{D\times\rho\times V}{m\times10^6}\times100$$

式中：ω——化妆品中对苯二胺等32种组分的质量分数，%；

ρ——从标准曲线上得到待测组分的质量浓度，mg/L；

V——样品定容体积，mL；

m——样品取样量，g；

D——稀释倍数（不稀释则取1）。

在重复性条件下获得的两次独立测定结果的绝对差值不得超过算术平均值的10%。

6.2　回收率和精密度

32种染料成分的提取回收率在82%~115%之间，方法回收率在86%~114%之间，相对标准偏差在1.1%~9.9%之间。

7　图谱

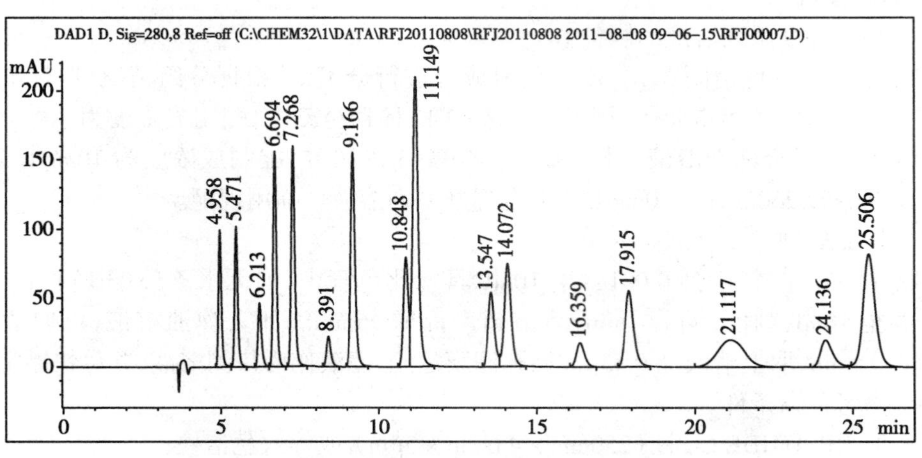

图1　第一组混合标准溶液色谱图，流动相Ⅰ

1：对苯二胺（4.958min）；2：对氨基苯酚（5.471min）；3：甲苯-2,5-二胺硫酸盐（6.213min）；4：间氨基苯酚（6.694min）；5：邻苯二胺（7.268min）；6：2-氯对苯二胺硫酸盐（8.391min）；7：邻氨基苯酚（9.166min）；8：间苯二酚（10.848min）；9：2-硝基对苯二胺（11.149min）；10：甲苯-3,4-二胺（13.547min）；11：4-氨基-2-羟基甲苯（14.072min）；12：2-甲基间苯二酚（16.359min）；13：6-氨基间甲酚（17.915min）；14：苯基甲基吡唑啉酮（21.117min）；15：N,N-二乙基甲苯-2,5-二胺盐酸盐（24.136min）；16：4-氨基-3-硝基苯酚（25.506min）

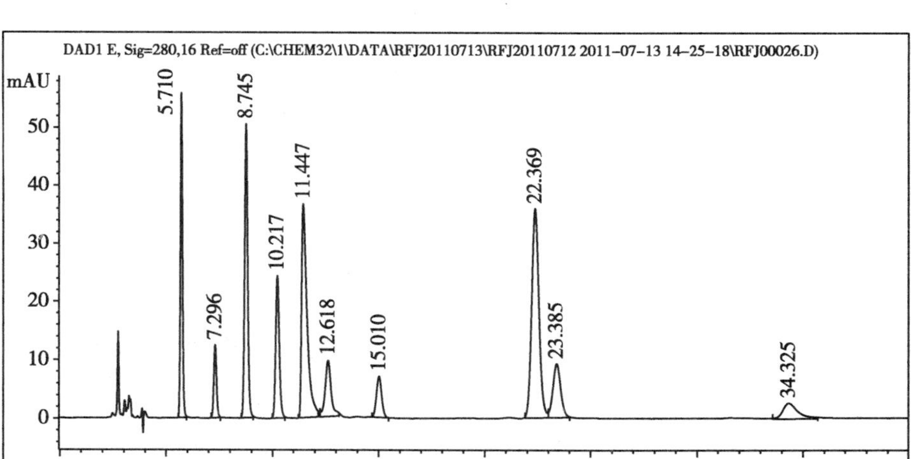

图 2　第二组混合标准溶液色谱图，流动相Ⅱ

1：间苯二胺（5.710min）；2：2，4- 二氨基苯氧基乙醇盐酸盐（7.296min）；3：氢醌（8.745min）；4：4- 氨基间甲酚（10.217min）；5：2- 氨基 -3- 羟基吡啶（11.447min）；6：N，N- 双（2- 羟乙基）对苯二胺硫酸盐（12.618min）；7：对甲基氨基苯酚硫酸盐（15.010min）；8：4- 硝基邻苯二胺（22.369min）；9：2，6- 二氨基吡啶（23.385min）；10：N，N- 二乙基对苯二胺硫酸盐（34.325min）

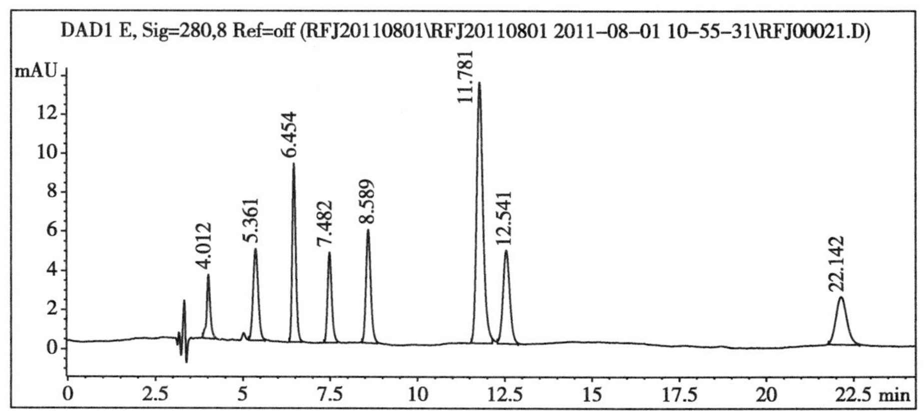

图 3　第三组混合标准溶液色谱图，流动相Ⅲ

1：N，N- 二乙基甲苯 -2，5- 二胺盐酸盐（4.012min）；2.：苯基甲基吡唑啉酮（5.361min）；3：6- 羟基吲哚（6.454min）；4：4- 氯间苯二酚（7.482min）；5：2，7- 萘二酚（8.589min）；6：*N*- 苯基对苯二胺（11.781min）；7：1，5- 萘二酚（12.541min）；8：1- 萘酚（22.142min）

第五章

微生物检验方法

1 微生物检验方法总则

General principles

1 范围

本部分规定了化妆品微生物学检验的基本要求。

本部分适用于化妆品样品的采集、保存及供检样品制备。

2 仪器和设备

2.1 天平,0-200g,精确至0.1g。

2.2 高压灭菌器。

2.3 振荡器。

2.4 三角瓶,250mL、150mL。

2.5 玻璃珠。

2.6 玻璃棒。

2.7 灭菌刻度吸管,10mL、1mL。

2.8 恒温水浴箱。

2.9 均质器或研钵。

2.10 灭菌均质袋。

3 培养基和试剂

3.1 生理盐水

成分:		
	氯化钠	8.5g
	蒸馏水加至	1000mL

制法:溶解后,分装到加玻璃珠的三角瓶内,每瓶90mL,121℃高压灭菌20min。

3.2　SCDLP 液体培养基

成分:	
酪蛋白胨	17g
大豆蛋白胨	3g
氯化钠	5g
磷酸氢二钾	2.5g
葡萄糖	2.5g
卵磷脂	1g
吐温 80	7g
蒸馏水	1000mL

制法:先将卵磷脂在少量蒸馏水中加温溶解后,再与其他成分混合,加热溶解,调 pH 为 7.2~7.3 分装,每瓶 90mL,121℃高压灭菌 20min。注意振荡,使沉淀于底层的吐温 80 充分混合,冷却至 25℃左右使用。

注:如无酪蛋白胨和大豆蛋白胨,也可用多胨代替。

3.3　灭菌液体石蜡

制法:取液体石蜡 50mL,121℃高压灭菌 20min。

3.4　灭菌吐温 80

制法:取吐温 80 50mL,121℃高压灭菌 20min。

4　样品的采集及注意事项

4.1　所采集的样品,应具有代表性,一般视每批化妆品数量大小,随机抽取相应数量的包装单位。检验时,应从不少于 2 个包装单位的取样中共取 10g 或 10mL。包装量小于 20g 的样品,采样时可适当增加样品包装数量。

4.2　供检样品,应严格保持原有的包装状态。容器不应有破裂,在检验前不得打开,防止样品被污染。

4.3　接到样品后,应立即登记,编写检验序号,并按检验要求尽快检验。如不能及时检验,样品应置于室温阴凉干燥处,不要冷藏或冷冻。

4.4　若只有一个样品而同时需做多种分析,如微生物、毒理、化学等,则宜先取出部分样品做微生物检验,再将剩余样品做其他分析。

4.5　在检验过程中,从打开包装到全部检验操作结束,均须防止微生物的再污染和扩散,所用器皿及材料均应事先灭菌,全部操作应在符合生物安全要求的实验室中进行。

5　供检样品的制备

5.1　液体样品

5.1.1　水溶性的液体样品,用灭菌吸管吸取 10mL 样品加到 90mL 灭菌生理盐水中,混匀后,制成 1∶10 检液。

5.1.2　油性液体样品,取样品 10g,先加 5mL 灭菌液体石蜡混匀,再加 10mL 灭菌的吐温 80,在 40℃~44℃水浴中振荡混合 10min,加入灭菌的生理盐水 75mL(在 40℃~44℃水浴中预温),在 40℃~44℃水浴中乳化,制成 1∶10 的悬液。

5.2 膏、霜、乳剂半固体状样品

5.2.1 亲水性的样品：称取10g，加到装有玻璃珠及90mL灭菌生理盐水的三角瓶中，充分振荡混匀，静置15min。用其上清液作为1∶10的检液。

5.2.2 疏水性样品：称取10g，置于灭菌的研钵中，加10mL灭菌液体石蜡，研磨成粘稠状，再加入10mL灭菌吐温80，研磨待溶解后，加70mL灭菌生理盐水，在40℃~44℃水浴中充分混合，制成1∶10检液。

5.3 固体样品

称取10g，加到90mL灭菌生理盐水中，充分振荡混匀，使其分散混悬，静置后，取上清液作为1∶10的检液。

使用均质器时，则采用灭菌均质袋，将上述水溶性膏、霜、粉剂等，称10g样品加入90mL灭菌生理盐水，均质1min~2min；疏水性膏、霜及眉笔、口红等，称10g样品，加10mL灭菌液体石蜡，10mL吐温80，70mL灭菌生理盐水，均质3min~5min。

2 菌落总数检验方法

Aerobic Bacterial Count

1 范围

本规范规定了化妆品中菌落总数的检验方法。

本规范适用于化妆品菌落总数的测定。

2 定义

2.1 菌落总数 Aerobic bacterial count

化妆品检样经过处理，在一定条件下培养后（如培养基成分、培养温度、培养时间、pH值、需氧性质等），1g（1mL）检样中所含菌落的总数。所得结果只包括一群本方法规定的条件下生长的嗜中温的需氧性和兼性厌氧菌落总数。

测定菌落总数便于判明样品被细菌污染的程度，是对样品进行卫生学总评价的综合依据。

3 仪器和设备

3.1 三角瓶，250mL。

3.2 量筒，200mL。

3.3 pH计或精密pH试纸。

3.4 高压灭菌器。

3.5 试管，18mm×150mm。

3.6 灭菌平皿，直径90mm。

3.7 灭菌刻度吸管，10mL、1mL。

3.8　酒精灯。

3.9　恒温培养箱，36℃ ± 1℃。

3.10　放大镜。

3.11　恒温水浴箱，55℃ ± 1℃。

4　培养基和试剂

4.1　生理盐水：见总则中 3.1。

4.2　卵磷脂、吐温 80—营养琼脂培养基

成分：	
蛋白胨	20g
牛肉膏	3g
氯化钠	5g
琼脂	15g
卵磷脂	1g
吐温 80	7g
蒸馏水	1000mL

制法：先将卵磷脂加到少量蒸馏水中，加热溶解，加入吐温 80，将其他成分（除琼脂外）加到其余的蒸馏水中，溶解。加入已溶解的卵磷脂、吐温 80，混匀，调 pH 值为 7.1~7.4，加入琼脂，121℃高压灭菌 20min，储存于冷暗处备用。

4.3　0.5% 氯化三苯四氮唑（2，3，5-triphenyl terazolium chloride，TTC）

成分：	
TTC	0.5g
蒸馏水	100mL

制法：溶解后过滤除菌，或 115℃高压灭菌 20min，装于棕色试剂瓶，置 4℃冰箱备用。

5　操作步骤

5.1　用灭菌吸管吸取 1：10 稀释的检液 2mL，分别注入到两个灭菌平皿内，每皿 1mL。另取 1mL 注入到 9mL 灭菌生理盐水试管中（注意勿使吸管接触液面），更换一支吸管，并充分混匀，制成 1：100 检液。吸取 2mL，分别注入到两个灭菌平皿内，每皿 1mL。如样品含菌量高，还可再稀释成 1：1000，1：10 000，……等，每个稀释度应换 1 支吸管。

5.2　将融化并冷至 45℃~50℃的卵磷脂吐温 80 营养琼脂培养基倾注到平皿内，每皿约 15mL，随即转动平皿，使样品与培养基充分混合均匀，待琼脂凝固后，翻转平皿，置 36℃ ± 1℃培养箱内培养 48h ± 2h。另取一个不加样品的灭菌空平皿，加入约 15mL 卵磷脂吐温 80 营养琼脂培养基，待琼脂凝固后，翻转平皿，置 36℃ ± 1℃培养箱内培养 48h ± 2h，为空白对照。

5.3　为便于区别化妆品中的颗粒与菌落，可在每 100mL 卵磷脂吐温 80 营养琼脂中加入 1mL 0.5% 的 TTC 溶液，如有细菌存在，培养后菌落呈红色，而化妆品的颗粒颜色无变化。

6　菌落计数方法

先用肉眼观察，点数菌落数，然后再用 5 倍 -10 倍的放大镜检查，以防遗漏。记下各平皿的菌落数后，求出同一稀释度各平皿生长的平均菌落数。若平皿中有连成片状的菌落或

花点样菌落蔓延生长时，该平皿不宜计数。若片状菌落不到平皿中的一半，而其余一半中菌落数分布又很均匀，则可将此半个平皿菌落计数后乘以 2，以代表全皿菌落数。

7 菌落计数及报告方法

7.1 首先选取平均菌落数在 30~300 之间的平皿，作为菌落总数测定的范围。当只有一个稀释度的平均菌落数符合此范围时，即以该平皿菌落数乘其稀释倍数报告之（见表 1 中例 1）。

7.2 若有两个稀释度，其平均菌落数均在 30~300 之间，则应求出两菌落总数之比值来决定，若其比值小于或等于 2，应报告其平均数，若大于 2 则以其中稀释度较低的平皿的菌落数报告之（见表 1 中例 2 及例 3）。

7.3 若所有稀释度的平均菌落数均大于 300，则应按稀释度最高的平均菌落数乘以稀释倍数报告之（见表 1 中例 4）。

7.4 若所有稀释度的平均菌落数均小于 30，则应按稀释度最低的平均菌落数乘以稀释倍数报告之（见表 1 例 5）。

7.5 若所有稀释度的平均菌落数均不在 30~300 之间，其中一个稀释度大于 300，而相邻的另一稀释度小于 30 时，则以接近 30 或 300 的平均菌落数乘以稀释倍数报告之（见表 1 中例 6）。

7.6 若所有的稀释度均无菌生长，报告数为每 g 或每 mL 小于 10CFU。

7.7 菌落计数的报告，菌落数在 10 以内时，按实有数值报告之，大于 100 时，采用二位有效数字，在二位有效数字后面的数值，应以四舍五入法计算。为了缩短数字后面零的个数，可用 10 的指数来表示（见表 1 报告方式栏）。在报告菌落数为“不可计”时，应注明样品的稀释度。

表 1 细菌计数结果及报告方式

例次	不同稀释度平均菌落数			两稀释度菌数之比	菌落总数（CFU/mL 或 CFU/g）	报告方式（CFU/mL 或 CFU/g）
	10^{-1}	10^{-2}	10^{-3}			
1	1365	164	20	—	16 400	16 000 或 1.6×10^4
2	2760	295	46	1.6	38 000	38 000 或 3.8×10^4
3	2890	271	60	2.2	27 100	27 000 或 2.7×10^4
4	不可计	4650	513	—	513 000	510 000 或 5.1×10^5
5	27	11	5	—	270	270 或 2.7×10^2
6	不可计	305	12	—	30 500	31 000 或 3.1×10^4
7	0	0	0	—	$<1\times10$	<10

注：CFU- 菌落形成单位。

7.8 按重量取样的样品以 CFU/g 为单位报告；按体积取样的样品以 CFU/mL 为单位报告。

3 耐热大肠菌群检验方法

Thermotolerant Coliform Bacteria

1 范围

本规范规定了化妆品中耐热大肠菌群的检验方法。

本规范适用于化妆品中耐热大肠菌群的检验。

2 定义

2.1 耐热大肠菌群 *Thermotolerant coliform bacteria*

系一群需氧及兼性厌氧革兰氏阴性无芽胞杆菌，在44.5℃培养24h~48h能发酵乳糖产酸并产气。

该菌主要来自人和温血动物粪便，可作为粪便污染指标来评价化妆品的卫生质量，推断化妆品中有否污染肠道致病菌的可能。

3 仪器

3.1 恒温水浴箱或隔水式恒温箱：44.5℃ ± 0.5℃。

3.2 温度计。

3.3 显微镜。

3.4 载玻片。

3.5 接种环。

3.6 电磁炉。

3.7 三角瓶，250mL。

3.8 试管：18mm × 150mm。

3.9 小倒管。

3.10 pH计或pH试纸。

3.11 高压灭菌器。

3.12 灭菌刻度吸管，10mL、1mL。

3.13 灭菌平皿：直径90mm。

4 培养基和试剂

4.1 双倍乳糖胆盐（含中和剂）培养基

成分：	
蛋白胨	40g
猪胆盐	10g
乳糖	10g
0.4% 溴甲酚紫水溶液	5mL

卵磷脂	2g
吐温 80	14g
蒸馏水	1000mL

制法：将卵磷脂、吐温 80 溶解到少量蒸馏水中。将蛋白胨、胆盐及乳糖溶解到其余的蒸馏水中，加到一起混匀，调 pH 到 7.4，加入 0.4% 溴甲酚紫水溶液，混匀，分装试管，每管 10mL（每支试管中加一个小倒管）。115℃高压灭菌 20min。

4.2　伊红美兰（EMB）琼脂

成分：	
蛋白胨	10g
乳糖	10g
磷酸氢二钾	2g
琼脂	20g
2% 伊红水溶液	20mL
0.5% 美蓝水溶液	13mL
蒸馏水	1000mL

制法：先将琼脂加到 900mL 蒸馏水中，加热溶解，然后加入磷酸氢二钾蛋白胨，混匀，使之溶解。再以蒸馏水补足至 1000mL。校正 pH 值为 7.2~7.4，分装于三角瓶内，121℃高压灭菌 15min 备用。临用时加入乳糖并加热融化琼脂。冷至 60℃左右无菌操作加入灭菌的伊红美蓝溶液，摇匀。倾注平皿备用。

4.3　蛋白胨水（作靛基质试验用）

成分：	
蛋白胨（或胰蛋白胨）	20g
氯化钠	5g
蒸馏水	1000mL

制法：将上述成分加热融化，调 pH 值为 7.0~7.2，分装小试管，121℃高压灭菌 15min。

4.4　靛基质试剂

柯凡克试剂：将 5g 对二甲氨基苯甲醛溶解于 75mL 戊醇中，然后缓慢加入浓盐酸 25mL。

试验方法：接种细菌于蛋白胨水中，于 44.5℃ ± 0.5℃培养 24h ± 2h。沿管壁加柯凡克试剂 0.3mL~0.5mL，轻摇试管。阳性者于试剂层显深玫瑰红色。

注：蛋白胨应含有丰富的色氨酸，每批蛋白胨买来后，应先用已知菌种鉴定后方可使用。

4.5　革兰氏染色液：

4.5.1　染液制备

4.5.1.1　结晶紫染色液：

结晶紫	1g
95% 乙醇	20mL
1% 草酸铵水溶液	80mL

将结晶紫溶于乙醇中，然后与草酸铵溶液混合。

4.5.1.2　革兰氏碘液：

碘	1g
碘化钾	2g
蒸馏水加至	300mL

将碘与碘化钾先进行混合，加入蒸馏水少许，充分振摇，待完全溶解后，再加蒸馏水至300mL。

4.5.1.3 脱色液：95% 乙醇。

4.5.1.4 复染液：

（1）沙黄复染液：

沙黄	0.25g
95% 乙醇	10mL
蒸馏水	90mL

将沙黄溶解于乙醇中，然后用蒸馏水稀释。

（2）稀石碳酸复红液：称取碱性复红 10g，研细，加 95% 乙醇 100mL，放置过夜，滤纸过滤。取该液 10mL，加 5% 石碳酸水溶液 90mL 混合，即为石碳酸复红液。再取此液 10mL 加水 90mL，即为稀石碳酸复红液。

4.5.2 染色法

4.5.2.1 将涂片在火焰上固定，滴加结晶紫染色液，染 1min，水洗。

4.5.2.2 滴加革兰氏碘液，作用 1min，水洗。

4.5.2.3 滴加 95% 乙醇脱色，约 30s，或将乙醇滴满整个涂片，立即倾去，再用乙醇滴满整个涂片，脱色 10s，水洗。

4.5.2.4 滴加复染液，复染 1min，水洗，待干，镜检。

4.5.3 染色结果

革兰氏阳性菌呈紫色，革兰氏阴性菌呈红色。

注：如用 1∶10 稀释石碳酸复红染色液作复染，复染时间仅需 10s。

5 操作步骤

5.1 取 10mL 1∶10 稀释的检液，加到 10mL 双倍乳糖胆盐（含中和剂）培养基中，置 44.5℃ ± 0.5℃培养箱中培养 24h，如既不产酸也不产气，继续培养至 48h，如仍既不产酸也不产气，则报告为耐热大肠菌群阴性。

5.2 如产酸产气，划线接种到伊红美蓝琼脂平板上，置 36℃ ± 1℃培养 18h~24h。同时取该培养液 1~2 滴接种到蛋白胨水中，置 44.5℃ ± 0.5℃培养 24h ± 2h。

经培养后，在上述平板上观察有无典型菌落生长。耐热大肠菌群在伊红美蓝琼脂培养基上的典型菌落呈深紫黑色，圆形，边缘整齐，表面光滑湿润，常具有金属光泽。也有的呈紫黑色，不带或略带金属光泽，或粉紫色，中心较深的菌落，亦常为耐热大肠菌群，应注意挑选。

5.3 挑取上述可疑菌落，涂片作革兰氏染色镜检。

5.4 在蛋白胨水培养液中，加入靛基质试剂约 0.5mL，观察靛基质反应。阳性者液面呈玫瑰红色；阴性反应液面呈试剂本色。

6 检验结果报告

根据发酵乳糖产酸产气，平板上有典型菌落，并经证实为革兰氏阴性短杆菌，靛基质试验阳性，则可报告被检样品中检出耐热大肠菌群。

4 铜绿假单胞菌检验方法
Pseudomonas Aeruginosa

1 范围

本规范规定了化妆品中铜绿假单胞菌的检验方法。
本规范适用于化妆品中铜绿假单胞菌的检验。

2 定义

2.1 铜绿假单胞菌 *Pseudomonas aeruginosa*

属于假单胞菌属，为革兰氏阴性杆菌，氧化酶阳性，能产生绿脓菌素。此外还能液化明胶，还原硝酸盐为亚硝酸盐，在 42℃ ± 1℃条件下能生长。

3 仪器

3.1 恒温培养箱：36℃ ± 1℃、42℃ ± 1℃。
3.2 三角瓶，250mL。
3.3 试管：18mm × 150mm。
3.4 灭菌平皿：直径 90mm。
3.5 灭菌刻度吸管，10mL、1mL。
3.6 显微镜。
3.7 载玻片。
3.8 接种针、接种环。
3.9 电磁炉。
3.10 高压灭菌器。
3.11 恒温水浴箱。

4 培养基和试剂

4.1 SCDLP 液体培养基

见总则中 3.2。

4.2 十六烷基三甲基溴化铵培养基

成分：		
	牛肉膏	3g
	蛋白胨	10g
	氯化钠	5g
	十六烷基三甲基溴化铵	0.3g
	琼脂	20g
	蒸馏水	1000mL

制法:除琼脂外,将上述成分混合加热溶解,调 pH 为 7.4~7.6,加入琼脂,115℃高压灭菌 20min 后,制成平板备用。

4.3 乙酰胺培养基

成分:	
乙酰胺	10.0g
氯化钠	5.0g
无水磷酸氢二钾	1.39g
无水磷酸二氢钾	0.73g
硫酸镁($MgSO_4 \cdot 7H_2O$)	0.5g
酚红	0.012g
琼脂	20g
蒸馏水	1000mL

制法:除琼脂和酚红外,将其他成分加到蒸馏水中,加热溶解,调 pH 为 7.2,加入琼脂、酚红,121℃高压灭菌 20min 后,制成平板备用。

4.4 绿脓菌素测定用培养基

成分:	
蛋白胨	20g
氯化镁	1.4g
硫酸钾	10g
琼脂	18g
甘油(化学纯)	10g
蒸馏水	1000mL

制法:将蛋白胨、氯化镁和硫酸钾加到蒸馏水中,加温使其溶解,调 pH 至 7.4,加入琼脂和甘油,加热溶解,分装于试管内,115℃高压灭菌 20min 后,制成斜面备用。

4.5 明胶培养基

成分:	
牛肉膏	3g
蛋白胨	5g
明胶	120g
蒸馏水	1000mL

制法:取各成分加到蒸馏水中浸泡 20min,随时搅拌加温使之溶解,调 pH 至 7.4,分装于试管内,经 115℃高灭菌 20min 后,直立制成高层备用。

4.6 硝酸盐蛋白胨水培养基

成分:	
蛋白胨	10g
酵母浸膏	3g
硝酸钾	2g
亚硝酸钠	0.5g
蒸馏水	1000mL

制法:将蛋白胨和酵母浸膏加到蒸馏水中,加热使之溶解,调 pH 为 7.2,煮沸过滤后补足液量,加入硝酸钾和亚硝酸钠,溶解混匀,分装到加有小倒管的试管中,115℃高压灭菌 20min 后备用。

4.7 普通琼脂斜面培养基

成分:	
蛋白胨	10g
牛肉膏	3g
氯化钠	5g
琼脂	15g
蒸馏水	1000mL

制法:除琼脂外,将其余成分溶解于蒸馏水中,调 pH 为 7.2~7.4,加入琼脂,加热溶解,分装试管,121℃高压灭菌 20min 后,制成斜面备用。

5 操作步骤

5.1 增菌培养:取 1∶10 样品稀释液 10mL 加到 90mL SCDLP 液体培养基中,置 36℃ ± 1℃培养 18h~24h。如有铜绿假单胞菌生长,培养液表面多有一层薄菌膜,培养液常呈黄绿色或蓝绿色。

5.2 分离培养:从培养液的薄膜处挑取培养物,划线接种在十六烷三甲基溴化铵琼脂平板上,置 36℃ ± 1℃培养 18h~24h。凡铜绿假单胞菌在此培养基上,其菌落扁平无定型,向周边扩散或略有蔓延,表面湿润,菌落呈灰白色,菌落周围培养基常扩散有水溶性色素。

在缺乏十六烷三甲基溴化铵琼脂时也可用乙酰胺培养基进行分离,将菌液划线接种于平板上,置 36℃ ± 1℃培养 24h ± 2h,铜绿假单胞菌在此培养基上生长良好,菌落扁平,边缘不整,菌落周围培养基呈红色,其他菌不生长。

5.3 染色镜检:挑取可疑的菌落,涂片,革兰氏染色,镜检为革兰氏阴性者应进行氧化酶试验。

5.4 氧化酶试验:取一小块洁净的白色滤纸片置于灭菌平皿内,用无菌玻璃棒挑取铜绿假单胞菌可疑菌落涂在滤纸片上,然后在其上滴加一滴新配制的 1% 二甲基对苯二胺试液,在 15s~30s 之内,出现粉红色或紫红色时,为氧化酶试验阳性;若培养物不变色,为氧化酶试验阴性。

5.5 绿脓菌素试验:取可疑菌落 2 个 ~3 个,分别接种在绿脓菌素测定培养基上,置 36℃ ± 1℃培养 24h ± 2h,加入氯仿 3mL~5mL,充分振荡使培养物中的绿脓菌素溶解于氯仿液内,待氯仿提取液呈蓝色时,用吸管将氯仿移到另一试管中并加入 1mol/L 的盐酸 1mL 左右,振荡后,静置片刻。如上层盐酸液内出现粉红色到紫红色时为阳性,表示被检物中有绿脓菌素存在。

5.6 硝酸盐还原产气试验:挑取可疑的铜绿假单胞菌纯培养物,接种在硝酸盐胨水培养基中,置 36℃ ± 1℃培养 24h ± 2h,观察结果。凡在硝酸盐胨水培养基内的小倒管中有气体者,即为阳性,表明该菌能还原硝酸盐,并将亚硝酸盐分解产生氮气。

5.7 明胶液化试验:取铜绿假单胞菌可疑菌落的纯培养物,穿刺接种在明胶培养基内,置 36℃ ± 1℃培养 24h ± 2h,取出放置于 4℃ ± 2℃冰箱 10min~30min,如仍呈溶解状或表面溶解时即为明胶液化试验阳性;如凝固不溶者为阴性。

5.8 42℃生长试验:挑取可疑的铜绿假单胞菌纯培养物,接种在普通琼脂斜面培养基上,置于 42℃ ± 1℃培养箱中,培养 24h~48h,铜绿假单胞菌能生长,为阳性,而近似的荧光假单胞菌则不能生长。

6 检验结果报告

被检样品经增菌分离培养后，经证实为革兰氏阴性杆菌，氧化酶及绿脓菌素试验皆为阳性者，即可报告被检样品中检出铜绿假单胞菌；如绿脓菌素试验阴性而液化明胶、硝酸盐还原产气和42℃生长试验三者皆为阳性时，仍可报告被检样品中检出铜绿假单胞菌。

5 金黄色葡萄球菌检验方法

Staphylococcus Aureus

1 范围

本规范规定了化妆品中金黄色葡萄球菌的检验方法。

本规范适用于化妆品中金黄色葡萄球菌的检验。

2 定义

2.1 金黄色葡萄球菌 *Staphylococcus aureus*

为革兰氏阳性球菌，呈葡萄状排列，无芽胞，无荚膜，能分解甘露醇，血浆凝固酶阳性。

3 仪器和设备

3.1 显微镜。

3.2 恒温培养箱：36℃ ± 1℃。

3.3 离心机。

3.4 灭菌刻度吸管，10mL、1mL。

3.5 试管：18mm × 150mm。

3.6 载玻片。

3.7 酒精灯。

3.8 三角瓶，250mL。

3.9 高压灭菌器。

3.10 恒温水浴箱。

4 培养基和试剂

4.1 SCDLP 液体培养基

见总则中3.2。

4.2 营养肉汤

成分：	
蛋白胨	10g
牛肉膏	3g
氯化钠	5g

蒸馏水加至 1000mL

制法：将上述成分加热溶解，调 pH 为 7.4，分装，121℃高压灭菌 15min。

4.3 7.5% 的氯化钠肉汤

成分：蛋白胨 10g
牛肉膏 3g
氯化钠 75g
蒸馏水加至 1000mL

制法：将上述成分加热溶解，调 pH 为 7.4，分装，121℃高压灭菌 15min。

4.4 Baird Parker 平板

成分：胰蛋白胨 10g
牛肉膏 5g
酵母浸膏 1g
丙酮酸钠 10g
甘氨酸 12g
氯化锂（$LiCl \cdot 6H_2O$） 5g
琼脂 20g
蒸馏水 950mL
pH7.0 ± 0.2

增菌剂的配制：30% 卵黄盐水 50mL 与除菌过滤的 1% 亚碲酸钾溶液 10mL 混合，保存于冰箱内。

制法：将各成分加到蒸馏水中，加热煮沸完全溶解，冷至 25℃ ± 1℃校正 pH。分装每瓶 95mL，121℃高压灭菌 15min。临用时加热溶化琼脂，每 95mL 加入预热至 50℃左右的卵黄亚碲酸钾增菌剂 5mL，摇匀后倾注平板。培养基应是致密不透明的。使用前在冰箱贮存不得超过 48h ± 2h。

4.5 血琼脂培养基

成分：营养琼脂 100mL
脱纤维羊血（或兔血） 10mL

制法：将营养琼脂加热融化，待冷至 50℃左右无菌操作加入脱纤维羊血，摇匀，制成平板，置冰箱内备用。

4.6 甘露醇发酵培养基

成分：蛋白胨 10g
氯化钠 5g
甘露醇 10g
牛肉膏 5g
0.2% 麝香草酚蓝溶液 12mL
蒸馏水 1000mL

制法：将蛋白胨、氯化钠、牛肉膏加到蒸馏水中，加热溶解，调 pH7.4，加入甘露醇和指示剂，混匀后分装试管中，68.95kPa（115℃ 10lb）20min 灭菌备用。

4.7　液体石蜡

见总则中 3.3。

4.8　兔(人)血浆制备

取 3.8% 柠檬酸钠溶液,121℃高压灭菌 30min,1 份加兔(人)全血 4 份,混匀静置;2000r/min~3000r/min 离心 3min~5min。血球下沉,取上面血浆。

5　操作步骤

5.1　增菌:取 1 : 10 稀释的样品 10mL 接种到 90mL SCDLP 液体培养基中,置 36℃ ± 1℃培养箱,培养 24h ± 2h。

注:如无此培养基也可用 7.5% 氯化钠肉汤。

5.2　分离:自上述增菌培养液中,取 1~2 接种环,划线接种在 Baird Parker 平板培养基,如无此培养基也可划线接种到血琼脂平板,置 36℃ ± 1℃培养 48h。在血琼脂平板上菌落呈金黄色,圆形,不透明,表面光滑,周围有溶血圈。在 Baird Parker 平板培养基上为圆形,光滑,凸起,湿润,颜色呈灰色到黑色,边缘为淡色,周围为一混浊带,在其外层有一透明带。用接种针接触菌落似有奶油树胶的软度。偶然会遇到非脂肪溶解的类似菌落,但无混浊带及透明带。挑取单个菌落分纯在血琼脂平板上,置 36℃ ± 1℃培养 24h ± 2h。

5.3　染色镜检:挑取分纯菌落,涂片,进行革兰氏染色,镜检。金黄色葡萄球菌为革兰氏阳性菌,排列成葡萄状,无芽胞,无荚膜,致病性葡萄球菌,菌体较小,直径约为 0.5μm~1μm。

5.4　甘露醇发酵试验:取上述分纯菌落接种到甘露醇发酵培养基中,在培养基液面上加入高度为 2mm~3mm 的灭菌液体石蜡,置 36℃ ± 1℃培养 24h ± 2h,金黄色葡萄球菌应能发酵甘露醇产酸。

5.5　血浆凝固酶试验:吸取 1 : 4 新鲜血浆 0.5mL,置于灭菌小试管中,加入待检菌 24h ± 2h 肉汤培养物 0.5mL。混匀,置 36℃ ± 1℃恒温箱或恒温水浴中,每半小时观察一次,6h 之内如呈现凝块即为阳性。同时以已知血浆凝固酶阳性和阴性菌株肉汤培养物及肉汤培养基各 0.5mL,分别加入无菌 1 : 4 血浆 0.5mL,混匀,作为对照。

6　检验结果报告

凡在上述选择平板上有可疑菌落生长,经染色镜检,证明为革兰氏阳性葡萄球菌,并能发酵甘露醇产酸,血浆凝固酶试验阳性者,可报告被检样品检出金黄色葡萄球菌。

6　霉菌和酵母菌检验方法

Molds and Yeast Count

1　范围

本规范规定了化妆品中霉菌和酵母菌数的检测方法。

本规范适用于化妆品中霉菌和酵母菌的测定。

2　定义

2.1　霉菌和酵母菌数测定 *Determination of molds and yeast count*

化妆品检样在一定条件下培养后，1g或1mL化妆品中所污染的活的霉菌和酵母菌数量，藉以判明化妆品被霉菌和酵母菌污染程度及其一般卫生状况。

本方法根据霉菌和酵母菌特有的形态和培养特性，在虎红培养基上，置28℃±2℃培养5d，计算所生长的霉菌和酵母菌数。

3　仪器和设备

3.1　恒温培养箱：28℃±2℃。

3.2　振荡器。

3.3　三角瓶，250mL。

3.4　试管：18mm×150mm。

3.5　灭菌平皿：直径90mm。

3.6　灭菌刻度吸管，10mL、1mL。

3.7　量筒，200mL。

3.8　酒精灯。

3.9　高压灭菌器。

3.10　恒温水浴箱。

4　培养基和试剂

4.1　生理盐水

见总则中3.1。

4.2　虎红（孟加拉红）培养基

成分：	
蛋白胨	5g
葡萄糖	10g
磷酸二氢钾	1g
硫酸镁（含 $7H_2O$）	0.5g
琼脂	20g
1/3000虎红溶液（四氯四碘荧光素）	100mL
蒸馏水加至	1000mL
氯霉素	100mg

制法：将上述各成分（除虎红外）加入蒸馏水中溶解后，再加入虎红溶液。分装后，121℃高压灭菌20min，另用少量乙醇溶解氯霉素，溶解过滤后加入培养基中，若无氯霉素，使用时每1000mL加链霉素30mg。

5　操作步骤

5.1　样品稀释

见菌落总数测定中 5.1。

5.2　取 1：10、1：100、1：1000 的检液各 1mL 分别注入灭菌平皿内，每个稀释度各用 2 个平皿，注入融化并冷至 45℃ ± 1℃左右的虎红培养基，充分摇匀。凝固后，翻转平板，置 28℃ ± 2℃培养 5d，观察并记录。另取一个不加样品的灭菌空平皿，加入约 15mL 虎红培养基，待琼脂凝固后，翻转平皿，置 28℃ ± 2℃培养箱内培养 5d，为空白对照。

5.3　计算方法：先点数每个平板上生长的霉菌和酵母菌菌落数，求出每个稀释度的平均菌落数。判定结果时，应选取菌落数在 5 个 ~50 个范围之内的平皿计数，乘以稀释倍数后，即为每 g（或每 mL）检样中所含的霉菌和酵母菌数。其他范围内的菌落数报告应参照菌落总数的报告方法报告之。

5.4　每 g（或每 mL）化妆品含霉菌和酵母菌数以 CFU/g（mL）表示。

第六章

毒理学试验方法

1 毒理学试验方法总则

General Principles

1 范围

本部分规定了化妆品原料及其产品安全性评价的毒理学检测要求。

本部分适用于对化妆品原料及其产品的安全性评价。

2 化妆品原料的安全性评价的毒理学检测

2.1 评价原则

化妆品原料在正常以及合理的、可预见的使用条件下,不得对人体健康产生危害。

2.2 毒理学检测项目的选择原则

化妆品的新原料,一般需进行下列毒理学试验:

(1) 急性经口和急性经皮毒性试验;

(2) 皮肤和急性眼刺激性 / 腐蚀性试验;

(3) 皮肤变态反应试验;

(4) 皮肤光毒性和光敏感试验 *(原料具有紫外线吸收特性需做该项试验);

(5) 致突变试验(至少应包括一项基因突变试验和一项染色体畸变试验);

(6) 亚慢性经口和经皮毒性试验;

(7) 致畸试验;

(8) 慢性毒性 / 致癌性结合试验;

(9) 毒物代谢及动力学试验 *;

(10) 根据原料的特性和用途,还可考虑其他必要的试验。如果该新原料与已用于化妆品的原料化学结构及特性相似,则可考虑减少某些试验。

本规定毒理学试验为原则性要求,可以根据该原料理化特性、定量构效关系、毒理学资料、临床研究、人群流行病学调查以及类似化合物的毒性等资料情况,增加或减免试验项目。

* 试验方法参照 GB7919-87 化妆品安全性评价程序和方法；
OECD 化学物质试验指南（OECD Guidelines for Testing of Chemicals）。

3　化妆品产品安全性评价的毒理学检测

3.1　评价原则

在一般情况下，新开发的化妆品产品在投放市场前，应根据产品的用途和类别进行相应的试验，以评价其安全性。

3.2　检测项目的选择原则

3.2.1　由于化妆品种类繁多，在选择试验项目时应根据实际情况确定。

3.2.2　每天使用的化妆品需进行多次皮肤刺激性试验，进行多次皮肤刺激性试验者不再进行急性皮肤刺激性试验，间隔 1 日或数日使用和用后冲洗的化妆品进行急性皮肤刺激性试验。

3.2.3　与眼接触可能性小的产品不需进行急性眼刺激性试验。

2　急性经口毒性试验

Acute Oral Toxicity Test

1　范围

本规范规定了动物急性经口毒性试验的基本原则、要求和方法。

本规范适用于化妆品原料安全性毒理学检测。

2　试验目的

急性经口毒性试验是评估化妆品原料毒性特性的第一步，通过短时间经口染毒可提供对健康危害的信息。试验结果可作为化妆品原料毒性分级和标签标识以及确定亚慢性毒性试验和其他毒理学试验剂量的依据。

3　定义

3.1　急性经口毒性 acute oral toxicity

一次或在 24h 内多次经口给予实验动物受试物后，动物在短期内出现的健康损害效应。

3.2　经口 LD_{50} 半数致死量 medium lethal dose

经口一次给予受试物后，引起实验动物总体中半数死亡的毒物的统计学剂量。以单位体重接受受试物的重量（mg/kg 或 g/kg）来表示。

4　试验的基本原则

以管饲法经口给予各试验组动物不同剂量的受试物，每组用一个剂量，染毒剂量的选择可通过预试验确定。染毒后观察动物的毒性反应和死亡情况。试验期间死亡的动物要进行

尸检,试验结束时仍存活的动物要处死并进行尸检。本方法主要适用于啮齿类动物的研究,但也可用于非啮齿类动物的研究。

5　试验方法

5.1　受试物

受试物应溶解或悬浮于适宜的介质中,建议首选水,其次是植物油(如玉米油),或考虑使用其他介质(如羧甲基纤维素、明胶、淀粉等)。对非水溶性介质,应了解其毒理特性,否则应在试验前先确定其毒性。每次经口染毒液体的最大容量取决于实验动物的大小,对啮齿类动物所给液体容量一般为 1mL/100g,水溶液可至 2mL/100g。通过调整受试物溶液浓度使各剂量组经口染毒的容量一致。

5.2　实验动物和饲养环境

首选健康成年大鼠和小鼠,也可选用其他敏感动物。使用雌性动物应是未孕和未曾产仔的。实验动物体重之间相差不得超过平均体重的 20%。试验前动物要在实验动物房环境中至少适应 3~5d 时间。

实验动物及实验动物房应符合国家相应规定。选用标准配合饲料,饮水不限制。

5.3　剂量水平

根据所选方法的要求,原则上应设 4~6 个剂量组,每组动物一般为 10 只,雌雄各半。各剂量组间距大小以兼顾产生毒性大小和死亡为宜,通常以较大组距和较少量动物进行预试。如果受试物毒性很低,也可采用一次限量法,即用 10 只动物(雌雄各半)口服 5000mg/kg 体重剂量,当未引起动物死亡,可考虑不再进行多个剂量的急性经口毒性试验。

5.4　试验步骤

5.4.1　试验前,实验动物禁食过夜,不限制饮水。若采用代谢率高的其他动物,禁食时间可以适当缩短。

5.4.2　正式试验时,称量动物体重,随机分组,然后对各组动物用管饲法一次进行染毒,若估计受试物毒性很低,一次给予容量太大,也可在 24h 内分 2~3 次染毒,但合并作为一次剂量计算。染毒后继续禁食 3h~4h。若采用分批多次染毒,根据染毒间隔长短,必要时可给动物一定量的食物和水。

5.4.3　染毒后,对每只动物都应有单独全面的记录,染毒第 1d 要定时观察实验动物的中毒表现和死亡情况,其后至少每天进行一次仔细的检查。详细记录被毛和皮肤、眼睛和粘膜,呼吸、循环、自主神经和中枢神经系统、肢体活动和行为等改变。特别注意是否出现震颤、抽搐、流涎、腹泻、嗜睡和昏迷等症状。应记录毒作用体征出现和消失的时间和死亡时间。

5.4.4　观察期限一般不超过 14d,但观察时间并非一成不变,要视动物中毒反应的严重程度、症状出现快慢和恢复期长短而定。若有死亡延迟迹象,可延长观察时间。

观察期内存活动物每周称重,观察期结束存活动物应称重,处死后进行尸检。

5.4.5　对实验动物进行大体解剖学检查,并记录全部大体病理改变。对死亡和存活 24h 和 24h 以上动物并存在大体病理改变的器官应进行病理组织学检查。

5.4.6　可采用多种方法测定 LD_{50},建议采用一次最大限度试验、霍恩氏法、上 - 下法、概率单位 - 对数图解法和寇氏法等。

5.5　试验结果评价

评价试验结果时，应将 LD_{50} 与观察到的毒性效应和尸检所见相结合考虑，LD_{50} 值是受试物毒性分级和标签标识以及判定受试物经消化道摄入后引起动物死亡可能性大小的依据。引用 LD_{50} 值时一定要注明所用实验动物的种属、性别、染毒途径、观察期限等。评价应包括动物接触受试物与动物异常表现（包括行为和临床改变、大体损伤、体重变化、致死效应及其他毒性作用）的发生率和严重程度之间的关系。

毒性分级见表 1。

表 1　经口毒性分级

LD_{50}（mg/kg）	毒性分级
≤50	高毒
51~500	中等毒
501~5000	低毒
>5000	实际无毒

6　试验结果的解释

通过急性经口毒性试验和 LD_{50} 的测定可评价受试物的毒性。其结果外推到人类的有效性很有限。

3　急性经皮毒性试验

Acute Dermal Toxicity Test

1　范围

本规范规定了动物急性皮肤毒性试验的基本原则、要求和方法。

本规范适用于化妆品原料安全性毒理学检测。

2　试验目的

急性皮肤毒性试验可确定受试物能否经皮肤吸收和短期作用所产生的毒性反应，可为化妆品原料毒性分级和标签标识以及确定亚慢性毒性试验和其他毒理学试验剂量提供依据。

3　定义

3.1　急性皮肤毒性 acute dermal toxicity

经皮一次涂敷受试物后，动物在短期内出现的健康损害效应。

3.2　经皮 LD_{50} 半数致死量 mdium lethal dose

经皮一次涂敷受试物后，引起实验动物总体中半数死亡的毒物的统计学剂量。以单位体重涂敷受试物的重量(mg/kg 或 g/kg)来表示。

4　试验的基本原则

受试物以不同剂量经皮给予各组实验动物，每组用一个剂量。染毒后观察动物的毒性反应和死亡情况。试验期间死亡的动物要进行尸检，试验结束时仍存活的动物要处死并进行尸检。若已知受试物具有腐蚀性或强刺激性可不进行急性经皮毒性试验。

5　试验方法

5.1　受试物

液体受试物一般不需稀释。若受试物为固体，应研磨成细粉状，并用适量水或无毒、无刺激性、不影响受试物穿透皮肤、不与受试物反应的介质混匀，以保证受试物与皮肤有良好的接触。常用的介质有橄榄油、羊毛脂、凡士林等。

5.2　实验动物和饲养环境

可选用健康成年大鼠、家兔或豚鼠作为实验动物，也可使用其他种属动物进行试验。使用雌性动物应是未孕和未曾产仔的。建议实验动物体重范围为：大鼠 200g~300g；家兔 2kg~3kg；豚鼠 350g~450g。实验动物皮肤应健康无破损。试验前动物要在实验动物房环境中至少适应 3d~5d 时间。

实验动物及实验动物房应符合国家相应规定。选用标准配合饲料，饮水不限制。

5.3　剂量水平

根据所选用的方法要求，原则上应设 4~6 个剂量组，每组动物一般为 10 只，雌雄各半。各剂量组间距大小以兼顾产生毒性大小和死亡为宜，通常以较大组距和较少量动物进行预试。如果受试物毒性很低，可采用一次限量法，即用 10 只动物(雌雄各半)皮肤涂抹 2000mg/kg 体重剂量，当未引起动物死亡，可考虑不再进行多个剂量的急性经皮毒性试验。

5.4　试验步骤

5.4.1　试验开始前 24h，剪去或剃除动物躯干背部拟染毒区域的被毛，去毛时应非常小心，不要损伤皮肤以免影响皮肤的通透性。涂皮面积约占动物体表面积的 10%，应根据动物体重确定涂皮面积。体重为 200g~300g 的大鼠约为 $30cm^2$~$40cm^2$，体重为 2kg~3kg 的家兔约为 $160cm^2$~$210cm^2$，体重为 350g~450g 的豚鼠约为 $46cm^2$~$54cm^2$。

5.4.2　将受试物均匀涂敷于动物背部皮肤染毒区，然后用一层薄胶片覆盖，无刺激胶布固定，防止动物舔食。若受试物毒性较高，可减少涂敷面积，但涂敷仍需尽可能薄而均匀。一般封闭接触 24h。

5.4.3　染毒结束后，应使用水或其他适宜的溶液清除残留受试物。

5.4.4　观察期限一般不超过 14d，但要视动物中毒反应的严重程度、症状出现快慢和恢复期长短而定。若有延迟死亡迹象，可考虑延长观察时间。

5.4.5　对每只动物都应有单独全面的记录，染毒第 1d 要定时观察实验动物的中毒表现和死亡情况，其后至少每天进行一次仔细的检查。包括被毛和皮肤、眼睛和粘膜以及呼吸、循环、自主神经和中枢神经系统、肢体运动和行为活动等的改变。特别注意观察动物是否出现震颤、抽搐、流涎、腹泻、嗜睡和昏迷等症状。死亡时间的记录应尽可能准确。

观察期内存活动物每周称重、观察期结束存活动物应称重，处死后进行尸检。

5.4.6　对实验动物进行大体解剖学检查，并记录全部大体病理改变。对死亡和存活 24h 和 24h 以上动物并存在大体病理改变的器官应进行病理组织学检查。

5.4.7　可采用多种方法测定 LD_{50}，建议采用一次最大限度试验法、霍恩氏法、上 - 下法、概率单位 - 对数图解法和寇氏法等。

5.5　试验结果评价

评价试验结果时，应将经皮 LD_{50} 与观察到的毒性效应和尸检所见相结合考虑，LD_{50} 值是受试物毒性分级和标签标识以及判定受试物经皮肤吸收后引起动物死亡可能性大小的依据。引用 LD_{50} 值时一定要注明所用实验动物的种属、性别、染毒途径、观察期限等。评价应包括动物接触受试物与动物异常表现（包括行为和临床改变、大体损伤、体重变化、致死效应及其他毒性作用）的发生率和严重程度之间的关系。

毒性分级见表 1。

表 1　皮肤毒性分级

LD_{50}（mg/kg）	毒性分级
<5	剧毒
5~<44	高毒
44~<350	中等毒
350~<2180	低毒
≥2180	微毒

6　试验结果的解释

急性经皮毒性试验研究和经皮 LD_{50} 的确定提供了受试物经皮染毒的毒性。其结果外推到人类的有效性很有限。急性经皮毒性试验的结果应与经其他途径染毒的急性毒性试验结果相结合进行综合评价。

4　皮肤刺激性 / 腐蚀性试验

Dermal Irritation/Corrosion Test

1　范围

本规范规定了动物皮肤刺激性或腐蚀性试验的基本原则、要求和方法。

本规范适用于化妆品原料及其产品安全性毒理学检测。

2　试验目的

确定和评价化妆品原料及其产品对哺乳动物皮肤局部是否有刺激作用或腐蚀作用及其程度。

3　定义

3.1　皮肤刺激性 dermal irritation

皮肤涂敷受试物后局部产生的可逆性炎性变化。

3.2　皮肤腐蚀性 dermal corrosion

皮肤涂敷受试物后局部引起的不可逆性组织损伤。

4　试验的基本原则

将受试物一次（或多次）涂敷于受试动物的皮肤上，在规定的时间间隔内，观察动物皮肤局部刺激作用的程度并进行评分。采用自身对照，以评价受试物对皮肤的刺激作用。急性皮肤刺激性试验观察期限应足以评价该作用的可逆性或不可逆性。

动物如果在试验的任何阶段出现严重抑郁、痛苦的表现，则应当给予人道地处死。依据试验情况对受试物进行适当评价。

5　试验方法

5.1　受试物

液体受试物一般不需稀释，可直接使用原液。若受试物为固体，应将其研磨成细粉状，并用水或其他无刺激性溶剂充分湿润，以保证受试物与皮肤有良好的接触。使用其他溶剂，应考虑到该溶剂对受试物皮肤刺激性的影响。需稀释后使用的产品，先进行产品原型的皮肤刺激性 / 腐蚀性试验，如果试验结果显示中度以上的刺激性，可按使用浓度为受试物再进行皮肤刺激性 / 腐蚀性试验。

受试物为强酸或强碱（pH 值≤2 或≥11.5），可以不再进行皮肤刺激试验。此外，若已知受试物有很强的经皮吸收毒性，经皮 LD_{50} 小于 200mg/kg 体重或在急性经皮毒性试验中受试物剂量为 2000mg/kg 体重仍未出现皮肤刺激性作用，也无须进行急性皮肤刺激性试验。

5.2　实验动物和饲养环境

多种哺乳动物均可被选为实验动物，首选白色家兔。应使用成年、健康、皮肤无损伤的动物，雌性和雄性均可，但雌性动物应是未孕和未曾产仔的。实验动物至少要用 4 只，如要澄清某些可疑的反应则需增加实验动物数。实验动物应单笼饲养，试验前动物要在实验动物房环境中至少适应 3d 时间。

实验动物及实验动物房应符合国家相应规定。选用标准配合饲料，饮水不限制。

5.3　急性皮肤刺激性试验步骤

5.3.1　试验前约 24h，将实验动物背部脊柱两侧毛剪掉，不可损伤表皮，去毛范围左、右各约 3cm × 3cm。

5.3.2　取受试物约 0.5mL（g）直接涂在皮肤上，然后用二层纱布（2.5cm × 2.5cm）和一层玻璃纸或类似物覆盖，再用无刺激性胶布和绷带加以固定。另一侧皮肤作为对照。采用封闭试验，敷用时间为 4h。对化妆品产品而言，可根据人的实际使用和产品类型，延长或缩短敷用时间。对用后冲洗的化妆品产品，仅采用 2h 敷用试验。试验结束后用温水或无刺激性溶剂清除残留受试物。

如怀疑受试物可能引起严重刺激或腐蚀作用，可采取分段试验，将三个涂布受试物的纱布块同时或先后敷贴在一只家兔背部脱毛区皮肤上，分别于涂敷后 3min、60min 和 4h 取下一块纱布，皮肤涂敷部位在任一时间点出现腐蚀作用，即可停止试验。

5.3.3　于清除受试物后的 1h、24h、48h 和 72h 观察涂抹部位皮肤反应，按表 1 进行皮肤反应评分，以受试动物积分的平均值进行综合评价，根据 24h、48h 和 72h 各观察时点最高积分均值，按表 2 判定皮肤刺激强度。

5.3.4　观察时间的确定应足以观察到可逆或不可逆刺激作用的全过程，一般不超过 14d。

5.4　多次皮肤刺激性试验步骤。

5.4.1　试验前将实验动物背部脊柱两侧被毛剪掉，去毛范围各为 3cm × 3cm，涂抹面积 2.5cm × 2.5cm。

5.4.2　取受试物约 0.5mL（g）涂抹在一侧皮肤上，当受试物使用无刺激性溶剂配制时，另一侧涂溶剂作为对照，每天涂抹 1 次，连续涂抹 14d。从第二天开始，每次涂抹前应剪毛，用水或无刺激性溶剂清除残留受试物。一小时后观察结果，按表 1 评分，对照区和试验区同样处理。

5.4.3　结果评价：按下列公式计算每天每只动物平均积分，以表 2 判定皮肤刺激强度。

$$\text{每天每只动物平均积分} = \frac{\sum \text{红斑和水肿积分}}{\text{受试动物数}} / 14$$

表 1　皮肤刺激反应评分

皮肤反应	积分
红斑和焦痂形成	
无红斑	0
轻微红斑（勉强可见）	1
明显红斑	2
中度—重度红斑	3
严重红斑（紫红色）至轻微焦痂形成	4
水肿形成	
无水肿	0
轻微水肿（勉强可见）	1
轻度水肿（皮肤隆起轮廓清楚）	2
中度水肿（皮肤隆起约 1mm）	3
重度水肿（皮肤隆起超过 1mm，范围扩大）	4
最高积分	8

表 2 皮肤刺激强度分级

积分均值	强度
0~<0.5	无刺激性
0.5~<2.0	轻刺激性
2.0~<6.0	中刺激性
6.0~8.0	强刺激性

6 试验结果的解释

急性皮肤刺激试验结果从动物外推到人的可靠性很有限。白色家兔在大多数情况下对有刺激性或腐蚀性的物质较人类敏感。若用其他品系动物进行试验时也得到类似结果,则会增加从动物外推到人的可靠性。试验中使用封闭式接触是一种超常的实验室条件下的试验,在人类实际使用化妆品过程中很少存在这种接触方式。

5 急性眼刺激性/腐蚀性试验

Acute Eye Irritation/Corrosion Test

1 范围

本规范规定了动物急性眼刺激性或腐蚀性试验的基本原则、要求和方法。

本规范适用于化妆品原料及其产品安全性毒理学检测。

2 试验目的

确定和评价化妆品原料及其产品对哺乳动物的眼睛是否有刺激作用或腐蚀作用及其程度。

3 定义

3.1 眼睛刺激性 eye irritation

眼球表面接触受试物后所产生的可逆性炎性变化。

3.2 眼睛腐蚀性 eye corrosion

眼球表面接触受试物后引起的不可逆性组织损伤。

4 试验的基本原则

受试物以一次剂量滴入每只实验动物的一侧眼睛结膜囊内,以未做处理的另一侧眼睛作为自身对照。在规定的时间间隔内,观察对动物眼睛的刺激和腐蚀作用程度并评分,以此评价受试物对眼睛的刺激作用。观察期限应能足以评价刺激效应的可逆性或不可逆性。

动物如果在试验的任何阶段出现严重抑郁、痛苦的表现，应当给予人道地处死，依据试验情况对受试物进行适当评价。动物出现角膜穿孔、角膜溃疡、角膜 4 分超过 48h、缺乏光反射超过 72h、结膜溃疡、坏疽、腐烂等情况，通常为不可逆损伤的症状，也应当给予人道地处死。

5 试验方法

5.1 受试物

液体受试物一般不需稀释，可直接使用原液，染毒量为 0.1mL。若受试物为固体或颗粒状，应将其研磨成细粉状，染毒量应为体积 0.1mL 或重量不大于 100mg（染毒量应进行记录）。

受试物为强酸或强碱（pH 值≤2 或≥11.5），或已证实对皮肤有腐蚀性或强刺激性时，可以不再进行眼刺激性试验。

气溶胶产品需喷至容器中，收集其液体再使用。

5.2 实验动物和饲养环境

首选健康成年白色家兔。至少使用 3 只家兔。试验前动物要在实验动物房环境中至少适应 3d 时间。在试验开始前的 24h 内要对试验动物的两只眼睛进行检查（包括使用荧光素钠检查）。有眼睛刺激症状、角膜缺陷和结膜损伤的动物不能用于试验。

实验动物及实验动物房应符合国家相应规定。选用标准配合饲料，饮水不限制。

5.3 试验步骤

5.3.1 轻轻拉开家兔一侧眼睛的下眼睑，将受试物 0.1mL（100mg）滴入（或涂入）结膜囊中，使上、下眼睑被动闭合 1s，以防止受试物丢失。另一侧眼睛不处理作自身对照。滴入受试物后 24h 内不冲洗眼睛。若认为必要，在 24h 时可进行冲洗。

5.3.2 若上述试验结果显示受试物有刺激性，需另选用 3 只家兔进行冲洗效果试验，即给家兔眼滴入受试物后 30s，用足量、流速较快但又不会引起动物眼损伤的水流冲洗至少 30s。

5.3.3 临床检查和评分：在滴入受试物后 1h、24h、48h、72h 以及第 4d 和第 7d 对动物眼睛进行检查。如果 72h 未出现刺激反应，即可终止试验。如果发现累及角膜或有其他眼刺激作用，7d 内不恢复者，为确定该损害的可逆性或不可逆性需延长观察时间，一般不超过 21d，并提供 7d、14d 和 21d 的观察报告。除了对角膜、虹膜、结膜进行观察外，其他损害效应均应当记录并报告。在每次检查中均应按表 1 眼损害的评分标准记录眼刺激反应的积分。

可使用放大镜、手持裂隙灯、生物显微镜或其他适用的仪器设备进行眼刺激反应检查。在 24h 观察和记录结束之后，对所有动物的眼睛应用荧光素钠作进一步检查。

5.3.4 对用后冲洗的产品（如洗面奶、发用品、育发冲洗类）只做 30s 冲洗试验，即滴入受试物后，眼闭合 1s，至第 30s 时用足量、流速较快但又不会引起动物眼损伤的水流冲洗 30s，然后按 5.3.3 进行检查和评分。

5.3.5 对染发剂类产品，只做 4s 冲洗试验，即滴入受试物后，眼闭合 1s，至第 4s 时用足量、流速较快但又不会引起动物眼损伤的水流冲洗 30s，然后按 5.3.3 进行检查和评分。

表 1　眼损害的评分标准

眼损害	积分
角膜:混浊(以最致密部位为准)	
无溃疡形成或混浊	0
散在或弥漫性混浊,虹膜清晰可见	1
半透明区易分辨,虹膜模糊不清	2
出现灰白色半透明区,虹膜细节不清,瞳孔大小勉强可见	3
角膜混浊,虹膜无法辨认	4
虹膜:正常	0
皱褶明显加深,充血、肿胀、角膜周围有中度充血,瞳孔对光仍有反应	1
出血、肉眼可见破坏,对光无反应(或出现其中之一反应)	2
结膜:充血(指睑结膜、球结膜部位)	
血管正常	0
血管充血呈鲜红色	1
血管充血呈深红色,血管不易分辨	2
弥漫性充血呈紫红色	3
水肿	
无	0
轻微水肿(包括瞬膜)	1
明显水肿,伴有部分眼睑外翻	2
水肿至眼睑近半闭合	3
水肿至眼睑大半闭合	4

6　结果评价

化妆品原料—以给受试物后动物角膜、虹膜或结膜各自在 24h、48h 和 72h 观察时点的刺激反应积分的均值和恢复时间评价,按表 2 眼刺激反应分级判定受试物对眼的刺激强度。

表 2　原料眼刺激性反应分级

可逆眼损伤	2A 级(轻刺激性) 2/3 动物的刺激反应积分均值:角膜浑浊≥1;虹膜≥1;结膜充血≥2;结膜水肿≥2 和上述刺激反应积分在≤7 天完全恢复 2B 级(刺激性) 2/3 动物的刺激反应积分均值:角膜浑浊≥1;虹膜≥1;结膜充血≥2;结膜水肿≥2 和上述刺激反应积分在 <21 天完全恢复
不可逆眼损伤	①任 1 只动物的角膜、虹膜和 / 或结膜刺激反应积分在 21 天的观察期间没有完全恢复 ② 2/3 动物的刺激反应积分均值:角膜浑浊≥3 和 / 或虹膜 >1.5

注:当角膜、虹膜、结膜积分为 0 时,可判为无刺激性,介于无刺激性和轻刺激性之间的为微刺激性。

化妆品产品—以给受试物后动物角膜、虹膜或结膜各自在 24、48 或 72h 观察时点的刺激反应的最高积分均值和恢复时间评价,按表 3 眼刺激反应分级判定受试物对眼的刺激强度。

表 3　产品眼刺激性反应分级

可逆眼损伤	微刺激性	动物的角膜、虹膜积分 =0；结膜充血和 / 或结膜水肿积分≤2，且积分在 <7 天内降至 0
	轻刺激性	动物的角膜、虹膜、结膜积分在≤7 天降至 0
	刺激性	动物的角膜、虹膜、结膜积分在 8~21 天内降至 0
不可逆眼损伤	腐蚀性	①动物的角膜、虹膜和 / 或结膜积分在第 21 天时 >0 ② 2/3 动物的眼刺激反应积分：角膜浑浊≥3 和 / 或虹膜 =2

注：当角膜、虹膜、结膜积分为 0 时，可判为无刺激性。

7　试验结果的解释

急性眼刺激性试验结果从动物外推到人的可靠性很有限。白色家兔在大多数情况下对有刺激性或腐蚀性的物质较人类敏感。若用其他品系动物进行试验时也得到类似结果，则会增加从动物外推到人的可靠性。

6　皮肤变态反应试验

Skin Sensitisation Test

1　范围

本规范规定了动物皮肤变态反应试验的基本原则、要求和方法。

本规范适用于化妆品原料及其产品安全性毒理学检测。

2　试验目的

确定重复接触化妆品及其原料对哺乳动物是否可引起变态反应及其程度。

3　定义

3.1　皮肤变态反应（过敏性接触性皮炎）skin sensitization，allergic contact dermatitis

是皮肤对一种物质产生的免疫源性皮肤反应。在人类这种反应可能以瘙痒、红斑、丘疹、水疱、融合水疱为特征。动物的反应不同，可能只见到皮肤红斑和水肿。

3.2　诱导接触 induction exposure

指机体通过接触受试物而诱导出过敏状态的试验性暴露。

3.3　诱导阶段 induction period

指机体通过接触受试物而诱导出过敏状态所需的时间，一般至少一周。

3.4　激发接触 challenge exposure

机体接受诱导暴露后，再次接触受试物的试验性暴露，以确定皮肤是否会出现过敏反应。

4　试验的基本原则

实验动物通过多次皮肤涂抹（诱导接触）或皮内注射受试物 10d~14d（诱导阶段）后，给予激发剂量的受试物，观察实验动物并与对照动物比较对激发接触受试物的皮肤反应强度。

4.1　实验动物和饲养环境

一般选用健康、成年雄性或雌性豚鼠，雌性动物应选用未孕或未曾产仔的。

实验动物及实验动物房应符合国家相应规定。选用标准配合饲料，饮水不限制，需注意补充适量 Vc。

4.2　动物试验前准备

试验前动物要在实验动物房环境中至少适应 3d~5d 时间。将动物随机分为受试物组和对照组，按所选用的试验方法，选择适当部位给动物去毛，避免损伤皮肤。试验开始和结束时应记录动物体重。

4.3　无论在诱导阶段或激发阶段均应对动物进行全面观察包括全身反应和局部反应，并做完整记录。

4.4　试验方法可靠性的检查

使用已知的能引起轻度 / 中度致敏的阳性物每隔半年检查一次。局部封闭涂皮法至少有 30% 动物出现皮肤过敏反应；皮内注射法至少有 60% 动物出现皮肤过敏反应。阳性物一般采用 2,4- 二硝基氯代苯、肉桂醛、2- 巯基苯并噻唑或对氨基苯酸乙酯。

5　试验方法

5.1　局部封闭涂皮试验（Buehler Test，BT）

5.1.1　动物数

试验组至少 20 只，对照组至少 10 只。

5.1.2　剂量水平

诱导接触受试物浓度为能引起皮肤轻度刺激反应的最高浓度，激发接触受试物浓度为不能引起皮肤刺激反应的最高浓度。试验浓度水平可以通过少量动物（2~3 只）的预试验获得。

水溶性受试物可用水或用无刺激性表面活性剂作为赋形剂，其他受试物可用 80% 乙醇或丙酮等作赋形剂，并设溶剂对照。

5.1.3　试验步骤

5.1.3.1　试验前约 24h，将豚鼠背部左侧去毛，去毛范围为 $4cm^2$~$6cm^2$。

5.1.3.2　诱导接触：将受试物约 0.2mL（g）涂在实验动物去毛区皮肤上，以二层纱布和一层玻璃纸覆盖，再以无刺激胶布封闭固定 6h。第 7d 和第 14d 以同样方法重复一次。

5.1.3.3　激发接触：末次诱导后 14d~28d，将约 0.2mL 的受试物涂于豚鼠背部右侧 2cm × 2cm 去毛区（接触前 24h 脱毛），然后用二层纱布和一层玻璃纸覆盖，再以无刺激胶布固定 6h。

5.1.3.4　激发接触后 24h 和 48h 观察皮肤反应，按表 1 评分。

5.1.3.5　试验中需设阴性对照组，使用 5.1.3.2 和 5.1.3.3 的方法，在诱导接触时仅涂以溶剂作为对照，在激发接触时涂以受试物。对照组动物必须和受试物组动物为同一批。在实验室开展变态反应试验初期，或使用新的动物种属或品系时，需同时设阳性对照组。

表 1　变态反应试验皮肤反应评分

皮肤反应	积分
红斑和焦痂形成	
无红斑	0
轻微红斑（勉强可见）	1
明显红斑（散在或小块红斑）	2
中度—重度红斑	3
严重红斑（紫红色）至轻微焦痂形成	4
水肿形成	
无水肿	0
轻微水肿（勉强可见）	1
中度水肿（皮肤隆起轮廓清楚）	2
重度水肿（皮肤隆起约 1mm 或超过 1mm）	3
最高积分	7

5.1.4　结果评价

5.1.4.1　当受试物组动物出现皮肤反应积分≥2 时，判为该动物出现皮肤变态反应阳性，按表 3 判定受试物的致敏强度。

5.1.4.2　如激发接触所得结果仍不能确定，应于第一次激发后一周，给予第二次激发，对照组作同步处理或按 5.2 的方法进行评价。

5.2　豚鼠最大值试验（Guinea Pig Maximinatim Test，GPMT）

采用完全福氏佐剂（Freund Complete Adjvant，FCA）皮内注射方法检测致敏的可能性。

5.2.1　动物数

试验组至少用 10 只，对照组至少 5 只。如果试验结果难以确定受试物的致敏性，应增加动物数，试验组 20 只，对照组 10 只。

5.2.2　剂量水平

诱导接触受试物浓度为能引起皮肤轻度刺激反应的最高浓度，激发接触受试物浓度为不能引起皮肤刺激反应的最高浓度。试验浓度水平可以通过少量动物（2~3 只）的预试验获得。

5.2.3　试验步骤

5.2.3.1　诱导接触（第 0d）

受试物组：将颈背部去毛区（2cm × 4cm）中线两侧划定三个对称点，每点皮内注射 0.1mL 下述溶液。

第 1 点　1∶1（V/V）FCA/ 水或生理盐水的混合物

第 2 点　耐受浓度的受试物

第 3 点　用 1∶1（V/V）FCA/ 水或生理盐水配制的受试物，浓度与第 2 点相同

对照组：注射部位同受试物组

第 1 点　1：1（V/V）FCA/ 水或生理盐水的混合物

第 2 点　未稀释的溶剂

第 3 点　用 1：1（V/V）FCA/ 水或生理盐水配制的浓度为 50%（w/V）的溶剂

5.2.3.2　诱导接触（第 7d）：

将涂有 0.5g（mL）受试物的 2cm × 4cm 滤纸敷贴在上述再次去毛的注射部位，然后用两层纱布，一层玻璃纸覆盖，无刺激胶布封闭固定 48h。对无皮肤刺激作用的受试物，可加强致敏，于第二次诱导接触前 24h 在注射部位涂抹 10% 十二烷基硫酸钠（SLS）0.5mL。对照组仅用溶剂作诱导处理。

5.2.3.3　激发接触（第 21d）

将豚鼠躯干部去毛，用涂有 0.5g（mL）受试物的 2cm × 2cm 滤纸片敷贴在去毛区，然后再用两层纱布，一层玻璃纸覆盖，无刺激胶布封闭固定 24h。对照组动物作同样处理。如激发接触所得结果不能确定，可在第一次激发接触一周后进行第二次激发接触。对照组作同步处理。

5.2.4　观察及结果评价

激发接触结束，除去涂有受试物的滤纸后 24h、48h 和 72h，观察皮肤反应，（如需要清除受试残留物可用水或选用不改变皮肤已有反应和不损伤皮肤的溶剂）按表 2 评分。当受试物组动物皮肤反应积分≥1 时，应判为变态反应阳性，按表 3 对受试物进行致敏强度分级。

表 2　变态反应试验皮肤反应评分

评分	皮肤反应
0	未见皮肤反应
1	散在或小块红斑
2	中度红斑和融合红斑
3	重度红斑和水肿

表 3　致敏强度

致敏率 %	致敏强度
0~8	弱
9~28	轻
29~64	中
65~80	强
81~00	极强

注：当致敏率为 0 时，可判为未见皮肤变态反应。

6　试验结果的解释

试验结果应能得出受试物的致敏能力和强度。这些结果只能在很有限的范围内外推到人类。引起豚鼠强烈反应的物质在人群中也可能引起一定程度的变态反应，而引起豚鼠较弱反应的物质在人群中也许不能引起变态反应。

7 皮肤光毒性试验

Skin Phototoxicity Test

1 范围

本规范规定了皮肤光毒性试验的基本原则,要求和方法。

本规范适用于化妆品原料及其产品安全性毒理学检测。

2 试验目的

评价化妆品原料及其产品引起皮肤光毒性的可能性。

3 定义

光毒性 phototoxicity

皮肤一次接触化学物质后,继而暴露于紫外线照射下所引发的一种皮肤毒性反应,或者全身应用化学物质后,暴露于紫外线照射下发生的类似反应。

4 试验的基本原则

将一定量受试物涂抹在动物背部去毛的皮肤上,经一定时间间隔后暴露于 UVA 光线下,观察受试动物皮肤反应并确定该受试物有否光毒性。

5 试验方法

5.1 受试物

液体受试物一般不用稀释,可直接使用原液。若受试物为固体,应将其研磨成细粉状并用水或其他溶剂充分湿润,在使用溶剂时,应考虑到溶剂对受试动物皮肤刺激性的影响。对于化妆品产品而言,一般使用原霜或原液,所用受试物浓度不能引起皮肤刺激反应(可通过预试验确定)。阳性对照物选用 8- 甲氧基补骨脂(8-methoxypsoralen,8-Mop)。

5.2 实验动物和饲养条件

使用成年白色家兔或白化豚鼠,尽可能雌雄各半。选用 6 只动物进行正式试验。试验前动物要在实验动物房环境中至少适应 3d~5d 时间。

实验动物及实验动物房应符合国家相应规定。选用标准配合饲料,饮水不限制,需注意补充适量 Vc。

5.3 UV 光源

5.3.1 UV 光源:波长为 320nm~400nm 的 UVA,如含有 UVB,其剂量不得超过 $0.1J/cm^2$。

5.3.2 强度的测定:用前需用辐射计量仪在实验动物背部照射区设 6 个点测定光强度(mW/cm^2),以平均值计。

5.3.3 照射时间的计算：照射剂量为 10J/cm^2，按下式计算照射时间。

$$照射时间(sec)=\frac{照射剂量(10\,000mJ/cm^2)}{光强度(mJ/cm^2/sec)}$$

注：1mW/cm^2=1mJ/cm^2/sec。

5.4 试验步骤

5.4.1 进行正式光毒试验前 18h~24h，将动物脊柱两侧皮肤去毛，试验部位皮肤需完好，无损伤及异常。备 4 块去毛区（见图 1），每块去毛面积约为 2cm × 2cm。

5.4.2 将动物固定，按表 1 所示，在动物去毛区 1 和 2 涂敷 0.2mL（g）受试物，30min 后，左侧（去毛区 1 和 3）用铝箔复盖，胶带固定，右侧用 UVA 进行照射。

5.4.3 结束后分别于 1h、24h、48h 和 72h 观察皮肤反应，根据表 2 判定每只动物皮肤反应评分。

5.4.4 为保证试验方法的可靠性，至少每半年用阳性对照物检查一次。即在去毛区 1 和 2 涂阳性对照物，方法同 5.4.2。

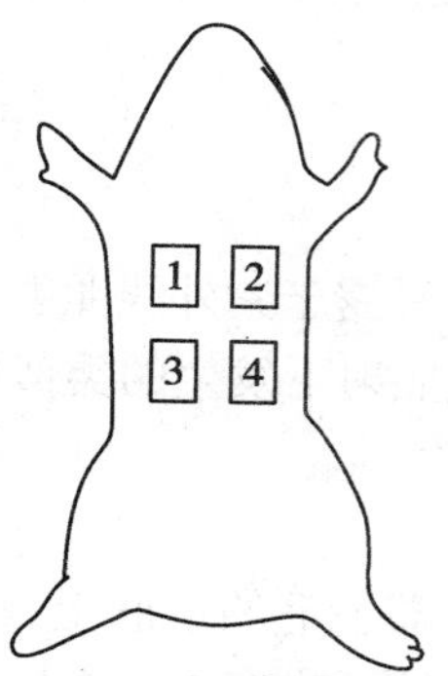

图 1 动物皮肤去毛区位置示意图

表 1 动物去毛区的试验安排

去毛区编号	试验处理
1	涂受试物，不照射
2	涂受试物，照射
3	不涂受试物，不照射
4	不涂受试物，照射

表 2 皮肤刺激反应评分

皮肤反应	积分
红斑和焦痂形成	
无红斑	0
轻微红斑（勉强可见）	1
明显红斑	2

续表

皮肤反应	积分
中度 - 重度红斑	3
严重红斑（紫红色）至轻微焦痂形成	4
水肿形成	
无水肿	0
轻微水肿（勉强可见）	1
轻度水肿（皮肤隆起轮廓清楚）	2
中度水肿（皮肤隆起约 1mm）	3
重度水肿（皮肤隆起超过 1mm，范围扩大）	4
最高积分	8

6　结果评价

单纯涂受试物而未经照射区域未出现皮肤反应，而涂受试物后经照射的区域出现皮肤反应分值之和为 2 或 2 以上的动物数为 1 只或 1 只以上时，判为受试物具有光毒性。

8　鼠伤寒沙门氏菌 / 回复突变试验

Salmonella Typhimurium / Reverse Mutation Assay

1　范围

本规范确定了鼠伤寒沙门氏菌 / 回复突变试验的基本原则、要求和方法。

本规范适用于化妆品原料及其产品的基因突变检测。

2　定义

2.1　回复突变 reverse mutation

细菌在化学致突变物作用下由营养缺陷型回变到原养型（prototroph）。

2.2　基因突变 gene mutation

在化学致突变物作用下细胞 DNA 中碱基对的排列顺序发生变化。

2.3　碱基置换突变 base substitution mutation

引起 DNA 链上一个或几个碱基对的置换。

碱基置换有转换（transition）和颠换（transversion）两种形式。

转换是 DNA 链上的一个嘧啶被另一嘧啶所替代，或一个嘌呤被另一嘌呤所代替。

颠换是 DNA 链上的一个嘧啶被另一嘌呤所替代，或一个嘌呤被另一嘧啶所代替。

2.4　移码突变 frameshift mutation

引起 DNA 链上增加或缺失一个或多个碱基对。

2.5　鼠伤寒沙门氏菌 / 回复突变试验 salmonella typhimurium/reverse mutation assay

利用一组鼠伤寒沙门氏组氨酸缺陷型试验菌株测定引起沙门氏菌碱基置换或移码突变的化学物质所诱发的组氨酸缺陷型（his-）→原养型（his+）回复突变的试验方法。

2.6　S_9

经多氯联苯（PCB 混合物）或苯巴比妥钠和 β- 萘黄酮结合诱导的大鼠制备肝匀浆，在 9000g 下离心 10min 后的肝匀浆上清液。

3　原理

鼠伤寒沙门氏组氨酸营养缺陷型菌株不能合成组氨酸，故在缺乏组氨酸的培养基上，仅少数自发回复突变的细菌生长。假如有致突变物存在，则营养缺陷型的细菌回复突变成原养型，因而能生长形成菌落，据此判断受试物是否为致突变物。

某些致突变物需要代谢活化后才能引起回复突变，故需加入经诱导剂诱导的大鼠肝制备的 S_9 混合液。

4　仪器和设备

培养箱、恒温水浴、振荡水浴摇床、压力蒸汽消毒器、干热烤箱、低温冰箱（-80℃）或液氮生物容器、普通冰箱、天平（精密度 0.1g 和 0.0001g）、混匀振荡器、匀浆器、菌落计数器、低温高速离心机，玻璃器皿等。

5　培养基和试剂

5.1　0.5mmol/L 组氨酸 -0.5mmol/L 生物素溶液

成分：L- 组氨酸（MW 155）	78mg
D- 生物素（MW 244）	122mg
加蒸馏水至	1000mL

配制：将上述成分加热，以溶解生物素，然后在 0.068MPa 下高压灭菌 20min。贮于 4℃冰箱。

5.2　顶层琼脂培养基

成分：琼脂粉	1.2g
氯化钠	1.0g
加蒸馏水至	200mL

配制：上述成分混合后，于 0.103MPa 下高压灭菌 30min。实验时，加入 0.5mmol/L 组氨酸 –0.5mmol/L 生物素溶液 20mL。

5.3　Vogel-Bonner（V-B）培养基 E

成分：枸橼酸（$C_6H_8O_7 \cdot H_2O$）	100g
磷酸氢二钾（K_2HPO_4）	500g
磷酸氢铵钠（$NaNH_4HPO_4 \cdot 4H_2O$）	175g
硫酸镁（$MgSO_4 \cdot 7H_2O$）	10g

加蒸馏水至　1000mL

配制：先将前三种成分加热溶解后，再将溶解的硫酸镁缓缓倒入容量瓶中，加蒸馏水至1000mL。于0.103MPa下高压灭菌30min。储于4℃冰箱。

5.4　20%葡萄糖溶液

成分：葡萄糖　200g
加蒸馏水至　1000mL

配制：加少量蒸馏水加温溶解葡萄糖，再加蒸馏水至1000mL。于0.068MPa下高压灭菌20min。储于4℃冰箱。

5.5　底层琼脂培养基

成分：琼脂粉　7.5g
蒸馏水　480mL
V-B培养基E　10mL
20%葡萄糖溶液　10mL

配制：首先将前两种成分于0.103MPa下高压灭菌30min后，再加入后两种成分，充分混匀倒底层平板。按每皿25mL制备平板，冷凝固化后倒置于37℃培养箱中24h，备用。

5.6　营养肉汤培养基

成分：牛肉膏　2.5g
胰胨　5.0g
磷酸氢二钾（K_2HPO_4）　1.0g
加蒸馏水至　500mL

配制：将上述成分混合后，于0.103MPa下高压灭菌30min。储于4℃冰箱。

5.7　盐溶液（1.65mol/L KCl+0.4mol/L $MgCl_2$）

成分：氯化钾（KCl）　61.5g
氯化镁（$MgCl_2 \cdot 6H_2O$）　40.7g
加蒸馏水至　500mL

配制：在水中溶解上述成分后，于0.103MPa下高压灭菌30min。储于4℃冰箱。

5.8　0.2mol/L磷酸盐缓冲液（pH7.4）

成分：磷酸二氢钠（$NaH_2PO_4 \cdot 2H_2O$）　2.965g
磷酸氢二钠（$Na_2HPO_4 \cdot 12H_2O$）　29.015g
加蒸馏水至　500mL

配制：溶解上述成分后，于0.103MPa下高压灭菌30min。储于4℃冰箱。

5.9　S_9混合液

成分	每毫升S_9混合液
肝S_9	100μl
盐溶液	20μl
灭菌蒸馏水	380μl
0.2mol/L磷酸盐缓冲液	500μl
辅酶Ⅱ（NADP）	4μmol

6-磷酸葡萄糖（G-6-P）　　5μmol

配制：将辅酶II和6-磷酸葡萄糖置于灭菌三角瓶内称重，然后按上述相反的次序加入各种成分，使肝S_9加到已有缓冲液的溶液中。该混合液必须临用现配，并保存于冰水浴中。实验结束，剩余S_9混合液应该丢弃。

5.10　菌株鉴定用和特殊用途试剂

5.10.1　组氨酸-生物素平板

成分：	
琼脂粉	15g
蒸馏水	944mL
（V-B）培养基E	20mL
20%葡萄糖	20mL
灭菌盐酸组氨酸水溶液（0.5g/100mL）	10mL
灭菌0.5mmol/L生物素溶液	6mL

配制：高压灭菌琼脂和水后，将灭菌20%葡萄糖，V-B培养基和组氨酸溶液加进热的琼脂溶液中。待溶液稍为冷却后，加入灭菌生物素，混匀，浇制平板。

5.10.2　氨苄青霉素平板和氨苄青霉素/四环素平板

成分：	
琼脂粉	15g
蒸馏水	940mL
（V-B）盐溶液	20mL
20%葡萄糖	20mL
灭菌盐酸组氨酸溶液（0.5g/100mL）	10mL
灭菌0.5mmol/L生物素溶液	6mL
氨苄青霉素溶液（8mg/mL于0.02mol/LNaOH中）	3.15mL
四环素溶液（8mg/mL于0.02mol/L HCl中）	0.25mL

配制：琼脂和水高压灭菌20min，将无菌的葡萄糖、VB盐溶液和组氨酸-生物素溶液加进热的溶液中去，混匀。冷却至大约50℃，无菌条件下加入四环素溶液和/或氨苄青霉素溶液。

应该在倾注琼脂平板后几天内，制备主平板。

5.10.3　营养琼脂平板

成份：	
琼脂粉	7.5g
营养肉汤培养基	500mL

配制：于0.103MPa下高压灭菌30min后倾注平板。

6　试验菌株及其生物学特性鉴定

6.1　试验菌株

采用TA97、TA98、TA100和TA102一组标准测试菌株。

6.2　生物学特性鉴定

新获得的或长期保存的菌种，在试验前必须进行菌株的生物特性鉴定。菌株鉴定的判断标准，如表1所示。

表 1　试验菌株鉴定的判断标准

菌株	组氨酸缺陷	脂多糖屏障缺损	氨苄青霉素抗性	切除修复缺损	四环素抗性	自发回变菌落数*
TA97	+	+	+	+	−	90—180
TA98	+	+	+	+	−	30—50
TA100	+	+	+	+	−	100—200
TA102	+	+	+	−	+	240—320
注	"+"表示需要组氨酸	"+"表示具有 rfa 突变	"+"表示具有 R 因子	"+"表示具有 ΔuvrB 突变	"+"表示具有 pAQ1 质粒	* 在体外代谢活化条件下自发回变菌落数略增

6.2.1　组氨酸缺陷

原理：组氨酸缺陷型试验菌株本身不能合成组氨酸，只能在补充组氨酸的培养基上生长，而在缺乏组氨酸的培养基上，则不能生长。

鉴定方法：将测试菌株增菌液分别于含组氨酸培养基平板和无组氨酸平板上划线，于37℃下培养 24h 后观察结果。

结果判断：组氨酸缺陷型菌株在含组氨酸平板上生长，而在无组氨酸平板上则不能生长。

6.2.2　脂多糖屏障缺损

原理：具有深粗糙（rfa）的菌株，其表面一层脂多糖屏障缺损，因此一些大分子物质如结晶紫能穿透菌膜进入菌体，从而抑制其生长，而野生型菌株则不受其影响。

鉴定方法：吸取待测菌株增菌液 0.1mL 于营养琼脂平板上划线，然后将浸湿的 0.1% 结晶紫溶液滤纸条与划线处交叉放置。37℃下培养 24h 后观察结果。

结果判断：假若待测菌在滤纸条与划线交叉处出现一透明菌带，说明该待测菌株具有 rfa 突变。

6.2.3　氨苄青霉素抗性

原理：含 R 因子的试验菌株对氨苄青霉素有抗性。因为 R 因子不太稳定，容易丢失，故用氨苄青霉素确定该质粒存在与否。

鉴定方法：吸取待测菌株增菌液 0.1mL，在氨苄青霉素平板上划线，37℃下培养 24h 后观察结果。

结果判断；假若测试菌在氨苄青霉素平板上生长，说明该测试菌具有抗氨苄青霉素作用，表示含 R 因子，否则，表示测试菌不含 R 因子或 R 因子丢失。

6.2.4　紫外线敏感性

原理：具有 ΔuvrB 突变的菌株对紫外线敏感，当受到紫外线照射后，不能生长，而具有野生型切除修复酶的菌株，则能照常生长。

鉴定方法：吸取待测菌株增菌液 0.1mL 于营养琼脂平板上划线，用黑纸盖住平板的一半，置紫外灯下照射（15W，距离 33cm）8 秒钟。置 37℃下孵育 24h 后观察结果。

结果判断：具有 ΔuvrB 突变的菌株对紫外线敏感，经辐射后细菌不生长，而具有完整的切除修复系统的菌株，则照常生长。

6.2.5　四环素抗性

原理：具有 pAQI 的菌株对四环素有抗性。

鉴定方法：吸取待测菌株增菌液 0.1mL 于氨苄青霉素 / 四环素平板上划线，置 37℃下孵育 24h 后观察结果。

结果判断：假若测试菌照常在氨苄青霉素 / 四环素平板上生长，表明该测试菌株对氨苄青霉素和四环素两者有抗性，具有 pAQI 质粒，否则，说明测试菌株不含 pAQI 质粒。

6.2.6　自发回变

原理：每种试验菌株都以一定的频率自发地产生回变，称为自发回变。这种自发回变是每种试验菌株的一项特性。

鉴定方法：将待测菌株增菌液 0.1mL 加到 2mL 含组氨酸—生物素的顶层琼脂培养基的试管内，混匀后铺于底层琼脂平板上，待琼脂固化后，置 37℃培养箱中孵育 48h 后记数每皿回变菌落数。

结果判断：每种标准测试菌株的自发回变菌落数应符合表 1 要求。经体外代谢活化后的自发回变菌落数，要比直接作用下的略高。

6.2.7　回变特性—诊断性试验

原理：每种试验菌株对诊断性诱变剂回变作用的性质以及 S_9 混合液的效应不一。

鉴定方法：按照平板掺入试验的操作步骤进行。将受试物换成诊断性诱变剂。

结果判断：标准菌株对某些诊断性诱变剂特有的回变结果参见表 2。

表 2　测试菌株的回变性

诱变剂	剂量(μg)	S_9	TA97	TA98	TA100	TA102
柔毛霉素	6.0	–	124	3123	47	592
叠氮化钠	1.5	–	76	3	3000	188
ICR—191	1.0	–	1640	63	185	0
链霉黑素	0.25	–	inh	inh	inh	2230
丝裂霉素 C	0.5	–	inh	inh	inh	2772
2,4,7- 三硝基 -9- 芴酮	0.20	–	8377	8244	400	16
4- 硝基 -O- 次苯二胺	20	–	2160	1599	798	0
4- 硝基喹啉 -N- 氧化物	0.5	–	528	292	4220	287
甲基磺酸甲酯	1.0	–	174	23	2730	6586
2- 氨基芴	10	+	1742	6194	3026	261
苯并(a)芘	1.0	+	337	143	937	255

注：inh 表示抑菌。表中数值均已扣除溶剂对照回变菌落数。

7　大鼠肝微粒体酶的诱导和 S_9 的制备

7.1　诱导

选择健康雄性成年大鼠，体重 200g 左右。将多氯联苯（PCB 混合物）溶于玉米油中，浓度为 200mg/mL，按 500mg/kg 体重一次腹腔注射，5d 后处死动物，处死前禁食 12h。

也可采用苯巴比妥钠和 β- 萘黄酮联合诱导的方法进行制备。经口或腹腔注射给予 80mg/kg 苯巴比妥钠和 80mg/kg β- 萘黄酮，连续 3 天，处死前禁食 16h。

7.2 S_9 制备

首先，用 75% 酒精消毒动物皮毛，剖开腹部。在无菌条件下，取出肝脏，去除肝脏的结缔组织，用冰浴的 0.15mol/L 氯化钾溶液淋洗肝脏，放入盛有 0.15mol/L 氯化钾溶液的烧杯里。按每克肝脏加入 0.15mol/L 氯化钾溶液 3mL。用电动匀浆器制成肝匀浆，再在低温高速离心机上，在 4℃条件下，以 9000g 离心 10min，取其上清液（S_9）分装于塑料管中。每管装 2mL~3mL。储存于液氮生物容器中或 -80℃冰箱中备用。

上述全部操作均在冰水浴中和无菌条件下进行。制备肝 S_9 所用一切手术器械、器皿等，均经灭菌消毒。S_9 制备后，其活力需经诊断性诱变剂进行鉴定。

8 溶剂的选择

如果受试物为水溶性，可用灭菌蒸馏水作为溶剂；如为脂溶性，应选择对试验菌株毒性低且无致突变性的有机溶剂，常用的有二甲基亚砜（DMSO）、丙酮、95% 乙醇。一般操作中，为了减少误差和溶剂的影响，常按每皿使用剂量用同一溶剂配成不同的浓度，固定加入量为 100μl。

9 剂量的设计

决定受试物最高剂量的标准是对细菌的毒性及其溶解度。自发回变数的减少，背景菌变得清晰或被处理的培养物细菌存活数减少，都是毒性的标志。

对原料而言，一般最高剂量组可为 5mg/ 皿或 5ul/ 皿。对产品而言，有杀菌作用的受试物，最高剂量可为最低抑菌浓度，无杀菌作用的受试物，最高剂量可为原液。受试物至少应设四个剂量组。每个剂量均做三个平行平板。

10 试验操作步骤

10.1 增菌培养

取营养肉汤培养基 5mL，加入无菌试管中，将主平板或冷冻保存的菌株培养物接种于营养肉汤培养基内，37℃振荡（100 次 /min）培养 10h。该菌株培养物应每毫升不少于 $1\sim2\times10^9$ 活菌数。

10.2 平板掺入法

实验时，将含 0.5mmol/L 组氨酸 -0.5mmol/L 生物素溶液的顶层琼脂培养基 2.0mL 分装于试管中，45℃水浴中保温，然后每管依次加入试验菌株增菌液 0.1mL，受试物溶液 0.1mL 和 S_9 混合液 0.5mL（需代谢活化时），充分混匀，迅速倾入底层琼脂平板上，转动平板，使之分布均匀。水平放置待冷凝固化后，倒置于 37℃培养箱里孵育 48h。记数每皿回变菌落数。

实验中，除设受试物各剂量组外，还应同时设空白对照、溶剂对照、阳性诱变剂对照和无菌对照。

11 数据处理和结果判断

记录受试物各剂量组、空白对照（自发回变）、溶剂对照以及阳性诱变剂对照的每皿回变菌落数，并求平均值和标准差。

如果受试物的回变菌落数是溶剂对照回变菌落数的两倍或两倍以上，并呈剂量-反应关系者，则该受试物判定为致突变阳性；受试物在任何一个剂量条件下，出现阳性反应并有可重复性，则该受试物判定为致突变阳性。

受试物经上述四个试验菌株测定后，只要有一个试验菌株，无论在加 S_9 或未加 S_9 条件下为阳性，均可报告该受试物对鼠伤寒沙门氏菌为致突变阳性。

如果受试物经四个试验菌株检测后，无论加 S_9 和未加 S_9 均为阴性，则可报告该受试物为致突变阴性。

9 体外哺乳动物细胞染色体畸变试验

In Vitro Mammalian Cells Chromosome Aberration Test

1 范围

本规范规定了体外哺乳动物细胞染色体畸变试验的基本原则、要求和方法。

本规范适用于检测化妆品原料及其产品的致突变性。

2 试验目的

本试验是用于检测培养的哺乳动物细胞染色体畸变，以评价受试物致突变的可能性。

3 定义

3.1 结构畸变 structural aberration

在细胞分裂的中期相阶段，用显微镜检出的染色体结构改变，表现为缺失、断片、互换等。结构畸变可分为以下两类。

3.1.1 染色体型畸变 chromosome-type aberration

染色体结构损伤，表现为在两个染色单体相同位点均出现断裂或断裂重组的改变。

3.1.2 染色单体型畸变 chromatid-type aberration

染色体结构损伤，表现为染色单体断裂或染色单体断裂重组的损伤。

3.2 有丝分裂指数 mitotic index

中期相细胞数与所观察的细胞总数之比值，是一项反映细胞增殖程度的指标。

4 试验基本原则

在加入和不加入代谢活化系统的条件下，使培养的哺乳动物细胞暴露于受试物中。用中期分裂相阻断剂（如秋水仙素或秋水仙胺）处理，使细胞停止在中期分裂相，随后收获细胞，制片，染色，分析染色体畸变。

大部分的致突变剂导致染色单体型畸变，偶有染色体型畸变发生。虽然多倍体的增加可能预示着有染色体数目畸变的可能，但本方法并不适合用于测定染色体的数目畸变。

5 试验方法

5.1 试剂和受试物制备

5.1.1 阳性对照物：可根据受试物的性质和结构选择适宜的阳性对照物，阳性对照物应是已知的断裂剂，能引起可检出的、并可重复的阳性结果。当外源性活化系统不存在时，可使用甲磺酸甲酯（methyl methanesulphonate（MMS））、甲磺酸乙酯（ethyl methanesulphonate（EMS））、乙基亚硝基脲（ethyl nitrosourea）、丝裂霉素 C（mitomycin C）、4- 硝基喹啉 -N- 氧化物（4-nitroquinoline-N-oxide）。当外源性活化系统存在时，可使用苯并（a）芘[benzo（a）pyrene]、环磷酰胺（cyclophosphamide）。

5.1.2 阴性对照物：应设阴性对照，即仅含和受试物组相同的溶剂，不含受试物，其他处理和受试物组完全相同。此外，如未能证实所选溶剂不具有致突变性，溶剂对照与本实验室空白对照背景资料有明显差异，还应设空白对照。

5.1.3 受试物

5.1.3.1 受试物的配制：固体受试物需溶解或悬浮于溶剂中，用前稀释至适合浓度；液体受试物可以直接加入试验系统和 / 或用前稀释至适合浓度。受试物应在使用前新鲜配制，否则就必须证实贮存不影响其稳定性。

5.1.3.2 溶剂的选择：溶剂必须是非致突变物，不与受试物发生化学反应，不影响细胞存活和 S_9 活性。首选溶剂是培养液（不含血清）或水。二甲基亚砜（DMSO）也是常用溶剂，使用时浓度不应大于 0.5%。

5.1.3.3 受试物浓度设置

（1）最高浓度的选择：

决定最高浓度的因素是细胞毒性、受试物在试验系统中的溶解度以及 pH 或渗克分子浓度（osmolality）的改变。

（2）细胞毒性的确定：

应使用指示细胞完整性和生长情况的指标，在活化系统存在或不存在的两种条件下确定细胞毒性，例如细胞覆盖程度（degree of confluency）、存活细胞计数（viable cell counts）或有丝分裂指数（mitotic index）。应在预试验中确定细胞毒性和溶解度。

（3）剂量设置：

①至少应设置 3 个可供分析的浓度。当有细胞毒性时，其浓度范围应包括从最大毒性至几乎无毒性；通常浓度间隔系数不大于 2– $\sqrt{10}$。

②在收获细胞时，最高浓度应能明显降低细胞覆盖程度、细胞计数或有丝分裂指数（均应大于 50%）。

③对于那些相对无细胞毒性的化合物，最高浓度应是 5μL/mL，5mg/mL 或 0.01mol/L。

④对于相对不溶解的物质，当浓度低于不溶解浓度时仍无毒性，则最高剂量应是，当处理期结束时，在最终培养液中溶解度限值以上的一个浓度。在某些情况下（即仅当高于最低

不溶解浓度时才发生细胞毒性)，应使用一个以上可看见沉淀的浓度。最好在试验处理开始和结束时均评价溶解度，因为由于细胞、S_9 等的存在，在试验系统内在暴露过程中溶解度可能变化。不溶解性可用肉眼鉴别，但沉淀不能影响观察。

5.1.4　培养液:采用 MEM(Eagle)，并加入非必需氨基酸和抗菌素(青、链霉素，按 100IU/mL)，胎牛血清或小牛血清按 10% 加入。也可选用其他合适的培养液。

5.1.5　活化系统

通常使用的是 S_9 混合物(S_9 mix)。S_9 是从经酶诱导剂(Aroclor 1254 或苯巴比妥钠和 β-萘黄酮联合使用)处理的啮齿动物肝脏获得的。S_9 的制备同 Ames 试验。S_9 的使用浓度为 1%~10%(终浓度)。S_9 mix 中所加辅助因子的量由各实验室自行决定，但需对 S_9 mix 的活性进行鉴定，必须能明显活化阳性对照物。也可使用下述

S_9	0.125mL
$MgCl_2$(0.4mol/L)	0.02mL
KCl(1.65mol/L)	0.02mL
葡萄糖 -6- 磷酸	1.791mg
辅酶Ⅱ(氧化型，NADP)	3.0615mg

用无血清 MEM 培养液补足至 1mL

5.2　试验步骤

5.2.1　细胞:可使用已建立的细胞株或细胞系，也可使用原代培养细胞。所使用的细胞应该在生长性能、染色体数目和核型、自发的染色体畸变率等方面有一定的稳定性。推荐使用中国地鼠卵巢(CHO)细胞株或中国地鼠肺(CHL)细胞株。

5.2.2　试验时，应同时设阳性对照物，阴性对照物和至少 3 个可供分析的受试物浓度组。

5.2.3　试验前一天，将一定数量的细胞接种于培养皿(瓶)中，放 CO_2 培养箱内培养。

5.2.4　试验需在加入和不加入 S_9 mix 的条件下进行。试验时，吸去培养皿(瓶)中的培养液，加入一定浓度的受试物、S_9 mix(不加 S_9 mix 时，需用培养液补足)以及一定量不含血清的培养液，放培养箱中处理 3h~6h。结束后，吸去含受试物的培养液，用 Hanks 液洗细胞 3 次，加入含 10% 胎牛血清的培养液，放回培养箱，于 24h 内收获细胞。于收获前 2h~4h，加入细胞分裂中期阻断剂(如用秋水仙素，作用时间为 4h，终浓度为 1μg/mL)。

当受试物为原料时，如果在上述加入和不加入 S_9 mix 的条件下均获得阴性结果，则尚需补加另外的试验，即在不加 S_9 mix 的条件下，使受试物与试验系统的接触时间延长至 24h。

当难以得出明确结论时，应更换试验条件，如改变代谢活化条件、受试物与试验系统接触时间等重复试验。

5.2.5　收获细胞时，用 0.25% 胰蛋白酶溶液消化细胞，待细胞脱落后，加入含 10% 胎牛或小牛血清的培养液终止胰蛋白酶的作用，混匀，放入离心管以 1000r/min~1200r/min 的速度离心 5min~7min，弃去上清液，加入 0.075mol/L KCl 溶液低渗处理，继而以新配制的甲醇和冰醋酸液(容积比为 3 : 1)进行固定。空气干燥或火焰干燥法制片常规制片，用姬姆萨染液染色。

5.2.6　作染色体分析时，对化妆品终产品，每一处理组选择 100 个分散良好的中期分裂相(染色体数为 2n ± 2)进行染色体畸变分析。对化妆品原料，则每一处理组选 200 个(阳性

对照可选 100 个)。在分析时应记录每一观察细胞的染色体数目,对于畸变细胞还应记录显微镜视野的坐标位置及畸变类型。

5.3　统计处理:对染色体畸变细胞率用 X^2 检验,以评价受试物的致突变性。

5.4　结果评价:在下列两种情况下可判定受试物在本试验系统中具有致突变性:

(1) 受试物引起染色体结构畸变数具有统计学意义,并有剂量相关性。

(2) 受试物在任何一个剂量条件下,引起具有统计学意义的增加,并有可重复性。

在评价时应把生物学和统计学意义结合考虑。

6　结果解释

阳性结果表明受试物引起培养的哺乳动物体细胞染色体结构畸变。

阴性结果表明在本试验条件下,受试物不引起培养的哺乳动物体细胞染色体结构畸变。

10　体外哺乳动物细胞基因突变试验

In Vitro Mammalian Cell Gene Mutation Test

1　范围

本规范规定了体外哺乳类细胞基因突变试验的基本原则、要求和方法。

本规范适用于检测化妆品原料及其产品的致突变性。

2　试验目的

该测试系统用于检测化妆品原料及其产品引起的突变,包括碱基对突变、移码突变和缺失等,从而评价受试物引起突变的可能性。

3　定义

3.1　正向突变 forward mutation

从原型至突变子型的基因突变,这种突变可引起酶和功能蛋白的改变。

3.2　突变频率 mutant frequency

所观察到的突变细胞数与存活细胞数之比值。

4　试验原理

在加入和不加入代谢活化系统的条件下,使细胞暴露于受试物一定时间,然后将细胞再传代培养。胸苷激酶正常水平的细胞对三氟胸苷(trifluorothymidine,TFT)等敏感,因而在培养液中不能生长分裂,突变细胞则不敏感,在含有 6- 硫代鸟嘌呤(6-thioguanine,6-TG)、8-azaguanine(AG)或 TFT 的选择性培养液中能继续分裂并形成集落。基于突变集落数,计算突变频率以评价受试物的致突变性。

5 试验方法

5.1 试剂和受试物制备

5.1.1 受试物

5.1.1.1 受试物的配制:固体受试物需溶解或悬浮于溶剂中,用前稀释至适合浓度;液体受试物可以直接加入试验系统/或用前稀释至适合浓度。受试物应在使用前新鲜配制,否则就必须证实储存不影响其稳定性。

5.1.1.2 溶剂的选择:溶剂必须是非致突变物,不与受试物发生化学反应,不影响细胞存活和 S_9 活性。首选溶剂是水或水溶性溶剂。二甲基亚砜(DMSO)也是常用溶剂,但使用时浓度不应大于0.5%。

5.1.1.3 受试物浓度设置

5.1.1.3.1 最高浓度的选择:决定最高浓度的因素是细胞毒性、受试物在试验系统中的溶解度以及pH或渗克分子浓度(osmolality)的改变。

5.1.1.3.2 细胞毒性的确定:应使用指示细胞完整性和生长情况的指标,在活化系统存在或不存在两种条件下确定细胞毒性,例如相对集落形成率或相对细胞总生长情况(total growth)。应在预试验中确定细胞毒性和溶解度。

5.1.1.3.3 剂量设置

至少应设置4个可供分析的浓度。当有细胞毒性时,其浓度范围应包括从最大毒性至几乎无毒性。通常浓度间隔系数在2-$\sqrt{10}$之间。

对于那些细胞毒性很低的化合物,最高浓度应是5μL/mL,5mg/mL或0.01mol/L。

如最高浓度是基于细胞毒性,那么该浓度组的细胞相对存活率(相对集落形成率)或相对细胞总生长情况应为10%~20%(不低于10%)。

对于相对不溶解的物质,其最高浓度应达到或超过在细胞培养状态下的溶解度限值。最好在试验处理开始和结束时均评价溶解度,因为由于 S_9 等的存在,试验系统内在暴露过程中溶解度可能发生变化。不溶解性可用肉眼鉴别,但沉淀不应影响观察。

5.1.2 对照:在每一项试验中,在代谢活化系统存在和不存在的条件下均应设阳性对照和阴性(溶剂)对照。

5.1.2.1 阳性对照:当使用代谢活化系统时,阳性对照物必须是要求代谢活化、并能引起突变的物质。在没有代谢活化系统时,阳性对照物可使用甲磺酸乙酯(ethyl methanesulfonate-EMS,HPRT试验)、甲磺酸甲酯(methyl methanesulphonate,MMS,TK试验),乙基亚硝基脲(ethyl nitrosourea-ENU,HPRT试验)等。在有代谢活化系统时,可以使用3-甲基胆蒽(3-methylcholanthrene,HPRT试验;TK试验)、环磷酰胺(cyclophosphamide,TK试验)N-亚硝基胍(N-nitroso-dimethylamine,HPRT试验)、7,12-二甲基苯蒽(HPRT试验)等。也可使用其他适宜的阳性对照物。

5.1.2.2 阴性对照物:阴性对照(包括溶剂对照)除不含受试物外,其他处理应与受试物相同。此外,当不具有实验室历史资料证实所用溶剂无致突变作用和无其他有害作用时,还应设空白对照。

5.1.3 细胞:HPRT位点突变分析常用中国仓鼠肺细胞株(V-79)和中国仓鼠卵巢细胞株(CHO)。TK位点突变分析常用小鼠淋巴瘤细胞株(L5178Y)和人类淋巴母细胞株(TK6)。

细胞在使用前应进行有无支原体污染的检查。

5.1.4 培养液:应根据实验所用系统和细胞类型来选择适宜的培养基。对于 V-79 或 CHO 细胞,常用 MEM(Eagle)培养基加入 10% 胎牛血清和适量抗菌素。对于 L5178Y 或 TK6 细胞,常用 RPMI 1640 培养基加入 10% 马血清和适量抗菌素。

5.1.5 活化系统:同体外哺乳类细胞染色体畸变试验。

5.1.6 选择剂:6- 硫代鸟嘌呤(6-TG):建议使用终浓度为 5μg/mL~10μg/mL,用碳酸氢钠溶液配制(0.5%)。三氟胸苷(TFT):建议使用终浓度为 3μg/mL。

5.1.7 预处理培养基:THMG/THG

为减少细胞的自发突变率,在试验前,先将细胞加在含 THMG 的培养液中培养 24h,杀灭自发的突变细胞,然后将细胞再接种于 THG(不含氨甲喋呤的 THMG 培养液)中培养 1~3d。

THMG 含除培养液成份外的各物质终末浓度如下:

胸苷 5×10^{-6}mol/L

次黄嘌呤 5×10^{-5}mol/L

氨甲喋呤 4×10^{-7}mol/L

甘氨酸 1×10^{-4}mol/L

5.2 试验步骤

5.2.1 HPRT 位点突变分析

5.2.1.1 试验前 1d,接种细胞于培养瓶中,置于 37℃孵箱培养。

5.2.1.2 试验时吸去培养瓶中的培养液,加入一定浓度的受试物、S_9-mix(不加入 S_9-mix 的样品,用培养液补足)及一定量的不含血清培养液,置孵箱中处理 3h~6h 后,吸去培养液,用 Hank's 液洗细胞三次,加入含胎牛血清的培养液。

5.2.1.3 在受试物与细胞作用后当天和第 3d 将细胞按低密度分种,在第 7d 接种细胞,每个剂量 3 瓶。7d 后染色以测定细胞存活率。另将一定数量细胞接种于每个培养瓶中,每个剂量 8 瓶,3h 后加入 6-TG(终浓度为 5μg/mL),10d 后染色,计数突变细胞集落。

5.2.1.4 试验结果用 X^2 检验进行统计分析。

5.2.2 TK 位点突变分析(L5178Y 细胞,96 孔板法)

5.2.2.1 处理:取生长良好的细胞,调整密度为 5×10^5/mL,按 1% 体积加入受试物,37℃震摇处理 3 小时。离心,弃上清液,用 PBS 或不含血清的培养基洗涤细胞 2 遍,重新悬浮细胞于含 10% 马血清的 RPMI 1640 培养液中,并调整细胞密度为 2×10^5/mL。

5.2.2.2 PE_0(0 天的平板接种效率)测定:取适量细胞悬液,作梯度稀释至 8 个细胞 /mL,接种 96 孔板(每孔加 0.2mL,即平均 1.6 个细胞 / 孔),每个剂量作 1~2 块板,37℃,5% CO_2,饱和湿度条件下培养 12d,计数每块平板有集落生长的孔数。

5.2.2.3 表达:步骤 6.2.2.1 所得细胞悬液作 2d 表达培养,每天计数细胞密度并保持密度在 10^6/ml 以下。

5.2.2.4 PE_2(第 2d 的平板接种效率)测定:第 2d 表达培养结束后,取适量细胞悬液,按步骤 6.2.2.2 作梯度稀释并接种 96 孔板,培养 12d 后计数每块平板有集落生长的孔数。

5.2.2.5 TFT 抗性突变频率(MF)测定:第 2d 表达培养结束后,取适量细胞悬液,调整细胞密度为 1×10^4/mL,加入 TFT(三氟胸苷,终浓度为 3μg/mL),混匀,接种 96 孔板(每孔加

0.2mL，即平均 2000 个细胞 / 孔)，每个剂量作 2~4 块板，37℃，5% CO_2，饱和湿度条件下培养 12d，计数有突变集落生长的孔数。

5.2.2.6 计算

5.2.2.6.1 平板效率（PE_0 和 PE_2）

$$PE=\frac{-\ln(EW/TW)}{1.6}$$

式中：EW 为无集落生长的孔数；TW 为总孔数；1.6 为每孔接种细胞数。

5.2.2.6.2 相对存活率（RS%）

$$相对存活率(RS\%)=\frac{PE_0(处理)}{PE_0(对照)}\times 100\%$$

5.2.2.6.3 突变频率（MF）

$$MF(\times 10^{-6})=\frac{-\ln(EW/TW)/n}{PE_2}$$

式中：EW 为无集落生长的孔数；TW 为总孔数；n 为每孔接种细胞数（2000）。

6 结果评价

在下列两种情况下可判定受试物在本试验系统中为阳性结果：

（1）受试物引起突变频率具有统计学意义、并与剂量相关的增加。

（2）受试物在任何一个剂量条件下，引起具有统计学意义，并有可重复性的阳性反应。

阳性结果表明受试物可引起所用哺乳类细胞的基因突变。可重复的阳性剂量 - 反应关系意义更大。阴性结果表明在本试验条件下，受试物不引起所用哺乳类细胞的基因突变。

11 哺乳动物骨髓细胞染色体畸变试验

In Vivo Mammalian Bone Marrow Cell Chromosome Aberration Test

1 范围

本规范规定了哺乳动物骨髓细胞染色体畸变试验的基本原则、要求和方法。

本规范适用于检测化妆品原料及其产品的遗传毒性。

2 试验目的

本试验是一项致突变性试验，检测整体动物骨髓细胞染色体畸变，以评价受试物致突变的可能性。

3 定义

3.1 染色体型畸变 chromosome-type aberration

染色体结构损伤，表现为在两个染色单体的相同位点均出现断裂或断裂重组的改变。

3.2 染色单体型畸变 chromatid-type aberration

染色体结构损伤，表现为染色单体断裂或染色单体断裂重组的损伤。

3.3 染色体数目畸变 numerical-type aberration

哺乳动物细胞染色体数目的改变。

4 试验基本原则

使哺乳动物（如大鼠或小鼠）经口或其他适宜途径染毒，动物处死前用细胞分裂中期阻断剂处理，处死后制备骨髓细胞染色体标本，分析染色体畸变。

本方法特别适用于需考虑体内代谢活化后的染色体畸变分析。

若有证据表明待测物或其代谢产物不能到达骨髓，则不适用于本方法。

5 试验方法

5.1 实验动物和饲养环境：

选用健康成年啮齿类动物，推荐使用大鼠或小鼠，每组每种性别至少 5 只，动物在实验室中至少应适应 5 天，实验开始时每一性别动物的体重差异应控制在 ±20% 内。

实验动物及实验动物房应符合国家相应规定。

5.2 受试物

5.2.1 受试物配制：固体受试物应溶解或悬浮于适合的溶剂中，并稀释至一定浓度。液体受试物可直接使用或予以稀释。受试物应在使用前新鲜配制，否则就必须证实贮存不影响其稳定性。

5.2.2 溶剂的选择：溶剂在所选用浓度下，不引起毒性效应，不与受试物发生化学反应。水为首选溶剂。

5.2.3 剂量设置：应进行预试验以选择最高剂量。当有毒性时，可以引起死亡或者抑制骨髓细胞有丝分裂指数（50% 以上）为指标确定最高剂量。在第一次采集样品时，需设置 3 个可供分析的剂量，在第二次采集样品时，则仅需设置最高剂量组。

如果一次剂量为 2000mg/kg 体重时仍未引起毒性效应，则只设 2000mg/kg 体重剂量组。

如果人类的可能（期望）暴露量过大，可选择 2000mg/kg/BW/d 染毒 14 天，或选择 1000mg/kg/B W/d 染毒大于 14 天进行试验。

5.3 对照：在每项试验中，对每种性别均应设阴性对照组和阳性对照组。除不使用受试物外，其他处理与受试物组一致。

5.3.1 阴性对照：除设溶剂对照（即仅含溶剂）外，如果没有文献资料或历史性资料证实所用溶剂不具有有害作用或致突变作用，还应设空白对照组。

5.3.2 阳性对照：阳性对照物应能引起染色体结构畸变率明显高于背景资料。染毒途径可以不同于受试物。所选用的阳性对照物最好与受试物类别有关。可以使用下述物质：三亚乙基密胺（triethylenemelamine）、甲磺酸乙酯（ethyl methanesulphonate）、乙基亚硝基脲（ethyl nitrosonrea）、丝裂霉素 C（mytomycin C）和环磷酰胺（cyclophosphamide）。

5.4 染毒方式：可采用经口或其他适宜的染毒方式。一般染毒为一次完成，如剂量过大时，一天内染毒数次也是可以的，但每次应间隔数小时。

一般情况下，染毒 1 次，但分两次采集标本，即每组动物分两个亚组，亚组 1 于染毒后 12h~18h 处死并采集第一次标本；亚组 2 于亚组 1 处死后 24h 采集第二次标本。如果采用多次染毒，于末次染毒后 12h~18h 采集标本。于处死动物采集标本前腹腔注射细胞分裂中期阻断剂（如用秋水仙素，于处死前 4h，按 4mg/kg 体重给药。若使用动物为小鼠，适宜的处理时间为 3-5h，若使用动物为中国仓鼠，适宜的处理时间为 4h~5h。

5.5　试验步骤

5.5.1　用颈椎脱臼法处死动物，取出股骨，剔除肌肉等组织。

5.5.2　剪去股骨两端，用注射器吸取 5mL 生理盐水，从股骨一端注入，用 10mL 离心管，从股骨另一端接取流出的骨髓细胞悬液。

5.5.3　将细胞悬液以 1000r/min 的速度离心 5min~7min，去除上清液。

5.5.4　加入 0.075mol/L KCl 溶液 7ml，用滴管将细胞轻轻地混匀，放入 37℃水浴中低渗处理 7min，加入 1mL~2mL 固定液（冰醋酸：甲醇 =1：3），混匀，以 1000r/min 速度离心 5min~7min，弃去上清液。

5.5.5　加入 7mL 固定液，混匀，固定 15min，以 1000r/min 的速度离心 7min，弃去上清液。

5.5.6　用同法再固定 1~2 次，弃去上清液。

5.5.7　加入数滴新鲜固定液，混匀。

5.5.8　用混悬液以空气干燥或火焰干燥法制片。

5.5.9　用姬姆萨染液染色。

5.6　读片和结果处理

5.6.1　确定有丝分裂指数：包括所有处理组、阳性和阴性对照组（每只动物计数 500~1000 个细胞）。

5.6.2　计数畸变细胞：对每只动物至少选择 100 个分散良好的中期分裂相，在显微镜油镜下进行读片。由于低渗等机械作用的破坏，会导致处于中期的染色体发生丢失，所以，观察的中期相染色体数目应控制在 2n±2 内。在读片时应记录每一观察细胞的染色体数目，对于畸变细胞还应记录显微镜视野的坐标位置及畸变类型。裂隙（Gap）应单独记录并列出，通常不作为染色体结构畸变计算。所得各组的染色体畸变率用 X^2 检验等进行统计学处理，以评价试验组和对照组之间是否有显著差异。

5.7　结果评价

每个动物作为一个试验单位，在统计分析时，每个动物的数据应列表进行。可把结构畸变细胞率（%）和每细胞内的染色体畸变数作为评价指标。统计分析的标准有几个，当受试物引起染色体畸变数具有统计学意义，并有与剂量相关的增加或者在一个剂量组、单一时间点采样的试验中出现染色体畸变细胞数明显增高，则判定具有致突变性。

在评价时应综合考虑生物学意义和统计学意义，不能作出明确结论时，应改变试验条件进一步进行测试。

6　结果解释

阳性结果证明受试物具有引起该种受试动物骨髓细胞染色体畸变的能力。

阴性结果表明在本试验条件下受试物不引起该种受试动物骨髓细胞染色体畸变。

12 体内哺乳动物细胞微核试验

Mammalian Erythrocyte Micronucleus Test

1 范围

本规范规定了哺乳动物红细胞微核试验的基本原则、要求和方法。

本规范适用于化妆品原料的染色体畸变检测。

2 定义

微核 micronucleus

染色单体或染色体的无着丝点断片，或因纺锤体受损而丢失的整个染色体，在细胞分裂后期，仍然遗留在细胞质中。末期之后，单独形成一个或几个规则的次核，被包含在子细胞的胞质内，因比主核小，故称为微核。

3 原理

凡能使染色体发生断裂或使染色体和纺锤体联结损伤的化学物，都可用微核试验来检测。各种类型的骨髓细胞都可形成微核，但有核细胞的胞质少，微核与正常核叶及核的突起难以鉴别。嗜多染红细胞是分裂后期的红细胞由幼年发展为成熟红细胞的一个阶段，此时红细胞的主核已排出，因胞质内含有核糖体，姬姆萨染色呈灰蓝色，成熟红细胞的核糖体已消失，被染成淡桔红色。骨髓中嗜多染红细胞数量充足，微核容易辨认，而且微核自发率低，因此，骨髓中嗜多染红细胞成为微核试验的首选细胞群。

若动物染毒的时间达4周以上，也可选同一终点的外周血正染红细胞进行微核试验。

若有证据表明待测物或其代谢产物不能到达骨髓，则不适用于本方法。

4 试验的基本原则

通过适当的途径使动物接触受试物，一定时间后处死动物，取出骨髓，制备涂片，经固定、染色，在显微镜下计数含微核的嗜多染红细胞。

5 仪器和器械

生物显微镜、解剖剪、镊子、止血钳、注射器、灌胃针头、载玻片、盖玻片（24mm×50mm）、塑料吸瓶、纱布、滤纸等。

6 试剂

6.1 小牛血清（灭活）

将滤菌的小牛血清置于56℃恒温水浴保温30min灭活。灭活的小牛血清通常保存于

冰箱冷冻室里。

6.2 姬姆萨(Giemsa)染液

成分:Giemsa 染料 3.8g

甲醇 375mL

甘油 125mL

配制:将染料和少量甲醇于乳钵里仔细研磨,再加入甲醇至375mL和甘油,混合均匀,放置37℃恒温箱中保温48h。保温期间,振摇数次,促使染料的充分溶解,取出过滤,两周后用。

6.3 1/15mol/L 磷酸盐缓冲液(pH6.8)

磷酸二氢钾(KH_2PO_4) 4.50g

磷酸氢二钠($Na_2HPO_4 \cdot 12H_2O$) 11.81g

加蒸馏水至 1000mL

6.4 Giemsa 应用液

取一份 Giemsa 染液与6份 1/15mol/L 磷酸盐缓冲液混合而成。现用现配。

7 实验动物和饲养环境

适宜的哺乳动物均适用于本实验,推荐使用小鼠或大鼠。小鼠是微核试验的常规动物。体重为25g~30g。也可选用成年大鼠,体重为150g~200g。动物在实验室中至少应适应3~5天,实验开始时每一性别动物的体重差异应控制在 ±20% 内。

实验动物及实验动物房应符合国家相应规定。

8 剂量分组

一般取受试物 LD_{50} 的1/2、1/5、1/10、1/20等剂量,以求获得微核的剂量-反应关系曲线。当受试物的 LD_{50} 大于5g/kg体重时,可取5g/kg体重为最高剂量,一般至少设3个剂量。每个剂量组10只动物,雌、雄性各半。另外,还应设溶剂对照和阳性物对照组。常用环磷酰胺作为阳性物对照,剂量可为40mg/kg体重。

如果人类的可能(期望)暴露量过大,可选择2000mg/kg/BW/d染毒14天,或选择1000mg/kg/B W/d 染毒大于14天进行试验。

根据受试物的理化性质(水溶性和/或脂溶性)确定受试物所用的溶剂,通常用水、植物油或食用淀粉等。

9 染毒途径和方式

染毒途径视实验目的而定,建议采用经口灌胃方式。采用30h两次给药法,即两次给受试物间隔24h,第二次给受试物后6h取材。

10 试验方法

10.1 样本的制取

动物颈椎脱臼处死后,打开胸腔,沿着胸骨柄与肋骨交界处剪断,剥掉附着其上的肌肉,擦净血污，横向剪开胸骨，暴露骨髓腔，然后用止血钳挤出骨髓液。

长时间染毒的外周血样本从尾或耳静脉采血，一般应在末次染毒的 18h~24h、36h~48h 之间分两次进行。

10.2 涂片

将骨髓液滴在载玻片一端的小牛血清液滴里，仔细混匀。一般来讲，两节胸骨髓液涂一张片子为宜。然后，按血常规涂片法涂片，长度约 2cm~3cm。在空气中晾干。若立即染色，需在酒精灯火焰上方，稍微烘烤一下。

10.3 固定

将干燥的涂片放入甲醇液中固定 5min。即使当日不染色，也应固定后保存。

10.4 染色

将固定过的涂片放入 Giemsa 应用液中，染色 10min~15min，然后立即用 1/15mol/L 磷酸盐缓冲液冲洗。

10.5 封片

用滤纸及时擦干染片背面的水滴，再用双层滤纸轻轻按压染片，以吸附染片上残留的水分，再在空气中晃动数次，以促其尽快晾干，然后放入二甲苯中透明 5min，取出滴上适量光学树脂胶，盖上盖玻片，写好标签。

10.6 观察与计数

先用低倍镜，后用高倍镜粗略检查，选择细胞分布均匀，细胞无损，着色适当的区域，再在油浸镜下计数。虽然不计数含微核的有核细胞，但需用有核细胞形态染色完好做好判断制片优劣的标准。

本法观察含微核的嗜多染红细胞。嗜多染红细胞呈灰蓝色，成熟红细胞呈淡桔红色。微核大多数呈单个圆形，边缘光滑整齐，嗜色性与核质相一致，呈紫红色或蓝紫色。

每只动物至少计数 2000 个嗜多染红细胞。微核率指含有微核的嗜多染红细胞数，以千分率（‰）表示之。若一个嗜多染红细胞中出现两个或两个以上微核，仍按一个有微核细胞计数。

经过化妆品标准委员会验证或证实的图像自动分析系统与流式细胞仪进行的微核试验，可接受为本方法的替代试验。

11 数据处理和结果判断

11.1 数据处理

报告各组微核细胞率的均数和标准差，利用适当的统计学方法如 Poinsson 分布 u 检验比较受试物各剂量组与溶剂对照组的微核率。

若无证据表明所得的数据有性别间的差异，则可将两性别的数据合并进行统计分析。

11.2 结果判定

在评价时应综合考虑生物学意义和统计学意义。如果受试物试验组与溶剂对照组相比，单一剂量法微核率有明显增高；多剂量法的剂量组在统计学上有显著性差异，并有剂量-反应关系则可认为微核试验阳性。

13 睾丸生殖细胞染色体畸变试验

Testicle Cells Chromosome Aberration Test

1 范围

本规范规定了哺乳动物睾丸生殖细胞染色体畸变试验的基本原则、要求和方法。

本规范适用于化妆品原料的遗传毒性检测。

2 试验目的

检测雄性动物生殖细胞染色体损伤，以评价受试物在生殖细胞诱导可遗传的致突变的可能性。

3 定义

3.1　染色体型畸变 chromosome-type aberration

染色体结构损伤，表现为两个染色单体的相同位点均出现断裂或断裂重接。

3.2　染色单体型畸变 chromatid-type aberration

染色体结构损伤，表现为染色单体断裂或染色单体断裂重接。

3.3　染色体数目畸变 numerical-type aberration

染色体数目发生改变，不同于正常二倍体核型，包括整倍体和非整倍体。

4 试验的基本原则

通过适当的途径使动物接触受试物，一定时间后处死动物，动物处死前用细胞分裂中期阻断剂处理，处死后制备睾丸初级精母细胞染色体标本，在显微镜下观察染色体畸变。

本方法特别适用于需考虑体内代谢活化后的染色体畸变分析。

若有证据表明待测物或其代谢产物不能到达睾丸，则不适用于本方法。

5 仪器和器械

生物显微镜、离心机、解剖剪、镊子、离心管、平皿、注射器、灌胃针头、载玻片、盖玻片（24mm × 50mm）等。

6 试剂

6.1　0.04% 秋水仙素：取 40mg 秋水仙素，加生理盐水至 100mL。

6.2　1% 柠檬酸三钠：取 1g 柠檬酸三钠，加蒸馏水至 100mL。

6.3　0.075mol/L 氯化钾溶液：取氯化钾 5.59g，加蒸馏水至 1000mL。

6.4　甲醇 / 冰醋酸（3 : 1，V/V）固定液：临用现配。

6.5　60% 冰乙酸：取 60mL 冰乙酸，加蒸馏水至 100mL，均宜新鲜配制。

6.6　pH6.8 磷酸盐缓冲液

1/15mol/L 磷酸盐缓冲液(pH6.8)

磷酸二氢钾(KH_2PO_4)	4.50g
磷酸氢二钠($Na_2HPO_4 \cdot 12H_2O$)	11.81g
加蒸馏水至	1000mL

6.7　姬姆萨染液

姬姆萨(Giemsa)染液

成分:Giemsa 染料	3.8g
甲醇	375mL
甘油	125mL

配制:将染料和少量甲醇于乳钵里仔细研磨,再加入甲醇至 375mL 和甘油,混合均匀,放置 37℃恒温箱中保温 48h。保温期间,振摇数次,促使染料的充分溶解,取出过滤,两周后用。

姬姆萨应用液:取 1mL 储备液加入 10mL pH6.8 磷酸缓冲液。

6.8　生理盐水、甲醇。

7　实验动物和饲养环境

适宜的雄性啮齿类动物均适用于本实验。推荐使用小鼠,6 周 ~8 周龄,体重为 30g~35g。动物在实验室中至少应适应 5 天,实验开始时动物的体重差异应控制在 ±20% 内。

实验动物及实验动物房应符合国家相应规定。

8　剂量分组

受试物至少设三个剂量组。分别取 1/2、1/5、1/10 或 1/20LD_{50} 剂量。当受试物的 LD_{50} 大于 5g/kg 体重时,可取 5g/kg 体重为最高剂量。另外设阴性(溶剂)对照组和阳性物对照组。阳性对照组用环磷酰胺(40mg/kg 体重)或丝裂霉素 C(1.5mg/kg 体重 ~2mg/kg 体重),腹腔注射。每组至少有 5 只存活动物。

根据受试物的理化性质(水溶性和 / 或脂溶性)确定受试物所用的溶剂,通常用水、植物油或食用淀粉等。

9　染毒途径和方式

染毒途径视实验目的而定,建议采用经口灌胃方式。每天 1 次染毒(如剂量过大时,一天内染毒数次也是可以的,但每次应间隔数小时),连续 5d。于第 1 次染毒后的第 12d~14d 将受试动物处死。处死动物前 6h,腹腔注射 0.04% 秋水仙素溶液,剂量为 4mg/kg 体重。

10　试验方法

10.1　取材

取出两侧睾丸,去净脂肪,于生理盐水中洗去毛和血污,放入盛有适量 1% 柠檬酸三钠或 0.075mol/L 氯化钾溶液的小平皿中。

10.2　制片

10.2.1　低渗:以眼科镊撕开被膜,轻轻地分离曲细精管,加入 1% 柠檬酸三钠溶液 10mL,用滴管吹打曲细精管,室温下静止 20min。

10.2.2　固定：仔细吸尽低渗液，加固定液（甲醇：冰乙酸 =3：1）10mL 固定。第一次不超过 15min，倒掉固定液后，再加入新的固定液固定 20min 以上。如在冰箱（0℃~4℃）过夜固定更好。

10.2.3　离心：吸尽固定液，加 60% 冰乙酸 1~2mL，待大部分曲细精管软化完后，立即加入倍量的固定液，打匀、移入离心管，以 1000r/min 离心 10min。

10.2.4　滴片：弃去大部分上清液，留下约 0.5>1.0mL，充分打匀制成细胞混悬液，将细胞混悬液均匀地滴于冰水玻片上。每个样本制得 2~3 张。空气干燥或微热烘干。

10.2.5　染色：用 1：10 Giemsa 液（PH 6.8）染色 10min（根据室温染色时间不同），用蒸馏水冲洗、晾干。

10.3　封片

用滤纸及时擦干染片背面的水滴，再用双层滤纸轻轻按压染片，以吸附染片上残留的水分，再在空气中晃动数次，以促其尽快晾干，然后放入二甲苯中透明 5min，取出滴上适量光学树脂胶，盖上盖玻片，写好标签。

10.4　阅片

10.4.1　阅片要求

在低倍镜下按顺序寻找背景清晰、分散良好、染色体收缩适中的中期分裂相，然后在油镜下进行分析。由于低渗等机械作用的破坏，会导致处于中期的染色体发生丢失，所以，观察的中期相染色体数目应是 n 对双价体，每只动物至少分析 100 个中期分裂相的初级精母细胞。计数的细胞应含染色体数为 1n+1 的中期相细胞。有对于畸变细胞还应记录显微镜视野的坐标位置及畸变类型。

10.4.2　染色体分析

除了可见到裂隙、短片、微小体外，还要分析互相易位、X-Y 和常染色体的单价体。

11　数据处理和结果判断

所得各组染色体畸变率用 χ^2 检验，或其他适当的显著性检验方法进行统计学处理。当各剂量组与阴性（溶剂）对照组相比，畸变细胞率有显著性意义的增加，并有剂量 - 反应关系时；或仅一个剂量组有显著性意义的增加，经重复试验证实后，可判为试验结果阳性。

12　结果解释

阳性结果证明受试物具有引起该种动物睾丸生殖细胞染色体畸变的能力。

阴性结果表明在本试验条件下受试物不引起该种动物睾丸生殖细胞染色体畸变。

14　亚慢性经口毒性试验

Subchronic Oral Toxicity Test

1　范围

本规范规定了啮齿类动物亚慢性经口毒性试验的基本原则、要求和方法。

本规范适用于检测化妆品原料的亚慢性经口毒性。

2 试验目的

在估计和评价化妆品原料的毒性时，获得受试物急性毒性资料后，还需进行亚慢性经口毒性试验。通过该试验不仅可获得一定时期内反复接触受试物后引起的健康效应、受试物作用靶器官和受试物体内蓄积能力资料，并可估计接触的无有害作用水平，后者可用于选择和确定慢性试验的接触水平和初步计算人群接触的安全性水平。

3 定义

3.1 亚慢性经口毒性 subchronic oral toxicity

是指在实验动物部分生存期内，每日反复经口接触受试物后所引起的不良反应。

3.2 未观察到有害作用的剂量水平 no observed adverse effect level（NOAEL）

在规定的试验条件下，用现有的技术手段或检测指标未观察到任何与受试物有关的毒性作用的最大剂量。

3.3 观察到有害作用的最低剂量水平 lowest observed adverse effect level（LOAEL）

在规定的试验条件下，受试物引起实验动物组织形态、功能、生长发育等有害效应的最低剂量。

3.4 靶器官 target organ

实验动物出现由受试物引起的明显毒性作用的器官。

4 试验的基本原则

以不同剂量受试物每日经口给予各组实验动物，连续染毒 90d，每组采用一个染毒剂量。染毒期间每日观察动物的毒性反应。在染毒期间死亡的动物要进行尸检。染毒结束后所有存活的动物均要处死，并进行尸检以及适当的病理组织学检查。

5 试验方法

5.1 实验动物和饲养环境

5.1.1 动物种系的选择

常规选择啮齿类动物，首选大鼠。一般选用 6 周 ~8 周龄的大鼠。动物体重的变动范围不应超出平均动物体重的 20%。若该试验为慢性试验的预备试验，则在两个试验中所用的动物种系应当相同。

5.1.2 动物的性别和数量

每一剂量组实验动物至少应有 20 只（雌雄各半），但是考虑到亚慢性试验的重要性，应适当增加每组雌雄动物数。若计划在试验过程中处死动物，则应增加计划处死的动物数。试验结束时的动物数需达到能够有效评价受试物毒性作用的数量。此外，可另设一追踪观察组，选用 20 只动物（雌雄各半），给予最高剂量受试物，染毒 90d，在全程染毒结束后继续观察一段时间（一般不少于 28d），以了解毒性作用的持续性、可逆性或迟发毒作用。

5.1.3 饲养环境

实验动物及实验动物房应符合国家相应规定。选用标准配合饲料，饮水不限制。

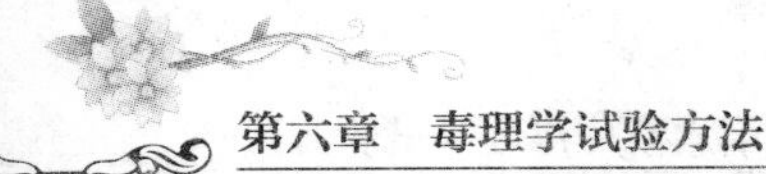

5.2　剂量分组

试验时至少要设三个染毒组和一个对照组。除不接触受试物外，对照组的其他条件均与试验组相同。最高染毒剂量的设计应在引起中毒效应的前提下又不致造成动物过多死亡，否则将会影响结果的评价。低剂量组应不出现任何毒性作用。若掌握人群接触水平，则最低染毒剂量应高于人群的实际接触水平。中间剂量组应引起较轻的可观察到的毒性作用。若设多个中间剂量组，则各组的染毒剂量应引起不同程度毒性作用。在中、低剂量组和对照组中，动物死亡率应很低，以保证得到有意义的评价结论。

对那些毒性较低的物质来说，当通过饲料染毒时应特别注意确保大量的受试物混入不会对动物正常营养产生影响。对其他的染毒方式要加以特殊说明。若采用灌胃方式染毒，则每日染毒时点应相同，并定期（每周）按体重调整染毒剂量，维持单位体重染毒水平不变。

本项试验中，如果接触水平超过 1000mg/kg 时仍未产生可观测到的毒性效应，而且可以根据相关结构化合物预期受试物毒性时，可以考虑不必进行三个剂量水平的全面试验观察。

5.3　试验步骤

染毒开始前至少要有 5d 时间使实验动物适应实验室饲养环境。实验动物随机分组。受试物可通过混入饲料或饮水、直接喂饲以及灌胃进行染毒。动物每周 7d 染毒。试验期间所有动物染毒的方式应完全相同。若为染毒目的加入其他溶剂或添加剂，这些溶剂或添加剂不应影响受试物的吸收或引起毒性作用。

5.4　临床观察

观察时间应至少为 90d。追踪观察组还要增加 28d，但不作任何处理，以了解毒性作用的可逆性、持续性及迟发毒作用。

观察期间对动物的任何毒性表现均应记录，记录内容包括发生时间、程度和持续时间。观察应至少包括如下内容：皮肤和被毛的改变、眼和粘膜变化、呼吸、循环、植物神经和中枢神经系统、肢体运动和行为活动等改变。应计算每周饲料消耗量（或当通过饮水染毒时的饮水消耗量），记录每周体重变化。

5.5　临床检查

5.5.1　眼科检查

在动物染毒前和染毒后，最好对所有实验动物，至少应对最高剂量组和对照组动物，使用眼科镜或其他有关设备进行眼科检查。若发现动物有眼科变化则应对所有动物进行检查。

5.5.2　血液检查

在染毒前、染毒中期、染毒结束及追踪观察结束时应测定血球容积、血红蛋白浓度、红细胞数、白细胞总数和分类，必要时测定凝血功能如凝血时间、凝血酶原时间、凝血激酶时间或血小板数等指标。

5.5.3　临床血液生化检查

在染毒前、染毒中期、染毒结束及追踪观察结束时进行，检查指标包括电解质平衡、碳水化合物代谢、肝、肾功能。可根据受试物作用形式选择其他特殊检查。推荐的指标包括：钙、磷、氯、钠、钾、禁食血糖（不同动物品系采用不同的禁食期）、血清谷丙转氨酶、血清谷草转氨酶、鸟氨酸脱羧酶、γ 谷氨酰转肽酶、尿素氮、白蛋白、血液肌酐、总胆红素及总血清蛋白。必要时可进行脂肪、激素、酸碱平衡、正铁血红蛋白、胆碱酯酶活性的分析测定。此外，还可根据所观察到的毒性作用进行其他更大范围的临床生化检查，以便进行全面的毒性评价。

5.5.4　尿液检查

一般不需要进行，只有当怀疑存在或观察到相关毒性作用时方需进行尿液检查。

5.6　病理检查

5.6.1　大体尸检

所有动物均应进行全面的大体尸检，内容包括动物的外观、所有孔道，胸腔、腹腔及其内容物。肝、肾、肾上腺、睾丸、附睾、子宫、卵巢、胸腺、脾、脑和心脏应在分离后尽快称重以防水分丢失。应将下列组织和器官保存在固定液中，以备日后进行病理组织学检查：所有大体解剖呈现异常的器官、脑（包括延髓 / 脑桥、小脑和大脑皮层、脑垂体）、甲状腺 / 甲状旁腺、胸腺、肺 / 气管、心脏、主动脉、唾液腺 *、肝、脾、肾、肾上腺、胰、性腺、子宫、生殖附属器官 *、皮肤 *、食管、胃、十二指肠、空肠、回肠、盲肠、结肠、直肠、膀胱、前列腺、有代表性的淋巴结、雌性乳腺 *、大腿肌肉 *、周围神经、胸骨（包括骨髓）、眼 *、股骨（包括关节面）*、脊髓（包括颈部、胸部、腰部）* 和泪腺 *。

* 只有当毒性作用提示或作为被研究的靶器官时才需要检查这些器官。

5.6.2　病理组织学检查

应对下述器官和组织进行检查：

（1）所有最高剂量组和对照组动物的重要的和可能受到损伤的器官或组织，如高剂量组动物的器官或组织有病理组织学的病变，则应扩展至其他剂量组的相应的器官和组织。

（2）各剂量组大体解剖见有异常的器官或组织。

（3）其他剂量组动物的靶器官。

（4）在追踪观察组，应对那些在染毒组呈现毒性作用的组织和器官进行检查。

6　试验结果的评价

6.1　结果的处理

可通过表格形式总结试验结果，显示试验开始时各组动物数、出现损伤的动物数、损伤的类型和每种损伤的动物百分比。对所有数据应采用适当的统计学方法进行评价，统计学方法应在试验设计时确定。

6.2　结果评价

亚慢性经口毒性试验结果应结合前期试验结果，并考虑到毒性效应指标和尸检及病理组织学检查结果进行综合评价。毒性评价应包括受试物染毒剂量与是否出现毒性反应、毒性反应的发生率及其程度之间的关系。这些反应包括行为或临床异常、肉眼可见的损伤、靶器官、体重变化情况、死亡效应以及其他一般或特殊的毒性作用。在综合分析的基础上得出 90 天经口毒性的 LOAEL 和（或）NOAEL，为慢性毒性试验的剂量、观察指标的选择提供依据。

7　试验结果的解释

亚慢性经口毒性试验能够提供受试物在经口反复接触时的毒性作用资料。其试验结果可在很有限的程度上外推到人，但它可为确定人群的允许接触水平提供有用的信息。

15　亚慢性经皮毒性试验

Subchronic Dermal Toxicity Test

1　范围

本规范规定了啮齿类动物亚慢性经皮毒性试验的基本原则、要求和方法。

本规范适用于检测化妆品原料的亚慢性经皮毒性。

2　试验目的

在估计和评价化妆品原料的毒性时，获得受试物急性经皮毒性资料后，还需进行亚慢性经皮毒性试验。通过该试验不仅可获得在一定时期内反复接触受试物后可能引起的健康影响资料，而且为评价受试物经皮渗透性、作用靶器官和慢性皮肤毒性试验剂量选择提供依据。

3　定义

3.1　亚慢性经皮毒性 subchronic dermal toxicity

是指在实验动物部分生存期内，每日反复经皮接触受试物后所引起的不良反应。

3.2　未观察到有害作用的剂量水平 no observed adverse effect level（NOAEL）

在规定的试验条件下，用现有的技术手段或检测指标未观察到任何与受试物有关的毒性作用的最大剂量。

3.3　观察到有害作用的最低剂量水平 lowest observed adverse effect level（LOAEL）

在规定的试验条件下，受试物引起实验动物组织形态、功能、生长发育等有害效应的最低剂量。

3.4　靶器官 target organ

实验动物出现由受试物引起的明显毒性作用的器官。

4　试验的基本原则

以不同剂量受试物每日经皮给予各组实验动物，连续染毒90d，每组采用一个染毒剂量。染毒期间每日观察动物的毒性反应。在染毒期间死亡的动物要进行尸检。染毒结束后对所有存活的动物均要处死，并进行尸检以及适当的病理组织学检查。

5　试验方法

5.1　受试物

若受试物为固体，应将其粉碎并用水（或适当的介质）充分湿润，以保证受试物与皮肤有良好的接触。若采用介质，应考虑该介质对受试物皮肤通透性的影响。液体受试物一般不用稀释。

5.2　实验动物和饲养环境

5.2.1　动物种系的选择

可采用成年大鼠、家兔或豚鼠进行试验，也可使用其他种属的动物。当亚慢性试验作为慢性试验的预备试验时，则在两项试验中所使用的动物种系应当相同。

5.2.2　动物的性别和数量

每一剂量组实验动物至少应有20只（雌雄各半），皮肤健康。若计划在试验过程中处死动物，则应增加计划处死的动物数。此外，可另设一追踪观察组，选用20只动物（雌雄各半），给予最高剂量受试物，染毒90d，全程染毒结束后继续观察一段时间（一般不少于28d），以了解毒性作用的持续性、可逆性或迟发毒作用。

5.2.3　饲养环境

实验动物及实验动物房应符合国家相应规定。选用标准配合饲料，饮水不限制。

5.3　剂量分组

试验时至少要设三个染毒组和一个对照组。除不接触受试物外，对照组的其他条件均与试验组相同。最高染毒剂量的设计应在引起中毒效应的前提下又不致造成动物过多死亡，否则将会影响结果的评价。低剂量组应不出现任何毒性作用。若掌握人群接触水平，则最低染毒剂量应高于人群的实际接触水平。中间剂量组应引起较轻的可观察到的毒性作用。若设多个中间剂量组，则各组的染毒剂量应引起不同程度毒性作用。在中、低剂量组和对照组中，动物死亡率应很低，以保证得到有意义的评价结论。

若受试物引起严重的皮肤刺激效应，则应降低受试物的使用浓度，尽管这样可导致原来在高剂量下出现的其他毒性作用减弱或消失。若在试验早期动物的皮肤受到严重损伤，则有必要终止试验，并使用较低的浓度重新开始试验。

本项试验中，如果接触水平超过1000mg/kg时仍未产生可观测到的毒性效应，而且可以根据相关结构化合物预期受试物毒性时，可以考虑不必进行三个剂量水平的全面试验观察。

5.4　试验步骤

动物在试验前至少要在实验室饲养环境中适应5d时间。染毒前24h，将动物躯干背部染毒区的被毛剪掉或剃除。大约每周要对染毒部位去毛。在使用剪刀或剃刀进行去毛时应特别小心，以防损伤动物的皮肤从而引起皮肤通透性的改变。染毒部位的面积不应小于动物体表面积的10%，应通过对动物体重的测定确定染毒部位的面积。若受试物毒性较大，则可相对减小染毒区域的面积，但受试物应尽可能薄而均匀地涂敷于整个染毒区域。在染毒操作期间应使用玻璃纸和无刺激的胶带将受试物固定，以保证受试物与皮肤有良好的接触，并防止动物舔食。

在90d试验期间，实验动物每周7d每天染毒6h。追踪观察组则要多进行28d观察，以了解毒性作用的持续性、可逆性及迟发毒作用。

5.5　临床观察

试验中每天至少应进行一次仔细的临床检查。

观察期间对动物的任何毒性表现均应记录，记录内容包括发生时间、程度和持续时间。笼边观察应至少包括如下内容：皮肤和被毛的改变、眼和粘膜变化、呼吸、循环、植物神经和中枢神经系统、肢体运动和行为活动等改变。应计算每周饲料消耗量，记录每周体重变化。

5.6 临床检查

5.6.1 眼科检查

在动物染毒前和染毒后，最好对所有实验动物，至少应对最高剂量组和对照组动物，使用眼科镜或其他有关设备进行眼科检查。若发现眼科变化则应对所有动物进行检查。

5.6.2 血液检查

在染毒前、染毒中期、染毒结束及追踪观察结束时应测定包括血球容积、血红蛋白浓度、红细胞数、白细胞总数和分类、必要时测定凝血功能，如凝血时间、凝血酶原时间、凝血激酶时间或血小板数等指标。

5.6.3 临床血液生化检查

染毒前、染毒中期、染毒结束及追踪观察结束时进行，检查指标包括电解质平衡、碳水化合物代谢、肝、肾功能。可根据受试物作用形式选择其他特殊检查。推荐的指标包括：钙、磷、氯、钠、钾、禁食血糖（不同动物品系采用不同的禁食期）、血清谷丙转氨酶、血清谷草转氨酶、鸟氨酸脱羧酶、γ 谷氨酰转肽酶、尿素氮、白蛋白、血液肌酐、总胆红素及总血清蛋白。必要时可进行脂肪、激素、酸碱平衡、正铁血红蛋白、胆碱酯酶活性的分析测定。此外，还可根据所观察到的毒性作用进行其他更大范围的临床生化检查，以便进行全面的毒性评价。

5.6.4 尿液检查

一般不需要进行，只有当怀疑存在或观察到相关毒性作用时方需进行尿液检查。

5.7 病理检查

5.7.1 大体尸检

所有动物均应进行全面的大体尸检，内容包括机体的外观、所有孔道，胸腔、腹腔及其内容物。肝、肾、肾上腺、睾丸、附睾、子宫、卵巢、胸腺、脾、脑和心脏应在分离后尽快称重以防水分丢失。应将下列组织和器官保存在固定液中，以便日后进行病理组织学检查：所有大体解剖呈现异常的器官、脑（包括延髓 / 脑桥、小脑和大脑皮层、脑垂体）、甲状腺 / 甲状旁腺、胸腺、肺 / 气管、心脏、主动脉、唾液腺 *、肝、脾、肾、肾上腺、胰、性腺、子宫、生殖附属器官 *、皮肤、食管、胃、十二指肠、空肠、回肠、盲肠、结肠、直肠、膀胱、前列腺、有代表性的淋巴结、雌性乳腺 *、大腿肌肉 *、周围神经、胸骨（包括骨髓）、眼 *、股骨（包括关节面）*、脊髓（包括颈部、胸部、腰部）* 和泪腺 *。

* 只有当毒性作用提示或作为被研究的靶器官时才需要检查这些器官。

5.7.2 病理组织学检查

应对下述器官和组织进行病理组织学检查：

（1）所有最高剂量组和对照组动物的重要的和可能受到损伤的器官或组织，如高剂量组动物的器官或组织有病理组织学病变则应扩展至其他剂量组的相应的器官和组织。

（2）各剂量组大体解剖见有异常的器官或组织。

（3）其他剂量组动物的靶器官。

（4）对追踪观察组，应对那些在染毒组呈现毒性作用的组织和器官进行检查。

6 试验结果的评价

6.1 结果的处理

可通过表格形式总结试验结果，显示试验开始时各组动物数、出现损伤的动物数、损伤

的类型和每种损伤的动物百分比。对所有数据应采用适当的统计学方法进行评价，统计学方法应在试验设计时确定。

6.2 试验结果的评价

亚慢性经皮毒性试验结果应结合前期试验结果，并考虑到毒性效应指标和尸检及病理组织学检查结果进行综合评价。毒性评价应包括受试物染毒剂量与是否出现毒性反应、毒性反应的发生率及其程度之间的关系。这些反应包括行为或临床异常、肉眼可见的损伤、靶器官、体重变化情况、死亡效应以及其他一般或特殊的毒性作用。在综合分析的基础上得出 90 天经皮毒性的 LOAEL 和（或）NOAEL，为慢性毒性试验的剂量、观察指标的选择提供依据。

7 试验结果的解释

亚慢性经皮毒性试验能够提供受试物在经皮反复接触时的毒性作用资料。其试验结果可在很有限的程度上外推到人，但它可为确定人群的允许接触水平提供有用的信息。

16 致畸试验

Teratogenicity Test

1 范围

本规范规定了动物致畸试验的基本原则、要求和方法。

本规范用于检测化妆品原料的致畸性。

2 试验目的

检测妊娠动物接触化妆品原料后引起胎鼠畸形的可能性。

3 定义

致畸性 teratogenincty

在胚胎发育期引起胎仔永久性结构和功能异常的化学物质特性。

4 试验基本原则

在胚胎发育的器官形成期给妊娠动物染毒，在胎鼠出生前将妊娠动物处死，取出胎鼠检查其骨骼和内脏畸形。

5 试验方法

5.1 试剂

5.1.1 甲醛、冰乙酸、2,4,6- 三硝基酚、氢氧化钾、甘油、水合氯醛、茜素红。

5.1.2 茜素红贮备液：茜素红饱和液，50% 乙酸饱和液 5.0mL，甘油 10.0mL，1% 水合氯

醛 60.0mL 混合，放入棕色瓶中。

5.1.3 茜素红应用液：取贮备液 3mL~5mL，用 1~2g/100mL 氢氧化钾液稀释至 1000mL，存于棕色瓶中。

5.1.4 茜素红溶液：茜素红 0.1g，氢氧化钾 10g，蒸馏水 1000mL。

5.1.5 透明液 A：甘油 200mL，氢氧化钾 10g 蒸馏水 790mL。

5.1.6 透明液 B：甘油与蒸馏水等量混合。

5.1.7 固定液（Bouins 液）：2，4，6- 三硝基酚（苦味酸饱和液）75 份、甲醛 20 份、冰乙酸 5 份。

5.2 实验动物和饲养环境

动物选择：首选为健康的性成熟大鼠。

实验动物及实验动物房应符合国家相应规定。

5.3 剂量和分组

至少设三个剂量组，最高剂量应能引起母鼠某些毒性反应，但不应引起 10% 以上动物的死亡。最低剂量不会出现可观察到的毒性反应。另设阴性对照组。每组至少 12 只孕鼠。当初次进行致畸试验或使用新的动物种属和品系时，必须同时设阳性对照组，阳性对照物可选用敌枯双、维生素 A 等。

5.4 试验步骤

5.4.1 "孕鼠"的检出和给受试物时间

雌鼠和雄鼠按 1：1（或 2：1）同笼，每日晨观察阴栓（或阴道涂片），查出阴栓（或精子）的当天定为孕期零天。如果 5d 内没查出"受精鼠"，应调换雌鼠。检出的"受精鼠"按随机分组。在孕期 6d~15d，每天经口给予受试物。孕鼠于孕期 0d、6d、10d、15d 和 20d 称重，并根据体重调整给受试物量。

5.4.2 孕鼠处死和一般检查

大鼠于妊娠第 20d 处死。剖腹检查卵巢内黄体数，取出子宫，称重；检查活胎、早期吸收和死胎数。

5.4.3 活胎鼠检查

逐一记录胎鼠体重、体长、尾长、检查胎鼠外观有无异常，如头部有无脑膨出、露脑、小头、小耳、小眼、无眼和睁眼、兔唇、下颌裂，躯干部有无腹壁裂、脐疝、脊柱弯曲，四肢有无小肢、短肢、并趾、多趾、无趾等畸形，尾部有无短尾、卷尾、无尾、肛门有无闭锁。

5.4.4 胎鼠骨标本的制作与检查

将每窝 1/2 的活胎鼠放入 95%（V/V）乙醇中固定 2 周 ~3 周，取出胎仔（或可去皮、去内脏及脂肪）流水冲洗数分钟后放入 1g~2g/100mL 的氢氧化钾溶液内（至少 5 倍于胎仔体积）8h~72h，透明后放入茜素红应用液中染色 6h~48h，并轻摇 1~2 次 /d，至头骨染红为宜。再放入透明液 A 中 1d~2d，放入透明液 B 中 2d~3d，待骨骼染红而软组织基本褪色后，可将标本放在甘油中保存。也可将胎鼠剥皮、去内脏及脂肪后，放入茜素红溶液染色，当天摇动玻璃瓶 2~3 次，待骨骼染成红色时为止。将胎鼠放入透明液 A 中 1~2 天，换到透明液 B 中 2~3 天。待胎鼠骨骼已染红，而软组织的紫红色基本褪色后，可将标本放在甘油中保存。（剥皮法）将标本放入小平皿中，用透射光源，在体视显微镜下作整体观察，然后逐步检查骨骼。测量囟门大小，矢状缝的宽度，头顶间骨及后头骨缺损情况，然后检查胸骨的数目，缺失或融合（胸骨为 6 个,骨化不全时首先缺第 5 胸骨、次为缺第 2 胸骨)。肋骨通常 12~13 对,常见畸形有融合肋、分叉肋、波状肋、短肋、多肋、缺肋、肋骨中断。脊柱发育和椎体数目(颈椎 7 个,胸椎 12~13 个,腰椎 5~6 个,底椎 4 个,尾椎 3~5 个),有无融合、纵裂等。最后检查四肢骨。

5.4.5 胎鼠内脏检查

每窝的 1/2 胎鼠放入 Bouins 液中,固定两周后作内脏检查。先用自来水冲去固定液,将鼠仰放在石蜡板上,剪去四肢和尾,用刀片从头部到尾部逐段横切或纵切。按不同部位的断面观察器官的大小、形状和相对位置。正常切面见图。

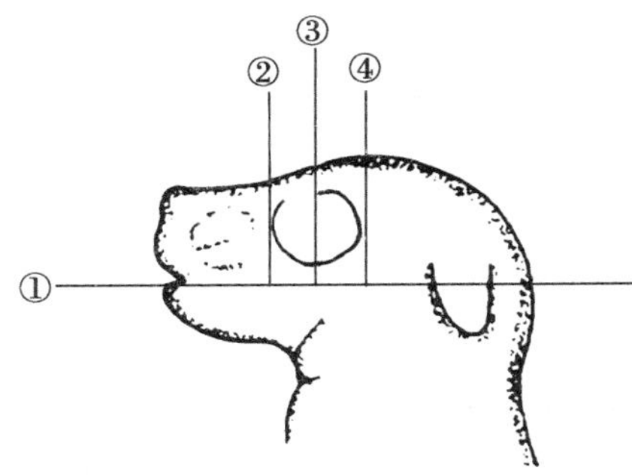

(1) 经口从舌与两口角向枕部横切(切面 1),观察大脑、间脑、延髓、舌及颚裂。

(2) 在眼前面作垂直纵切(切面 2),可见鼻部。

(3) 从头部垂直通过眼球中央作纵切(切面 3)。

(4) 沿头部最大横位处穿过作横切(切面 4)。

以上切面的目的可观察舌裂、颚裂、眼球畸形、脑和脑室异常。

(5) 沿下颚水平通过颈部中部作横切,可观察气管、食管和延脑或脊髓。

以后自腹中线剪开胸、腹腔,依次检查心、肺、横膈膜、肝、胃、肠等脏器的大小、位置,查毕将其摘除,再检查肾脏、输尿管、膀胱、子宫或睾丸位置及发育情况。然后将肾脏切开,观察有无肾盂积水与扩大。

5.5 统计方法及结果评定

各种率的检查用 X^2 检验,孕鼠增重用方差分析或非参数统计,胎鼠身长、体重、窝平均活胎数用 T 检验。结果应能得出受试物是否有母体毒性和胚胎毒性、致畸性,最好能得出最小致畸剂量。

为比较不同有害物质的致畸强度,可计算致畸指数,以致畸指数 10 以下为不致畸,10~100 为致畸,100 以上为强致畸。为表示有害物对人体危害的大小,可计算致畸危害指数,如指数大于 300 说明受试物对人危害小,100~300 为中等,小于 100 为危害大。

$$\text{致畸指数} = \frac{\text{雌鼠 } LD_{50}}{\text{最小致畸剂量}}$$

$$\text{致畸危害指数} = \frac{\text{最大不致畸剂量}}{\text{最大可能摄入量}}$$

6 结果解释

解释致畸试验结果时,必须注意种属差异。试验结果从动物外推到人的有效性很有限。

17 慢性毒性/致癌性结合试验

Combined Chronic Toxicity/Carcinogenicity Test

1 范围

本规范规定了动物慢性毒性/致癌性结合试验的基本原则、要求和方法。

本规范适用于化妆品原料的慢性毒性和致癌性的检测。

2 定义

2.1 慢性毒性 chronic toxicity

动物在正常生命期的大部分时间内接触受试物所引起的不良反应。

2.2 未观察到有害作用的剂量水平 no observed adverse effect level(NOAEL)

在规定的试验条件下,用现有的技术手段或检测指标未观察到任何与受试物有关的毒性作用的最大剂量。

2.3 观察到有害作用的最低剂量水平 lowest observed adverse effect level(LOAEL)

在规定的试验条件下,受试物引起实验动物组织形态、功能、生长发育等有害效应的最低剂量。

2.4 靶器官 target organ

实验动物出现由受试物引起的明显毒性作用的器官。

2.5 化学致癌物 chemical carcinogen

能引起肿瘤,或使肿瘤发生率增加的化学物。

3 原理

化学物质在体内的蓄积作用,是发生慢性中毒的基础。慢性毒性试验是使动物长期地以一定方式接触受试物引起的毒性反应的试验。

当某种化学物质经短期筛选试验证明具有潜在致癌性,或其化学结构与某种已知致癌剂十分相近时,而此化学物质有一定实际应用价值时,就需用致癌性试验进一步验证。动物致癌性试验为人体长期接触该物质是否引起肿瘤的可能性提供资料。

4 试验的基本原则

在实验动物的大部分生命期间将受试化学物质以一定方式染毒,观察动物的中毒表现,并进行生化指标、血液学指标、病理组织学等检查,以阐明此化学物质的慢性毒性。

将受试化学物质以一定方式处理动物,在该动物的大部分或整个生命期间及死后检查肿瘤出现的数量、类型、发生部位及发生时间,与对照动物相比以阐明此化学物质有无致癌性。

5　实验动物和饲养环境

5.1　动物种类和品系的选择

为选择合适的动物(种类和品系),应该进行有关的急性、亚急性和毒物动力学试验。在评价致癌性时常用小鼠和大鼠,而进行慢性毒性试验常用大鼠和狗。

对慢性毒性 / 致癌性结合试验,一般均采用大鼠,但这并不排斥使用其他种类。所选用的品系应是对该类受试物的致癌和毒性作用敏感的。

5.2　性别和实验开始时的年龄

两种性别都应该使用,最常使用刚断奶或已断奶的年幼动物来进行慢性毒性和致癌性的长期生物学试验。

在啮齿类动物断奶和适应环境之后要尽快开始试验,最好在 6 周龄之前。

5.3　实验组的动物数

应保证试验结果的可靠性并能进行统计学处理,实验组和对照组动物,应采用随机分配的方法。

每组都应有足够的动物数用来进行详细的生物学和统计学分析。

每一个剂量组和相应的对照组至少应该有 50 只雄性和 50 只雌性的动物,不包括提前剖杀的动物数。如需观察肿瘤以外的病理变化可设附加剂量组,两种性别各 20 只动物,其相应的对照组两种性别各 10 只动物。

5.4　动物的管理、饲料和饮水

必须严格的控制环境条件和合理的动物管理措施。

实验动物及实验动物房应符合国家相应规定。

6　剂量组和给受试物的频率

为了评价致癌性试验,至少要设三个剂量组的实验组及一个相应的对照组。高剂量组可以出现某些较轻的毒性反应,但不能明显缩短动物寿命。这些毒性反应可能表现在血清酶水平的改变,或体重增加受到轻度抑制(低于 10%)。

低剂量不能引起任何毒性反应,应不影响动物的正常生长、发育和寿命。一般不应低于高剂量的 10%。

中剂量应界于高剂量和低剂量之间,可根据化学物的毒代动力学性质来确定。

结合慢性毒性试验,应附加一个实验组和相应的对照组。最高剂量应能产生明显的毒性。

一般每天给予受试物。如果所给的化学物质是混在饮水中或饲料中,应保证连续给予。给受试物的频率也可以按其毒代动力学变化进行调整。

应设相应的对照组,除不接触受试物外,其他条件应和实验组相同。

7　给受试物的途径

经口,经皮,吸入是三种主要给受试物途径。选择何种途径要根据受试物的理化特性和对人有代表性的接触方式。

给受试物的频率按所选择的给予途径和方式可以有所不同,如有可能,应按照受试物的毒代动力学变化进行调整。

7.1 经口染毒

如果受试物是通过胃肠道吸收的则最好选用经口途径。按试验期限（9）中指明的试验期限，把受试物混入饲料中、溶于饮水中，或用管饲法连续给予动物。每周7天均给予受试物，中断染毒可使动物得到恢复或毒性缓解，从而影响结果及以后的评价。

7.2 经皮染毒

选择皮肤接触方式是用于模仿人接触有关物质的一个主要途径，并作为诱发皮肤病变的试验模型。有关诱导皮肤肿瘤的特殊试验在本方法中不作介绍。

7.3 吸入染毒

吸入方式不是化妆品主要接触途径，因此吸入染毒本方法不作介绍。

8 试验期限

在附加组中20只实验动物/每性别和10只相应对照组动物/每性别至少应该维持到12个月。

这些动物的剖杀，应是用于评价和受试物有关的，但并非老年性改变所导致的病理变化。致癌性试验的期限必须包括受试物正常生命期的大部分时间。

确定试验期限的几条准则：

（1）一般情况下，试验结束时间对小鼠和仓鼠应在18个月，大鼠在24个月；然而对某些生命期较长的或自发肿瘤率低的动物品系，小鼠和仓鼠可在24个月，大鼠可在30个月。

（2）当最低剂量和对照组存活动物只有25%时，也可以结束试验。对于有明显性别差异的试验，则其结束的时间对不同的性别应有所不同。在某种情况下因明显的毒性作用只造成高剂量组动物过早死亡，此时不应结束试验。

9 临床观察和检查

9.1 观察

至少每天进行一次动物情况的检查。每天还应有数次有目的的观察，如剖检死亡动物或存入冰箱，将有病或垂死的动物分开或处死。及时发现所有的毒性作用的开始及其变化，并能减少因疾病、自溶或被同类所食造成的动物损失。

详细记录动物的症状包括神经系统和眼睛的改变，可疑肿瘤在内的所有毒性作用出现和变化的时间，以及死亡情况。

在试验的前13周内，每周称量体重一次，以后每4周称量一次。在试验的前13周内，每周检查一次动物的食物摄取情况，以后如动物健康状况或体重无异常改变，则每3个月检查一次。

9.2 血液学检查

血液学检查（血红蛋白含量，血球压积，红血球计数，白血球计数，血小板，或其他血凝试验）应在3个月，6个月，以后每隔6个月及实验结束时进行，各组每个性别要检查20只大鼠。每次采集的血标本应来自相同的大鼠。最高剂量组和对照组大鼠应在同样的时间间隔内进行白血球分类计数，中等剂量组大鼠只是在必要时才做。

在试验期间，如果大体观察表明动物健康恶化，应对有关动物进行血球分类计数检查。

高剂量和对照组动物要进行血球分类计数。如两组间有很大差异时，应对较低剂量组的动物进行血球分类计数。

9.3　尿分析

收集各组每性别10只大鼠尿样进行分析，最好是在做血液检查的同时并取自同一大鼠。应测下列指标，可单个进行，也可每组相同性别的尿标本混在一起测定。

分析指标：外观；每个动物的尿量和比重；蛋白，糖，酮体，潜血（半定量）；沉淀物镜检（半定量）。

9.4　临床化学

每6个月及实验结束时，收集各组每性别的10只大鼠的血液标本进行临床化学检查，尽可能在各个时间间隔内采取相同的大鼠血标本。分离血浆，进行下列指标测定：

总蛋白浓度；白蛋白浓度；肝功能试验（如碱性磷酸酶，谷丙转氨酶，谷草转氨酶，γ谷氨酰转肽酶，鸟氨酸脱羧酶）；糖代谢，如糖耐量；肾功能，如血尿素氮。

9.5　病理检查

肉眼和病理检查常常是慢性/致癌性结合试验的基础。

9.5.1　肉眼剖检

所有的动物包括那些在实验过程中死亡或因处于垂死状态而被处死的，应进行肉眼检查。在所有动物被处死前，应收集血样品进行血球分类计数。保存所有肉眼可见的肿瘤或可疑为肿瘤的。

所有的器官或组织都应保留以进行镜下检查。一般包括下列器官和组织：脑*（髓/脑桥，小脑皮质，大脑皮质），垂体，甲状腺（包括甲状旁腺），胸腺，肺（包括气管），心脏，唾液腺，肝*，脾，肾*，肾上腺*，食管，胃，十二指肠，空肠，回肠，盲肠，结肠，直肠，膀胱，淋巴结，胰腺，性腺*，生殖附属器官，乳腺，皮肤，肌肉，外周神经，脊髓（颈，胸，腰），胸骨或股骨（包括关节）和眼。肺和膀胱用固定剂填充能更好地保存组织。

9.5.2　组织病理检查

所有肉眼可见的肿瘤和其他病变都应进行病理检查。此外还要注意下列方面：

（1）对所有保存的器官和组织进行镜下检查，详细描述发现的所有病变。

①包括实验过程中死亡或处死的动物。

②所有最高剂量组和对照组动物。

（2）在较低剂量组，由受试物引起或可能由受试物引起异常的器官或组织也应进行检查。

*啮齿动物每组每性别10只，非啮齿动物全部标有*号的器官包括甲状腺及甲状旁腺都应称重。

10　数据处理和结果评价

可通过表格形式总结试验结果，显示试验各时段各组动物数、出现病变的动物数、病变类型等。对所有数据应采用适当、合理的统计学方法进行评价，统计学方法应在试验设计时确定。

慢性毒性与致癌合并试验应结合前期试验结果，并考虑到毒性效应指标和解剖及组织病理学检查结果进行综合评价。结果评价应包括受试物慢性毒性的表现、剂量-反应关系、

靶器官、可逆性,得出慢性毒性相应的 NOAEL 和(或)LOAEL。

10.1　肿瘤发生率

肿瘤的发生率是整个实验终了时患瘤动物总数在有效动物总数中所占的百分率。有效动物总数指最早出现肿瘤时的存活动物总数。必要时根据试验中动物死亡率来调整计算致癌率,计算方法可参考有关文献。

$$肿瘤发生率 = \frac{试验结束时患瘤动物总数}{有效动物总数} \times 100\%$$

10.2　致癌试验阳性的判断标准

采用世界卫生组织提出的四条判断诱癌试验阳性的标准:

(1) 肿瘤只发生在染毒组动物中,对照组无该类型肿瘤;

(2) 染毒组与对照组动物均发生肿瘤,但剂量组发生率明显增高;

(3) 染毒组动物中多发性肿瘤明显,对照组中无多发性肿瘤或只少数动物有多发性肿瘤;

(4) 染毒组与对照组动物肿瘤的发生率无显著性差异,但染毒组中肿瘤发现的时间较早。

上述四条中,试验组与对照组之间的数据经统计学处理后任何一条有显著性差异即可认为该受试物的致癌试验为阳性结果。染毒组和对照组肿瘤发生率差别不明显,但癌前病变差别显著时,不能轻易否定受试物的致癌性。

10.3　致癌试验阴性结果的确立

假如动物实验的规模为两种种属、两种性别,至少 3 个剂量水平,其中一个接近最大耐受剂量,每组动物数至少 50 只,实验组肿瘤发生率与对照组无差异,才算阴性结果。

18　体外 3T3 中性红摄取光毒性试验

In vitro 3T3 NRU phototoxicity test

1　范围

本方法规定了化妆品用化学原料体外 3T3 中性红摄取光毒性试验的范围、规范性引用文件、术语和定义、试验原理、试验材料与试剂、试验步骤、结果判定标准。

本方法推荐适用于评价化妆品用化学原料的潜在光毒性。

2　规范性引用文件

下列文件中的条款通过本方法的引用而成为本方法的条款。注明日期的引用文件,其后所有的修改单(不包括勘误的内容)或修订版均不适用于本方法,但是,鼓励使用单位对修订部分的引用进行研究,并提出意见。研究是否可使用这些文件的最新版本。未注明日期的引用文件,其最新版本适用于本方法。

经济合作与发展组织(OECD)guidelines for the testing of chemicals:3T3 NRU phototoxicity

test.NO.432

3　术语和定义

下列术语和定义适用于本方法。

3.1　光毒性 phototoxicity

皮肤一次接触化学物质后，继而暴露于长波紫外线照射下所引发的一种皮肤毒性反应。

3.2　细胞活性 cell viability

测量某一细胞群总活性的参数（如细胞溶酶体摄取活性染料中性红），其数值取决于测定的终点和试验所用的设计方案，并与细胞总数和 / 或细胞活力相关。

3.3　相对细胞活性 relative cell viability

通过与溶剂（阴性）对照组的相关性来表达的细胞活性，对照组除了未经受试化学物质处理外，整个试验过程与试验组一样（或 +Irr 或 –Irr）。

3.4　光刺激因子 photo irritation factor；PIF

受试物分别在无光照（–Irr）和有光照（+Irr，无细胞毒性的紫外光 / 可见光（UV/vis）照射）条件下获得两组平行有效的细胞毒性浓度（IC_{50}），通过比较 IC_{50} 的值得到的因子。

3.5　半数抑制浓度 IC_{50}

使细胞活性下降 50% 的受试化学物质的浓度。

3.6　平均光效应 mean photo effect；MPE

受试物分别在无光照（–Irr）和有光照（+Irr，无细胞毒性的 UV/vis 照射）条件下获得两组浓度反应曲线，通过数学分析导出的数值。

3.7　预测模型 prediction model

将毒性试验结果转换为预测毒性潜力的算法。在本方法中，PIF 和 MPE 可用于把体外 3T3 中性红摄取光毒性试验的结果转换为对光毒性潜力的预测。

4　试验原理

光毒性是指应用于机体的物质经暴露于光线后诱发或增强（在低剂量水平时明显）的毒性反应，或全身应用一种物质后由皮肤光照引起的反应。中性红是一种弱的阳离子染料，极易以非离子扩散的方式穿透细胞膜并在细胞溶酶体内聚集。某些化学物质和外界条件作用可引起细胞表面或溶酶体膜敏感性的改变导致溶酶体脆性增高等不可逆的细胞毒性变化，从而导致细胞吸收中性红的能力下降。

本试验方法通过测定 3T3 成纤维细胞经化学物质和紫外线照射联合作用后细胞吸收中性红的能力或细胞毒性的变化来判断该化学物质是否具有光毒性。

5　试验材料与试剂

5.1　光源类型

选择合适的光源必须符合的标准包括：光源发射的光波长能被受试物吸收（吸收光谱），光的剂量（在一个合理的暴露时间内能达到的剂量）能满足已知光毒性化学物质的检测。此外所有的波长和剂量不能有损于试验系统，如（红外区域）热量散发或类似 UVB 波长的高细胞毒性的干扰，因此光源要求能够稳定地释放 UVA 和可见光波长。

由于所有的太阳光模拟器都发射出相当数量的UVB，应经过适当的过滤使UVB<0.1J/cm^2。透过96孔组织培养板盖的光强度建议为1.7mW/cm^{2}光强度（即5J/cm^2）剂量。

5.2　细胞株

选用永生化小鼠成纤维细胞系—Balb/c 3T3成纤维细胞。要求细胞来源必须是具有公信力的机构且能确保细胞品质稳定。

由于细胞对UVA的敏感性随传代数的增加可能增高，建议用于试验的Balb/c 3T3成纤维细胞传代次数最好少于100次。

测试单位若自行培养细胞株，则须定期检测细胞株对UV光的敏感性，并确保无支原体污染。

5.3　培养基

采用DMEM培养基、胎牛血清或小牛血清（10%）、谷氨酰胺（4mmol/L）、抗生素（青霉素和链霉素，浓度分别为100IU和100μg/mL），在36.5℃~37.5℃，5%~7.5%CO_2条件下培养。

5.4　溶剂的选择

在测定前，应首先评价受试物的溶解度，以选择最佳溶剂体系。溶剂必须不与受试物发生化学反应，不影响细胞活性。

能溶于水且浓度达1000μg/mL的受试物可溶于预先加温（37℃）和灭菌的磷酸盐缓冲液（EBSS或PBS）。水中溶解度有限的受试物（<1000μg/mL）可用二甲基亚砜（DMSO）或乙醇（ETOH）等溶剂溶解。使用DMSO或ETOH作为溶剂时，其终浓度不得超过总体积的1%（V/V），阴性对照组和受试物组溶剂的体积比例应相同。

5.5　受试物的配制

受试物必须在使用前新鲜配制。建议所有的化学物质操作和细胞处理初期都应避免受试物在光激活或光降解的光线条件下进行。

每次实验应设空白对照、溶剂对照和阳性对照（推荐使用氯丙嗪）。加样示意图见附录B。

5.6　受试物剂量的设置

需通过预实验确定有光照和无光照条件下受试物的浓度范围。用溶剂将受试物原液使用同一常数稀释因子（如$\sqrt{10}=3.16$）稀释成8个浓度，相关浓度范围应包括从最大细胞毒性至几乎无细胞毒性浓度（细胞存活率在20%~100%的范围）。

如果预实验结果表明在浓度等于1000μg/mL时仍未出现细胞毒性，则建议最高浓度为1000μg/mL；若出现细胞毒性的浓度低于1000μg/mL时，有细胞毒性的浓度少于三种，则需要进行重复试验或使用更小的稀释因子，直至出现有细胞毒性的浓度至少三种。如果根据受试物的溶解度，最高浓度不能达到1000μg/mL，则以最大溶解度时的浓度作为最高浓度，避免受试物在任何浓度出现沉淀。

如果在无光照条件下（-Irr）受试物在最高浓度时仍然不具有细胞毒性，而在有光照条件下（+Irr）出现强烈细胞毒性，则在-Irr试验和+Irr试验中可采用不同的试验浓度。

5.7　中性红 Neutral Red，NR

化学名为3-氨基-7-二甲氨基-2-甲基吩嗪盐酸盐（3-amino-7-dime-2-thylamino-2-methylphenazine hydrochloride），CAS编号：553-24-2；或国家药品标准物质，编号：100460。

5.8 中性红溶液

5.8.1 中性红原液：称取 0.4g 中性红染料，溶于 100mL 蒸馏水（室温条件下可保存 2 个月）。

5.8.2 中性红使用液：在 79mL DMEM 培养液中加入 1mL 中性红原液，即为使用液。中性红终浓度为 50μg/mL。

5.9 中性红解吸附溶液

将蒸馏水、乙醇、乙酸按 49∶50∶1 比例配制（现用现配，储存不超过 1 小时）。

6 试验步骤

6.1 加 100μL 培养基于 96 孔组织培养板的外围孔（空白对照），在其余孔中加入 100μL 密度为 1×10^5 个细胞 /mL 的细胞悬液（即 1×10^4 细胞 / 孔）。每次试验制备两个板，包括相同的受试物浓度系列、溶剂对照、空白对照和阳性对照，一个板用于确定细胞毒性（–Irr），另一个板用于确定光毒性（+Irr）。

6.2 培养细胞 24 小时（5%~7.5%CO_2，37℃）直至它们形成单层半饱和细胞。该培养过程允许细胞恢复和粘连。

6.3 去除培养液，用 150μL EBSS 或 PBS 轻柔冲洗细胞一次或两次。加入 100μL 含适当浓度受试物或溶剂的缓冲液到孔中。培养细胞 1 小时（5%~7.5%CO_2，37℃）。

6.4 在室温下将其中一个板进行光照（+Irr）暴露，以 1.7mW/cm^2 光强度透过 96 孔板盖照射细胞 50 分钟；同时将另一个平板无光照（–Irr）置于暗盒内 50 分钟。

6.5 去除受试溶液，用 150μL EBSS 或 PBS 仔细冲洗细胞两次。加入 100μL 培养液，培养过夜（18~22 小时，5%~7.5%CO_2，37℃）。

6.6 在相差显微镜下检查细胞，记录受试物细胞毒性所致细胞形态学的改变，用于排除试验误差。

6.7 中性红吸收（NRU）测量。细胞吸收中性红进入溶酶体和活细胞体内空泡，可用作细胞数量和活性的定量指标。

6.7.1 用 150μL 预温的 EBSS 或 PBS 冲洗细胞一次或两次。轻柔拍打平板，去除冲洗溶液。加入 100μL 含 50μg/mL 中性红的培养液，在 5%~7.5%CO_2，37℃和湿度适宜的环境下培养细胞 3 小时。

6.7.2 去除中性红培养液，用 150μL EBSS 或 PBS 冲洗细胞一次或两次。

6.7.3 轻轻倒出并吸干全部 EBSS 或 PBS。

6.7.4 准确加入 150μL 中性红解吸附溶液。

6.7.5 在微量滴定平板振荡器上震荡 96 孔板 10 分钟，直至中性红从细胞内被提取出来，并形成均匀溶液。

6.7.6 用分光光度计或酶标仪测定中性红提取物溶液在 540nm 波长处的光密度。用空白孔作为参考对照。

7 结果评判标准

7.1 确定以光刺激因子（PIF 值）为基础的预测模型

7.1.1 通过分析在有光照（+Irr）和无光照（–Irr）两种情况下获得的细胞毒性浓度反应

曲线，确定能抑制 50% 细胞活性的受试物浓度（IC_{50}），按下列公式计算光刺激因子（PIF）。

$$PIF=\frac{IC_{50}(-Irr)}{IC_{50}(+Irr)}$$

评判标准：PIF≤2：预测"无光毒性"；PIF≥5：预测"有光毒性"。PIF 介于 2~5 之间，需进行重复试验；如果 PIF 仍介于 2~5 之间，预测"有潜在光毒性"。

7.1.2　如果受试物在有光照（+Irr）时有细胞毒性，无光照（–Irr）时无细胞毒性，且细胞毒性试验所使用的浓度已达最高受试浓度（Cmax）时，可按照下列公式计算 >PIF：

$$>PIF=Cmax(-Irr)/IC_{50}(+Irr)$$

评判标准为：如果只获得一个">PIF"，那么任何 >PIF>1 的值都能提示"有潜在光毒性"。

7.1.3　受试物在最高浓度时仍未显示任何细胞毒性，用"PIF=*1"表示，提示"无潜在光毒性"。

7.2　确定以平均光效应（MPE 值）为基础的预测模型

通过在浓度网格上比较有光照（+Irr）和无光照（–Irr）两种情况下获得的细胞毒性浓度反应曲线（i=1，…，N）可得到平均光效应（MPE），细胞毒性浓度反应曲线的染毒浓度需在有光照（+Irr）和无光照（–Irr）试验共有的浓度范围内选择。浓度 Ci 的光效应（PEi）等于浓度效应（CEi）和反应效应（REi）的乘积。使用专门的软件"PHOTO32 或更高版本"求得平均光效应（MPE），建立以平均光效应（MPE）为基础的预测模型。通过将 MPE 与临界阈值 MPEc 比较，预测化学物潜在光毒性的预测模型。

阈值 MPEc=0.1

评判标准：

如果 MPE≤0.1：预测无潜在光毒性；

如果 MPE≥0.15：预测有潜在光毒性。

如果 MPE 介于 0.1~0.15 之间，需进行重复实验；如果 MPE 仍介于 0.1~0.15 之间，预测有潜在光毒性。

附录 A
NRU PT 试验流程图

时间	步骤
0 小时	接种 96 孔平板：1×10^4 个细胞 / 孔培养（37℃、5%~7.5%CO_2、24h）。
24 小时	去除培养液，用 150μL EBSS/PBS 轻柔冲洗细胞一次或两次。
24 小时	分别用 100μL 8 种不同浓度的受试物处理细胞，培养细胞 1h（37℃、5%~7.5%CO_2）。
25 小时	光毒性：室温下暴露于有光照（+Irr）（1.7mW/cm^2）50 分钟（即 5J/cm^2） 细胞毒性：室温下将另一个平板置于黑暗环境 50 分钟。
25 小时 50 分钟	去除受试溶液，用 150μL EBSS 或 PBS 仔细冲洗细胞两次，再用培养液培养细胞（37℃、5%~7.5%CO_2、18h~22h 过夜）。
48 小时	显微镜下观察细胞形态学改变；去除培养液，用 150μL EBSS 或 PBS 冲洗细胞一次或两次，加入 100μL 含 50μg/mL 中性红的培养液培养（37℃、5%~7.5%CO_2、3h）。

续表

时间	步骤
51 小时	去除中性红培养液，用 150μL EBSS 或 PBS 冲洗细胞一次或两次，加入 150μL 中性红解吸附溶液。
51 小时	震荡平板 10 分钟。
51 小时 10 分钟	检测在 540nm 波长下细胞对中性红的吸收情况（反映细胞活性）。

附录 B
96 孔板加样示意图

1. 建议使用如下式样 96 孔板。如使用软件 NRU-PIT 进行数据分析，则必须按以下所示，准确设计 96 孔板的加样。

2. 鉴于在平板四周外围孔可能发生蒸发作用，建议将四边这些孔作为空白对照，以纠正可能出现的塑胶材料对中性红吸收所造成的结果干扰。

3. 96 孔的加样示例如下：

b	b	b	b	b	b	b	b	b	b	b	b
b	UC	C1	C2	C3	C4	C5	C6	C7	C8	UC	b
b	UC	C1	C2	C3	C4	C5	C6	C7	C8	UC	b
b	UC	C1	C2	C3	C4	C5	C6	C7	C8	UC	b
b	UC	C1	C2	C3	C4	C5	C6	C7	C8	UC	b
b	UC	C1	C2	C3	C4	C5	C6	C7	C8	UC	b
b	UC	C1	C2	C3	C4	C5	C6	C7	C8	UC	b
b	b	b	b	b	b	b	b	b	b	b	b

注：1. UC 为未接受处理的对照孔（平均活性设为 100%）；

2. C1~C8 为 8 个浓度梯度的受试化学物（C1~C8 为从低浓度向高浓度依次排列）；

3. b 为空白对照（不含有细胞，但用 NR 培养液和 NR 解吸附溶液处理）。

附录 C
光模拟器的谱能和细胞的敏感性

1 光模拟器谱能分布

图 C.1 显示一个可接受的经滤过的光模拟器的光谱能量分布，资料来源于 3T3 NRU 光毒性验证试验中的光源—金属卤化物灯。图示分别显示了两个不同滤光片和 96 孔培养板盖的滤过效果。在 3T3 NRU 光毒性试验中应使用 H1 滤光片；H2 滤光片仅用于能耐受高剂量 UVB 的试验系统（如皮肤模型试验和红细胞光溶血性试验）；培养板盖的滤过作用主要见于 UVB 区域，辐射光谱中仍残留足够量的 UVB 足以激活类似胺碘酮的化学物质，它们在 UVB 区域具有典型的光吸收作用。

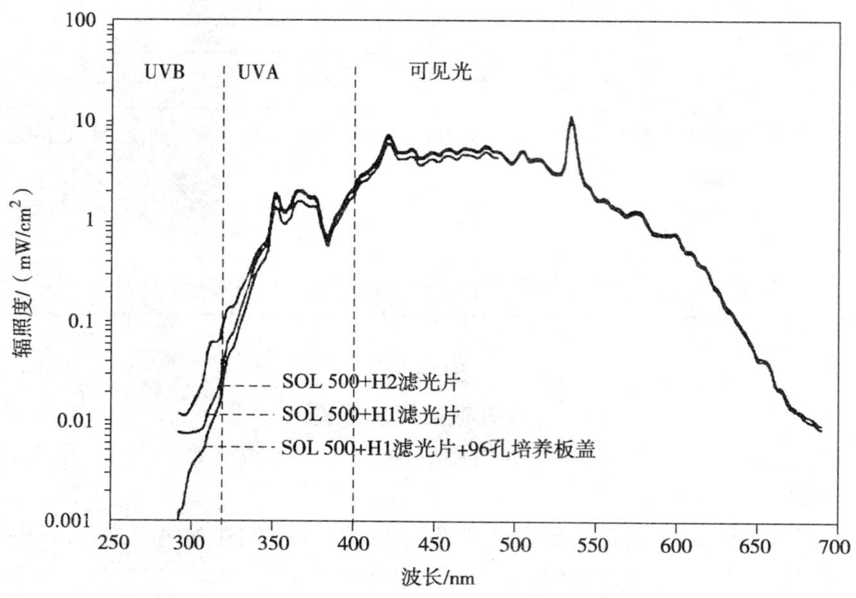

图 C.1　滤过的光模拟器的光谱能量

2　细胞的光照敏感性（UVA 范围内测定）

图 C.2 显示 Balb/c 3T3 细胞对光模拟器发射光线的敏感性，资料来源于 7 个不同的实验室预验证研究中获得的 UVA 范围内测定的 3T3 NRU 光毒性验证试验数据。两条空心标志的曲线来自衰老的细胞（超次数传代），必须更新细胞才能用于试验。标记实心符号的曲线表示可接受的光照耐受水平。从这些数据得出最高的无细胞毒性照射剂量为 5J/cm²（垂直虚线），水平虚线显示最高可接受的照射效应。

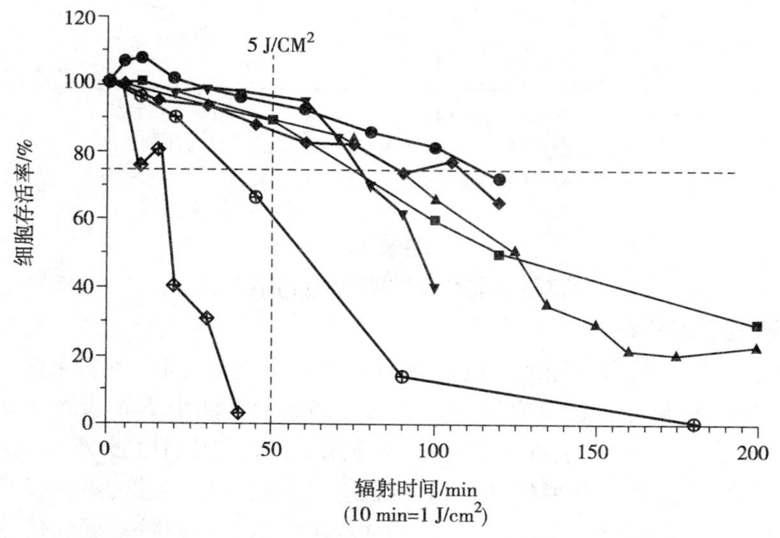

图 C.2　Balb/c 3T3 细胞的光照敏感性（在 UVA 范围内测定）

19 离体皮肤腐蚀性大鼠经皮电阻试验

In Vitro Skin Corrosion: Transcutaneous Electrical Resistance Test (TER)

1 范围

本方法规定了离体皮肤腐蚀性大鼠经皮电阻试验的基本原则和试验要求。
本方法适用于化妆品用化学原料安全性毒理学检测。

2 试验目的

确定和评价化妆品用化学原料对哺乳动物皮肤局部是否有腐蚀作用。

3 定义

3.1 大鼠经皮电阻值 transcutaneous electrical resistance value, TER value

大鼠皮肤屏障产生的可测量的电阻值，单位 kΩ。

3.2 皮肤腐蚀性 dermal corrosion

皮肤接触到受试物后局部引起的不可逆性组织损伤。

4 试验的基本原则

皮肤表面的角质层可起到保护皮肤屏障的作用，产生稳定的电阻值。当腐蚀性受试物作用于离体皮肤时，会破坏皮肤屏障作用，增加皮肤离子通透性，使电阻值降低。通过惠斯通电桥装置，检测离体皮肤经皮电阻值的改变，从而判断受试物是否具有皮肤腐蚀性。

5 试剂

5.1 154mmol/L 硫酸镁溶液

称取 18.54g 无水硫酸镁，溶至 1000mL 去离子水中。室温静置备用。

5.2 30%(w/v)SDS 水溶液

称取 150g 十二烷基硫酸钠(SDS)，溶至 500mL 去离子水中，溶解时可加热搅拌，室温静置备用。

5.3 10%(w/v)SRB 水溶液

称取 1g 罗丹明 B，溶至 10mL 去离子水中，室温静置备用，注意避光保存。

6 实验动物和饲养环境

选择健康 18d~21d 龄大鼠(Wistar、SD 或其他近交系大鼠)，雌雄不限(建议使用单一性别)。实验动物皮肤应健康无破损。试验前动物在实验动物房环境中至少适应 3d。

实验动物及实验动物房应符合国家相应规定。选用标准配合饲料,饮水不限制。

7 受试物

液体受试物一般不需要稀释,可直接使用原液。若受试物为固体,应将其研磨成细粉状,取足量均匀覆盖在皮片表皮面,并用去离子水或其他无刺激性溶剂充分湿润,以保证受试物与皮肤有良好的接触。

本方法不适用于气体受试物或黏性较大不易用70%乙醇去除的受试物检测。

每次实验应设阴性对照和阳性对照,阴性对照物选用去离子水,阳性对照物选用10M浓盐酸。

8 试验步骤

8.1 剪去或剃除动物背部脊柱两侧被毛,不可损伤表皮以免影响皮肤通透性。用抗生素液(如链霉素、青霉素或氯霉素等)擦拭去毛区域3d~4d,再次去毛,并用抗生素液体擦拭大鼠背部去毛区域3d后,处死动物取背部去毛区域的皮肤。动物处死时日龄需在28d~30d。

8.2 剔除皮肤的皮下脂肪,表面向内用O型橡胶圈固定于聚四氟乙烯管(附件A图示)的一端,制成直径约20mm的小皮片,用凡士林将O型圈与聚四氟乙烯管的末端密封。每个受试物至少用3块皮片。如要澄清某些可疑的反应则需增加皮片的数目。

8.3 聚四氟乙烯管内加入1mL 154mmol/L硫酸镁溶液,将整个聚四氟乙烯管泡入装有154mmol/L硫酸镁溶液的容器中,在聚四氟乙烯管内外插入电极。用惠斯通电桥装置(仪器要求见10.2及附件A图示)测试大鼠皮片的电阻值(TER值)。初始TER值大于20kΩ的皮片可用于试验。筛选皮片后,去除管内的硫酸镁溶液,并以棉签轻轻擦干皮片表面。

8.4 取受试物150μL(或约100mg)直接加入管内皮片的表皮面,固体受试物需加入150μL去离子水润湿。加样的皮片室温静置24h后以流水轻柔地冲洗皮片以去除受试物,用洗瓶向皮片表面滴加足量体积分数为70%的乙醇,5s后去除乙醇,再以流水清洗。对难以去除的受试物,可重复上述冲洗步骤,或用棉签清除残留受试物。最后加入1mL硫酸镁溶液(154mmol/L),接上电极测定TER值。记录TER值后,去除管中的硫酸镁溶液,肉眼检查并记录皮片的损伤情况。

8.5 如受试物TER平均值<5kΩ且肉眼观察皮片无损伤,或TER平均值介于5kΩ~15kΩ(±1kΩ)之间,或TER值在界值上下浮动,或有其他任何可疑现象时,均需进行罗丹明B染色进行进一步确认。

向聚四氟乙烯管内皮片上表皮面滴加150μL10%(w/v)的SRB溶液,室温放置2h。以自来水冲洗皮片10s去除多余的SRB,从管上取下皮片,放入含8mL左右去离子水的容器中轻柔震荡5min,换干净的去离子水重复清洗1次,将皮片转移至5mL 30%的SDS溶液中,60℃水浴提取过夜,去除皮片,剩余提取液离心8min(相对离心力175×g),取上清液1mL加4mL30% SDS溶液至5mL,测吸光值(λ=565nm)。

分别以SRB-30%SDS水溶液的浓度梯度及吸光度值为横纵坐标做标准曲线,根据标准曲线方程计算每个皮片对应的SRB渗透量(单位μg/disc,μg/皮片,罗丹明B分子量为580)。

阳性对照和阴性对照均同样处理。

9　结果评价

通过分析受试物 TER 平均值（kΩ ± SD），结合罗丹明 B 染料渗透量结果，进行如下结果判断：

9.1　符合以下任何一种情况，可认为受试物对皮肤没有腐蚀性（NC）：

–TER 平均值 >15kΩ 且肉眼观察每块皮片均无损伤时；

–TER 平均值≤15kΩ，且同时满足肉眼观察每块皮片均无损伤，平均染料吸收量 < 阳性对照时；

9.2　符合以下任何一种情况，可认为受试物对皮肤有腐蚀性（C）：

–TER 平均值 <5kΩ 且肉眼观察有皮片损伤时；

–TER 平均值≥5kΩ，肉眼观察每块皮片无损伤，但平均染料吸收量 > 阳性对照时。

9.3　如结果存疑，可重复试验或使用其他方法澄清可疑结果。

10　方法可靠性的检查

10.1　阴性对照及阳性对照的结果应满足表 1 中要求，否则试验体系不成立。

表 1　阳性和阴性对照结果范围表

组别	名称	TER 值（kΩ）	SRB 吸收量（μg/disc）
阳性对照	10M HCl	0.5~1.0	40~100
阴性对照	去离子水	10~25	15~35

10.2　TER 值采用低压交流惠斯通电桥（工作电压为 1V~3V，正弦或方波交流电频率为 50Hz~1000Hz，量程范围至少是 0.1kΩ~30kΩ）来测量。皮肤固定及检测装置示意图见附件 A。

10.3　方法建立时，通过表 2 中推荐参考物质的检测来验证大鼠经皮电阻仪的可靠性。

表 2　推荐参考物质列表

受试化妆品原料			
中文名称	英文名称	CAS 编号	腐蚀性
4- 氨基 -1，2，4- 三氮唑	4-Amino-1，2，4-triazole	584-13-4	无腐蚀性
丁子香酚	Eugenol	97-53-0	无腐蚀性
溴乙基苯	Phenethyl bromide	103-63-9	无腐蚀性
四氯乙烯	Tetrachloroethylene	127-18-4	无腐蚀性
异硬脂酸（异 18 酸）	Isostearic acid	30399-84-9	无腐蚀性
4- 甲硫基 - 苯甲醛	4-（Methylthio）-benzaldehyde	3446-89-7	无腐蚀性

续表

受试化妆品原料			
中文名称	英文名称	CAS 编号	腐蚀性
N,N-二甲基亚二丙基三胺	N,N-Dimethyldipropylenetriamine	10563-29-8	腐蚀性
邻叔丁基苯酚	2-tert-Butylphenol	88-18-6	腐蚀性
氢氧化钾(10%)	Potassium hydroxide(10%)	1310-58-3	腐蚀性
硫酸(10%)	Sulfuric acid(10%)	7664-93-9	腐蚀性
辛酸	Octanoic acid	124-07-2	腐蚀性
1,2-丙二胺	1,2-Propanediamine	78-9-0	严重腐蚀性

附件 A
大鼠经皮电阻仪器装置示意图

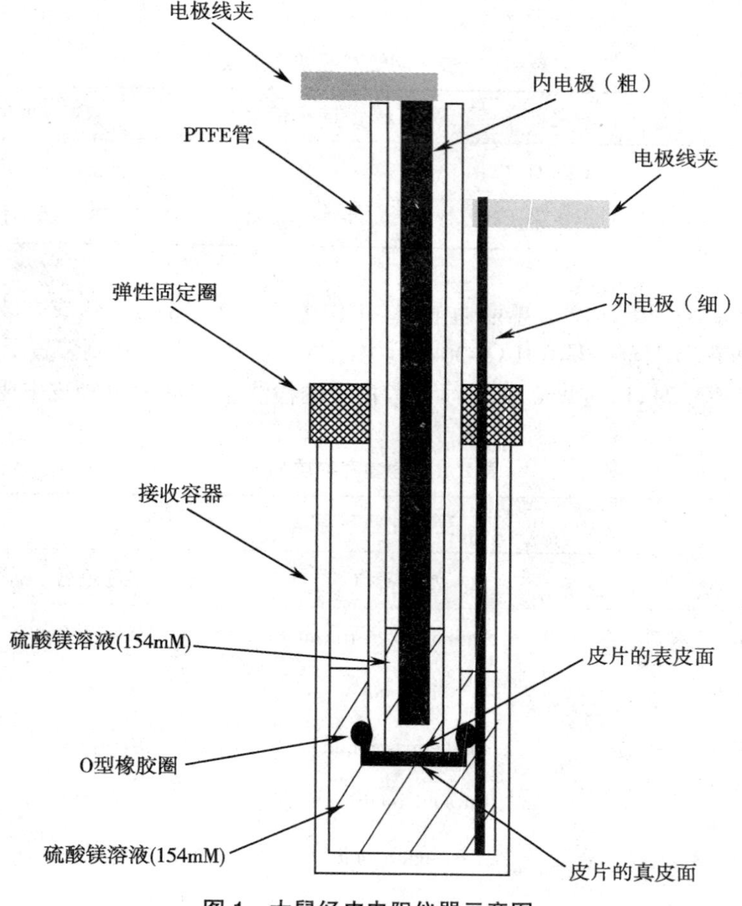

图 1　大鼠经皮电阻仪器示意图

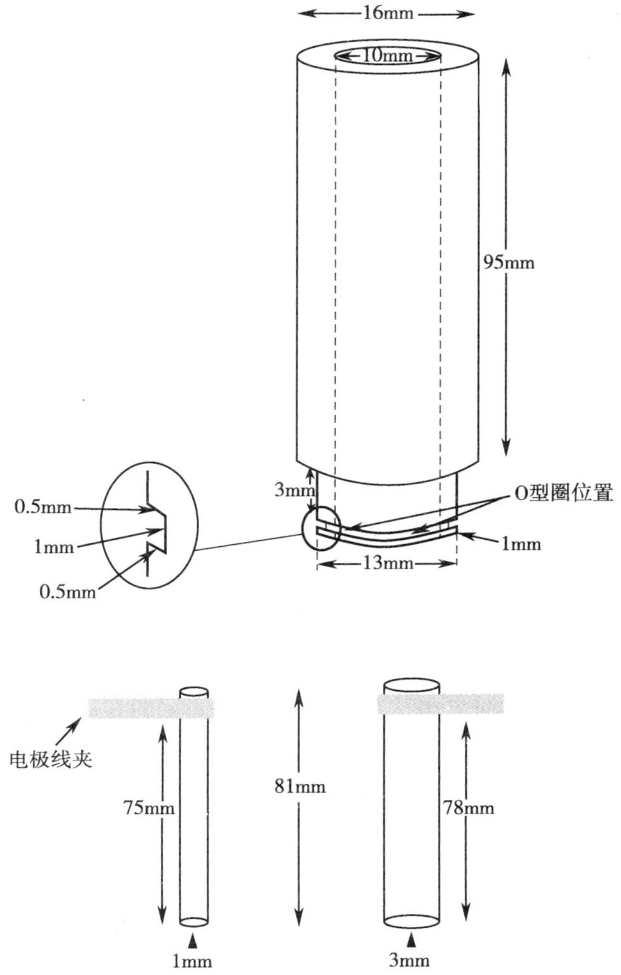

图 2　固定皮片的聚四氟乙烯(PTFE)管及电极尺寸

20 皮肤光变态反应试验

Skin Photoallergy Test

1　范围

本方法规定了动物皮肤光变态反应试验的基本原则和试验要求。

本方法适用于化妆品原料和产品的皮肤光变态反应检测。

2　试验目的

本试验用于评估与预测人体重复接触化妆品原料及其产品,并在日光照射下引起皮肤光变态反应的可能性。

3　定义

3.1　皮肤光变态反应（皮肤光过敏反应，skin photoallergy）

皮肤接触受试物并经过紫外线照射，通过作用于机体免疫系统，诱导机体产生光致敏状态，经过一定间歇期后，皮肤再次接触同一受试物并在紫外线照射下，引起特定的皮肤反应，其反应形式包括：红斑，水肿等。

4　原理

广义的光敏性（photosensitivity）包括光毒性（phototoxicity，又称为光刺激性，photoirritation）与光变态（photoallergy）。

皮肤光变态反应是一种细胞介导的由光激活的皮肤免疫性反应，是Ⅳ型过敏反应的特殊类型，系光感物质经皮吸收或通过循环到达皮肤后与吸收的光线在皮肤细胞层发生的不良反应。目前较为公认的原理为：光感物质吸收光能后成激活状态，并以半抗原形式与皮肤中的蛋白结合成蛋白结合物，经表皮的郎罕氏细胞传递给免疫活性细胞，引起淋巴细胞致敏等免疫反应。致敏的淋巴细胞再次接触同一抗原时释放出淋巴因子，导致一系列有害反应。

5　试验的基本原则

5.1　实验动物颈部去毛，通过多次皮肤涂抹诱导剂量的化妆品原料或产品后（可提前给予佐剂、皮肤损伤处理以增强敏感性）且多次暴露于一定剂量的紫外线下，诱导特定免疫系统（诱导阶段），经过一定间歇期后，在动物背部去毛皮肤给予激发剂量的受试物后暴露于一定剂量的紫外线下，观察实验动物并与对照动物比较对激发接触受试物的皮肤反应强度。

5.2　实验动物与饲养环境

选用符合国家标准要求的成年雄性或雌性白色豚鼠，体重350g~500g，雌性动物应选用未孕或未曾产仔的。

动物及实验环境、饲料和饮水应符合国家相应标准。注意以合适的方式补充适量Vc。

5.3　动物试验前准备

试验前动物要在实验环境中适应3d~5d。将动物随机分为受试物组、阴性（溶剂）对照组、阳性对照组，诱导接触开始24h前在动物颈部给动物备皮（去毛），避免损伤皮肤。试验开始和结束时应记录动物体重。

5.4　无论在诱导阶段或激发阶段均应对动物进行全面观察包括全身反应和局部反应，并作完整记录。

6　试验方法

本试验选用佐剂和角质剥离（Adjuvant and Strip）法。进行本试验前，需通过预试验排除受试物引起皮肤原发性刺激反应及光毒性的可能。

6.1　动物与分组

动物分为受试物组，阳性对照组，阴性对照组；每组至少5只动物。如果试验目的包含获取受试物致敏强度值，并对受试物进行光致敏强度的分级，则每组至少需要10只动物。

阴性对照组诱导阶段在颈部备皮中央区域涂敷溶剂，30min后进行紫外线照射；阴性对照组激发阶段在背部备皮区域 3,4 涂敷溶剂,涂敷 30min 后进行紫外线照射。

激发阶段豚鼠背部区域 1 为不涂敷不照射区,区域 2 为不涂敷仅照射区,区域 3 为涂敷不照射区,区域 4 为涂敷照射区(见图 2A)。

6.2 剂量水平

诱导接触阶段的受试物浓度为能引起皮肤轻度刺激反应的最高浓度,激发接触阶段的受试物浓度为不能引起皮肤刺激反应的最高浓度。试验浓度水平可以通过少量动物(2~3 只)的预试验获得。

受试物、阳性物、阴性对照的诱导与激发浓度选择:通过预试验,排除原发皮肤刺激性与光毒性后的合适的浓度。通常选取的阳性物在所选取的浓度下其致敏率应为轻度或中度。

6.3 阳性物

阳性物选择 6- 甲基香豆素或四氯代水杨酰苯胺(tetracholosalicylanilide,TCSA)。常用阳性物的溶剂为丙酮、乙醇或二者按一定比例的混合物。

每次试验均需设阳性对照物组。

6.4 增敏剂的配制

本试验以 1 : 1(V/V)完全弗氏佐剂(FCA)与生理盐水的混合乳剂作为诱导阶段的增敏剂。

6.5 UV 光源

6.5.1 光源选择

诱导阶段与激发阶段均选择波长为 320nm~400nm 的 UVA,如含有 UVB,其剂量不得超过 $0.1J/cm^2$。光源可选用黑光灯管、超高压汞灯加滤光片或其他符合以上条件的 UVA 光源。

6.5.2 照射剂量

诱导阶段与激发阶段照射剂量均设为 $10.2J/cm^2$。

6.5.3 强度的测定

用前需用辐射计量仪在实验动物肩部(诱导阶段)、背部(激发阶段)照射区设数个点测定光强度(mW/cm^2),以平均值计。

6.5.4 照射时间的计算:以照射剂量为 $10.2J/cm^2$ 为例,按下式计算照射时间。

$$照射时间(min)=\frac{照射剂量(10\ 200mJ/cm^2)}{光强度[mJ/(cm^2 \cdot s)]\times 60}$$

注:$1mW/cm^2=1mJ/cm^2/sec$

6.6 试验步骤

6.6.1 备皮

正式试验前 18h~24h 将动物颈部皮肤去毛,去毛面积约为 2cm × 4cm,试验部位皮肤需完好,无损伤及异常。

6.6.2 光诱导阶段的处理

在动物颈部去毛区的四角分别皮内注射 0.1ml FCA 与生理盐水的 1 : 1(V/V)混合乳剂(只注射一次),然后在敷用区域以透明胶带粘附并揭开,反复数次以剥去部分表皮角质层,再将受试物(阳性对照组、阴性对照组则涂抹阳性物或阴性(溶剂)对照物)约 0.1ml(g)均匀开放涂抹在去毛区,30min 后用 UVA 进行照射(照射剂量为 $10.2J/cm^2$,UVB 剂量不得超过 $0.1J/cm^2$[试验前用紫外辐照计在实验动物颈背部照射区域测定光强度(mW/cm^2),计算照射

时间],详见图1。

去角质、开放涂布受试物、紫外照射的过程每天进行一次,共计进行5次。

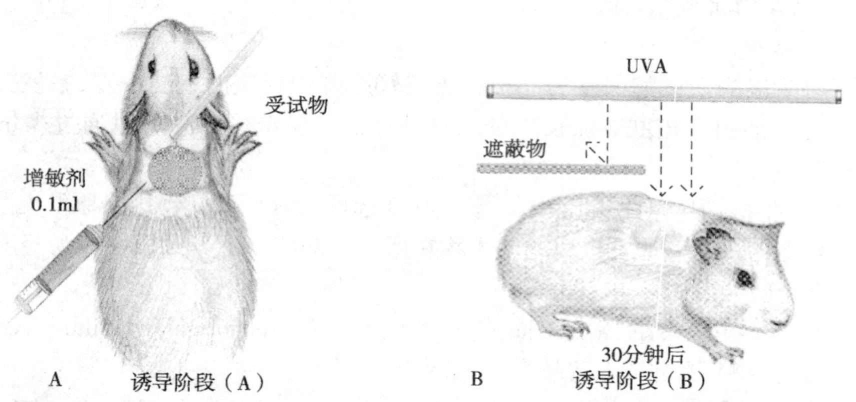

图1 光诱导阶段的佐剂注射、受试物涂敷及紫外线照射示意图

6.6.3 光激发阶段的处理

光诱导处理完成后两周,提前18h~24h将豚鼠背部脊柱两侧皮肤区域去毛,去毛区每块面积约为2cm×2cm,实际涂抹面积为1.5cm×1.5cm,共4块去毛区(见图2A)。将动物固定,在动物去毛区3和4涂敷0.02ml(g)受试物(阳性对照组、阴性对照组则涂抹阳性物或阴性(溶剂)对照物)(涂抹区域见图2A)。如果受试物为化妆品产品,激发阶段的最大涂敷量不超过0.2ml(g)。30min后,颈部去毛区和左侧去毛区(1和3)用铝箔覆盖,无刺激性胶带固定,右侧去毛区(2和4)用UVA光源进行照射。受试物涂敷剂量浓度为经过预试验得到的、允许进行恰当评价的浓度。光源为UV-A,照射剂量为10.2J/cm^2。

6.6.4 观察与评分

光激发阶段紫外照射后的24h与48h,肉眼观察涂抹部位的皮肤局部反应,并评分。记录光诱导阶段紫外照射后的24h,肉眼观察涂抹照射部位的皮肤局部反应,并评分。同时观察动物的一般状态、行为、体征等。必要时可对受试物涂抹部位皮肤进行组织病理学检查。

根据表1对每只动物皮肤反应评分。

6.6.5 结果评价

(1)当受试物组动物出现皮肤反应积分≥2时,判为该动物出现皮肤光变态反应阳性。

(2)光致敏率的计算方法为受试组动物皮肤光变态反应阳性的动物数/总动物数×100%。根据光致敏率对受试物的光变态反应进行强度分级(表2)。

(3)光变态反应试验成立的判定:

每组动物数设定为5只条件下,阳性组动物中皮肤光变态反应阳性动物数≥1只,且阴性(溶剂)对照组全部动物中无皮肤光变态反应阳性动物,判定该光变态反应试验系统成立;

每组动物数10只条件下,阳性组致敏率≥20%,且阴性对照组致敏率<10%时,判定该光变态反应试验系统成立。

(4)受试物光变态反应性的判定:

每组动物数设定为5只条件下,受试物组动物中皮肤光变态反应阳性动物≥1只时,或

每组动物数≥10只条件下,受试物组动物致敏率≥20%时,判定该受试物在该浓度下具有光变态反应性。

（5）皮肤光变态反应试验应根据比较对照组和受试物组的反应进行评价。阳性结果时应追加试验,如:与已知阳性物质的比较试验及用其他方法（不加佐剂）进行试验,其中非损伤性试验方法有利于进一步对光变态反应性进行评价。

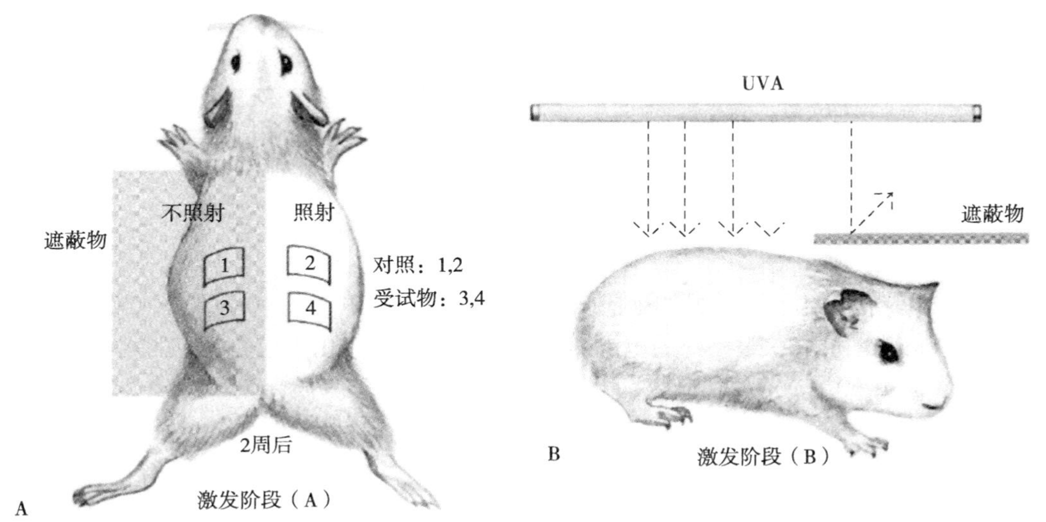

图2　光激发阶段受试物涂抹与紫外照射示意图

表1　光变态反应试验皮肤反应评分标准

皮肤反应	评分
红斑和焦痂形成	
无反应	0
轻微的红斑（勉强可见）	1
明显红斑（散在或小块红斑）	2
中毒 - 重度红斑	3
严重红斑（紫红色）至轻微焦痂形成	4
水肿形成	
无水肿	0
轻微水肿（勉强可见）	1
中度水肿（皮肤隆起轮廓清楚）	2
严重水肿（皮肤隆起约1cm或以上）	3
最高积分	7

表 2　皮肤光变态反应试验致敏强度分级 [*,#]

致敏率(%)	等级	致敏强度
0~10	I	弱
11~30	II	轻
31~60	III	中
61~80	IV	强
81~100	V	极强

*:进行致敏强度分级时,每组动物数需增加到至少 10 只。

#:致敏率是反应评分为 2 或以上的动物数占该组动物总数的百分比,I 级致敏度(弱致敏度)没有意义,在实际使用下无致敏危险。

7　结果解释

试验结果应能得出受试物的光变态反应能力,必要时给出受试物的光致敏强度。

动物试验结果只能在很有限的范围内外推到人类。引起豚鼠强烈反应的物质在人群中也可能引起一定程度的光变态反应,而引起豚鼠较弱反应的物质在人群中也许不能引起光变态反应。

第七章

人体安全性检验方法

1 人体安全性检验方法总则

General Principles

1 范围

本部分规定了化妆品安全性人体检验项目和要求。

本部分适用于化妆品产品的人体安全性评价。

2 化妆品人体检验的基本原则

2.1 化妆品人体检验应符合国际赫尔辛基宣言的基本原则，要求受试者签署知情同意书并采取必要的医学防护措施，最大程度地保护受试者的利益。

2.2 选择适当的受试人群，并具有一定例数。

2.3 化妆品人体检验之前应先完成必要的毒理学检验并出具书面证明，毒理学试验不合格的样品不再进行人体检验。

2.4 化妆品人体斑贴试验适用于检验防晒类、祛斑类、除臭类及其他需要类似检验的化妆品。

2.5 化妆品人体试用试验适用于检验健美类、美乳类、育发类、脱毛类、驻留类产品卫生安全性检验结果 pH≤3.5 或企业标准中设定 pH≤3.5 的产品及其他需要类似检验的化妆品。

2 人体皮肤斑贴试验

Human Skin Patch Test

1 范围

本规范规定了人体皮肤斑贴试验的目的、基本原则、受试者要求和方法。

本规范适用于检测化妆品产品对人体皮肤潜在的不良反应。

2　引用标准

GB17149.1-1997 化妆品皮肤病诊断标准及处理原则总则
GB17149.2-1997 化妆品接触性皮炎诊断标准及处理原则

3　目的

检测受试物引起人体皮肤不良反应的潜在可能性。

4　基本原则

4.1　选择合格的志愿者作为试验对象。

4.2　应用规范的斑试材料进行人体皮肤斑贴试验。

4.3　根据化妆品的不同类型，选择化妆品产品原物或稀释物进行斑贴试验。

4.4　本规范的人体斑贴试验包括皮肤封闭型斑贴试验及皮肤重复性开放型涂抹试验，一般情况下采用皮肤封闭型斑贴试验，祛斑类化妆品和粉状（如粉饼、粉底等）防晒类化妆品进行人体皮肤斑贴试验出现刺激性结果或结果难以判断时，应当增加皮肤重复性开放型涂抹试验。

5　受试者的选择

5.1　选择 18~60 岁符合试验要求的志愿者作为受试对象。

5.2　不能选择有下列情况者作为受试者

5.2.1　近一周使用抗组胺药或近一个月内使用免疫抑制剂者；

5.2.2　近两个月内受试部位应用任何抗炎药物者；

5.2.3　受试者患有炎症性皮肤病临床未愈者；

5.2.4　胰岛素依赖性糖尿病患者；

5.2.5　正在接受治疗的哮喘或其他慢性呼吸系统疾病患者；

5.2.6　在近 6 个月内接受抗癌化疗者；

5.2.7　免疫缺陷或自身免疫性疾病患者；

5.2.8　哺乳期或妊娠妇女；

5.2.9　双侧乳房切除及双侧腋下淋巴结切除者；

5.2.10　在皮肤待试部位由于瘢痕、色素、萎缩、鲜红斑痣或其他瑕疵而影响试验结果的判定者；

5.2.11　参加其他的临床试验研究者；

5.2.12　体质高度敏感者；

5.2.13　非志愿参加者或不能按试验要求完成规定内容者。

6　方法

6.1　皮肤封闭型斑贴试验

6.1.1　按受试者入选标准选择参加试验的人员，至少 30 名。

6.1.2　选用面积不超过 $50mm^2$、深度约 1mm 的合格斑试器材。将受试物放入斑试器小室内，用量约为 0.020g~0.025g（固体或半固体）或 0.020mL~0.025mL（液体）。受试物为化妆品产品原物时，对照孔为空白对照（不置任何物质），受试物为稀释后的化妆品时，对照孔内使用该化妆品的稀释剂。将加有受试物的斑试器用低致敏胶带贴敷于受试者的背部或前臂曲侧，用手掌轻压使之均匀地贴敷于皮肤上，持续 24h。

6.1.3　分别于去除受试物斑试器后 30min（待压痕消失后）、24h 和 48h 按表 1 标准观察皮肤反应，并记录观察结果。

表 1　皮肤封闭型斑贴试验皮肤反应分级标准

反应程度	评分等级	皮肤反应
–	0	阴性反应
±	1	可疑反应，仅有微弱红斑
+	2	弱阳性反应（红斑反应）；红斑、浸润、水肿、可有丘疹
++	3	强阳性反应（疱疹反应）；红斑、浸润、水肿、丘疹、疱疹；反应可超出受试区
+++	4	极强阳性反应（融合性疱疹反应）；明显红斑、严重浸润、水肿、融合性疱疹；反应超出受试区

6.2　重复性开放型涂抹试验

6.2.1　按受试者入选标准选择参加试验的人员，至少 30 名。

6.2.2　以前臂屈侧作为受试部位，面积 $3cm^2 \times 3cm^2$，受试部位应保持干燥，避免接触其他外用制剂。

6.2.3　将试验物约 0.050 ± 0.005g（mL）/ 次、每天 2 次均匀地涂于受试部位，连续 7 天，同时观察皮肤反应，在此过程中如出现 3 分或以上的皮肤反应时，应根据具体情况决定是否继续试验。

6.2.4　皮肤反应按表 2 重复性开放型涂抹试验皮肤反应评判标准进行观察，并记录结果。

表 2　皮肤重复性开放型涂抹试验皮肤反应评判标准表

反应程度	评分等级	皮肤反应临床表现
–	0	阴性反应
±	1	微弱红斑、皮肤干燥、皱褶
+	2	红斑、水肿、丘疹、风团、脱屑、裂隙
++	3	明显红斑、水肿、水疱
+++	4	重度红斑、水肿、大疱、糜烂、色素沉着或色素减退、痤疮样改变

3　人体试用试验安全性评价

Safety Evaluation of Using Tests of Cosmetics on Human Body

1　范围

人体试验安全性评价适用于《化妆品卫生监督条例》中定义的特殊用途化妆品，包括健美类、美乳类、育发类、脱毛类、驻留类产品卫生安全性检验结果 pH≤3.5 或企业标准中设定 pH≤3.5 的产品及其他需要类似检验的化妆品。

2　试验目的

通过一段时间的试用产品来检测受试物引起人体皮肤不良反应的潜在可能性。

3　受试者的选择

3.1　选择 18~60 岁符合试验要求的自愿者作为受试对象。

3.2　不能选择有下列情况者作为受试者：

3.2.1　近一周使用抗组胺药或近一个月内使用免疫抑制剂者；

3.2.2　近两个月内受试部位应用任何抗炎药物者；

3.2.3　受试者患有炎症性皮肤病临床未愈者；

3.2.4　胰岛素依赖性糖尿病患者；

3.2.5　正在接受治疗的哮喘或其他慢性呼吸系统疾病患者；

3.2.6　在近 6 个月内接受抗癌化疗者；

3.2.7　免疫缺陷或自身免疫性疾病患者；

3.2.8　哺乳期或妊娠妇女；

3.2.9　双侧乳房切除及双侧腋下淋巴结切除者；

3.2.10　在皮肤待试部位由于瘢痕、色素、萎缩、鲜红斑痣或其他瑕疵而影响试验结果的判定者；

3.2.11　参加其他的临床试验者；

3.2.12　体质高度敏感者；

3.2.13　非志愿参加者或不能按试验要求完成规定内容者。

4　皮肤反应分级标准

见表 1。

5　试验方法

5.1　育发类产品

按受试者入选标准选择自愿受试者至少 30 例，按照化妆品产品标签注明的使用特点和

方法让受试者直接使用受试产品。每周1次观察或电话随访受试者皮肤反应，按表1皮肤反应分级标准记录结果，试用时间不得少于4周。

表1　人体试用试验皮肤反应分级标准

皮肤反应	分级
无反应	0
微弱红斑	1
红斑、浸润、丘疹	2
红斑、水肿、丘疹、水疱	3
红斑、水肿、大疱	4

5.2　健美类产品

按受试者入选标准选择自愿受试者至少30例，按照化妆品产品标签注明的使用特点和方法让受试者直接使用受试产品。每周1次观察或电话随访受试者有无皮肤反应或全身性不良反应如厌食、腹泻或乏力等，观察涂抹样品部位皮肤反应，按表1皮肤反应分级标准记录结果。试用时间不得少于4周。

5.3　美乳类产品

按受试者入选标准选择正常女性自愿受试者至少30例，按照化妆品产品标签注明的使用特点和方法让受试者直接使用受试产品。每周1次观察或电话随访受试者有无皮肤反应或全身性不良反应如恶心、乏力、月经紊乱及其他不适等，观察涂抹样品部位皮肤反应，按表1皮肤反应分级标准记录结果。试用时间不得少于4周。

5.4　脱毛类产品

按受试者入选标准选择自愿受试者至少30例，按照化妆品产品标签注明的使用特点和方法让受试者直接使用受试产品。试用后由负责医生观察局部皮肤反应，按表1皮肤反应分级标准记录结果。

5.5　驻留类产品卫生安全性检验结果pH≤3.5或企业标准中设定pH≤3.5的产品

按受试者入选标准选择自愿受试者至少30例，按照化妆品产品标签注明的使用特点和方法让受试者直接使用受试产品。每周1次观察或电话随访受试者有无皮肤反应，按表1皮肤反应分级标准记录结果。试用时间不得少于4周。

第八章

人体功效评价检验方法

1 人体功效评价检验方法总则

General Principles

1 范围

本部分规定了化妆品功效评价的人体检验项目和要求。

本部分适用于化妆品产品的人体功效性评价。

2 化妆品人体功效检验的基本原则

2.1 化妆品人体功效评价检验应符合国际赫尔辛基宣言的基本原则，要求受试者签署知情同意书并采取必要的医学防护措施，最大程度地保护受试者的利益。

2.2 选择适当的受试人群，并具有一定例数。

2.3 化妆品人体功效检验之前应先完成必要的毒理学检验及人体皮肤斑贴试验，并出具书面证明，人体皮肤斑贴试验不合格的产品不再进行人体功效检验。

2.4 化妆品功效性检验目前包括防晒化妆品防晒指数（Sun Protection Factor，SPF 值）测定、防水性能测试以及长波紫外线防护指数（Protection Factor of UVA，PFA 值）的测定。

2 防晒化妆品防晒指数（SPF 值）测定方法*

1 范围

本规范规定了对防晒化妆品 SPF 值的测定方法。

本规范适用于测定防晒化妆品的 SPF 值。

2 规范性引用文件

Cosmetics—Sun protection test methods—*In vivo* determination of the sun protection factor

(SPF)(International standard ISO 24444 First edition,2010-11-15)

3　定义

3.1　紫外线波长

短波紫外线(UVC):200nm~290nm

中波紫外线(UVB):290nm~320nm

长波紫外线(UVA):320nm~400nm

3.2　最小红斑量(Minimal erythema dose,MED):引起皮肤清晰可见的红斑,其范围达到照射点大部分区域所需要的紫外线照射最低剂量(J/m^2)或最短时间(秒)。

3.3　防晒指数(Sun protection factor,SPF):引起被防晒化妆品防护的皮肤产生红斑所需的MED与未被防护的皮肤产生红斑所需的MED之比,为该防晒化妆品的SPF。可如下表示:

$$SPF=\frac{\text{使用防晒化妆品防护皮肤的 MED}}{\text{未防护皮肤的 MED}}$$

4　试验方法

4.1　光源:所使用的人工光源必须是氙弧灯日光模拟器并配有恰当的光学过滤系统。

4.1.1　紫外辐射的性质:紫外日光模拟器应发射连续光谱,在紫外区域没有间隙或波峰。

4.1.2　光源输出在整个光束截面上应稳定、均一(对单束光源尤其重要)。

4.1.3　光源必须配备恰当的过滤系统使输出的光谱符合表1的要求。光谱特征以连续波段290~400nm的累积性红斑效应来描述。每一波段的红斑效应可表达为与290~400nm总红斑效应的百分比值,即相对累积性红斑效应%RCEE(Relative Cumulative Erythemal Effectiveness)。光源输出的%RCEE要求见表1。

表1　紫外日光模拟器光源输出的%RCEE可接受限度

	测量的%RCEE	
	下限	上限
<290		<1.0
290~300	1.0	8.0
290~310	49.0	65.0
290~320	85.0	90.0
290~330	91.5	95.5
290~340	94.0	97.0
290~400	99.9	100.0

4.1.4　试验前光源输出应由紫外辐照计检查,每年对光源光谱进行一次系统校验,每次更换主要的光学元件时也应进行类似校验。要求独立专家进行这项年度监测工作。

4.1.5　光源的总输出(包括紫外线、可见光和红外线等)应<1600W/m^2。

4.2 受试者的选择

4.2.1 选18~60岁健康志愿受试者,男女均可。

4.2.2 既往无光感性疾病史,近期内未使用影响光感性的药物;

4.2.3 受试者皮肤类型为Ⅰ、Ⅱ、Ⅲ型,即对日光或紫外线照射反应敏感,照射后易出现晒伤而不易出现色素沉着者;

4.2.4 受试部位的皮肤应无色素沉着、炎症、瘢痕、色素痣、多毛等现象;

4.2.5 妊娠、哺乳、口服或外用皮质类固醇激素等抗炎药物、或近一个月内曾接受过类似试验者应排除在受试者之外;

4.2.6 按本方法规定每种防晒化妆品的测试人数有效例数至少为10,最大有效例数为20;每组数据的淘汰例数最多不能超过5例,因此,每组参加测试的人数最多不能超过25人;

4.2.7 同一受试者参加SPF试验的间隔时间不应短于两个月。

4.3 SPF值标准品的制备:见附录Ⅰ~Ⅲ。

4.4 MED测定方法

4.4.1 受试者体位:照射后背,可采取俯卧位或前倾位。

4.4.2 样品涂布面积不小于$30cm^2$。

4.4.3 样品用量及涂布方法:按$(2.00 \pm 0.05) mg/cm^2$的用量称取样品,推荐使用乳胶指套将样品均匀涂布于试验区内(对于使用乳胶指套涂布均匀难度大的粘性较强产品、粉状产品等可直接使用手指涂布,并注意每次涂布前洗净手指),等待15~30分钟。

4.4.4 预测受试者MED:应在测试产品24小时以前完成。在受试者背部皮肤选择一照射区域,取5点用不同剂量的紫外线照射,16~24小时后观察结果。以皮肤出现红斑的最低照射剂量或最短照射时间为该受试者正常皮肤的MED。也可以根据受试者肤色ITA°或既往积累的经验预测受试者MED值。

4.4.5 测定受试样品的SPF值:在试验当日需同时测定下列三种情况下的MED值:

4.4.5.1 测定受试者的MED:根据4.4.4项预测的MED值调整紫外线照射剂量,在试验当日再次测定受试者未防护皮肤的MED。

4.4.5.2 测定在产品防护情况下皮肤的MED:将受试产品涂抹于受试者皮肤,根据4.4.4项预测的MED值和预估的SPF值确定照射剂量后进行测定。在选择5点试验部位的照射剂量增幅时,可参考防晒产品配方设计的SPF值范围:对于SPF值≤25的产品,五个照射点的剂量递增为25%;对于SPF值>25的产品,五个照射点的剂量递增不超过12%。

4.4.5.3 测定在标准品防护情况下皮肤的MED:将SPF标准品涂抹于受试部位,根据4.4.4项预测的MED值和标准品的SPF值确定照射剂量后进行测定。对于SPF值<20的产品,可选择低SPF值标准品(P7)或高SPF值标准品(P2或P3),对于SPF值≥20的产品,推荐选择高SPF值标准品(P2或P3)。同一受试者试验中如果选择了高SPF值标准品(P2或P3),则不需要同时选择低SPF值标准品(P7),即便本次试验中包括了低SPF值样品。

4.4.6 UV照射的光斑面积不小于$0.5cm^2$,光斑之间距离不小于0.8cm,光斑距涂样区边缘不小于1cm。

4.5 排除标准:进行上述测定时如5个试验点均未出现红斑,或5个试验点均出现红斑,或试验点红斑随机出现时,应判定结果无效,需调整照射剂量或校准仪器设备后重新进行测定。

4.6　SPF 值的计算

4.6.1　样品对单个受试者的 SPF 值用下式计算：

$$\text{个体 SPE} = \frac{\text{样品防护皮肤的 MED}}{\text{未加防护皮肤的 MED}}$$

个体 SPF 值要求精确到小数点后一位数字，计算样品防护全部受试者 SPF 值的算术均数，取其整数部分即为该测定样品的 SPF 值。估计均数的抽样误差可计算该组数据的标准差和标准误。要求均数的 95% 可信区间（95%CI）不超过均数的 17%（如：如果均数为 10，95%CI 应在 8.3 和 11.7 之间），否则应增加受试者人数（不超过 25）直至符合上述要求。

5　检验报告

报告应包括下列内容：受试物通用信息包括样品编号、名称、生产批号、生产及送检单位、样品物态描述以及检验起止时间等，检验项目、材料和方法、检验结果、结论。检验报告应有检验人、校核人、检验部门技术负责人和授权签字人分别签字，并加盖检验单位公章。其中检验结果以表格形式给出，如下表 2：

表 2　标准品及样品 SPF 值测定结果

编号	姓名（首字母）	性别	年龄	皮肤类型	标准品 SPF 值	待检样品 SPF 值
01						
02						
03						
04						
05						
06						
07						
08						
09						
10						
平均值 $\overline{X}$						
标准差 SD						
95%CI						

* 注：参考文献：

美国食品和药品管理局（FDA）对防晒产品防晒指数的测定方法（Testing Procedure，Federal Register，21 CFR.Parts 201 and 310，2011）。

附录 I　低 SPF 标准品（P7）的制备方法

A.1　在测定防晒产品的 SPF 值时，为保证试验结果的有效性和一致性，需要同时测定防晒标准品作为对照。对于 SPF 值 <20 的产品，可选择低 SPF 值标准品（P7）。

A.2　防晒标准品为 8% 胡莫柳酯制品，其 SPF 均值为 4.4，标准差为 0.2。

A.3　所测定的标准品 SPF 值必须位于可接受限值范围内，即 4.4 ± 0.4。

A.4　标准品的制备见下表 3：

表 3　低 SPF 标准品（P7）的制备

成分	重量比 %
A 相：	
胡莫柳酯（Homosalate）	8.00
羊毛脂（Lanolin）	5.00
硬脂酸（Stearic acid）	4.00
白凡士林（white petrolatum）	2.50
羟苯丙酯（propylparaben）	0.05
B 相：	
水（Water）	74.30
丙二醇（Propylene glycol）	5.00
三乙醇胺（Triethanolamine）	1.00
羟苯甲酯（Methylparaben）	0.10
EDTA 二钠（Disodium EDTA）	0.05

制备方法：将 A 相和 B 相分别加热至 72℃~82℃，分别搅拌至全部溶解，在搅拌下将 A 相加入至 B 相中，保温乳化 20 分钟后降温，至室温时（15℃~30℃）停止搅拌，出料灌装。

附录Ⅱ　高 SPF 标准品（P2）的制备方法

B.1　对于 SPF 值 <20 的产品，可选择高 SPF 值标准品（P2 或 P3），对于 SPF 值≥20 的产品，推荐选择高 SPF 值标准品（P2 或 P3）。

B.2　防晒标准品为 7% 二甲基 PABA 乙基己酯和 3% 二苯酮 -3 制品，其 SPF 均值为 16.1，标准差为 1.2。

B.3　所测定的标准品 SPF 值必须位于可接受限值范围内，即 16.1 ± 2.4。

B.4　标准品的制备见下表 4：

表 4　高 SPF 标准品（P2）的制备

成分	重量比 %
A 相：	
羊毛脂（Lanolin）	4.50
可可脂（Cocoa butter）	2.00
甘油硬脂酸酯（Glyceryl stearate）	3.00
硬脂酸（Stearic acid）	2.00

续表

成分	重量比 %
二甲基 PABA 乙基己酯（Octyl dimethyl PABA）	7.00
二苯酮 -3（Benzophenone-3）	3.00
B 相：	
水（Water）	71.6
山梨（糖）醇（Sorbitol（liquid 70%））	5.00
三乙醇胺（Triethanolamine）	1.00
羟苯甲酯（Methylparaben）	0.30
羟苯丙酯（Propylparaben）	0.10
C 相：	
苯甲醇（Benzyl alcohol）	0.50

制备方法：将 A 相和 B 相分别加热至 77℃~82℃，使用螺旋振荡器充分混匀，在搅拌下将 A 相加入至 B 相中，充分混匀、均质化，保温乳化 20 分钟后降温，至 49℃~54℃时，加入 C 相并搅拌均匀，充分混匀、均质化，缓慢降温到 35℃~41℃，避免水分蒸发，冷却到 27℃~32℃，出料灌装。

附录Ⅲ　高 SPF 标准品（P3）的制备方法

C.1　对于 SPF 值 <20 的产品，可选择高 SPF 值标准品（P2 或 P3），对于 SPF 值≥20 的产品，推荐选择高 SPF 值标准品（P2 或 P3）。

C.2　SPF 均值为 15.7，标准差为 1.0。

C.3　所测定的标准品 SPF 值必须位于可接受限值范围内，即 15.7 ± 2.0。

C.4　标准品的制备见下表 5：

表 5　高 SPF 标准品（P3）的制备

成分	重量比 %
A 相：	
硬脂酸（Cetearyl Alcohol）	2.205
PEG-40 蓖麻油（PEG-40 Castor oil）	0.63
鲸蜡硬脂醇硫酸酯钠（Sodium Cetearyl Sulphate）	0.315
癸基油酸酯（Decyl Oleate）	15.00
甲氧基肉桂酸乙基己酯（Ethylhexyl Methoxycinnamate）	3.00
丁基甲氧基二苯甲酰基甲烷（Butyl methoxydibenzoylmethane）	0.50
羟苯丙酯（Propylparaben）	0.10
B 相：	
水（Water）	53.57

续表

成分	重量比 %
2- 苯基苯并咪唑 -5- 磺酸(2-Phenyl-Benzimidazole-5-Sulphonic Acid)	2.78
45% 氢氧化钠溶液(Sodium Hydroxide(45% solution))	0.90
羟苯甲酯(Methylparaben)	0.30
EDTA 二钠(Disodium EDTA)	0.10
C 相:	
水(Water)	20.00
卡波姆(Carbomer("Carbomer 934P"))	0.30
45% 氢氧化钠溶液(Sodium Hydroxyde(45% solution))	0.30

制备方法:将 A 相和 B 相分别加热至 75℃~80℃,连续搅拌直至各种成分全部溶解(需要时增加温度直至液体变清,然后缓慢降温至 75℃~80℃),C 相是将卡波姆加入水中用高剪切分散乳化机(匀浆机)均质搅拌,然后加入氢氧化钠中和。在搅拌下将 A 相加入至 B 相中,仍在搅拌过程中再将 C 相加入 A 相和 B 相的混合物中,均质化。用氢氧化钠或乳酸调节 pH 值(7.8~8.0),降至室温时停止搅拌,出料灌装。

3 防晒化妆品防水性能测定方法*

1 引言

从防晒化妆品发展的历史看来,防晒产品具备抗水抗汗功能是一项经典的属性。由于防晒化妆品尤其是高 SPF 值产品通常在夏季户外运动中使用,季节和使用环境的特点要求防晒产品具有抗水抗汗性能,即在汗水的浸洗下或游泳情况下仍能保持一定的防晒效果。

具有防水效果的产品通常在标签上标识"防水防汗""适合游泳等户外活动"等。

2 设备要求

室内水池,旋转或水流浴缸均可,水温维持在 23℃~32℃,水质应新鲜。记录水温、室温以及相对湿度。

3 试验方法

3.1 对防晒化妆品一般抗水性的测试

如产品宣称具有抗水性,则所标识的 SPF 值应当是该产品经过下列 40 分钟的抗水性试验后测定的 SPF 值:

3.1.1 在皮肤受试部位涂抹防晒品,等待 15~30 分钟或按标签说明书要求进行。

3.1.2　受试者在水中中等量活动或水流以中等程度旋转 20 分钟。

3.1.3　出水休息 20 分钟（勿用毛巾擦试验部位）。

3.1.4　入水再中等量活动 20 分钟。

3.1.5　结束水中活动，等待皮肤干燥（勿用毛巾擦试验部位）。

3.1.6　按本规范规定的 SPF 测定方法进行紫外照射和测定。

3.2　对防晒化妆品强抗水性的测试

如产品 SPF 值宣称具有强抗水性（Very Water Resistant），则所标识的 SPF 值应当是该产品经过下列 80 分钟的抗水性试验后测定的 SPF 值：

3.2.1　在皮肤受试部位涂抹防晒品，等待 15~30 分钟或按标签说明书要求进行。

3.2.2　受试者在水中中等量活动 20 分钟。

3.2.3　出水休息 20 分钟（勿用毛巾擦试验部位）。

3.2.4　入水再中等量活动 20 分钟。

3.2.5　出水休息 20 分钟（勿用毛巾擦试验部位）。

3.2.6　入水再中等量活动 20 分钟。

3.2.7　出水休息 20 分钟（勿用毛巾擦试验部位）。

3.2.8　入水再中等量活动 20 分钟。

3.2.9　结束水中活动，等待皮肤干燥（勿用毛巾擦试验部位）。

3.2.10　按本规范规定的 SPF 测定方法进行紫外照射和测定。

4　检验报告

报告应包括下列内容：受试物通用信息包括样品编号、名称、生产批号、生产及送检单位、样品物态描述以及检验起止时间、洗浴前 SPF 值等，检验项目、材料和方法、检验结果、结论。检验报告应由检验人、校核人、检验部门技术负责人和授权签字人分别签字，并加盖检验单位公章。其中检验结果以表格形式给出，如下表 1：

表 1　标准品及样品洗浴后 SPF 值测定结果

编号	姓名（首字母）	性别	年龄	皮肤类型	标准品 SPF 值	待检样品洗浴后 SPF 值
01						
02						
03						
04						
05						
06						
07						
08						
09						

续表

编号	姓名(首字母)	性别	年龄	皮肤类型	标准品 SPF 值	待检样品洗浴后 SPF 值
10						
平均值 $\overline{X}$						
标准差 SD						
95%CI						

* 注:参考文献:

美国食品和药品管理局(FDA)对防晒产品防晒指数的测定方法(Sunscreen Water Resistant Testing Procedure, Federal Register/Vol 64, No 98/1999)。

4　防晒化妆品长波紫外线防护指数(PFA 值)测定方法

1　引言

标识和宣传 UVA 防护效果或广谱防晒在防晒化妆品市场越来越普遍。其中针对防晒化妆品标签上 PFA 值或 PA+-+++ 表示法的人体试验较为常用,并得到国际上多数国家、化妆品企业以及消费者的认可。

2　规范性引用文件

Cosmetics—Sun protection test method—*In vivo* determination of sunscreen UVA protection.(International standard ISO 24442 First edition, 2011-12-15)

3　定义

3.1　紫外线波长

短波紫外线(UVC):200nm~290nm

中波紫外线(UVB):290nm~320nm

长波紫外线(UVA):320nm~400nm

3.2　最小持续性黑化量(minimal persistent pigment darkening dose, MPPD):即辐照后 2~4 小时在整个照射部位皮肤上产生轻微黑化所需要的最小紫外线辐照剂量或最短辐照时间。观察 MPPD 应选择曝光后 2~4 小时之内一个固定的时间点进行,室内光线应充足,至少应有两名受过培训的观察者同时完成。

3.3　UVA 防护指数(Protection factor of UVA, PFA):引起被防晒化妆品防护的皮肤产生黑化所需的 MPPD 与未被防护的皮肤产生黑化所需的 MPPD 之比,为该防晒化妆品的 PFA 值。可如下表示:

$$\text{PFA}=\frac{\text{使用防晒化妆品防护皮肤的 MPPD}}{\text{未防护皮肤的 MPPD}}$$

4 试验方法

4.1 选择受试者及试验部位

4.1.1 18~60 岁健康受试者,男女均可;

4.1.2 皮肤类型Ⅲ、Ⅳ型;

4.1.3 受试者应没有光敏性皮肤病史;

4.1.4 试验前未曾服用药物如抗炎药、抗组胺药等;

4.1.5 试验部位选后背。受试部位皮肤色泽均一,没有色素痣或其它色斑等。

4.2 测试人数有效例数至少为 10,最大有效例数为 20;每组数据的淘汰例数最多不能超过 5 例,因此,每组参加测试的人数最多不能超过 25 人。

4.3 PFA 值标准品的制备:见附录Ⅳ。

4.4 使用样品剂量:按(2.00 ± 0.05)mg/cm^2 的用量称取样品。以实际使用的方式将样品准确、均匀地涂抹在受试部位皮肤上。受试部位的皮肤应用记号笔标出边界,对不同剂型的产品可采用不同称量和涂抹方法。

4.5 样品涂抹面积:不小于 $30cm^2$。为了减少样品称量的误差,应尽可能扩大样品涂布面积或样品总量。

4.6 等待时间:涂抹样品后应等待 15~30 分钟。

4.7 紫外线光源:应使用人工光源并满足下列条件:

4.7.1 可发射接近日光的 UVA 区连续光谱。光源输出应保持稳定,在光束辐照平面上应保持相对均一。

4.7.2 为避免紫外灼伤,应使用适当的滤光片将波长短于 320nm 的紫外线滤掉。波长大于 400nm 的可见光和红外线也应过滤掉,必须小于光源输出能量的 5%,以避免其黑化效应和致热效应。

4.7.3 上述条件应定期监测和维护。应用紫外辐照计测定光源的辐照度、记录定期监测结果、每次更换主要光学部件时应及时测定辐照度以及由生产商至少每年一次校验辐照计等。光源强度和光谱的变化可使受试者 MPPD 发生改变,因此应仔细观察,必要时更换光源灯泡。

4.8 最小辐照面积:单个光斑的最小辐照面积不应小于 $0.5cm^2$。未加保护皮肤和样品保护皮肤的辐照面积应一致。

4.9 紫外辐照剂量递增:进行多点递增紫外辐照时,增幅最大不超过 25%。增幅越小,所测的 PFA 值越准确。

4.10 PFA 值计算方法,用下式计算:

$$PFA=\frac{MPPDp}{MPPDu}$$

MPPDp:测试产品所保护皮肤的 MPPD

MPPDu:未保护皮肤的 MPPD

个体 PFA 值计算要求精确到小数点后一位数字。计算样品防护全部受试者 PFA 值的算术均数,取其整数部分即为该测定样品的 PFA 值。估计均数的抽样误差可计算该组数据的标准差和标准误。要求均数的 95% 可信区间(95%CI)不超过均数的 17%,否则应增加受试者人数（不超过25）直至符合上述要求。

5　检验报告

报告应包括下列内容：受试物通用信息包括样品编号、名称、生产批号、生产及送检单位、样品物态描述以及检验起止时间等，检验项目、材料和方法、检验结果、结论。检验报告应由检验人、校核人、检验部门技术负责人和授权签字人分别签字，并加盖检验单位公章。其中检验结果以表格形式给出，如下表1：

表1　标准品及样品PFA值测定结果

编号	姓名（首字母）	性别	年龄	皮肤类型	标准品PFA值	待检样品PFA值
01						
02						
03						
04						
05						
06						
07						
08						
09						
10						
平均值 $\overline{X}$						
标准差SD						
95%CI						

附录Ⅳ　标准品制备

A.1　在测定防晒产品的PFA值时，为保证试验结果的有效性和一致性，需要同时测定标准品的PFA值作为对照。

A.2　标准品PFA均值为4.4，标准差为0.3。

A.3　所测定的标准品PFA值必须位于可接受限值范围内，即4.4±0.6。

A.4　标准品的制备见下表2：

表2　PFA测定标准品的制备

成分	重量比%
A相：	
水（Water）	57.13
双丙甘醇（Dipropylene Glycol）	5.00
氢氧化钾（Potassium Hydroxide）	0.12

续表

成分	重量比 %
EDTA 三钠(Trisodium EDTA)	0.05
苯氧乙醇(Phenoxyethanol)	0.30
B 相:	
硬脂酸(Stearic Acid)	3.00
甘油硬脂酸酯 SE(Glyceryl Stearate,SE)	3.00
鲸蜡硬脂醇(Cetearyl Alcohol)	5.00
矿脂(Petrolatum)	3.00
甘油三(乙基己基酸)酯(Glyceryl Tri-2-ethylhexanoate)	15.00
甲氧基肉桂酸乙基己酯(Ethylhexyl methoxycinnamate)	3.00
丁基甲氧基二苯甲酰基甲烷(Butyl methoxydibenzoylmethane)	5.00
羟苯乙酯(Ethyl Paraben)	0.20
羟苯甲酯(Methyl Paraben)	0.20

制备方法:将 A 相和 B 相分别加热至 70℃,搅拌至完全溶解,在搅拌下将 B 相加入 A 相中,均匀搅拌,保温乳化 20 分钟后降温,降至室温后停止搅拌,出料灌装。